*MS Project 2007
für Dummies*

200 Jahre Wiley – Wissen für Generationen

Jede Generation hat besondere Bedürfnisse und Ziele. Als Charles Wiley 1807 eine kleine Druckerei in Manhattan gründete, hatte seine Generation Aufbruchsmöglichkeiten wie keine zuvor. Wiley half, die neue amerikanische Literatur zu etablieren. Etwa ein halbes Jahrhundert später, während der »zweiten industriellen Revolution« in den Vereinigten Staaten, konzentrierte sich die nächste Generation auf den Aufbau dieser industriellen Zukunft. Wiley bot die notwendigen Fachinformationen für Techniker, Ingenieure und Wissenschaftler. Das ganze 20. Jahrhundert wurde durch die Internationalisierung vieler Beziehungen geprägt – auch Wiley verstärkte seine verlegerischen Aktivitäten und schuf ein internationales Netzwerk, um den Austausch von Ideen, Informationen und Wissen rund um den Globus zu unterstützen.

Wiley begleitete während der vergangenen 200 Jahre jede Generation auf ihrer Reise und fördert heute den weltweit vernetzten Informationsfluss, damit auch die Ansprüche unserer global wirkenden Generation erfüllt werden und sie ihr Ziel erreicht. Immer rascher verändert sich unsere Welt, und es entstehen neue Technologien, die unser Leben und Lernen zum Teil tiefgreifend verändern. Beständig nimmt Wiley diese Herausforderungen an und stellt für Sie das notwendige Wissen bereit, das Sie neue Welten, neue Möglichkeiten und neue Gelegenheiten erschließen lässt.

Generationen kommen und gehen: Aber Sie können sich darauf verlassen, dass Wiley Sie als beständiger und zuverlässiger Partner mit dem notwendigen Wissen versorgt.

William J. Pesce
President and Chief Executive Officer

Peter Booth Wiley
Chairman of the Board

Nancy C. Muir

MS Project 2007 für Dummies

Übersetzung aus dem
Amerikanischen
von Meinhard Schmidt

WILEY-VCH Verlag GmbH & Co. KGaA

Bibliografische Information Der Deutschen Nationalbibliothek
Die Deutsche Nationalbibliothek verzeichnet diese Publikation
in der Deutschen Nationalbibliografie; detaillierte bibliografische
Daten sind im Internet über http://dnb.d-nb.de abrufbar.

1. Auflage 2007

© 2007 WILEY-VCH Verlag GmbH & Co. KGaA, Weinheim

Original English language edition Copyright © 2007 by Wiley Publishing, Inc.
All rights reserved including the right of reproduction in whole or in part in any form. This translation published by arrangement with John Wiley and Sons, Inc.

Copyright der englischsprachigen Originalausgabe © 2007 von Wiley Publishing, Inc.
Alle Rechte vorbehalten inklusive des Rechtes auf Reproduktion im Ganzen oder in Teilen und in jeglicher Form. Diese Übersetzung wird mit Genehmigung von John Wiley and Sons, Inc. publiziert.

Wiley, the Wiley logo, Für Dummies, the Dummies Man logo, and related trademarks and trade dress are trademarks or registered trademarks of John Wiley & Sons, Inc. and/or its affiliates, in the United States and other countries. Used by permission.

Wiley, die Bezeichnung »Für Dummies«, das Dummies-Mann-Logo und darauf bezogene Gestaltungen sind Marken oder eingetragene Marken von John Wiley & Sons, Inc., USA, Deutschland und in anderen Ländern.

Das vorliegende Werk wurde sorgfältig erarbeitet. Dennoch übernehmen Autoren und Verlag für die Richtigkeit von Angaben, Hinweisen und Ratschlägen sowie für eventuelle Druckfehler keine Haftung.

Printed in Germany

Gedruckt auf säurefreiem Papier

Korrektur Petra Heubach-Erdmann und Jürgen Erdmann, Düsseldorf
Satz Lieselotte und Conrad Neumann, München
Druck und Bindung M.P. Media-Print Informationstechnologie, Paderborn
Wiley Bicentennial Logo Richard J. Pacifico

ISBN 978-3-527-70275-6

Über den Autor

Nancy Muir hat dutzende Bücher geschrieben unter anderem zu Desktopanwendungen, Projektmanagement über Fernstudium hin zu einem preisgekrönten Buch über die Charakterbildung in der Mittelstufe. Bevor sie freie Autorin wurde hielt sie Workshops zu Projektmanagement ab und war Manager in der Computer- und Verlagsbranche. Sie lebt mit ihrem Ehemann Earl, mit dem sie bereits drei Bücher zusammen geschrieben hat, in Pacific Northwest.

Widmung

Für Earl, der im ersten Jahr unserer Ehe meinen hektischen Zeitplan für mein Buch ertragen hat. Du bist der Beste! Das häufig versprochene Einschränken meiner Arbeitszeit fängt jetzt an, mein Lieber.

Danksagung

Zunächst möchte ich mich bei meiner Freundin Elaine Marmel, der Autorin des bei Wiley erschienenen Buchs *Microsoft Project Bible* bedanken. Ihr Rat und ihre Kenntnisse zu bzw. von der Arbeitsweise von Project hat mir immer dabei geholfen, trotz der Bäume auch den Wald zu sehen. Hat dich die Schokolade erreicht, Elaine?

Dann danke ich den Leuten von Wiley, einschließlich Kyle Looper und Blair Potter, dem zentralen Lektor des Buchs, der unglaublich hilfreich und geduldig gewesen ist und mir dabei geholfen hat, die einzelnen Teile zusammenzuhalten. Dank auch an Linda Morris, Becky Whitney und Jennifer Pendleton, die durch ihre Arbeit das Buch erscheinen ließen und verständlich machten.

Cartoons im Überblick
von Rich Tennant

»Schauen Sie, Sie haben jetzt Projekt-Manager, Buchhaltungs-Manager und Chancen-Manager, aber der Schleim-was-du-kannst-Manager ist kein Thema des Programms.«

Seite 27

»Sagen Sie David, dass er vom Empfang verschwinden soll. Ich habe einen Weg gefunden, das geplante Budget unseres Projekts anzupassen.«

Seite 151

»Unsere Kundenumfrage zeigt an, dass 30 Prozent unserer Kunden meinen, dass unser Service nicht besonders gut ist, 60 Prozent würden gerne Abläufe ändern, und 50 Prozent sind der Ansicht, dass es richtig geil wäre, wenn wir alle farblich abgestimmte Westen trügen.«

Seite 205

»Das ist ein elektronischer Hochzeitsplaner. Er erzeugt alle Listen und Terminpläne, die Sie brauchen, und nach der Trauung macht er Konfetti aus allen Dokumenten und wirft Sie Ihnen ins Gesicht.«

Seite 245

»Das ist ein bewährtes Erkennungs- und Überwachungssystem, Jörg. Mehr als 15 Jahre Kalahari-Einsatz, und wir haben keinen einzigen Löwen verloren.«

Seite 347

»Leute, wir können aufgeben. Es sieht so aus, als ob die Japaner einen Früchtekuchen mit 60 Teraflops in der Entwicklung haben und planen, diesen - ob Ihr es glaubt oder nicht - eine Woche vor Weihnachten auf den Markt zu bringen! Okay, wir können unsere bisherige Arbeit verteilen.«

Seite 377

»Dass die ›Kiste‹ keinen Bock mehr hat, kann man aber beim besten Willen nicht sagen.«

Seite 395

© The 5th Wave
www.the5thwave.com
E-Mail: rich@the5thwave.com

MS Project 2007 für Dummies – Schummelseite

Checkliste für das Auffinden von Ressourcenkonflikten

Dies hier ist eine Auflistung der Dinge, die Sie versuchen können, wenn eine Ressource in einem Projekt überbucht ist. Ihre Möglichkeiten, diese Vorschläge zu nutzen, hängen von den Umständen in Ihrem Projekt ab. Sie können zum Beispiel Ressourcen nur dann hinzufügen, wenn es Ihr Budget erlaubt, und Sie können die Verfügbarkeit einer Ressource für Ihr Projekt nur dann erhöhen, wenn Sie dies zusammen mit der Ressource und deren Vorgesetzten abgeprüft haben.

- ✔ Korrigieren Sie die Verfügbarkeit einer Ressource im Projekt. Ändern Sie zum Beispiel die Verfügbarkeit einer Person von 50 Prozent auf 100 Prozent.
- ✔ Ändern Sie die Zuordnungen, um die Ressource für die Zeit des Konflikts aus Vorgängen herauszunehmen.
- ✔ Verschieben Sie einen Vorgang, dem eine Ressource zugeordnet ist, auf einen späteren Zeitpunkt, oder ändern Sie die Beziehungsabhängigkeiten des Vorgangs.
- ✔ Fügen Sie einem Vorgang, in dem die überbuchte Ressource tätig ist, eine zweite Ressource hinzu. Damit wird der Vorgang früher beendet und die Ressource früher frei.
- ✔ Ersetzen Sie die Ressource in einigen Vorgängen durch eine andere. Lassen Sie sich dabei vom Assistenten für den Kapazitätsausgleich helfen.
- ✔ Markieren Sie einen Vorgang. Klicken Sie dann im Überwachen-Bereich des Projektberaters auf Anzeigen, wodurch der Anfangstermin eines Vorgangs gesteuert wird. Es werden die Faktoren angezeigt, die Einfluss auf den Anfangstermin des markierten Vorgangs haben.
- ✔ Führen Sie am Basiskalender der Ressource Änderungen durch, damit die Ressource länger arbeiten kann.

Checkliste für das Erstellen eines Projektplans

Sie können den Projektberater benutzen, um sich durch das Aufbauen eines Projekts führen zu lassen. Wenn Sie es aber vorziehen, die Dinge selbst in die Hand zu nehmen, finden Sie hier eine praktische Prüfliste, der Sie folgen können, wenn Sie einen Terminplan für Ihr Projekt anlegen.

- ✔ Geben Sie Informationen über das Projekt ein (wie zum Beispiel den Anfangstermin).
- ✔ Richten Sie Ihre Arbeitskalender ein.
- ✔ Legen Sie Vorgänge an, und geben Sie Werte für deren Dauer ein.
- ✔ Legen Sie in Ihrem Projekt Meilensteine (Vorgänge mit der Dauer null) an.
- ✔ Fassen Sie Ihre Vorgänge in Phasen zusammen, indem Sie die Entwurfsstruktur von Project verwenden.
- ✔ Richten Sie unter den Vorgängen Abhängigkeiten ein, und fügen Sie gegebenenfalls Einschränkungen hinzu.
- ✔ Erstellen Sie Ressourcen, und weisen Sie ihnen Kosten und einen Ressourcenkalender zu.
- ✔ Fügen Sie Ressourcen zu Vorgängen hinzu.
- ✔ Überprüfen Sie die Gesamtdauer und die Gesamtkosten des Projekts, und führen Sie gegebenenfalls Anpassungen daran durch.
- ✔ Richten Sie einen Basisplan ein.

Wenn Sie diese Liste erledigt haben, können Sie mit dem Projekt anfangen und Fortschritte darin überwachen und an die Geschäftsleitung berichten, indem Sie entweder das Berichtswesen von Project nutzen oder einfach Ihren Terminplan ausdrucken oder im Web freigeben.

MS Project 2007 für Dummies – Schummelseite

Websites für das Projektmanagement

Hier finden Sie ein paar nützliche Websites, die sich mit Projektmanagement beschäftigen, und ein paar Sites, auf denen Sie Project-Vorlagen oder Add-Ins von Drittherstellern für Project finden.

Microsoft-Vorlagengalerie
http://office.microsoft.com/de-de/templates

Microsoft Office-Programm für Projektmanagement
www.microsoft.com/de-de/project

Projektmanagement-Glossar
www.projektmagazin.de/glossar

International Project Management Association
www.ipma.ch

Checklisten zum Projektmanagement
checkliste.de/unternehmen/projektplanung-projektcontrolling

Fallstudien zu Projekten
www.competence-site/projektmanagement

Tastenkombinationen

Hier finden Sie die Tastenkombinationen, die ich benutze, wenn ich an einem Projektplan arbeite.

Tastenkombination	Ergebnis
Einfg	Fügt einen neuen Vorgang ein
Strg + K	Fügt einen Hyperlink ein
F7	Beginnt die Rechtschreibprüfung
Alt + F10	Ordnet Ressourcen zu
⇧ + F2	Öffnet die Dialogbox INFORMATIONEN ZUM VORGANG
F1	Öffnet die Hilfe von Microsoft Project
Strg + F	Öffnet die Dialogbox SUCHEN
Strg + F2	Verknüpft markierte Vorgänge
Strg + G	Öffnet die Dialogbox GEHE ZU
Strg + H	Öffnet die Dialogbox ERSETZEN
Strg + Z	Widerruft die letzte Aktion
Strg + Y	Stellt die widerrufene Aktion wieder her
Strg + P	Öffnet die Dialogbox DRUCKEN
Strg + N	Öffnet ein neues Projekt
Strg + O	Öffnet die Dialogbox ÖFFNEN
Strg + T	Zugriff auf Enterprise-Ressourcen
Strg + S	Speichert die Datei

Checkliste zum Einsparen von Zeit

Wenn Ihr Projekt länger dauert, als Sie erwartet haben, versuchen Sie folgende Methoden, um den Zeitrahmen enger zu spannen:

- ✔ Ändern Sie Abhängigkeiten, damit Vorgänge so früh wie möglich anfangen können.
- ✔ Erstellen Sie überlappende Abhängigkeiten.
- ✔ Verringern Sie Leerlauf, wo es nur möglich ist (ganz werden Sie ihn nie los).
- ✔ Fügen Sie arbeitsintensiven Vorgängen Ressourcen hinzu, damit sie früher beendet werden können.
- ✔ Überlegen Sie, ob Ihr Projekt auch ohne einige Vorgänge (zum Beispiel eine zweite Testphase oder das Genehmigungsverfahren des Paketdesigns durch den Vorstand) durchgeführt werden kann.
- ✔ Lagern Sie eine Projektphase an Dritte aus, wenn die firmeninternen Ressourcen den Arbeitsaufwand nicht schaffen, weil sie mit anderen Vorgängen beschäftigt sind.

Inhaltsverzeichnis

Über den Autor	7
Widmung	7
Danksagung	7

Einführung — 21

Über dieses Buch	21
Ein paar verrückte Vorstellungen	21
In diesem Buch verwendete Konventionen	22
Wie dieses Buch aufgebaut ist	22
Teil I: Die Bühne für Project vorbereiten	22
Teil II: Menschen brauchen Menschen	22
Teil III: Das sieht auf Papier echt gut aus	23
Teil IV: Die Katastrophe vermeiden: Dingen auf der Spur bleiben	23
Teil V: Mit unternehmensweiten Projekten arbeiten	23
Teil VI: Der Top-Ten-Teil	23
Teil VII: Anhang	24
Was Sie nicht lesen müssen	24
Anmerkung des Übersetzers	24
Symbole, die in diesem Buch verwendet werden	25
Was nun?	25

Teil I
Die Bühne für Project vorbereiten — 27

Kapitel 1
Projektmanagement: Was es ist und warum Sie sich darum kümmern sollten — 29

Das ABC des Projektmanagements	30
Die drei As: Aufgaben, Abhängigkeiten und Zeitplanung (gut, zwei As und ein Z)	30
Lassen Sie Ihre Ressourcen antreten	34
Nachrichten verbreiten	36
Dingen planmäßig auf der Spur bleiben	37
Die Rolle des Projektleiters	38
Was genau macht ein Projektleiter?	38
Die gefürchtete dreifache Einschränkung verstehen	39
Auf eine erprobte Methodik zurückgreifen	39
Von einer Aufgabenliste zur Festplatte	42

Mit Project in die Gänge kommen	42
Mit dem Projektteam online zusammenarbeiten	43
Fangen wir an	43
Mit Hilfe des Projektberaters loslegen	43
Bei null anfangen	45
Mit Vorlagen anfangen	49
Ein Projekt für die Nachwelt speichern	51
Von Project Hilfe erhalten	52

Kapitel 2
Beste Pläne — 53

Project steuern	53
Ansichten wechseln	53
Bildlaufleisten im Einsatz	55
Zu einem bestimmten Punkt in Ihrem Plan gelangen	57
Ein Projekt mit einer Ansicht	58
Die Heimatbasis: Die Ansicht Balkendiagramm (Gantt)	58
Alles fließt: Das Netzplandiagramm	60
Die Kalenderansicht aufrufen	61
Ansichten anpassen	62
Mit Fensterelementen von Ansichten arbeiten	62
Den Inhalt der Knoten eines Netzplandiagramms ändern	66

Kapitel 3
Eigene Kalender einsetzen — 71

Basis-, Projekt-, Ressourcen- und Vorgangskalender beherrschen	71
Wie Kalender arbeiten	72
Kalenderbeziehungen	73
Kalenderoptionen und Arbeitszeiten	74
Kalenderoptionen einstellen	75
Ausnahmen für Arbeitszeiten festlegen	76
Den Projektkalender einrichten	78
Kalender mit dem Projektberater einrichten	80
Vorgangskalender ändern	82
Ressourcenkalender einstellen	83
Welche Ressource erhält einen Kalender?	83
Einen Ressourcenkalender ändern	84
Selbst machen: Eine benutzerdefinierte Kalendervorlage erstellen	86
Kalenderkopien freigeben	87

Kapitel 4
Was geht da vor? — 91

Ihr erster Vorgang wartet auf Sie	91
Herausfinden, was einen Vorgang ausmacht	92
Einen Vorgang erstellen	93
Die Laufzeit entscheidet	100
Variantenvielfalt: Die Vorgangsart erkennen	101
Die Vorgangsdauer festlegen	102
Vorgänge ohne Dauer: Meilensteine	104
Einmal ist keinmal: Periodische Vorgänge	104
Vorgänge anfangen und unterbrechen	106
Das Anfangsdatum eines Vorgangs eingeben	106
Ein Päuschen machen: Vorgänge unterbrechen	107
Das ist es: Leistungsgesteuerte Vorgänge	109
Einschränkungen, mit denen Sie leben können	109
Verstehen, wie Einschränkungen funktionieren	109
Einschränkungen einrichten	110
Einen Stichtag festlegen	111
Vorgänge und Notizen	112
Das Projekt – und seine Vorgänge – speichern	113
Vorgangsinformationen im Einsatz: Planen Sie Ihren nächsten Weltraumtrip	114

Kapitel 5
Die Gliederung — 117

Sammelvorgänge und Teilvorgänge	117
Projektphasen	118
Wie tief können Sie verschachteln?	119
Der einzig wahre Sammelvorgang	119
Die Gliederung eines Projekts strukturieren	121
Alles mitnehmen, was nicht niet- und nagelfest ist: Woran man denken muss	122
Die Gliederung anlegen	124
Vorgänge in der Gliederung verschieben	125
Abstufungen	125
Vorgänge nach oben und nach unten schieben	126
Verstecken spielen: Vorgänge erweitern und verbergen	129
Den PSP-Code knacken	131
Einen PSP-Code anzeigen	133
Benutzerdefinierte Codes	134

Kapitel 6
Timing ist alles — 137

Abhängige Vorgänge: Was war zuerst da?	138
Die Arten der Anordnungsverknüpfung	139

Zeitabstand: positiv und negativ	142
Anordnungsverknüpfungen erstellen	142
Mit Abhängigkeiten umgehen	143
Erweitern Sie die Reichweite durch externe Verknüpfungen	146
Alles fließt: Anordnungsverknüpfungen entfernen	146
Der große Verknüpfungsüberblick	148

Teil II
Menschen brauchen Menschen — 151

Kapitel 7
Natürliche Ressourcen einsetzen — 153

Ressourcen: Menschen, Orte und Dinge	153
Ressourcen-reich werden	154
Was sind Ressourcen?	154
Ressourcenarten: Arbeit, Material und Kosten	157
Wie Ressourcen die Terminplanung von Vorgängen beeinflussen	158
Die Anforderungen an die Ressourcen einschätzen	159
Zugesicherte und vorgesehene Ressourcen	159
Die Geburt einer Ressource	160
Eines nach dem anderen	160
Unbekannte Ressourcen definieren	162
Ressourcen, die in Gruppen abhängen	162
Ressourcen gemeinsam nutzen	163
Ressourcenpools	163
Ressourcen aus Outlook importieren	165
Wann arbeiten diese Kerle eigentlich?	166
Verwaltung tut not	169
Die richtigen Ressourcen anheuern	169
Die Arbeitslast verteilen	170
Konflikte lösen	171

Kapitel 8
Was soll das alles kosten? — 173

Oh Mann, wo kommen bloß die Kosten her?	173
Alles wird zusammengerechnet	174
Wann ist die Obergrenze erreicht?	175
Zahltag: Ressourcen im Projekt zuweisen	175
Feste Kosten lassen sich nicht vermeiden	175
Wenn Ressourcen stundenweise bezahlt werden	177
Wenn Sie zwanzig Liter zu zwei Euro je Liter benötigen …	178
Überstunden zulassen	179

Das hat mit Verfügbarkeit zu tun	179
Verfügbarkeit einrichten	180
Wenn eine Ressource kommt und geht	181
Aufrechnen: Wie Ihre Einstellungen das Budget beeinflussen	181
Benutzerdefinierte Kostenfelder	183
Mit Budgets arbeiten	185

Kapitel 9
Ressourcen zuordnen, um die Dinge in Gang zu bringen   187

Es wird Sie überraschen, was Zuordnungen mit Ihrem Terminplan machen	187
Legen Sie die Art fest	188
Wenn Leistung gefragt ist	189
Glauben Sie, dass sich Vorgangskalender durchsetzen?	190
Die richtige Ressource finden	191
Gesucht: Eine gute, arbeitswillige Ressource	191
Benutzerdefinierte Felder: Eine Herausforderung	193
Eine sinnvolle Zuordnung	194
Zuordnungseinheiten bei Arbeits-, Material- und Kostenressourcen festlegen	194
Zuordnungen vornehmen	194
Dem Ganzen ein Profil geben	197
Das Team über Zuordnungen informieren	199
Es hängt an der E-Mail	199
Berichten Sie über Ihre Ergebnisse	201

Teil III
Das sieht auf Papier echt gut aus   205

Kapitel 10
Stimmen Sie Ihren Plan ab   207

Alles zielt auf das Endergebnis	207
Vordefinierte Filter	208
AutoFilter arbeiten lassen	209
Selbst gemachte Filter	210
In Gruppen abhängen	212
Vordefinierte Gruppen einsetzen	212
Eigene Gruppen ausdenken	213
Finden Sie heraus, wer Ihr Projekt antreibt	215
Vorgangstreiber ausfindig machen	216
Zurück, zurück, zurück	216
Änderungen hervorheben	218
Es ist an der Zeit	219
Gönnen Sie sich einen Puffer	220

Schneller fertig werden	222
Geht es nicht ein wenig billiger?	224
Bei Ressourcen Zuflucht suchen	225
Die Verfügbarkeit von Ressourcen überprüfen	225
Die Zuordnung einer Ressource ändern oder entfernen	227
Hilfe bekommen	227
Kapazitäten abgleichen	228
Lösungen mischen	231

Kapitel 11
Ihr Project soll schöner werden   233

Tun Sie Ihr Bestes	233
Vorgangsbalken formatieren	234
Vorgangknoten formatieren	237
Das Layout anpassen	238
Gitternetzlinien ändern	242
Ein Bild sagt mehr als tausend Worte	243

Teil IV
Die Katastrophe vermeiden: Dingen auf der Spur bleiben   245

Kapitel 12
Alles fängt mit einem Basisplan an   247

Alles über Basispläne	247
Wie sieht ein Basisplan aus?	248
Wie lege ich einen Basisplan fest?	249
Wie sieht das mit mehr als einem Basisplan aus?	250
Einen Basisplan löschen	252
In der Zwischenzeit	253
Einen Zwischenplan festlegen	253
Einen Plan löschen und zurücksetzen	254

Kapitel 13
Auf der richtigen Spur   257

Daten einsammeln	257
Ein Weg in den Überwachungswahnsinn	258
Von Tür zu Tür gehen	259
Wo gehen all die Informationen hin?	260
Dinge über die Symbolleiste »Überwachen« erledigen	260
Für alles gibt es eine Ansicht	261
Die Arbeit für die Akten überwachen	263

Fortschritt seit wann?	263
Prozentual fertig	264
Wann haben Sie angefangen? Wann sind Sie fertig?	266
Jörg hat drei Stunden gearbeitet, Jutta zehn	267
Immer diese Überstunden	269
Die restliche Dauer bestimmen	270
Feste Kosten aktualisieren	271
Ein Projekt aktualisieren	272
Den Materialverbrauch überwachen	273
Mehr als eine Sache überwachen: Konsolidierte Projekte	274
Projekte zusammenführen	275
Konsolidierte Projekte aktualisieren	276
Verknüpfungseinstellungen ändern	277

Kapitel 14
Ansichtssache: Den Fortschritt beobachten — 279

Schauen Sie sich an, was Überwachung bringt	279
Einen Hinweis erhalten	280
Fortschrittslinien	281
Wenn Welten zusammenprallen: Basisplan contra Gegenwart	285
Lernen nach Zahlen	286
Ertragswert, SKAA, BK und KA	287
Berechnungen hinter der Bühne	288
Automatisch oder manuell	288
Ertragswerte	290
Wie viele kritische Wege sind genug?	291

Kapitel 15
Sie hängen hinterher: Was nun? — 293

Rechtfertigungshilfen: Notizen, Basispläne und Zwischenpläne	293
Was wenn?	295
Dinge aussortieren	295
Filtern	296
Den kritischen Weg untersuchen	298
Den Kapazitätsabgleich noch einmal verwenden	299
Was steuert den Terminplan eines Vorgangs?	299
Die Analyseleiste benutzen	300
Wie das Hinzufügen von Menschen und Zeit Ihr Projekt beeinflusst	302
Geben Sie Gas!	302
Menschen auf das Problem ansetzen	303
Verknüpfungen und die zeitlichen Abläufe von Vorgängen umschichten	304
Wenn alle Stricke reißen	305
Alle Zeit der Welt	306

      Themenwechsel   306
      Und was sagt Project zu alledem?   308

Kapitel 16
Neuigkeiten verbreiten: Das Berichtswesen   309

    Von der Stange: Standardberichte   309
      Was steht zur Verfügung?   310
      Auf den Standard setzen   310
      Ein Standardbericht mit Überraschungen   312
      Kreuztabellen: Das unbekannte Wesen   315
    Maßanfertigung   316
    Daten aus einer neuen Perspektive heraus betrachten: Grafische Berichte   317
      Einen Überblick über das Machbare erhalten   317
      Einen grafischen Bericht erstellen   318
    Die Dinge aufpeppen   320
      Grafiken einsetzen   320
      Berichte formatieren   323
    Hallo Drucker!   325
      Mit der Seiteneinrichtung arbeiten   325
      Wenn Größe wichtig ist   325
      Nichts fällt aus dem Rahmen   326
      Die richtigen Dinge in Kopf- und Fußzeilen unterbringen   327
      Mit einer Legende arbeiten   329
      Was soll gedruckt werden?   329
      Eine Vorschau erhalten   331
    Auf zum fröhlichen Drucken!   331

Kapitel 17
Es geht ständig aufwärts   333

    Aus Fehlern lernen   333
      Es war doch nur eine Schätzung   334
      Befragen Sie Ihr Team   335
    Auf dem Erfolg aufbauen   336
      Erstellen Sie eine Vorlage   336
      Organisieren geht über Studieren   338
      Zeit sparen: Makros   340
      Ein Makro aufzeichnen   341
      Makros ausführen und bearbeiten   343
    Den Projektberater anpassen   345

Teil V
Mit unternehmensweiten Projekten arbeiten — 347

Kapitel 18
Project Web Access für den Projektleiter — 349

Finden Sie heraus, ob Project Web Access etwas für Sie ist — 350
Eine Ahnung davon bekommen, was Sie mit Project Web Access machen können — 352
Den Einsatz von Project Server und Project Web Access planen — 353
    Ein Team zusammenstellen — 354
    Informationen sammeln — 354
    Abläufe standardisieren — 355
    Arbeiten Sie mit der IT zusammen — 355
    Auf Probleme vorbereitet sein — 355
Ein Überblick über die Werkzeuge von Project Web Access — 356
    Zuordnungen machen und Vorgänge delegieren — 356
    Den Fortschritt überwachen — 357
    Wie funktioniert das mit den Statusberichten? — 358
Online arbeiten — 360
    Die Verfügbarkeit und die Zuordnungen von Ressourcen überprüfen — 360
    Ein Projektteam aufstellen — 362
    Einen Statusreport anfordern — 363
    Dokumente gemeinsam nutzen — 364

Kapitel 19
Project Web Access für Benutzer — 367

Project Web Access aus der Benutzerperspektive betrachten — 367
Abgeschlossene Arbeiten melden — 368
Projektinformationen anschauen — 371
Warnungen und Erinnerungen einrichten — 372
Informationen über andere Benutzer erhalten — 374

Teil VI
Der Top-Ten-Teil — 377

Kapitel 20
Zehn goldene Regeln des Projektmanagements — 379

Beißen Sie nie mehr ab, als Sie auch vertragen können — 379
Seien Sie bereit — 380
Denken Sie an Murphy — 381
Verschiebe nicht auf morgen — 382
Delegieren, delegieren, delegieren — 382
Den Letzten beißen die Hunde (Dokumentation!) — 383

Halten Sie Ihr Team auf dem Laufenden	384
Den Erfolg messen	385
Seien Sie flexibel	385
Lernen Sie aus Ihren Fehlern	387

Kapitel 21
Zehn Softwareprodukte für das Projektmanagement zum Ausprobieren 389

Diagramm- und Berichtserweiterungen von DecisionEdge	390
Cobra holt das Meiste aus Kosten/Ertragswert heraus	390
Mindjet hilft Ihnen dabei, Projektinformationen zu visualisieren	390
Innate integriert große und kleine Projekte	391
PlanView bildet die Leistungsfähigkeit Ihrer Belegschaft ab	391
Tenrox rationalisiert Geschäftsabläufe	392
Project KickStart gibt Ihrem Projekt einen Vorsprung	392
Project Manager's Assistant verwaltet Zeichnungen in Bauprojekten	392
TeamTrack löst bedrohliche Situationen	393
EPK-Suite erleichtert die Hausaufgaben des Portfolio-Managements	393

Teil VII
Anhänge 395

Anhang A
Auf der CD 397

Systemanforderungen	397
Die CD verwenden	397
Was sich auf der CD befindet	398
Empire Suite – von WSG System Corp.	398
EPK Suite 4.1 – von EPK Group LLC	399
Milestone Professional – von Kidasa Software	399
Milestone Project Companion 2006 – von Kidasa Software	399
MindManager Pro 6 – von Mindjet Corporation	399
PERT Chart Expert – von Critical Tools Inc.	399
PertMaster Project Risk – von PertMaster	400
PlanView Project Portfolio – von PlanView	400
Project KickStart – von Experience in Software	400
WBS Chart Pro – von Critical Tools Inc.	400
Troubleshooting	400

Anhang B
Glossar 403

Stichwortverzeichnis 411

Einführung

Die Ursprünge des Projektmanagements sind höchstwahrscheinlich dort zu suchen, wo sich ein paar Höhlenbewohner zusammengetan und überlegt hatten, wie sie als Team zusammenarbeiten können, um eines dieser wolligen Mammuts als Sonntagsbraten einzusacken. Einer von ihnen – ich nenn' ihn Ogg – übernahm, als erster Projektleiter der Menschheit, die Führung. Er zeichnet, als Hilfe für seine Teammitglieder, mit einem Stock Dinge in den Staub und erklärte ihnen mit vielen Ughs und Grunzlauten die Strategie des Jagens. Er hatte, anders als das bei Ihnen der Fall ist, keinen Chef, dem er berichten musste, kein Budget und keinen Termin, der einzuhalten war (glücklicher Ogg), es gab aber schon den grundsätzlichen Gedanken eines Projekts.

Über die Jahre hinweg hat sich Projektmanagement zu einer Disziplin entwickelt, die ausgeklügelte Analysen und Techniken, Darstellungsmöglichkeiten, Verwalten von Zeitabläufen und Kosten sowie ein umfangreiches Berichtswesen enthält. Software für das Projektmanagement, die es seit ungefähr 25 Jahren gibt, gab dem Projektmanagement ein neues Gesicht und eine Funktionsvielfalt, die unseren Freund Ogg Ugh-los gemacht hätte.

Über dieses Buch

Microsoft Office Project 2007, die aktuellste Neuauflage der wohl populärsten Software für Projektmanagement, bietet den Benutzern eine unglaubliche Fülle von Funktionen an. Diese Software ist sicherlich nicht mit der Software zu vergleichen, die Sie normalerweise nutzen, weshalb der Umgang damit ziemlich entmutigend sein kann. Ein Trick ist zu verstehen, wie seine Funktionen zu Ihrer täglichen Arbeit als Projektleiter in Beziehung stehen. Ein weiterer ist, jemanden wie mich zu finden, der Ihnen etwas über diese Funktionen und auch darüber erzählt, wie man sie sinnvoll nutzen kann.

Mein Ziel für *Microsoft Office Project 2007 für Dummies* ist, Ihnen dabei zu helfen herauszufinden, was Project so alles anbietet. Dabei möchte ich Sie nicht nur mit wichtigen Konzepten des Projektmanagements vertraut machen, sondern Ihnen auch die speziellen Abläufe aufzeigen, wie Sie einen Projektplan erstellen und überwachen. Viel wichtiger aber ist, dass ich Empfehlungen dafür geben möchte, wie Sie die vorhandenen Funktionen und Prozeduren mit dem in Einklang bringen können, was Sie als Projektleiter bereits wissen, damit der Umstieg leichter fällt.

Ein paar verrückte Vorstellungen

Wenn ich Sie, verehrte Leser, vor mir sehe, habe ich so meine Vorstellungen. Ich unterstelle einmal, dass Sie an Literatur zu Computerthemen interessiert sind und wissen, wie man eine Maus, eine Tastatur, Menüs und Symbolleisten bedient. Weiterhin stelle ich mir vor, dass Sie grundlegende Kenntnisse der bekanntesten Windows-Funktionen (wie zum Beispiel die Zwischenablage) und dem Arbeiten mit Texten (wie zum Beispiel Text mit der Maus markieren und an eine andere Stelle ziehen) haben.

Ich gehe nicht davon aus, dass Sie bisher mit Project oder einer anderen Projektmanagementsoftware gearbeitet haben. Wenn Sie sich zum ersten Mal mit Project beschäftigen, finden Sie hier alles, was Sie brauchen, um loszulegen (einschließlich der Informationen darüber, wie Project arbeitet), sich einzuarbeiten und den ersten Projektplan zu erstellen. Wenn Sie schon mit einer der Vorversionen von Project 2007 gearbeitet haben, werden Sie alles über das neue Programm und seine Funktionen kennen lernen.

In diesem Buch verwendete Konventionen

Ich sollte ein paar Kleinigkeiten erklären, damit das Arbeiten mit diesem Buch einfacher wird:

- ✔ Die Adressen von Websites sind so hervorgehoben: www.microsoft.de.
- ✔ Menübefehle werden in der Reihenfolge angegeben, in der Sie sie ausführen müssen: »Wählen Sie EXTRAS|RESSOURCEN GEMEINSAM NUTZEN|GEMEINSAME RESSOURCENNUTZUNG.«
- ✔ Optionen in Dialogboxen werden wie Menübefehle in Kapitälchen geschrieben: »Setzen Sie im Dialogfeld ZEITSKALA die Option TEILUNG auf 1.«

Wie dieses Buch aufgebaut ist

Dieses Buch ist dafür entworfen worden, Ihnen dabei zu helfen, mit Microsoft Office Project 2007 zu arbeiten, Projekte zu planen, einzurichten und zu überwachen, wobei erprobte Kenntnisse aus der Praxis und den Prinzipien des Projektmanagements nicht außer Acht gelassen werden. Ich habe das Buch nach logischen Gesichtspunkten aufgeteilt, wobei die einzelnen Teile dem Ablauf eines typischen Projektplans entsprechen.

Teil I: Die Bühne für Project vorbereiten

Teil I erklärt, was Project 2007 für Sie tun kann und für welche Art von Eingabe Sie sorgen müssen, damit Sie es erfolgreich in Ihren Projekten einsetzen können. Sie erhalten einen ersten Eindruck von Projektansichten, und Sie entdecken, wie Sie sich darin bewegen. Sie beginnen mit dem Aufbau eines Projektplans, indem Sie Einstellungen im Kalender vornehmen, einen Aufgabenverlauf erstellen und für diese Aufgaben Zeiten und Zeitbezüge eingeben.

Teil II: Menschen brauchen Menschen

Teil II ist der Abschnitt, der von den Projektressourcen handelt: Sie entdecken all die Dinge, die Sie über das Anlegen und Zuweisen von Arbeitsressourcen, Materialressourcen und den festen Kosten der Aufgaben eines Projekts wissen müssen. Darüber hinaus finden Sie heraus, in welcher Beziehung die Ressourcenverwendung in Ihrem Projekt mit den Kosten steht, die über die Zeit in Ihrem Projekt auflaufen.

Teil III: Das sieht auf Papier echt gut aus

Bisher haben Sie Ihren Projektplan im Einzelnen festgelegt. Nun ist es an der Zeit herauszufinden, ob der Plan Ihren Anforderungen an Budget und Zeitverlauf entspricht. Project kennt eine ganze Werkzeugkiste, die dabei hilft, Zuordnungen von Ressourcen und Zeitabläufe zu ändern, um die Kosten zu reduzieren und trotzdem die Fristen einzuhalten, damit das Projekt gut zu Ende gebracht wird. Weiterhin erhalten Sie eine kurze Einführung, wie Sie das Format von Elementen Ihres Projekts ändern können, damit Ihr Plan sowohl beim Ausdruck als auch auf dem Bildschirm so gut wie nur irgend möglich aussieht.

Teil IV: Die Katastrophe vermeiden: Dingen auf der Spur bleiben

Wie jeder erfahrene Projektleiter weiß, laufen Projekte niemals so ab, wie Sie sich das vorgestellt haben. In diesem Teil speichern Sie ein Bild Ihres Plans, einen *Basisplan*, und fangen damit an zu verfolgen, welche Auswirkungen gerade laufende Aktivitäten auf Ihren Plan haben. Weiterhin werfen Sie einen Blick darauf, wie Sie ein Berichtswesen Ihrer Fortschritte aufbauen und wie Sie wieder in die Spur gelangen können, wenn Sie herausfinden, dass Ihr Projekt entgleist ist. Im letzten Kapitel dieses Teils erhalten Sie Tipps, wie Sie das, was Sie in Ihren Projekten entdecken, verwenden können, damit Sie zukünftig in der Lage sind, besser zu planen.

Teil V: Mit unternehmensweiten Projekten arbeiten

Aufgrund dessen, was Project Professional dem Unternehmen mit den Funktionalitäten von Project Server und Project Web Access und den Onlinediensten von SharePoint bieten kann, sind Sie in der Lage, Dokumente online mit dem gesamten Projektteam zu nutzen. Sie lassen Ihre menschlichen Ressourcen die Arbeitszeiten eintragen und integrieren Informationen aus Project in Outlook. Dieser Teil zeigt grundlegend, was der Project Server kann und wie man Project Web Access verwendet – sowohl aus der Sicht des Projektleiters als auch aus der Sicht der Benutzer.

Teil VI: Der Top-Ten-Teil

Zehn scheint für Menschen eine praktische Zahl zu sein, wenn es darum geht, etwas aufzulisten, deshalb finden Sie in diesem Teil zwei dieser Listen: *Zehn goldene Regeln des Projektmanagements* und *Zehn Softwareprodukte zum Ausprobieren*. Das erste dieser beiden Kapitel erzählt Ihnen einiges darüber, was Sie tun und was Sie lassen sollten, damit Sie eine Menge Ärger sparen können, wenn Sie Project zum ersten Mal nutzen. Das zweite Kapitel bietet einen Ausblick auf Project-Add-Ons und ergänzende Software, die Microsoft Office Project um zusätzliche Funktionen erweitern.

Teil VII: Anhang

Dieses Buch wird von einer praktischen CD begleitet, die mit Sahnehäubchen aus der Welt des Projektmanagements gefüllt ist: Zusatzsoftware zur Projektverwaltung und Microsoft-Project-Vorlagen. In Anhang A erkläre ich, wie Sie mit der CD arbeiten und was Sie auf ihr finden können.

Ertragswert? Ist-Kosten bereits abgeschlossener Arbeit? Projektstrukturplan? Glauben Sie mir, das Projektmanagement kennt mehr Ausdrücke als ein medizinisches Fachbuch. Aus diesem Grund habe ich für ein Glossar gesorgt, das viele dieser Ausdrücke enthält, von denen einige aus dem Projektmanagement stammen, während andere einen projektspezifischen Hintergrund haben. Schlüsselbegriffe werden natürlich im Verlauf des Buches erklärt, wenn Sie aber schnell einmal etwas nachschlagen wollen, schauen Sie hier nach.

Was Sie nicht lesen müssen

Sie müssen dieses Buch nur dann von vorne bis hinten durchlesen, wenn Sie das wirklich wollen. Wenn Sie nur Informationen zu einem bestimmten Thema benötigen, können Sie dieses Buch dort aufschlagen, wo Sie die Informationen finden, die Sie suchen.

Ich habe dieses Buch so strukturiert, dass es mit den grundlegenden Konzepten anfängt, die Sie benötigen, um die Arbeitsweise von Project zu verstehen. Dann beschäftige ich mich mit den Schritten, die Sie unternehmen müssen, um ein typisches Projekt aufzubauen. Wenn Sie das unstillbare Bedürfnis verspüren sollten, den ganzen Kram kennen zu lernen, fangen Sie vorne an, und arbeiten Sie sich durch das Buch hindurch, um Ihren ersten Projektplan zu erstellen.

Anmerkung des Übersetzers

Zuvor aber ein paar Kleinigkeiten, die den Umgang mit – nicht nur diesem – Microsoft-Programm erleichtern sollen. Die Übersetzung der Oberflächen des Office-2007-Pakets ist leider nicht immer so gelungen, dass alles unmittelbar verständlich ist. In Project 2007 hat es ganz besonders einen Begriff erwischt, der mal deutsch ist und dann wieder in seinem englischen Kontext stehen gelassen wurde, womit er Bestandteil diverser »deutscher« Bezeichnungen wird. Deshalb gilt: Wenn Sie in Project 2007 *Enterprise* lesen, müssen Sie immer *unternehmensweit* denken. Generell gilt nicht nur in diesem Fall: Namen von Menüs, Schaltflächen, Vorlagen usw. werden so übernommen, wie sie im Programm verwendet werden, während ich sie im Text sinnvoll umschreibe.

Symbole, die in diesem Buch verwendet werden

Ein Bild sagt mehr als ... Sie wissen ja. Deshalb werden in *Für-Dummies*-Büchern Symbole verwendet, um Ihnen einen visuellen Hinweis auf spezielle Informationen zu geben, die Ihr Leben viel einfacher machen können. In diesem Buch werden die folgenden Symbole verwendet:

Dieses Symbol verweist auf Fakten, die zu dem Abschnitt des Buches passen, den Sie gerade lesen (und dessen Inhalt eventuell auch noch an anderer Stelle in diesem Buch erwähnt wird), oder die – weil es sich um wichtige Informationen handelt – wiederholt werden.

Bei den Tipps handelt es sich um die Ratgeber-Spalte eines Computerbuchs: Sie bieten weise Ratschläge, ein paar weitergehende Informationen zu einem Thema, das gerade abgehandelt wird und die vielleicht interessant sind, oder Wege an, wie Sie Dinge ein wenig einfacher erledigen können.

Diese Symbole buchstabieren das Wort Problem mit einem großen P. Wenn Sie eine Warnung sehen, sollten Sie sie lesen. Wenn Sie nicht aufpassen, könnten Sie an dieser Stelle Dinge tun, die in eine Katastrophe münden.

Was nun?

Jetzt ist es an der Zeit, das wegzupacken, was Sie bisher durch Nackenschläge in der Schule des Projektmanagements gelernt haben, und in die Welt von Microsoft Office Project 2007 einzutauchen. Wenn Sie sich das trauen, werden Sie mit einer Vielzahl von Werkzeugen und Informationen belohnt, die Ihnen dabei helfen, Ihre Projekte effizienter zu verwalten.

Wagen Sie den Schritt vom Projektmanagement der Höhlenbewohner in die schöne neue Welt von Microsoft Office Project 2007.

Teil I
Die Bühne für Project vorbereiten

»Schauen Sie, Sie haben jetzt Projekt-Manager, Buchhaltungs-Manager und Chancen-Manager, aber der Schleim-was-du-kannst-Manager ist kein Thema des Programms.«

In diesem Teil ...

Teil I erklärt die Arten von Eingaben, die Sie in Project machen müssen, um den größtmöglichen Nutzen aus seinen Möglichkeiten zu ziehen. Sie erhalten einen Überblick über die verschiedenen Ansichten von Project, über die Verwendung der Kalendereinstellungen, um Projektpläne zu erstellen, und über das Erzeugen von Aufgabenübersichten, um dann die Zeitplanung und die Beziehungen festzulegen, die die Aufgaben Ihres Projekts ordnen.

Projektmanagement: Was es ist und warum Sie sich darum kümmern sollten

In diesem Kapitel

- Entdecken, wie das traditionelle Projektmanagement auf Software umgestiegen ist
- Verstehen, welche Elemente eines Projekts in Project verwaltet werden können
- Die Rolle des Projektleiters verstehen
- Die Rolle entdecken, die das Internet im Projektmanagement spielt
- Mit Hilfe des *Projektberaters* anfangen
- Ein neues Projekt mit Hilfe einer Vorlage beginnen
- Eine Projektdatei speichern
- Hilfe in Project finden

Willkommen in der Welt des computerisierten Projektmanagements mit Microsoft Project. Wenn Sie bisher noch keine Projektmanagementsoftware eingesetzt haben, betreten Sie eine prachtvolle, neue Welt. Es ist so, als wenn Sie von einem Büro von vor 25 Jahren – ohne Fax, Voicemail oder E-Mail – in ein Büro von heute mit seiner Fülle von technischen Geräten gehen.

Alles, was Sie bisher mit handschriftlichen Aufgabenlisten, einer Textverarbeitung und Tabellen erledigt haben, vereint sich auf magische Weise in Project. Natürlich findet dieser Übergang nicht schlagartig statt, und Sie benötigen ein grundlegendes Verständnis davon, was Projektmanagementsoftware machen kann, damit Sie deren Vorteile wirklich nutzen können. Wenn Sie schon mit früheren Versionen von Project gearbeitet haben, kann dieser kleine Überblick dazu beitragen, nicht nur Ihr Gedächtnis aufzufrischen, sondern Sie auch gleich in einige der neuen Funktionen von Project 2007 einzuführen.

Deshalb sollten Sie sich selbst dann ein paar Minuten Zeit nehmen, um dieses Kapitel zumindest zu überfliegen, wenn Sie ein erfahrener Projektleiter sind. Es legt die Grundlagen für Ihre Arbeit mit Project.

Das ABC des Projektmanagements

Sie haben wahrscheinlich tagtäglich mit Projekten zu tun. Bei einigen ist das offensichtlich der Fall, weil Ihr Chef sie so nennt und damit jeder Schwachkopf weiß, dass es eines ist: zum Beispiel das Tiefsee-Bohrprojekt oder das Netzwerk-Erweiterungsprojekt. Bei anderen Dingen ist es nicht so offensichtlich, dass Sie es mit einem Projekt zu tun haben, zum Beispiel wenn es darum geht, dass Sie auf der Geburtstagsfeier am Samstag eine Rede halten oder bald den Hund baden müssen.

Wenn Sie die Geburtstagsfeier des Unternehmens organisieren müssen, haben wir es mit einem Projekt zu tun. Wenn man Ihnen die Verantwortung für eine drei Jahre dauernde Expedition in die Eifel anvertraut, um dort nach Erdöl zu bohren, mit Firmen die entsprechenden Verträge abzuschließen, die notwendigen Genehmigungen bei den zuständigen Behörden einzuholen und mit einem Team von 150 Personen zu arbeiten, handelt es sich wohl definitiv um ein Projekt. Ja, selbst die Rede, die Sie halten müssen, ist ein Projekt, weil sie bestimmte Merkmale aufweist:

- Ein zentrales Ziel
- Ein Projektleiter
- Einzelne Aufgaben, die durchgeführt werden müssen
- Einen Zeitplan, in dem die Aufgaben abgearbeitet werden (wie drei Stunden, drei Tage oder drei Monate)
- Ressourcen (wie Menschen, Ausrüstung, Einrichtungen und Vorräte)

Projektmanagement ist der Vorgang, die Elemente eines Projekts zu verwalten, und zwar unabhängig davon, ob es sich dabei um ein großes oder um ein kleines Projekt handelt.

Die drei As: Aufgaben, Abhängigkeiten und Zeitplanung (gut, zwei As und ein Z)

Wie heißt es doch: »Wenn du auch nicht weißt, wohin du gehst, so wird dich doch jeder Weg ans Ziel bringen.« Deshalb fangen Sie am besten mit dem Anfang an: Sie müssen das Ziel Ihres Projektes verstehen, damit Sie damit anfangen können, die entsprechenden Aufgaben zu definieren, die erledigt werden müssen, um an das Ziel zu kommen. Aufgaben werden in Project als Vorgang bezeichnet.

Ein *Vorgang* ist einfach eines dieser Elemente, das Sie auf Ihre handgeschriebene Liste der zu erledigenden Dinge kritzeln (wie *Abschlussbericht schreiben* oder *Genehmigung einholen*). Vorgänge werden in Project normalerweise in *Phasen* (sich ergänzenden Schritten) gegliedert und in einer Struktur angeordnet, wie sie das Projekt in Abbildung 1.1 darstellt. Da in jedem Projekt der Zeitverlauf sehr wichtig ist, hilft Ihnen Project dabei, die zeitlichen Abläufe und Zusammenhänge der einzelnen Vorgänge zu erkennen.

1 ➤ Projektmanagement

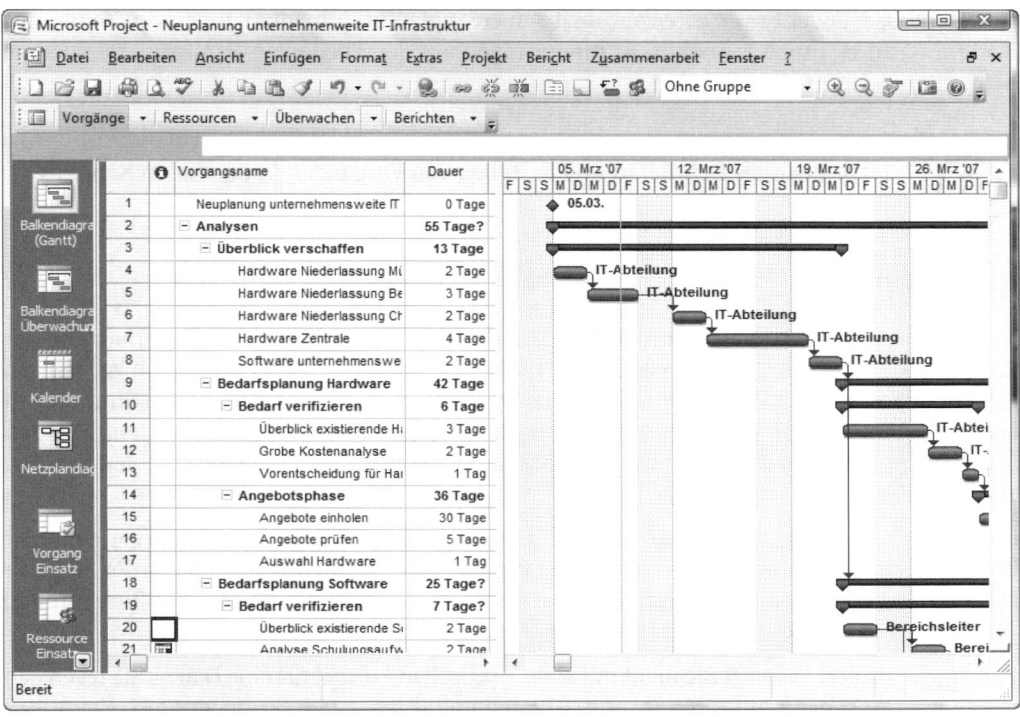

Abbildung 1.1: Sie werden höchstwahrscheinlich die meiste Zeit mit der Ansicht BALKENDIAGRAMM (GANTT) zu tun haben.

Zum Meister über die Vorgänge werden

Ein Vorgang kann so allgemein oder so speziell gehalten sein, wie Sie das für richtig halten. Sie können zum Beispiel einen einzigen Vorgang erzeugen, um sich über Ihre Mitbewerber zu informieren, oder Sie legen eine Projektphase an, die aus einem *summierenden Sammelvorgang* und diversen darunter angeordneten *Teilvorgängen* besteht. So kann zum Beispiel in Abbildung 1.1 Angebotsphase ein Sammelvorgang sein, während Angebote einholen, Angebote prüfen und Auswahl Hardware Teilvorgänge sind.

 Das Hinzufügen eines Vorgangs zu einer Project-Datei kostet Sie nicht mehr als ein paar Nanobits Arbeitsspeicher. Deshalb kann ein Projekt so viele Vorgänge haben und aus so vielen Phasen bestehen, wie Sie es für notwendig halten. Sie benutzen einfach die skizzenhafte Struktur, um in Project die verschiedenen Vorgangsebenen zu unterscheiden.

Praktisch ist an dieser skizzenhaften Struktur, dass Sie in der Lage sind, den Zeitbedarf und die Kosten der Teilvorgänge in einem Sammelvorgang zusammenzufassen. Drei Teilvorgänge, die jeder einen Tag benötigen und 200 Euro kosten, bilden einen Sammelvorgang, der drei Tage und 600 Euro umfasst. Sie können sich Ihr Projekt in den unterschiedlichsten Teilbereichen anzeigen lassen, oder Sie erhalten automatisch erzeugte Zusammenfassungen von Zeiten und Kosten, wenn es Ihnen ausreicht, Summierungen auf der Ebene von Sammelvorgängen zu betrachten.

 Mehr über das Definieren und Erstellen von Vorgängen finden Sie in Kapitel 4.

Alles im Plan

Man sagt, dass zeitliche Abstimmung alles ist: »Rom wurde nicht an einem Tag erbaut«, »Was du heute kannst besorgen, das verschiebe nicht auf morgen« und »Frage mich nicht nach dem richtigen Zeitpunkt, um deine IT-Aktien zu verkaufen«. Eine zeitliche Abstimmung ist auch für Vorgänge von Bedeutung. Die meisten von ihnen haben einen Zeitverlauf, der hier *Dauer* genannt wird und der die Summe der Zeit darstellt, die benötigt wird, um den Vorgang abzuschließen.

Die einzigen Vorgänge ohne Dauer sind Meilensteine. Ein *Meilenstein* ist ein Vorgang mit der Dauer null. Im Wesentlichen kennzeichnet er nur einen Zeitpunkt, über den Sie in der Struktur Ihres Projekts nachdenken sollten. Typische Meilensteine sind zum Beispiel die Zustimmung zum Design einer Broschüre oder das Anlaufen eines Fließbands.

 Project versorgt Sie nicht mit einer magischen Formel für eine Dauer: Sie legen den Wert dafür aufgrund Ihrer Erfahrung und Ihres Urteilsvermögens fest. Benötigen Sie für den Entwurf einer Verpackung drei Tage oder drei Wochen? Erhalten Sie eine Baugenehmigung in einem Tag oder in einem Monat? (Denken Sie daran, dass Sie es hier mit einer Behörde zu tun habe, bevor Sie antworten!) Project ist kein Hellseher: Sie müssen es mit Fakten, Zahlen und nachvollziehbaren Schätzwerten füttern, damit es für Ihr Projekt einen Terminplan aufbauen kann. Wenn Sie diese Informationen eingegeben haben, ist Project in der Lage, wundervolle Dinge zu machen, um Ihnen zu helfen, Ihren Terminplan zu verwalten und die Fortschritte zu überwachen.

Abhängigkeit von Vorgängen

Das letzte Teilchen in dem Puzzle, das insgesamt die Dauer Ihres Projekts ergibt, bildet das Konzept der *Abhängigkeiten* (die auch als zeitliche Beziehung zwischen den Vorgängen bekannt sind). Wenn Sie einen Terminplan haben, der zehn Vorgänge enthält, die alle zu demselben Zeitpunkt anfangen, dauert Ihr gesamtes Projekt so lange, wie Ihr längster Vorgang dauert (siehe Abbildung 1.2).

Nachdem Sie zeitliche Beziehungen zwischen den Vorgängen definiert und eingerichtet haben, kann sich Ihr Terminplan wie ein Gummiband entlang einer Zeitachse ziehen. So kann zum Beispiel ein Vorgang erst anfangen, wenn sein Vorgänger beendet ist. Ein anderer Vorgang kann anfangen, wenn sein Vorgänger zur Hälfte abgeschlossen worden ist. Ein weiterer Vorgang kann erst zwei Wochen nach dem Ende des ersten Vorgangs beginnen. Erst wenn Sie diese

Beziehungen zwischen den Vorgängen eingegeben haben, sind Sie in der Lage, den Zeitplan eines Projekts nicht als Auswertung einzelner, sondern als Gesamtheit aller miteinander in Beziehung stehenden Vorgänge zu betrachten.

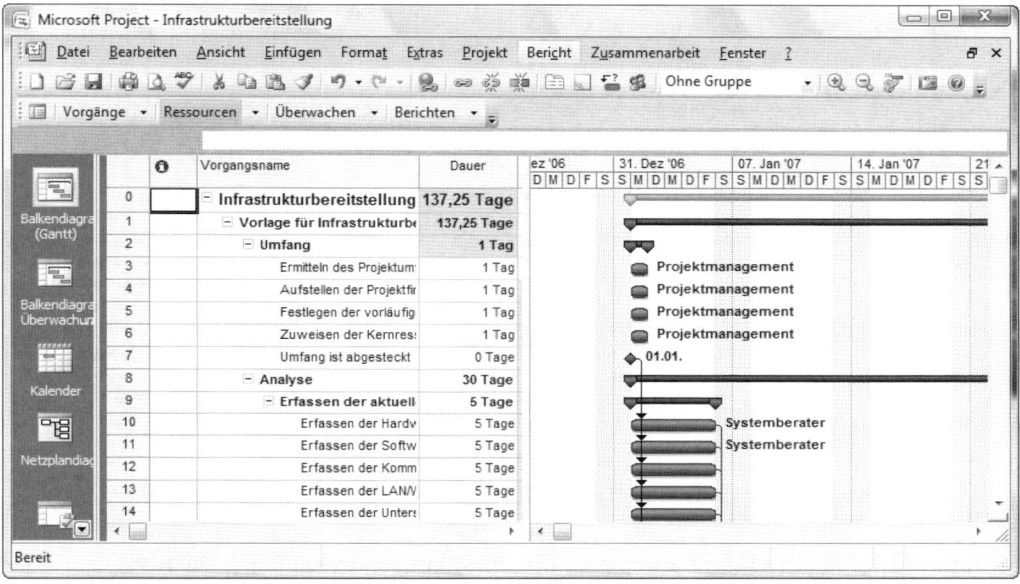

Abbildung 1.2: Dieser Terminplan enthält Vorgänge mit Zeiten, aber ohne Abhängigkeiten.

Beispiele für Abhängigkeiten sind:

✔ Sie können ein neues Computerteil erst benutzen, wenn Sie es installiert haben.

✔ Sie können auf einem frisch zementierten Boden erst weiterbauen, wenn er getrocknet ist.

✔ Sie können ein neues Medikament erst vertreiben, wenn es alle Gesundheitsprüfungen überstanden hat.

Abbildung 1.3 zeigt einen Projektplan, bei dem jeder Vorgang eine Dauer hat und die Abhängigkeiten zwischen den Vorgängen aufgebaut worden sind. Weiterhin können Sie diesem Plan sofort auch die Gesamtdauer des Projekts entnehmen.

Lassen Sie mich noch einen kurzen Hinweis zur Zeitplanung von Vorgängen geben: Sie können zusätzlich zu Abhängigkeiten auch *Einschränkungen* anwenden. So können Sie zum Beispiel festlegen, dass mit der Auslieferung Ihrer neuen Kuchenmischung erst dann begonnen wird, wenn die entsprechende Werbung in Ihrem Weihnachtskatalog aufgenommen worden ist. Sie legen also eine Abhängigkeit zwischen diesen beiden Ereignissen fest. Sie können auch eine Einschränkung definieren, die aussagt, dass die Kuchenproduktion spätestens am 3. November starten muss. Falls Sie in diesem Fall keinen Endtermin für Ihren Katalog festlegen, beginnt der Versand am 3. November, weil dieser Vorgang aufgrund seiner Abhängigkeiten spätestens dann ablaufen muss.

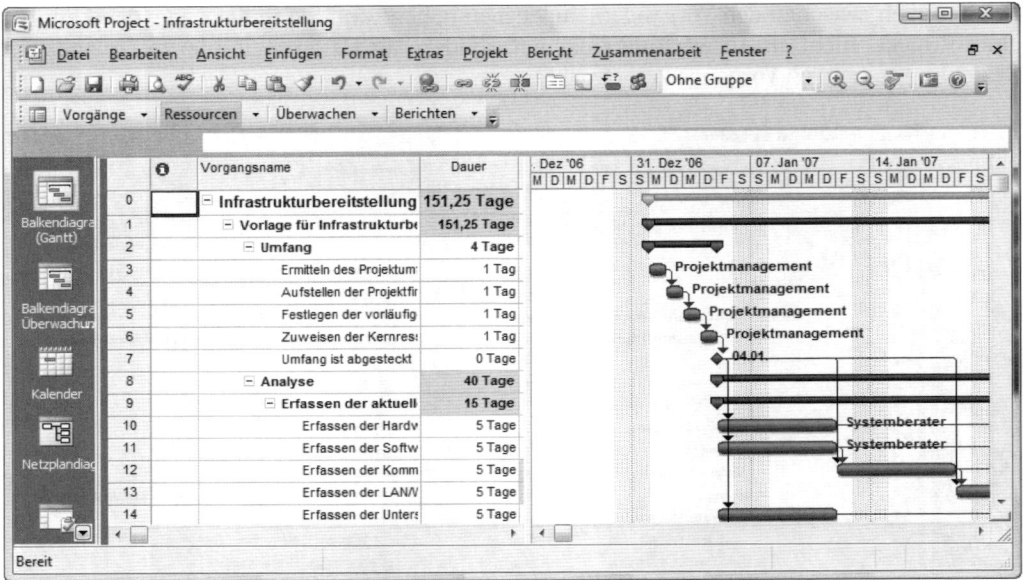

Abbildung 1.3: Dieser Terminplan enthält Vorgänge mit Zeiten und Abhängigkeiten.

Sie finden detailliertere Informationen zu Einschränkungen in Kapitel 4. Die hohe Kunst der Abhängigkeiten beschreibe ich in Kapitel 6.

Lassen Sie Ihre Ressourcen antreten

Wer Project zum ersten Mal verwendet, den verwirrt vielleicht der Begriff *Ressourcen* ein wenig. Ressourcen sind nicht nur Menschen: Eine Ressource kann jedes Ausrüstungsstück sein, das Sie mieten, eine Konferenzzimmer, für das Sie auf Stunden-, Wochen- oder Monatsbasis bezahlen, eine Kiste Nägel oder ein Programm, die bzw. das Sie kaufen müssen.

Project lässt drei Arten von Ressourcen zu: Eine *Arbeitsressource* wird anhand der Stunden oder Tage, in Rechnung gestellt, die eine Ressource (bei der es sich häufig um einen Menschen handelt) mit einem Vorgang beschäftigt ist. Eine *Materialressource*, wie Nähzeug oder Stahl, wird je Verwendung oder Verbrauchseinheit (wie Quadratmeter, Länge oder Tonnen) berechnet. Eine *Kostenressource*, wie die Teilnahmegebühr an einer Konferenz, hat feste Kosten: Diese Kosten sind unabhängig davon, wie lange Sie an der Konferenz teilnehmen und wie viele Menschen sie besuchen.

Einige Ressourcen, wie zum Beispiel Menschen, führen ihre Arbeit in Abhängigkeit von einem auf Arbeitszeiten basierenden Kalender durch, Wenn eine Person einen 8-Stunden-Tag hat und Sie sie einem Vorgang zuweisen, der 24 Stunden benötigt, müssen Sie drei Arbeitstage für diesen Vorgang kalkulieren. Jemand, der einen 12-Stunden-Tag hat, erledigt denselben Vorgang in zwei Tagen. Sie können für Ihre menschlichen Ressourcen Kalendarien mit Arbeitstagen und arbeitsfreier Zeit einrichten und damit auf eine 4-Tage-Woche oder Schichtdienst reagieren.

 Sie können für Ressourcen unterschiedliche Kostenfaktoren festlegen, wie zum Beispiel Kosten pro Stunde und Kosten für Überstunden. Project verwendet die Kosten und Arbeitszeiten der Kalendarien der einzelnen Ressourcen. Sie finden in Kapitel 7 weitere Informationen zu Ressourcen und Kosten.

Es gibt in Project eine ganze Reihe von Ansichten, mit denen Sie sich einen Überblick über Ressourcen und darüber verschaffen können, welche Auswirkung deren Zuordnung zu Vorgängen auf die Kosten des Projekts hat. Abbildung 1.4 zeigt die Tabelle RESSOURCE, die einen Überblick über Ressourcen und deren Kosten gibt.

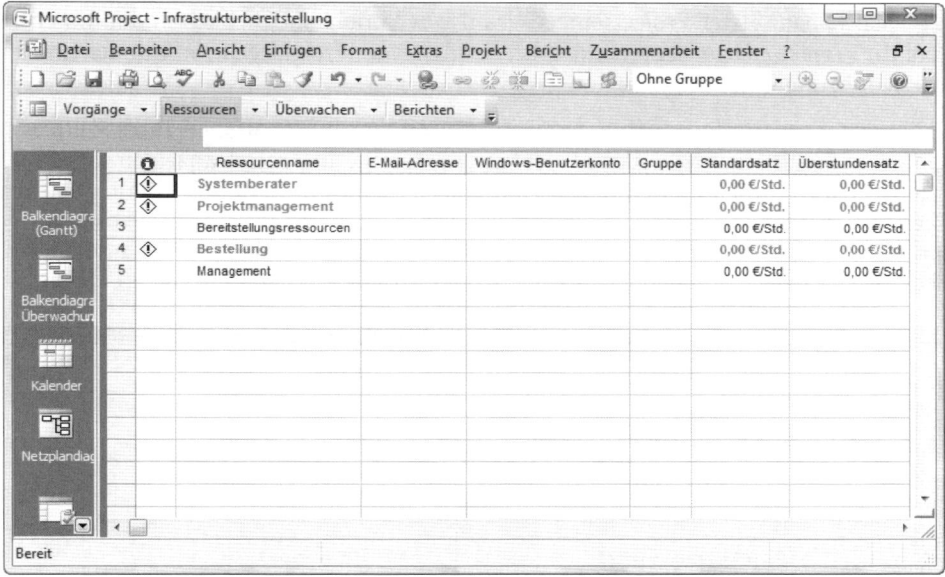

Abbildung 1.4: Ressourcen, die stundenweise berechnet werden, bilden die Basis für das Abrechnungssystem von Project.

 Sie sollten noch etwas Wichtiges über Ressourcen wissen: Sie lieben Konflikte. Nein, ich meine jetzt nicht die Streitereien auf Meetings (obwohl auch das passieren kann). Die Konflikte, um die es hier geht, kommen daher, dass Ressourcen Vorgängen zugeordnet sind und dass diese Zuordnung ihre Arbeitszeit übersteigt. Wenn Sie beispielsweise so eine arme Seele für drei 8-Stunden-Vorgänge einteilen, die alle an demselben Tag – und in den gleichen acht Stunden – fertig werden müssen, hat Project Funktionen, die sofort bei Ihnen auf der Matte stehen und Alarm schlagen, um Sie vor einem solchen Konflikt zu warnen. (Glücklicherweise kennt Project auch Werkzeuge, die Ihnen helfen, diese Konflikte zu lösen.)

Nachrichten verbreiten

Ich gehöre zu den Menschen, die immer unmittelbar wissen müssen, was sie von einer Sache haben. Eines der ersten Dinge, die ich hinterfrage, wenn ich eine neue Software kennen lerne, ist: »Was habe ich davon?« Bisher habe ich Ihnen von den Informationen erzählt, die Sie in Project eingeben: Informationen über Vorgänge, Abhängigkeiten zwischen Vorgängen und Ressourcen. Ist es jetzt nicht aber an der Zeit, dass Ihnen Project auch etwas zurückgibt?

Endlich haben Sie eine der großen Rückzahlungsmöglichkeiten erreicht, die Sie für die Eingabe der Informationen entschädigen: das Berichtswesen. Nachdem Sie Ihre Informationen eingegeben haben, bietet Project eine Vielzahl von Berichtsmöglichkeiten, die Ihnen dabei helfen, Ihr Projekt zu beobachten und Fortschritte an das Projektteam, an Kunden und an die Geschäftsführung weiterzugeben.

Sie können vorgefertigte Berichte erstellen, die auf den Informationen Ihres Zeitplans beruhen, oder Sie drucken eine der Ansichten aus, die Sie in Project anzeigen können. Project 2007 kennt normale Berichte und grafische Berichte. (Um grafische Berichte sehen zu können, müssen Sie das Microsoft .NET Framework installiert haben, das Sie kostenlos unter www.microsoft.de/downloads herunterladen können.) Die Abbildungen 1.5 und 1.6 stellen zwei der vielen Berichtsmöglichkeiten dar, die in Project zur Verfügung stehen.

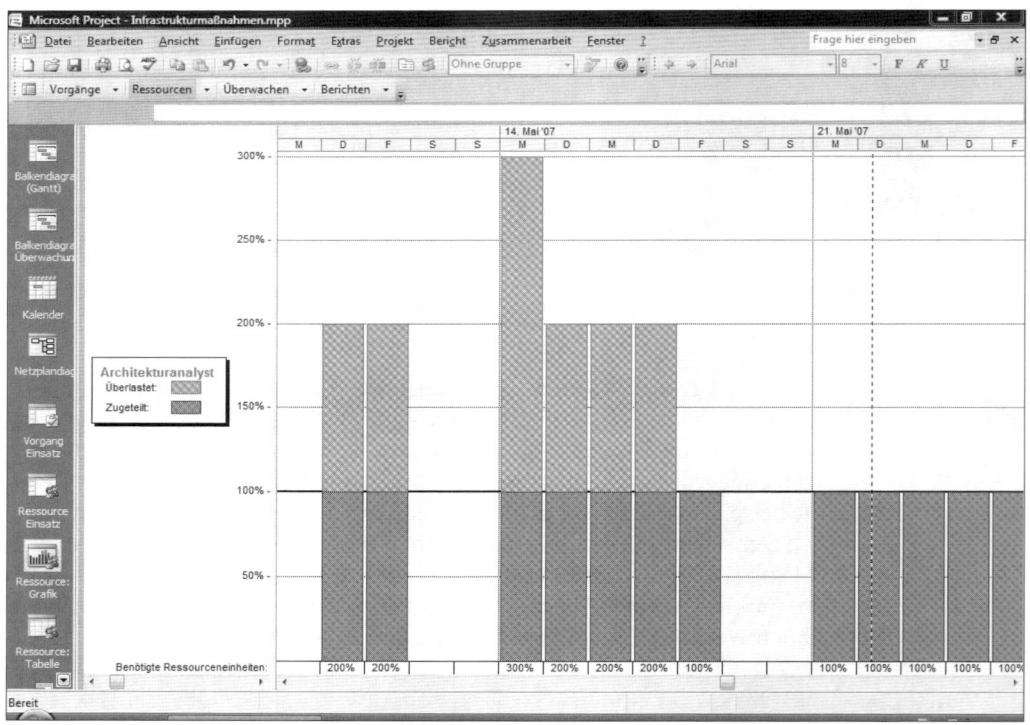

Abbildung 1.5: Beschäftigen Sie sich mit der Auslastung Ihrer Ressourcen, indem Sie die grafische Ansicht RESSOURCE GRAFIK verwenden.

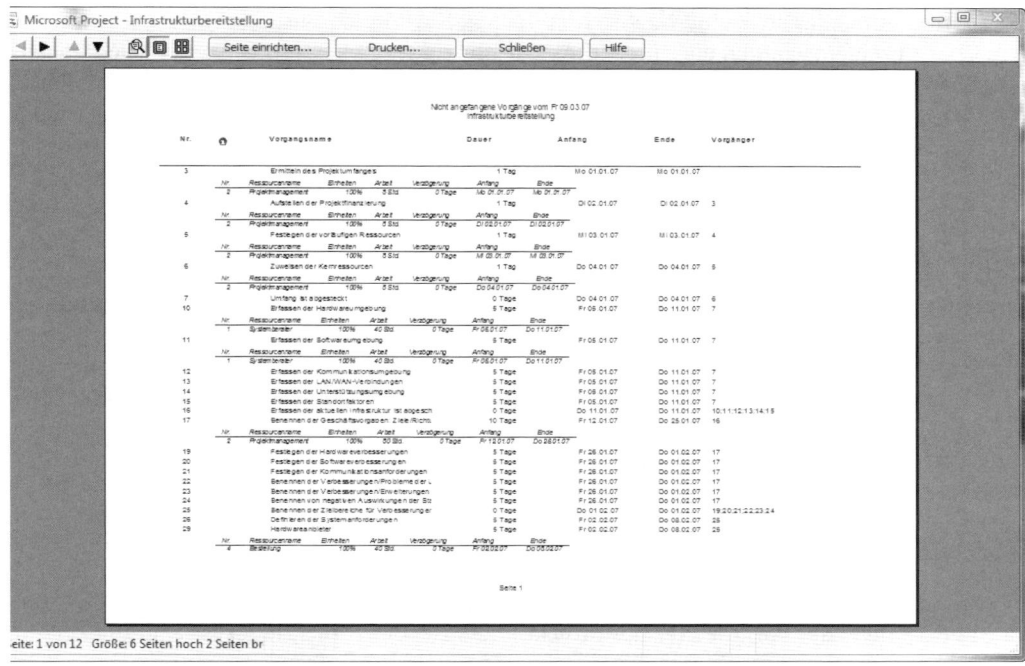

Abbildung 1.6: Der Bericht Nicht angefangene Vorgänge

Dingen planmäßig auf der Spur bleiben

Projekte sind nicht wie eine (organisatorische) Mücke in Bernstein eingeschlossen: Sie ändern sich öfter als die Meinung eines Politikers im Wahlkampf. Und hier kommen Projects Fähigkeiten ins Spiel, Ihre Daten zu ändern.

Nachdem Sie Ihre Vorgänge angelegt haben, weisen Sie ihnen eine Dauer und Abhängigkeiten zu. Sie weisen ihnen Ressourcen und Kosten zu und legen einen Basisplan fest. Ein *Basisplan* ist ein Schnappschuss von Ihrem Projekt, der gemacht wird, wenn Sie glauben, dass Sie mit der Projektplanung fertig sind und das Projekt anfangen kann. Wenn Sie den Basisplan eingerichtet haben, tragen Sie in Ihren Vorgängen Aktivitäten ein. Dann sind Sie in der Lage, die aktuellen Aktivitäten mit Ihrem Basisplan zu vergleichen, weil Project beide Informationsarten in Ihrem Terminplan speichert.

Zum Überwachen der Aktivitäten in Ihrem Projekt gehören nicht nur das Aufzeichnen des aktuellen Zeitplans von Vorgängen und das Aufzeichnen der Zeiten, die Ihre Ressourcen für die einzelnen Vorgänge benötigt haben, sondern auch die Eingabe der aktuellen Kosten, die aufgelaufen sind. Sie können dann Ansichten von Project anzeigen, die jederzeit darstellen, wo Sie sich (im Vergleich mit Ihrem Basisplan) zeitlich und kostentechnisch mit Ihrem Projekt befinden.

Ob Sie nun gute oder schlechte Nachrichten haben, Sie können Berichte verwenden, um Ihrem Chef zu zeigen, wie sich die Dinge im Vergleich zu Ihren Überlegungen entwickelt haben. Wenn Sie Ihren Chef dann wieder von der Decke gekratzt haben, können Sie eine ganze Reihe von Project-Werkzeugen benutzen, um Anpassungen vorzunehmen, damit alles wieder nach Plan verläuft.

Die Rolle des Projektleiters

Obwohl es häufig schwierig ist, die Rolle eine Managers (geschweige denn seinen Sinn) zu verstehen, ist es immer einfach, den Wert eines *Projektleiters* aufzuzeigen. Diese Person erstellt den grundlegenden Plan des Projekts und versucht, dafür zu sorgen, dass dieser erfolgreich umgesetzt wird. Auf diesem Weg benutzt diese Schlüsselfigur Fertigkeiten und Methoden, die sich im Laufe der Zeit entwickelt haben. Sie versucht, die Informationen zu verwalten, die aufzeigen, wie sich die Dinge entwickelt haben, und ist bemüht, den Zeitplan einzuhalten.

Was genau macht ein Projektleiter?

Ein Projektleiter ist nicht immer die entscheidende Person eines Projekts. Diese Rolle übernimmt derjenige, der Vorgesetzter des Projektleiters ist. Der Projektleiter ist eher die Person an der Front, die dafür sorgt, dass die einzelnen Teile des Projekts zusammenfinden, und die praktisch für den Erfolg oder das Scheitern des Projekts verantwortlich ist.

In der Ausdrucksweise des Projektmanagements ist die Person, die das Projekt initiiert hat (und die letzte Verantwortung dafür trägt), der *Projektsponsor*.

Ein Projektleiter verwaltet die folgenden wichtigen Teile eines Projekts:

- ✔ **Projekt- oder Terminplan:** Den erstellen Sie mit Microsoft Project. Er enthält die einzelnen Schritte, den dazu gehörenden Terminplan und die Kosten, die zum Erreichen des Projektziels anfallen.

- ✔ **Ressourcen:** Zum Verwalten der Ressourcen gehören das Lösen von Ressourcenkonflikten, das Erzielen von Übereinstimmungen, die Zuweisung von Ressourcen und das Verfolgen ihrer Aktivitäten im Projekt. Dieser Teil des Jobs umfasst auch die Verwaltung der nichtmenschlichen Ressourcen wie Material und Ausrüstung.

- ✔ **Kommunikation mit dem Projektteam, der Geschäftsleitung und den Kunden:** Eine der Schlüsselverantwortungen ist die Übermittlung des Projektstatus an jeden, der ein berechtigtes Interesse am Erfolg des Projekts hat.

Obwohl ein Projektleiter häufig für einen Projektsponsor arbeitet, gibt es oft auch einen Kunden, der auf das Ende des Projekts wartet. Dieser Kunde kann außerhalb oder innerhalb der Firma des Projektleiters zu finden sein.

Die gefürchtete dreifache Einschränkung verstehen

Sie sind vielleicht in Kopierläden oder Reparaturwerkstätten auf Schilder wie dieses gestoßen: Schnell, billig oder ordentlich – entscheiden Sie sich für zwei davon. Das, mein Freund, ist in aller Kürze die dreifache Einschränkung einer Projektleitung.

In einem Projekt haben Sie es mit Terminplänen, Ressourcen (die eigentlich Kosten sind) und der Qualität des Produkts oder der Dienstleistung zu tun, das bzw. die am Ende des Projekts als Ergebnis herauskommt. Microsoft Project hilft Ihnen dabei, die Ressourcen und die Zeitplanung Ihres Projekts zu verwalten. Die Qualität des Projekts hängt häufig direkt damit zusammen, wie Sie es verwalten. Wenn Sie Zeit hinzufügen, steigen die Kosten, weil die Ressourcen länger zu einem bestimmten Lohn arbeiten müssen. Wenn Sie Ressourcen entfernen, sparen Sie zwar Geld, können aber massive Probleme bei der Qualität bekommen – und so weiter.

Das zentrale Anliegen eines guten Projektleiters muss also darin liegen, im Verlauf eines Projekts einen logischen Ausgleich zwischen Zeit, Geld und Qualität zu finden.

Auf eine erprobte Methodik zurückgreifen

Microsoft Project enthält einige Werkzeuge zur Terminplanung und Überwachung, die das Ergebnis vieler Jahre Entwicklung von Methoden des Projektmanagements sind. Ein paar von ihnen lohnen eine nähere Betrachtung:

- **Das Gantt-Diagramm** (siehe Abbildung 1.7), das die zentrale Ansicht von Project bildet, zeigt Ihnen eine Tabelle mit Spalten, die Daten enthalten, und eine grafische Darstellung der Vorgänge eines Projekts, die entlang einer horizontalen Zeitachse angeordnet sind. Indem Sie auf die Daten in den Spalten (zum Beispiel VORGANG, ANFANG, ENDE und RESSOURCEN, die den Vorgängen zugeordnet sind) zurückgreifen, können Sie die Parameter eines jeden Vorgangs verstehen und seinen Zeitverlauf im grafischen Bereich verfolgen. Da Sie diese Informationen auf einer einzigen Seite sehen können, fällt es Ihnen leichter zu verstehen, was in Bezug auf Zeit und Kosten in Ihrem Projekt passiert.

- **Das Netzplandiagramm** (auch logisches Diagramm genannt), das Sie als Abbildung 1.8 vorfinden, ist eigentlich nichts als die Microsoft-Version eines PERT-Diagramms. PERT (Program Evaluation and Review Technique) wurde in den 1950er Jahren für den Bau der Polaris-U-Boote entwickelt. Diese fast ausschließlich grafische Darstellung der Vorgänge Ihres Projekts spiegelt eher den Arbeitsverlauf im Projekt als den reinen Zeitverlauf von Vorgängen wider. Diese Ansicht hilft Ihnen dabei zu erkennen, wie ein Vorgang in den nächsten fließt, und ein Gefühl dafür zu bekommen, wo Sie stehen – weniger zeitlich als unter dem Gesichtspunkt gesehen, welche Arbeiten Sie noch erledigen müssen.

- **Risikomanagement** ist ein zentraler Teil des Projektmanagements, weil Projekte, wenn man ehrlich ist, mit Risiken vollgestopft sind. Sie gehen das Risiko ein, dass Ihre Ressourcen nicht greifen, dass Material zu spät angeliefert wird oder dass Ihr Kunde alle Parameter des Projekts ändert, nachdem es bereits zur Hälfte erledigt ist – nur damit Sie eine Vorstellung davon bekommen, was Sie erwartet.

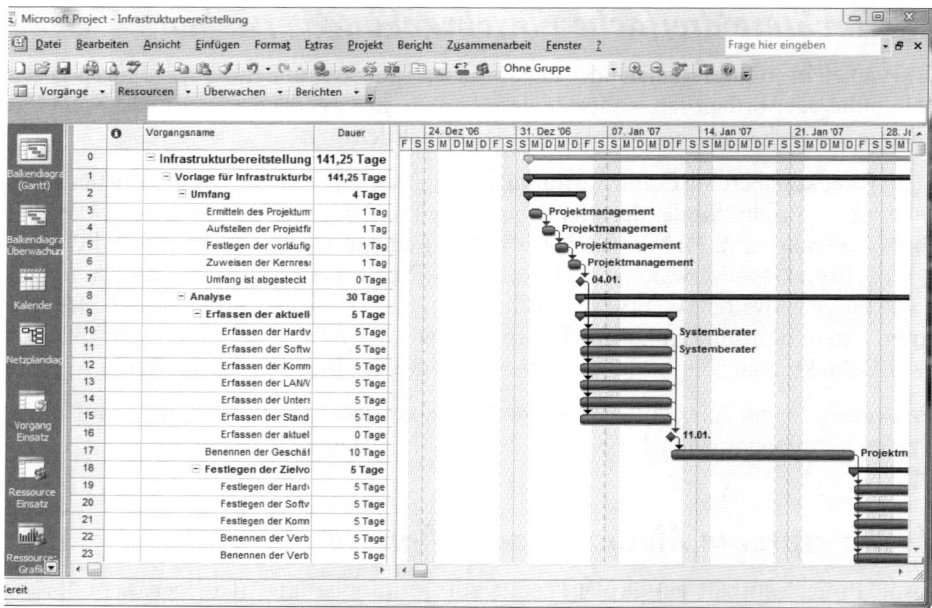

Abbildung 1.7: Die Methode des Gantt-Diagramms zur Zeitplanung in einem Projekt, wie sie in Microsoft Project dargestellt wird

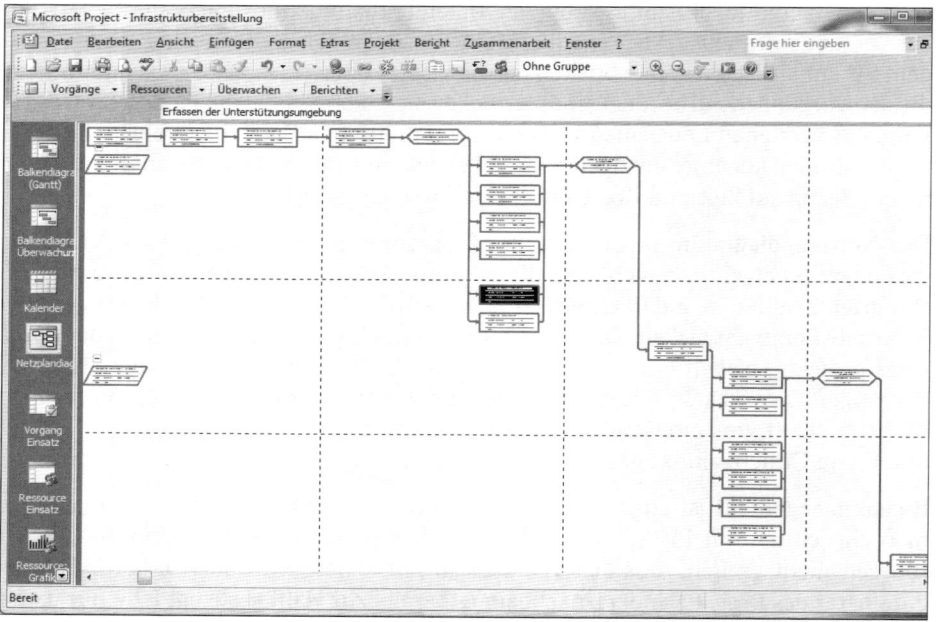

Abbildung 1.8: Als naher Verwandter des PERT-Diagramms konzentriert sich das Netzplandiagramm auf die zu erledigende Arbeit und nicht auf Zeitabläufe.

Risikomanagement ist die Kunst, Risiken vorherzusehen, sie zu gewichten und Strategien festzulegen, um die wahrscheinlichsten Risken daran zu hindern aufzutreten. Project hilft Ihnen beim Risikomanagement, indem Sie Was-wäre-wenn-Szenarien ausprobieren können: Sie können zum Beispiel den Starttermin oder die Länge von Vorgängen oder Vorgangsphasen ändern und zusehen, welchen Einfluss diese Änderungen auf Ihren Terminplan haben. Gleiches gilt für Verzögerungen, Kostenüberschreitungen und Ressourcenkonflikte, die in solchen Szenarien bis hin zum letzten Cent durchgespielt werden können. Dadurch, dass Sie fast auf Zuruf auf solche Informationen zurückgreifen können, wird Risikomanagement einfacher und (fast) schmerzfrei.

✔ **Ressourcenmanagement** besteht aus der weisen Verwendung von Ressourcen. Ein guter Projektleiter findet die für eine Aufgabe richtige Ressource, weist dieser Person das richtige Arbeitspensum zu, achtet wachsam auf Schichten im Terminplan, die dazu führen, dass diese Ressource überbucht würde, und sorgt über die Laufzeit des Projekts hinweg durch Anpassungen dafür, dass alle Ressourcen hochproduktiv bleiben. In Project gibt es Werkzeuge wie die *Ressourcentabelle* (die traditionell als Histogramm bezeichnet wird) und das Ressourcendiagramm (siehe Abbildung 1.9), das die Auslastung der Ressourcen widerspiegelt.

Abbildung 1.9 zeigt gleichzeitig, dass ein Ressourcenausgleich (eine Berechnungsmethode, die Ressourcen automatisch neu verplant, um Überlastungen zu lösen) notwendig ist. Die Tabelle ermöglicht es Ihnen, Ressourcen viel effektiver zu verwalten. Sie können zum Beispiel sehen, wie stark der Systemberater an einigen Tagen überbucht ist.

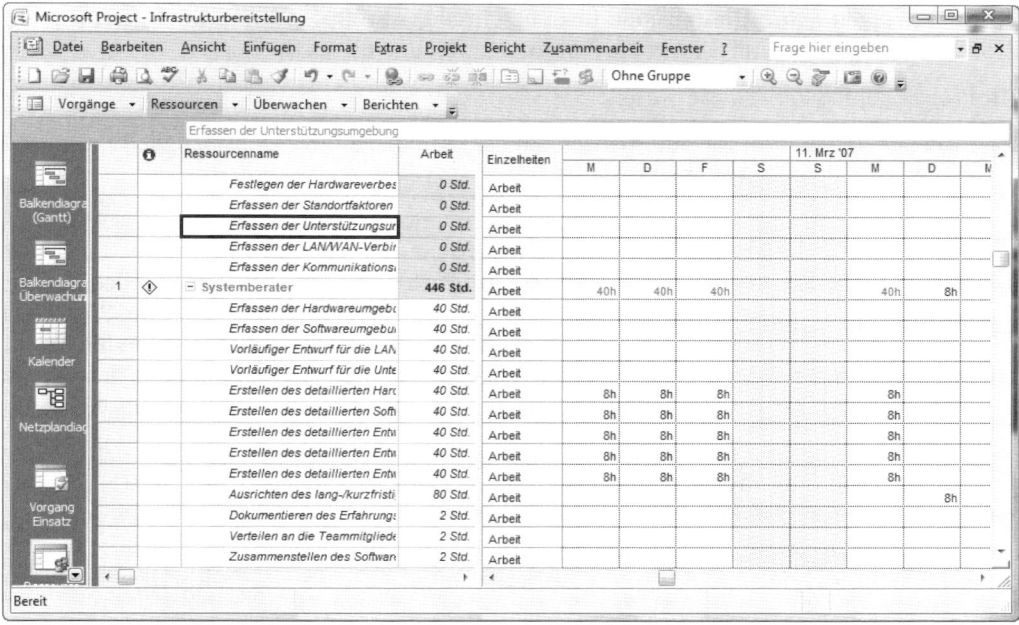

Abbildung 1.9: Eine Ressourcentabelle hilft dabei, zeitliche Probleme beim Einsatz von Ressourcen herauszufinden.

 Sie können für Ressourcen Kürzel verwenden, die Kenntnisse und Fähigkeiten kennzeichnen, was das Suchen nach der richtigen Ressource für den richtigen Job zu einem Kinderspiel macht.

Von einer Aufgabenliste zur Festplatte

Wenn Sie dieses Kapitel von Anfang bis Ende lesen, schütteln Sie vielleicht Ihren Kopf und sagen: »Junge, handgeschriebene Aufgabenlisten sind doch eigentlich auch jetzt noch ganz prima. Sie schlagen auf jeden Fall das Anlegen von Hunderten von Vorgängen, die alle eine Dauer bekommen müssen, das Aufbauen von Abhängigkeiten zwischen den Ressourcen, das Erstellen von Ressourcen, das Eingeben von Ressourcenkalender- und Kalkulationsinformationen, das Zuweisen von Ressourcen und Kosten zu Vorgängen, das Eingeben von Aktivitäten, die an einem Vorgang hängen ...« und so weiter.

Damit haben Sie Recht und liegen gleichzeitig falsch. Sie müssen eine Menge Informationen in Project eingeben, um von seinen Funktionen zu profitieren. Sie können aber auch eine Menge aus Project herausholen.

Mit Project in die Gänge kommen

Nehmen Sie sich einen Moment Zeit, um all die wunderbaren Dinge anzuschauen, die Project für Sie erledigen kann. Die folgende Liste beschreibt, warum Sie (oder Ihr Unternehmen) Project gekauft haben und warum Sie Zeit investieren und dieses Buch lesen.

Mit Project genießen Sie diese Vorteile:

- ✔ Project berechnet für Sie automatisch auf der Grundlage Ihrer Eingaben die Kosten und den notwendigen Zeitrahmen.

- ✔ Project bietet Ansichten und Berichte, die Ihnen und denjenigen, denen Sie Bericht erstatten müssen, mit dem Klicken auf eine Schaltfläche eine Vielzahl von Informationen zur Verfügung stellen. Sie stehen nie mehr vor dem Problem, manuell einen aktuellen Bericht über die bis dahin aufgelaufenen Gesamtkosten erstellen zu müssen, weil Ihr Chef diese Informationen von jetzt auf gleich haben will. Wenn Sie eine aktuelle Kostenübersicht benötigen, müssen Sie nur das BALKENDIAGRAMM ÜBERWACHUNG zusammen mit der Tabelle ÜBERWACHUNG ausdrucken. Sie finden in Kapitel 16 Informationen zum Berichtswesen.

- ✔ Sie können eingebaute Vorlagen verwenden, um Vorgaben für Ihr Projekt zu erhalten. Project-*Vorlagen* sind vorgefertigte Pläne für typische Projekte im geschäftlichen Umfeld, wie zum Beispiel *Markteinführung eines neuen Produkts*, *Produktentwicklung*, *Büroumzug*, *Softwareentwicklung* oder *Planung einer Marketingkampagne*.

Mit dem Projektteam online zusammenarbeiten

Sie können alle Vorteile nutzen, die das Internet bietet, indem Sie Funktionen von Project nutzen, um mit anderen zusammenzuarbeiten. Project 2007 macht erste Schritte in die Welt des unternehmensweiten Projektmanagements (*Enterprise Project Management* – EMP), wo es problemlos möglich ist, Ideen, Informationen und Dokumente unternehmensweit gemeinsam zu nutzen.

Project lässt es zum Beispiel zu, dass Vorgänge über E-Mails der Teammitglieder aktualisiert werden. Sie können die Vorteile einer »Online-Projekt- und Ressourcenzentrale« nutzen, die auch noch einen Bereich für Diskussionen, Vorgangsverfolgung und Dokumentenaustausch und anderes enthält.

Teil V dieses Buchs, *Mit unternehmensweiten Projekten arbeiten*, zeigt auf, welche Vorteile Sie aus den unternehmensweiten Funktionalitäten von Project Server und Project Web Access ziehen können.

Fangen wir an

Ein weiser Mensch hat einmal gesagt: »Ohne Fleiß kein Preis.« Ich weiß nicht, wie das bei Ihnen ist, aber ich kann alle Preise dieser Welt gebrauchen. Lassen Sie uns deshalb ins kalte Wasser springen und Project benutzen.

Mit Hilfe des Projektberaters loslegen

Der Projektberater ist eine Art Assistent, wie Sie ihn aus anderen Microsoft-Produkten kennen: Er führt Sie durch eine Reihe von Schritten, in denen Sie aufgefordert werden, Informationen einzugeben, um diese dann automatisch zu verarbeiten. Der Projektberater ist im Endeffekt aber mit keinem der Assistenten zu vergleichen, mit denen Sie es je zu tun hatten.

Einen ersten Blick auf den Berater werfen

Der Projektberater besteht aus vier Bereichen: Vorgänge, Ressourcen, Überwachen und Berichten. In jeder dieser Kategorien gibt es ungefähr zehn Verknüpfungen, auf die Sie klicken können, um eine Aktion auszulösen. Wenn Sie dies machen, können Sie, je nach Ihrem aktuellen Projekt, eine Vielzahl von Unteraktionen auswählen. Darüber hinaus umfasst der Projektberater die gesamte Lebensdauer Ihres Projekts: vom Eingeben des ersten Vorgangs bis zur Ausgabe Ihres Abschlussberichts.

Wenn Sie noch nie eine Projektmanagementsoftware (oder Project) verwendet haben, kann es für Sie sehr hilfreich sein, Ihren ersten Zeitplan, die Eingabe von Ressourcen, das Überwachen von Aktivitäten bei Vorgängen oder das Erstellen von Berichten über den Projektberater durchzuführen. Damit Sie im Projektberater eine intelligente Auswahl treffen, müssen Sie grundlegend verstehen, wie ein Projekt aufgebaut ist, wofür ich in den nächsten Kapiteln die

Basis lege. Folgen Sie mir einfach durch die Schritte dieses Buchs, und setzen Sie dann den Projektberater ein, um sich Ihr erstes praxisbezogenes Projekt vorzunehmen. Danach sollten Sie in der Lage sein zu erkennen, ob Sie mit seinen Strukturen klarkommen oder nicht.

Den Projektberater nutzen

Die Symbolleiste PROJEKTBERATER wird standardmäßig im oberen Teil Ihres Project-Bildschirms angezeigt. (Sollte dies nicht der Falle sein, aktivieren Sie sie, indem Sie im Menü EXTRAS|OPTIONEN die Registerkarte OBERFLÄCHE auswählen und unter EINSTELLUNGEN FÜR DEN PROJEKTBERATER das Kontrollkästchen vor PROJEKTBERATER ANZEIGEN markieren.) Auf dieser Symbolleiste gibt es ein Symbol, das Sie anklicken, um den Projektberater anzuzeigen oder auszublenden. Wenn also der Projektberater nicht auf der linken Seite Ihres Bildschirms zu sehen ist, klicken Sie auf die Schaltfläche EINBLENDEN/AUSBLENDEN DES PROJEKTBERATERS.

Um den Projektberater zu verwenden, klicken Sie auf eine der Kategorien (wie zum Beispiel VORGÄNGE) und dann auf eine Verknüpfung der Kategorie (zum Beispiel auf AUFLISTEN DER VORGÄNGE IM PROJEKT). Dadurch werden im Fensterelement PROJEKTBERATER weitere Informationen angezeigt (siehe Abbildung 1.10) und Sie werden aufgefordert, Daten einzugeben oder Einstellungen auszuwählen oder zu akzeptieren und sich durch eine Reihe von Dialogfeldern hindurchzubewegen. Wenn Sie mit einer solchen Aufgabe fertig sind, kehren Sie zum Fensterelement PROJEKTBERATER zurück und können auf einen anderen Vorgang oder eine andere Kategorie klicken, um weiterzumachen.

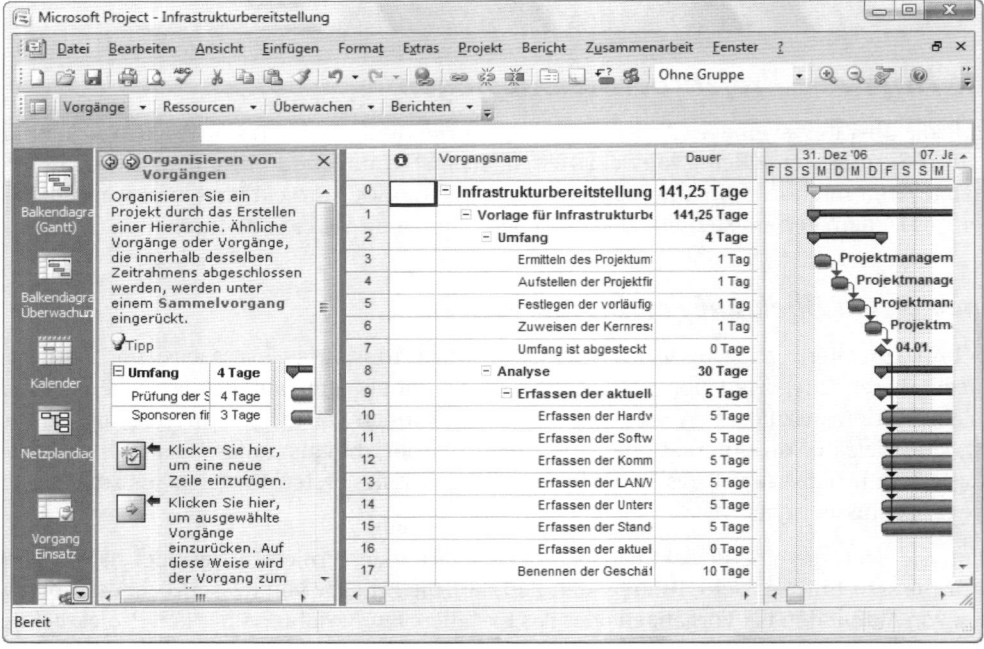

Abbildung 1.10: Eine der Aufforderungen des Projektberaters, sich für etwas zu entscheiden

Microsoft hat diese Kategorien und Vorgänge in der Reihenfolge angeordnet, in der sie logischerweise bei den meisten Projekten verwendet werden. Wenn Sie also mit dem Projektberater anfangen, klicken Sie die Kategorien und die Vorgänge darin in der Reihenfolge an, in der sie dort vorkommen. Die Vorgänge dort sollten Sie an all die Dinge erinnern, an die Sie denken sollten – selbst wenn Sie sich dafür entscheiden, in einzelnen Projekten Schritte zu überspringen.

Bei null anfangen

Obwohl Sie den Projektberater dazu nutzen können, ein Projekt zu beginnen, müssen Sie das nicht tun. Sie können jederzeit alle Informationen auch selbst eingeben.

Wenn Sie Project öffnen, finden Sie ein leeres Projekt und das Fensterelement PROJEKTBERATER vor. Sie können sofort ein neues Projekt anlegen. Normalerweise müssen Sie zu Beginn eines Projekts einige allgemeine Projektinformationen eingeben und dann vorgangsspezifische Informationen hinzufügen.

Sie können jederzeit einen neuen, leeren Projektplan öffnen, indem Sie DATEI|NEU wählen und im Fensterelement NEUES PROJEKT auf LEERES PROJEKT klicken.

In den nächsten Kapiteln werden Sie entdecken, dass Sie zusätzlich zu den allgemeinen Projekt- und Vorgangsinformationen noch eine Vielzahl weiterer Informationen eingeben müssen, um ein vollständiges Projekt zu erstellen. Auf jeden Fall fangen Sie immer mit der Eingabe allgemeiner Projekt- und Vorgangsinformationen an.

Erzählen Sie Project etwas über Ihr Projekt

Wenn Sie ein leeres Projekt geöffnet haben, sieht der erste logische Schritt so aus, dass Sie einige allgemeine Informationen über das Projekt eingeben (zum Beispiel den Zeitpunkt, an dem das Projekt starten soll). Um das zu erledigen, wählen Sie PROJEKT|PROJEKTINFO. Es erscheint das Dialogfeld PROJEKTINFO (siehe Abbildung 1.11).

Sie können hier folgende Einstellungen vornehmen:

- ✔ **Den Anfangstermin für das Projekt festlegen.** Wenn Sie nicht genau wissen, wann das Projekt starten soll, geben Sie als Anfangstermin ein Datum an, das einen Monat in der Zukunft liegt. Wenn Sie dann einige Vorgänge eingegeben und einen Überblick über die voraussichtliche Dauer des Projekts gewonnen haben, können Sie hierher zurückkehren und den echten Anfangstermin eingeben. Project berechnet dann automatisch alle Daten neu.

- ✔ **Den Endtermin für das Projekt eingeben.** Besonders dann, wenn Sie einen absoluten Endtermin beachten müssen, den das Projekt auf keinen Fall überschreiten darf und zu dem es abgeschlossen sein muss, können Sie einen Endtermin eingeben. Achten Sie in solch einem Fall auf den nächsten Punkt dieser Liste, und ändern Sie sie entsprechend.

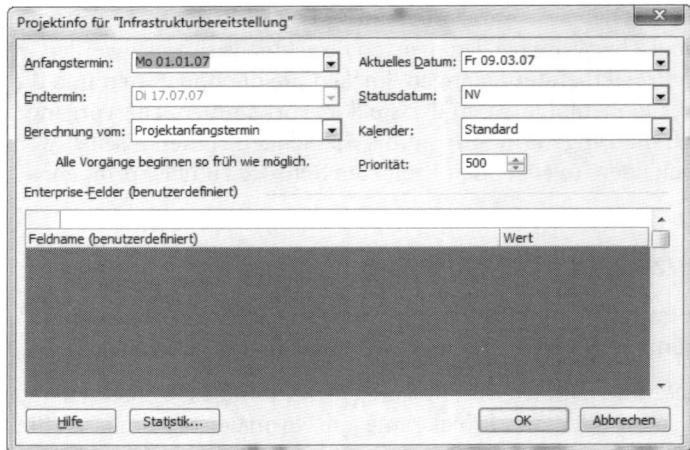

Abbildung 1.11: Verwenden Sie für allgemeine Einstellungen Ihres Projekts das Dialogfeld PROJEKTINFO.

- ✔ **Die Berechnung vom Anfangs- oder Endtermin des Projekts durchführen.** Die meisten Projekte arbeiten vorwärts. Wenn Sie aber einen absoluten Endtermin beachten müssen (weil Sie zum Beispiel ein Sportereignis zu organisieren haben, das am nächsten Silvester stattfinden soll), macht es Sinn, einen Endtermin einzugeben und dann rückwärts zu arbeiten, um alle Vorgänge in die vorgesehene Zeit einzupassen. Wenn Sie diese Einstellung auf PROJEKTENDTERMIN ändern, wird das Feld ENDTERMIN verfügbar.

- ✔ **Geben Sie das aktuelle Datum ein.** Sie können das Feld AKTUELLES DATUM anhand des Kalenders Ihres Computers ausfüllen. Oder Sie entscheiden sich für ein anderes Datum, das Ihnen besser gefällt (was eigentlich wenig Sinn macht, wenn Sie sich nicht gerade in einer anderen Zeitzone als der Ort befinden, an dem das Projekt durchgeführt werden soll).

- ✔ **Ein Statusdatum eingeben.** Standardmäßig gibt es für das Projekt kein Statusdatum. Sie verwenden ein *Statusdatum*, wenn Sie den Fortschritt Ihres Projekts in regelmäßigen Zeitabschnitten überwachen wollen. Wenn Sie ein Statusdatum setzen, geht Ihr Computer davon aus, dass alle Aktivitäten, über die Sie im Rahmen Ihres Projekts berichten, erst von diesem Zeitpunkt an überwacht werden. Sie finden in den Kapiteln 12, 13 und 14 mehr zu diesem Thema.

- ✔ **Den Arbeitskalender Ihres Projekts festlegen.** Sie haben drei Wahlmöglichkeiten: STANDARD, NACHTSCHICHT und 24 STUNDEN. Grundlage für Ihre Wahl sollte das Arbeitsverhalten in Ihrem Unternehmen sein. Wenn zum Beispiel Ihr Unternehmen Ressourcen in drei Schichten pro Tag einsetzt, was eine tägliche Gesamtarbeitszeit von 24 Stunden ergibt, und wenn alle drei Schichten Arbeit zu Ihrem Projekt beisteuern, entscheiden Sie sich für 24 STUNDEN. Wenn Sie eine Tages- und eine Nachtschicht verwenden, wählen Sie NACHTSCHICHT. Wenn es in Ihrem Unternehmen einen 8-Stunden-Tag gibt, wählen Sie STANDARD. (Die meisten Projekte verwenden den Standardkalender mit einem 8-stündigen Arbeitstag.)

 Kalender können einen leicht verwirrenden Einfluss ausüben. Ein Projektkalender, den Sie in diesem Dialogfeld einstellen, gibt an, wie in Ihrem Unternehmen der normale Arbeitstag aussieht. Sie können aber für jede Ressource, die Sie erstellen, einen individuellen Kalender definieren. Damit können Sie problemlos sowohl Schichtarbeiter als auch die »8-Stünder« in einem Terminplan unterbringen. Sie finden in Kapitel 3 mehr zu Ressourcenkalendern.

✔ **Weisen Sie Ihrem Projekt eine Priorität zu.** Wenn Sie dieselben Ressourcen in mehreren Projekten einsetzen, kann das Zuweisen einer Priorität (wie 500 für hoch oder 100 für niedrig) sehr nützlich sein. Die Werkzeuge von Project können Ressourcen automatisch anders zur Verfügung stellen, wenn Sie alle Projekte mit Prioritäten versehen.

 Sie können in diesem Dialogfeld im Abschnitt ENTERPRISE-FELDER (BENUTZERDEFINIERT) Felder für spezielle Projektinformationen anlegen (wenn Sie zum Beispiel ein Feld benötigen, das erklärt, welche Abteilung im Unternehmen das Projekt durchführt).

Wenn Sie auf die Schaltfläche STATISTIK klicken, erhalten Sie einen Überblick über Ihr Projekt, wie ihn Abbildung 1.12 zeigt.

Abbildung 1.12: Sie können sich einen Überblick über die Informationen verschaffen, die Sie eingegeben haben.

Den Terminplan unter die Lupe nehmen

Nachdem Sie Ihre Einstellungen im Dialogfeld PROJEKTINFO vorgenommen und auf OK geklickt haben, treffen Sie auf einen leeren Terminplan von Project, wie ihn Abbildung 1.13 darstellt. Als Schriftstellerin kann ich Ihnen sagen, dass nichts entmutigender – oder inspirierender – ist als ein leeres Blatt. Das ist die Leinwand, auf der Sie Ihren Projektplan malen. Beachten Sie im linken Teil des tabellarischen Bereichs das Fensterelement PROJEKTBERATER.

Abbildung 1.13 zeigt die Ansicht BALKENDIAGRAMM (GANTT). In Kapitel 2 können Sie mehr über die Ansichten von Project entdecken. Merken Sie sich im Moment nur Folgendes:

✔ **ANSICHTSLEISTE:** Klicken Sie, um zu den verschiedenen Ansichten zu gelangen, auf die Symbolleiste ganz links außen: die ANSICHTSLEISTE. Wenn diese Leiste nicht angezeigt wird, wählen Sie ANSICHT|ANSICHTSLEISTE, damit sie dargestellt wird.

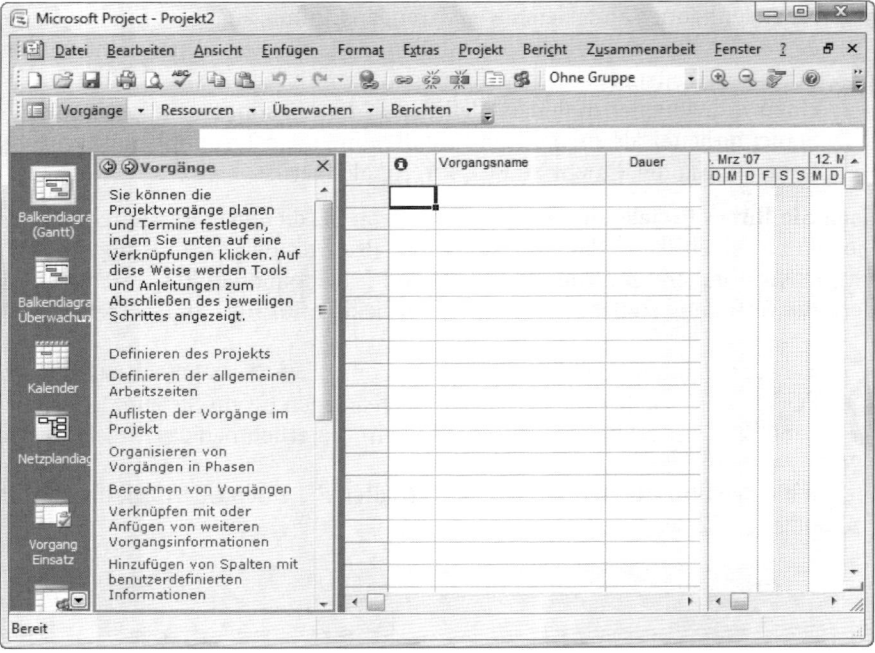

Abbildung 1.13: Fangen Sie in Project mit einem neuen Terminplan an.

- ✔ **PROJEKTBERATER:** Rechts neben der Ansichtsleiste ist das Aufgabenelement des Projektberaters. Hierbei handelt es sich um einen informellen Bereich, der Sie schrittweise dabei anleitet, Ihr Projekt aufzubauen. Wenn der Projektberater nicht zu sehen ist, klicken Sie in der Symbolleiste PROJEKTBERATER auf die Schaltfläche EINBLENDEN/AUSBLENDEN DES PROJEKTBERATERS.

- ✔ **DIAGRAMMBEREICH:** Sobald Sie Vorgänge hinzufügen, spiegelt der Diagrammbereich im rechten Teil des Fensters die Informationen darin grafisch wider.

  - *Vorgangsbalken* zeigen in diesem Bereich die Dauer und die zeitliche Abstimmung von Vorgängen im Verhältnis zu den Fortschritten an, die Sie am Vorgang eingeben.

  - Die *Zeitskala* – die Darstellung der Zeitabschnitte, die sich über dem Diagrammbereich befindet – hilft Ihnen bei der Interpretation der zeitlichen Abläufe der einzelnen Vorgangsleisten. Sie können die Zeitabschnitte anpassen, um das Projekt in größeren oder kleineren zeitlichen Abschnitten darzustellen. Abbildung 1.13 zeigt eine Zeitskala in Tagen.

Sie beginnen den Aufbau eines Projekts, indem Sie Vorgänge eingeben. Klicken Sie zu diesem Zweck in der Spalte VORGANGSNAME einfach in eine Zelle und geben Sie den Namen ein. Sie können zu jedem Vorgang Einzelheiten eingeben, indem Sie die Informationen direkt in die entsprechenden Spalten schreiben (die Sie auf vielerlei Arten anzeigen können) oder indem Sie auf dem Namen des Vorgangs doppelklicken, um Zugriff auf das Dialogfeld INFORMATIONEN zum Vorgang zu bekommen (siehe Abbildung 1.14). Ich gehe in Kapitel 2 detaillierter auf das Eingeben von Informationen zu Vorgängen ein.

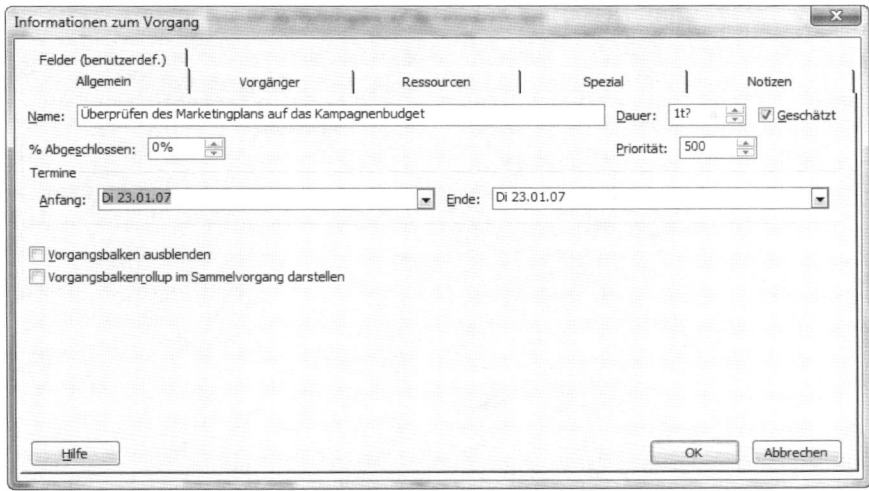

Abbildung 1.14: Die verschiedenen Registerkarten dieses Dialogfelds enthalten eine Fülle von Informationen über einen einzelnen Vorgang.

Mit Vorlagen anfangen

Mir hat es eigentlich nie Spaß gemacht, das Rad neu zu erfinden, deshalb bin ich dankbar, dass Microsoft einige praktische Projektvorlagen zur Verfügung stellt, die nach Projekttypen gegliedert sind: zum Beispiel ein Entwicklungsprojekt oder ein Büroumzug. Die Vorlagen enthalten bereits viele Vorgänge, die zu der Aufgabe passen, die Sie mit der Vorlage erledigen wollen.

Abbildung 1.15 zeigt die Vorlage PLANUNG EINER MARKETINGKAMPAGNE. Vorlagen enthalten normalerweise einfache Vorgänge, die in logische Phasen aufgebrochen sind. Die Vorgänge haben eine Dauer und sind mit Abhängigkeiten versehen. Häufig enthalten die Microsoft-Vorlagen auch schon Ressourcen, Sie können entweder Ihre eigenen Ressourcen anlegen oder die vorhandenen nutzen, bearbeiten oder löschen.

Sie können eine Vorlage über das Fensterelement NEUES PROJEKT öffnen, Um das zu machen, gehen Sie so vor:

1. **Klicken Sie auf DATEI|NEU.**

    Es erscheint das Vorgangselement NEUES PROJEKT, wie Abbildung 1.16 zeigt.

2. **Klicken Sie auf die Verknüpfung AUF DEM COMPUTER.**

    Es öffnet sich das Dialogfeld VORLAGEN. Sie können auch die Verknüpfungen VORLAGEN AUF OFFICE ONLINE oder AUF WEBSITES verwenden, um Zugriff auf Online-Vorlagen zu erhalten.

3. **Klicken Sie auf die Registerkarte PROJEKTVORLAGEN (siehe Abbildung 1.17).**

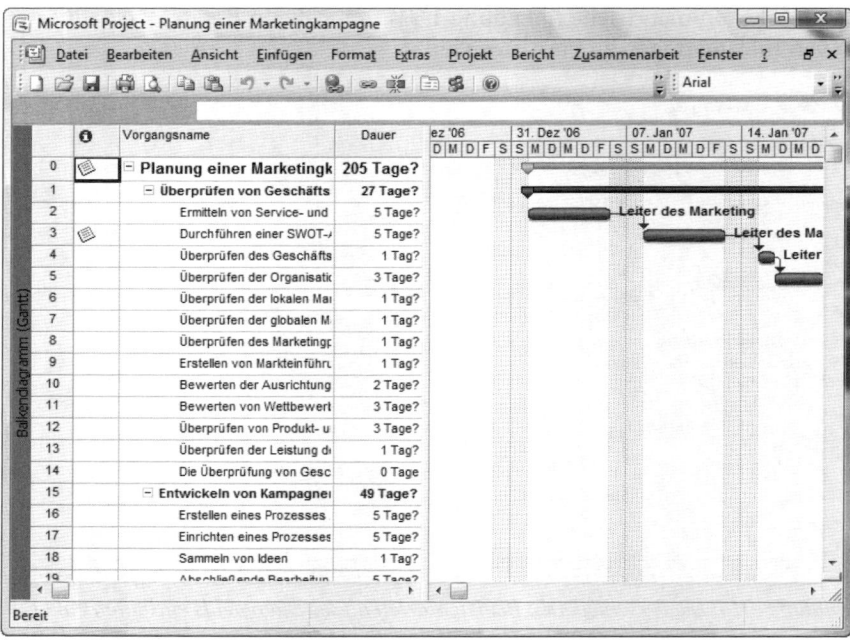

Abbildung 1.15: Vorlagen bilden einen großartigen Einstieg in das Anlegen von Projekten.

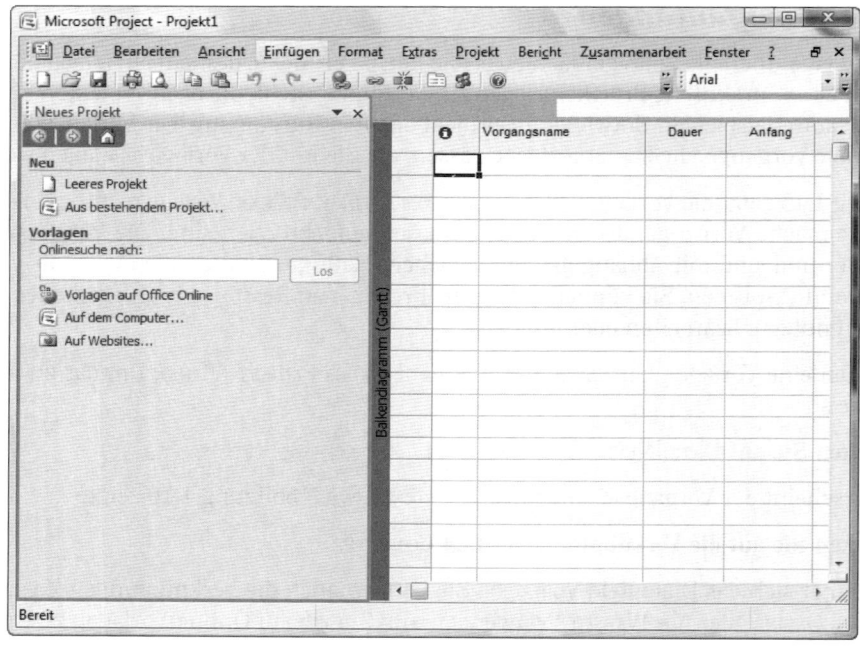

Abbildung 1.16: Öffnen Sie über das Element NEUES PROJEKT eine Vorlage.

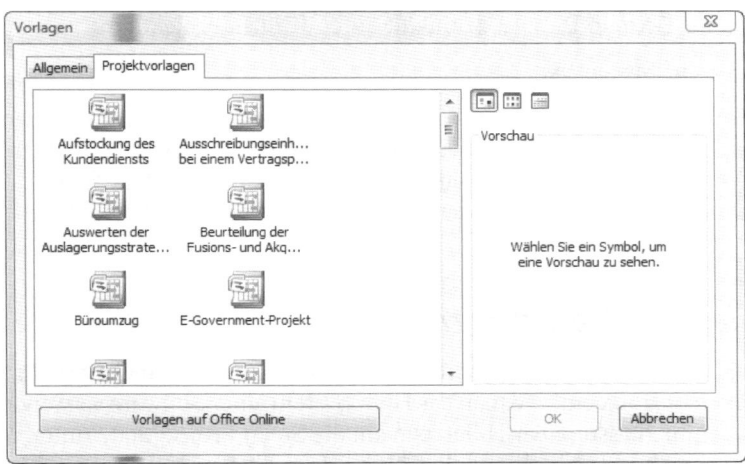

Abbildung 1.17: Hier gibt es geschäftliche und privat zu nutzende Vorlagen, wie PRIVATER UMZUG.

4. **Klicken Sie auf eine Vorlage, um eine Vorschau anzeigen zu lassen.**

5. **Wenn Sie die Vorlage gefunden haben, die Sie benutzen möchten, klicken Sie auf OK.**

   Die Vorlage öffnet sich im Dokumentenformat von Project (MPP). Sie können die Datei unter einem neuen Namen speichern. Weiterhin können Sie Vorgänge löschen, sie irgendwohin schieben oder Vorgänge hinzufügen, wenn dies für Ihr Projekt notwendig ist.

Wenn Sie eine Vorlage geöffnet haben, überpüfen Sie deren Dialogfeld PROJEKTINFO (wählen Sie dazu PROJEKT|PROJEKTINFO), damit die Optionen ANFANGSTERMIN und KALENDER die Einstellungen aufweisen, die Sie benötigen.

Wenn Sie eine Vorlage ändern und der Meinung sind, dass Sie diesen Satz von Vorgängen auch für zukünftige Projekte verwenden könnten, sollten Sie darüber nachdenken, die Datei als benutzerdefinierte Vorlage zu speichern. Wählen Sie einfach DATEI|SPEICHERN UNTER und wählen Sie dann im Listenfeld DATEITYP die Option PROJEKTVORLAGE.

Ein Projekt für die Nachwelt speichern

Das Speichern einer Project-Datei funktioniert so wie bei fast allen anderen Programmen, die Sie verwenden. Betrachten Sie den folgenden Text einfach als Gedächtnisstütze.

Um eine Project-Datei zu speichern, gehen Sie so vor:

1. **Wählen Sie DATEI|SPEICHERN UNTER.**

2. **Speichern Sie das Projekt entweder in Ihrem Ordner DOKUMENTE, oder suchen Sie sich einen Ordner aus, in dem Sie die Datei ablegen wollen.**

3. Geben Sie im Textfeld DATEINAME einen Namen für das Projekt ein.

4. Klicken Sie auf SPEICHERN.

 Es ist ein guter organisatorischer Brauch, einen Ordner anzulegen, in dem Sie nicht nur Ihre Project-Dateien, sondern auch alle dazu gehörenden Dokumente, E-Mails und so weiter ablegen. Sie können im Dialogfeld SPEICHERN UNTER einen neuen Ordner anlegen, indem Sie auf die Schaltfläche NEUER ORDNER klicken.

Von Project Hilfe erhalten

Selbst wenn Sie Ihre normale Arbeit in der Regel ohne Missgeschicke erledigt bekommen, wissen Sie vielleicht trotzdem, wie man das Hilfe-System einer Software verwendet. Tabelle 1.1 bietet eine Zusammenfassung der Hilfetypen an, die Sie in Project 2007 unter Windows Vista finden, wenn Sie in der Standardsymbolleiste auf HILFE klicken.

Hilfe-Option	Wie sie verwendet wird
MICROSOFT OFFICE PROJECT-HILFE	Diese Option zeigt alle Hilfe-Funktionen in Tabellenform und mit einem Suchfeld an.
MICROSOFT OFFICE ONLINE	Da Project Teil der Produkte der Office-Familie ist, führt Sie diese Verknüpfung zur Online-Hilfe von Microsoft Office.
MICROSOFT OFFICE DIAGNOSE	Diese Option identifiziert automatisch Fehler und versucht, sie zu korrigieren. Wenn Sie ernsthafte Probleme damit haben, die Software zu benutzen (weil sie zum Beispiel ständig herunterfährt und Fehlermeldungen ausgibt), sollten Sie diese Option nutzen.

Tabelle 1.1: Die Project-Hilfe

Sie können eine ganze Zeit damit verbringen, sich durch die Hilfe von Project hindurchzuklicken. Machen Sie sich aber nicht verrückt. Wenn Sie die Hilfe-Funktionen benötigen, sind sie da, und einige, wie der Projektberater, erscheinen sogar automatisch, um ihre Hilfe anzubieten.

Beste Pläne

In diesem Kapitel

- Project kennen lernen
- Ansichten entdecken
- Ansichten an Ihre Bedürfnisse anpassen

Homer (nicht Simpson – der andere) sagte einmal: »Ein schlechter Plan ist am abträglichsten für den Planer selbst.« Wenn Sie Interesse daran haben, die Übel einer schlechten Planung zu verhindern, sollten Sie sich einen Moment Zeit nehmen, um sich mit den verschiedenen Seiten Ihres Projektplans vertraut zu machen.

Die Datei, die Sie in Project erstellen, wird *Projektplan* oder *Terminplan* genannt. Sie können diesen Plan mit einem mehrdimensionalen Schachspiel aus *Star Trek* vergleichen, in dem es eine Unmenge von Daten, die über verschiedenen Seiten Ihres Projekts verteilt sind, und viele grafische Darstellungen dieser Informationen gibt.

Damit Sie sich diese Informationen anschauen können, gibt es in Project mehr Ansichten, als der Grand Canyon hat. Diese Ansichten helfen Ihnen dabei, die Struktur Ihres Plans zu beobachten und die Fortschritte in Ihrem Projekt zu sehen. Project bietet darüber hinaus viele Wege an, sich mit dem Plan zu beschäftigen und in Ihren Ansichten die unterschiedlichsten Informationen darzustellen. Die Themen dieses Kapitels sind, Project zu steuern und seine Ansichten anzeigen (und ändern) zu können.

Project steuern

Es ist toll, dass es so viele Ansichten gibt, die es Ihnen ermöglichen, die Informationen Ihres Projekts aus unterschiedlichen Blickwinkeln zu betrachten, aber diese Ansichten bewirken nichts, wenn Sie nicht wissen, wie Sie von einer zur anderen gelangen oder wie Sie sich in einer Ansicht bewegen, nachdem Sie sie gefunden haben.

Ansichten wechseln

Sie können in Project von einer Ansicht zur nächsten gelangen, indem Sie die ANSICHTSLEISTE oder das Menü ANSICHT benutzen. Sie finden die Ansichtsleiste in jeder Ansicht am linken Fensterrand (siehe Abbildung 2.1). Wenn Sie eine bestimmte Ansicht sehen möchten, klicken Sie einfach auf das entsprechende Symbol.

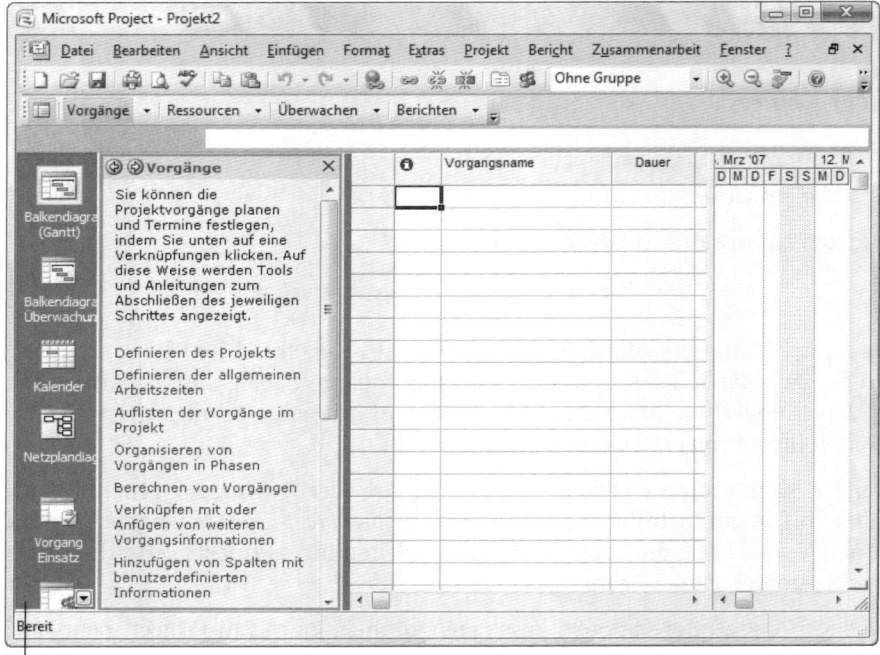

Ansichtsleiste

Abbildung 2.1: Sie finden die Ansichtsleiste in jeder Project-Ansicht.

Wenn die Ansichtsleiste nicht auf Ihrem Bildschirm erscheint, wählen Sie ANSICHT|ANSICHTSLEISTE, um sie darzustellen.

In der Ansichtsleiste werden standardmäßig acht häufig gebrauchte Ansichten angezeigt: BALKENDIAGRAMM (GANTT), BALKENDIAGRAMM ÜBERWACHUNG, KALENDER, NETZPLANDIAGRAMM, VORGANG EINSATZ, RESSOURCE EINSATZ, RESSOURCE GRAFIK und RESSOURCE TABELLE. Sie können zusätzlich zu diesen Ansichten ein paar Dutzend weitere Ansichten nutzen, wenn Sie mit Ihrem Projekt arbeiten. Wenn Sie die nicht angezeigten Ansichten sehen wollen, gehen Sie so vor:

1. **Klicken Sie im unteren Bereich der Ansichtsleiste auf den kleinen nach unten zeigenden Pfeil, um an das Ende der Leiste zu gelangen.**
2. **Klicken Sie auf das Symbol WEITERE ANSICHTEN.**

    Es erscheint das Dialogfeld WEITERE ANSICHTEN (siehe Abbildung 2.2)

Sie können auf dieses Dialogfeld auch zugreifen, wenn Sie ANSICHT|WEITERE ANSICHTEN wählen.

Abbildung 2.2: Für die Anzeige in Project stehen Dutzende von Ansichten zur Verfügung.

3. Verwenden Sie die Bildlaufleiste, um die Ansicht aufzuspüren, die Sie suchen.
4. Markieren Sie die gesuchte Ansicht und klicken Sie auf AUSWAHL.

Bildlaufleisten im Einsatz

Die einfachsten Ansichten, wie KALENDER, bestehen aus einem Fensterelement mit horizontalen und vertikalen Bildlaufleisten. Andere Ansichten, wie RESSOURCE EINSATZ (siehe Abbildung 2.3), haben zwei Fensterelemente. In solch einem Fall hat jedes Fensterelement seine eigene horizontale Bildlaufleiste. Die vertikale Bildlaufleiste wird gemeinsam genutzt, wodurch sich beide Elemente zusammen nach oben oder unten bewegen.

Bei den meisten Ansichten, die aus zwei Elementen bestehen, wird das linke Element *Tabellenblatt* genannt, weil es eine tabellenähnliche Schnittstelle mit Informationsspalten ist. Im rechten Bereich dieser Ansichten finden Sie das *Diagramm*. Das Diagramm verwendet Säulen, Symbole und Linien, um die Vorgänge Ihres Projekts und die Abhängigkeiten zwischen ihnen darzustellen.

Im Kopfbereich des Diagramms befindet sich die *Zeitskala*. Dieses Werkzeug dient als Skala, die zur Interpretation der zeitlichen Verläufe Ihrer Vorgänge genutzt wird. Um Ihren Plan in größeren oder weniger großen zeitlichen Abschnitten zu sehen, können Sie die Zeiteinheiten anpassen, die in der Zeitskala verwendet werden, Sie können sich zum Beispiel den Ablauf Ihrer Vorgänge pro Tag oder pro Monat anzeigen lassen. Abbildung 2.4 zeigt eine Ansicht, die aus zwei Fensterelementen mit einer Tabelle, einem Diagramm und einer Zeitskala besteht.

 Schauen Sie sich den Abschnitt *Die Zeitskala ändern* weiter hinten in diesem Kapitel an, um herauszufinden, wie Sie die zeitlichen Inkremente ändern können, die in dieser Skala angezeigt werden.

Indem Sie in jedem Fensterelement die horizontale Bildlaufleiste benutzen, können Sie sich entweder weitere Spalten oder weitere Zeitbereiche Ihres Projektplans anschauen. Zeitskalen umfassen die Lebensdauer Ihres Projekts; in größeren Projekten können Sie durch die Jahre scrollen.

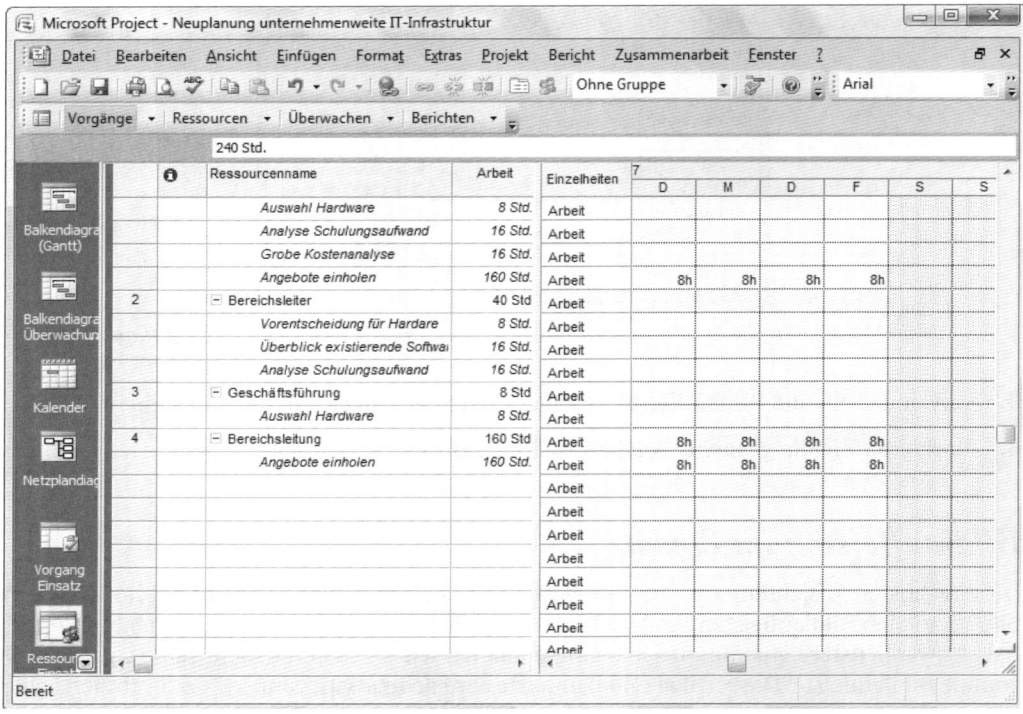

Abbildung 2.3: Mehrere Fensterelemente mit Informationen nutzen in vielen Ansichten den Platz optimal aus.

Setzen Sie diese Methoden ein, um mit Bildlaufleisten zu arbeiten:

✔ **Klicken Sie auf den kleinen Rollbalken und ziehen Sie ihn an die Position im Fensterelement, die Sie sich anschauen wollen.** Wenn Sie den kleinen Balken in der Bildlaufleiste anklicken und verschieben, um sich durch die Anzeige einer Zeitskala zu bewegen, zeigt das Datum jederzeit an, wo Sie sich gerade auf Ihrer Zeitreise befinden. Lassen Sie den Mauszeiger los, wenn das angezeigte Datum mit Ihrem Zieldatum übereinstimmt.

✔ **Klicken Sie links oder rechts neben den Balken einer horizontalen Bildlaufleiste, um eine Seite weiter zu gelangen.** Beachten Sie aber, dass dabei die Größe einer Seite von der Skalierung des Fensterelements abhängt. Wenn Sie sich beispielsweise in einem Element mit Zeitskala befinden und die Skalierung auf WOCHEN gesetzt worden ist, bewegen Sie sich immer um eine Woche weiter. In einem Tabellenelement, das drei Spalten anzeigt, bewegen Sie sich immer eine Spalte weiter (oder zurück).

✔ **Klicken Sie am Ende einer Bildlaufleiste auf den kleinen Pfeil nach rechts oder links, um sich in kleinen Inkrementen weiterzubewegen.** Wenn Sie sich auf einem Tabellenblatt befinden, bewegen Sie sich auf diese Art ungefähr eine halbe Spalte pro Klick weiter. In einer Ansicht mit Zeitskala, bei der Wochen angezeigt werden, bewegen Sie sich jeweils einen Tag weiter.

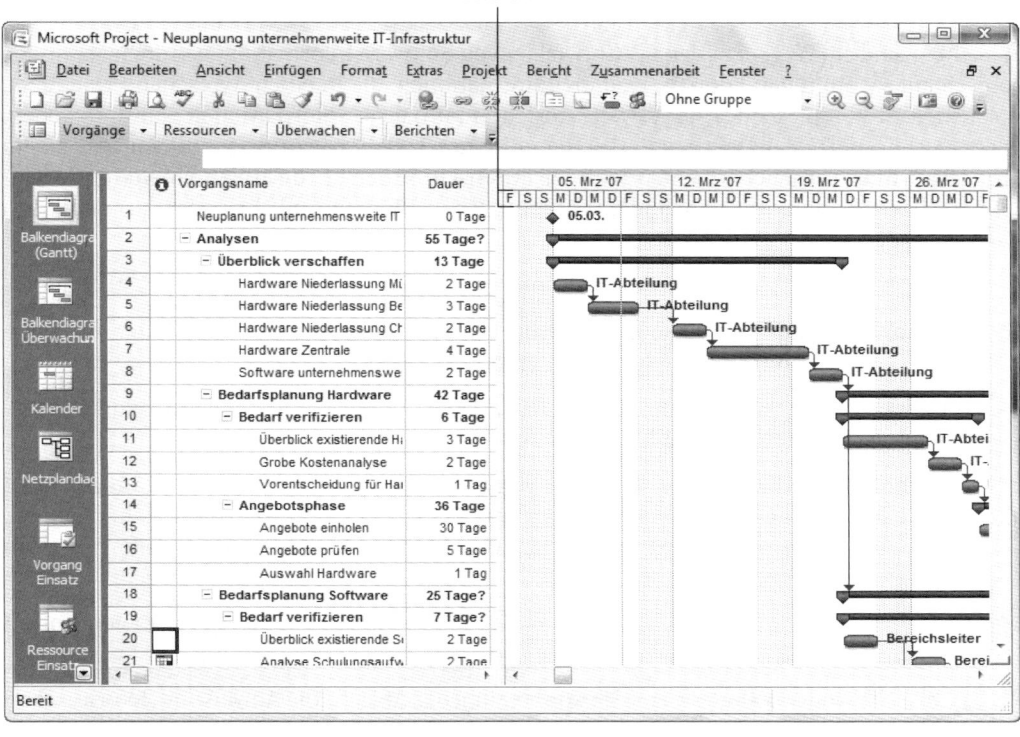

Abbildung 2.4: Tabelle, Diagramm und Zeitskala einer Ansicht BALKENDIAGRAMM (GANTT)

Zu einem bestimmten Punkt in Ihrem Plan gelangen

Um zu einem bestimmten Punkt Ihres Projektplans zu gelangen, können Sie auch den Befehl GEHE ZU aus dem Menü BEARBEITEN verwenden. Wenn Sie einen Vorgang finden wollen, müssen Sie sich im Dialogfeld GEHE ZU für eine von zwei Eingabemöglichkeiten entscheiden:

✔ Ein Datum aus einem Dropdown-Kalender

✔ Eine Vorgangsnummer

Sie können sich mit [Strg]+[↺] auf der Zeitskala zu einem Bereich bewegen, der zu einem zuvor markierten Vorgang gehört.

 Die Vorgangsnummer wird automatisch erzeugt, wenn Sie Vorgänge anlegen. Diese Nummer ist für jeden Vorgang im Plan ein eindeutiger Wert.

Ein Projekt mit einer Ansicht

Ansichten sind ein Weg, über den die Entwickler von Software Informationen ordnen, damit Sie logisch auf sie zugreifen können. Weil die Informationen, die in einem typischen Projektplan stecken, sehr komplex sind, gibt es viele Ansichten, um diese Informationen zu untersuchen. Wenn Sie ein normales Dokument, das Sie mit einer Textverarbeitung schreiben, mit einem trockenen Keks vergleichen, entspricht der durchschnittliche Projektplan einem fünfstöckigen Hochzeitskuchen mit ineinander verschlungenen Blumen und Girlanden aus delikatem Zuckerguss.

Sie finden in einem typischen Projektplan Informationen über:

✔ **Ressourcen:** Name der Ressource, Ressourcentyp, Kosten pro Stunde, Kosten für Überstunden, Zuordnungen, Abteilung, Kosten pro Einsatz und mehr

✔ **Vorgänge:** Zum Beispiel Name des Vorgangs, Dauer, Anfangs- und Enddatum, zugeordnete Ressourcen, Kosten, Einschränkungen und Abhängigkeiten

✔ **Terminplan und Verlauf des Projekts:** Verschiedene Kalenderarten, Daten über Anfang und Ende des Projekts, bereits erledigter Teil des Vorgangs in Prozent, Anzahl Stunden, die Ressourcen darauf aufgewendet haben, Informationen zum Basisplan, Informationen zum kritischen Weg und mehr

✔ **Finanzielle Informationen:** Zum Beispiel eingesparte Kosten, Abweichungen von Kosten und Zeit und noch nicht abgeschlossene Arbeiten

Sie wollen näher heran? Sie können in jeder Ansicht die Anweisung ZOOM aus dem Menü ANSICHT verwenden, um in Ihrem Terminplan mehr oder weniger Einzelheiten zu Gesicht zu bekommen. Sie finden zu diesem Thema weitere Informationen im Kasten *Vergößern und verkleinern*.

Es ist wichtig, dass Sie herausfinden, wie Sie die vielen Ansichten von Project verwenden können, um Daten einzugeben, zu bearbeiten, anzuschauen und zu analysieren. Lassen Sie sich nicht dadurch irritieren, dass Sie anfangs überwältigt sein werden. Wenn Sie die Ansichten ein paar Mal benutzt haben, ist es wie ... wie ein Stück Sandkuchen.

Wenn Sie mehr Informationen über das Format der Elemente wissen wollen, die in einer Ansicht angezeigt werden, schauen Sie sich Kapitel 11 an.

Die Heimatbasis: Die Ansicht Balkendiagramm (Gantt)

Die Ansicht BALKENDIAGRAMM (GANTT) ist wie das Lieblingszimmer Ihres Hauses: der Platz, an dem sich letztendlich immer alle treffen. Sie ist auch gleichzeitig die Ansicht, die als Erstes erscheint, wenn Sie ein neues Projekt öffnen. Diese Ansicht (siehe Abbildung 2.5) ist eine Kombination aus Daten in einer Tabelle und einer grafischen Darstellung von Vorgängen. Sie bietet kompakt eine Menge Informationen an.

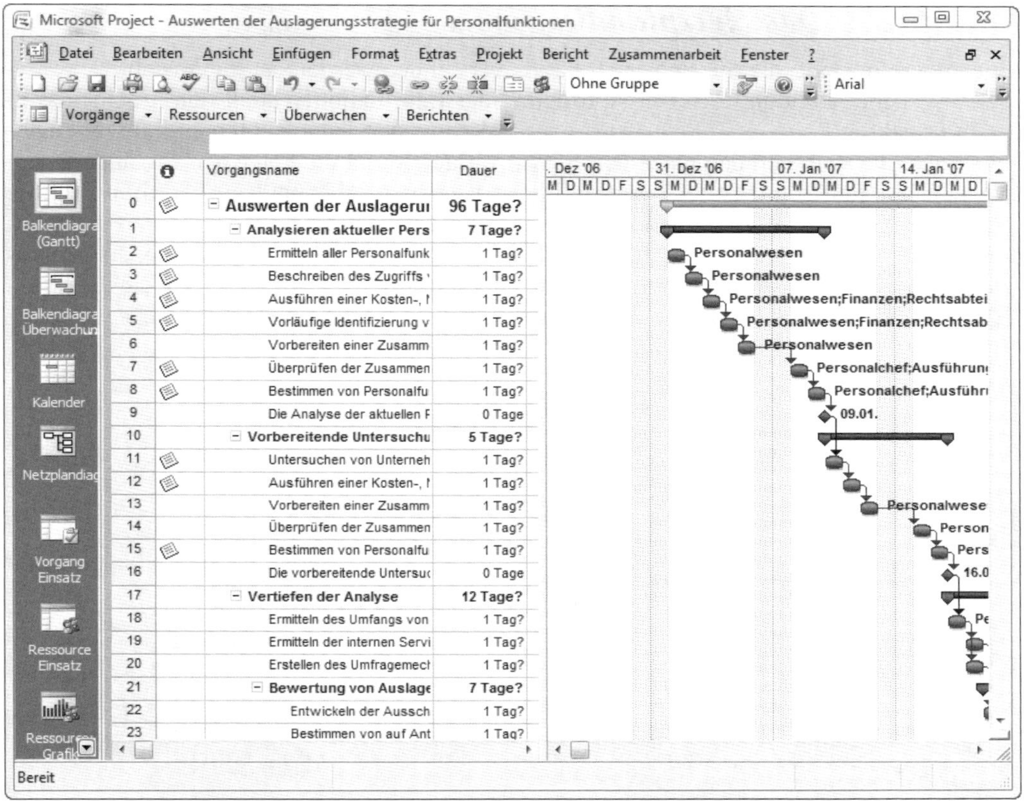

2 ▶ Beste Pläne

Abbildung 2.5: Die Ansicht BALKENDIAGRAMM (GANTT) kann jede beliebige Kombination von Datenspalten anzeigen.

Die Ansicht BALKENDIAGRAMM (GANTT) besteht aus zwei Hauptbereichen: dem Tabellenblatt und dem Diagramm. Diese Ansicht ist die elektronische Version des originalen Gantt-Diagramms, das von dem amerikanischen Berater Henry L. Gantt 1917 entwickelt worden ist, um mit Projekten zur Produktionskontrolle im herstellenden Gewerbe umgehen zu können. (Sie sehen, wenn Sie ein Werkzeug für das Projektmanagement erfinden, können Sie unsterblich werden.)

Sie können im Gantt-Diagramm (und jeder anderen Ansicht mit einem Tabellenblatt) die Informationen austauschen, die über Tabellen in diesem Blatt angezeigt werden. *Tabellen* sind vordefinierte Kombinationen von Datenspalten, die Sie über das Menü ANSICHT|TABELLE und der Auswahl einer Tabelle (wie zum Beispiel EINGABE oder KOSTEN) anzeigen können.

 Sie können die Anzeige der Spalten an Ihre Bedürfnisse anpassen, indem Sie einzelne Datenspalten ein- oder ausblenden. (Lesen Sie sich weiter hinten in diesem Kapitel den Abschnitt *Verschiedene Spalten anzeigen* durch, um die notwendigen Informationen zu diesem Vorgang zu erhalten.)

Alles fließt: Das Netzplandiagramm

Eine andere Ansicht, die Sie sicherlich häufig verwenden werden, ist die Ansicht NETZPLAN-DIAGRAMM (siehe Abbildung 2.6). Die Anordnung der Informationen stellt den Arbeitsfluss in Ihrem Projekt in Form einer Folge von Vorgangsknoten dar. Jeder Knoten enthält Abhängigkeitslinien, die zwischen den einzelnen Kästen verlaufen und die Folge der Vorgänge widerspiegeln. (Sie finden in Kapitel 6 weitere Informationen zu Abhängigkeitsbeziehungen.) Sie lesen diese Ansicht von links nach rechts, wobei die frühen Vorgänge links stehen und nach rechts in die nachfolgenden Vorgänge und Teilvorgänge hineinfließen. Vorgänge, die in demselben Zeitrahmen stattfinden, sind untereinander angeordnet. Bei Vorgängen, die durch ein X gekennzeichnet sind, handelt es sich um abgeschlossene Vorgänge. Eine einfache diagonale Linie zeigt an, dass der Vorgang nur zum Teil abgeschlossen ist.

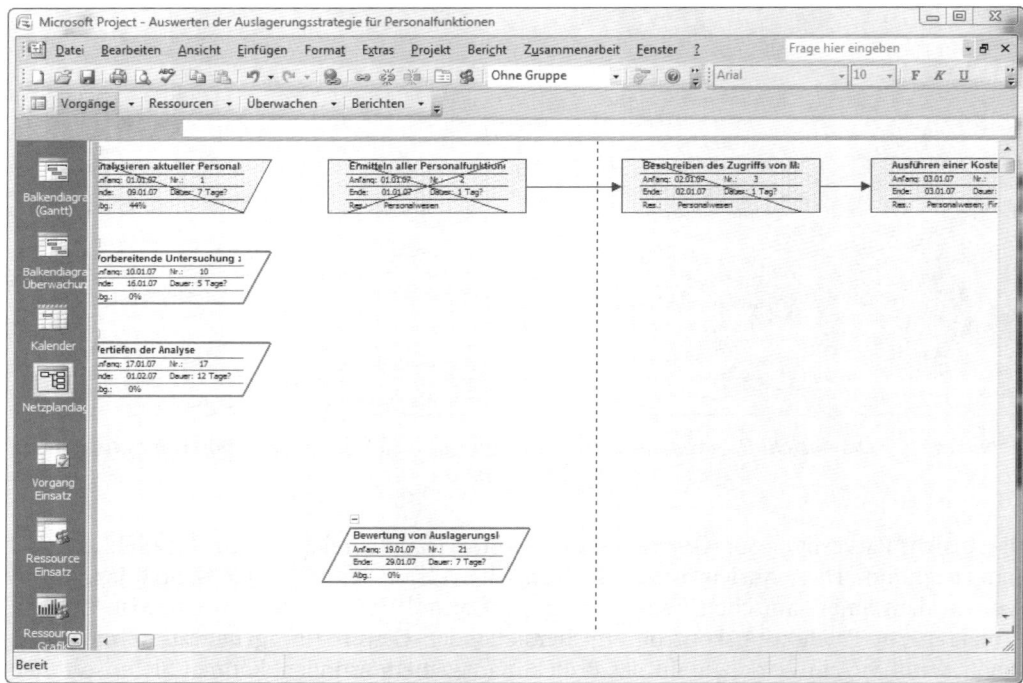

Abbildung 2.6: Das Netzplandiagramm packt wichtige Informationen zu einem Vorgang in Vorgangsknoten.

 Diese Methode, einen Arbeitsverlauf als Diagramm darzustellen, die auch als *PERT-Diagramm* bekannt ist, wurden in den 50er Jahren des 19. Jahrhunderts von der Navy der Vereinigten Staaten entwickelt, um die Polaris-U-Boote zu bauen.

Die Ansicht NETZPLANDIAGRAMM hat keine Zeitskala, weil sie nicht für bestimmte zeitliche Informationen (wie Anfangsdatum, Enddatum und Dauer) über einen Vorgang verwendet wird.

(Sie können die Informationen in den Vorgangsknoten so anpassen, wie ich es im Abschnitt *Ansichten anpassen* weiter hinten in diesem Kapitel beschreibe.)

Die Kalenderansicht aufrufen

Können Sie sich einen Terminplan ohne Kalender vorstellen? Diese zeitbezogene Ansicht ist eine von vielen, die Project anbietet. Die Ansicht KALENDER (siehe Abbildung 2.7) sieht aus wie ein Wandkalender und hat Kästchen, die die einzelnen Tage darstellen, und Zeilen, die jeweils eine Woche repräsentieren.

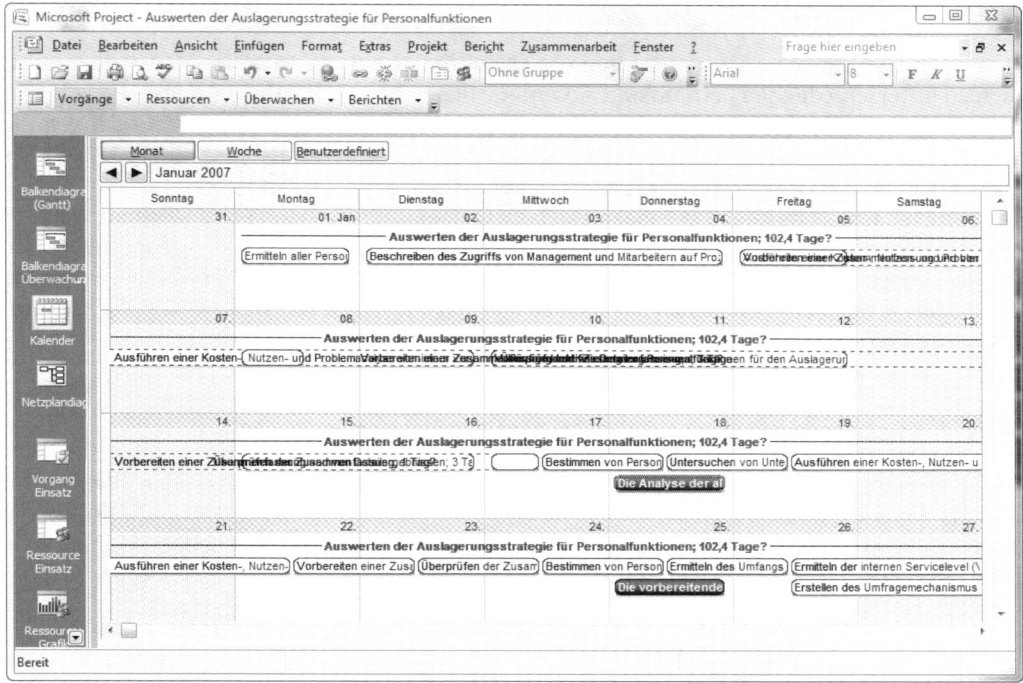

Abbildung 2.7: Die Kalenderschnittstelle zeigt, wie ein Vorgang mehrere Tage (oder sogar Wochen) umspannen kann.

Sie können Kalenderansichten so modifizieren, dass sie von einer bis sechs (oder mehr) Wochen gleichzeitig auf dem Bildschirm anzeigen, wenn Sie im Menü ANSICHT die Option ZOOM benutzerdefiniert einsetzen. Die Ansicht KALENDER enthält eine Zeitskala, die Sie so einstellen können, dass sie eine Sieben- oder eine Fünf-Tage-Woche und Schattierungen für Arbeitstage und arbeitsfreie Tage anzeigt.

 In Project gibt es Dutzende von Ansichten. Sie werden noch auf einige davon treffen, wenn Sie dieses Buch durcharbeiten.

Ansichten anpassen

Wenn Sie jetzt glauben, dass Sie die guten zwei Dutzend oder mehr Ansichten im Griff haben, die es in Project gibt, bekommen Sie von mir noch ein paar zusätzliche Möglichkeiten vorgesetzt: Jede dieser Ansichten kann so angepasst werden, dass sie verschiedene Informationen anzeigt. Damit erreicht die Anzahl möglicher Ansichtvariationen eine astronomische Höhe.

Sie können in Project jede Ansicht anpassen, damit sie die Informationen ausgibt, die Sie benötigen. So können Sie zum Beispiel unterschiedliche Spalten mit Informationen im Tabellenblatt, verschiedene Beschriftungen der Knoten des Netzplandiagramms oder unterschiedliche Datenblöcke in grafischen Ansichten darstellen. Sie können die Größe der Fensterelemente ändern und die Zeitskala neu justieren.

Wenn Sie sich fragen, warum Ansichten so flexibel sind, sieht die Antwort so aus: Sie müssen sich zu unterschiedlichen Zeitpunkten auf unterschiedliche Aspekte Ihres Projekts konzentrieren. Sie haben ein Kostenproblem? Nehmen Sie die Ansicht RESSOURCE EINSATZ, und fügen Sie Spalten mit Informationen über Kosten, wie BUDGET und AKTUELLE KOSTEN, hinzu. Dauert Ihr Plan länger als der Hundertjährige Krieg? Schauen Sie sich die Ansicht BALKENDIAGRAMM ÜBERWACHUNG mit seinen Zeit- und Abhängigkeitsdaten an, oder untersuchen Sie im Diagrammfenster den kritischen Weg des Projekts. Sie wollen im Tabellenblatt ein paar Spalten mehr sehen, ohne immer scrollen zu müssen? Natürlich geht auch das. In diesem Abschnitt erfahren Sie, wie Sie all die Dinge machen können, die Sie machen müssen, um in jeder Ansicht eine Vielzahl von Informationen zu Gesicht zu bekommen.

Mit Fensterelementen von Ansichten arbeiten

Nicht nur die Ansicht BALKENDIAGRAMM (GANTT), sondern auch andere Ansichten haben zwei Fensterelemente (zum Beispiel VORGANG EINSATZ, BALKENDIAGRAMM ÜBERWACHUNG und RESSOURCE EINSATZ). Sie können nicht nur die Informationen ändern, die Sie im Tabellenblatt sehen, sondern auch die Zeitskala im Diagrammbereich. Weiterhin können Sie an den Vorgangsbalken des Diagrammbereichs Informationen ausgeben.

Ein Fensterelement in seiner Größe ändern

Sie können in Ansichten, die aus mehr als einem Fensterelement bestehen, jedes dieser Elemente vergrößern oder verkleinern. Das hilft Ihnen dabei, in einem Bereich ein Mehr an Informationen sehen zu können, und zwar abhängig davon, was Sie zu einem bestimmten Zeitpunkt besonders interessiert. Da der gesamte Platz, den die Fensterelemente zusammen einnehmen, im Project-Fenster unveränderbar groß ist, hat das zu Folge, dass das Vergrößern des einen Elements dazu führt, dass sich das andere automatisch verkleinert.

Wenn Sie die Größe eines Fensterelements ändern wollen, gehen Sie so vor:

1. **Platzieren Sie den Zeiger Ihrer Maus auf den Rand eines Fensterelements.**

2. **Wenn Sie einen Zeiger sehen, der aus einer Linie mit zwei Pfeilspitzen besteht (von denen die eine nach rechts und die andere nach links zeigt), halten Sie die Maustaste gedrückt, und ziehen Sie den Zeiger.**

    ❖ Ziehen nach links vergrößert das Fensterelement rechts

    ❖ Ziehen nach rechts vergrößert das Fensterelement links

3. **Lassen Sie den Mauszeiger los.**

    Die Fensterelemente haben ihre Größe geändert.

Beachten Sie, dass Project, wenn Sie den Projektberater oder ein anderes Fensterelement wie NEUES PROJEKT oder SUCHERGEBNISSE geöffnet haben, automatisch die Größe der Datenblatt- und Diagramm-Elemente so ändert, dass sie auch den zusätzlichen Elementen Platz bieten.

Weil gerade der Projektberater recht viel Platz wegnimmt, ist das Verbergen dieses Elements der schnellste Weg, auf dem Bildschirm Platz für zusätzliche Informationen zu schaffen. Dieser Ratschlag gilt auch für die Ansichtsleiste. Sie finden auf der Symbolleiste PROJEKTBERATER eine Schaltfläche EINBLENDEN/AUSBLENDEN DES PROJEKTBERATERS, die Sie anklicken können, um den Projektberater zu verbergen oder anzuzeigen, oder Sie wählen ANSICHT|ANSICHTSLEISTE, um die Ansichtleiste ein- oder auszuschalten.

Die Zeitskala ändern

Ich wünschte, ich könnte Ihnen sagen, dass das neue Project Ihnen die Möglichkeit bietet, die Zeit zu ändern und Ihrem Projekt mehr davon zuzuweisen. Leider klappt das nicht. Alles, was Sie machen können, ist, die Zeitskala zu ändern, damit Sie Ihren Plan in größeren oder kleineren Zeitabschnitten darstellen können.

Eine Zeitskala besteht, wie Abbildung 2.8 zeigt, aus maximal drei Leisten. Sie können sie dazu verwenden, um unterschiedliche zeitliche Inkremente anzuzeigen. So könnte beispielsweise die oberste Leiste Monate, die mittlere Leiste Wochen und die untere Leiste Tage abgrenzen. Diese Möglichkeitsvielfalt lässt Sie nicht nur einen Vorgang über seine gesamte Dauer, sondern auch zu einem bestimmten Zeitpunkt beobachten. Sie können entweder alle, nur die mittlere oder nur die untere Leiste benutzen.

Sie können die Zeiteinheiten und die Ausrichtung einer jeden Leiste verändern und Teilstriche hinzufügen, um den Anfang eines jeden Inkrements der Zeitskala zu markieren. Sie haben weiterhin die Möglichkeit, auf der Zeitskala arbeitsfreie Zeiten anzugeben. Wenn Sie zum Beispiel in einem Projekt angeben, dass samstags und sonntags nicht gearbeitet wird, werden diese beiden Wochentage als grauer Bereich angezeigt (der damit gleichzeitig als sichtbarer Trenner der einzelnen Wochen dient).

Weiterhin können Sie in der Nähe der Vorgangsbalken Beschriftungen ausgeben und festlegen, aus welchen Daten diese bestehen sollen. Beschriftungen können über, unter, innerhalb oder rechts oder links von einem Vorgangsbalken platziert werden. Vorgangsbalken sollten ganz besonders dann weit nach rechts im Fensterelement untergebracht werden, wenn Sie in einem

Projekt viele Datenspalten und eine überlange Zeitskala anzeigen wollen. Sie können dann Informationen wie den Vorgangsnamen oder das Anfangsdatum entlang des Vorgangsbalkens anzeigen, damit es einfacher ist, Ihren Plan zu lesen.

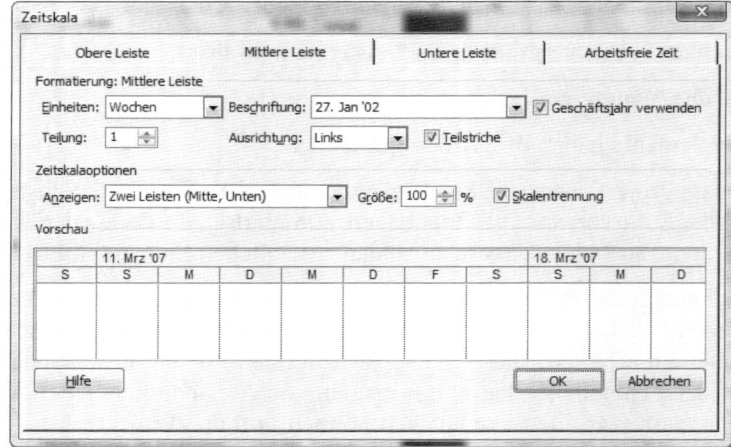

Abbildung 2.8: Die Zeitskala umfasst drei Leisten, damit Sie Zeiten aus unterschiedlichen Blickwinkeln betrachten können.

Um Ihre Zeitskala zu ändern, gehen Sie so vor:

1. **Klicken Sie mit der rechten Maustaste in einer Ansicht, die eine Zeitskala enthält, auf diese, und wählen Sie ZEITSKALA.**

   Es erscheint das Dialogfeld ZEITSKALA (siehe Abbildung 2.8).

2. **Klicken Sie auf eine der Registerkarten LEISTE, und wählen Sie Werte für EINHEITEN, BESCHRIFTUNG und AUSRICHTUNG aus.**

3. **Legen Sie die TEILUNG fest.**

   Wenn Sie sich zum Beispiel bei EINHEITEN für Wochen entschieden haben und TEILUNG auf 2 setzen, zeigt die Zeitskala Abschnitte von jeweils zwei Wochen an.

4. **Wenn Sie eine bestimmte Leiste nicht anzeigen möchten, wählen Sie im Listenfeld ANZEIGEN, das sich unterhalb der Option EINHEITEN befindet, entweder EINE LEISTE (MITTE) oder ZWEI LEISTEN (MITTE, UNTEN) aus.**

5. **Wenn Sie möchten, dass Project in der Zeitskala das Geschäftsjahr verwendet, markieren Sie das Kontrollkästchen GESCHÄFTSJAHR VERWENDEN.**

   Sie stellen das Geschäftsjahr auf der Registerkarte KALENDER des Dialogfelds OPTIONEN ein, die Sie über das Menü EXTRAS erreichen.

6. **Um am Anfang einer Zeiteinheit eine Markierung zu erhalten, aktivieren Sie das Kontrollkästchen vor TEILSTRICHE.**

7. Wiederholen Sie die Punkte 2 bis 6 für jede Leiste, die Sie ändern wollen.
8. Klicken Sie auf die Registerkarte ARBEITSFREIE ZEIT.
9. Wählen Sie von den Optionen DARSTELLUNG eine aus, die Ihnen gefällt.

   Sinn dieser Aktion ist es festzulegen, ob der schattierte Bereich, der arbeitsfreie Zeiten anzeigt, hinter oder vor einem Vorgangsbalken oder gar nicht dargestellt wird.

10. Wählen Sie in den Listenfeldern FARBE und MUSTER das Format der Schattierung aus.
11. Klicken Sie auf die Einstellmöglichkeit KALENDER, und wählen Sie einen Kalender aus, auf dem die Zeitskala basieren soll.

    Sie erfahren in Kapitel 3 mehr über Kalender.

12. Klicken Sie auf OK, um die neuen Einstellungen zu speichern, die sich unmittelbar auf die Zeitskala der aktuellen Ansicht auswirken.

Sie können die Einstellung GRÖSSE einer der drei Registerkarten LEISTE dazu verwenden, um die Anzeige entsprechend kleiner werden zu lassen, damit mehr Informationen auf Ihren Bildschirm oder eine gedruckte Seite passen.

Vergrößern und verkleinern

Eine Möglichkeit, die Anzeige einer Project-Ansicht zu verändern, sind die beiden Schaltflächen VERGRÖSSERN und VERKLEINERN auf der Standardsymbolleiste. Damit können Sie eine längere oder kürzere Periode Ihres Projekts anzeigen, ohne die Einstellungen der Zeitskala ändern zu müssen. Wenn Sie zum Beispiel mehrere Jahre Ihres Projekts sehen müssen, klicken Sie mehrmals auf VERKLEINERN, bis so viele Monate oder Jahre sichtbar werden, wie Sie benötigen. Sie können aber auch das Menü ANSICHT|ZOOM wählen und im Dialogfeld ZOOM Zeitabschnitte vorgeben, die angezeigt werden sollen, oder dafür sorgen, dass das gesamte Projekt auf dem Bildschirm erscheint.

Verschiedene Spalten anzeigen

Jedes Tabellenblatt hat Standarddatenspalten, die in Tabellen abgelegt sind. So besitzt zum Beispiel die Ansicht BALKENDIAGRAMM ÜBERWACHUNG Daten, die mit dem Fortschritt von Vorgängen zu tun haben. Das Tabellenblatt RESSOURCEN enthält viele Datenspalten mit Informationen über Ressourcen, die dann sehr nützlich sein können, wenn Sie neue Ressourcen eingeben. Sie können aber auch die vordefinierten Tabellen so ändern, dass jede Spalte angezeigt wird, die Sie sehen möchten.

Um dies zu erreichen, gehen Sie so vor:

1. Klicken Sie mit der rechten Maustaste auf den Kopfbereich der Spalten, und wählen Sie SPALTE EINFÜGEN.

   Es erscheint das Dialogfeld DEFINITION SPALTE (siehe Abbildung 2.9).

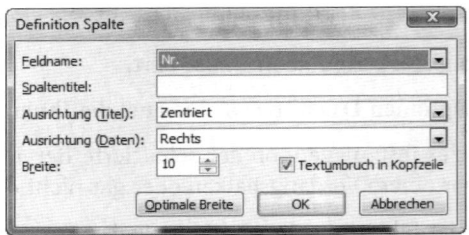

Abbildung 2.9: Hier können Sie die neuen Spalten auswählen, die dann in die aktive Tabelle eingefügt werden.

2. **Wählen Sie im Listenfeld FELDNAME das Feld aus, das die Informationen enthält, die Sie einfügen möchten.**

3. **Wenn Sie dem Feld einen neuen Namen geben wollen, schreiben Sie diesen in das Eingabefeld SPALTENTITEL.**

   Der neue Titel erscheint dann in der aktuellen Ansicht im Kopf der Spalte.

4. **Verwenden Sie die Optionen AUSRICHTUNG (TITEL), AUSRICHTUNG (DATEN) und BREITE, um das Format der Spalte zu ändern.**

5. **Klicken Sie auf OK, um die Spalte einzufügen.**

Um eine Spalte zu verbergen, klicken Sie im Tabellenblatt mit der rechten Maustaste auf ihren Titel, und wählen Sie SPALTE AUSBLENDEN.

Sie können auch vollständig vorgefertigte Tabellenblätter einblenden, wie ÜBERWACHUNG für die Aufzeichnung von Aktivitäten an Vorgängen oder EINGABE für die Eingabe neuer Vorgangsinformationen. Wählen Sie zu diesem Zweck einfach ANSICHT|TABELLE, und klicken Sie den Namen der Tabelle an, die Sie anzeigen wollen.

Den Inhalt der Knoten eines Netzplandiagramms ändern

Wenn Sie die Ansicht NETZPLANDIAGRAMM zum ersten Mal öffnen, finden Sie für jeden Vorgang Ihres Projekts ein rechteckiges Kästchen vor, den so genannten *Vorgangsknoten*. Sie können nicht nur die Inhalte dieser Knoten ändern, sondern auch deren Aussehen.

Standardmäßig enthält ein solcher Vorgangsknoten den Namen des Vorgangs, die Vorgangsnummer, das Anfangsdatum, das Enddatum, die Dauer und die Namen der Ressourcen. Bei Meilensteinknoten gibt es nur das Datum des Meilensteins, seinen Namen und die Vorgangsnummer.

Sie finden in Kapitel 4 weitere Informationen über das Hinzufügen von Informationen zu Vorgängen und Meilensteinen.

Die verschiedenen Vorgangskategorien (wie *kritisch* oder *nicht kritisch*) können unterschiedliche Informationen enthalten, und Sie können die Informationen ändern, die es in einem einzelnen Knoten oder in einer Gruppe von Knoten gibt.

Den Inhalt des Knotens ändern

Manchmal möchten Sie Informationen über den Terminplan eines Vorgangs sehen; zu einem anderen Zeitpunkt liegt der Schwerpunkt Ihres Interesses auf anderen Dingen, wie zum Beispiel auf Ressourcen. Um die unterschiedlichen Ansprüche an Ihr Informationsbedürfnis unterbringen zu können, lässt es das Netzplandiagramm zu, dass Sie verschiedene Vorlagen für das verwenden, was die Knoten des Diagramms enthalten sollen.

Wenn Sie die Informationen, die es in den Knoten gibt, ändern möchten, gehen Sie so vor:

1. **Klicken Sie außerhalb der Knoten mit der rechten Maustaste irgendwo in das Netzplandiagramm, und wählen Sie K**NOTENARTEN**.**

    Es öffnet sich das Dialogfeld KNOTENARTEN (siehe Abbildung 2.10).

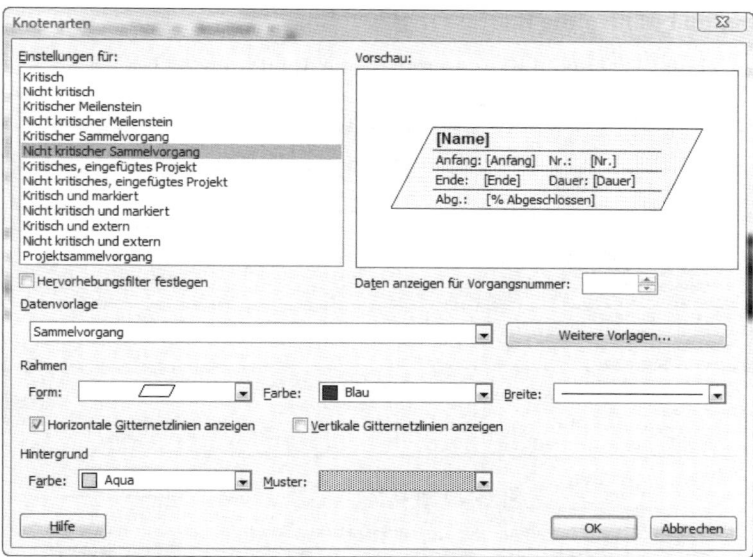

Abbildung 2.10: Sie können in der Ansicht NETZPLANDIAGRAMM *Vorlagen für die Datenanzeige verwenden.*

2. **Wählen Sie im Kasten E**INSTELLUNGEN FÜR **eine Vorlagenkategorie aus.**
3. **Um die Daten zu ändern, die es in den Vorgangsknoten gibt, wählen Sie im Listenfeld** DATENVORLAGE **eine andere Vorlage aus.**

 Sie können zusätzliche Vorlagen auswählen (und Vorlagen so bearbeiten, dass Sie beliebige Daten aufnehmen können), indem Sie auf die Schaltfläche WEITERE VORLAGEN klicken.

Im Bereich VORSCHAU erscheint eine Vorschau der Daten, die Sie in die Vorlage aufgenommen haben.

4. **Klicken Sie auf OK, um die neue Vorlage zu speichern.**

Sie können einzelnen Knoten auch individuelle Vorlagen zuweisen, indem Sie mit der rechten Maustaste auf einen Knoten (und nicht außerhalb des Knotens) klicken, KNOTEN FORMATIEREN wählen, im Listenfeld DATENVORLAGE eine andere Vorlage auswählen und auf OK klicken.

Knoten verschönern

Sind Sie ein kreativer Mensch? Gefällt Ihnen die Form des Rahmens oder die Farbe der Kästchen eines Netzplandiagrammknotens nicht? Möchten Sie den Hintergrund der Kästchen schattiert darstellen? Project lässt es zu, dass Sie dies und vieles mehr machen.

Wenn Sie das Format eines Netzplandiagrammknotens ändern wollen, gehen Sie so vor:

1. **Klicken Sie außerhalb der Knoten mit der rechten Maustaste irgendwo in das Netzplandiagramm, und wählen Sie KNOTENARTEN.**

   Es öffnet sich das Dialogfeld KNOTENARTEN (siehe Abbildung 2.11).

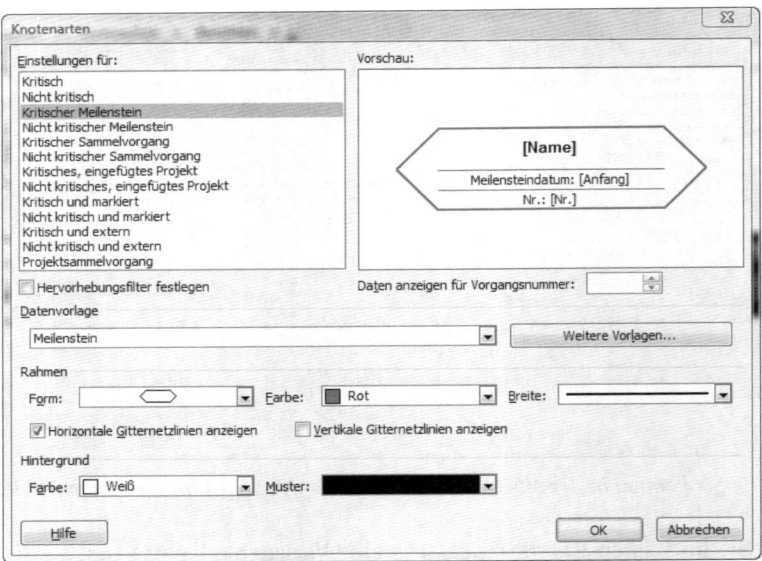

Abbildung 2.11: Ändern Sie das Format aller Knoten, indem Sie die Einstellmöglichkeiten dieses Dialogfelds benutzen.

2. **Klicken Sie in das Listenfeld FORM, und wählen Sie in der Liste, die dann erscheint, eine andere Rahmenform aus.**

3. **Klicken Sie in das Listenfeld FARBE, und wählen Sie in der Farbenliste eine andere Farbe aus.**

    Anmerkung: Diese Auswahl legt die Farbe der Linie fest, die das Kästchen bildet, und nicht dessen Hintergrundfarbe. Die können Sie in Punkt 5 dieser Auflistung bestimmen.

4. **Klicken Sie in das Listenfeld BREITE, und wählen Sie unter den angezeigten Linien eine aus.**

5. **Klicken Sie im Bereich HINTERGRUND auf das Listenfeld FARBE, und wählen Sie eine Farbe aus, die das Innere der Kästchen ausfüllen soll.**

6. **Klicken Sie in das Listenfeld MUSTER, und wählen Sie ein Linienmuster aus, das das Innere der Kästchen ausfüllen soll.**

     Bestimmte Kombinationen aus Farbe und Muster machen es sehr schwer, den Text im Kästchen zu lesen. Schauen Sie sich also unbedingt die Vorschau an, damit Ihre Auswahl auch in Ordnung geht.

7. **Klicken Sie auf OK, um die neuen Einstellungen zu speichern.**

 Sie können einzelne Knoten auch individuell formatieren, indem Sie mit der rechten Maustaste auf einen Knoten klicken, KNOTEN FORMATIEREN wählen und dann die Einstellung so vornehmen, wie es die obigen Punkte aufzeigen.

Eigene Kalender einsetzen

In diesem Kapitel
- Basis-, Projekt-, Ressourcen- und Vorgangskalender entdecken
- Verstehen, wie Kalender zusammenarbeiten
- Kalenderoptionen und Arbeitszeiten festlegen
- Den Projektkalender anlegen
- Den Projektberater nutzen, um Kalendereinstellungen vorzunehmen
- Eigene Kalendervorlagen erstellen
- Kalender in ein anderes Projekt kopieren

Die meisten Menschen leben ihr Leben auf der Grundlage von Uhren und Kalendern. Sind Sie eine Ausnahme? Sie wachen auf, und Ihr erster Gedanke kreist darum, was für ein Tag es ist, wie spät es ist und ob heute ein Arbeitstag ist.

Sie wissen, wie Ihr normaler Arbeitstag aussieht, und zwar gleichgültig, ob Sie von 9 Uhr bis 17 Uhr arbeiten oder von Mitternacht bis acht Uhr. Ab und an brechen Sie aus dieser Routine aus, indem Sie an einem 12-Stunden-Marathon teilnehmen oder sich an einem schönen Sommertag einen halben Tag zum Fußball wegschleichen.

Die Kalender von Project sind wie Ihr Leben: Es gibt Standards für den normalen Alltag und Abweichungen davon. Im Gegensatz zu Ihnen kennt Project aber verschiedene Kalender, über die es Rechenschaft ablegen muss.

Basis-, Projekt-, Ressourcen- und Vorgangskalender beherrschen

Der Umgang mit den vier Kalendern von Project kann trickreich sein, wie Sie im Verlauf dieses Kapitels sehen werden. Und: Das Verständnis dafür, wie die Kalender in Project funktionieren, ist wichtig dafür, dass Sie mit der Software umgehen können. Vorgänge sind termingebunden, und Ressourcen werden auf der Grundlage von Kalendereinstellungen zugewiesen, die Sie vornehmen. Deshalb können die Kosten für die Arbeitsstunden einer Ressource auch nicht genau berechnet werden, wenn Sie Ihre Kalendereinstellungen nicht von Anfang an verstehen.

Wie Kalender arbeiten

Eine Übersicht über die Rolle, die jeder der vier Kalender in Project spielt, sieht so aus (Informationen darüber, wie die Kalender zusammenarbeiten, finden Sie im nächsten Abschnitt):

- ✔ **Basiskalender:** Hierbei handelt es sich um die Kalendervorlage, die als Grundlage aller anderen Kalender dient. Es gibt drei Basiskalender (über die Sie bald mehr erfahren): STANDARD, 24 STUNDEN und NACHTSCHICHT.
- ✔ **Projektkalender:** Dies ist der Standardkalender für Ihren Terminplan. Hier legen Sie fest, welche Basiskalendervorlage für ein bestimmtes Projekt genommen wird.
- ✔ **Ressourcenkalender:** Er kombiniert die Einstellungen eines Basiskalenders mit Ausnahmen (zum Beispiel arbeitsfreien Zeiten), die Sie für eine bestimmte Ressource festlegen.
- ✔ **Vorgangskalender:** Hier können Sie Ausnahmen für einen bestimmten Vorgang festlegen.

Wenn Sie Vorgänge erstellen und Ressourcen zuweisen, die in ihnen arbeiten sollen, muss Project diese Arbeiten auf zeitliche Standards aufsetzen. Wenn Sie zum Beispiel sagen, dass ein Vorgang innerhalb eines Arbeitstages abgeschlossen sein soll, weiß Project, dass der Begriff *Arbeitstag* acht Stunden (oder zwölf Stunden oder sonst etwas) bedeutet, weil Sie diesen Wert als Standard für einen Arbeitstag in Ihrem Projektkalender festgelegt haben. Ein Beispiel: Eine Ressource wird für zwei Arbeitswochen in einen Vorgang gesteckt. In Ihrem Unternehmen gilt normalerweise die Fünf-Tage-Woche; der Kalender der Ressource zeigt aber an, dass sie nur vier Tage in der Woche arbeitet. Dies führt dazu, dass zwei Arbeitswochen der Ressource aufgrund deren Kalenders nur acht Arbeitstage ausmachen. Wenn Sie in Ihrer gedanklichen Planung bei der Zuordnung der Ressource von zehn Arbeitstagen ausgegangen sind, fehlen jetzt zwei Arbeitstage.

 Die Art eines Vorgangs kann sich auf den Terminplan einer Ressource auswirken. Ein Vorgang, der einen zwei Wochen dauernden Einsatz verlangt, ist nicht abgeschlossen, bevor die Ressourcen – in Abhängigkeit vom Projekt- oder Vorgangskalender – zwei Wochen Einsatz hineingesteckt haben. Lesen Sie dazu mehr in Kapitel 4.

Nicht jede Person eines Unternehmens arbeitet nach demselben Terminplan, und nicht jeder Vorgang kann in demselben acht Stunden dauernden Arbeitstag ausgeführt werden. Um mit den Unterschieden der Zeitpläne der einzelnen Belegschaftsmitglieder klar zu kommen, bietet Project diverse Kalendereinstellungen an. Ich habe weiter vorne in diesem Kapitel geschrieben, dass die Projekt-, Ressourcen- und Vorgangskalender so eingerichtet werden können, dass sie auf einer der drei Basiskalendervorlagen von Project aufbauen. Bei diesen drei Basiskalendervorlagen handelt es sich um:

- ✔ **STANDARD:** Die Standardeinstellung. Geht von einer Fünf-Tage-Woche (Montag bis Freitag) und einer Arbeitszeit von 8 Uhr bis 17 Uhr mit einer Stunde Mittagspause aus.
- ✔ **24 STUNDEN:** Lässt Arbeiten rund um die Uhr an sieben Tagen in der Woche zu.

✔ **NACHTSCHICHT:** Legt die Arbeitszeit auf den Bereich von 23 Uhr bis 8 Uhr; beinhaltet eine Stunde Pause und geht über fünf Nächte (die Nacht von Montag auf Dienstag bis zur Nacht von Freitag auf Samstag). Abbildung 3.1 zeigt die Arbeitszeiten eines Nachtschichtkalenders.

Die LEGENDE des Kalenders in Abbildung 3.1 erklärt, was die farbige Darstellung bedeutet.

Abbildung 3.1: Die Arbeitszeiten werden in diesem Kalender farbig angezeigt.

Sie können die drei Vorlagen des Basiskalenders ändern und aus ihnen neue Vorlagen erstellen, wie es weiter hinten in diesem Kapitel im Abschnitt *Selbst machen: Eine benutzerdefinierte Kalendervorlage erstellen* aufgezeigt wird.

Kalenderbeziehungen

Alle Kalender Ihres Projekts werden standardmäßig durch die Einstellungen des Projektkalenders gesteuert. Und das bringt uns zum schwierigen Teil: Wenn Sie einen Vorgangs- oder Ressourcenkalender ändern (was auch als *Ausnahme* bezeichnet wird), müssen Sie verstehen, welche Einstellung Vorrang hat.

Vorrangsebenen, auch Prioritäten genannt, werden wie folgt verarbeitet:

✔ Wenn keine weiteren Einstellungen existieren, steuert die Basiskalendervorlage, die Sie für den Projektkalender beim Anlegen des Projekts ausgewählt haben, die Arbeitszeiten und Arbeitstage aller Ressourcen und Vorgänge.

✔ Wenn Sie Änderungen an den Arbeitszeiten einer Ressource vornehmen, haben diese Einstellungen für diese Ressource Vorrang vor dem Projektkalender, wenn Sie die Ressource einem Vorgang zuordnen. Ähnliches gilt, wenn Sie einem Vorgang einen anderen Basiskalender zuweisen. Dieser Kalender erhält für diesen Vorgang eine höhere Priorität als der Projektkalender.

✔ Wenn Sie einer Ressource und einem Vorgang jeweils andere Kalender zuweisen, verwendet Project für diese Ressource nur die Arbeitszeiten, die beiden Kalendern gemeinsam ist. Wenn zum Beispiel der Vorgangskalender Arbeitszeiten von 8 Uhr bis 17 Uhr ausweist, die Ressource aber Arbeitszeiten von 6 Uhr bis 14 Uhr hat, arbeitet die Ressource an diesem Vorgang nur von 8 Uhr bis 14 Uhr, weil dies der Zeitraum ist, den beide Kalender gemeinsam als Arbeitszeit ausweisen.

✔ Sie können einen Vorgang dazu bringen, einen Ressourcenkalender zu ignorieren, indem Sie das Dialogfeld INFORMATIONEN ZUM VORGANG öffnen (klicken Sie dazu in der Ansicht BALKENDIAGRAMM (GANTT) doppelt auf dem Namen des Vorgangs), und markieren Sie auf der Registerkarte SPEZIAL das Kontrollkästchen vor TERMINPLANUNG IGNORIERT RESSOURCENKALENDER. (Diese Option steht nicht zur Verfügung, wenn der Vorgangskalender auf OHNE gesetzt ist.) Sie nehmen diese Einstellung vor, wenn es notwendig ist, dass alle Ressourcen am Vorgang mitarbeiten (zum Beispiel am vierteljährlichen Firmentreffen teilnehmen), wobei keine Rücksicht auf die Arbeitszeit genommen werden kann.

Kalenderoptionen und Arbeitszeiten

Wenn Sie jetzt glauben, das Schlimmste hinter sich zu haben, muss ich Sie enttäuschen: Da gibt es noch Kalenderoptionen und Arbeitszeiten.

Kalenderoptionen werden dazu verwendet, die Standards zu ändern, die für einen Arbeitstag, eine Arbeitswoche oder ein Jahr gelten. Wenn Sie beispielsweise den Standardkalender (8 Uhr bis 17 Uhr, fünf Tage die Woche) zum Projektkalender gemacht haben und ändern wollen, können Sie auf der Registerkarte KALENDER des Dialogfelds OPTION festlegen, welche fünf Tage gearbeitet werden soll und dass die Arbeitszeit von 9 Uhr bis 18 Uhr geht.

Arbeitszeit wird dazu verwendet, für ein bestimmtes Datum oder bestimmte Tage die Zeit festzulegen, die für Arbeit zur Verfügung steht. So können Sie zum Beispiel die Kalenderoptionen so ändern, dass Sie einen Acht-Stunden-Tag und Arbeitswochen von 32 Stunden haben. Sie müssen dann natürlich auch Ihre Arbeitszeiten überprüfen und dafür sorgen, dass es drei arbeitsfreie Tage in der Woche gibt, damit dies zu den 32 Stunden passt. Wenn Sie ein bestimmtes Datum in Ihrem Projekt als *arbeitsfreien Tag* definieren möchten, weil dann der Betriebsausflug des Unternehmens startet, können Sie dies mit den Einstellungen der Arbeitszeit erledigen.

3 ➤ Eigene Kalender einsetzen

 Wenn Sie Project-Server für ein unternehmensweites Projektmanagement einsetzen, können Sie die Einstellungen im der globalen ENTERPRISE-Vorlage vornehmen, in der die Arbeitszeiten für das gesamte Unternehmen eingestellt werden. Sie finden in Kapitel 18 mehr zu unternehmensweiten Einstellungen.

Kalenderoptionen einstellen

Wenn Sie an einem Ressourcen- oder Vorgangskalender Änderungen vornehmen, passen Sie eigentlich nur die Zeiten an, die eine Ressource zur Verfügung steht, oder die Zeit, in der ein Vorgang abläuft. Sie ändern nicht die Dauer eines normalen Projektarbeitstages. Wenn die Einstellungen des Projektkalenders dies vorgeben, hat ein Tag selbst dann weiterhin acht Stunden, wenn Sie fordern, dass der Vorgang, der an diesem Tag ablaufen soll, den 24-Stunden-Basiskalender benutzt.

Wenn Sie zum Beispiel die Länge eines normalen Arbeitstages von acht auf zehn Stunden ändern wollen, müssen Sie dies auf der Registerkarte KALENDER des Dialogfelds OPTIONEN erledigen.

Gehen Sie so vor, um die Kalenderoptionen anzupassen:

1. **Wählen Sie EXTRAS|OPTIONEN.**

   Es erscheint das Dialogfeld OPTIONEN.

2. **Klicken Sie auf die Registerkarte KALENDER (siehe Abbildung 3.2).**

 Sie können diese Einstellungen auch dadurch anzeigen, dass Sie im Menü EXTRAS im Dialogfeld ARBEITSZEIT ÄNDERN auf die Schaltfläche OPTIONEN klicken.

3. **Wählen Sie im Listenfeld WOCHENANFANG AM einen Tag aus.**

4. **Um den Beginn Ihres Geschäftsjahres festzulegen, wählen Sie im Listenfeld ANFANG DES GESCHÄFTSJAHRES IM einen Monat aus.**

5. **Um die Arbeitszeit eines normalen Tages zu ändern, geben Sie in den Feldern STANDARDANFANGSZEIT und STANDARDENDZEIT neue Zeiten ein.**

 Wenn Sie die Einstellungen von STANDARDANFANGSZEIT und STANDARDENDZEIT ändern, sollten Sie auch die entsprechenden Arbeitszeiten ändern. Wie das geht, können Sie im nächsten Abschnitt entdecken.

6. **Ändern Sie gegebenenfalls die Werte in STUNDEN PRO TAG, STUNDEN PRO WOCHE und TAGE PRO MONAT.**

7. **Klicken Sie auf OK, um die Einstellungen zu speichern.**

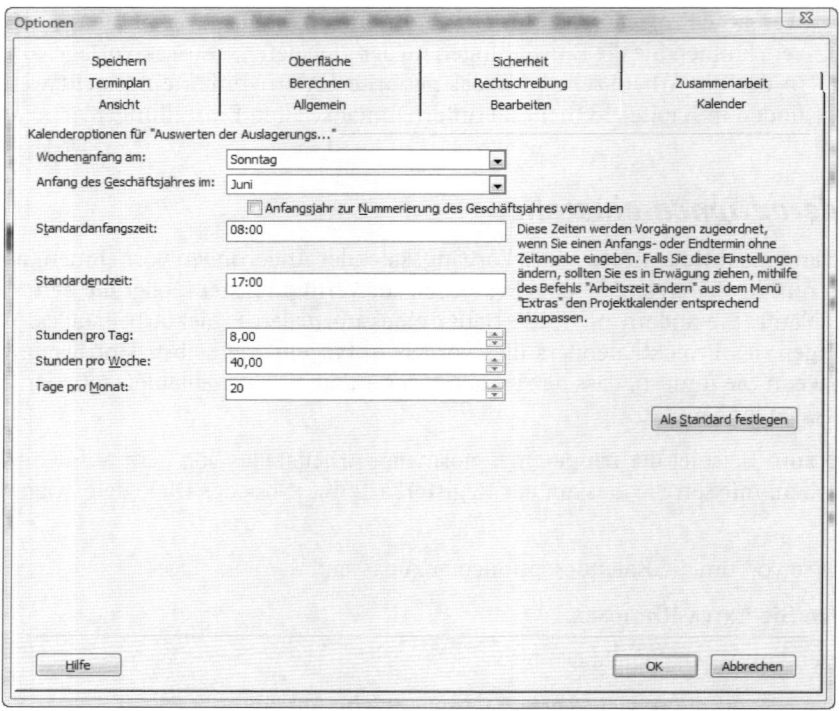

Abbildung 3.2: Definieren Sie Ihre normalen Arbeitstage, Arbeitswochen, Arbeitsmonate und das Geschäftsjahr.

 Wenn die neuen Einstellungen standardmäßig in Ihrem Unternehmen verwendet werden sollen, klicken Sie auf die Schaltfläche ALS STANDARD FESTLEGEN, um sie für die nächsten Projekte zum Standard zu machen.

Ausnahmen für Arbeitszeiten festlegen

Wenn Sie die Arbeitszeit eines bestimmten Tages ändern möchten (wie zum Beispiel für den 24. Dezember), verwenden Sie die Arbeitszeiteinstellungen. Wollen Sie beispielsweise diesen Tag zum halben Arbeitstag machen, können Sie die Arbeitszeit problemlos ändern. Damit bringt jede Ressource, die für diesen Tag eingeplant worden ist, nur einen halben Arbeitstag ein. Sie können diese Einstellmöglichkeiten auch dafür benutzen, Arbeitstage und arbeitsfreie Tage global festzulegen, damit die Arbeitstage mit den Einstellungen der Kalenderoptionen übereinstimmen.

Sie ändern Arbeitszeiten wie folgt:

1. **Wählen Sie EXTRAS|ARBEITSZEIT ÄNDERN.**

   Es erscheint das Dialogfeld ARBEITSZEIT ÄNDERN (siehe Abbildung 3.3).

3 ► Eigene Kalender einsetzen

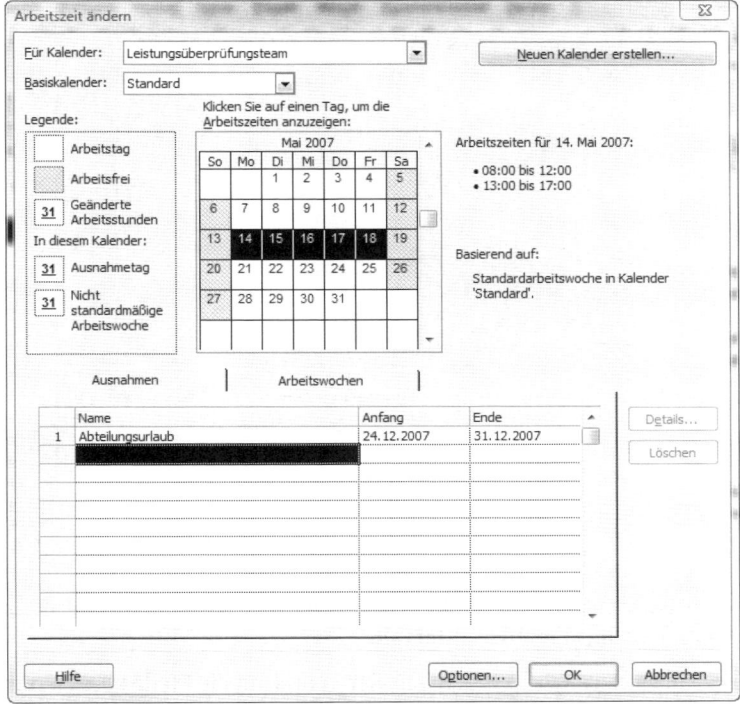

Abbildung 3.3: Die Arbeitszeiten, die Sie hier festlegen, sollten mit den Zeiten in den Kalenderoptionen übereinstimmen.

2. Klicken Sie in der Sektion KLICKEN SIE AUF EINEN TAG, UM DIE ARBEITSZEITEN ANZUZEIGEN auf den Tag, den Sie ändern möchten.

3. Klicken Sie auf die Registerkarte AUSNAHMEN, klicken Sie dort in eine leere Zeile, und geben Sie einen Namen für die Ausnahme ein.

4. Klicken Sie auf die Schaltfläche DETAILS.

   Es erscheint das Dialogfeld DETAILS (siehe Abbildung 3.4).

5. Markieren Sie entweder das Optionsfeld ARBEITSFREI oder das Optionsfeld ARBEITSZEITEN.

6. Geben Sie in den Feldern VON und BIS Uhrzeiten ein.

 Wenn Sie nicht zusammenhängende Zeiten benötigen, weil Sie zum Beispiel eine Mittagspause einplanen müssen, geben Sie die Uhrzeiten in zwei oder mehr Zeilen ein (zum Beispiel 8:00 bis 12:00 und 13:00 bis 17:00).

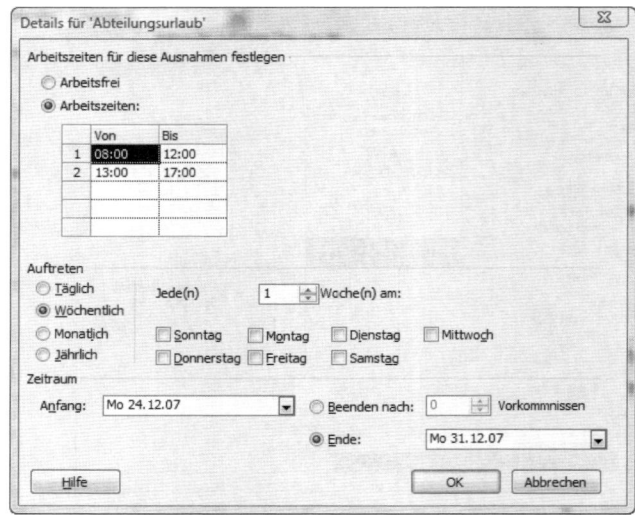

Abbildung 3.4: Kalenderausnahmen festlegen

7. **Legen Sie im Bereich AUFTRETEN ein Wiederholungsmuster fest, und definieren Sie im Feld JEDE(N) *x* WOCHE(N) AM: das Intervall.**

   Wenn Sie beispielsweise WÖCHENTLICH markieren und auf die Pfeile klicken, um das Intervall auf 3 zu setzen, wiederholt sich dieses Muster alle drei Wochen.

8. **Legen Sie den Zeitraum fest, für den die Wiederholung gilt.**

   Sie können an diesem Punkt entweder ein Anfangs- und ein Enddatum eingeben oder das Optionsfeld BEENDEN NACH aktivieren und festlegen, nach wie vielen Vorkommnissen die Wiederholung ausläuft.

9. **Klicken Sie zwei Mal auf OK, um die Dialogfelder zu schließen und Ihre Änderungen zu speichern.**

Das Legendenelement NICHT STANDARDMÄSSIGE AREEITSWOCHE, das Sie im Dialogfeld ARBEITSZEIT ÄNDERN finden (siehe Abbildung 3.3), bezeichnet Arbeitszeiten, die nicht durch den für diesen Kalender gültigen Basiskalender festgelegt worden sind.

Den Projektkalender einrichten

Der erste Kalender, den Sie für Ihr Projekt einrichten sollten, ist der Projektkalender. Dies machen Sie im Dialogfeld PROJEKTINFO (siehe Abbildung 3.5), das Sie jederzeit anzeigen können, indem Sie PROJEKT|PROJEKTINFO wählen.

3 ▶ Eigene Kalender einsetzen

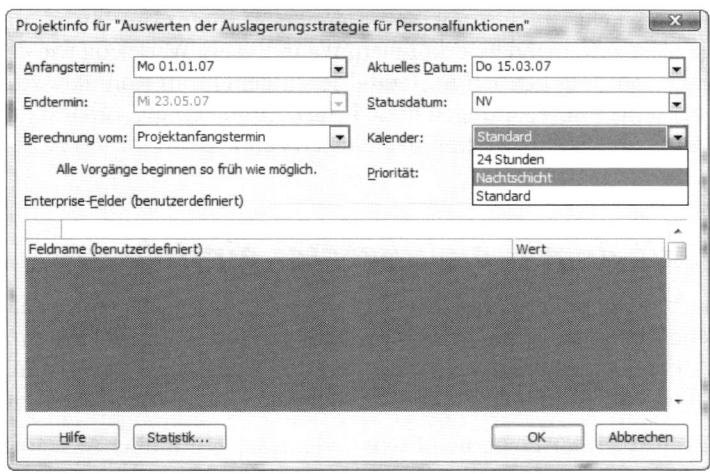

Abbildung 3.5: Ihre Kalenderauswahl enthält eine dieser drei Basiskalendervorlagen.

Sie können in diesem Dialogfeld folgende Einstellungen vornehmen:

✔ **KALENDER:** Entscheiden Sie sich in diesem Listenfeld für die Basiskalendervorlage, die Sie als Projektkalender verwenden wollen. Wenn Sie ein neues Projekt beginnen, haben Sie *immer* mit diesem Punkt zu tun.

✔ **ANFANGSTERMIN und ENDTERMIN:** Bevor Sie hier etwas eintragen, sollten Sie warten, bis Sie fast alle Vorgänge und Ressourcen angelegt haben. Erst wenn Sie wirklich wissen, wann Sie mit dem eigentlichen Projekt anfangen können, geben Sie das Anfangsdatum ein und lassen Project den Endtermin auf der Grundlage der zeitlichen Abläufe und der Abhängigkeiten zwischen den Vorgängen berechnen. Sie finden in Kapitel 4 mehr zu diesem Thema.

✔ **BERECHNUNG VOM:** Sie können festlegen, dass die zeitliche Planung der Vorgänge rückwärts vom Endtermin oder vorwärts vom Anfangstermin an berechnet wird. Meistens findet die Berechnung vorwärts (vom Anfangstermin aus gesehen) statt.

✔ **AKTUELLES DATUM:** Standardmäßig entspricht diese Einstellung dem Tagesdatum Ihres Computers. Natürlich können Sie den Wert ändern, was manchmal sehr nützlich ist, wenn Sie sich Was-wäre-wenn-Szenarien anschauen oder Fortschritte von einem Zeitpunkt in der Vergangenheit aus überwachen wollen.

✔ **STATUSDATUM:** Sie setzen diesen Wert normalerweise auf das aktuelle Tagesdatum, um die Fortschritte in Ihrem Projekt zu überwachen. Wenn Sie Ihr Projekt überwachen, wollen Sie seinen Status eigentlich immer zum aktuellen Tagesdatum haben, weshalb Sie mit dieser Einstellung eigentlich wenig zu tun haben. Wenn Sie aber einen Projektstatus zum Ende Ihres Geschäftsjahres oder eines anderen Zeitrahmens benötigen, legen Sie hier das entsprechende Datum fest.

✔ **Priorität:** Dieses Feld ist dann nützlich, wenn es in Ihrem Unternehmen viele Projekte gibt und Sie diese miteinander verknüpfen. Wenn Sie ein Werkzeug wie den Ressourcenausgleich benutzen (auf den ich in Kapitel 10 eingehe), um Konflikte zu lösen, berücksichtigt es bei seinen Berechnungen diese Prioritätseinstellung, um festzulegen, was sich verzögern muss und was im Zeitrahmen bleiben kann.

Kalender mit dem Projektberater einrichten

Der Projektberater hat einen sehr nützlichen Kalenderassistenten, der Ihnen dabei helfen kann, sowohl die Kalenderoptionen als auch die Einstellungen für die Arbeitszeit einzurichten (was vielleicht gerade demjenigen das Leben erleichtert, der sich zum ersten Mal mit Project 2007 beschäftigt). Um Kalenderoptionen und Projektkalender einzustellen, gehen Sie so vor:

1. **Wenn der Projektberater nicht sichtbar ist, können Sie ihn über Ansicht|Symbolleisten|Projektberater anzeigen lassen.**

   Wenn die Symbolleiste Projektberater angezeigt wird und Sie sie wieder verbergen möchten, können Sie in der Symbolleiste auf die Schaltfläche Einblenden/Ausblenden des Projektberaters klicken.

2. **Wenn das Fensterelement Vorgänge nicht bereits angezeigt wird, klicken Sie auf die gleichnamige Schaltfläche.**

3. **Klicken Sie im Fensterelement Vorgänge auf die Verknüpfung Definieren der allgemeinen Arbeitszeiten.**

   Es erscheint die Kalenderansicht Vorschau der Arbeitszeit (siehe Abbildung 3.6).

4. **Wählen Sie im Listenfeld Wählen Sie eine Kalenderprojektvorlage den Basiskalender aus, den Sie in Ihrem Projekt verwenden wollen.**

   Das Listenfeld bietet drei Basiskalender an: Standard, Nachtschicht und 24 Stunden, wie es weiter vorne in diesem Kapitel im Abschnitt *Wie Kalender arbeiten* beschrieben wird.

5. **Klicken Sie im unteren Bereich des Fensterelements Projektberater auf die Option Weiter mit Schritt 2.**

   Es ändert sich der Inhalt des Vorgangselements und zeigt für jeden Tag der Woche ein Kontrollkästchen an (siehe Abbildung 3.7). Wenn Sie in Ihrem Kalender die Arbeitstage für dieses Projekt ändern möchten, aktivieren oder deaktivieren Sie die entsprechenden Kontrollkästchen.

6. **Klicken Sie auf die Option Weiter mit Schritt 3, und klicken Sie im Vorgangselement auf Arbeitszeit ändern.**

   Es erscheint das Dialogfeld Arbeitszeit ändern, das ich im vorherigen Abschnitt beschreibe. Dort finden Sie auch die Einzelheiten, die Sie benötigen, um hier Änderungen vorzunehmen.

3 ➤ *Eigene Kalender einsetzen*

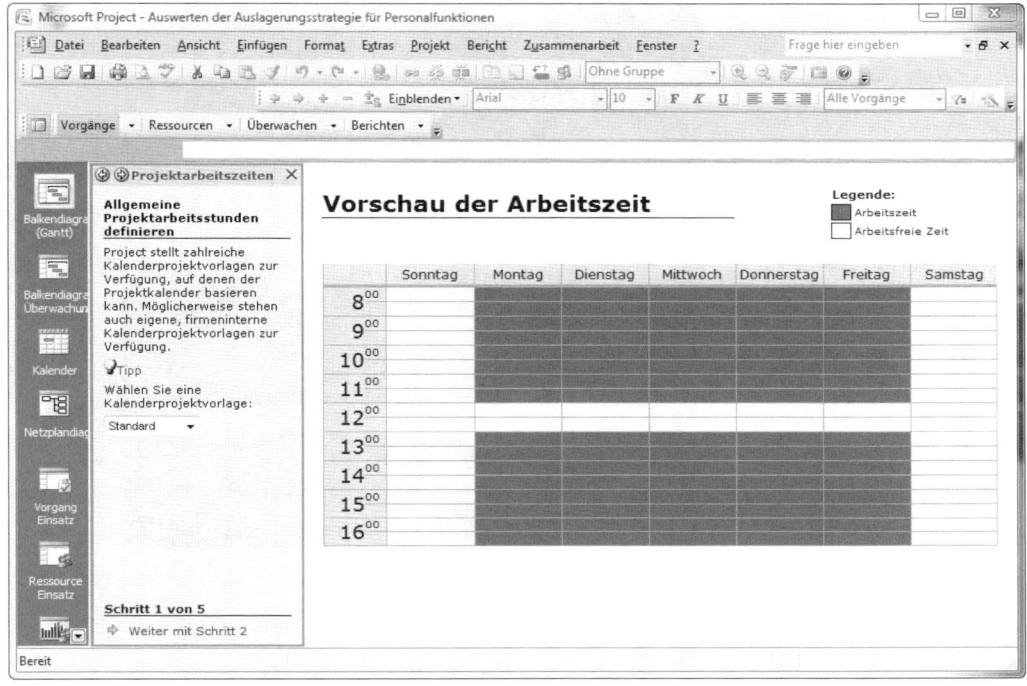

Abbildung 3.6: Sie können Ihren Basiskalender auswählen und sehen hier sofort eine grafische Ansicht davon.

7. **Klicken Sie auf OK, um das Dialogfeld ARBEITSZEIT ÄNDERN zu schließen, und klicken Sie auf die Option WEITER MIT SCHRITT 4.**

8. **Verwenden Sie die drei Textfelder, die im Vorgangselement auftauchen, um gegebenenfalls die STUNDEN PRO TAG, STUNDEN PRO WOCHE und TAGE PRO MONAT zu ändern.**

9. **Klicken Sie auf die Option WEITER MIT SCHRITT 5.**

   Es erscheint im Vorgangselement eine Nachricht, die besagt, dass der Projektkalender festgelegt ist. Wenn Sie weitere Kalender für Ihr Projekt benötigen, können Sie jetzt auf ZUSÄTZLICHE KALENDER DEFINIEREN klicken.

10. **Klicken Sie auf SPEICHERN UND BEENDEN SIE DEN VORGANG.**

 Wenn Sie die Vorlage eines Basiskalenders ausgewählt haben, legt sie die normalen Arbeitszeiten Ihres Unternehmens fest. Wenn in Ihrem Unternehmen wenige Mitarbeiter Nachtschicht haben und der große Rest Ihrer Ressourcen aber standardmäßig tagsüber arbeitet, sollten Sie als Vorlage für Ihren Basiskalender eine wählen, die für die Mehrheit Ihrer Ressourcen gültig ist (in diesem Fall STANDARD). Änderungen können Sie dann an Vorgangs- und an Ressourcenkalendern vornehmen (siehe die nächsten beiden Abschnitte).

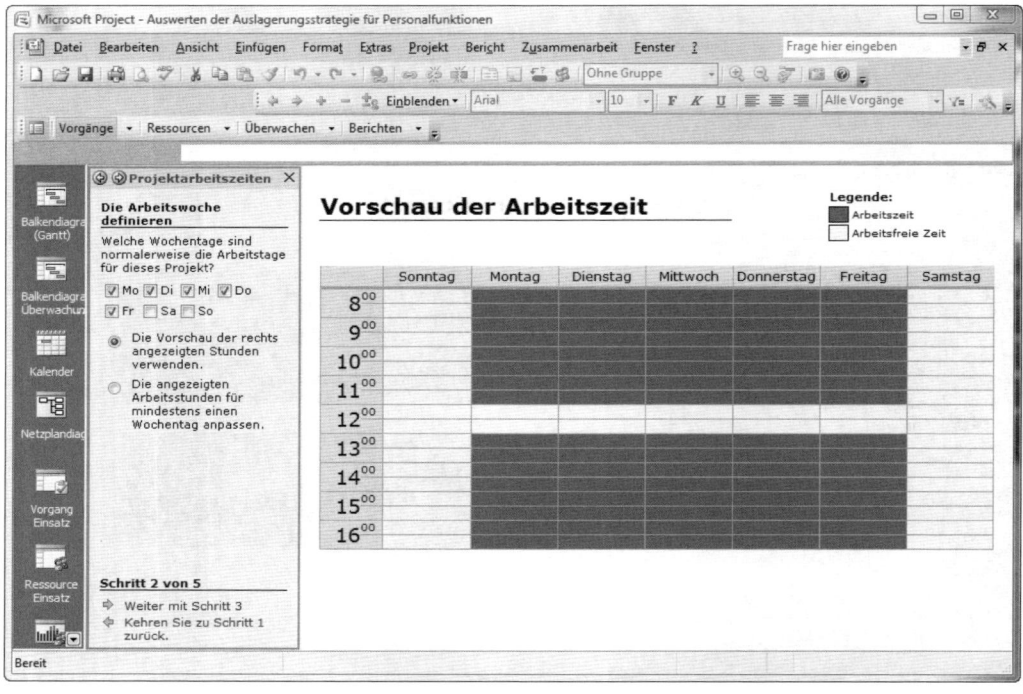

Abbildung 3.7: Wählen Sie aus, an welchen Tagen Ihre Ressourcen arbeiten sollen.

Vorgangskalender ändern

Sie können einen Vorgangskalender so einrichten, dass er einen anderen Basiskalender benutzt als der Projektkalender. Der Vorgangskalender erhält dabei für diesen Vorgang eine höhere Priorität als der Projektkalender. Stellen Sie sich beispielsweise vor, dass Sie für ein Projekt die Standardkalendervorlage auswählen und sich bei den Vorgängen für die 24-Stunden-Vorlage entscheiden. Wenn Sie jetzt einen Vorgang anlegen, der einen Tag dauert, ist das dann ein 24-Stunden-Tag.

Um die Einstellungen für einen Vorgangskalender festzulegen, gehen Sie so vor:

1. **Klicken Sie doppelt auf den Namen des Vorgangs.**

    Es erscheint das Dialogfeld INFORMATIONEN ZUM VORGANG.

2. **Klicken Sie auf die Registerkarte SPEZIAL.**

3. **Wählen Sie im Listenfeld KALENDER einen anderen Basiskalender aus (siehe Abbildung 3.8)**

4. **Klicken Sie auf OK, um die neuen Kalendereinstellungen zu speichern.**

3 ► Eigene Kalender einsetzen

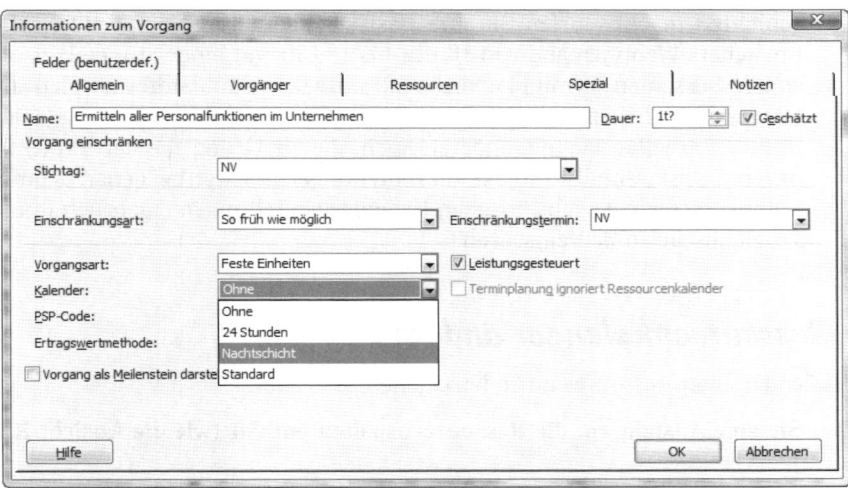

Abbildung 3.8: Sie können in einem Projekt einem Vorgang einen der drei Kalendertypen zuweisen.

 Wenn eine Ressource, die diesem Vorgang zugeordnet wird, über einen modifizierten Kalender verfügt, arbeitet diese Ressource nur zu den Stunden, die dem Vorgangs- und dem Ressourcenkalender gemeinsam sind.

Ressourcenkalender einstellen

Selbst die beste aller Ressourcen kann maximal 24 Stunden am Tag arbeiten. Wenn Ihre Ressourcen dann auch noch unterschiedliche Arbeitszeiten haben, müssen Sie Ressourcenkalender einsetzen.

Welche Ressource erhält einen Kalender?

Projekte kennen drei Arten von Ressourcen: Arbeit, Material und Kosten (Sie finden in Kapitel 7 mehr zum Thema Ressourcen). Im Moment reicht es aus, dass Sie wissen, dass nur ein Ressourcentyp – die Arbeitsressource – einen eigenen Kalender hat. Der Grund dafür ist, dass materielle Ressourcen nicht nach Arbeitszeit, sondern nach Materialverbrauch berechnet werden und dass einer Kostenressource ein Kostensatz zugeordnet wird, der ebenfalls zeitunabhängig ist.

Sie können die Basiskalendervorlage für jede Arbeitsressource ändern und spezielle Arbeitszeiten und arbeitsfreie Zeiten vorgeben. Diese Ausnahmen haben Vorrang vor Ihren Projekt- und Vorgangskalendern und legen fest, wann eine bestimmte Ressource arbeiten kann.

 Sie sollten aber beim Ändern eines Ressourcenkalenders vorsichtig sein. Wenn eine Ressource erst einmal eindeutige Zeitvorgaben für ihre Arbeit hat, dürfen Sie ihre Basiskalendervorlage nicht mehr ändern. Wenn zum Beispiel eine Ressource normalerweise tagsüber arbeitet, während der Projektdauer aber ein paar Nacht-

schichten macht, dürfen Sie ihre Basiskalendervorlage nicht auf Nachtschicht umstellen. Wenn jemand von 10 Uhr bis 19 Uhr mit einer Stunde Pause arbeitet, sollten Sie seinen Terminplan nicht extra von dem Standardterminplan abweichen lassen, der Arbeitszeiten von 8 Uhr bis 17 Uhr vorsieht, weil er ja genauso acht Stunden arbeitet wie alle anderen auch, die als Grundlage den Projektkalender haben. Selbst wenn Ihr Projekt mit Einteilungen arbeitet, bei denen es um Stunden und nicht um Tage geht, machen Kalenderumstellungen eigentlich immer mehr Arbeit, als sie an Zeit einsparen.

Einen Ressourcenkalender ändern

Um den Kalender einer Ressource zu ändern, gehen Sie so vor:

1. **Zeigen Sie eine Ansicht an, die Ressourcenspalten enthält (wie die Ansicht RESSOURCE TABELLE).**

   Klicken Sie diese Ansicht in der Ansichtsleiste an. Ich erkläre in Kapitel 1, wie Sie diverse Ansichten anzeigen können.

2. **Klicken Sie doppelt auf den Namen einer Ressource.**

   Es erscheint das Dialogfeld INFORMATIONEN ZUR RESSOURCE.

3. **Klicken Sie auf die Schaltfläche ARBEITSZEIT ÄNDERN, um das Dialogfeld ARBEITSZEIT ÄNDERN anzuzeigen (siehe Abbildung 3.9).**

   Die Registerkarten AUSNAHMEN und ARBEITSWOCHEN haben die gleichen Einstellungen wie die des Dialogfelds ARBEITZEIT ÄNDERN, die ich weiter vorne in diesem Kapitel anhand der Vorgänge erkläre. Es gilt ein Unterschied: Änderungen, die Sie hier vornehmen, betreffen diese Ressource und nicht einen Vorgang.

4. **Klicken Sie in der Sektion KLICKEN SIE AUF EINEN TAG, UM DIE ARBEITSZEITEN ANZUZEIGEN auf den Tag, den Sie ändern möchten.**

5. **Klicken Sie auf die Registerkarte AUSNAHMEN, um das entsprechende Arbeitsblatt anzuzeigen, klicken Sie in eine leere Zeile, und geben Sie einen Namen für die Ausnahme ein.**

6. **Klicken Sie auf die Schaltfläche DETAILS.**

   Es öffnet sich das Dialogfeld DETAILS dieses Kalenders (siehe Abbildung 3.10).

7. **Markieren Sie entweder das Optionsfeld ARBEITSFREI oder das Optionsfeld ARBEITSZEITEN.**

8. **Geben Sie in den Feldern VON und BIS die Arbeitszeiten ein.**

   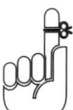
   Wenn Sie nicht zusammenhängende Zeiten benötigen, weil Sie zum Beispiel eine Mittagspause einplanen müssen, geben Sie die Uhrzeiten in zwei oder mehr Zeilen ein (zum Beispiel (8:00 bis 12:00 und 13:00 bis 17:00).

3 ➤ Eigene Kalender einsetzen

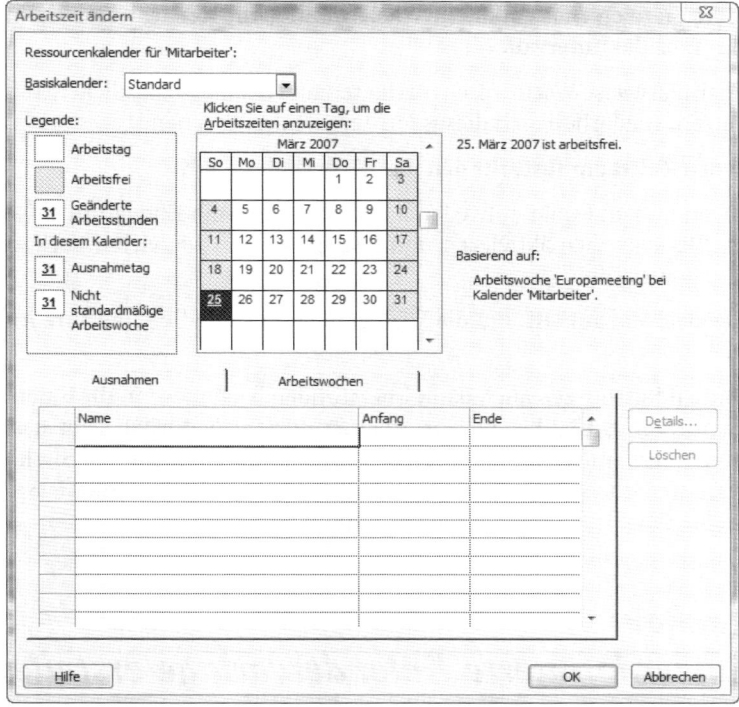

Abbildung 3.9: Änderungen, die Sie hier vornehmen, betreffen nur diese Ressource.

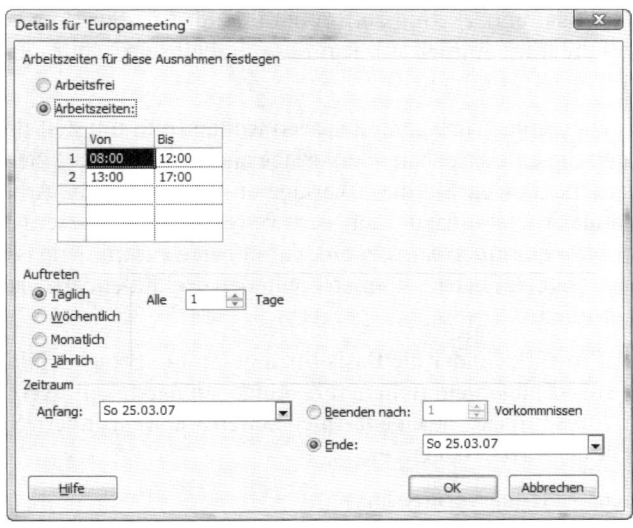

Abbildung 3.10: Ändern Sie hier den Standardkalender.

9. **Legen Sie im Bereich AUFTRETEN ein Wiederholungsmuster fest, und definieren Sie im Feld ALLE *x* TAGE das Intervall.**

    Wenn Sie beispielsweise WÖCHENTLICH markieren und auf die Pfeile klicken, um das Intervall auf 3 zu setzen, wiederholt sich dieses Muster alle drei Wochen.

10. **Legen Sie den Zeitraum fest, für den die Wiederholung gilt.**

    Sie können an diesem Punkt entweder ein Anfangs- und ein Enddatum eingeben oder das Optionsfeld BEENDEN NACH aktivieren und festlegen, nach wie vielen Vorkommnissen die Wiederholung ausläuft.

11. **Klicken Sie zwei Mal auf OK, um die Dialogfelder zu schließen und Ihre Änderungen zu speichern.**

Können Ressourcen auch dann Überstunden leisten, wenn ihr Kalender sagt, dass sie nur von 8 Uhr bis 17 Uhr arbeiten dürfen? Natürlich geht das. Sie müssen Project nur mitteilen, die Überstunden zeitlich einzuplanen. Sie können für die Ressource auch einen speziellen Überstundentarif berechnen lassen. Mehr zum Thema Überstunden finden Sie in Kapitel 8.

Selbst machen: Eine benutzerdefinierte Kalendervorlage erstellen

Wenn Sie sich Ihre eigene Zeitrechnung zulegen wollen, kommt jetzt Ihre Chance. Auch wenn die drei Basiskalendervorlagen von Project wohl die meisten Arbeitssituationen abdecken, kann es unter Umständen notwendig sein, eine eigene Kalendervorlage zu erstellen. Wenn Ihr Projekt zum Beispiel mit Telefonmarketing zu tun hat und die Ressourcen von 4 Uhr bis 10 Uhr arbeiten (dann rufen die mich immer an), kann es nützlich sein, dafür eine Kalendervorlage zu erstellen, die Telefonmarketing heißt.

Wenn Sie beim Erstellen einer Vorlage Zeit sparen wollen (und um Zeit geht es eben in diesem Kapitel), nehmen Sie eine Basiskalendervorlage als Grundlage, die ziemlich genau Ihren Vorstellungen entspricht. Passen Sie diese Vorlage an, indem Sie die Arbeitszeiten und die Kalenderoptionen ändern (siehe dazu auch den weiter vorne in diesem Kapitel stehenden Abschnitt *Kalenderoptionen und Arbeitszeiten*), damit beide zusammenpassen. Wenn Sie eine neue Kalendervorlage angelegt haben, können Sie in den drei Kalendern PROJEKT, VORGANG und RESSOURCE darauf zugreifen.

Weil der Projektkalender die Basis Ihres gesamten Projekts bildet, sollte er die in Ihrem Projekt allgemein üblichen Zeitangaben darstellen. Wenn nur wenige Ressourcen Ihres Projekts zu eigenartigen Zeiten arbeiten, ändern Sie die Ressourcen- und nicht den Projektkalender.

So legen Sie eine neue Kalendervorlage an:

1. **Wählen Sie EXTRAS|ARBEITSZEIT ÄNDERN.**

    Es öffnet sich das Dialogfeld ARBEITSZEIT ÄNDERN.

2. **Klicken Sie auf die Schaltfläche NEUEN KALENDER ERSTELLEN.**

Es erscheint das Dialogfeld NEUEN BASISKALENDER ERSTELLEN (siehe Abbildung 3.11).

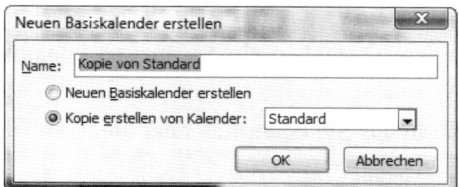

Abbildung 3.11: Fangen Sie hier mit Ihrem neuen Kalender an.

3. **Geben Sie im Feld NAME einen eindeutigen Namen für Ihren Kalender ein.**

4. **Markieren Sie entweder das Optionsfeld NEUEN BASISKALENDER ERSTELLEN oder das Optionsfeld KOPIE ERSTELLEN VON KALENDER. Wählen Sie im zweiten Fall einen Basiskalender aus, der die Grundlage Ihrer Kalendervorlage sein soll.**

 Wenn Sie unter Punkt 4 NEUEN BASISKALENDER ERSTELLEN gewählt haben, erstellt Project eine Kopie des Kalenders STANDARD und gibt ihr einen neuen Namen. Wenn Sie sich für die Option KOPIE ERSTELLEN VON KALENDER entschieden und 24 STUNDEN oder NACHTSCHICHT gewählt haben, basiert Ihr neuer Kalender darauf. Wie Ihre Auswahl auch aussehen mag, sie bildet Ihren neuen Startpunkt, und Sie können Änderungen vornehmen, um den Kalender eindeutig zu machen.

5. **Klicken Sie auf OK, um zum Dialogfeld ARBEITSZEIT ÄNDERN zurückzukehren.**

Jetzt können Sie die Arbeitszeiten für die neue Kalendervorlage festlegen.

6. **Klicken Sie auf die Schaltfläche OPTIONEN.**

Es erscheint das Dialogfeld OPTIONEN, in dem die Registerkarte KALENDER angezeigt wird.

7. **Ändern Sie den Wochen- oder den Jahresanfang, die Anfangs- oder die Endzeit von Arbeitstagen und die Einstellungen für Tage, Wochen oder Monate.**

8. **Klicken Sie zwei Mal auf OK, um die Einstellungen Ihres neuen Kalenders zu speichern.**

Kalenderkopien freigeben

Es gibt zwei Wege, um einen Kalender allen Projekten zur Verfügung zu stellen:

✔ Machen Sie einen Kalender über das Dialogfeld ARBEITZEIT ÄNDERN bei allen neuen Projekten zum Standardkalender.

✔ Sorgen Sie dafür, dass Sie von allen anderen Projekten aus auf bestimmte Kalender zugreifen können.

 Diese zweite Methode ist ganz besonders dann nützlich, wenn Sie Kalender mit anderen Projektleitern Ihres Unternehmens gemeinsam nutzen, aber keine Änderungen an Ihrem Standardkalender vornehmen wollen.

Um einen Kalender von einem Projekt in ein anderes zu kopieren, folgen Sie diesem Verfahren:

1. **Öffnen Sie das Projekt, in das Sie einen Kalender kopieren wollen.**

2. **Wählen Sie Extras|Organisieren.**

    Es erscheint das Dialogfeld Organisieren.

3. **Klicken Sie auf die Registerkarte Kalender (siehe Abbildung 3.12).**

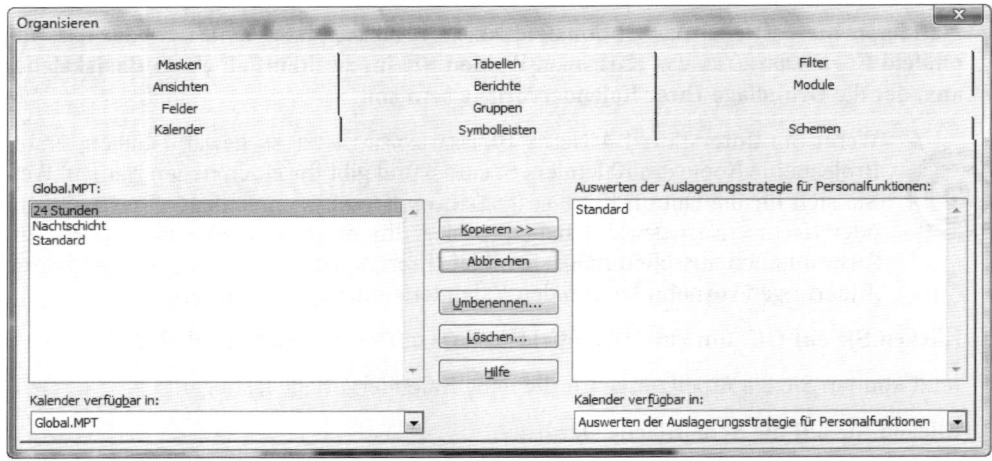

Abbildung 3.12: Sie können Ihren Kalender in andere Projekte kopieren.

4. **Wählen Sie im linken unteren Listenfeld Kalender verfügbar in die Project-Datei aus, die den Kalender enthält, den Sie kopieren möchten. Wählen Sie im rechten unteren Listenfeld Kalender verfügbar in aus, ob Sie den Kalender einem anderen geöffneten Projekt oder der Vorlage Global zur Verfügung stellen wollen.**

5. **Klicken Sie in der linken Liste auf den Kalender, den Sie kopieren wollen, und klicken Sie auf die Schaltfläche Kopieren.**

    Der Kalender wird in das aktuelle Projekt kopiert.

6. **Wenn Sie dem Kalender einen anderen Namen geben möchten, klicken Sie auf die Schaltfläche Umbenennen, geben Sie im Dialogfeld Umbenennen einen neuen Namen ein, und klicken Sie auf OK.**

7. **Schließen Sie das Dialogfeld Organisieren, indem Sie in der rechten oberen Ecke auf die Schließen-Schaltfläche (das X) klicken.**

 Hier noch ein paar Hinweise zum Kopieren von Kalendern von Projekt zu Projekt:

- ✔ **Achten Sie darauf, dass der Name, den Sie dem Kalender geben, aussagekräftig ist.** Indem Sie für einen vernünftigen Namen sorgen, sollte es leicht fallen, sich an die allgemeinen Parameter des Kalenders zu erinnern.
- ✔ **Wenn es in Ihrem Unternehmen Standardkalender gibt, sollten Sie versuchen, sie von einer Ressource anlegen und verteilen zu lassen.** Wenn zehn Versionen eines Managementkalenders existieren und Sie den falschen erwischen, gibt es Ärger.
- ✔ **Fügen Sie die Initialen des Projektleiters dem Namen einer jeden Kalendervorlage hinzu, die Sie erstellen.** Damit können Sie schnell herausfinden, welche Kalender Sie angelegt haben.

Was geht da vor?

In diesem Kapitel

▶ Vorgänge erstellen und importieren

▶ Vorgangsarten und Vorgangsdauer festlegen

▶ Periodische Vorgänge anlegen

▶ Leistungsgesteuerte Vorgänge definieren

▶ Vorgangseinschränkungen einrichten

▶ Anmerkungen zu Vorgängen eingeben

▶ Ein Projekt speichern

Ein Projektleiter ist notgedrungen auch der Herrscher über alle Vorgänge, weil Vorgänge die Aufgabenliste Ihres Projekts bilden. Vorgänge fassen die Informationen zu Was, Wann, Wer und Wo Ihres Plans zusammen. Ressourcen arbeiten an einem Projekt, indem sie Vorgängen zugeordnet werden. Die zeitliche Abstimmung Ihrer Vorgänge und deren Beziehungen bilden den Terminplan Ihres Projekts. Indem Sie die Aktivitäten an den Vorgängen überwachen, können Sie die Fortschritte verfolgen, die Ihr Projekt macht.

Es gibt verschiedene Möglichkeiten, Vorgänge anzulegen: Geben Sie im Tabellenblatt der Ansicht BALKENDIAGRAMM (GANTT) (oder einer anderen Ansicht, die Informationen in Spalten anzeigt) Informationen ein, oder verwenden Sie das Dialogfeld INFORMATIONEN ZUM VORGANG. Sie können Vorgänge aber auch aus Outlook oder Excel importieren.

Wenn Sie Vorgänge erstellen, müssen Sie sich für einige Kriterien entscheiden. Sie müssen zum Beispiel für einen Vorgang Einstellungen herausfinden und vorgeben, die nicht nur seine Terminplanung und seine Stellung im Hierarchiesystem eines Projekts betreffen, sondern auch eventuell vorhandene Einschränkungen kontrollieren, die damit zu tun haben, wie sich die zeitlichen Werte des Vorgangs im Verlauf des Projekts ändern.

Sie finden in diesem Kapitel alles über Vorgänge und die verschiedenen Einstellungen, die jedem Vorgang sein eigenes, unverwechselbares Wesen geben.

Ihr erster Vorgang wartet auf Sie

Wenn Sie Vorgänge erstellen möchten, müssen Sie zunächst herausfinden, welche einzelnen Aktionselemente es in Ihrem Projekt gibt. Dann können Sie jedes dieser Elemente als Vorgang umsetzen.

Nachdem Sie einige Vorgänge erstellt haben, können Sie – wie bei einer Aufgabenliste – Strukturen aufbauen, indem Sie Phasen erstellen, die Sammelvorgänge mit Teilvorgängen enthalten.

Sie können zum Beispiel einen Sammelvorgang mit dem Namen Genehmigung haben, der aus den zwei Teilvorgängen Antrag stellen und Gebühr bezahlen besteht.

Sie können in Kapitel 5 herausfinden, wie Vorgänge strukturiert organisiert werden. In diesem Kapitel sollten Sie sich auf die Dinge beschränken, die notwendig sind, um einfach nur Vorgänge zu erstellen.

Herausfinden, was einen Vorgang ausmacht

Es ist schon ein wenig schwieriger, alle Einstellungen zu ermitteln, die einen Vorgang ausmachen, als etwas einfach nur auf eine Aufgabenliste zu schreiben. Stellen Sie sich jeden Vorgang Ihres Projekts als einen Datensatz vor – so wie ein Datensatz einer Datenbank, in dem der Name, die Adresse, das Geburtsdatum und die Schuhgröße einer Person stehen. So ähnlich enthält ein Vorgang von Project Daten dieses Vorgangs: nicht nur den Vorgangsnamen, sondern auch andere lebenswichtige Daten, die beschreiben, wie der Vorgang in Ihr Projekt passt.

Wenn Sie einen Vorgang erstellen, geben Sie Daten wie diese ein:

Vorgangsname

Vorgangsdauer

Vorgangsart

Vorgangspriorität

Einschränkungen für den zeitlichen Ablauf des Vorgangs

Bei einigen Einstellungen, wie Vorgangsart (feste Dauer) und Priorität (keine), können Sie häufig die Standardeinstellungen beibehalten. Andere, wie Dauer, verlangen fast immer, dass Sie hier etwas eingeben.

So ziemlich alles, was Sie an einem Vorgang eingeben (mit Ausnahme des Vorgangsnamens und den Ressourcen, die einem Vorgang zugeordnet sind), hat etwas damit zu tun, wie der zeitliche Rahmen des Vorgangs kontrolliert wird. Einige dieser Einstellungen arbeiten zusammen, wobei Project komplexe Algorithmen ausführt, um die Zeitvorgaben des Vorgangs im Verhältnis zu jeder einzelnen Einstellung einzuhalten. Andere Elemente, wie das Enddatum eines Vorgangs, wirken sich nicht auf Zeitvorgaben aus, sondern veranlassen Project nur, Sie über die Spalte INDIKATOREN (das ist die Spalte rechts neben der Vorgangsnummer, die in ihrem Titel ein weißes »i« in einem blauen Kreis hat) zu warnen, wenn ein Vorgang sein geplantes Enddatum überschritten hat.

Sie können im Dialogfeld INFORMATIONEN ZUM VORGANG auch einen eindeutigen Vorgangskalender anlegen; Kalender werden in Kapitel 3 behandelt.

Einen Vorgang erstellen

Sie können einen Vorgang am einfachsten dadurch erstellen, dass Sie einen Namen für ihn eingeben. Einzelheiten, wie zum Beispiel Dauer des Vorgangs und Vorgangsart, können entweder sofort oder später eingetragen werden.

Sie haben drei Möglichkeiten, Vorgangsnamen einzugeben:

✔ Geben Sie den Namen im Tabellenblatt der Ansicht ein.

✔ Geben Sie den Namen im Dialogfeld INFORMATIONEN ZUM VORGANG ein.

✔ Importieren Sie Vorgänge aus Excel oder Outlook.

Vorgänge in der Ansicht »Balkendiagramm (Gantt)« erstellen

Viele, die mit sehr großen Projekten zu tun haben, sind der Meinung, dass der einfachste und schnellste Weg der ist, die Namen von Vorgängen im Tabellenblatt der Ansicht BALKENDIAGRAMM (GANTT) einzugeben. Sie müssen einfach nur den Namen eines Vorgangs in die Spalte VORGANGS-NAME schreiben und dann auf der Tastatur ↓ drücken, um in die nächste Zeile zu gelangen, in der Sie den Namen eines weiteren Vorgangs eingeben und so weiter.

Folgen Sie dieser einfachen Anleitung, um in der Ansicht BALKENDIAGRAMM (GANTT) einen Vorgang zu erstellen:

1. **Klicken Sie in der Spalte VORGANGSNAME auf eine leere Zelle.**

2. **Schreiben Sie einen Vorgangsnamen.**

   Sie können das, was Sie eingeben, auch bearbeiten, indem Sie in das Eingabefeld oberhalb des Tabellenblatts klicken und die Tasten ← oder Entf drücken, um Zeichen zu löschen (siehe Abbildung 4.1). Sie können links vom Eingabefeld auch auf das X oder das Markierungszeichen klicken, um Ihre Eingabe zu löschen bzw. zu akzeptieren.

3. **Drücken Sie die Taste ↓, um in die nächste Zelle dieser Spalte zu gelangen, und geben Sie dort den nächsten Namen ein.**

   Wenn Sie sich zur nächsten Vorgangszelle bewegen, vergibt Project automatisch in der äußerst linken Spalte eine eindeutige Vorgangsnummer. Diese Nummer ist eine praktische Möglichkeit, Vorgänge in einem großen Terminplan wiederzufinden.

4. **Wiederholen Sie Punkt 3, bis Sie alle Vorgangsnamen eingegeben haben.**

   Sie können in der Ansicht BALKENDIAGRAMM (GANTT) jede beliebige Spalte anzeigen lassen, um weitere Vorgangsinformationen, wie Dauer, Art, Anfangsdatum und Enddatum, einzugeben. Um zusätzliche Spalten anzuzeigen, klicken Sie einfach mit der rechten Maustaste auf den Titel einer Spalte, wählen Sie SPALTE EINFÜGEN, und wählen Sie im Listenfeld FELDNAME die Spalte aus, die Sie zusätzlich darstellen wollen.

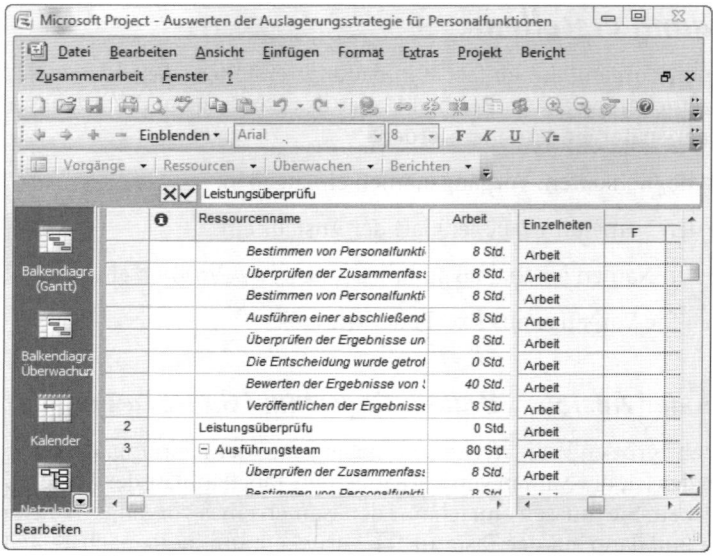

Abbildung 4.1: Sie können im Eingabefeld Text akzeptieren oder löschen.

 Sie können auch die Tabelle Eingabe wählen (Menü Ansicht|Tabelle|Eingabe), um auf die Spalten zugreifen zu können, die normalerweise für die Eingabe von Vorgangsinformationen benötigt werden.

Vorgänge und das Dialogfeld »Informationen zum Vorgang«

Wenn Dialogfelder für Sie der Ort sind, an dem Sie am besten mit Formularen arbeiten können, sollten Sie darüber nachdenken, das Dialogfeld Informationen zum Vorgang zu verwenden, um Informationen über Vorgänge einzugeben. Sie finden in diesem Dialogfeld eine Reihe von Registerkarten, die alle Informationen über einen Vorgang enthalten.

Wenn Sie einen Vorgang mit dem Dialogfeld Informationen zum Vorgang erstellen möchten, gehen Sie so vor:

1. **Klicken Sie doppelt auf einer leeren Zelle.**

    Es erscheint das Dialogfeld Informationen zum Vorgang (siehe Abbildung 4.2). Die Registerkarten Allgemein und Spezial dieses Dialogfelds enthalten verschiedene Einstellmöglichkeiten für das zeitliche Verhalten des Vorgangs.

2. **Geben Sie im Feld Name einen Namen für den Vorgang ein.**

3. **Klicken Sie auf OK, um den Vorgang zu speichern.**

    Der Vorgangsname erscheint im Tabellenblatt der Ansicht Balkendiagramm (Gantt) in der Zelle, auf der Sie im ersten Punkt einen Doppelklick ausgeführt haben.

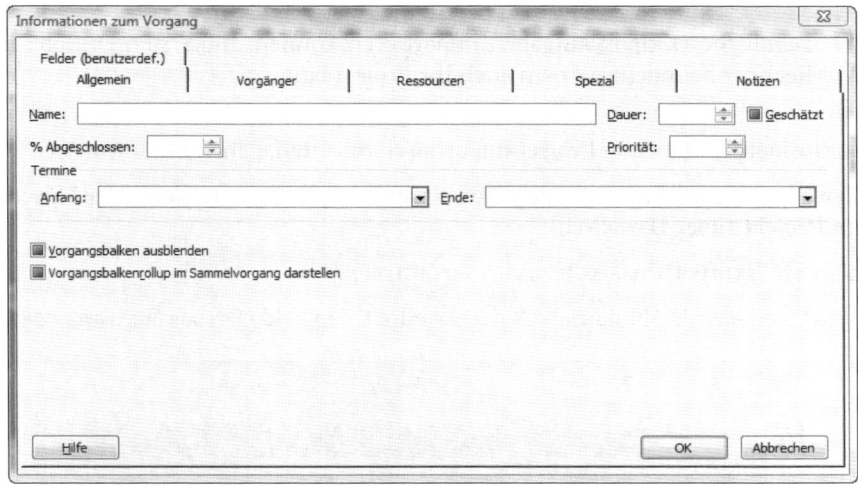

Abbildung 4.2: Legen Sie hier Einstellungen fest, die das zeitliche Verhalten des Vorgangs betreffen.

4. **Drücken Sie die Taste ⬇, um in die nächste Zelle zu gelangen.**
5. **Wiederholen Sie die Punkte 1 bis 4, um so viele Vorgänge hinzuzufügen, wie Sie benötigen.**

Wenn Sie in einem Projekt Vorgänge benennen, sollten Sie Namen verwenden, die sowohl beschreibend als auch eindeutig sind. Natürlich kann es manchmal vorkommen, dass es unmöglich ist, Namen eindeutig zu machen (wenn Sie zum Beispiel drei Vorgänge mit dem Namen Personal einstellen haben). In diesem Fall können Sie entweder die automatisch erstellte Vorgangsnummer oder den *Projektstrukturplancode* (PSP-Code) verwenden (auf den ich in Kapitel 5 näher eingehe), um Vorgänge zu identifizieren. Diese beiden Werte sind immer eindeutig.

Vorgänge aus Outlook importieren

Wenn Sie anfangen, darüber nachzudenken, welche Vorgänge in Ihrem Projekt ausgeführt werden müssen, werden Sie feststellen, dass die sich wie die Kaninchen vermehren. Was als einfache Folge von ein paar Vorgängen in Outlook anfängt, endet häufig als vollständiges Projekt mit Hunderten von Vorgängen. Wenn dies passiert, können Sie sich glücklich schätzen zu wissen, dass Microsoft für eine einfach zu bedienende Importfunktion gesorgt hat, die die Daten, die Sie in Outlook erstellt haben, nach Project herüberholt.

Auch wenn das Importwerkzeug von Project es zulässt, Felder einer Datei, die in einer anderen Anwendung erzeugt worden sind, Feldern in Project zuordnen, um daraus Daten zu importieren, kann dieser Vorgang nervtötend sein. Diese manuelle Zuordnungsarbeit nimmt Ihnen das Werkzeug von Project zum Importieren von Outlook-Aufgaben ab, da es sich bei ihm eigentlich nur um eine vordefinierte Zuordnung von Feldern handelt.

 Damit Sie Outlook-Aufgaben importieren können, muss sich Outlook auf dem Rechner befinden, auf dem auch Ihr Project läuft.

Wenn Sie Outlook-Vorgänge in Project importieren möchten, gehen Sie so vor:

1. **Öffnen Sie den Projektplan, in den Sie Vorgänge importieren wollen, oder öffnen Sie ein neues Projekt (über DATEI|NEU).**
2. **Wählen Sie EXTRAS|OUTLOOK-AUFGABEN IMPORTIEREN.**

   Es öffnet sich das als Abbildung 4.3 dargestellte Dialogfeld OUTLOOK-AUFGABEN IMPORTIEREN.

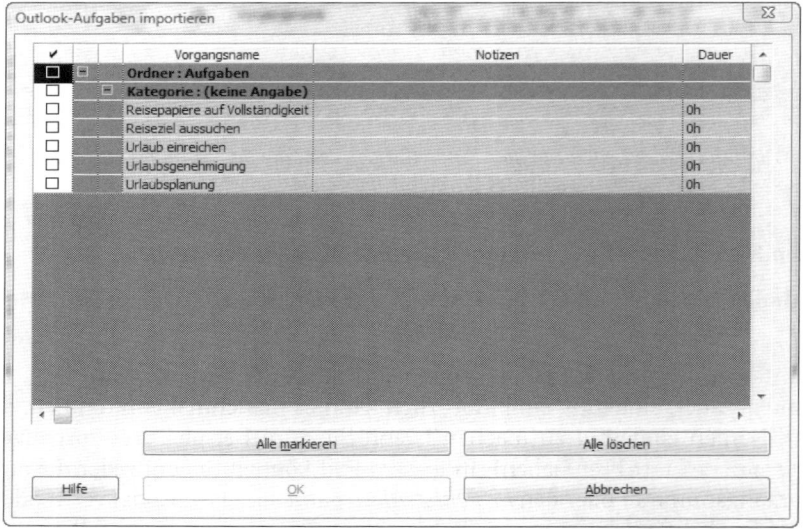

Abbildung 4.3: Die Namen, Anmerkungen und Dauern von Vorgängen, die Sie in Outlook eingegeben haben, stehen für die Reise nach Project zur Verfügung.

3. **Markieren Sie die Aufgaben, die Sie als Vorgänge importieren wollen, oder klicken Sie auf ALLE AUSWÄHLEN, um alle Outlook-Aufgaben zu importieren.**

 Standardmäßig legt Outlook Aufgaben in einem Ordner AUFGABEN ab. Wenn Sie das Kontrollkästchen vor ORDNER:AUFGABEN markieren, importieren Sie ebenfalls alle Aufgaben in Project.

4. **Klicken Sie auf OK.**

   Die Aufgaben werden importiert und erscheinen am Ende Ihrer Vorgangsliste.

Wenn Sie Outlook-Aufgaben importieren und damit zu Vorgängen machen, werden der Name, die Dauer und eventuell vorhandene Anmerkungen mit herübergeholt. Wenn eine Outlook-Aufgabe keine Dauer aufweist, legt Project einen Standardwert von 1 Tag fest.

4 ➤ Was geht da vor?

Project 2007 besitzt eine Outlook-Integration, die weit über das Importieren von Aufgaben hinausgeht. Sie finden in Kapitel 19 weitere Informationen zu diesem Thema.

Vorgänge aus Excel importieren

Ich glaube fest daran, dass auch Sie es vorziehen, wenn Dinge so einfach wie möglich sind. Wenn Sie unbedingt aus einem inneren Bedürfnis heraus Ihre Vorgangsliste mit Excel erstellen müssen, sind Sie nicht gezwungen, alles in Project neu einzugeben, um einen Projektplan zu erstellen. Microsoft stellt eine Vorlage zur Verfügung, die sich im Vorlagenordner von Microsoft Office befindet und die Sie aus Excel heraus öffnen können.

Diese Vorlage sorgt für vier Excel-Arbeitsblätter (siehe Abbildung 4.4), in die Sie Vorgänge, Ressourcen und Ressourcenzuordnungen eingeben und von Excel nach Project exportieren können.

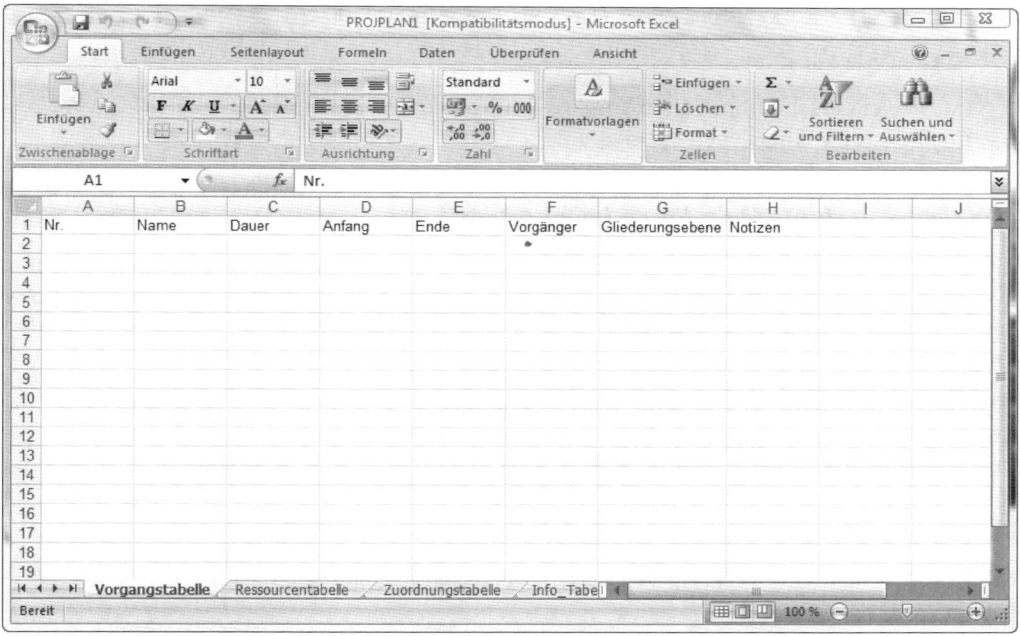

Abbildung 4.4: Auf den ersten drei Registerkarten können Sie Daten eingeben, die letzte sorgt für Informationen über Project.

Wenn Sie diese Vorlage verwenden möchten, gehen Sie so vor:

1. **Öffnen Sie in Excel die Vorlage VORLAGE FÜR IMPORT UND EXPORT VON MICROSOFT PROJECT-PLÄNEN.**

2. **Geben Sie Informationen über Vorgänge, Ressourcen und Datumswerte in die entsprechenden Spalten ein, und speichern Sie die Datei.**

3. **Öffnen Sie Project, und wählen Sie** DATEI|ÖFFNEN.

   Es öffnet sich das Dialogfeld DATEI ÖFFNEN.

4. **Suchen Sie Ihre gespeicherte Excel-Vorlage, und klicken Sie auf** ÖFFNEN.

   Es erscheint der Import-Assistent.

5. **Klicken Sie auf** WEITER, **um mit dem Import-Assistenten von Project zu arbeiten.**

6. **Wählen Sie als Format der Daten, die Sie importieren möchten, die zweite Option –** EXCEL-PROJEKTVORLAGE **– aus, und klicken Sie auf** WEITER.

7. **Suchen Sie sich im nächsten Fenster des Assistenten die Methode aus, mit der Sie die Datei importieren möchten.**

   Sie können die Datei ALS EIN NEUES PROJEKT importieren oder beim Importieren die DATEN AN DAS AKTUELLE PROJEKT ANFÜGEN oder DATEN MIT DEM AKTUELLEN PROJEKT ZUSAMMENFÜHREN lassen.

8. **Klicken Sie auf** ENDE.

   Das Projekt erscheint mit allen Vorgängen, Ressourcen und Zuordnungen, die Sie in Excel in der Vorlage eingegeben haben.

Vorgänge verknüpfen, die es irgendwo gibt

Sie können in die Gliederung eines Projekts Verknüpfungen, so genannte Hyperlinks, einfügen, die einen praktischen Weg bilden, ein anderes Projekt schnell zu öffnen, das in Form einer beliebigen Datei vorliegt (das Verknüpfen von Project-Projekten beschreibe ich im nächsten Abschnitt).

Das Hinzufügen einer Verknüpfung ist ein Vorgang, mit dem Sie den Terminplan oder die Kostenstruktur eines anderen Projekts oder eines Projekts darstellen können, das in Ihrem Projekt als Unterprojekt dienen soll. Wenn Sie die Zeit- und/oder Kosteninformationen des verknüpften Projekts in das Hauptprojekt übernehmen möchten, müssen Sie das manuell erledigen – ein automatisches Übertragen dieser Daten ist nicht vorgesehen.

Um in Ihr Projekt eine Verknüpfung zu einer anderen Projektdatei einzufügen, gehen Sie so vor:

1. **Klicken Sie auf eine leere Zelle, in der die Verknüpfung erscheinen soll.**

2. **Wählen Sie** EINFÜGEN|HYPERLINK.

   Es erscheint das Dialogfeld HYPERLINK EINFÜGEN (siehe Abbildung 4.5).

3. **Geben Sie im Feld** TEXT ANZEIGEN ALS **einen Namen für die verknüpfte Datei ein.**

   Achten Sie darauf, dass aus diesem Text hervorgeht, welche Informationen in diesem Feld zusammengefasst werden.

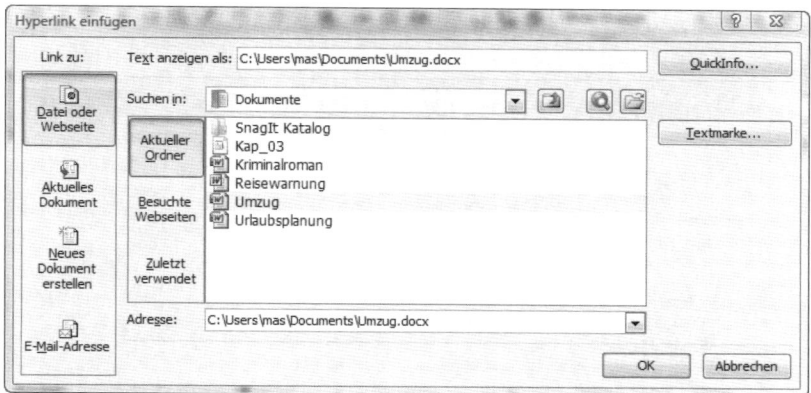

Abbildung 4.5: Wählen Sie ein Ziel für Ihre Verknüpfung aus.

4. **Klicken Sie in der Sektion Suchen in auf das Symbol Nach Datei suchen oder auf das Symbol Web durchsuchen.**

   Sie können eine Verknüpfung zu einem Dokument, einer E-Mail-Adresse oder einer Webseite aufbauen.

5. **Suchen Sie über das Listenfeld Suchen in die Datei, zu der Sie eine Verknüpfung aufbauen möchten.**

6. **Klicken Sie auf OK.**

   Der verknüpfte Text wird eingefügt, und im Feld der Spalte Indikatoren wird ein Verknüpfungssymbol angezeigt. Wenn Sie die andere Datei öffnen wollen, müssen Sie nur auf das Verknüpfungssymbol klicken.

Ein Projekt in ein anderes einfügen

Sie können natürlich auch Vorgänge eines Projekts in ein anderes Projekt einfügen. Sie erledigen diese Aufgabe, indem Sie ein komplettes Projekt in ein anderes Projekt einbinden. Das Projekt, das Sie dabei einfügen, wird *Teilprojekt* genannt. Diese Methode ist besonders nützlich, wenn verschiedene Mitglieder eines Projektteams verschiedene Phasen eines größeren Projekts verwalten. Die Möglichkeit, Teilprojekte an einem Platz zusammenzuführen, erlaubt es Ihnen, einen generellen Terminplan anzulegen, von dem aus Sie die einzelnen Teile eines sehr komplexen Projekts beobachten.

Um ein anderes Projekt in Ihren Plan einzufügen, gehen Sie so vor:

1. **Markieren Sie in der Ansicht Balkendiagramm (Gantt) den Vorgang, über dem Sie das andere Projekt einfügen wollen.**

2. **Wählen Sie Einfügen|Projekt. Es erscheint das Dialogfeld Projekt einfügen (siehe Abbildung 4.6).**

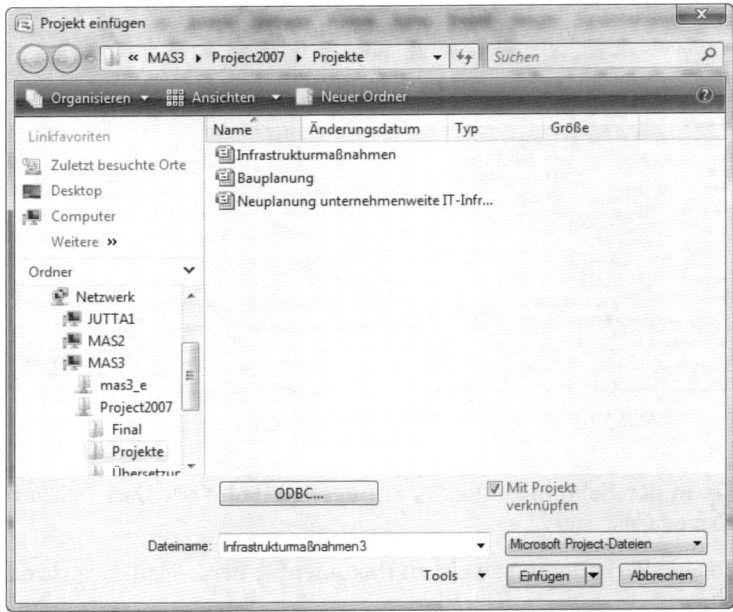

Abbildung 4.6: Fügen Sie hier eine Verknüpfung zu einem anderen Projekt ein.

3. **Lokalisieren Sie über das Listenfeld S**UCHEN IN **die Datei, die Sie einfügen möchten, und klicken Sie sie an, um sie zu markieren.**

4. **Wenn Sie die Datei so in Ihr Projekt einbinden möchten, dass sich Änderungen, die an ihr vorgenommen werden, unmittelbar im Hauptprojekt widerspiegeln, markieren Sie das Kontrollkästchen M**IT PROJEKT VERKNÜPFEN**.**

5. **Klicken Sie auf E**INFÜGEN**, um die Datei in das Zielprojekt einzufügen.**

   Das eingefügte Projekt erscheint über dem Vorgang, den Sie im ersten Schritt ausgewählt haben.

Beachten Sie, dass der oberste Vorgang des verknüpften Projekts sortierungstechnisch auf der Ebene eingeordnet wird, den der Vorgang hat, von dem aus Sie den Prozess des Einfügens starten. Seine Teilvorgänge werden dementsprechend eingegliedert. Sie müssen gegebenenfalls in der Formatierungsleiste die Abstufungswerkzeuge von Project (zwei kleine Pfeile, die nach links bzw. rechts zeigen) verwenden, um die eingefügten Vorgänge in Ihrem Projekt richtig einzustufen. Sie finden in Kapitel 5 weitere Informationen zum Gliedern von Vorgängen.

Die Laufzeit entscheidet

In Projekten ist es wie im wirklichen Leben: Eine vernünftige Terminplanung ist alles. Die Terminplanung Ihres Projekts fängt mit der Dauer an, die Sie den Vorgängen zuordnen. Auch wenn Project Ihnen dabei hilft zu erkennen, welche Auswirkungen die zeitliche Planung Ihrer Vorgänge auf das gesamte Projekt haben, ist es nicht in der Lage, Ihnen vorzugeben, wie lange jeder Vorgang dauern muss. Das ist Ihr Job.

Es ist nicht immer einfach, die Dauer eines Vorgangs abzuschätzen. Dies basiert eigentlich nur auf Ihren Erfahrungen mit ähnlichen Vorgängen und Ihren Kenntnissen der speziellen Eigenarten eines Projekts.

Wenn Sie häufig mit Projekten mit ähnlich gelagerten Vorgängen zu tun haben, sollten Sie darüber nachdenken, Ihren Terminplan als Vorlage abzuspeichern, die Sie dann zukünftig nutzen können. Sie müssen sich dann nicht jedes Mal Gedanken über die Dauer von Vorgängen machen, wenn Sie ähnliche Projekte starten. Das Speichern von Vorlagen behandele ich in Kapitel 17.

Variantenvielfalt: Die Vorgangsart erkennen

Bevor Sie die Dauer eines Vorgangs eingeben, sollten Sie sich mit den drei Vorgangsarten auseinandersetzen. Diese Arten wirken sich unmittelbar darauf aus, wie Project die Arbeit eines Vorgangs zeitlich steuert.

Die Wahl einer Vorgangsart legt im Wesentlichen fest, welche Elemente eines Vorgangs nicht variieren, wenn Sie den Vorgang verändern:

- ✔ **FESTE DAUER:** Dieser Vorgangstyp braucht für seine Erledigung eine feste Zeitspanne, und zwar unabhängig davon, wie viele Ressourcen Sie ihm zuordnen. So muss zum Beispiel der Test einer Substanz auch dann über 24 Stunden laufen, wenn Sie 20 Wissenschaftler abordnen, die den Test beobachten.

- ✔ **FESTE EINHEITEN:** Dies ist der Standardvorgangstyp. Wenn Sie diesen Vorgangstyp verwenden und einem Vorgang Ressourcen mit einer bestimmten Anzahl von *Einheiten* (das sind Arbeitsstunden, die als Prozentsatz eines Arbeitstages eingegeben werden) zuweisen, ändern sich die Zuordnungen der Ressourcen selbst dann nicht, wenn Sie die Dauer des Vorgangs oder die Summe der zu erledigenden Arbeiten ändern.

- ✔ **FESTE ARBEIT:** Hierbei ist die Anzahl an Ressourcenstunden ausschlaggebend, die durch ihre Zuordnung die Länge des Vorgangs festlegen. Man spricht in diesem Umfeld auch von Personenstunden oder Personentagen. Wenn Sie zum Beispiel die Dauer eines Vorgangs vom Typ `Feste Arbeit` mit 40 angeben und zwei Ressourcen gleichzeitig jeweils 20 Stunden mit einer hundertprozentigen Auslastung daran arbeiten, ist der Vorgang nach 20 Stunden abgeschlossen. Wenn Sie eine der beiden Ressourcen abziehen, muss die zweite Ressource bei hundertprozentiger Auslastung 40 Stunden arbeiten, um den Vorgang zu erledigen.

Um ein Projekt effizient zu verwalten, ist es wichtig zu verstehen, welchen Einfluss der Vorgangstyp auf die Terminplanung oder die Zuordnung von Ressourcen hat.

Wenn Sie Vorgangstypen einrichten wollen, gehen Sie so vor:

1. **Klicken Sie doppelt auf einen Vorgang.**

Es erscheint das Dialogfeld INFORMATIONEN ZUM VORGANG.

2. **Klicken Sie auf die Registerkarte SPEZIAL, um sie anzuzeigen (siehe Abbildung 4.7).**

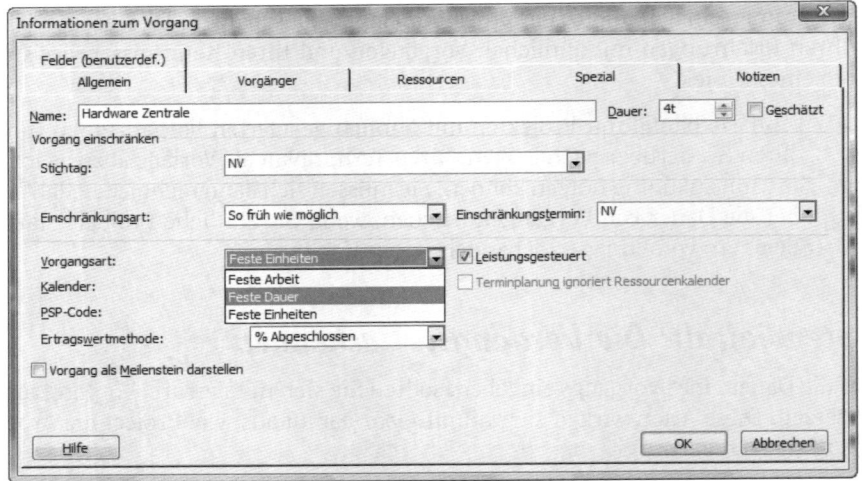

Abbildung 4.7: Legen Sie hier die Vorgangsart fest.

3. **Entscheiden Sie sich im Listenfeld VORGANGSART für eine der drei dort vorhandenen Möglichkeiten.**

4. **Klicken Sie auf OK.**

Sie können die Spalte ART auch in der Ansicht BALKENDIAGRAMM (GANTT) anzeigen lassen und die Einstellungen dort vornehmen.

Die Vorgangsdauer festlegen

Die meisten Vorgänge eines Projekts haben eine Dauer, seien es zehn Minuten, ein Jahr oder irgendetwas dazwischen. (Auf Meilensteine, die keine Dauer haben, gehe ich im nächsten Abschnitt ein.) Ihre Entscheidung, wie weit Sie Vorgänge herunterbrechen, hat einen direkten Einfluss darauf, wie effizient Sie Ihr Projekt verwalten können. Vorgänge, die über ein Jahr dauern, sind normalerweise zu umfangreich, und Vorgänge von zehn Minuten sind einfach zu fein gestrickt. Wie auch immer Sie sich bei der Dauer der Vorgänge entscheiden, Project ist in der Lage, sich an Ihre Wünsche anzupassen.

Wenn es sich bei Ihrem Projekt um ein eintägiges Ereignis handelt, können Vorgänge von zehn Minuten Dauer Sinn machen. In den meisten Projekten ist eine solch feine Abstufung von Vorgängen überflüssig, weil es damit fast unmöglich wird, die Berichts- und Überwachungsfunktionen von Project einzusetzen. (Darüber hinaus sei die Frage gestattet, zu was jemand sonst noch Zeit hat, wenn er sein Projekt minutiös überwacht?) Auf der anderen Seite führt ein Vorgang mit einer Dauer von zwölf Monaten dazu, dass es fast unmöglich wird, auf alles das zu reagieren, was in dieser langen Zeit geschehen kann.

Wenn Sie alle Informationen über einen Vorgang zusammenhaben, können Sie im Tabellenblatt der Ansicht BALKENDIAGRAMM (GANTT) (siehe dazu den Abschnitt *Vorgänge in der Ansicht »Balkendiagramm (Gantt)« erstellen* weiter vorne in diesem Kapitel) oder im Dialogfeld INFORMATIONEN ZUM VORGANG die Vorgangsdauer eingeben. Um die Dauer über das Dialogfeld festzulegen, gehen Sie so vor:

1. **Klicken Sie doppelt auf einen Vorgang, um das Dialogfeld INFORMATIONEN ZUM VORGANG anzuzeigen.**
2. **Klicken Sie gegebenenfalls auf die Registerkarte ALLGEMEIN, um sie anzuzeigen (siehe Abbildung 4.2).**
3. **Verwenden Sie im Feld DAUER die kleinen Pfeile, um die Vorgangsdauer zu erhöhen oder zu verringern.**
4. **Wenn die Einheit der Dauer nicht Ihren Anforderungen entspricht (zum Beispiel Tage statt Stunden), geben Sie im Feld DAUER die gewünschte Zeiteinheit ein.**

    Neue Vorgänge werden in der Regel mit einer Standarddauer von einem Tag angelegt. Sie können die folgenden Abkürzungen benutzen, um unterschiedliche Zeiteinheiten festzulegen:

    - `min`: Minuten
    - `std`: Stunden
    - `t`: Tage
    - `m`: Monate

     Weder die Änderung eines Anfangs- noch die Änderung eines Enddatums eines Vorgangs verändert seine Dauer. Die Dauer muss immer manuell geändert werden. Wenn Sie das nicht machen, sieht Ihr Projektplan anders aus als geplant.

5. **Klicken Sie auf OK, um die Einstellungen zu speichern.**

     Wenn Sie sich über den zeitlichen Verlauf eines Vorgangs nicht sicher sind und Sie Ihre Mitmenschen über diese Unsicherheit informieren möchten oder wenn Sie solche Vorgänge später wiederfinden möchten, weil Sie dann im Besitz der Informationen sind, die eine genaue Zeitplanung möglich machen, markieren Sie beim Eingeben der Dauer (auf der Registerkarte ALLGEMEIN) das Kontrollkästchen GESCHÄTZT. Über einen Filter können Sie später dann auf diese Art von Vorgängen zugreifen (Einzelheiten hierzu finden Sie in Kapitel 15).

Vorgänge ohne Dauer: Meilensteine

Ich habe im vorherigen Abschnitt erwähnt, dass fast alle Vorgänge eine Dauer haben. Die Ausnahme ist ein *Meilenstein* – ein Vorgang ohne Dauer. In Wirklichkeit ähneln Meilensteine weniger einem Vorgang als einem Wegweiser, der als Zeitmarke dient. Beispiele für Meilensteine sind die Zustimmung zu einem Prototyp (obwohl sich die Überlegungen, die dazu geführt haben, über Monate hinzogen) oder das Ende einer Testphase.

Es gibt Leute, die Vorgänge wie `Entwurf fertig gestellt` oder `Tests beendet` an das Ende einer jeden Vorgangsphase ihres Projekts packen. Sie sind dadurch in der Lage, zeitliche Beziehungen bis zum Abschluss des Projekts aufzubauen – zum Beispiel wann die Produktion eines Medikaments wirklich beginnen kann, nachdem alle Tests und Genehmigungsverfahren abgeschlossen worden sind. Weiterhin machen solche Meilensteine Sie und die Mitglieder Ihres Projektteams darauf aufmerksam, wie weit das Projekt schon fortgeschritten ist, was dazu beiträgt, dass das Team motiviert bleibt.

Denken Sie daran, dass neue Vorgänge mit einer Dauer von einem Tag angelegt werden, was Sie zwingt, eine echte Vorgangsdauer einzugeben. Wenn Sie einen Meilenstein erstellen möchten, geben Sie an, dass der Vorgang eine Dauer von null hat. Am schnellsten geht das, wenn Sie in der Ansicht BALKENDIAGRAMM (GANTT) einfach 0 in das Feld DAUER eintragen. Oder Sie klicken im Dialogfeld INFORMATIONEN ZUM VORGANG auf die Registerkarte SPEZIAL (siehe Abbildung 4.6) und markieren das Kontrollkästchen VORGANG ALS MEILENSTEIN DARSTELLEN. Wenn Sie das machen, wird der Meilenstein im Gantt-Diagramm in Form einer kleinen schwarzen Raute und nicht als Vorgangsleiste dargestellt.

Einmal ist keinmal: Periodische Vorgänge

Einige Vorgänge kommen in einem Projekt wiederholt vor (was *periodisch* genannt wird). So sind eine monatlich zu erstellende Auswertung oder ein vierteljährlicher Projektbericht typische Beispiele für periodische Vorgänge.

Niemand hat Interesse daran, einzeln all die Vorgänge für die monatliche Auswertung eines Projekts zu erstellen, das sich über ein Jahr hinzieht. Stattdessen legen Sie einen Wiederholungsfaktor fest, und Project erstellt in diesem Beispiel zwölf Vorgänge für Sie.

Und so legen Sie periodische Vorgänge an:

1. **Wählen Sie EINFÜGEN|PERIODISCHER VORGANG.**

    Es erscheint das Dialogfeld INFORMATIONEN ZUM PERIODISCHEN VORGANG (siehe Abbildung 4.8).

2. **Geben Sie im Feld VORGANGSNAME einen Namen für den Vorgang ein.**

3. **Klicken Sie im Feld DAUER auf die kleinen Pfeile, um eine Dauer einzugeben, oder schreiben Sie eine Dauer wie zum Beispiel 10t für »zehn Tage« in das Feld.**

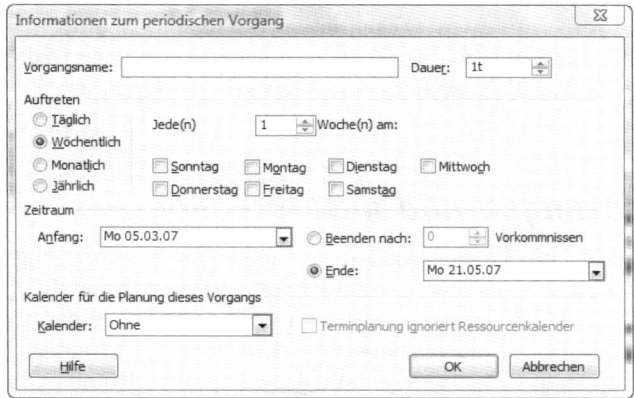

Abbildung 4.8: Wenn Sie hier Informationen eingeben, erstellt Project automatisch die entsprechende Anzahl an Vorgängen.

 Die Abkürzung, die Sie als Einheit für die Dauer eines Vorgangs verwenden können, beschreibe ich weiter vorne in diesem Kapitel im Abschnitt *Die Vorgangsdauer festlegen*.

4. **Suchen Sie in der Sektion AUFTRETEN ein Wiederholungsmuster wie TÄGLICH, WÖCHENTLICH, MONATLICH oder JÄHRLICH aus.**

   Ihre Auswahl hier sorgt dafür, dass der Rest Ihres Wiederholungsmusters über unterschiedliche Optionen eingestellt wird.

5. **Nehmen Sie die notwendigen Einstellungen je nach der Auswahl Ihres Wiederholungsmusters vor.**

   Wenn Sie beispielsweise die Option WÖCHENTLICH ausgewählt haben, müssen Sie JEDE(N) X WOCHE(N) AM festlegen und sich für einen Wochentag (zum Beispiel Freitag) entscheiden. Falls Sie MONATLICH ausgewählt haben, müssen Sie angeben, an welchem Tag im Monat der Vorgang auftreten soll.

6. **Geben Sie im Bereich ZEITRAUM ein Datum in das Feld ANFANG ein. Wählen Sie dann das Enddatum aus, indem Sie die Optionen BEENDEN NACH oder ENDE auswählen bzw. ausfüllen.**

   So können Sie zum Beispiel einen periodischen Vorgang erstellen, der monatlich vorkommt, am 1. Januar anfängt und nach zwölf Wiederholungen aufhört.

7. **Klicken Sie auf OK, um Ihren periodischen Vorgang zu speichern.**

Wenn Ihre Einstellungen einen Vorgang erstellen, der auf einen arbeitsfreien Tag fällt (weil Sie zum Beispiel festgelegt haben, dass der Vorgang an jedem achten Tag im Monat stattfinden soll und einer dieser achten Tage ein Sonntag ist), erscheint ein Dialogfeld, in dem Sie gefragt werden, wie Sie mit dieser Situation umgehen möchten. Sie können sich dafür entscheiden, den Vorgang nicht zu erstellen oder Project den nächsten Arbeitstag nehmen zu lassen.

 Um Ressourcen zu einem periodischen Vorgang hinzuzufügen, benutzen Sie in der Ansicht BALKENDIAGRAMM (GANTT) die Spalte RESSOURCEN. (Das Dialogfeld INFORMATIONEN ZUM PERIODISCHEN VORGANG hat keine Registerkarte RESSOURCEN.)

Vorgänge anfangen und unterbrechen

Viele, die zum ersten Mal mit Project arbeiten, versuchen, für jeden Vorgang ein Anfangsdatum einzugeben. Wenn Sie eine Aufgabenliste auf Papier schreiben, geben Sie dann auch irgendwelche Datumswerte ein? Lassen Sie so etwas sein. Sie legen nur einen absoluten Frühstart hin – und verpassen dabei eine der größten Stärken von Projektmanagementsoftware: die Fähigkeit, für Sie Vorgänge zu terminieren und dabei komplexe Kombinationen von Faktoren wie Abhängigkeiten zwischen Vorgängen und Vorgangseinschränkungen in die zeitlichen Abläufe einzubauen. Indem Sie Project die Genehmigung geben, das Anfangsdatum eines Vorgangs festzulegen, erlauben Sie ihm gleichzeitig, Daten automatisch anzupassen, wenn es zu Änderungen kommt.

Wenn Sie eine Vorgangsdauer, aber kein Anfangsdatum für den Vorgang eingeben, beginnt er in der Regel so früh wie möglich nach dem Anfangsdatum des Projekts, das Sie im Dialogfeld INFORMATIONEN ZUM VORGANG festlegen, und berücksichtigt dabei die Abhängigkeiten, die Sie zwischen den Vorgängen definieren.

Wenn Sie einen Anfangstermin für einen Vorgang festlegen, suchen Sie normalerweise etwas im Projekt, das die Terminierung des Vorgangs vorgibt: Sie wollen zum Beispiel verhindern, dass Ihre Leute mit dem Bau eines Gebäudes anfangen, bevor die Genehmigungen da sind, und richten deshalb zwischen dem Genehmigungsverfahren und dem Baubeginn eine Abhängigkeit ein, die aussagt, dass mit dem Bauen erst angefangen werden darf, wenn die Genehmigungen eingegangen sind.

Natürlich gibt es immer wieder Vorgänge, die an einem bestimmten Tag anfangen müssen. Beispiele dafür sind Ferien, ein Jahrestreffen oder der Start der Karnevalssession.

 Project legt das Enddatum eines Vorgangs automatisch anhand seines Anfangsdatums und seiner Dauer fest. Wenn ein Vorgang an einem bestimmten Datum abgeschlossen sein muss, können Sie natürlich ein Enddatum eingeben und Project das Anfangsdatum berechnen lassen.

Das Anfangsdatum eines Vorgangs eingeben

Wenn Sie für einen Vorgang ein Anfangsdatum oder ein Enddatum festlegen, wenden Sie auf ihm eine Art Einschränkung an, die Abhängigkeiten von anderen Zeitfaktoren überschreiben. Einschränkung von Vorgängen, die weiter hinten in diesem Kapitel im Abschnitt *Einschränkungen, mit denen Sie leben können* beschrieben werden, sind das bevorzugte Mittel, um einen Vorgang zu zwingen, an einem bestimmten Tag anzufangen oder beendet zu werden. Wenn Sie festlegen, dass ein bestimmter Vorgang auf jeden Fall an einem vorgegebenen Tag anfangen oder enden muss, können Sie einen solchen Tag vorgeben. Es ist nicht schwer, einen Anfangs- oder Endtermin einzurichten.

Um das zu erledigen, machen Sie Folgendes:

1. **Klicken Sie doppelt auf den Vorgang.**

    Es erscheint das Dialogfeld INFORMATIONEN ZUM VORGANG.

2. **Klicken Sie auf die Registerkarte ALLGEMEIN (siehe Abbildung 4.2), falls sie noch nicht angezeigt werden sollte.**

3. **Klicken Sie im Feld ANFANG oder ENDE auf den Pfeil.**

    Es erscheint ein Kalender.

4. **Klicken Sie auf ein Datum, um es zu markieren, oder klicken Sie auf die Pfeile für Vorwärts oder Rückwärts, um zu einem anderen Monat zu gelangen und dort ein Datum auszuwählen.**

    Wenn das gewünschte Datum das heutige ist, klicken Sie im Kalender auf die Schaltfläche HEUTE.

5. **Klicken Sie auf OK.**

Beachten Sie, dass das Vergeben eines Anfangsdatums nicht die Auswirkung auf Project hat wie das Einrichten einer Zeitsteuerung über die Einschränkung MUSS ANFANGEN AM. Sie finden weiter hinten in diesem Kapitel im Abschnitt *Einschränkungen, mit denen Sie leben können* mehr zu diesem Thema.

Ein Päuschen machen: Vorgänge unterbrechen

Ist es Ihnen auch schon passiert, dass Sie etwas angefangen haben (zum Beispiel Ihre Steuererklärung), was Sie unterbrechen mussten, weil es etwas Wichtigeres zu tun gab? (Bei meiner Steuererklärung benötige ich diese Unterbrechungen, um einen lauten Schrei loszuwerden.)

Bei Projekten geht es nicht anders zu. Vorgänge fangen an, und manchmal müssen Sie sie in einer Warteschleife parken, bevor sie später fortgesetzt werden können – wenn es zum Beispiel zu Betriebsstilllegungen aufgrund von Tarifverhandlungen kommt. Manchmal können Sie Verspätungen im Ablauf eines Vorgangs aber auch vorhersehen und müssen den Vorgang neu strukturieren, um Verspätungen möglichst abzufangen. In diesem Fall können Sie eine Funktionalität von Project verwenden, um einen Vorgang zu unterbrechen, damit ein zweiter oder dritter Teil von ihm zu einem späteren Zeitpunkt anfängt, ohne dass es dazwischen zu Aktivitäten kommt. Sie können einen Vorgang in so viele Teile zerlegen, wie Sie möchten.

Wenn Sie einen Vorgang unterbrechen wollen, gehen Sie so vor:

1. **Klicken Sie in der Standardsymbolleiste auf das Symbol VORGANG UNTERBRECHEN.**

    Es erscheint eine Box, wie sie Abbildung 4.9 zeigt. Diese Box sorgt für eine Anzeige, mit der Sie in die Lage versetzt werden, ein Anfangsdatum für das Fortsetzen des Vorgangs festzulegen.

2. **Klicken Sie im Vorgang auf das Datum, an dem Sie ihn unterbrechen wollen, und ziehen Sie die Maus dann auf das Datum, an dem er wieder anfangen soll.**

3. **Lassen Sie die Maustaste los, und der Vorgang wird unterbrochen.**

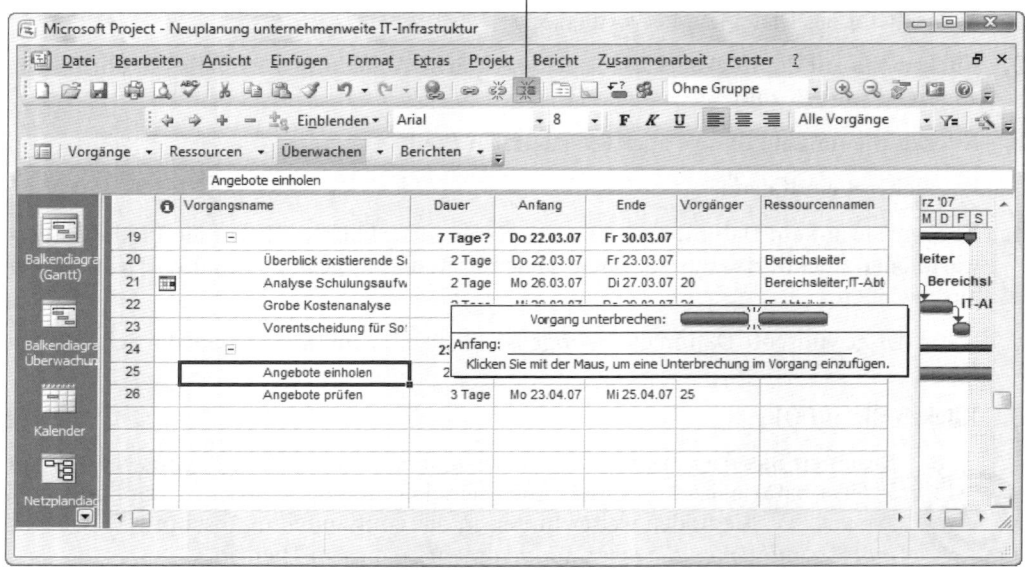

Abbildung 4.9: Nehmen Sie die Hilfe dieses Mini-Assistenten an, um ein neues Anfangsdatum für einen unterbrochenen Vorgang zu setzen.

Sie können einen aufgeteilten Vorgang wieder zusammenfügen, indem Sie den Zeiger Ihrer Maus über der unterbrochenen Vorgangsleiste schweben lassen, bis er seine Form ändert. Klicken Sie dann auf die Vorgangsleiste, und ziehen Sie das unterbrochene Stück zurück, um es wieder mit dem anderen Teil der Leiste zu verbinden.

Verwenden Sie die Möglichkeit, einen Vorgang zu unterbrechen, auf keinen Fall, um einen Vorgang in einen Wartezustand zu versetzen, bis ein anderer Vorgang abgeschlossen worden ist. Stellen Sie sich vor, dass Sie anfangen, ein Produkt zu testen und auf eine Bestätigung warten müssen, um die Testergebnisse abzuschließen. In diesem Fall sollten Sie einen Vorgang Test, einen Meilenstein Abschlussbestätigung und einen Vorgang Testergebnisse abschließen anlegen und Abhängigkeiten zwischen ihnen erstellen. Wenn sich jetzt ein Vorgang verspätet, verschiebt sich Ihr abschließender Vorgang mit ihm und steht nicht wie in Stein gehauen unverrückbar fest (wie das bei einem geteilten Vorgang der Fall ist).

Das ist es: Leistungsgesteuerte Vorgänge

Wenn Sie das Wort *Leistung* in Project lesen, können Sie eigentlich nur an *Arbeit* denken. Wenn Sie einen Vorgang erstellen, ist er standardmäßig *leistungsgesteuert*. Das bedeutet, dass sich, wenn Sie die Zuordnung einer Ressource anpassen, zwar die Dauer des Vorgangs, nicht aber die Anzahl der in ihn investierten Leistungsstunden (die Arbeit) ändert. Wenn Sie bei einem leistungsgesteuerten Vorgang die Zuordnung einer Ressource verändern, wird die jetzt mehr oder weniger anfallende Arbeit gleichmäßig auf andere Ressourcen verteilt.

Lassen Sie mich leistungsgesteuerte Vorgänge erklären. Stellen Sie sich vor, dass Sie es mit einem Vorgang zu tun haben, der zwei Tage dauert (Einrichtung eines Netzwerks in einem neuen Büro). Wenn dem Vorgang eine Ressource zugeordnet wird, die acht Stunden täglich arbeitet, werden 16 Stunden benötigt, um den Vorgang abzuschließen (zwei Acht-Stunden-Tage). Wenn Sie eine zweite Ressource zuordnen, braucht der Vorgang nicht mehr zwei Tage, weil die Stunden, die leistungstechnisch gesehen für den Abschluss des Vorgangs benötigt werden, von zwei gleichzeitig arbeitenden Personen viel schneller erreicht werden – in diesem Beispiel an einem Acht-Stunden-Tag.

Ein Beispiel für einen Vorgang, der nicht leistungsgesteuert ist, ist der Besuch eines eintägigen Seminars. Unabhängig davon, wie viele Personen an dem Seminar teilnehmen, es dauert immer einen Tag.

LEISTUNGSGESTEUERT ist ein einfaches Häkchen in einem Kontrollkästchen auf der Registerkarte SPEZIAL des Dialogfelds INFORMATIONEN ZUM VORGANG (siehe Abbildung 4.6). Legen Sie über dieses Kontrollkästchen fest, ob ein Vorgang leistungsgesteuert ist oder nicht. Standardmäßig ist es aktiviert. Wenn Sie das Häkchen dort entfernen, benötigt der Vorgang, für den Sie zwei Tage vorgesehen haben, auch zwei Tage, und zwar unabhängig davon, welchen Einsatz Ihre Ressourcen in diesen Vorgang hineinstecken. Mit anderen Worten, das Hinzufügen von Ressourcen zu solch einem Vorgang führt nicht dazu, dass er früher abgeschlossen wird.

Einschränkungen, mit denen Sie leben können

Eine Einschränkung ist mehr als etwas, mit dem Sie gezwungenermaßen so auskommen müssen wie mit Schuppen oder nervigen Nachbarn. In Project handelt es sich bei *Einschränkungen* um zeitliche Bedingungen, die einen Vorgang steuern. Sie weisen Project bei jedem einzelnen Vorgang an, was gegebenenfalls einzuschränken ist.

Verstehen, wie Einschränkungen funktionieren

Wenn Sie einen Vorgang erstellen, wird standardmäßig die Einschränkung SO FRÜH WIE MÖGLICH gewählt. Oder anders ausgedrückt: Der Vorgang fängt so früh wie möglich an, wenn das Projekt beginnt, und es wird davon ausgegangen, dass keine Abhängigkeiten von anderen Vorgängen existieren, die diesen Anfang verspäten könnten.

Die zeitliche Planung eines Vorgangs hängt von seinen Anfangs- und Enddaten ab – und wenn Sie mit Abhängigkeiten arbeiten, von der Vorgangsart, der Einstellung LEISTUNGSGESTEUERT und von Einschränkungen. Wenn Project Berechnungen durchführt, um für Sie Zeit in einem Projekt einzusparen, das sich verspätet hat, behandelt es Einschränkungen als die heiligen Kühe der Zeitplanung. Wenn Sie beispielsweise als Einschränkung festlegen, dass ein Vorgang zu einem bestimmten Datum abgeschlossen sein muss, verschiebt Project zunächst alle anderen Vorgänge, wenn der Terminplan neu berechnet werden muss, bevor es sich an den mit dem festen Datum wagt.

Verwenden Sie Einschränkungen nur, wenn es für Sie keinen anderen Weg gibt, einen Vorgang zu terminieren.

Tabelle 4.1 führt alle Einschränkungen auf und erklärt, wie sie sich auf Ihre Terminplanung auswirken.

Einschränkung	Auswirkung
SO FRÜH WIE MÖGLICH	Die Standardeinstellung; der Vorgang fängt im Terminplan so früh wie möglich an und berücksichtigt dabei Abhängigkeiten und das Anfangsdatum des Projekts.
SO SPÄT WIE MÖGLICH	Der Vorgang findet so spät wie möglich statt und berücksichtigt dabei Abhängigkeiten und das Enddatum des Projekts.
ENDE NICHT FRÜHER ALS	Das Ende des Vorgangs kann nicht vor dem Datum liegen, das Sie angegeben haben.
ENDE NICHT SPÄTER ALS	Das Ende des Vorgangs kann nicht nach dem Datum liegen, das Sie angegeben haben.
MUSS ENDEN AM	Der Vorgang muss an einem bestimmten Datum abgeschlossen sein.
MUSS ANFANGEN AM	Der Vorgang muss an einem bestimmten Datum anfangen.
ANFANG NICHT FRÜHER ALS	Der Vorgang kann nicht vor einem bestimmten Datum anfangen.
ANFANG NICHT SPÄTER ALS	Der Vorgang kann nicht nach einem bestimmten Datum anfangen.

Tabelle 4.1: Vorgangseinschränkungen

Einschränkungen einrichten

Sie können für einen Vorgang immer nur eine Einschränkung einrichten. Dieses Einrichten verlangt, dass Sie im Dialogfeld INFORMATIONEN ZUM VORGANG die Art von Einschränkung auswählen, die Sie für den Vorgang vorgesehen haben. Einige Einschränkungen benötigen ein Datum, das Sie definieren müssen. Wenn Sie zum Beispiel möchten, dass ein Vorgang nicht später als an einem bestimmten Datum anfängt, müssen Sie natürlich auch das entsprechende Datum auswählen. Andere Einstellungen, wie SO FRÜH WIE MÖGLICH, werden anhand eines anderen Datums, in diesem Fall dem Anfangsdatums Ihres Projekts, und den abhängigen Beziehungen zu anderen Vorgängen abgearbeitet, die Sie eingerichtet haben. (Sie finden in Kapitel 6 mehr über abhängige Beziehungen.)

Wenn Sie eine Vorgangseinschränkung festlegen wollen, gehen Sie so vor:

1. **Klicken Sie doppelt auf einen Vorgang.**

   Es erscheint das Dialogfeld INFORMATIONEN ZUM VORGANG.

2. **Klicken Sie auf die Registerkarte SPEZIAL (siehe Abbildung 4.7).**

3. **Wählen Sie im Listenfeld EINSCHRÄNKUNGSART eine Einschränkung aus.**

4. **Wenn die Einschränkung ein Datum verlangt, wählen Sie es im Listenfeld EINSCHRÄNKUNGSTERMIN aus.**

5. **Klicken Sie auf OK, um Ihre Einstellungen zu speichern.**

Einen Stichtag festlegen

Ich weiß nicht, wie Sie dazu stehen, aber manchmal habe ich den Eindruck, dass Stichtage, auch Fristen genannt, dazu geschaffen worden sind, übersehen zu werden. Und das scheint auch für Project zu gelten, weil Stichtage – genau genommen – keine Einschränkungen sind (auch wenn die Einstellungen dafür im Einschränkungsbereich eines Vorgangs auf der Registerkarte SPEZIAL des Dialogfelds INFORMATIONEN ZUM VORGANG vorgenommen werden). Stichtage sind nicht dasselbe wie Einschränkungen, weil sie die Terminplanung eines Vorgangs nicht beeinflussen. Wenn Sie einen Stichtag setzen, ruft dies nur ein Symbol in der Spalte INDIKATOREN hervor, wenn der Vorgang den Stichtag überschritten hat, damit Sie dementsprechend in Panik geraten (ich meine natürlich die richtige Aktion ergreifen) können.

Wenn Sie einen Stichtag festlegen wollen, gehen Sie so vor:

1. **Klicken Sie doppelt auf einen Vorgang.**

   Es erscheint das Dialogfeld INFORMATIONEN ZUM VORGANG.

2. **Klicken Sie auf die Registerkarte SPEZIAL (siehe Abbildung 4.7).**

3. **Klicken Sie im Feld STICHTAG auf den Pfeil, um einen Kalender anzuzeigen, und wählen Sie ein Datum aus.**

   Verwenden Sie gegebenenfalls die Vorwärts- oder Zurück-Pfeile, um zu einem anderen Monat zu gelangen.

4. **Klicken Sie auf OK, um Ihre Einstellungen zu speichern.**

 Sie können im Tabellenblatt der Ansicht BALKENDIAGRAMM (GANTT) eine Spalte STICHTAG anzeigen lassen, um dort den entsprechenden Tag einzugeben, damit Sie oder Dritte auf Stichtage aufmerksam gemacht werden.

Vorgänge und Notizen

Auch wenn Sie sehr viele Informationen über einen Vorgang und seine Terminierung eingeben können, gibt es Dinge, die sich über die Einstellungen nicht weitergeben lassen. Deshalb gibt es bei jedem Vorgang einen Bereich, in dem Sie Notizen eingeben können. Benutzen Sie diese Funktionalität, um zum Beispiel Hintergrundinformationen darüber zu geben, warum Sie Änderungen an der Terminplanung vorgenommen haben, oder geben Sie hier Kontaktinformationen über Lieferanten ein, die für den Vorgang wichtig sind.

Um Notizen zu einem Vorgang hinzuzufügen, gehen Sie so vor:

1. **Klicken Sie doppelt auf einen Vorgang.**

    Es erscheint das Dialogfeld INFORMATIONEN ZUM VORGANG.

2. **Klicken Sie auf die Registerkarte NOTIZEN (siehe Abbildung 4.10).**

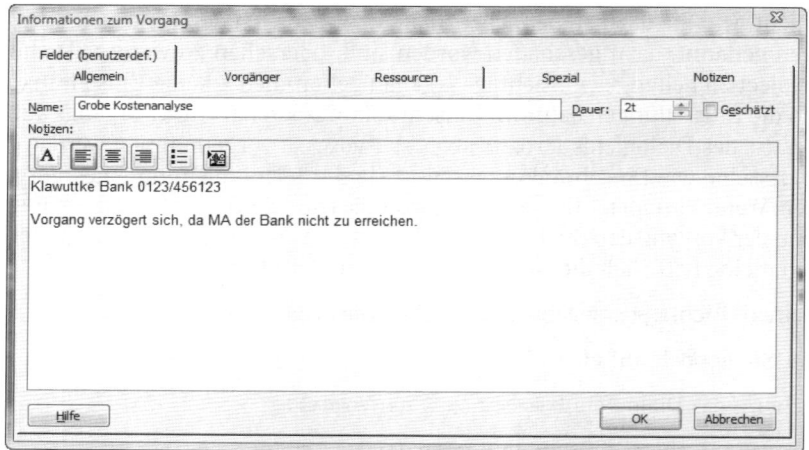

Abbildung 4.10: Geben Sie hier nützliche Informationen zum Vorgang ein.

3. **Geben Sie im Bereich NOTIZEN die gewünschten Informationen ein.**

    Sie können Kontaktinformationen, Anmerkungen über Ressourcen oder andere nützliche Informationen zum Vorgang eingeben.

4. **Formatieren Sie die Notiz.**

    Klicken Sie auf die Schaltflächen im Kopf des Notizbereichs, um die Schriftart zu ändern. Weiterhin können Sie hier

    ◆ Text linksbündig, zentriert oder rechtsbündig ausgeben

    ◆ Text als Gliederungspunkte formatieren

    ◆ ein Objekt einfügen

5. **Klicken Sie auf OK, um Ihre Notiz(en) zu speichern.**

Das Projekt – und seine Vorgänge – speichern

Wenn Sie einige Vorgänge in Ihr Projekt aufgenommen haben, sollten Sie sie nicht verlieren. Es ist deshalb keine schlechte Idee, das Projekt regelmäßig zu speichern.

Sie speichern eine Project-Datei, indem Sie dieselben Abläufe vollziehen, die Sie schon hunderte Male ausgeführt haben, um in anderen Anwendungen Dateien zu speichern.

Gehen Sie so vor, wenn Sie eine Project-Datei speichern möchten:

1. **Wählen Sie DATEI|SPEICHERN.**

   Es erscheint (beim ersten Speichern des Projekts) das Dialogfeld SPEICHERN UNTER (siehe Abbildung 4.11). Wenn Sie auch noch andere Software einsetzen, haben Sie dieses Dialogfeld vielleicht schon zwei Millionen Mal gesehen.

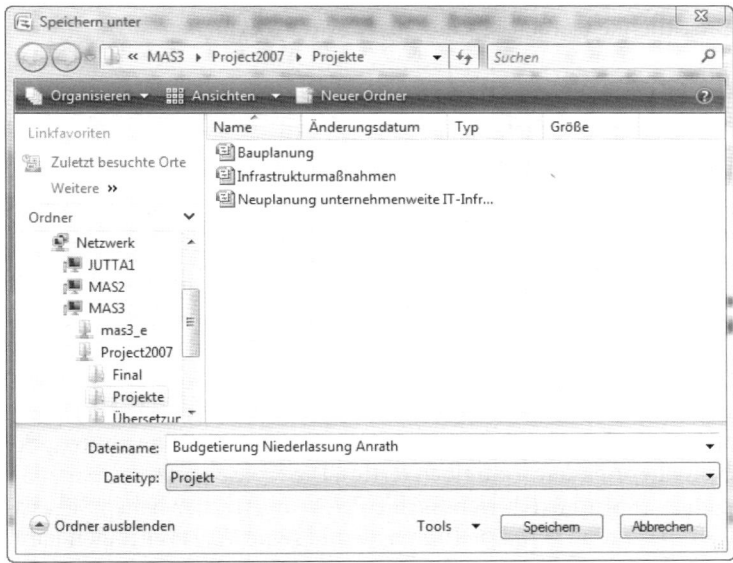

   Abbildung 4.11: Speichern Sie hier Ihre Projekte.

2. **Wählen Sie im Listenfeld SPEICHERN UNTER den Ordner aus, in dem Sie Ihre Dateien ablegen wollen.**

3. **Geben Sie im Feld DATEINAME einen Namen ein.**

4. **Klicken Sie auf SPEICHERN.**

 Wenn Sie Ihre Datei für andere freigeben möchten und in Ihrem Unternehmen Project Server einsetzen, können Sie für die gemeinsame Dateinutzung Web Access verwenden, um die Datei online zu veröffentlichen. Sie finden in Kapitel 19 eine Übersicht über dieses nützliche Werkzeug.

Vorgangsinformationen im Einsatz: Planen Sie Ihren nächsten Weltraumtrip

Wenn Sie aus all den Informationen über die Einstellmöglichkeiten von Vorgängen, die Sie in diesem Kapitel bekommen, ein Bündel schnüren, sollten Sie das noch einmal im Zusammenhang mit einem praktischen Beispiel inspizieren. Stellen Sie sich vor, dass Sie für den Start einer Raumfähre zuständig sind und folgende Vorgänge erledigen müssen:

- ✔ Trainieren des Personals
- ✔ Öffentlichkeitsarbeit
- ✔ Überprüfen der Ausrüstung
- ✔ Startvorgang

Der Vorgang Öffentlichkeitsarbeit besteht aus drei Teilvorgängen:

- ✔ Presseveröffentlichungen
- ✔ Abhalten einer Pressekonferenz
- ✔ Interview mit den Astronauten

Ihre erste Aufgabe ist es, für jeden Vorgang eine Dauer festzulegen. Aufgrund Ihrer Erfahrungen mit ähnlichen Projekten stehen diese Zeiten eigentlich schon fest, aber gehen wir einmal davon aus, dass das Schreiben der Presseveröffentlichungen zwei Tage, eine Pressekonferenz zwei Stunden und die Vorbereitungen für das Interview drei Tage in Anspruch nehmen. Sie geben diese Dauern entweder in der Spalte DAUER oder in den einzelnen Dialogfeldern INFORMATIONEN ZUM VORGANG der Vorgänge ein.

Dann müssen Sie die Vorgangsart festlegen. Das Schreiben der Presseveröffentlichungen ist ein leistungsbezogener Arbeitsvorgang (wenn Sie jemanden finden sollten, der Ihnen dabei hilft, sind Sie schneller mit dem Schreiben fertig). Die Pressekonferenz hat auf jeden Fall eine feste Länge (nach zwei Stunden werfen Sie die Presse raus). Hier haben Sie es also mit einem Vorgang von fester Dauer zu tun. Das Interview und seine Vorbereitungen kann man als Vorgang mit festen Einheiten bezeichnen. Es braucht eine Reihe von Stunden, um alle Anrufe und Verabredungen zu tätigen; wenn das dann erledigt ist, benötigen Sie Ihre Ressourcen noch, damit diese sich um Bestätigungen und Änderungen kümmern können. Bei einem Vorgang mit festen Einheiten ändert sich die Anzahl der Ressourcenstunden nicht, wenn Sie die Anzahl der Arbeitseinheiten festlegen.

Zum Schluss muss noch die Frage beantwortet werden, welche Einschränkungen Sie diesen Vorgängen zuordnen. Obwohl ich kein Freund von zu vielen Einschränkungen bin, kommen hier ein paar Möglichkeiten in Frage:

- ✔ Die Pressekonferenz darf **nicht später als** der Start der Raumfähre stattfinden. Wenn sich die Raumfähre in der Erdumlaufbahn befindet, muss die Pressekonferenz, auf der die Presse über die Mission informiert wird, abgeschlossen sein.

✔ Sie können das Interview mit den Astronauten so terminieren, dass es **an dem Tag** vor dem Start der Raumfähre stattfinden muss – wenn die Medien das größte Interesse an dem Ereignis zeigen und die Astronauten (noch) verfügbar sind.

Wenn dann letztendlich der gesamte Start abgeblasen wird, weil entweder das Wetter nicht mitspielt oder ein Fehler an der Einstiegsluke auftritt, sind Sie dann nicht glücklich, dass Sie die Abhängigkeitsstrukturen von Project dazu nutzen können, alle Vorgänge automatisch zu verschieben, weil Sie den Anfangszeitpunkt des Projekts zum sechsten Mal ändern müssen?

Die Gliederung

In diesem Kapitel

- Die Struktur aus Sammelvorgang/Teilvorgang verstehen
- Einen Sammelvorgang erstellen
- Vorgänge höher- und tieferstufen
- Gliederungsebenen anzeigen und verbergen
- Mit PSP-Codes arbeiten

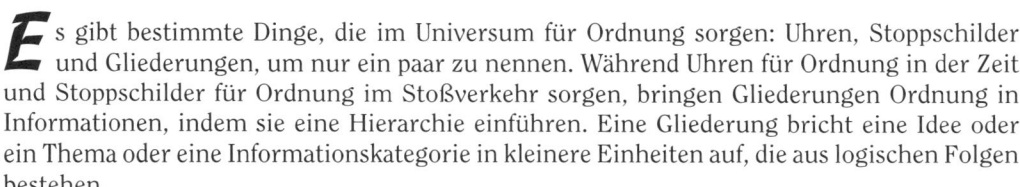

Es gibt bestimmte Dinge, die im Universum für Ordnung sorgen: Uhren, Stoppschilder und Gliederungen, um nur ein paar zu nennen. Während Uhren für Ordnung in der Zeit und Stoppschilder für Ordnung im Stoßverkehr sorgen, bringen Gliederungen Ordnung in Informationen, indem sie eine Hierarchie einführen. Eine Gliederung bricht eine Idee oder ein Thema oder eine Informationskategorie in kleinere Einheiten auf, die aus logischen Folgen bestehen.

Project verwendet eine Gliederungsstruktur, um die Vorgänge Ihres Projekts zu ordnen, und Werkzeuge und Funktionalitäten, um Ihnen dabei zu helfen, die Gliederungsstruktur zu erstellen, umzubauen und anzuzeigen. Wie eine Gliederung erstellt wird, sollten Sie in der vierten Klasse Ihrer Grundschule gelernt haben: Jetzt zeige ich Ihnen, wie Sie eine Gliederung dazu benutzen können, die vielen Vorgänge Ihres Projekts zu organisieren. Willkommen bei der Einführung in das Gliederungswesen.

Sammelvorgänge und Teilvorgänge

Wenn Sie einen Blick auf die Gliederung eines Projekts werfen (wie auf die in Abbildung 5.1), sehen Sie, dass die Vorgänge in Ebenen angeordnet sind. Jede Ebene stellt eine Phase Ihres Projekts dar. Ein Vorgang, unter dem es eingerückt weitere Vorgänge gibt, wird *Elternvorgang* oder *Sammelvorgang* genannt. Die eingerückten Vorgänge heißen *Kindvorgang* oder *Teilvorgang*. Sammelvorgänge werden in Ihrer Projektgliederung in Fettschrift dargestellt. Sie können auch auf einen Blick erkennen, ob ein Sammelvorgang eine Familie von Teilvorgängen besitzt, die an seinem Rockzipfel hängen: Wenn ein Teilvorgang verborgen ist, wird neben dem Sammelvorgang ein kleines Plus-Zeichen dargestellt. Wenn Sie auf dieses Plus klicken, erweitert sich der Vorgang und zeigt seine ganze Großfamilie von Teilvorgängen an.

Sie können verschiedene dieser kleinen Vorgangsfamilien bilden, um in Ihrer Gliederung *Projektphasen* darzustellen. Stellen Sie sich eine Projektgliederung als *Babuschka-Puppe* vor, bei der jede kleinere Puppe, die in einer größeren steckt, eine tiefere Detailebene repräsentiert. Die höchste Vorgangsebene ist die äußere Puppe, die auch gleichzeitig die größte dieser ineinander verschachtelten Figuren ist. Die nächste Puppe ist ein wenig kleiner, so wie die nächste

Vorgangsebene einer Gliederung eine detailnähere Ebene widerspiegelt, und so weiter bis zur kleinsten Baby-Puppe. Der größte Vorgang eines Projekts könnte Fabrik bauen und der kleinste Müllcontainer leeren sein, und dazwischen gibt es viele, viele Vorgänge.

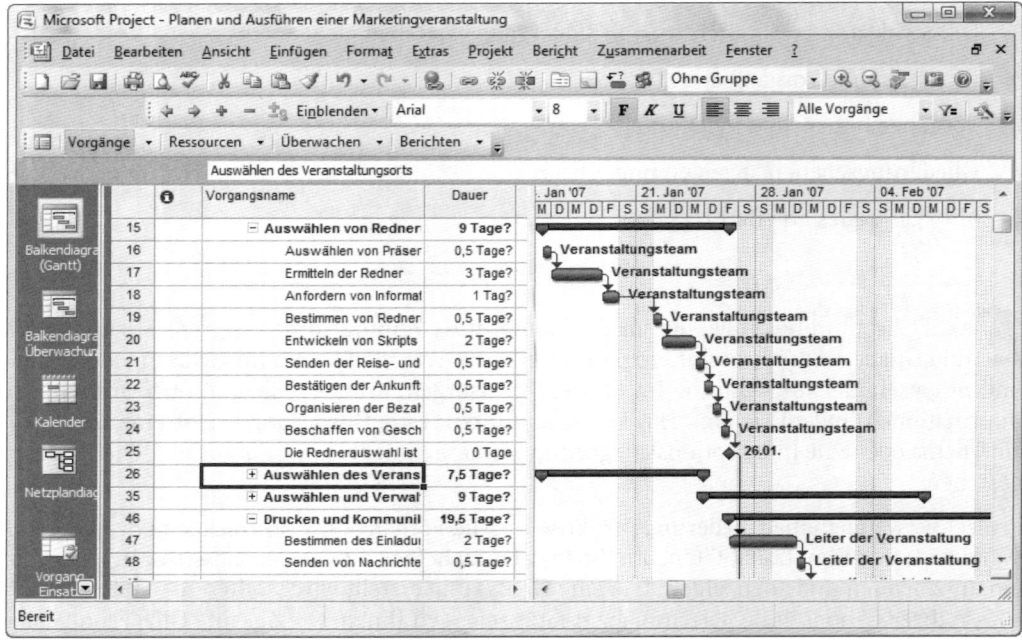

Abbildung 5.1: Eine Projektgliederung ist eine Sammlung von Teilvorgängen, die verschachtelt unter Sammelvorgängen liegen.

Projektphasen

Alle Informationen über eine Ihrer Vorgangsfamilien (oder fachspezifisch ausgedrückt: über eine Phase Ihres Projekts) werden in ihrem höchsten Sammelvorgang zusammengefasst. Deshalb hat kein Vorgang, der durch Teilvorgänge weiter aufgeteilt wird, Informationen über eigene Kosten oder eine eigene Terminplanung. Er enthält die Gesamtdauer und die Gesamtkosten als Summe seiner Teile.

Sie können einem Sammelvorgang aber Ressourcen und damit indirekt auch Kosten zuordnen. So lässt sich zum Beispiel einem Sammelvorgang über seine gesamte Dauer ein Projektverantwortlicher zuordnen. Zusätzlich enthält dann dieser Sammelvorgang natürlich auch noch die Kosten aller zu ihm gehörenden Teilvorgänge.

Diese Funktionalität ist kumulierend: Der Vorgang auf der untersten Ebene übergibt seine Informationen nach oben an seine Eltern, die sie wiederum nach oben an einen weiteren Sammelvorgang weiterleiten, der vielleicht mit anderen Sammelvorgängen in einem Projektsammelvorgang zusammenläuft. Jeder Vorgang, dem Vorgänge untergeordnet sind, erhält seine Informationen über Kosten und Dauer von seinen Teilvorgängen, und zwar unabhängig davon, wie tief die Hierarchie verschachtelt sein mag.

Die Phasenstruktur einer Gliederung ist auch nützlich, wenn Sie eine Gliederung neu ordnen müssen. Wenn Sie einen Sammelvorgang verschieben, begleiten ihn alle seine Teilvorgänge.

Wie tief können Sie verschachteln?

Es gibt keine programmtechnische Begrenzung, wenn es darum geht, auf wie viele Ebenen Sie Ihre Vorgänge in einer Gliederung verteilen können (abgesehen vielleicht vom Arbeitsspeicher Ihres Computers, der nicht unbedingt in der Lage ist, mit einem Monster-Terminplan umzugehen). Und denken Sie immer daran: Es gibt Situationen, da müssen Sie jedem dieser Vorgänge Termine und Ressourcen zuordnen – und deren Fortschritte überwachen. Zu viele Einzelheiten können es sehr schwer machen, einen Projektplan zu verwalten.

Denken Sie, wenn Sie in Ihrem Plan drei, vier oder fünf Ebenen mit Einzelheiten aufbauen, immer daran, dass Sie damit eigentlich verschiedene Projekte gleichzeitig erstellen. Bei zu vielen Ebenen sollten Sie darüber nachdenken, ein paar dieser Projektphasen als eigenständige Projekte mit eigenen Projektleitern auszulagern. Wenn Sie nicht wollen, dass die Verwaltung Ihres Projektplans selbst zu einem Projekt wird, sollten Sie sich mit zwei oder drei verschachtelten Ebenen zufrieden geben.

Der einzig wahre Sammelvorgang

So wie ein Schiff nur einen Kapitän hat, werden in jedem Projekt alle Vorgänge in einem Vorgang zusammengefasst. Ich empfehle dringend, dass Sie einen *Projektsammelvorgang* erstellen, der die höchste (am wenigsten detaillierte) Ebene der Informationen darstellt und häufig auch den Titel des Projekts enthält (wie zum Beispiel Neubau Bürogebäude oder Start Raumfähre). Ein Projektsammelvorgang wird erstellt, wenn Sie ihm jeden Vorgang des Projekts gliederungstechnisch so unterordnen, wie es Abbildung 5.2 zeigt. Sie erkennen dort, dass der Projektsammelvorgang Planen und Ausführen ... heißt.

Eine Überschrift auf einer obersten Gliederungsebene bildet die Summe aller Teile ab. Sie spiegelt das Thema aller ihr untergeordneten Elemente wider. Der Projektsammelvorgang geht noch einen Schritt weiter: Die Vorgang führt alle aktuellen Daten der anderen Vorgänge in einer Zeile zusammen. Damit spiegelt die Dauer des Projektsammelvorgangs die Dauer des gesamten Projekts wider. Geht man von der monetären Seite an diesen Vorgang heran, bilden seine Kosten die Kosten des gesamten Projekts ab. Es kann sehr praktisch sein, Dinge wie diese bei Bedarf sofort verfügbar zu haben – das ist eine der wertvollen Seiten eines Sammelvorgangs.

Wenn Sie die Länge des Sammelvorgangs verwirren sollte, denken Sie daran, dass die *Dauer des Sammelvorgangs* die Differenz aus frühestem Anfangsdatum und spätestem Enddatum des Projekts ist. Natürlich gehen arbeitsfreie Tage nicht in die Zählung der Dauer ein. Deshalb ist die Länge des Sammelvorgangs gleich der

Anzahl an Arbeitstagen aller Teilvorgänge und nicht gleich der Anzahl an Kalendertagen zwischen dem Anfangs- und dem Enddatum.

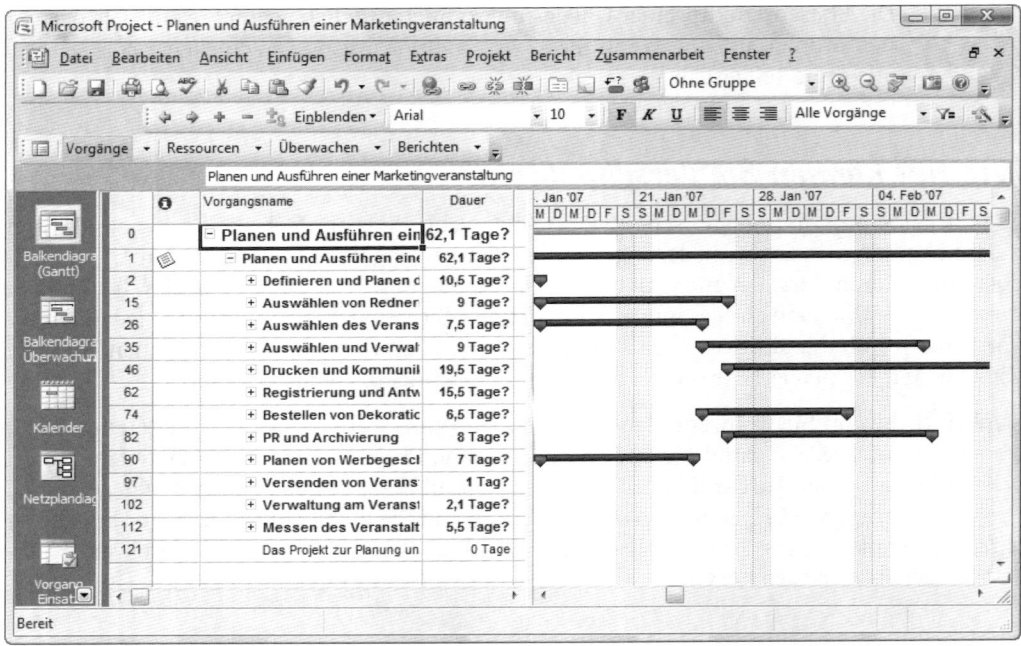

Abbildung 5.2: Der in der Gliederungshierarchie am höchsten angeordnete Vorgang ist der projektweite Sammelvorgang.

Nicht jeder benutzt Projektsammelvorgänge. Natürlich können Sie einfach auch nur Vorgänge erstellen, die sich auf der oberen Ebene Ihrer Gliederung bewegen und größere Projektphasen – mit untergeordneten Teilphasen und Teilvorgängen – repräsentieren. Dabei verzichten Sie darauf, einen Vorgang zu erstellen, der in der Hierarchie über allen anderen steht. Ich empfehle aber aus zwei Gründen, auf jeden Fall einen Projektsammelvorgang anzulegen:

✔ **Sie haben in der Ansicht BALKENDIAGRAMM (GANTT) oder in anderen Ansichten sofort einen Überblick über die Datenspalten eines Projekts.**

✔ **Sie können von einem anderen Projekt aus problemlos eine Verknüpfung auf Ihren Sammelvorgang legen, damit die Daten eines Projekts in ein anderes Projekt übernommen werden.** Wenn Sie zum Beispiel in Ihrem Unternehmen fünf Terminpläne für die Herstellung neuer Produkte erstellen, können Sie ganz leicht einen generellen Terminplan anlegen, der alle anderen Produktpläne umfasst, indem Sie Verknüpfungen zu den einzelnen Projektsammelvorgängen aufbauen. (Klasse, nicht wahr?)

Wenn Sie Ihr Projekt anlegen, können Sie selbst ganz schnell einen Projektsammelvorgang erstellen (rücken Sie dazu andere Vorgänge ein), oder benutzen Sie eine Funktion von Project, um später einen solchen Vorgang automatisch erstellen zu lassen. Dies erreichen Sie, indem Sie so vorgehen:

1. **Wählen Sie Extras|Optionen.**

   Es erscheint das Dialogfeld Optionen.

2. **Klicken Sie auf die Registerkarte Ansicht, um sie anzuzeigen.**
3. **Markieren Sie die Option Projektsammelvorgang anzeigen.**
4. **Klicken Sie auf OK, um den Vorgang auf der obersten Ebene anzeigen zu lassen.**

Die Gliederung eines Projekts strukturieren

Wenn Sie die ersten paar Seiten dieses Kapitels gelesen haben, wissen Sie, wie eine Gliederung in der Praxis funktioniert, aber Gliederungen in Project verlangen, dass Sie sich bereits im Voraus ein paar Gedanken machen. Bevor Sie eine logische Gliederungsstruktur aufbauen können, müssen Sie zwei wichtige Kriterien Ihres Projekts herausfinden:

✔ **Das Ziel:** Was wollen Sie mit Ihrem Projekt erreichen? Ist das Ziel die Steuerung einer Weltraummission? Dann benötigen Sie so viele Vorgänge, wie es von hier bis zur Landung braucht. Wenn Ihr Ziel nur der Start der Raumfähre ist, ist der Schwerpunkt Ihrer Arbeit ein anderer, und Sie benötigen eine andere Detaillierung für die Abstufung Ihrer Vorgänge.

✔ **Der Rahmen:** »Rahmen« ist etwas präziser als »Ziel«. Wollen Sie aus dem Nichts ein neues Lager bauen, das mit technischer Ausrüstung und Möbeln ausgestattet wird, in das die Mitarbeiter am 1. Dezember einziehen sollen und für das ein Budget von 15 Millionen Euro zur Verfügung steht? Oder behandelt der Rahmen Ihres Projekts den Anschluss eines Computernetzes mit einem Budget von 50.000 Euro und einem Fertigstellungstermin am 1. November? Erst wenn Sie wissen, wie die endgültigen Ergebnisse auszusehen haben, die Sie abliefern müssen, sind Sie in der Lage festzulegen, wann das Projekt anfangen und wann es enden kann.

Um Ihnen dabei zu helfen, erste Entwürfe eines Projekts zu skizzieren, können Sie in Project den Entwurf eines Terminplans mit groben Zielsetzungen und ohne Vorgänge anlegen. Sie finden in Kapitel 6 mehr zu lieferbaren Ergebnissen und Projektierung.

Schauen Sie sich einmal in Ihrem Büro um: Sie werden feststellen, dass viele der Projekte, die aus dem Ruder gelaufen sind, niemals ein klares Ziel hatten. Es ist tatsächlich so, dass das pure Eingeben von Daten in eine Projektmanagementsoftware vergeudete Zeit ist, wenn Sie nicht wissen, wie Ihre Aufgabe eigentlich aussieht. Zeigen Sie Unternehmungsgeist: Fragen Sie die Menschen, die in Ihrem Unternehmen an demselben Projekt arbeiten, nach dem Ziel des Projekts. Ich verwette meinen Kopf darauf, dass Sie mindestens drei verschiedene Antworten erhalten. Bei einem IT-Projekt zum Beispiel hören Sie vielleicht vom Leiter IT, dass das Ziel die Verringerung der Support-Anrufe ist, der Projektleiter könnte die Meinung äußern, dass das Projektziel in der Aktualisierung der gesamten Software zu suchen ist, und der Techniker hat als Ziel vor Augen, dass die gesamte Software bis zum nächsten Donnerstag installiert ist. (Kommt Ihnen das bekannt vor?)

Um ein Projektziel und einen Projektrahmen zu definieren, beantworten Sie folgende Fragen:

✔ **Für ein Ziel:**
- Worin besteht der Unterschied zu früher, wenn das Projekt abgeschlossen ist?
- Was will das Projekt erreichen? Wird ein Gebäude gebaut, die Belegschaft geschult, die Raumfähre gestartet?

✔ **Für den Rahmen:**
- Was wird das Projekt kosten?
- Wie viele Menschen werden darin eingebunden sein?
- Wen betrifft das Projekt: eine Arbeitsgruppe, eine Abteilung, die Firma oder einen Kunden?
- Welche Fristen sind im Projekt zu wahren?

Alles mitnehmen, was nicht niet- und nagelfest ist: Woran man denken muss

Nachdem Sie sich ein klares Bild über das Ziel Ihres Projekts und den Umfang der Arbeiten gemacht haben, können Sie anfangen, darüber nachzudenken, was Ihre Gliederung enthalten soll. So könnte zum Beispiel der erste von drei Versuchen aussehen, eine Vorgangsgliederung für eine Firmenfeier zu erstellen:

I   Einladungen verschicken
II Konferenzraum B reservieren
III Essen bestellen

Es wäre sicherlich hilfreich, wenn diese Aufstellung mehr Einzelheiten enthielte:

I   Weihnachtsfeier
    A. Einladungen
        1. Einladungen entwerfen
        2. Einladungen verschicken
    B. Veranstaltungsort
        1. Konferenzraum B reservieren
        2. Zusätzliche Stühle bestellen
        3. Raum dekorieren

C. Essen
  1. Partyservice ordern
  2. Sauber machen

Sie können natürlich auch ins Detail gehen:

I Firmenfeiern
  A. Weihnachtsfeier
    1. Planung
      a. Tag der Feier festlegen
      b. Einladungen
        1) Entwurf
        2) Versand
      c. Budget
        1) Kosten feststellen
        2) Budget festlegen
        3) Genehmigung Budget
    2. Veranstaltungsort und Möblierung
      a. Veranstaltungsort
        1) Konferenzraum B reservieren
        2) Für Reinigung Teppich sorgen
        3) Dekoration festlegen
        4) Raum dekorieren
      b. Möblierung
        1) Zusätzliche Stühle bestellen
        2) Esstische organisieren
    3. Essen
      a. Partyservice suchen
      b. Budget für Essen festlegen
      c. Partyservice engagieren
      d. Partyservice Zugang zur Küche verschaffen
      e. Gruppe für Aufräumarbeiten zusammenstellen
      f. Aufräumen

    B. Karnevalsparty

        1. Und so weiter ...

Welche dieser Gliederungen ist die beste für das Projekt? Das hängt davon ab, wie komplex die einzelnen Schritte sind – und wie stark abgestuft Sie das Projekt definieren. Planen Sie alle Firmenereignisse eines Jahres oder nur eine Feier? Wie viele Menschen benötigen Sie für die Erledigung der Vorgänge, und über welchen Zeitraum erstrecken sich die Arbeiten? Gibt es jemanden, der es schafft, einen Partyservice in einer Stunde auszusuchen, das Budget klar zu bekommen und den Service zu ordern? In solch einem Fall kann es ausreichen, einen einzigen Vorgang anzulegen: `Partyservice ordern`. Wenn sich aber eine Person um das Suchen kümmert, eine andere um das Budget und eine dritte um die Auftragsvergabe – und wenn dann auch noch Tage (oder Wochen) zwischen den einzelnen Vorgängen liegen, was dann? Hier bleibt nur die Lösung, für die einzelnen Schritte individuelle Vorgänge zu erstellen.

Falls ein Vorgang abgeschlossen sein muss, bevor ein anderer anfangen kann, müssen Sie die Vorgänge eventuell teilen, um die Zusammenhänge zwischen verschiedenen Ereignissen widerzuspiegeln. Wenn Sie zum Beispiel mit einem neuen Produktionsprozess erst anfangen können, wenn Ihre Mitarbeiter darin ausgebildet worden sind, ist es nicht sonderlich geschickt, das Training und die Implementierung der neuen Abläufe in einem Vorgang zusammenzufassen.

Wenn Sie auf Einzelheiten verzichten, kann Ihnen der eine oder andere Vorgang durchgehen, während zu viele Einzelheiten dazu führen, dass Ihr Projektteam ineffizient arbeitet und mehr Zeit damit zubringt, über Fortschritte zu berichten und Aktivitäten aufzuschlüsseln, als zu arbeiten. Als Richtlinie können Sie sich merken: Wenn Ihnen der Rahmen Ihres Projekts und die Beziehungen zwischen den einzelnen Vorgängen klar vor Augen stehen, während Sie Ihre Projektgliederung erstellen, haben Sie den richtigen Grad an Detaillierung erwischt.

Die Gliederung anlegen

Es gibt diverse Wege, die Gliederung eines Projekts anzulegen. Sie können alle Vorgänge erstellen, die Ihnen zufällig einfallen, und diese dann so lange höher- und tieferstufen und verschieben, bis sie in der richtigen Reihenfolge vorliegen. Sie können aber auch zunächst nur die Vorgänge der obersten Ebene erstellen und dann darunter jeweils die entsprechenden Einzelheiten eingeben. Oder Sie fangen mit dem obersten Vorgang an, erstellen dann einen Sammelvorgang, den Sie mit Leben füllen, erstellen den nächsten Sammelvorgang mit seinen Teilvorgängen und arbeiten so Ihr Projekt ab.

Wie Sie vorgehen, hängt von Ihrer Art zu denken ab. Einige Menschen denken chronologisch, während andere mehr informativ an eine Sache herangehen. Sie werden höchstwahrscheinlich im Verlauf eines Projekts mit allen Strukturebenen einer Gliederung zu tun haben, wie Sie das Projekt aber anfangen, ist allein Ihre Sache.

Vorgänge in der Gliederung verschieben

In Kapitel 4 können Sie entdecken, wie Vorgänge erstellt werden. In diesem Abschnitt hier lernen Sie, Vorgänge zu verschieben, um eine Struktur in Ihre Gliederung zu bekommen. Wenn Sie jemals eine Gliederung mit einer Textverarbeitung erstellt haben, werden Sie Bekanntes wiederfinden. Und auch wenn der Stoff Neuland für Sie ist, dürfte es keine Probleme geben, mit ihm klarzukommen.

Abstufungen

Wenn Sie Vorgänge in einer Gliederung auf eine höhere oder niedrigere Ebene schieben wollen, verwenden Sie die Funktionen EINRÜCKEN und AUSRÜCKEN. In einigen Anwendungen werden diese Funktionen auch als *Höherstufen* bzw. *Tieferstufen* bezeichnet.

- ✔ Das **Höherstufen** eines Vorgangs schiebt ihn eine Gliederungsebene nach oben (wobei er körperlich in der Gliederung nach links verschoben wird). Wenn ein Vorgang höhergestuft wird, bedeutet das, dass er sich eine Detailebene nach oben bewegt und somit weniger detailliert ist.

- ✔ Das **Tieferstufen** eines Vorgangs schiebt ihn eine Gliederungsebene nach unten (wobei er körperlich in der Gliederung nach rechts verschoben wird). Damit gelangt er auf eine detailliertere Gliederungsebene.

Um Vorgänge in einem Projekt höher- oder tieferzustufen, verwenden Sie Werkzeuge der Formatierungsleiste (siehe Abbildung 5.3). Das Werkzeug zum Höherstufen ist der kleine Pfeil nach links, das zum Tieferstufen der kleine Pfeil nach rechts.

Sie können Vorgänge jeder Ansicht höher- und tieferstufen – selbst in der Ansicht NETZPLANDIAGRAMM. Da das ein wenig knifflig ist, empfehle ich, dass Sie die Ansicht BALKENDIAGRAMM (GANTT) verwenden, um Vorgänge in einer Gliederung zu bearbeiten.

Wenn Sie es gewohnt sind, Gliederungsfunktionalitäten von einer anderen Software einzusetzen, könnten Sie versucht sein, auch hier einen Vorgang durch Drücken der Taste ⇥ tieferzustufen oder über ⇧+⇥ höherzustufen. Probieren Sie das in Project gar nicht erst aus. Der Versuch ruft zwar keine Katastrophe hervor, bewirkt aber auch nichts Positives. Er verschiebt die Schreibmarke in einem Tabellenblatt (zum Beispiel der Ansicht BALKENDIAGRAMM (GANTT)) einfach nur von einer Spalte in die nächste, während sie in der Ansicht NETZPLAN von einem Feld einer Vorgangsbox in das nächste gesetzt wird.

Wenn Sie einen Vorgang höher- oder tieferstufen wollen, gehen Sie so vor:

1. **Klicken Sie in einem Tabellenblatt auf den Vorgang.**

2. **Klicken Sie, je nachdem, was Sie erreichen möchten, auf die Schaltfläche HÖHER STUFEN oder auf TIEFER STUFEN.**

Werkzeuge zum Höherstufen und Tieferstufen

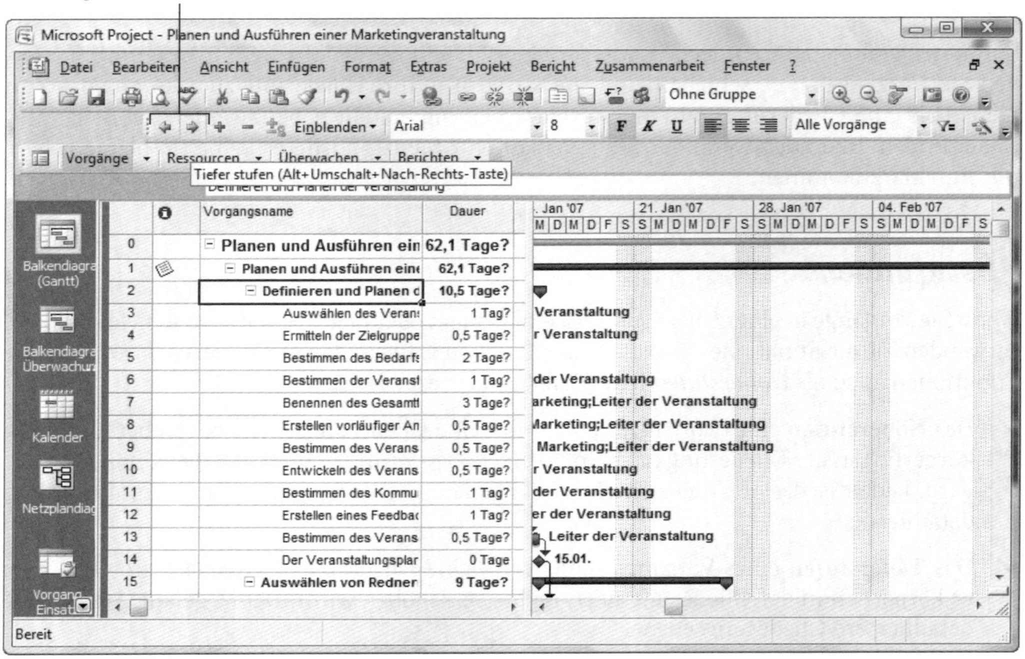

Abbildung 5.3: Klicken Sie auf diese Werkzeuge, um einen Vorgang in einer Gliederung nach rechts oder links zu verschieben.

Vorgänge nach oben und nach unten schieben

Ein Grundsatz des Projektmanagements ist, dass sich Dinge ändern: Vorgänge, von denen Sie glaubten, dass sie frühzeitig erledigt seien, können nicht vollendet werden, weil es an Menschen, Material oder Moneten fehlt. Oder ein Vorgang, den Sie für den nächsten Juli eingeplant haben, bekommt urplötzlich eine andere (höhere) Priorität, weil Ihr Kunde (mal wieder) seine Meinung über die zu liefernden Ergebnisse geändert hat. Wegen dieser Änderungswünsche müssen Sie die Chance haben, Vorgänge, die Sie in einer Projektgliederung eingegeben haben, beliebig zu verschieben. Sie können diesen Job dadurch erledigen und einen Teilvorgang in eine andere Vorgangsphase verschieben, dass Sie den Vorgang einfach anklicken und an seinen neuen Platz ziehen.

Sie sollten daran denken, dass das Verschieben eines Vorgangs seine Gliederungsebene ändern kann. Ein Vorgang behält beim Verschieben seine Gliederungsebene nur bei, wenn er hinter einem Vorgang auf derselben Gliederungsebene eingefügt wird. (Okay, es gibt davon eine Ausnahme, auf die ich gleich eingehe.) Wenn Sie einen auf einer gliederungstechnisch niedrigen Ebene stehenden Vorgang in einen Bereich mit Vorgängen ziehen, die sich auf einer höheren Gliederungsebene befinden, zum Beispiel einen Vorgang von der dritten Gliederungsebene in einen Bereich der zweiten Ebene, übernimmt der verschobene Vorgang die Gliederungsebene des Vorgangs, der nach dem Verschieben vor ihm steht. Gleiches gilt natürlich auch, wenn Sie einen Vorgang von einer höheren Gliederungsebene aus so verschieben, dass er hinter einem Vorgang platziert wird, der auf einer niedrigeren Gliederungsebene steht.

Zu der Ausnahme, die ich ein paar Zeilen weiter vorne erwähne, kommt es, wenn Sie einen Vorgang niedriger Gliederungsebene so verschieben, dass er danach unmittelbar hinter einem Sammelvorgang steht. Wenn Sie zum Beispiel einen Vorgang von der zweiten Ebene so verschieben, dass er hinter einem Sammelvorgang platziert wird, behält er den Status der zweiten Ebene bei und wird nicht zum Sammelvorgang, weil es auf der ersten Ebene nur einen Sammelvorgang geben kann.

Klicken und ziehen

Wenn Sie mich fragen, ist die Klicken-und-Ziehen-Methode für das Arbeiten mit dem Computer das, was die Fernbedienung für den Fernseher ist. Es ist eine schnelle Methode, eigentlich sogar ein Kinderspiel, um Dinge softwaretechnisch herumzuschieben und das Leben zu vereinfachen. Ein Beispiel: Die schnellste Methode, einen Vorgang in einer Gliederung zu verschieben, ist, ihn anzuklicken und dann irgendwohin zu ziehen.

Um einen Vorgang in einer Gliederung nach oben oder unten zu schieben, gehen Sie so vor:

1. **Zeigen Sie eine Tabellenblattansicht (wie zum Beispiel BALKENDIAGRAMM (GANTT) an.**
2. **Markieren Sie einen Vorgang, indem Sie auf seine Vorgangsnummer klicken.**
3. **Ziehen Sie den Vorgang an die Stelle der Gliederung, an der er zukünftig stehen soll.**

    Es erscheint, wie Abbildung 5.4 zeigt, eine graue Linie, die die neue Position des Vorgangs angibt.

4. **Wenn sich die graue Linie an der Stelle befindet, an der Sie den Vorgang platzieren wollen, lassen Sie die Maustaste los.**

    Der Vorgang erscheint an seiner neuen Position, Wenn Sie jetzt noch möchten, dass er auch auf einer anderen Gliederungsebene angesiedelt wird, können Sie ihn höher- oder tieferstufen.

Wenn Sie mehrere Vorgänge auf einmal verschieben möchten, können Sie durch Klicken und Ziehen einen Rahmen um mehrere Vorgangsnummern ziehen, die Sie dann *en bloc* an ihre neue Position ziehen. Sie können in einer Project-Gliederung natürlich auch die Standardmethoden ⇧ und Klicken oder Strg und Klicken verwenden, um mehrere Vorgänge zu markieren. Mit ⇧ und Klicken markieren Sie zusammenhängende, mit Strg und Klicken einzelne Vorgänge.

Ausschneiden und Einfügen (oder Kopieren und Einfügen)

In den meisten Fällen reicht Klicken-und-Ziehen vollständig aus, aber in sehr großen Projekten – mit zum Beispiel ein paar Hundert oder mehr Vorgängen – ist das wie Erdnüsse nach Tibet werfen: Es ist nicht der Vorgang an sich, der Probleme macht, es ist die Entfernung.

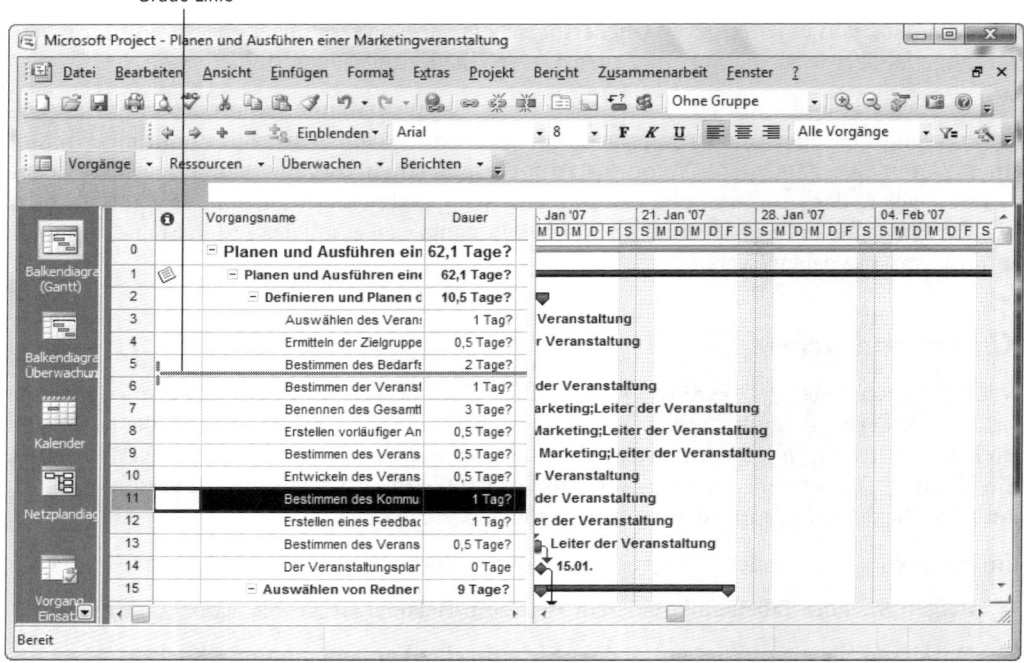

Abbildung 5.4: Die graue Linie zeigt an, wo der Vorgang platziert werden wird, wenn Sie die Maustaste loslassen.

Setzen Sie deshalb in größeren Projekten lieber auf die Ausschneiden-und-Einfügen-Methode, wenn Sie Vorgänge verschieben möchten:

1. **Markieren Sie einen Vorgang, indem Sie auf seine Vorgangsnummer klicken.**
2. **Klicken Sie in der Standardsymbolleiste auf das Symbol AUSSCHNEIDEN (VORGANG).**

   Der Vorgang wird an seiner gegenwärtigen Position gelöscht und in die Zwischenablage von Windows verschoben.
3. **Rollen Sie in den Bereich des Tabellenblattes, in dem der Vorgang neu platziert werden soll.**
4. **Klicken Sie auf den Vorgang, hinter dem der Vorgang eingefügt werden soll.**
5. **Klicken Sie auf das Symbol EINFÜGEN.**

Wenn Sie in einer Gliederung die Kopie eines Vorgangs einfügen möchten, gehen Sie so vor, wie gerade beschrieben, wobei Sie anstatt auf AUSSCHNEIDEN (VORGANG) auf KOPIEREN (VORGANG) klicken.

Wenn Sie nur den Inhalt einer einzelnen Zelle und nicht einen ganzen Vorgang ausschneiden oder kopieren wollen, klicken Sie in die Zelle, und die Symbole in der Symbolleiste erhalten als Namen AUSSCHNEIDEN (ZELLE) bzw. KOPIEREN (ZELLE).

Verstecken spielen: Vorgänge erweitern und verbergen

Seit den Tagen der Höhlenbewohner (aber spätestens, als der erste Grundschullehrer seinen Schülern das kleine Einmaleins der Aufsatzgliederung beigebracht hat) können sich Menschen durch Gliederungen auf unterschiedliche Detailebenen konzentrieren, Wenn Sie mit Gliederungen auf Papier arbeiten, ordnen Sie Informationen so an, dass Sie schnell die Informationsebene finden können, um die es Ihnen in diesem Augenblick geht. Den Rest lassen Sie zunächst links liegen.

Mit der Erfindung der Gliederung auf dem Computer kommt die Möglichkeit, sich nur auf bestimmte Bereiche einer Gliederung konzentrieren zu können, voll zur Geltung, weil Sie Teile der Gliederung öffnen und schließen können, um unterschiedliche Informationsebenen anzuzeigen oder auszublenden. Das Minus-Zeichen vor dem Sammelvorgang Auswählen und Verwalten des Catering in Abbildung 5.5 zeigt an, dass alle darunter liegenden Teilvorgänge dargestellt werden.

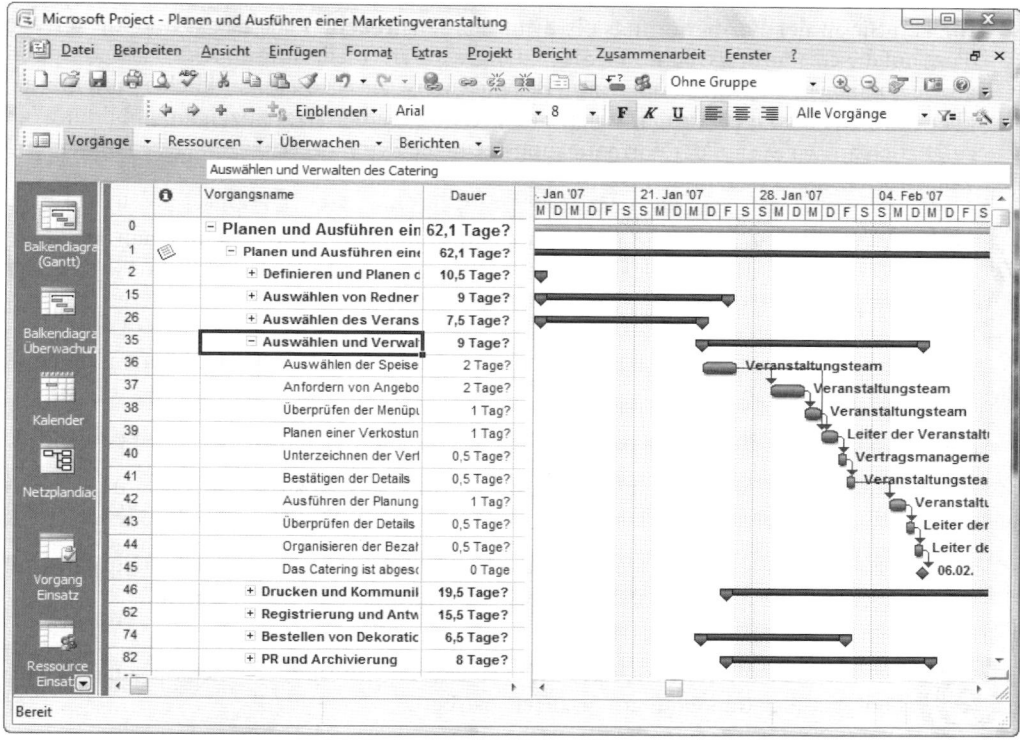

Abbildung 5.5: Die Projektgliederung stellt nur die Vorgänge einer Phase dar.

Diese Fähigkeit ermöglicht Ihnen, in einem Projekt alle Vorgänge mit Ausnahme der der obersten Ebenen auszublenden, um Ihrem Chef einen Überblick über die bisher gemachten Fortschritte zu geben. Oder Sie schließen alle Phasen Ihres Projekts bis auf diejenige, an der gerade gearbeitet wird, damit sich Ihr Team in der turnusmäßigen Sitzung ausschließlich darauf konzentrieren kann. Oder Sie blenden fast alles Ihrer Gliederung aus, damit das Springen zu einer späten Phase eines Projekts, das aus einem riesigen Terminplan besteht, nicht mehr Arbeit kostet als eine alpine Bergbesteigung.

Links vor einem Sammelvorgang, von dem alle Teilvorgänge angezeigt werden, steht ein Mínus-Zeichen. Ein Sammelvorgang mit ausgeblendeten Teilvorgängen stellt vor seinem Namen ein Plus-Zeichen zur Schau. Alle Sammelvorgänge werden in einer Gliederung in Fettschrift dargestellt.

Wenn ein Sammelvorgang ein Minus-Zeichen vor seinem Namen hat, können Sie eines dieser drei Dinge machen:

✔ Klicken Sie das Minus-Zeichen an, um alle Teilvorgänge auszublenden.

✔ Klicken Sie in der Formatierungsleiste auf das Symbol TEILVORGÄNGE AUSBLENDEN, um alle Teilvorgänge unterhalb des markierten Sammelvorgangs auszublenden.

✔ Klicken Sie in der Formatierungsleiste auf die Schaltfläche EINBLENDEN, und klicken Sie dann auf die Gliederungsebene, die Sie in der gesamten Gliederung anzeigen lassen wollen (siehe Abbildung 5.6) (Sie können zum Beispiel auf GLIEDERUNGSEBENE 1 klicken, um nur die oberste Ebene der Gliederung mit den wenigsten Einzelheiten anzuzeigen. Abbildung 5.6 zeigt auch an, wo Sie auf der Formatierungsleiste die Symbole TEILVORGÄNGE EINBLENDEN und TEILVORGÄNGE AUSBLENDEN finden.

Wenn Sie die Plus- und Minus-Zeichen in der Gliederung nicht sehen möchten, können Sie ihre Anzeige deaktivieren, indem Sie im Dialogfeld OPTIONEN auf der Registerkarte ANSICHT die Option GLIEDERUNGSSYMBOL ANZEIGEN deaktivieren.

Wenn ein Sammelvorgang ein Plus-Zeichen vor seinem Namen stehen hat, können Sie eines dieser drei Dinge machen:

✔ Klicken Sie auf das Plus-Zeichen, um die nächste Ebene von Teilvorgängen einzublenden.

✔ Klicken Sie in der Formatierungsleiste auf das Symbol TEILVORGÄNGE ANZEIGEN, um für den markierten Sammelvorgang die nächste Ebene von Teilvorgängen einzublenden.

✔ Klicken Sie in der Formatierungsleiste auf das Symbol ANZEIGEN, und klicken Sie dann auf die Detailebene, die Sie in der gesamten Gliederung anzeigen lassen wollen.

Um schnell alle Teilvorgänge eines Projekts zu enthüllen, klicken Sie auf das Symbol ANZEIGEN und dann auf ALLE TEILVORGÄNGE.

5 ➤ *Die Gliederung*

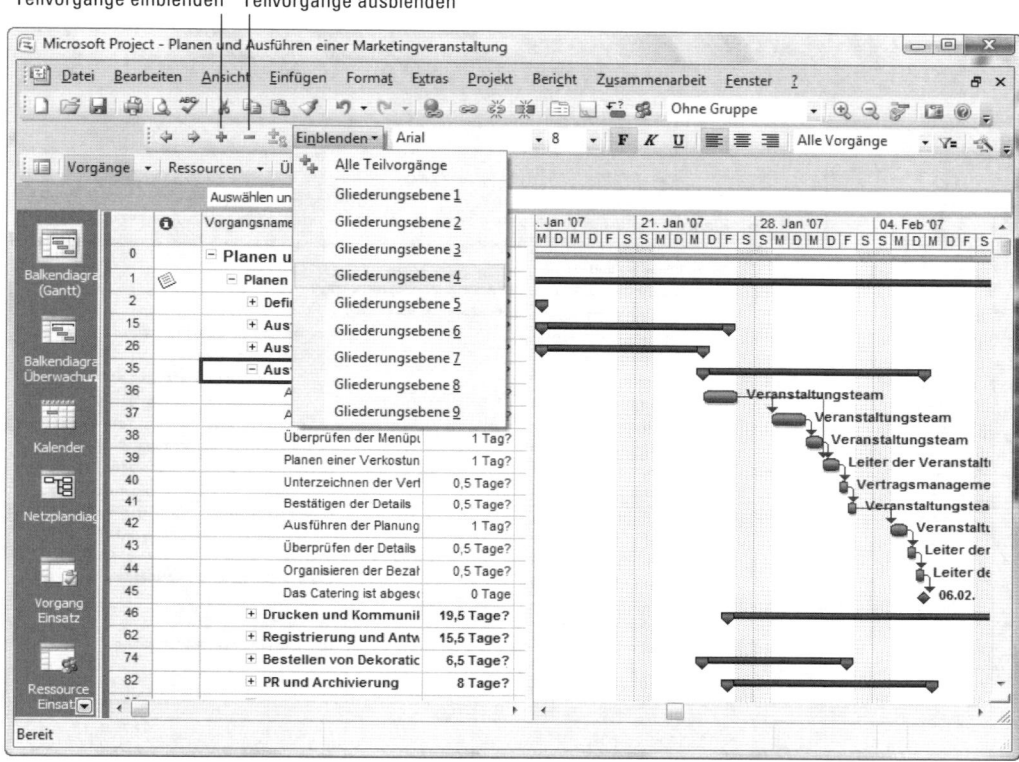

Abbildung 5.6: Wählen Sie im Listenfeld die Detailebene aus, die Sie sehen möchten.

Den PSP-Code knacken

Einige Codes werden dazu verwendet, Dinge erkennbar zu machen (denken Sie da an *Der DaVinci-Code*). In Project 2007 werden Codes dazu benutzt, die Elemente eines Projekts einfacher zu identifizieren. Diese Codes – **Pro***jekt***s***truktur***p***lan-Codes (PSP-Codes)* genannt – können automatisch erstellt werden, um jeden Vorgang Ihres Projekts mit einer eindeutigen Kennung zu versehen, die auf seiner Position in der Projektgliederung basiert.

So hat zum Beispiel der zweite Vorgang der zweiten Projektphase der ersten Hauptebene den Code 1.2.2. Dieser Code hilft dabei, alle Vorgänge zu identifizieren, die zu Phase 1 gehören, und zwar unabhängig davon, auf welcher Ebene der Gliederung sie vorkommen (siehe Abbildung 5.7). Wenn Sie einen PSP-Code zu einer Gliederung hinzufügen, fällt es leichter, die Position bestimmter Vorgänge in der Gliederung zu identifizieren, damit man sie einfach finden und problemlos auf sie verweisen kann. Sie können dieses Konzept mit dem Inhaltsverzeichnis eines Buchs vergleichen, das es Ihnen über die Seitenzahlen leicht macht, die richtige Seite zu finden.

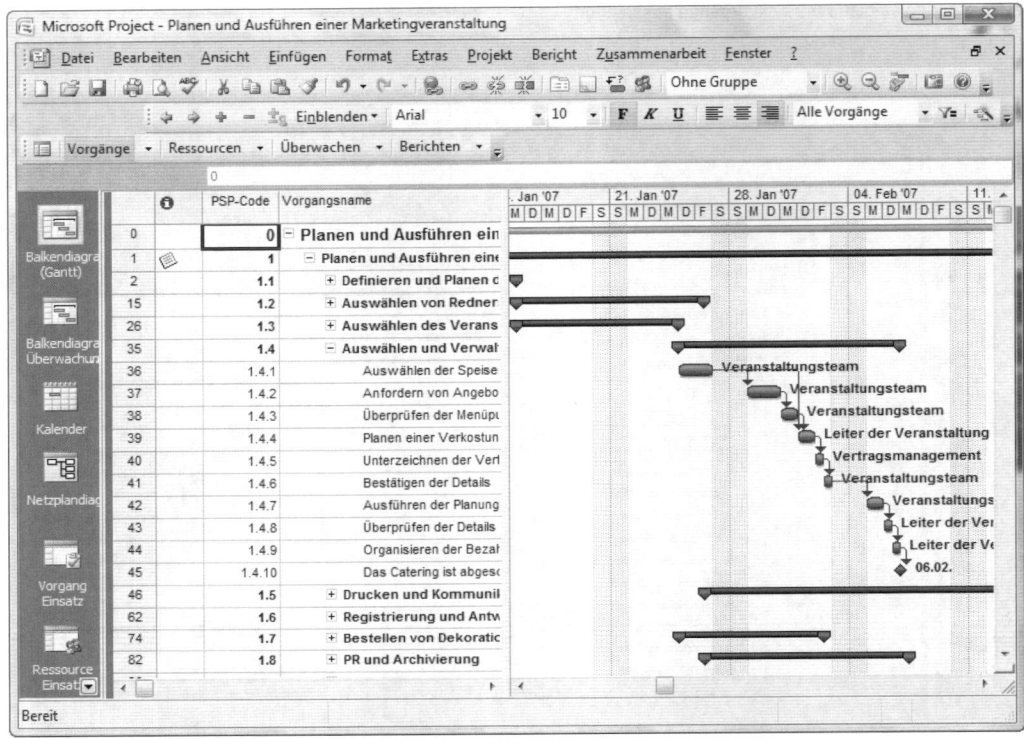

Abbildung 5.7: In größeren Projekten kann auch der PSP-Code recht lang werden.

Standard-PSP-Codes verwenden für jede Ebene des Codes Ziffern. Sie können aber auch benutzerdefinierte Codes anlegen. Lesen Sie hierzu weiter hinten in diesem Kapitel den Abschnitt *Benutzerdefinierte Codes*.

 Wenn Sie Ihren PSP-Code visualisieren möchten, sollten Sie darüber nachdenken, Visios PSP-Diagramm-Assistenten zu verwenden. Wenn auf Ihrem Computer Microsoft Visio installiert ist, können Sie mit diesem Assistenten ein Visio-PSP-Diagramm für ausgewählte oder alle Vorgänge Ihres Projekts erstellen. Sie können die Einstellungen des Assistenten benutzen, um ein Diagramm zu erstellen, das nur eine bestimmte Gliederungsebene Ihres Projekts umfasst – zum Beispiel nur Vorgänge der ersten Gliederungsebene oder Vorgänge der Gliederungsebenen eins und zwei und so weiter.

RSP: Wie PSP, aber für Menschen

Wenn Sie die Enterprise-Global-Projektvorlage verwenden, können Sie ein Feld mit dem Namen *RSP* (**R**essourcen**s**truktur**p**lan) nutzen. Sie haben damit eine Möglichkeit, Ressourcen in Ihrer Organisation zu klassifizieren. RSP bildet die Organisationsstruktur von Ressourcen ab. RSP-Codes, die vom Projektleiter oder unternehmensweit vergeben werden, können dabei helfen, die Vergabe von Berechtigungen für den Zugriff auf Onlinedaten zu rationalisieren oder Ressourcen auf einer bestimmten Ebene Ihres Unternehmens zu filtern.

Auch der Ressourcenersetzungs-Assistent und der Portfolio-Modellierer nutzen bei ihren Berechnungen RSP-Ebenen. Sie können weiterhin die Funktion GRUPPIEREN einsetzen, um Vorgänge anhand der Zuordnung von Ressourcenhierarchien zu gruppieren. Wenn ein Administrator, der das Recht hat, die Enterprise-Global-Projektvorlage zu ändern, RSP-Codes vergeben hat, kann jeder im Unternehmen sie sehen. Diese Dinge funktionieren nur, wenn Sie Project Server einsetzen, deshalb sollten Sie Kapitel 18 aufschlagen, um mehr über RSPs zu erfahren.

Einen PSP-Code anzeigen

Lassen Sie mich diesen Abschnitt mit einer guten Nachricht beginnen: Sie müssen keinen PSP-Code *per se* erstellen, weil dies die Struktur Ihrer Gliederung übernimmt. Alles, was Sie tun müssen, ist, diesen Code anzuzeigen, was so funktioniert:

1. **Klicken Sie in der Ansichtsleiste auf das Symbol BALKENDIAGRAMM (GANTT).**

   Es erscheint die Ansicht BALKENDIAGRAMM (GANTT).

2. **Klicken Sie mit der rechten Maustaste irgendwo auf die Spaltenüberschriften, und wählen Sie SPALTE EINFÜGEN.**

   Es erscheint das Dialogfeld DEFINITION SPALTE (siehe Abbildung 5.8).

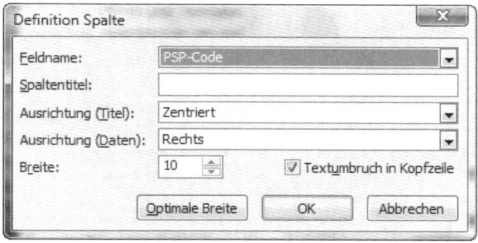

Abbildung 5.8: In diesem Dialogfeld können Sie Optionen für Spalten festlegen.

Sie verwenden dieses Dialogfeld, um Optionen wie Spaltenbreite und Ausrichtung festzulegen.

MS Project 2007 für Dummies

3. **Klicken Sie im Listenfeld FELDNAME auf den kleinen Pfeil, und wählen Sie PSP-CODE aus.**

   Benutzen Sie gegebenenfalls den Rollbalken, um das richtige Feld zu finden.

4. **Klicken Sie auf OK.**

   Es wird die Spalte PSP angezeigt. Wenn Sie einen Vorgang hinzufügen, verschieben, höherstufen oder tieferstufen, wird der PSP-Code automatisch aktualisiert.

Benutzerdefinierte Codes

Der PSP-Code für den vierten Vorgang unterhalb der zweiten Phase der ersten Phase sieht standardmäßig so aus:

1.2.4

Solch ein PSP-Code »von der Stange« reicht in Projekten häufig vollständig aus. Wenn Sie den Code ändern möchten, gibt Ihnen Project 2007 die Möglichkeit, Modifikationen über ein Präfix – zum Beispiel den Namen Ihres Projekts, eine Kundennummer oder den Namen Ihrer Abteilung – oder mit Ziffern und Buchstaben vorzunehmen, um die verschiedenen Gliederungsebenen Ihrer Struktur anzuzeigen. Abbildung 5.9 zeigt ein Beispiel für benutzerdefinierten Code.

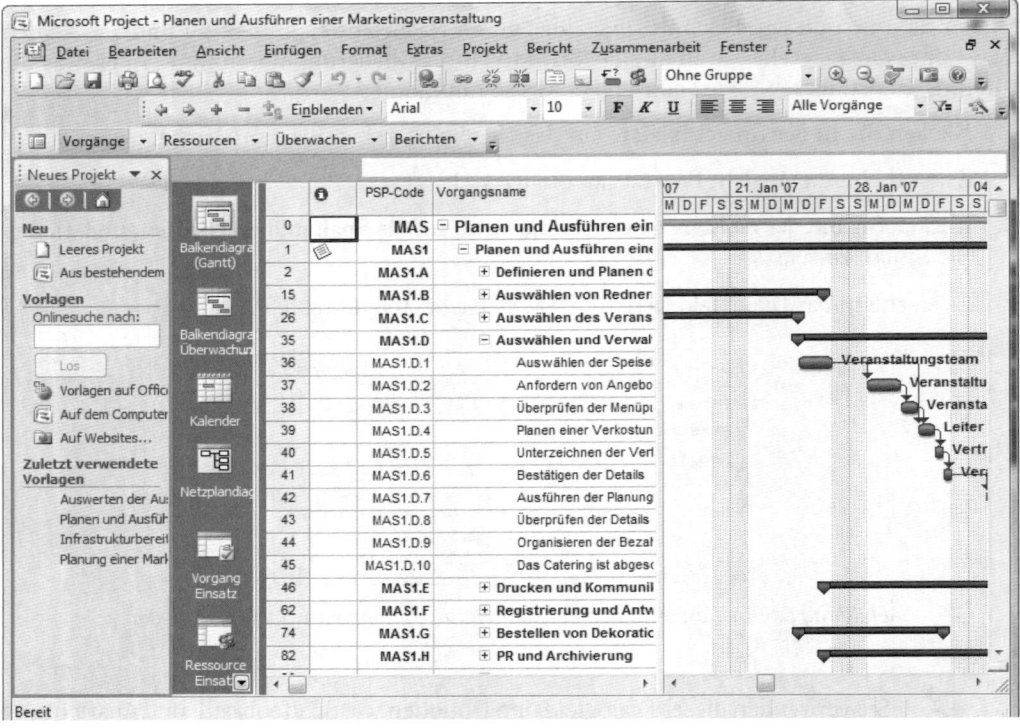

Abbildung 5.9: Benutzerdefinierte PSP-Codes können dabei helfen, Vorgänge anhand von Kategorien wie Abteilung, Kunde oder Firma zu identifizieren.

Die Elemente, die verwendet werden können, um den Code zu bilden, sind *Formatierungsmuster*. Sie können folgende PSP-Formatierungsmuster vorgeben:

✔ ZAHLEN (GEORDNET) benutzt einen numerischen Code.

✔ GROSSBUCHSTABEN (GEORDNET) benutzt einen alphabetischen Code in Großbuchstaben (wie A, B, C, um der ersten, der zweiten und der dritten Projektphase zu entsprechen).

✔ KLEINBUCHSTABEN (GEORDNET) benutzt ebenfalls Buchstaben, die aber kleingeschrieben werden.

✔ ZEICHEN (UNGEORDNET) wird benutzt, um Buchstaben und Ziffern zu kombinieren. Diese Auswahl erstellt ein Sternchen, das Sie in der Spaltenansicht durch beliebige Zeichen ersetzen können.

Wenn Sie einen PSP-Code anpassen wollen, gehen Sie so vor:

1. **Wählen Sie PROJEKT|PSP-CODE|CODEDEFINITION.**

   Es erscheint das Dialogfeld PSP-CODE DEFINIEREN (siehe Abbildung 5.10).

Project bietet mit dem Feld VORSCHAU eine Möglichkeit, die Auswirkung von Änderungen sofort zu sehen.

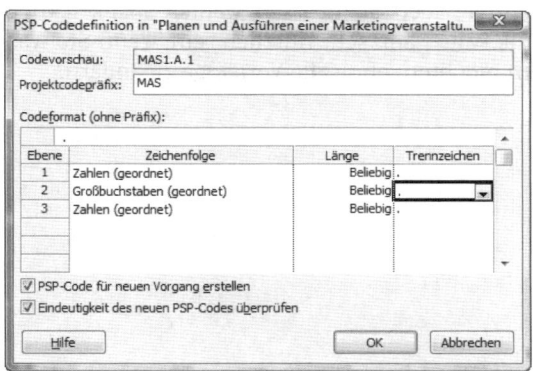

Abbildung 5.10: Im Feld VORSCHAU sehen Sie eine Vorschau Ihrer Änderungen.

2. **Geben Sie im Feld PROJEKTCODEPRÄFIX ein Präfix ein.**

3. **Klicken Sie auf den Kopfbereich der Spalte ZEICHENFOLGE, und wählen Sie ein Formatierungsmuster für die erste Ebene aus.**

4. **Klicken Sie auf die Spalte LÄNGE, und legen Sie die Länge des Zeichenfolgemusters fest. Diese Länge sollte mit der Anzahl an Vorgängen übereinstimmen, die Sie auf dieser Ebene erwarten.**

   Der Wert der Zahl, die Sie hier auswählen, steht für jeweils ein Zeichen. Wenn Sie zum Beispiel 4 auswählen, wird der erste Vorgang auf dieser Ebene als 0001 bezeichnet. Wenn

Sie noch keine Vorstellung über den endgültigen Zustand Ihres Projekts haben, benutzen Sie die Standardvorgabe BELIEBIG, die jede beliebige Länge zulässt.

5. **Klicken Sie in die Spalte TRENNZEICHEN, und wählen Sie eines aus.**

   Sie können zwischen Punkt, Bindestrich, Plus-Zeichen und Schrägstrich wählen.

6. **Um PSP-Codes für zusätzliche Gliederungsebenen zu definieren, wiederholen Sie die Punkte 3 bis 5.**

7. **Wenn Sie fertig sind, klicken Sie auf OK, um den neuen Code zu speichern.**

   Das Entscheidende bei PSP-Codes ist, dass sie für eine eindeutige Kennzeichnung eines jeden Vorgangs Ihres Projekts sorgen. Das Dialogfeld PSP-CODEDEFINITION bietet die Option EINDEUTIGKEIT DES NEUEN PSP-CODES ÜBERPRÜFEN, die standardmäßig eingeschaltet ist. Wenn Sie diese Option ausschalten, werden Sie nicht mehr gewarnt, wenn Sie zum Beispiel ein Teilprojekt einbinden, dessen Codes mit denen des Hauptprojekts übereinstimmen.

   Wenn Sie nicht wollen, dass Project 2007 automatisch einen PSP-Code erzeugt, wenn Sie einen neuen Vorgang erstellen, deaktivieren Sie im Dialogfeld PSP-CODE-DEFINITION die Option PSP-CODE FÜR NEUEN VORGANG ERSTELLEN. (Alternativ können Sie auch über PROJECT|PSP-CODE|CODEDEFINITION gehen.) Wenn Sie später alle Vorgänge durchnummerieren möchten, um neue Vorgänge, Änderungen und Teilprojekte, die Sie eingefügt haben, anzupassen, wählen Sie PROJEKT|PSP-CODE|NEU BERECHNEN. Diese Technik kann dann sehr nützlich sein, wenn Sie Was-wäre-wenn-Szenarien durchspielen möchten, ohne alle Vorgänge zu ändern.

Timing ist alles

In diesem Kapitel

▶ Entdecken, wie Anordnungsverknüpfungen die Terminplanung beeinflussen

▶ Einen Überblick über die verschiedenen Arten von Anordnungsverknüpfungen gewinnen

▶ Verspätungszeiten und Vorlaufzeiten zulassen

▶ Anordnungsverknüpfungen erstellen

▶ Die zeitlichen Abläufe externer Vorgänge im Projekt berücksichtigen

▶ Abläufe in den Ansichten BALKENDIAGRAMM (GANTT) und NETZPLANDIAGRAMM untersuchen

---

Stellen Sie sich Folgendes vor: Wenn Sie hundert Vorgänge erstellen und es bei deren Standardeinschränkungen belassen, fangen alle so früh wie möglich an und werkeln unabhängig voneinander vor sich hin. Das hat zur Folge, dass alle Vorgänge anfangen, wenn das Projekt anfängt, und gleichzeitig ablaufen. Das gesamte Projekt braucht, um abgeschlossen zu werden, mit seinen hundert Vorgängen genau so lange, wie der längste Vorgang dauert.

Schauen wir uns jetzt einmal die Realität an. Wann ist es je vorgekommen, dass in Ihrem Projekt alle Vorgänge zur gleichen Zeit ausgeführt werden konnten? Wann hatten Sie zum letzten Mal genügend Ressourcen zur Verfügung, um so etwas zu ermöglichen? Wann sind Sie zum letzten Mal auf Vorgänge gestoßen, von denen nicht mindestens einer vor irgendeinem anderen Vorgang abgeschlossen sein musste? Stellen Sie sich vor, dass Sie das Fundament eines Gebäudes gießen, bevor die Baugenehmigung vorliegt. Oder denken Sie an das Chaos, wenn Sie versuchen, Ihre Mitarbeiter an einer neuen Ausrüstung schulen zu wollen, bevor davon auch nur das kleinste Fitzelchen zu sehen ist.

Realität ist, dass die Vorgänge eines Projekts niemals alle zur selben Zeit anfangen. Um diese Realität in einem Projektplan widerzuspiegeln, müssen Sie eine zeitliche Logik aufbauen. Diese Logik besteht darin, Abhängigkeiten zwischen Vorgängen einzurichten. *Abhängigkeiten* sind zeitliche Beziehungen zwischen Vorgängen – wenn zum Beispiel ein Vorgang vom Abschluss eines anderen Vorgangs abhängt. Abhängigkeiten können durch Folgendes hervorgerufen werden:

✔ **Die Art eines Vorgangs:** Sie können zum Beispiel die Wände eines Neubaus erst dann hochziehen, wenn der Beton des Fundaments trocken ist.

✔ **Fehlende Ressourcen:** Ihr Betriebsleiter kann nicht zwei Fabriken gleichzeitig inspizieren.

Ich erwähne in Kapitel 4, dass Sie nur sehr selten Anfangsdaten für Vorgänge einrichten sollten, weil Projekte *nicht statisch* sind – sie ändern sich und wachsen schneller, als das die bösen Buben in einem durchschnittlichen Computerspiel schaffen. Wenn Sie mit zeitlicher Logik und nicht mit dem Zuweisen von Datumsangaben an Vorgänge herangehen, kann Project auf Änderungen reagieren, indem es Ihr Projekt auf der Grundlage der zeitlichen Logik anpasst.

Wenn sich zum Beispiel der Vorgang um eine Woche verspätet, über den Sie Materialien ins Unternehmen bekommen, verschiebt sich der davon abhängige Vorgang Produktionsstart ebenfalls um eine Woche. Sie können die Änderung vermerken, wenn Sie die Aktivitäten in Ihrem Plan überwachen, und Project führt automatisch die entsprechenden Anpassungen durch. Die Alternative dazu wäre, sich jeden Vorgang des Projekts *jedes Mal vorzunehmen, wenn sich ein Vorgang verspätet*, und die Anfangsdaten aller Vorgänge manuell anzupassen – der Albtraum aller Projektleiter!

Abhängige Vorgänge: Was war zuerst da?

So wie Menschen in ihren Beziehungen häufig Rollen spielen, gehören Rollen auch zu Anordnungsverknüpfungen: Jeder Vorgang ist entweder Vorgänger oder Nachfolger eines Vorgangs. Zwei Vorgänge mit einer zeitlichen Beziehung bilden ein Vorgänger-Nachfolger-Paar, und zwar selbst dann, wenn sich ihr zeitlicher Ablauf überlappt oder sie gleichzeitig stattfinden.

Abbildung 6.1 zeigt, wie die Vorgangsbalken des Gantt-Diagramms grafisch die Anordnungsverknüpfungen zwischen Vorgänger und Nachfolger von Vorgängen darstellen. Achten Sie darauf, wie Vorgangsbalken die Beziehung zeigen, wenn ein Vorgang vor einem (oder während der Lebensdauer eines) anderen Vorgang(s) anfängt. Und achten Sie auf die Linien zwischen den Vorgängen: Sie stellen die Anordnungsverknüpfungen dar.

Achtung, aufgepasst, hier kommen ein paar wichtige Ratschläge zum Thema Abhängigkeiten: Sie können einen Vorgang von mehr als einem anderen Vorgang abhängig machen, Sie sollten es dabei aber nicht übertreiben. Viele, die sich erst kurze Zeit mit Project beschäftigen, machen den Fehler, dass sie jede logisch nur mögliche zeitliche Beziehung aufbauen. Wenn sich dann etwas ändert und Abhängigkeiten gelöscht oder ebenfalls geändert werden müssen (um zum Beispiel den Terminplan zu kürzen), wird das Netz der Abhängigkeiten immer verschlungener – bis es Sie schließlich erschlägt.

Sie müssen zum Beispiel zuerst den Vorgang des Einholens einer Genehmigung abgeschlossen und ein Fundament gegossen haben, bevor Sie mit den Wänden anfangen können. Wenn Sie jetzt eine Abhängigkeit zwischen dem Erhalt der Genehmigung und dem Gießen des Fundaments einrichten, reicht es aus, eine Abhängigkeit zwischen dem Gießen des Fundaments und dem Errichten der Wände anzulegen, um alle drei Vorgänge richtig zu terminieren. Weil Sie mit dem Gießen des Fundaments nicht anfangen können, bevor Sie die Genehmigung haben, und weil Sie nicht mit dem Hochziehen der Wände beginnen können, bevor das Fundament gegossen worden ist, können Sie logischerweise mit den Wänden erst anfangen, wenn Sie eine Genehmigung haben.

6 ➤ Timing ist alles

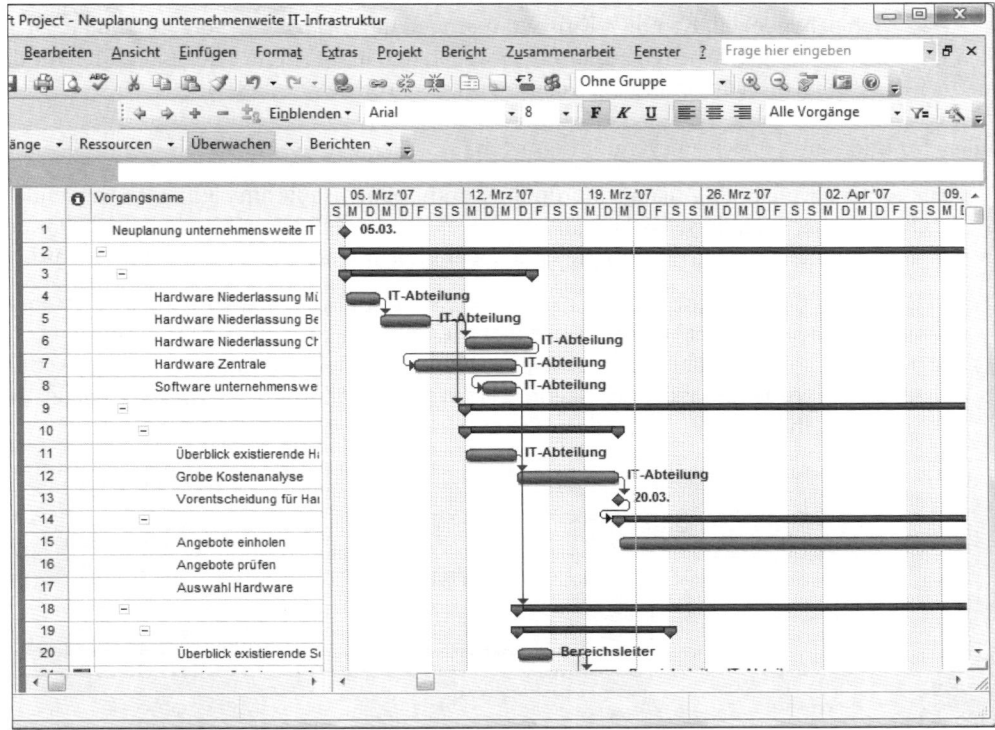

Abbildung 6.1: In dieser Ansicht werden Anordnungsverknüpfungen als Linien zwischen den Vorgangsbalken dargestellt.

 Sie müssen keine Abhängigkeiten benutzen, um zu vermeiden, dass Ressourcen an zwei Vorgängen gleichzeitig arbeiten. Wenn Sie die Verfügbarkeit von Ressourcen definieren und diese zwei Vorgängen zuordnen, die gleichzeitig stattfinden, können Sie Werkzeuge wie den Ressourcenausgleich verwenden (auf den ich in Kapitel 10 eingehe) und darauf verzichten, mit Abhängigkeiten einen Vorgang nach dem anderen stattfinden zu lassen. Der Ressourcenausgleich verspätet Vorgänge, deren Terminierung zu einer Überlastung von Ressourcen führt. Einzelheiten dazu, wie die Zuordnung von Ressourcen den Terminplan beeinflusst, finden Sie ebenfalls in Kapitel 10.

Die Arten der Anordnungsverknüpfung

Sie können vier Arten von Anordnungsverknüpfungen, wie Abhängigkeiten unter Project genannt werden, einrichten: ENDE-ANFANG, ANFANG-ENDE, ANFANG-ANFANG und ENDE-ENDE. Die effiziente Verwendung dieser Arten kann den Unterschied zwischen einem Projekt ausmachen, das termingerecht abgeschlossen wird, und einem, das noch vor sich hindümpelt, wenn Sie in Rente gegangen sind.

Ich behandele in Kapitel 4 Einschränkungen und Prioritäten von Vorgängen. Diese Einstellungen arbeiten zusammen mit den Abhängigkeiten, um letztendlich für die ultimative Zeitplanung der Vorgänge Ihres Projekts zu sorgen.

Und so funktionieren die vier Verknüpfungsarten:

✔ **ENDE-ANFANG:** Eine Ende-Anfang-Anordnungsverknüpfung ist die am häufigsten verwendete Verknüpfungsart. Bei dieser Beziehung muss der Vorgänger abgeschlossen sein, bevor der Nachfolger anfangen kann. Wenn Sie eine Abhängigkeit erstellen, ist dies der Standard.

Ein Beispiel für eine solche Abhängigkeit ist, dass Sie zunächst den Vorgang Einladungen drucken abgeschlossen haben müssen, bevor Sie mit dem Vorgang Einladungen versenden beginnen können. Abbildung 6.2 zeigt zwei Phasen mit Ende-Anfang-Abhängigkeiten, bei denen der Vorgangsbalken des Nachfolgers erst beginnt, wenn der Vorgangsbalken des Vorgängers aufhört.

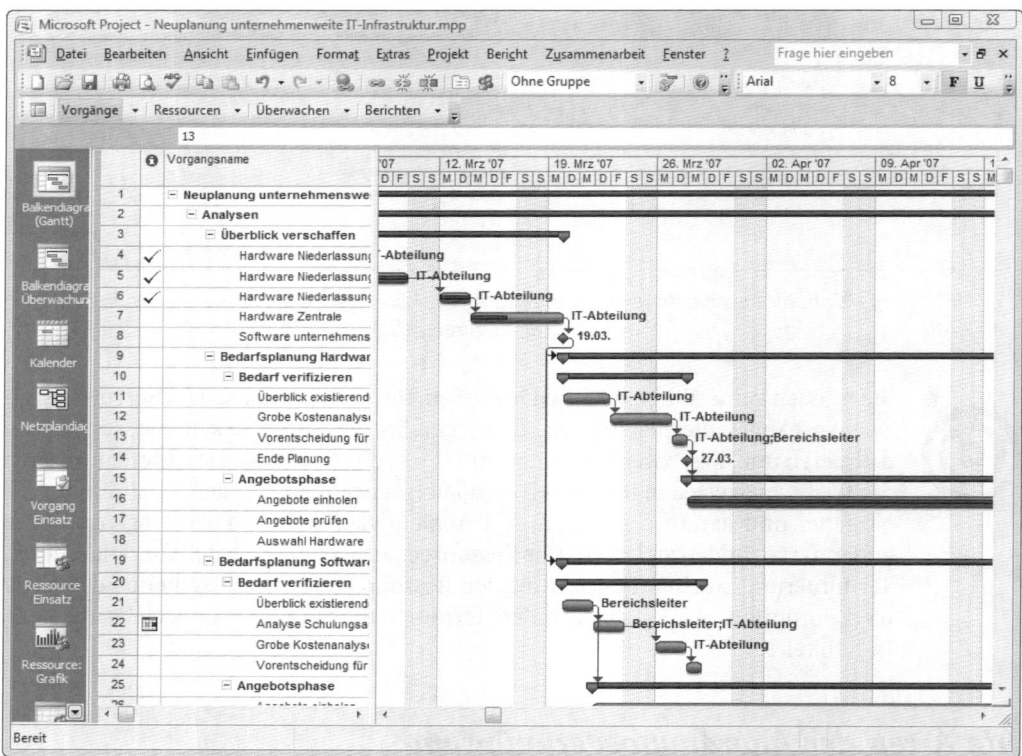

Abbildung 6.2: Wo eine Phase endet, beginnt das Meilenstein-Symbol der nächsten Phase.

✔ **ANFANG-ENDE:** Bei Anfang-Ende-Abhängigkeiten kann der Nachfolgevorgang erst dann beendet werden, wenn der Vorgängervorgang bereits angefangen hat. Wenn es beim Vorgänger zu einer Verspätung kommt, kann der Nachfolger nicht abgeschlossen werden.

6 ➤ Timing ist alles

Stellen Sie sich vor, dass Sie planen, ein neues Kreuzfahrtschiff zu bauen. Sie können bereits Karten für die Jungfernfahrt verkaufen, während das Schiff noch im Bau ist, und Sie wollen den Verkauf erst stoppen, wenn das Schiff abfahren kann. Damit ist der Vorgänger `Schiff ist abfahrbereit` (ein Meilenstein) und der Nachfolger ist `Karten für die Jungfernfahrt verkaufen`. Solange das Schiff nicht fertiggestellt ist, können Sie weiterhin Karten verkaufen. Wenn das Schiff abfahrbereit ist, können Sie den Verkaufsschalter schließen, und der Vorgang kann abgeschlossen werden. *Bon voyage!*

✔ **ANFANG-ANFANG:** Anfang-Anfang meint, was es sagt: Zwei Vorgänge müssen gleichzeitig anfangen. Obwohl zum Beispiel die Plakate und die Einladungen für Ihre Wahnsinnsveranstaltung von unterschiedlichen Designern entworfen worden sind, sollen sie aus Kostengründen gleichzeitig zum Drucker gesendet werden.

Abbildung 6.3 stellt eine Anfang-Anfang-Beziehung zwischen zwei Vorgängen dar.

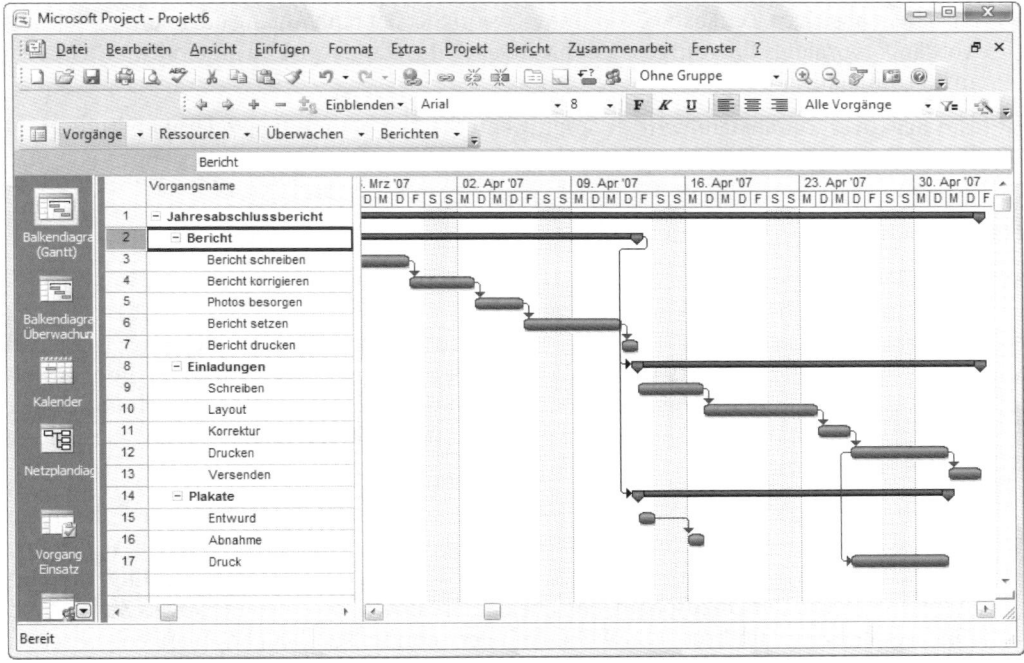

Abbildung 6.3: Die Anfang-Anfang-Beziehung zwischen zwei Vorgängen.

✔ **ENDE-ENDE:** Ende-Ende hat nichts damit zu tun, dass es einen Michael doppelt gibt und sich beide zum Schreiben von Kinderbüchern zusammensetzen. Ende-Ende bedeutet (wie Sie sicherlich schon erraten haben), dass zwei Vorgänge zu derselben Zeit vollendet sein müssen.

Stellen Sie sich vor, dass Sie als Veranstalter von Abenteuer-Reisen den Jahresabschlussbericht vorlegen wollen. Sie müssen sich Fotos von den Veranstaltungsorten besorgen und eine Broschüre entwerfen lassen. Bevor Sie den Bericht zum Drucken geben können, müssen Sie sowohl die Bilder als auch den fertigen Bericht vorliegen haben. Wenn Sie zwischen diesen beiden Vorgängen eine Ende-Ende-Beziehung aufbauen, geben Sie beiden Vorgängen den größtmöglichen Spielraum, um abgeschlossen zu werden. (Das kann dazu führen, dass die Fotos seit vier Wochen herumliegen und der Bericht immer noch nicht geschrieben ist.)

Zeitabstand: positiv und negativ

Abhängigkeiten können ein wenig komplizierter sein, als einfach nur eine der vier Anordnungsarten zuzuweisen, die ich es im vorherigen Abschnitt beschreibe. Sie können positive und negative Zeitabstände hinzufügen, um die zeitlichen Beziehungen noch feiner aufeinander abzustimmen.

- ✔ Zu einem **positiven Zeitabstand** kommt es, wenn Sie Zeit zum Anfang oder zum Ende eines Vorgängervorgangs hinzufügen. Ein positiver Zeitabstand führt zu einem Zwischenraum im Terminplan.

- ✔ Ein **negativer Zeitabstand** wird erzeugt, wenn Sie Zeit vom Anfang oder vom Ende eines Vorgängervorgangs abziehen. Ein negativer Zeitabstand führt zum Überlappen von Vorgängen.

Hier sind ein paar Beispiele dazu:

- ✔ Sie wollen ein neues Spielzeug auf den Markt bringen und richten eine Anfang-Anfang-Beziehung zwischen dem Vorgängervorgang `Reklame mit Druckmedien starten` und dem Nachfolgevorgang `Radio- und Fernsehwerbung starten` ein. Bei einer einfachen Anfang-Anfang-Beziehung fangen beide Vorgänge zu derselben Zeit an. Wenn Sie aber wollen, dass die Radio- und Fernsehwerbung erst eine Woche nach der Druckwerbung startet, bauen Sie einen positiven Zeitabstand von einer Woche in die Anfang-Anfang-Beziehung der beiden Vorgänge ein.

- ✔ In einem Projekt, das sich mit dem Training von Freiwilligen beschäftigt, die Führungen durch ein historisches Gebäude machen, erstellen Sie zwischen den beiden Vorgängen `Interessenten finden` und `Interessenten schulen` eine Ende-Ende-Beziehung. Um nun in Ihrem Projekt Zeit einzusparen, entscheiden Sie sich dafür, einen negativen Zeitabstand von zwei Tagen einzuführen – Sie wollen mit der Schulung derjenigen anfangen, die schon angeworben worden sind, ohne auf den Abschluss der Rekrutierungskampagne zu warten. In diesem Fall reduzieren Sie die Zeit der Ende-Anfang-Beziehung, damit Sie mit der Schulung zwei Tage früher anfangen können.

Anordnungsverknüpfungen erstellen

Das Erstellen einer Anordnungsverknüpfung ist sehr einfach. Sie legen eine Anordnungsverknüpfung fest, erledigen die Einstellungen, um die Art der Abhängigkeit vorzugeben, und bauen Zeitabstände ein. Interessant wird es, wenn es darum geht, dass Sie wissen müssen, welche Auswirkungen die einzelnen Verknüpfungsarten auf Ihren Plan haben, wenn Ihr Projekt in der Praxis startet und Sie anfangen, die Aktivitäten zu erfassen, die Ihre Ressourcen an den Vorgängen ausführen.

Mit Abhängigkeiten umgehen

Wenn Sie Vorgänge voneinander abhängig machen, wird dabei standardmäßig eine Ende-Anfang-Beziehung aufgebaut. Der eine Vorgang muss beendet sein, bevor der andere anfangen kann. Wenn das alles ist, was Sie erreichen wollen, müssen Sie nicht mehr machen. Wenn Sie mehr wollen, müssen Sie die Verbindung bearbeiten, um die Art der Verknüpfung zu ändern oder um Zeitabstände hinzuzufügen.

Wenn Sie eine einfache Ende-Anfang-Verknüpfung anlegen möchten, gehen Sie so vor:

1. **Öffnen Sie die Ansicht BALKENDIAGRAMM (GANTT), und sorgen Sie dafür, dass die beiden Vorgänge, die Sie verknüpfen wollen, sichtbar sind.**

    Sie müssen eventuell einige Vorgänge ausblenden oder im Menü ANSICHT die Option ZOOM verwenden, damit mehr Vorgänge auf Ihren Bildschirm passen.

2. **Klicken Sie auf den Vorgangsbalken des Vorgängers, und ziehen Sie Ihren Mauszeiger auf den Vorgangsbalken des Nachfolgers.**

    Wenn Sie den Mauszeiger ziehen, erscheint eine Box, wie sie Abbildung 6.4 zeigt, und Ihr Mauszeiger verändert sich in ein Verkettungssymbol.

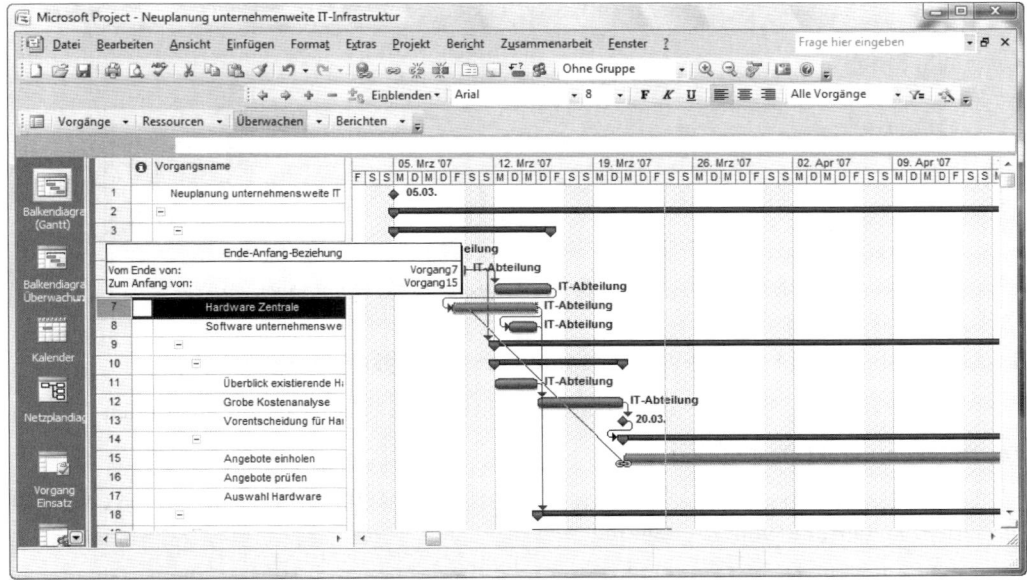

Abbildung 6.4: Die Box informiert Sie darüber, wenn sich Ihr Mauszeiger über dem Vorgang befindet, mit dem Sie eine Verknüpfung aufbauen wollen.

3. **Wenn Sie in der kleinen Box die Vorgangsnummer lesen können, zu der Sie eine Verbindung aufbauen möchten, lassen Sie die Maustaste los.**

Sie können eine Ende-Anfang-Beziehung auch dadurch einrichten, dass Sie auf den Vorgänger klicken, `Strg` gedrückt halten und auf den Nachfolgevorgang klicken. Jetzt müssen Sie nur noch auf die Schaltfläche VORGÄNGE VERKNÜPFEN klicken, die Sie in der Standardsymbolleiste finden.

Um eine Verknüpfung im Dialogfeld INFORMATIONEN ZUM VORGANG zu erstellen oder zu bearbeiten, merken Sie sich die Vorgangsnummer des Vorgängervorgangs und gehen so vor:

1. **Klicken Sie doppelt auf den Nachfolgevorgang.**

   Es erscheint das Dialogfeld INFORMATIONEN ZUM VORGANG.

2. **Klicken Sie auf die Registerkarte VORGÄNGER (siehe Abbildung 6.5).**

   Sie können auf dieser Registerkarte so viele Anordnungsverknüpfungen erstellen, wie Sie möchten.

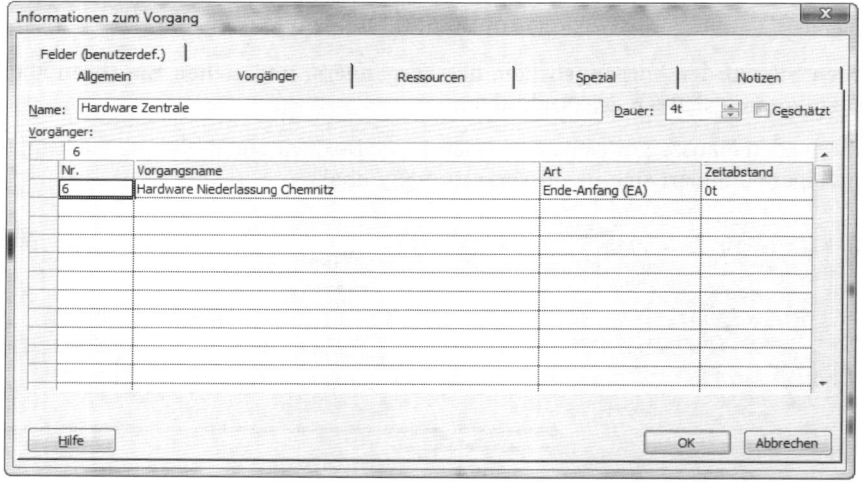

Abbildung 6.5: Bauen Sie hier Anordnungsverknüpfungen auf.

3. **Geben Sie im Feld NR. die Vorgangsnummer des Vorgängervorgangs ein.**

   Alternativ können Sie den Vorgang auch im Listenfeld VORGÄNGERNAME auswählen.

4. **Drücken Sie die Taste `Tab`.**

   Es werden automatisch der Vorgangsname und die Abhängigkeitsart ENDE-ANFANG mit einem Zeitabstand von 0t eingetragen.

5. **Klicken Sie in das Feld ART, klicken Sie auf den kleinen Pfeil, um die verschiedenen Abhängigkeitsarten anzuzeigen, und klicken Sie auf die Abhängigkeitsart, die Sie für diesen Vorgang benötigen.**

6. **Wenn Sie einen positiven oder negativen Zeitabstand hinzufügen wollen, klicken Sie in das Feld ZEITABSTAND, und verwenden Sie die kleinen Pfeile, um den entsprechenden Zeitwert einzutragen.**

   Klicken Sie auf den Pfeil nach oben, um positive Werte zu erhalten, und auf den Pfeil nach unten für negative Werte.

7. **Wiederholen Sie die Punkte 3 bis 6, um weitere Anordnungsverknüpfungen einzurichten.**

8. **Wenn Sie damit fertig sind, klicken Sie auf OK, um die Abhängigkeiten zu speichern.**

   Im Gantt-Diagramm werden Abhängigkeiten als Linien und Pfeile angezeigt, wie Sie Abbildung 6.6 entnehmen können.

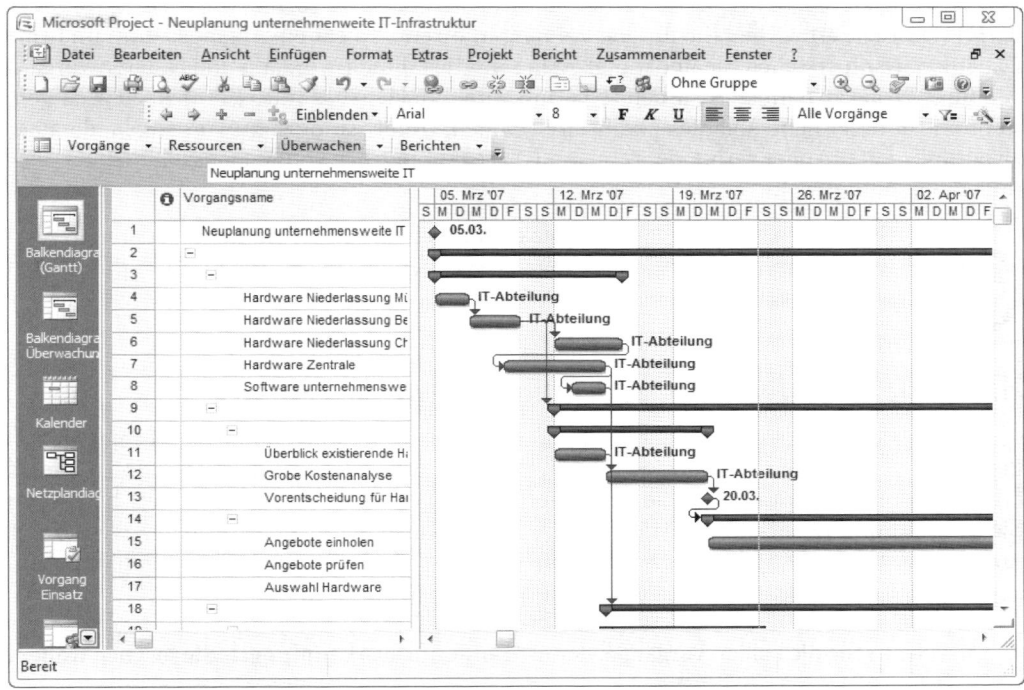

Abbildung 6.6: Je komplexer ein Projekt und seine zeitlichen Beziehungen werden, desto mehr Linien werden angezeigt.

 Die meisten Anordnungsverknüpfungen werden zwischen Vorgängen aufgebaut, die in unmittelbarer Nähe zueinander stehen. Wenn Sie aber damit zu tun haben, Vorgänge zu verknüpfen, die nicht auf einer Bildschirmseite zu sehen sind, wird es knifflig, wenn Sie auf »Klicken- und-Ziehen« setzen. In solch einem Fall sollten Sie das Dialogfeld INFORMATIONEN ZUM VORGANG des Nachfolgers benutzen, um die Beziehung aufzubauen, indem Sie den Namen des Vorgängers oder seine Nummer eingeben.

Erweitern Sie die Reichweite durch externe Verknüpfungen

Niemand ist eine Insel – und kein Projekt existiert für sich allein. Häufig ist es so, dass ein anderes Projekt, das Sie verwalten, oder ein anderes Projekt, das irgendwo in Ihrem Unternehmen abläuft, Ihr Projekt beeinflusst. Vielleicht werden Ressourcen oder Gerätschaften gemeinsam genutzt, vielleicht beeinflussen aber die zeitlichen Abläufe von Vorgängen anderer Projekte die Abläufe der Vorgänge Ihres Projekts. Wenn Ihr Projekt zum Beispiel dem Eröffnen eines neuen Ladenlokals gilt, müssen Sie eine Abhängigkeit aufbauen, die von Ihrem Vorgang Mit Einzug anfangen zum Vorgang Gebäudeabnahme eines Bauprojekts eines anderen Projektleiters geht.

Um mit dieser Gratwanderung klarzukommen, können Sie einen Vorgang mit einer Hyperlink-Verknüpfung erstellen, der die zeitlichen Abläufe des anderen Projekts (oder eines Vorgangs darin) repräsentiert. Geben Sie für den Vorgang in Ihrem Projekt ein Anfangsdatum und eine Dauer ein. Dann erstellen Sie Abhängigkeiten zwischen diesem Vorgang und anderen Vorgängen Ihres Projekts. Benutzen Sie den Hyperlink, um schnell in das andere Projekt zu gelangen, wenn Sie dort zeitliche Abläufe aktualisieren wollen. (Informationen zu Vorgängen, die über Hyperlinks miteinander verbunden sind, und über das Eingeben von Anfangszeiten und Dauer finden Sie in Kapitel 4.)

Sie können auch ein ganzes Projekt einfügen und eine Verknüpfung darauf hinzufügen, damit sich Aktualisierungen der anderen Datei automatisch in Ihrem Plan widerspiegeln.

Alles fließt: Anordnungsverknüpfungen entfernen

Genau wie Modetrends können sich auch Anordnungsverknüpfungen in einem Projekt plötzlich ändern. So werden sie zum Beispiel nicht länger benötigt, weil Ihre Ressourcen anders arbeiten können oder weil sich die Terminierung des gesamten Projekts geändert hat. Wenn Sie eine Anordnungsverknüpfung loswerden wollen, können Sie alles widerrufen, was Sie in der Ansicht BALKENDIAGRAMM (GANTT) oder dem Dialogfeld INFORMATIONEN ZUM VORGANG erstellt haben.

Wenn die Ansicht BALKENDIAGRAMM (GANTT) angezeigt wird, gehen Sie so vor:

1. **Markieren Sie die beiden Vorgänge, deren Anordnungsverknüpfungen Sie löschen wollen.**

    * **Zwei nebeneinander liegende Vorgänge:** Klicken Sie auf die Vorgangsnummer des ersten Vorgangs, und ziehen Sie den Mauszeiger auf die Vorgangsnummer des zweiten Vorgangs.

    * **Zwei nicht nebeneinander liegende Vorgänge:** Klicken Sie auf die Vorgangsnummer des ersten Vorgangs, halten Sie die Taste [Strg] gedrückt, und klicken Sie auf den zweiten Vorgang.

2. **Klicken Sie in der Standardsymbolleiste auf die Schaltfläche VORGANGSVERKNÜPFUNGEN ENTFERNEN.**

6 ➤ Timing ist alles

 Seien Sie vorsichtig, wenn Sie diese Methode verwenden. Wenn Sie nur einen Vorgang anklicken und dann auf die Schaltfläche VORGANGSVERKNÜPFUNGEN ENTFERNEN klicken, werden Sie ein einschneidendes Erlebnis haben: *Alle* Vorgangsverknüpfungen dieses Vorgangs werden entfernt.

Wenn Sie Vorgangsverknüpfungen über das Dialogfeld INFORMATIONEN ZUM VORGANG entfernen möchten, gehen Sie so vor:

1. **Klicken Sie doppelt auf den Vorgangsnamen des Nachfolgers.**

    Es erscheint das Dialogfeld INFORMATIONEN ZUM VORGANG.

2. **Klicken Sie auf die Registerkarte VORGÄNGER, um sie anzuzeigen.**

3. **Klicken Sie auf das Listenfeld ART der Vorgangsverknüpfung, die Sie entfernen möchten.**

    Es erscheint eine Liste von Abhängigkeitsarten (siehe Abbildung 6.7).

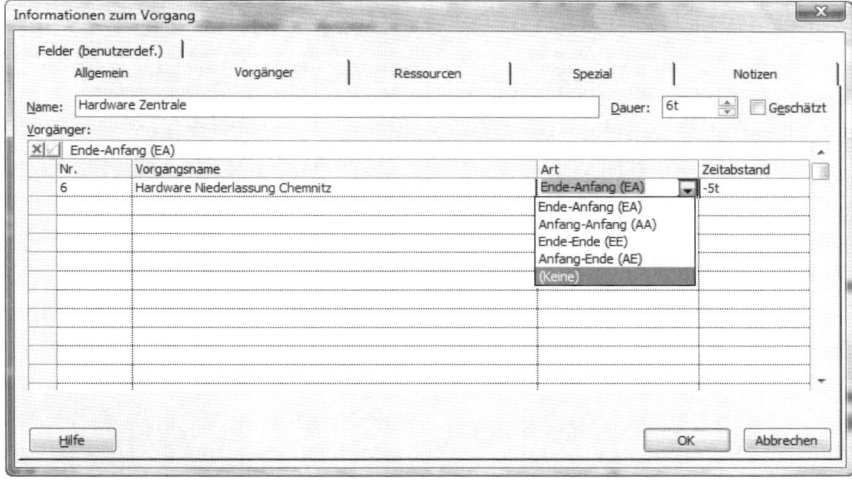

Abbildung 6.7: Sie können diese Registerkarte benutzen, um Vorgangsverknüpfungen zu erstellen und zu entfernen.

4. **Klicken Sie auf (KEINE).**

5. **Klicken Sie auf OK, um Ihre Änderungen zu speichern.**

Die Verknüpfungslinie ist im Gantt-Diagramm verschwunden. Wenn Sie das Dialogfeld INFORMATIONEN ZUM VORGANG das nächste Mal öffnen, ist die Verknüpfung auch hier verschwunden.

 Wenn die Änderungshervorhebung eingeschaltet ist, können Sie klar und deutlich sehen, welche Auswirkungen diese Art von Änderung auf Ihren Terminplan hat. Sie schalten diese Funktionalität ein, indem Sie im Menü ANSICHT auf ÄNDERUNGSHERVORHEBUNG EINSCHALTEN klicken. Bei jedem Vorgang, der vom Hinzufügen oder Entfernen

einer Vorgangsverknüpfung betroffen wird, ist im Tabellenblatt entweder die Spalte ANFANG oder die Spalte ENDE hervorgehoben (je nachdem, welches Datum von der Änderung betroffen ist).

Der große Verknüpfungsüberblick

Project kennt mehrere Wege, Verknüpfungen in einem Projekt zu betrachten. Die Methode, für die Sie sich entscheiden, hängt höchstwahrscheinlich davon ab, wie Sie Daten sichtbar machen. Deshalb gibt es hier weder einen richtigen, noch einen falschen Weg.

Sie haben sicherlich schon Verknüpfungslinien im Gantt-Diagramm gesehen (siehe Abbildung 6.6). Eine weitere Möglichkeit, das Ineinanderfließen von Abhängigkeiten zu Gesicht zu bekommen, ist die Ansicht NETZPLANDIAGRAMM. Diese Ansicht verwendet ähnliche Linien und Pfeile, um abhängige Beziehungen sichtbar zu machen; die Perspektive dieser Ansicht ist aber eine andere.

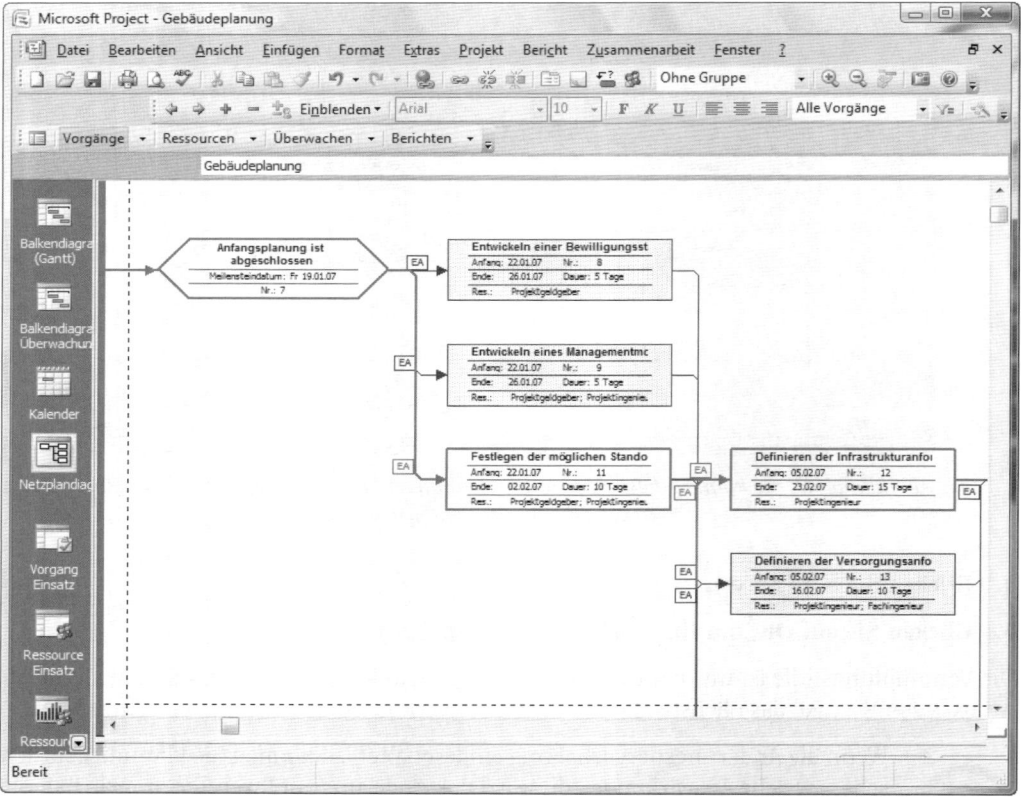

Abbildung 6.8: In einem Netzplandiagramm ist es einfacher, den Verknüpfungslinien zu folgen.

6 ➤ Timing ist alles

 Sie können (über PROJEKT|VORGANGSTREIBER) ein Fensterelement VORGANGSTREIBER einblenden, um sich eine Liste von allem anzeigen zu lassen, was Einfluss auf die Terminplanung eines markierten Vorgangs hat. Sie finden weitere Informationen zu VORGANGSTREIBER in Kapitel 10.

Abbildung 6.8 zeigt die Ansicht NETZPLANDIAGRAMM eines Planungsprojekts. Wie Sie sehen können, hat jeder Vorgang einen so genannten Knoten, der grundlegende statistische Informationen enthält. Zwischen den Knoten gibt es Linien, die die Anordnungsverknüpfungen veranschaulichen. In dem schwarz-weißen Bild können Sie nicht erkennen, dass jede Verknüpfung, die sich auf einem kritischen Weg befindet, standardmäßig rot ausgegeben wird, während die Farbe für nicht kritische Wege und Vorgänge Blau ist. (Vorgänge auf einem *kritischen Weg* haben keinen Puffer: Sie können sich nicht verspäten, ohne dass sich das gesamte Projekt verspätet.)

 Ein netter Trick ist in der Ansicht NETZPLANDIAGRAMM das Bearbeiten des Layouts, um die Beschriftung der Verknüpfungen anzuzeigen. (Klicken Sie mit der rechten Maustaste außerhalb eines Vorgangsknotens, wählen Sie Layout, und klicken Sie auf das Kontrollkästchen BESCHRIFTUNG ANZEIGEN.) Es wird ein Code wie EA für ENDE-ANFANG angezeigt, um die Art von Verknüpfung zu erklären, die eine Verknüpfungslinie darstellt (siehe Abbildung 6.8).

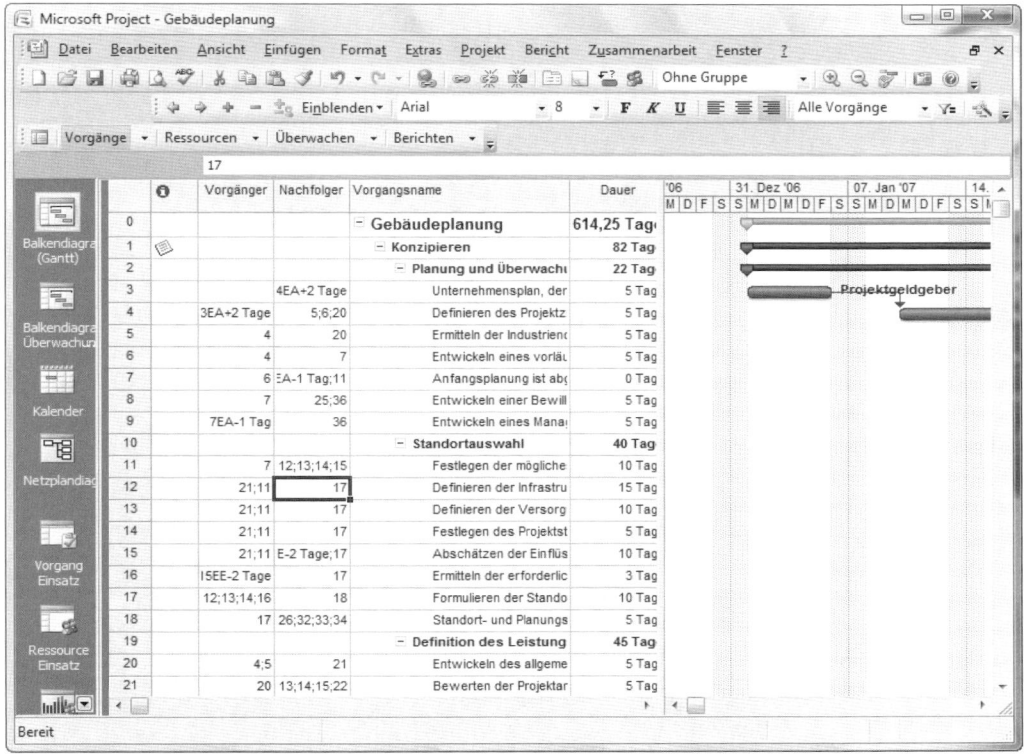

Abbildung 6.9: Natürlich müssen Sie wissen, welche Vorgangsnummer was bedeutet, bevor Sie aus diesen Spalten Informationen erhalten.

Sie können auch Spalten anzeigen, die – geordnet nach Vorgangsnummer – für jeden Vorgang und in jeder Ansicht eines Tabellenblattes die Vorgänger oder Nachfolger aufführen. Abbildung 6.9 zeigt die Spalten VORGÄNGER und NACHFOLGER des Planungsprojekts aus Abbildung 6.8 an. Diese Spalten enthalten eine Schreibweise, die nicht nur die reinen Verknüpfungen anzeigt, sondern die auch die Art der Verknüpfung und die Information darstellt, wie viel Prozent eines Vorgangs bereits erledigt sind. So sagt zum Beispiel 71AA+50% aus, dass es sich dabei um eine Anfang-Anfang-Verknüpfung zu Vorgang 71 handelt, der dann anfängt, wenn sein Vorgänger zur Hälfte vollendet worden ist. 71AA+2 Tage bedeutet, dass es sich hierbei um eine Anfang-Anfang-Verknüpfung zu Vorgang 71 handelt, der zwei Tage nach ihrem Vorgänger anfängt.

Denken Sie daran, dass Sie auch die Knoten eines Netzplandiagramms so bearbeiten können, dass Sie Daten über Vorgänger und Nachfolger des Knotens enthalten.

Teil II

Menschen brauchen Menschen

»Sagen Sie David, dass er vom Empfang verschwinden soll. Ich habe einen Weg gefunden, das geplante Budget unseres Projekts anzupassen.«

In diesem Teil ...

Hier lernen Sie endlich Projekt-Ressourcen – menschliche und andere – kennen, und Sie sehen, wie Menschen, Material und Kosten am effizientesten instrumentalisiert werden können, um die Vorgänge Ihres Projekts zu erledigen. Dieser Teil zeigt weiterhin, in welcher Beziehung Ressourcen zu Kosten stehen und wie die Zuordnung von Ressourcen am effektivsten gestaltet werden kann.

Natürliche Ressourcen einsetzen

In diesem Kapitel

▶ Verstehen, was Arbeits- und Materialressourcen sind

▶ Ressourcen erstellen, damit das Projekt erledigt werden kann

▶ Ressourcengruppen und gemeinsam genutzte Ressourcen

▶ Mit den Einstellungen eines Ressourcenkalenders spielen

---

*P*rojekte sind wie Kaffeeküchen – sie sind Treffpunkte für Menschen. Projekte benutzen aber auch Ausrüstungsgegenstände und Material. Diese Menschen, die Ausrüstung und das Material werden *Ressourcen* eines Projekts genannt.

Ressourcen sind, anders als Kaffeeküchen, das Mittel, über das Project die Kosten Ihres Plans berechnet. Wenn Sie einem Vorgang eine Ressource zuweisen, die dort zehn Stunden für 20 Euro die Stunde arbeiten soll, so haben Sie damit 200 Euro Kosten zu Ihrem Projekt hinzugefügt. Erstellen Sie eine Ressource, die Zement heißt, von der ein Sack 200 Euro kosten soll, und weisen Sie zehn Einheiten (gleich zehn Sack) davon zu, so steigen Ihre Gesamtkosten blitzschnell um 2.000 Euro.

Sie zeichnen sich jetzt nicht durch besondere Cleverness aus, wenn Sie in einem Projekt Ressourcen verwenden und diesen keine Kosten zuweisen. Im Gegenteil, die hohe Kunst der Ressourcenverwaltung besteht darin, die richtige Ressource mit den richtigen Fähigkeiten zu finden und diese Ressource einem Vorgang für die richtige Zeitspanne (oder in Höhe der richtigen Einheiten) zuzuweisen. Und das Ganze müssen Sie schaffen, ohne irgendjemanden zu irgendeinem Zeitpunkt Ihres Terminplans zu überlasten.

Ressourcen sind deshalb in einem Projekt von besonderer Bedeutung, weil Sie die Punkte Terminplanung und Kosten betreffen. Aus diesem Grund gibt es eine ganze Reihe von Werkzeugen, die Ihnen dabei helfen, Ressourcen zu erstellen, Einstellungen vorzunehmen, wie und wann die Ressourcen arbeiten, sie Vorgängen zuzuweisen, ihre Arbeitsauslastung festzulegen und Kosten zu verwalten. Der erste Schritt bei der Arbeit mit Ressourcen ist, sie anzulegen und bestimmte Informationen dazu einzugeben. Damit wissen Sie, wovon dieses Kapitel handelt.

Ressourcen: Menschen, Orte und Dinge

Viele hören das Wort *Ressourcen* und denken sofort an Menschen. Nun ja, Menschen sind tatsächlich eine häufig genutzte Ressource, das ist aber noch nicht alles. Ressourcen können genauso gut Ausrüstungsgegenstände sein, die Sie mieten oder kaufen, oder Material, wie Büroklammern oder Alteisen. Sie können auch Ressourcen erstellen, die Räumlichkeiten repräsentieren, die Sie stundenweise mieten, wie ein Labor oder Konferenzräume. Sie können zum Beispiel eine Ressource anlegen, die Fabrikbesichtigung heißt, und ihr Kosten pro Einheit von 400 Euro zuweisen, was ungefähr den Betrag abdeckt, den Ihre Reise zur Fabrik kosten wird (einschließlich Flug, Hotel und Mietwagen).

Typische und weniger typische Ressourcen eines Projekts sind:

- ✔ Techniker
- ✔ Messestand
- ✔ Büroartikel
- ✔ Tanzsaal im Hotel
- ✔ Verwaltungsassistent
- ✔ Raketentreibstoff
- ✔ Lautsprechermiete
- ✔ Möblierung
- ✔ Software
- ✔ Druckerei
- ✔ Designer für grafische Entwürfe
- ✔ Entwurf eines Prototyps

Sie sehen, Ressource kann so gut wie alles oder jeder sein, das bzw. den Sie gebrauchen können, um Ihr Projekt zu vollenden.

Ressourcen-reich werden

Nachdem Sie in Ihrem Projekt die Vorgänge erstellt und organisiert haben, sieht der nächste typische Schritt so aus, dass Sie Ressourcen anlegen. Sie können sich aber auch Ressourcen ausleihen, die andere erstellt haben, und in Ihrem Projekt einsetzen. Bevor Sie jetzt so mir nichts, dir nichts Ressourcen anlegen, müssen Sie wissen, wie sich das auf Ihr Projekt auswirkt.

Was sind Ressourcen?

Der Schlüssel für das Begreifen, was Ressourcen sind, liegt in der Erkenntnis, dass in einem Projekt Ressourcen mit Kosten gleichgesetzt werden müssen. Wenn Sie die Kosten Ihres Projekts – wie die Stunden, die jemand an einem Vorgang arbeitet, die Computer, die Sie kaufen oder leasen – abrechnen wollen, müssen Sie Ressourcen erstellen und einem oder mehreren Vorgängen zuordnen. Wenn Sie das machen, finden Sie die sich daraus ergebenden Kosten in der Spalte KOSTEN des Tabellenblatts der Ansicht BALKENDIAGRAM (GANTT) wieder, wie Abbildung 7.1 zeigt.

7 ➤ Natürliche Ressourcen einsetzen

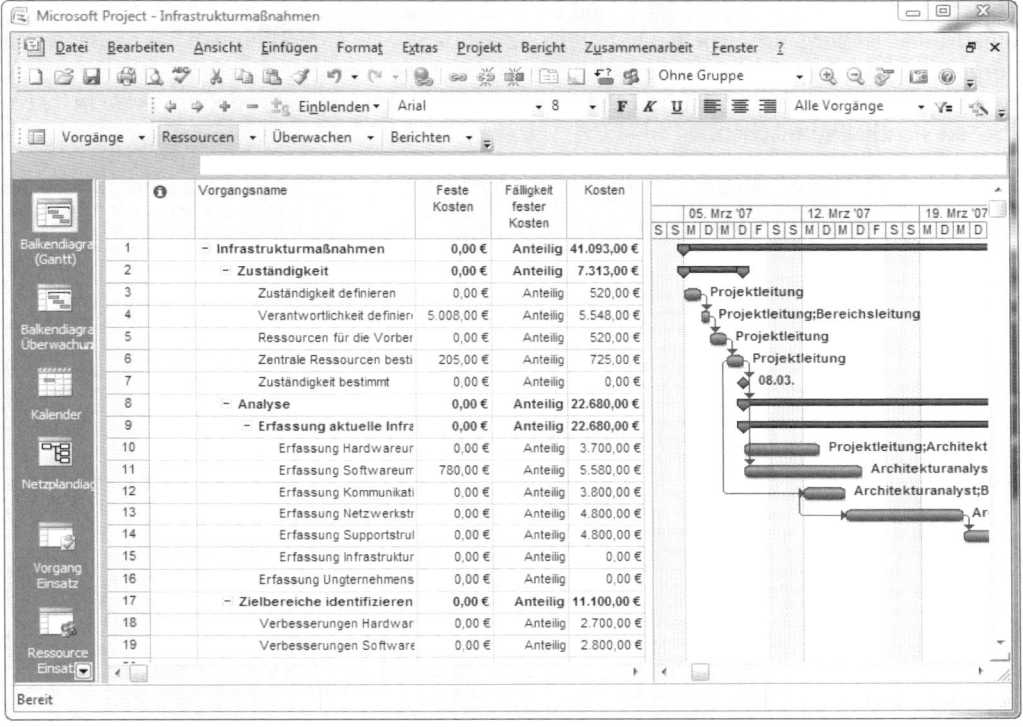

Abbildung 7.1: Vorgänge mit zugewiesenen Ressourcen führen in der Spalte KOSTEN zu Beträgen.

 Ein anderer Weg, Kosten zu einem Projekt hinzuzufügen, sind feste Kosten. *Feste Kosten* werden nicht durch eine Ressource hervorgerufen, weil es sich dabei weder um eine Summierung von Kosten pro Arbeitsstunde oder von verbrauchten Materialien handelt. Feste Kosten werden einem einzelnen Vorgang direkt zugewiesen. (Sie finden in Kapitel 8 mehr zu festen Kosten.)

 Wenn Kosten nicht vorgangsspezifisch sind, wie zum Beispiel ein Honorar von 10.000 Euro für eine Firma, die Sie über das gesamte Projekt hinweg beratend begleitet, können Sie entweder eine Ressource oder feste Kosten erstellen und dem projektübergreifenden Sammelvorgang zuweisen.

Wenn Sie die Ressourcen erstellt haben, die Project zur Berechnung der gesamten Projektkosten benötigt, müssen Sie für jede Ressource, die nur bestimmte Kapazitäten für Ihr Projekt frei hat, den Arbeitseinsatz verwalten. Sie legen Ressourcen an, die täglich oder wöchentlich eine bestimmte Zahl von Stunden verfügbar sind. So kann zum Beispiel eine Person 50 Prozent der Zeit oder 20 von 40 Stunden einsetzbar sein, während eine andere vollzeitig (40 Stunden) zur Verfügung steht. Wenn Sie Ihrem Projekt Ressourcen dieser Art zuordnen, können Sie verschiedene Ansichten, Berichte und Werkzeuge verwenden, um herauszufinden, ob eine Ressource zu irgendeinem Zeitpunkt Ihres Projekts überlastet ist. Sie können weiterhin feststellen, ob es Personen gibt, die herumsitzen und Däumchen drehen, obwohl sie verfügbar sind und in einem anderen Vorgang aushelfen könnten. Sie können sogar Abrechnungen über Ressourcen vornehmen, die in mehreren Projekten Ihres Unternehmens eingesetzt werden. Ansichten wie RESSOURCE EINSATZ (siehe Abbildung 7.2) helfen dabei, die Arbeitszeiten von Ressourcen in Ihrem Projekt sichtbar zu machen.

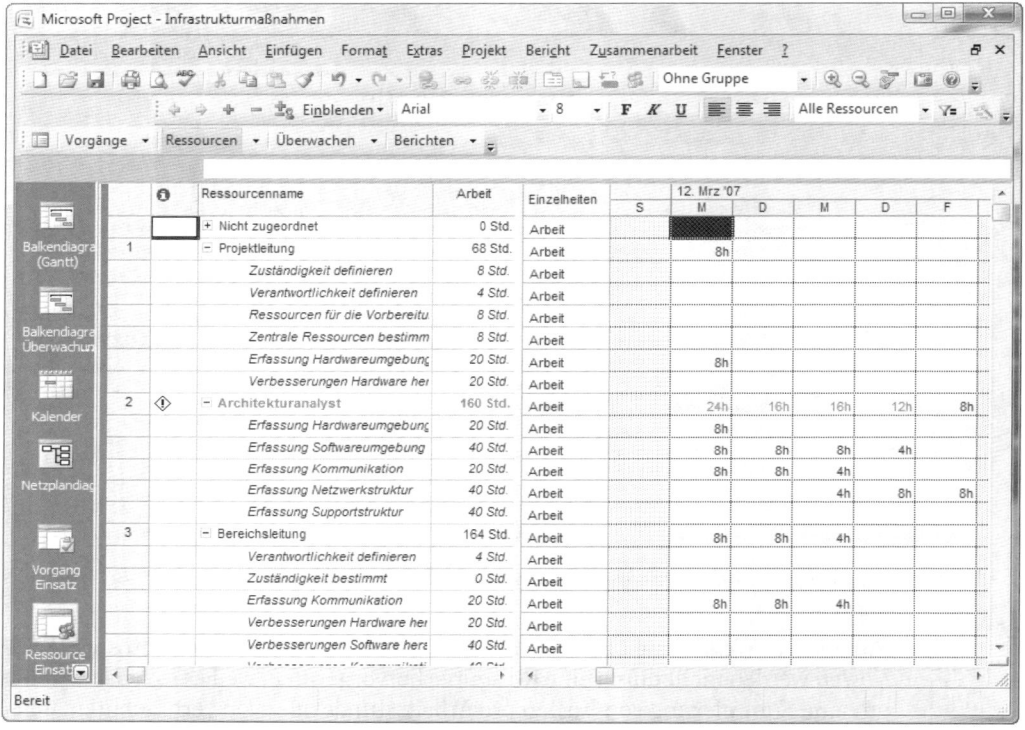

Abbildung 7.2: Sie können sehen, wie viele Stunden einer Ressource insgesamt im Projekt und je Vorgang verbraucht werden.

Und es sollte Ihnen klar werden, welchen Einfluss die Anzahl an Ressourcen, die Sie einem Vorgang zuweisen, normalerweise auf die Dauer dieses Vorgangs hat. Oder anders ausgedrückt, wenn Sie zur Erledigung eines bestimmten Arbeitsvolumens nur ein paar wenige Leuten haben, dauert das länger, als wenn Ihnen Menschenmassen für den Job zur Verfügung stünden.

 Die Art des Vorgangs bestimmt, ob sich die Vorgangsdauer mit der Anzahl an Ressourcen ändert, die ihm zugeordnet sind. Sie finden mehr Informationen zum Thema Vorgangsarten in Kapitel 4.

7 ▶ Natürliche Ressourcen einsetzen

Unternehmensweit oder lokal?

Wenn Sie Ihre Ressourcen aus einem unternehmensweiten Pool wählen müssen, können Sie so genannte *Enterprise-Ressourcen* zuordnen. Um Ressourcen, die unternehmensweit in Project Server erstellt worden sind, zuordnen zu können, müssen Sie den Befehl TEAM AUS ENTERPRISE ZUSAMMENSTELLEN verwenden, den Sie im Menü EXTRAS finden. Dieser Befehl ist nur dann aktiv, wenn Sie sich in einem Netzwerk mit einem eingerichteten Project Server befinden. (Sie finden in Kapitel 18 mehr zu diesem Thema.)

Wenn Sie so genannte *lokale* oder *Nicht-Enterprise-Ressourcen* einrichten wollen, erstellen Sie einfach in Ihrem Projekt eine Ressourcenliste. Die dort aufgeführten Ressourcen stehen anderen Projektleitern nicht zur Verfügung.

Ressourcenarten: Arbeit, Material und Kosten

Obwohl Menschen und Dinge in allen Formen und Größen vorkommen, gibt es in Project nur drei Arten von Ressourcen: Arbeitsressourcen, Materialressourcen und Kostenressourcen.

- ✔ **Arbeitsressourcen** sind normalerweise (aber nicht immer) Menschen. Sie können nicht aufgebraucht, aber neu zugeordnet werden. Die Kosten, die sie verursachen, stehen in direktem Zusammenhang mit der Arbeitszeit, die sie einem Vorgang auf der Grundlage eines Arbeitszeitkalenders (siehe Abbildung 7.3) zugeordnet sind. In Arbeitszeitkalendern geben Sie Arbeitszeiten und arbeitsfreie Zeiten vor. Sie können einen von drei Basiskalendern auswählen und ressourcenspezifische Arbeitsstunden definieren.

- ✔ **Materialressourcen** können auf der Basis eines stundenweisen Einsatzes oder nach verbrauchten Einheiten abgerechnet werden. Sie haben eine unbegrenzte Arbeitszeit. Diese Ressourcenart hat keinen Kalender, und Sie richten auch keine Arbeitszeiten und arbeitsfreie Zeiten ein.

- ✔ **Kostenressourcen** bestehen eigentlich nur aus Kosten. Weder Kalender noch Arbeitseinheiten noch Kosten pro Einheit haben etwas mit dem Betrag zu tun, den diese Ressourcen zu den Gesamtkosten Ihres Projekts beisteuern.

Eine typische Arbeitsressource ist eine Person, die täglich acht Stunden zu einem Stundensatz von 20 Euro und einem Überstundensatz von 30 Euro arbeitet. Ein anderes Beispiel für eine Arbeitsressource ist ein Konferenzraum, der täglich nur für acht Stunden zu einem festen Stundensatz gebucht werden kann. Auch wenn es sich dabei um keine Person handelt, wird der Konferenzraum als Arbeitsressource erstellt, weil er eine begrenzte »Arbeitszeit« hat.

 Es gibt drei Arten von Kalendern: Projekt, Vorgang und Ressourcen. Kalender, ihre Einstellungen und wie diese Einstellungen sich auswirken, werden ausführlich in Kapitel 3 behandelt.

Eine typische Materialressource ist Material wie Stahl, Gummi, Papier oder Bücher, Stühle und Schuhe, das einem Vorgang mit einem Preis pro Einheit zugeordnet wird.

157

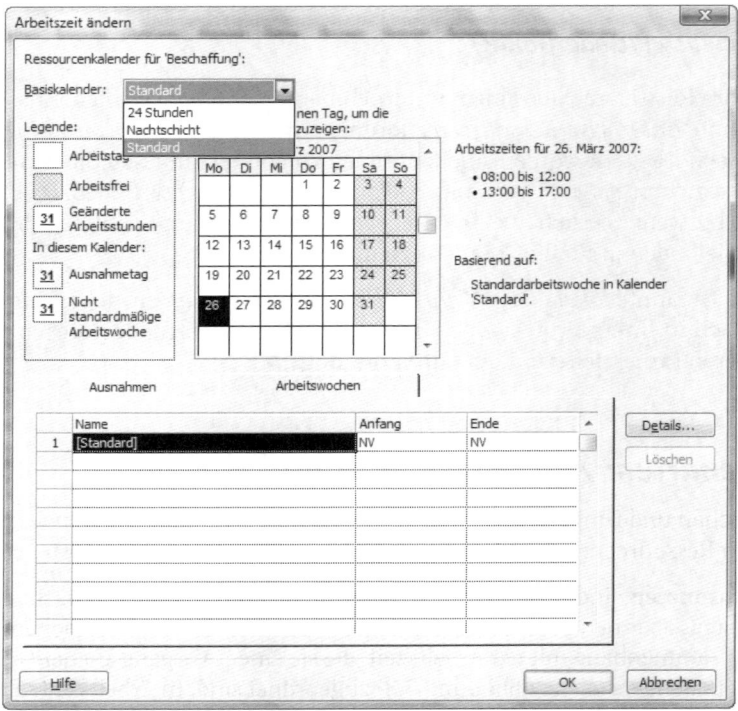

Abbildung 7.3: Arbeitsressourcen werden Vorgängen auf der Grundlage eines Arbeitszeitkalenders zugeordnet.

Eine Ressource Bücher zum Beispiel, die einen Preis pro Einheit von 12,95 Euro hat, wird einem Vorgang Computertraining mit zehn Einheiten zugeordnet. Das führt dazu, dass dieser Vorgang mit 129,50 Euro belastet wird. Ein anderes Beispiel für Materialkosten ist ein Dienstleister, der Ihnen einen Betrag in Rechnung stellt, bei dem eine Arbeitszeit keine Rolle spielt. Ein Redner, der auf einer Konferenz für 1.000 Euro auftritt, kann als Materialressource mit Kosten pro Einheit von 1.000 Euro angelegt werden, weil Sie weder sein Arbeitskalender noch seine Arbeitszeiten interessieren.

Ein Beispiel für eine Kostenressource ist ein Berater, der für ein festes Honorar arbeitet. Die Kosten können zum Beispiel 2.500 Euro betragen und ändern sich weder dann, wenn sich die Dauer des Projekts ändert, noch sind sie an eine bestimmte Anzahl von Einheiten gebunden.

Wie Ressourcen die Terminplanung von Vorgängen beeinflussen

Für einen Vorgang von der Art FESTE EINHEITEN oder FESTE ARBEIT gilt, dass das Hinzufügen oder Entfernen von Ressourcen die Zeit beeinflusst, die gebraucht wird, um den Vorgang zu vollenden. Im Wesentlichen gilt, dass der Satz »Zwei Köpfe sind besser als einer« abgeändert werden sollte in »Zwei Köpfe sind schneller als einer«.

Hier ein Beispiel dazu: Stellen Sie sich vor, dass eine Person einem Vorgang Graben ausheben zugeordnet ist, der vier Stunden dauert. Zwei Personen, die diesem Vorgang zugeordnet werden, schaffen die Arbeit in zwei Stunden, weil beide Ressourcen gleichzeitig je zwei Stunden arbeiten, was insgesamt wieder eine Arbeitszeit von vier Stunden ergibt.

Vor einem Irrglauben muss ich WARNEN: Das Hinzufügen von zusätzlichen Personen zu Vorgängen führt nicht unbedingt zu einer proportionalen Verringerung der Arbeitszeit, selbst wenn das genau der Weg ist, über den Project dies berechnet. Wenn es mehr Personen gibt, gibt es auch mehr Meetings und Memos, ein Mehrfaches an Verwaltungsaufwand, viel mehr Konflikte und so weiter. Wenn Sie einem Vorgang zusätzliche Ressourcen hinzufügen, sollten Sie auch daran denken, dass Sie die Anstrengungen vergrößern müssen, um den Vorgang zu vollenden, ohne dass sich die Ressourcen gegenseitig auf den Füßen stehen.

Die Anforderungen an die Ressourcen einschätzen

Sie wissen normalerweise, wie viel Materialressourcen Sie benötigen, um einen Vorgang zu vollenden. In den meisten Fällen können Sie über Standardformulare die genauen Mengen berechnen. Wie aber können Sie wissen, wie viel Anstrengung eine Arbeitsressource zeigen muss, um ihren Teil an der Vollendung eines Vorgangs im Projekt beizutragen?

Sie können noch so viele unterschiedliche Informationsseiten in Ihrem Projekt berücksichtigen, dieses Urteil beruht immer zu einem großen Teil auf Ihren Erfahrungen bei ähnlichen Vorgängen und ähnlichen Ressourcen. Sie sollten dabei folgende Leitlinien im Auge behalten:

✔ **Die Qualifikation zählt.** Eine Ressource mit geringer Qualifikation und wenig Erfahrung braucht höchstwahrscheinlich mehr Zeit, um einen Vorgang zu vollenden.

✔ **Vergangenheit wiederholt sich.** Betrachten Sie frühere Projekte und Vorgänge. Wenn Sie den Zeiteinsatz von Personen aufgezeichnet haben, sind Sie vielleicht in der Lage zu erkennen, welche Anstrengungen notwendig waren, um in anderen Projekten Vorgänge abzuarbeiten, und können daraus Parallelen zu Ihrem Projekt ziehen.

✔ **Frage, und du bekommst Antworten.** Fragen Sie Ihre Ressourcen selbst, was diese meinen, wie lange sie für einen Vorgang brauchen. Und dann schlagen Sie zehn Prozent an Zeit auf diesen Wert drauf, um auf der sicheren Seite zu stehen.

Zugesicherte und vorgesehene Ressourcen

Wenn Sie jemals jemanden gefragt haben, ob er an Ihrem Projekt mitarbeiten will, und halbherzig »Hm, vielleicht, wenn ich Zeit habe, wenn mein Chef Ja sagt, wenn es auf ein Schaltjahr fällt ...« als Antwort bekommen haben, stehen Sie vor dem Problem, dass Sie eigentlich nicht wissen, ob die Ressource zur Verfügung steht oder nicht. Das herauszufinden, ist nicht immer einfach. Wie kann Project dabei helfen? Seit Project 2003 gibt es die Funktionalität, eine Ressource als *vorgesehen* oder *zugesichert* zu kennzeichnen. Sie können im Dialogfeld INFORMATIONEN ZUR RESSOURCE das Listenfeld BUCHUNGSTYP verwenden, um diese Einstellung vorzunehmen.

Was bewirkt diese Einstellung? Nun, wenn Sie sich der Bestätigung einer Ressource nicht ganz sicher sind, bezeichnen Sie die Ressource als *vorgesehen*. Lassen Sie dann in einer Ressourcenansicht (wie RESSOURCE:TABELLE) die Spalte BUCHUNGSTYP anzeigen, um den Ressourcen auf der Spur zu bleiben, von denen Sie noch eine Bestätigung brauchen, um Ihren Projektplan abschließen zu können.

Die Geburt einer Ressource

Wenn ein Mensch geboren wird, füllt irgendjemand eine Geburtsurkunde aus. Auch zum Erstellen einer Ressource in Project gehört das Ausfüllen eines Formulars. Sie geben im Formular INFORMATIONEN ZUR RESSOURCE Dinge wie den Namen der Ressource, Kosten pro Stunde oder Kosten pro Einsatz und die Verfügbarkeit ein. Sie können optional noch weitere Informationen angeben, zu denen die Arbeitsgruppe der Ressource oder ihre E-Mail-Adresse zählen.

Sie können eine Ressource als einzelne Person oder einzelnen Gegenstand oder als generische Ressource erstellen. Generische Ressourcen können Sie sich als abstrakte »Personen« wie zum Beispiel `Techniker` oder `Aufsicht` vorstellen, denen keine reale Person zugeordnet ist. Weiterhin haben Sie die Möglichkeit, Gruppen von Ressourcen anzulegen, die zusammenarbeiten.

Eines nach dem anderen

Auf der untersten Ebene erstellen Sie eine Ressource als einzelne Einheit – zum Beispiel eine Person, ein Ausrüstungsgegenstand oder Material. In diesem Fall denken Sie an eine bestimmte Person, einen bestimmten Konferenzraum oder einen bestimmten Ausrüstungsgegenstand. Sie erstellen die Ressource, indem Sie Informationen in das Dialogfeld INFORMATIONEN ZUR RESSOURCE eingeben.

 Eine andere Methode, Ressourceninformationen einzugeben, bietet die Ansicht RESSOURCE:TABELLE mit ihren Spalten. Dies ist häufig der schnellere Weg, um auf einen Schlag mehrere Ressourcen zu erstellen.

Wenn Sie eine Ressource anlegen, müssen Sie mindestens den Ressourcennamen eingeben. Es hindert Sie aber niemand daran, viel mehr Informationen zu hinterlegen. Es gibt Projektierer, die es vorziehen, zunächst alle Ressourcen zu erstellen und sich später um Kontaktinformationen und Kosten zu kümmern.

Wenn Sie eine Ressource erstellen möchten, gehen Sie so vor:

1. **Klicken Sie in der Ansichtsleiste auf** RESSOURCE:TABELLE**.**
2. **Klicken Sie doppelt auf eine leere Zelle der Spalte** RESSOURCENNAME**.**

    Es erscheint das Dialogfeld INFORMATIONEN ZUR RESSOURCE (siehe Abbildung 7.4)

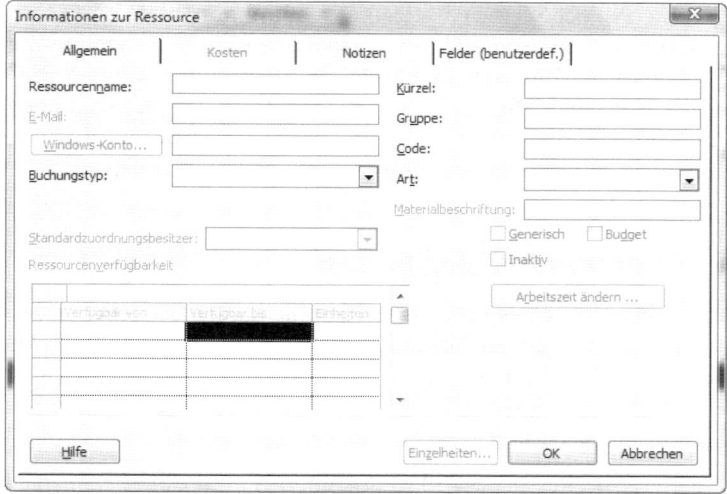

Abbildung 7.4: Sie können auf diesen vier Registerkarten Unmengen von Informationen unterbringen.

3. **Geben Sie in das Feld RESSOURCENNAME einen Namen ein.**

4. **Wählen Sie im Listenfeld ART die von Ihnen gewünschte Option ARBEIT, MATERIAL oder KOSTEN aus.**

   Die Einstellungen, die Ihnen dann zur Verfügung stehen, variieren je nach Ihrer Auswahl. So hat zum Beispiel eine Materialressource keine E-Mail-Adresse, und weder eine Arbeits- noch eine Kostenressource kennt das Feld MATERIALBESCHRIFTUNG.

5. **Geben Sie im Feld KÜRZEL eine Abkürzung oder die Initialen der Ressource ein.**

   Wenn Sie hier nichts hinterlegen, wird der erste Buchstabe des Ressourcennamens genommen, wenn Sie die Ressource speichern.

6. **Geben Sie alle Informationen über eine Ressource ein, die Sie benötigen.**

   Diese Informationen können zum Beispiel Folgendes sein: eine E-MAIL-ADRESSE, die GRUPPE (zum Beispiel eine Abteilung, ein Bereich oder eine Arbeitsgruppe), die MATERIALBESCHRIFTUNG (zum Beispiel Kilo für Lebensmittelfarbe oder Tonnen für Stahl), der BUCHUNGSTYP (ZUGESICHERT oder VORGESEHEN) oder der CODE (zum Beispiel einen Kostenstellencode).

   Wenn Sie im Feld GRUPPE Informationen hinterlegen, können Sie Filter, Sortierungsfunktionen und Gruppierungsmöglichkeit einsetzen, um Zusammenstellungen von Ressourcen auszugeben. Sie finden in Kapitel 10 mehr über Filterung und das Arbeiten mit Gruppen.

7. **Klicken Sie auf OK, um Ihre neue Ressource zu speichern.**

 Wenn Sie Project Server einsetzen (eine Funktionalität von Project Professional, die zusammen mit SharePoint verwendet wird, um eine Online-Zusammenarbeit aufzubauen, und die ich in Kapitel 18 beschreibe), können Sie im Listenfeld ARBEITSGRUPPE auch Microsoft Project Server auswählen. Sie können weiterhin im Dialogfeld INFORMATIONEN ZUR RESSOURCE die Option WINDOWS-KONTO verwenden, um festzulegen, wie Sie mit dem Team kommunizieren wollen.

Unbekannte Ressourcen definieren

Während der Planungsphase eines Projekts werden Sie häufig feststellen, dass sich nicht alle Ressourcen präzise definieren lassen. Manchmal zieht sich diese Unsicherheit bis in Ihr Projekt hinein, und Sie wissen häufig eigentlich nur, dass Sie eine Ressource mit einer bestimmten Qualifikation benötigen, um einen Vorgang zu vollenden. In solch einem Fall bleibt Ihnen nichts anderes übrig, als eine *generische Ressource* zu erstellen.

Wenn Sie eine generische Ressource anlegen, sollten Sie ihr einen Namen geben, der ihre Qualifikation beschreibt, wie Techniker oder Designer oder Konferenzraum (im Gegensatz zu einer bestimmten Ressource, die Konferenzraum B heißt). Dann aktivieren Sie im Dialogfeld INFORMATIONEN ZUR RESSOURCE das Kontrollkästchen GENERISCH.

Sie können eine Ja/Nein-Spalte anzeigen lassen, die GENERISCH heißt, um diese Art von Ressourcen zu identifizieren, und Sie können einen Ressourcenfilter erstellen, um über die Einträge JA oder NEIN der Spalte GENERISCH die entsprechenden Ressourcen zu filtern.

Kein Modul von Project berücksichtigt die Einstellung GENERISCH, wenn Ihr Terminplan anhand der Verfügbarkeit von Ressourcen neu berechnet wird. Trotzdem halten viele Projektleiter diese Einstellung für sehr nützlich, wenn es um eine langfristige Planung geht und wenn sie für eine bestimmte Ressourcenzuordnung nicht verantwortlich sind (zum Beispiel wenn es darum geht, einem Vorgang einen Zeitarbeiter zuzuordnen, der von dem Zeitarbeitsunternehmen ausgewählt wird).

Ressourcen, die in Gruppen abhängen

Obwohl Sie vermutlich in Ihrem Projekt wenig Bedarf an aneinander geketteten Galeerensträflingen haben, so veranschaulichen diese das Prinzip einer Ressource, die in Wirklichkeit viele Ressourcen repräsentiert. Bevor Sie Vorgängen eine Person nach der anderen zuweisen, sollten Sie lieber eine Gruppe von Personen zuweisen, die zusammenarbeiten. Sie können in größeren Projekten dadurch, dass Sie eine *konsolidierte Ressource* und nicht viele einzelne Ressourcen zuweisen, viel Zeit sparen.

So sieht ein Beispiel für eine konsolidierte Ressource aus: Stellen Sie sich vor, dass Sie ein Projekt leiten, das zum Ziel hat, eine Website zu erstellen und ans Laufen zu bekommen. Sie verfügen über vier Webentwickler, die alle die gleiche Qualifikation haben. Deshalb legen Sie eine Ressource Webentwickler an. Sie können diese Ressource mit 400 Prozent einem Vorgang zuordnen und schaffen es damit, dass alle vier Entwickler gleichzeitig arbeiten. Oder Sie weisen die Ressource `Webentwickler` einem Vorgang mit 100 Prozent zu, was bedeutet, dass nur einer der vier Entwickler verplant wird.

Es gibt keine spezielle Einstellung, um eine solche Ressource zu erstellen. Sie sollten vielleicht in den Namen der Ressource eine Information darüber aufnehmen, worum es sich dabei handelt. So können Sie zum Beispiel die Entwicklerressource `Vier Webentwickler` (wenn Sie wissen, dass Ihre Webentwicklertruppe aus vier Personen besteht) oder `Webentwicklungsgruppe` nennen. Was diese Art von Ressource wirklich definiert, ist die maximale Zuordnung von Einheiten; 400 Prozent weist darauf hin, dass es in dieser Gruppe in Wirklichkeit vier Ressourcen gibt.

Ressourcen gemeinsam nutzen

In vielen Unternehmen laufen viele Projekte gleichzeitig ab. Einige davon, zum Beispiel der Umzug eines Büros, kommen nur selten vor, während andere, zum Beispiel in einem Architekturbüro das Planen eines Hausbaus, parallel mit ähnlich gelagerten Projekten durchgeführt werden, wobei immer wieder auf dieselben Ressourcen, Architekten und technische Zeichner, zugegriffen wird.

Wenn in einem Unternehmen Projekte ähnlicher Art vorkommen, die auch noch (fast) gleichzeitig ablaufen, macht es Sinn, eine zentrale Ressourcenverwaltung einzurichten. Das spart Zeit, weil Sie dann nicht immer wieder Ressourcen erstellen müssen, die bereits existieren. Weiterhin hilft es Ihnen dabei, Ressourcen projektübergreifend zu überwachen.

Eine weitere zeitsparende Funktionalität von Project gibt Ihnen die Möglichkeit, Ressourcen aus einem firmenweiten oder Ihrem eigenen Outlook-Adressbuch zu übernehmen.

Ressourcenpools

Wenn Sie Project unternehmensweit einsetzen, kann es von Vorteil sein, ein zentrales Depot mit allgemein einsetzbaren Ressourcen aufzubauen, aus dem heraus die Projektleiter ihren verschiedenen Projekten Ressourcen zuordnen. Diese Sammlung von unternehmensweiten Ressourcen wird *Ressourcenpool* genannt. Dadurch, dass Sie einen Ressourcenpool verwenden, können Sie sich jederzeit einen realistischeren Überblick darüber verschaffen, wie beschäftigt Ressourcen gerade sind.

Verwechseln Sie einen Ressourcenpool nicht mit Enterprise-Ressourcen, für die Sie Project 2007 Professional, Project Server 2007 und Microsoft Office Project Web Access eingerichtet haben müssen. Wenn das alles vorhanden ist (Sie finden mehr zu Enterprise-Projekten in den Kapiteln 18 und 19), können Sie Ressourcen wirklich unternehmensweit zuordnen und beobachten. Ein Ressourcenpool ist eine einfache Liste mit Ressourcen, die auf dem Server Ihres Unternehmens gespeichert ist und auf die verschiedene Leute zugreifen können. Ein Ressourcenpool erspart jedem das Problem, die Ressourcen in den einzelnen Projekten immer wieder neu anzulegen.

Sowohl einzelne Ressourcen als auch konsolidierte Ressourcen können in einem leeren Projekt als Ressourcenpool angelegt und an einem Ort gespeichert werden, auf den man problemlos zugreifen kann. Dann kann jeder Projektleiter diese Ressourcen für seine Projekte abrufen. So ein Projekt wird auch als *mitbenutzendes Projekt* bezeichnet, weil es die Ressourcen des Ressourcenpools mitbenutzt. Wenn Sie zum Beispiel einen Pool von Wartungsleuten haben, auf die in Ihrem Produktionsbetrieb jeder zugreifen und sie Projekten zuordnen soll, legen Sie ein Projekt an, das zum Beispiel Ressourcenpool heißt, und erstellen Sie in diesem Projekt alle Ressourcen, die unternehmensweit eingesetzt werden sollen. Oder Sie erstellen eine Ressource, die Geschäftsführer heißt und die von allen Personen, die Projekte leiten, von diesem zentralen Ort aus zugeordnet werden kann, wenn in einem Projekt die Anwesenheit des Geschäftsführers notwendig ist.

Wenn jetzt jemand eine Ressourcenzuordnung zu einem mitbenutzenden Projekt vornimmt, wird diese Information auch im Ressourcenpool gespeichert. Dann kann jeder diese Datei dazu verwenden, sich einen Überblick über den unternehmensweiten Einsatz von Ressourcen zu verschaffen.

Um auf Ressourcen zuzugreifen, die unternehmensweit verfügbar sind, gehen Sie so vor:

1. **Wählen Sie E**XTRAS|R**ESSOURCEN GEMEINSAM NUTZEN|G**EMEINSAME **R**ESSOURCENNUTZUNG**.

    Es erscheint das Dialogfeld G**EMEINSAME** R**ESSOURCENNUTZUNG** (siehe Abbildung 7.5).

    Abbildung 7.5: Wenn viele Leute mit den gleichen Ressourcen arbeiten möchten, wird die gemeinsame Nutzung von Ressourcen zu einer guten Idee.

2. **Legen Sie fest, welche Ressourcen Sie für Ihr Projekt benötigen.**

    Wenn Sie wollen, dass ein Projekt seine eigenen Ressourcen verwendet (das ist der Standard), markieren Sie die Option B**ENUTZE EIGENE** R**ESSOURCEN**. Wenn Sie Ressourcen gemeinsam nutzen möchten, wählen Sie die Option B**ENUTZE** R**ESSOURCEN**, und entscheiden Sie sich im Listenfeld V**ON** für ein Projekt.

3. **Legen Sie fest, was Project machen soll, wenn es zu einer Ressourceneinstellung kommt, die einen Konflikt hervorruft (zum Beispiel wegen eines Basiskalenders).**

    Wenn die Einstellungen Ihres Projekts Vorrang haben sollen, wählen Sie M**ITBENUTZENDES** P**ROJEKT HAT** V**ORRANG**, wenn die Pooleinstellungen die höhere Priorität haben, wählen Sie R**ESSOURCENPOOL HAT** V**ORRANG**.

4. Klicken Sie auf OK, um den Vorgang abzuschließen.

Es werden alle Ressourcen aus dem Ressourcenpool zur Ressourcenliste Ihres Projekts hinzugefügt und können den Vorgängen dort zugewiesen werden.

Nachdem Sie gemeinsame Ressourcen zu Ihrem Projekt hinzugefügt haben, können Sie die zentralen Informationen dieser Ressourcen aktualisieren. Sie machen so etwas, wenn derjenige, der die gemeinsamen Ressourcen verwaltet, Änderungen vorgenommen und zum Beispiel die Kosten einer Ressource erhöht hat. Um Korrekturen vorzunehmen, wählen Sie EXTRAS|RESSOURCEN GEMEINSAM NUTZEN|RESSOURCENPOOL AKTUALISIEREN.

Wenn Sie verschiedene Projekte in einem Hauptprojekt zusammenführen, kommt es dazu, dass Ressourcen »mehrfach« vorliegen. Wenn Sie die kombinierten Projekte verknüpfen und dann eine der mehrfach vorhandenen Ressourcen im Hauptprojekt löschen, wird sie auch in den Unterprojekten gelöscht.

Ressourcen aus Outlook importieren

Wenn Sie wie ich sind, haben Sie Monate oder Jahre damit zugebracht, in Outlook eine Liste mit E-Mail-Kontakten aufzubauen. Jetzt gibt es einen Weg, die Früchte dieser Arbeit zu ernten: Project lässt es zu, dass Sie Ressourcen aus Outlook übernehmen.

Outlook muss als Standard-E-Mail-Programm registriert sein, damit Sie diese Aufgabe erledigen können. Sie erreichen die Registrierung, indem Sie Outlook öffnen und auf die Frage, ob es Ihr Standard-E-Mail-Programm werden soll, mit Ja antworten.

Wenn Sie eine oder mehrere Outlook-Ressourcen in Ihr Projekt einfügen, werden diese zu Ihrer Projektliste hinzugefügt und übernehmen als Ressourcenname und E-Mail-Adresse die Angaben, die im Outlook-Adressbuch stehen. Als Kürzel wird standardmäßig der erste Buchstabe des Namens übernommen, und auch die Vorgangsart ist vordefiniert. Nach dem Import der Daten können Sie beliebige Einzelinformationen zur Ressource hinzufügen.

Wenn Sie Ressourcen aus dem Outlook-Adressbuch importieren möchten, lassen Sie die Ansicht RESSORUCE:TABELLE anzeigen, und gehen Sie so vor:

1. **Wählen Sie EINFÜGEN|NEUE RESSOURCE AUS|ADRESSBUCH.**

    Es erscheint das Dialogfeld RESSOURCEN AUSWÄHLEN.

2. **Geben Sie einen Namen an.**

    Sie können im Listenfeld SUCHEN: NUR NAME einen Namen eingeben oder einen durch Klicken in der Liste NAME auswählen.

3. **Klicken Sie auf AN, um den Namen in Ihre Ressourcenliste zu übernehmen.**

4. **Wiederholen Sie die Punkte 2 und 3, um alle Ressourcennamen hinzuzufügen, die Sie in Ihr Projekt importieren wollen.**

5. **Wenn Sie fertig sind, klicken Sie auf OK.**

Die Namen erscheinen jetzt in der Ressourcenliste Ihres Projekts und sind bereit, um zusätzliche Informationen ergänzt zu werden.

Im Ressourcenpool ertrinken

Wenn Sie Ressourcen aus einem Ressourcenpool holen, sparen Sie Zeit, weil Sie diese Ressourcen nicht immer wieder neu anlegen müssen. Was meinen Sie: Sollten Sie in der Pooldatei den zeitlichen Einsatz Ihrer Ressourcen beobachten, um herauszufinden, ob eine von ihnen überlastet ist? Die meisten Projekte setzen Ressourcen ein, die nicht explizit einem einzigen Projekt zugeordnet werden. Benutzer, die Project zum ersten Mal einsetzen, sind häufig verwirrt, weil fast jeder, der in ihren Projekten mitarbeitet, auch noch Zeit für andere Dinge opfern muss – angefangen bei der allgemeinen Kommunikation mit Kollegen bis hin zur Mitarbeit in anderen Projekten. Sollte man hier nicht Ressourcenpools anlegen, um die Zeit im Auge zu behalten, die gleichzeitig in verschiedenen Projekten gearbeitet wird?

Man kann allgemein sagen, dass der Versuch ins Chaos führt, tagtäglich alle Arbeitsminuten aller Ressourcen nachzuverfolgen, um herauszufinden, ob sie zu 100 oder nur zu 50 Prozent mit Ihren Vorgängen ausgelastet sind oder ob sie auch noch in anderen Projekten eingesetzt werden. Beantworten Sie sich selbst diese Frage: »Wenn die Ressource an einem Vorgang meines Projekts arbeitet, ist sie dann die ganze Zeit ausschließlich mit diesem Vorgang beschäftigt?« Wenn das der Fall ist, müssen Sie sich nicht damit abgeben, gemeinsam genutzte Ressourcen in vielen Projekten zu überwachen. Unternehmen Sie ganz besonders bei kürzeren Vorgängen gar nicht erst den Versuch, auch die minimalen Zeiten zu verwalten, die eine Ressource außerhalb Ihres Projekts tätig ist. Andererseits ist es aber schon wichtig, Ressourcen, die nur halbtags arbeiten oder ihre Arbeitszeit gleichmäßig auf zwei Projekte verteilen, mit den Werkzeugen zur Verwaltung gemeinsam genutzter Ressourcen zu beobachten.

Wann arbeiten diese Kerle eigentlich?

In Kapitel 3 können Sie alles über Kalender nachlesen – einschließlich Projekt-, Vorgangs- und Ressourcenkalender. Nachdem Sie nun mit Ressourcen arbeiten, lohnt es sich, einen genaueren Blick auf Ressourcenkalender zu werfen.

Sie erstellen einen *Ressourcenkalender* auf der Grundlage einer der Basiskalendervorlagen STANDARD, NACHTSCHICHT oder 24 STUNDEN. (Sie können aber auch benutzerdefinierte Kalender erstellen.)

- ✔ STANDARD hat eine Arbeitszeit von 9 Uhr bis 17 Uhr und eine Fünf-Tage-Woche.
- ✔ NACHTSCHICHT kennt einen Acht-Stunden-Tag, der zeitlich zwischen 23 Uhr und 8 Uhr liegt, eine Stunde Essenspause enthält und von Montagabend bis Samstagmorgen geht.
- ✔ Der Basiskalender 24 STUNDEN enthält genau das, was sein Name aussagt: 24 Arbeitsstunden täglich, und das für alle sieben Tage der Woche.

Nachdem Sie eine der Basisvorlagen für Ihren Ressourcenkalender ausgewählt haben, können Sie spezielle Arbeitszeiten festlegen – zum Beispiel von 8 Uhr bis 12 Uhr und von 13 Uhr bis 17 Uhr für einen Standardarbeitstag von acht Stunden mit einer Stunde Pause, oder von 9 Uhr bis 12:30 Uhr und von 13:30 Uhr bis 18 Uhr für eine Variante davon. Zusätzlich können Sie bestimmte Tage festlegen, an denen die Ressource nicht verfügbar ist (wenn zum Beispiel jemand Urlaub macht, ein Seminar besucht oder anderweitig beschäftigt ist). Diese Tage werden als arbeitsfreie Zeit definiert.

 Vermeiden Sie die »sekundengenaue« Verwaltung der arbeitsfreien Zeiten Ihrer Ressourcen, weil Sie das daran hindern könnte, Ihren eigentlichen Job zu erledigen. Wenn sich jemand zum Beispiel einen halben Tag frei nimmt, um zum Arzt zu gehen, ist es mit ziemlicher Sicherheit überflüssig, diesen Tag als arbeitsfreien zu markieren. Wenn sich aber eine Ressource zwei Wochen Urlaub oder drei Monate Auszeit nimmt, kann es schon angebracht sein, den Arbeitskalender dieser Ressource anzupassen.

Um diese Einstellungen vorzunehmen, klicken Sie auf der Registerkarte ALLGEMEIN des Dialogfelds INFORMATIONEN ZUR RESSOURCE auf die Schaltfläche ARBEITSZEIT ÄNDERN (siehe Abbildung 7.4). Es öffnet sich das Dialogfeld ARBEITSZEIT ÄNDERN (siehe Abbildung 7.6).

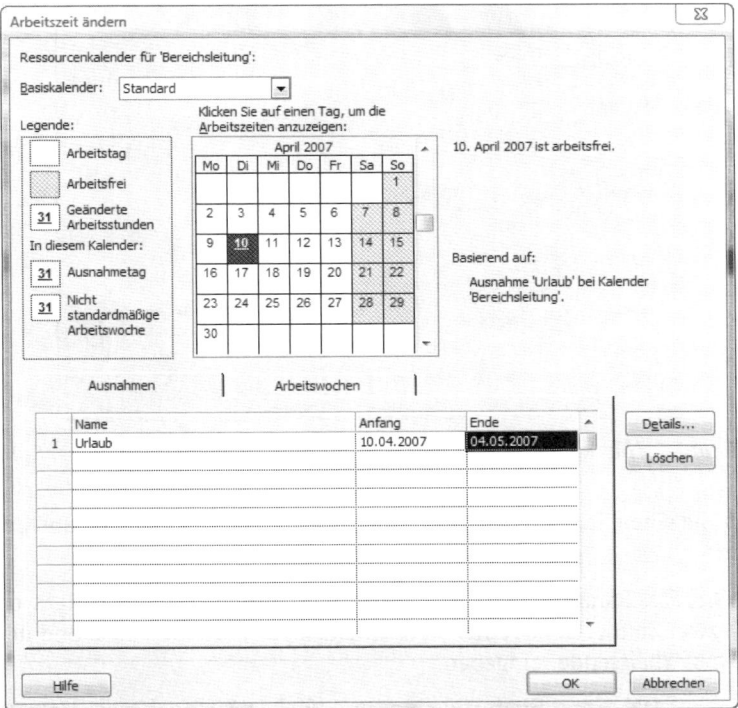

Abbildung 7.6: Die Legende links zeigt an, wie Arbeitszeiten und arbeitsfreie Zeiten dargestellt werden.

Um Änderungen an einem Ressourcenkalender vorzunehmen, gehen Sie so vor:

1. **Zeigen Sie das Tabellenblatt Ressource:Tabelle an.**
2. **Klicken Sie doppelt auf den Ressourcennamen.**

   Es erscheint das Dialogfeld Informationen zur Ressource.
3. **Klicken Sie auf der Registerkarte Allgemein auf die Schaltfläche Arbeitszeit ändern.**

   Es öffnet sich das Dialogfeld Arbeitzeit ändern.
4. **Wählen Sie über das Listenfeld Basiskalender einen Basiskalender aus.**
5. **Wenn es zur Stundenverwaltung der Basiskalendervorlage Ausnahmen gibt, geben Sie auf der Registerkarte Ausnahmen den Namen und Anfang und Ende ein, und klicken Sie auf die Schaltfläche Details.**

   Es öffnet sich das Dialogfeld Details für [Ausnahmen] (siehe Abbildung 7.7).

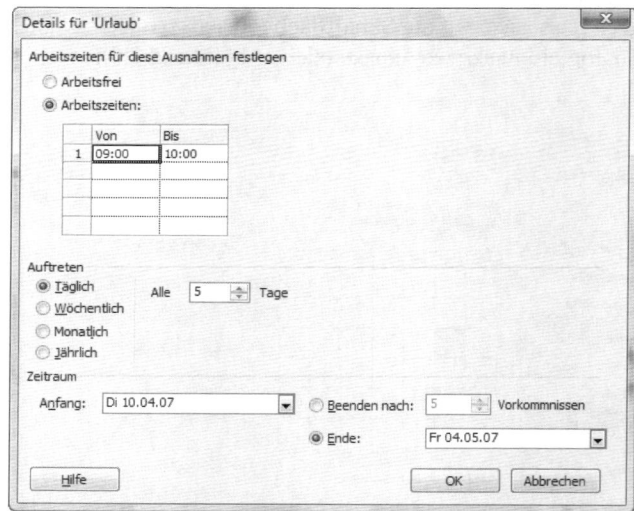

Abbildung 7.7: Hier können Sie Ausnahmen von den Standardarbeitszeiten festlegen.

6. **Markieren Sie einen Tag. Klicken Sie dann in die Felder Von und Bis, und geben Sie neue Zeiten ein.**

   Beachten Sie, dass Pausen (für ein Mittagessen) von Ihnen berücksichtigt werden müssen, indem Sie zwei Zeitbereiche (einen von Arbeitsbeginn bis zur Pause und den anderen ab der Pause bis Arbeitsende) eingeben.
7. **Klicken Sie auf OK, wenn Sie fertig sind, und klicken Sie noch zwei Mal auf OK, um die restlichen Dialogfelder zu schließen.**

Um einen Tag zu einem arbeitsfreien zu machen, markieren Sie ihn im Dialogfeld ARBEITSZEIT ÄNDERN und klicken auf die Schaltfläche DETAILS. Klicken Sie auf das Optionsfeld ARBEITSZEITEN FÜR DIESE AUSNAHMEN FESTLEGEN, löschen Sie in den Feldern VON und BIS alle eventuell dort stehenden Zeitangaben, und klicken Sie auf OK. Um einen Tag (zum Beispiel alle Donnerstage) über einen längeren Zeitraum hinweg zu ändern und als arbeitsfrei zu markieren, wählen Sie den Tag im Dialogfeld DETAILS aus, klicken Sie auf ARBEITSZEITEN FÜR DIESE AUSNAHMEN FESTLEGEN, markieren Sie die Option ARBEITSFREI, und klicken Sie auf OK.

Wenn Sie mehr über Kalender oder darüber, wie ein Ressourcenkalender erstellt wird, wissen wollen, schauen Sie in Kapitel 3 nach.

Verwaltung tut not

Bevor ich das Thema Ressourcen verlasse, wäre es ein Fehler, Ihnen nichts über die grundlegenden Herausforderungen des Projektmanagements an die *Ressourcenverwaltung* zu erzählen. Deshalb kommt jetzt eine kurze Übersicht über die Kunst, die Menschen zu verwalten, die Ihr Projekt umsetzen.

Die richtigen Ressourcen anheuern

Genauso wie Sie einen Filmpreis nur dann gewinnen können, wenn Sie sich die richtigen Schauspieler suchen, beginnt die Ressourcenverwaltung mit dem Finden der für Ihre Vorgänge richtigen Ressourcen. Was eine Ressource ausmacht, ist eine Kombination von Faktoren. Die richtige Ressource für einen Vorgang ist jemand, der über Folgendes verfügt:

- ✔ Die richtige Qualifikation für den Vorgang (oder der entsprechend geschult werden kann, wenn Schulung Bestandteil Ihres Budgets ist)
- ✔ Genügend Zeit, um den Vorgang so zu vollenden, wie es Ihre Terminplanung vorsieht
- ✔ Das Möglichkeit, sich an das Projekt zu binden (was ab und an dazu führt, dass Sie diesem Mitarbeiter auch verwaltungstechnisch für die Projektdauer übernehmen müssen)
- ✔ Kosten, die zu Ihrem Budget passen

Auch wenn diese Liste die grundlegenden Anforderungen enthält, gibt es natürlich weitere Punkte, die Sie bei der Auswahl einer Ressource berücksichtigen sollten, wie zum Beispiel ob die Ressource ins Projektteam passt, ob sie zuverlässig ist und ob (gerade bei externen Ressourcen) die Technologie vorhanden ist, um miteinander zu kommunizieren und Dokumente gemeinsam zu nutzen (Sie finden zu diesem Thema mehr in den Kapiteln 18 und 19).

Sie haben in Project mehrere Möglichkeiten, um Ressourcen zu kennzeichnen und zu finden, indem Sie sie anhand von Qualifikation und anderen Kriterien kategorisieren:

✔ **Benutzen Sie den Notizbereich einer Ressource**, um Informationen über die Qualifikationen und Fähigkeiten einer Ressource zu dokumentieren. Verwenden Sie dann die Funktion SUCHEN, um in Notizfeldern nach Begriffen wie `hoch qualifiziert`, `verfügbar` und `aufnahmefähig` zu suchen.

✔ **Verwenden Sie das Feld CODE des Dialogfelds INFORMATIONEN ZUR RESSOURCE**, um Ressourcen nach Qualifikation, Kosten oder der Fähigkeit, gut mit anderen zusammenarbeiten zu können, zu bewerten.

✔ **Legen Sie benutzerdefinierte Felder für Ressourcen an,** um besondere Qualifikationen zu notieren, und suchen Sie anhand dieser Qualifikationen nach Ressourcen.

Manchmal lohnt es sich, darüber nachzudenken, auf eine weniger erfahrene, kostengünstigere Ressource zurückzugreifen, um Geld zu sparen – berücksichtigen Sie aber dann die Tatsache, dass Sie Zeit und Geld einkalkulieren müssen, um eine solche Ressource gegebenenfalls zu schulen.

Die Arbeitslast verteilen

Ein anderer wichtiger Teil der Ressourcenverwaltung ist die Verwaltung der Zuordnung von Ressourcen, damit niemand so überlastet wird wie ein Buchprüfer vor Steuerterminen. Obwohl wohl jeder Arbeitnehmer damit rechnet, ab und an Überstunden machen zu müssen, führen permanente Überstunden zu einem Burn-out-Syndrom und zu einer verminderten Arbeitsleistung. Denken Sie immer daran, dass weniger gut ausgebildete Arbeitskräfte länger für einen Vorgang brauchen als ausgebildete Kräfte. Berücksichtigen Sie das, wenn Sie die Zeiten planen, die Ressourcen benötigen, um ihre Arbeit zu erledigen.

Ressourcenzuordnungen werden in Kapitel 9 behandelt, und in Kapitel 10 erfahren Sie, wie Sie das Problem der Überlastung von Ressourcen lösen können.

Sie können drei Dinge machen, um die Arbeitslast einer Ressource zu erkennen, wenn Sie mit Project arbeiten:

✔ **Behalten Sie Ihren Projektplan im Auge.** Verschiedene Werkzeuge, wie die Ansicht RESSOURCE GRAFIK (siehe Abbildung 7.8), geben Ihnen die Möglichkeit, Überlastungen sofort zu erkennen.

✔ **Beobachten Sie die Arbeitslast einzelner Ressourcen.** Wenn Sie die Aktivitäten an Vorgängen überwachen, erhalten Sie von Ihren Ressourcen eine Abrechnung über die Zeit, die sie mit ihrer Arbeit an den Vorgängen verbracht haben (schauen Sie sich Kapitel 13 an, um zu erfahren, wie Sie eine solche Abrechnung erhalten können). Achten Sie dabei auf Personen, die dauernd Überstunden eintragen.

✔ **Fragen Sie die Leute.** Sie lesen richtig. Das ist zwar keine Funktionalität von Project, aber dieses altmodische Kommunikationsgerät »Frage« funktioniert erstaunlich gut. Treffen Sie sich häufig mit Ihren Ressourcen, und fragen Sie nach, wie die Dinge laufen. Dann helfen Sie denjenigen, die überlastet sind, indem Sie den Terminplan anpassen oder weitere Ressourcen als Hilfe hinzufügen.

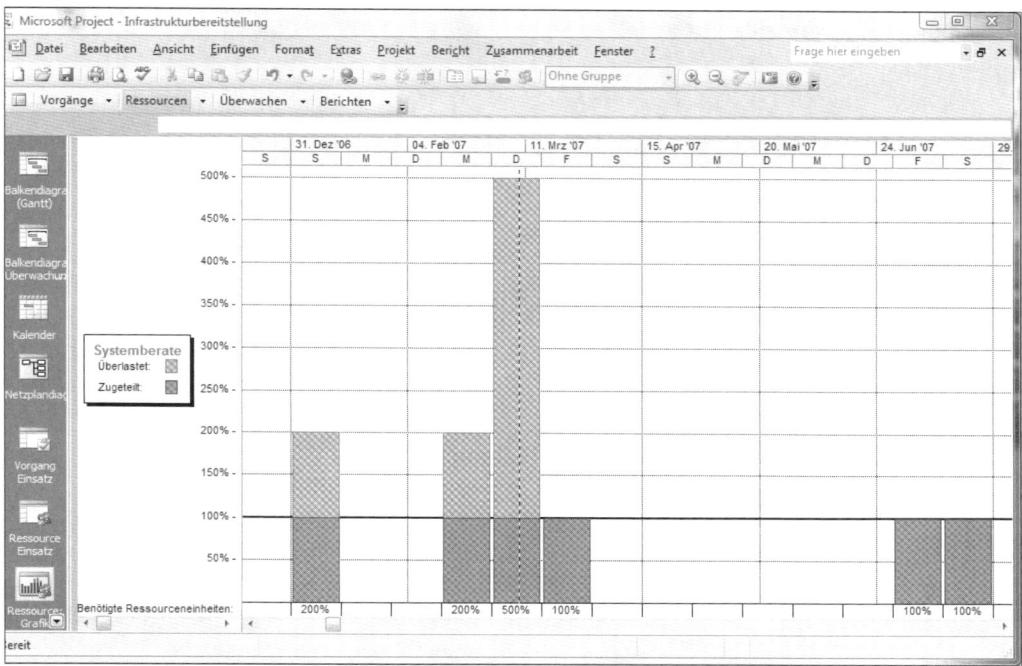

Abbildung 7.8: Die Ansicht RESSOURCE GRAFIK zeigt Ressourcenzuordnungen an und hilft dabei, zeitliche Probleme in Ihrem Projekt zu entdecken.

Konflikte lösen

Obwohl die hohe Kunst der Personalführung und des Umgangs mit den Konflikten, den es unter den Mitarbeitern geben kann, den Rahmen eines Buchs über Microsoft Project überschreitet, ist es das Thema wert, ein paar Worte darüber zu verlieren. Eine der Fähigkeiten, die ein Projektleiter haben muss, ist die, Konflikte zu lösen. Dazu gehören das Erzeugen einer Umgebung, in der es Zusammenarbeit und gegenseitigen Respekt gibt, das Aufbauen von Einvernehmlichkeiten (Bereitschaft zum Einverständnis) unter den Mitgliedern des Teams und die Ermutigung, ehrlich miteinander umzugehen.

Als Projektleiter können Sie auf ausgeklügelte Kommunikationswerkzeuge (wie häufige Treffen des Teams und regelmäßige Berichte) zurückgreifen, damit die Mitarbeiter über Ihr Projekt immer aktuell informiert sind. Sie können weiterhin dafür sorgen, dass Sie im Konfliktfall gewarnt werden – um den Konflikt direkt im Keim zu ersticken. (Ein Konflikt, vor dem Sie die Augen schließen, fängt nur an zu faulen und zu stinken und wird immer unangenehmer.) Versuchen Sie, Diskussionen ausschließlich um Ziele und niemals um Personen zu führen.

Ich zeige in Kapitel 16, wie Sie in Project Berichte entwerfen, die dabei helfen, Ihre Ressourcen auf dem Laufenden zu halten. Kapitel 18 stellt Werkzeuge vor, die als Hilfe für Ressourcen dienen, um sauber miteinander kommunizieren zu können, was wiederum dabei hilft, Missverständnisse zu vermeiden.

Was soll das alles kosten?

In diesem Kapitel

▶ Verstehen, wie Kosten entstehen

▶ Kostensätze für Ressourcen einrichten

▶ Kosten pro Einheit festlegen

▶ Feste Kosten hinzufügen

▶ Überstunden zulassen

▶ Die Verfügbarkeit von Ressourcen einschätzen

▶ Mit Budgetressourcen arbeiten

---

*V*on einem kostenlosen Mittagessen können Sie vielleicht träumen – und wenn Sie Project verwenden, um Kostenentwicklungen zu beobachten, gibt es so etwas wie eine kostenlose Ressource auch nicht, weil Project Ressourcen, die in Vorgängen eingesetzt werden, dazu benutzt, die meisten Kosten Ihres Projekts zu berechnen.

Wenn Sie eine Ressource erstellen, legen Sie bei Arbeitsressourcen Kostensätze (die standardmäßig auf Stundenbasis kalkuliert werden) und bei Materialressourcen Kosten pro Einheit fest. Sie können aber auch *Kostenressourcen* definieren. Dabei handelt es sich um das Kostenvolumen eines Vorgangs, das weder auf Stundenbasis noch pro Einheit berechnet wird – zum Beispiel die Anmeldekosten für einen Messestand.

Zusätzlich kommen noch Faktoren ins Spiel, wie die Zeit, die eine Ressource täglich zur Verfügung steht, und Überstundensätze. Am Ende des Tages kommen diese Einstellungen zusammen und lassen Sie Ihr Budget über- oder unterschreiten.

In diesem Kapitel untersuchen Sie die Beziehung zwischen Ressourcen und Kosten und finden darüber hinaus heraus, wie Sie Standardkostensätze und Überstundensätze festlegen, feste Kosten erstellen und die Verfügbarkeit von Ressourcen für einzelne Vorgänge Ihres Projekts vorgeben können.

Oh Mann, wo kommen bloß die Kosten her?

Project hilft dabei, die Kosten Ihrer verschiedenen Vorgänge aus einer Kombination von Kosten pro Stunde, Kosten pro Einheit und festen Kosten zu berechnen. Bevor Sie aber Kosteninformationen über Ihre Ressourcen ausarbeiten, sollten Sie wissen, wie dieses Berechnungen ablaufen.

Project erstellt zwei zentrale Abbildungen des Budgets: die eine in dem Moment, in dem Sie Ihren ursprünglichen Plan (einen Basisplan) einfrieren, und ein aktualisiertes Abbild der aktuellen Kosten, das seine Informationen aus den Aktivitäten und dem Materialverbrauch erhält, die Sie notieren, während Ihr Projekt voranschreitet. Sie zeichnen einen bestimmten Arbeitsfortschritt an den Vorgängen auf, und Vorgänge, die über Ressourcen verfügen, erzeugen Kosten, die auf dem Arbeitseinsatz oder den verbrauchten Materialien basieren.

Alles wird zusammengerechnet

Der beste Weg zu verstehen, wie Kosten in Ihrem Projekt aufaddiert werden, ist der Weg über ein Beispiel. Jutta Müller (das ist nicht ihr richtiger Name) leitet ein Projekt, bei dem es um den Bau einer neuen Fabrik für die Verpackung von Gourmet-Eiscreme geht. Jutta hat einen Vorgang erstellt, der `Eiscremerührgeräte installieren` heißt. Jutta geht bei diesem Vorgang von folgenden Kosten aus:

- ✔ Ungefähr zehn Personenstunden Arbeitsleistung für die Installation
- ✔ Feste Kosten von 500 Euro, die der Hersteller der Rührgeräte für die Überwachung der Installation und für eine Schulung der Arbeiter erhält, die an den Maschinen arbeiten sollen
- ✔ 20 Kilo Zutaten für die Herstellung von Eiscreme, um die Rührgeräte zu testen

Die zehn Stunden Arbeitsleistung werden von den Arbeitsressourcen verbraucht. Die Gesamtsumme der Kosten hierfür ergibt sich aus einer Berechnung: 10 * Stundensatz der Ressource. Wenn dieser Stundensatz 20 Euro beträgt, belaufen sich die Kosten auf 200 Euro. Wenn zwei Ressourcen mit dem Vorgang beschäftigt sind, von denen eine 20 und die andere 30 Euro pro Stunde kostet, teilt Project (standardmäßig) die zehn Stunden Arbeitsleistung unter beiden auf, und die Kosten steigen auf 250 Euro.

Die festen Kosten von 500 Euro, die als Honorar für den Hersteller dienen, werden als Kostenressource erstellt. Wenn Sie diese Ressource einem Vorgang zuordnen, geben Sie für diesen Vorgang bestimmte Kosten ein. Diese Kosten hängen weder von der Anzahl an Ressourcen ab, die in den Vorgang involviert sind, noch werden sie von der Zeit beeinflusst, die dieser Vorgang dauert.

Zum Schluss müssen wir uns noch um die Kosten für die 20 Kilo Eiscreme (natürlich Ihre Lieblingsgeschmacksrichtung) kümmern, die sich aus 20 * die Kosten für eine Einheit Eiscremezutaten berechnen lassen. Die Kosten je Einheit betragen 2 Euro, damit kostet die Testeiscreme 40 Euro.

Und genauso werden Kosten an Ressourcen gebunden und in Ihrem Projekt zu einem Gesamtbetrag verarbeitet.

 Sie können Ressourcen erstellen und zuordnen, mit denen keine Kosten verbunden sind. Wenn es zum Beispiel notwendig ist, dass sich der Firmenchef Statusberichte durchsieht, die Firma es aber nicht möchte, dass dafür Ihrem Projekt Kosten in Rechnung gestellt werden, können Sie diese Ressource einfach als Erinnerung dafür anlegen, dass Ihr Chef an diesem Tag und zu dieser Zeit (kostenfrei) für das Projekt verfügbar sein sollte.

Wann ist die Obergrenze erreicht?

Im geschäftlichen Alltag haben Sie selten die Möglichkeit festzulegen, wann Sie Ihre eigenen Rechnungen bezahlen. In Project aber können Sie wählen, wann das bei Ihren Kosten der Fall ist.

Ressourcen können so eingerichtet werden, dass Kosten am Anfang oder am Ende des Vorgangs entstehen, dem sie zugeordnet sind, oder dass die Verrechnung anteilmäßig über die Lebensdauer eines Vorgangs verteilt wird. Wenn zum Beispiel ein für drei Monate angesetzter Vorgang am 1. April anfängt, können die 90 Euro, die eine Ressource kostet, an Tag 1, an Tag 90 oder verteilt mit einem Euro pro Tag zu den Gesamtkosten hinzugefügt werden,

Dieses Beispiel ist vielleicht ein wenig wirklichkeitsfremd, was die Bezahlung der Kosten angeht, weil viele Rechnungen erst 30 Tage, nachdem sie auf Ihren Schreibtisch gelangt sind, fällig werden. Hier haben Sie es mehr damit zu tun, wann Sie Kosten anzeigen wollen, um sie zu beobachten und in Berichten als Ausgaben aufzuführen.

Zahltag: Ressourcen im Projekt zuweisen

Die meisten Projekte enthalten eine Kombination der Ressourcenarten KOSTEN, ARBEIT und MATERIAL. Sie müssen zunächst gewaltige Hausaufgaben machen, bevor Sie Informationen auf Vorgangs- oder Ressourcenebene eingeben können. Sie müssen nicht nur feste Kosten, sondern auch die Stundensätze oder Kosten pro Einheit all Ihrer Ressourcen herausfinden.

Sie können in der Regel während der Planungsphase eines Projekts nie genau vorhersagen, wie hoch bestimmte Kosten sein werden, und genauso wenig kennen Sie die Stundensätze aller Ressourcen. Ihnen bleibt nichts anderes übrig, als die Kosten von Ressourcen und feste Kosten so gut wie möglich zu schätzen. So stehen wenigstens ansatzweise Kosten in Ihrem Plan, und Sie können die genauen Zahlen dann in Ihren Plan eintragen, wenn sie Ihnen vorliegen.

 Benutzen Sie im Ressourcenblatt ein Feld, wie CODE, um Kosten von Ressourcen als geschätzte Kosten zu kennzeichnen. Damit können Sie die entsprechenden Ressourcen später, wenn Ihr Projekt vorangeht, schnell wiederfinden und aktualisieren.

Feste Kosten lassen sich nicht vermeiden

Vielleicht sind das die hohen Kosten für die Beratungsfirma, die Sie auf Anweisung Ihres Chefs einschalten mussten, obwohl deren Berichte Ihnen nichts lieferten, was Sie nicht schon wussten. Vielleicht sind es aber auch die 2.000 Euro für den neuen Laptop, den Sie Ihrem Chef abgeschwatzt haben, um auch unterwegs Ihr Projekt verwalten zu können. Was es auch sei, man nennt das *Kosten, die sich nicht ändern*, und zwar unabhängig davon, wie lange der Vorgang dauert oder wie viele Menschen damit beschäftigt sind. Das sind keine Stundensätze oder Kosten pro Einheit, man nennt es schlicht und einfach *feste Kosten*.

Sie können feste Kosten dadurch angeben, dass Sie eine Ressource vom Typ KOSTEN anlegen. Jedes Mal, wenn Sie diese Ressource einem Vorgang zuordnen, setzen Sie am Vorgang die Kosten an, die die Ressource enthält.

Sie können feste Kosten, die einem Vorgang zugeordnet sind, aber auch einfach eingeben, ohne eine Kostenressource erstellen und zuordnen zu müssen. Dies erledigen Sie in der Tabelle KOSTEN.

 *Tabellen* sind vordefinierte Kombinationen von Spalten, die das Eingeben von Informationen in einem Tabellenblatt erleichtern.

Um für einen Vorgang feste Kosten einzugeben, gehen Sie so vor:

1. **Lassen Sie das Projekt in der Ansicht BALKENDIAGRAMM (GANTT) anzeigen.**
2. **Wählen Sie ANSICHT|TABELLE|KOSTEN.**

    Es erscheint eine Tabelle wie in Abbildung 8.1.

3. **Klicken Sie bei dem Vorgang, dem Sie Kosten zuweisen möchten, in die Spalte FESTE KOSTEN, und geben Sie einen Betrag ein.**

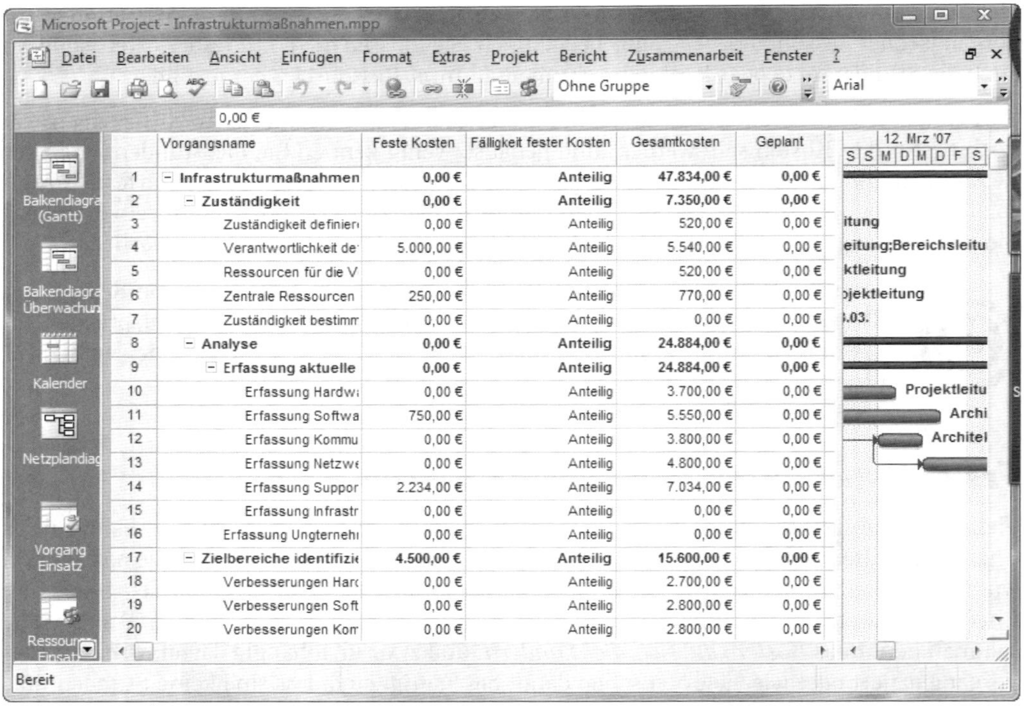

Abbildung 8.1: Sie können die Spalte FESTE KOSTEN in jedes Tabellenblatt einfügen, die Tabelle KOSTEN ist aber bereits entsprechend vorbereitet.

Das ist alles, was Sie machen müssen, weil Sie jedem Vorgang nur einen festen Kostenbetrag zuweisen können. Wenn sich dieser Betrag aus verschiedenen Positionen zusammensetzt, sollten Sie eine Vorgangsnotiz eingeben, in der Sie die einzelnen Positionen des Betrags aufschlüsseln. Denken Sie daran, dass feste Kosten standardmäßig auf die Dauer eines Vorgangs aufgeteilt werden; wenn Sie es vorziehen, dass Ihr Budget am Anfang oder am Ende eines Vorgangs mit diesen Kosten belastet wird, verwenden Sie in der Tabelle die Spalte FÄLLIGKEIT FESTER KOSTEN, um sich für eine andere Möglichkeit zu entscheiden.

Wenn Ressourcen stundenweise bezahlt werden

Ob es sich um einen Minimallohn handelt oder um das astronomische Honorar, das Ihr Anwalt jedes Mal, wenn Sie niesen, in Rechnung stellt, die meisten Menschen werden stundenweise bezahlt. Um die Personen darzustellen, die in Ihr Projekt eingebunden sind, legen Sie Arbeitsressourcen an und stellen sie Ihrem Projekt stundenweise in Rechnung.

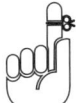 Indem Sie die geplanten Kosten mit den aktuellen vergleichen, erhalten Sie einen zusätzlichen Eindruck davon, ob Ihr Projekt aus dem Ruder läuft.

Um den Stundensatz einer Ressource festzulegen, gehen Sie so vor:

1. **Zeigen Sie die Ansicht RESSOURCE:TABELLE an.**
2. **Klicken Sie bei der Ressource, der Sie Kosten zuordnen möchten, in die Spalte STANDARDSATZ.**

   Wenn Sie einen Kostensatz eingeben wollen, der nicht auf Stunden basiert, tippen Sie einen Schrägstrich (/) und dann die Zeiteinheit (zum Beispiel min für Minute oder m für Monat) ein.

3. **Drücken Sie ⏎.**

   Ihre Eingaben werden gespeichert.

Denken Sie daran, dass Sie Kosten auch im Dialogfeld INFORMATIONEN ZUR RESSOURCE eingeben können. Die Registerkarte KOSTEN dieses Dialogfelds (siehe Abbildung 8.2) bietet einen STANDARDSATZ, einen ÜBERSTUNDENSATZ und KOSTEN PRO EINSATZ an.

Zusätzlich gibt es auf der Registerkarte KOSTEN fünf Registerkarten, die von A bis E beschriftet sind, und auf denen Sie verschiedene Stundensätze für die Ressource eingeben können. Indem Sie die Spalte EFFEKTIVES DATUM benutzen, kann eine Ressource für einige Monate zu einem bestimmten Stundensatz arbeiten, um von einem vordefinierten Tag an mit einem anderen Satz kalkuliert zu werden. Dies hilft dabei, auch periodische Schwankungen und saisonbedingte Abweichungen von Kostensätzen zu berücksichtigen (wenn Sie zum Beispiel im Sommer mehr für Gastronomiemitarbeiter bezahlen müssen als im Herbst oder Winter, wenn witterungsbedingt weniger Biergärten geöffnet haben).

Abbildung 8.2: Sie können für eine Ressource mehrere Kostenbereiche festlegen.

Wenn Sie zwanzig Liter zu zwei Euro je Liter benötigen ...

Das hört sich so an wie eine Rechenausgabe aus dem Schulunterricht. (In einer Badewanne, die ein Leck hat, sind x Liter Wasser ...) nun, wenn Sie sich mit Algebra nicht so gut auskennen, macht es Sie vielleicht glücklich zu hören, dass Project diese Berechnungen höchst unkompliziert durchführt, um auf *Kosten pro Einsatz* zu kommen.

Technisch gesehen gibt es Kosten pro Einsatz sowohl bei Arbeits- als auch bei Materialressourcen. Sie können zum Beispiel einen Berater engagieren, der 500 Euro pro Einsatz kostet (das bedeutet, dass der Ihnen jedes Mal, wenn Sie seinen Rat benötigen, 500 Euro berechnet). Oder noch allgemeiner: Sie benutzen Kosten pro Einsatz für Materialressourcen wie Radiergummis oder Milch, legen Kosten für eine einzelne Einheit (zum Beispiel pro Meter, Tonne, Liter) fest und weisen einem Vorgang ein bestimmtes Volumen an Einheiten der Ressource zu. Die Kosten werden durch eine Multiplikation der Anzahl Einheiten mit den Kosten pro Einheit berechnet.

Um Kosten pro Einsatz zuzuweisen, gehen Sie so vor:

1. **Zeigen Sie die Ansicht Ressource:Tabelle an.**
2. **Klicken Sie bei der Ressource, die Sie einrichten wollen, auf die Spalte Kosten/Einsatz, und geben Sie an, was eine Einheit dieser Ressource kosten soll.**
3. **Klicken Sie auf die Spalte Materialbeschriftung dieser Ressource, und geben Sie eine Bezeichnung für die Einheit ein (zum Beispiel** Liter**).**
4. **Drücken Sie ⏎, um Ihre Eingaben zu übernehmen.**

Denken Sie daran, dass Sie auch das Dialogfeld INFORMATIONEN ZUR RESSOURCE verwenden können, um bis zu fünf Kosten pro Einsatz einzugeben, die dann wiederum von bestimmten Datumsangaben abhängen. Damit sind Sie in der Lage, im Verlauf der Lebensdauer eines Vorgangs auch auf Schwankungen beim Materialpreis zu reagieren.

Überstunden zulassen

Überstunden gehören zu den Dingen des täglichen Lebens: Sie sind gut für jemanden, der viel Geld verdienen möchte, aber schlecht für das Budget eines Projektleiters. Wenn Sie mit Ressourcen arbeiten müssen, die nach einer bestimmten Anzahl von Stunden in einem Bereich ankommen, der normalerweise mit dem Standardsatz nicht mehr abgegolten werden kann, können Sie das mit einem Überstundensatz berücksichtigen. Es kommt zu Überstunden, wenn der Kalender einer Ressource anzeigt, dass ihre reguläre Arbeitszeit vorbei ist. So wird zum Beispiel eine Ressource, die normalerweise einen Acht-Stunden-Tag hat und die zehn Stunden lang arbeitet, von Project mit acht Stunden zum normalen Satz und mit zwei Stunden zum Überstundensatz kalkuliert.

Um für eine Ressource einen Überstundensatz einzugeben, gehen Sie so vor:

1. **Zeigen Sie die Ansicht** RESSOURCE:TABELLE **an.**
2. **Klicken Sie bei der Ressource, die Sie einrichten wollen, auf die Spalte** ÜBERSTUNDENSATZ**.**
3. **Geben Sie einen Betrag ein.**
4. **Drücken Sie** ⏎ **.**

   Der Eintrag wird gespeichert.

Das hat mit Verfügbarkeit zu tun

Viele Funktionalitäten von Project haben mit Ressourcen zu tun und helfen insbesondere dabei, Überlastungen von Ressourcen zu erkennen. *Überlastung* ist das Ergebnis einer Berechnung, die auf der Grundlage des Kalenders der Ressource und ihrer Verfügbarkeit vorgenommen wird.

Schauen Sie sich Monika Meier an, eine Technikerin, die gemäß ihrem Kalender standardmäßig acht Stunden täglich arbeitet. Monika ist dem Vorgang `Abschlussbericht schreiben` mit 50 Prozent und dem Vorgang `Spezifikation des Designs` – der zu derselben Zeit wie der Berichtsvorgang stattfindet – mit 100 Prozent ihrer Verfügbarkeit zugeordnet. Monika ist damit zu 150 Prozent ihrer Verfügbarkeit oder zwölf Stunden täglich ausgelastet. Monika ist überlastet.

Standardmäßig wird eine Ressource einem Vorgang zu 100 Prozent ihrer Verfügbarkeit zugeordnet. Sie sind aber in der Lage, diesen Zustand zu ändern, wenn Sie wissen, dass eine Ressource mehreren Vorgängen zugeordnet ist, und dass diese Ressource höchstwahrscheinlich nur wenig Zeit in einen Vorgang investieren muss.

Verfügbarkeit einrichten

Bei einigen Ressourcen ist es leichter als bei anderen, die Verfügbarkeit einzuschätzen. Bei einem Manager dürfte es ziemlich schwierig werden, ihn einen ganzen Tag für einen Vorgang frei zu machen, weil er mit all den Leuten zu tun hat, die ihm berichten, er hat Papiere zu unterschreiben, muss Meetings besuchen, die die verschiedenen Projekte betreffen, hat an Budgets zu arbeiten und so weiter. Bei einem Arbeiter ist es einfacher, seine Verfügbarkeit an einen einzelnen Vorgang zu hängen: Wenn sich ein Produktionsauftrag über drei Tage hinzieht und eine Person die ganze Zeit an dem Auftrag arbeitet, ist es nicht falsch, sie vollzeitig an dem Vorgang arbeiten zu lassen.

Ein großer Fehler, den neue Benutzer von Project gerne machen, ist der, dass sie Verfügbarkeit bis ins Kleinste verplanen. Natürlich verbringt niemand jeden Tag acht Stunden ausschließlich mit einem einzelnen Vorgang eines Projekts. Die Leute verbringen einen Teil des Tages damit, E-Mails über Betriebsferien zu lesen, mit Kollegen zu plauschen, Anrufe zu beantworten, die nichts mit dem Projekt zu tun haben (Sie wissen: Bohlens Liebesleben, UFOs, die auf dem UN-Gebäude landen – das Übliche also). Eine Ressource arbeitet an einem Tag vielleicht sieben Stunden an einem Vorgang, und am nächsten Tag vielleicht nur drei. Machen Sie sich jetzt nicht dadurch verrückt, dass Sie tagtäglich den Terminplan der Ressource aktualisieren. Wenn jemand über die Lebensdauer eines Vorgangs hinweg den größten Teil seiner Zeit mit dem Vorgang verbringt, sind 100 Prozent eine gute Einstellung, was die Verfügbarkeit angeht. Wenn dieser Jemand nur fünf Tage eines zehntägigen Vorgangs übernehmen kann, sind das 50 Prozent der insgesamt zu leistenden Arbeit, die entweder auf vier Stunden täglich oder fünf Tage ganztägig verteilt sein können.

 Die Einstellung VERFÜGBARKEIT hat den Zweck, Sie auf die Überlastung einer Ressource hinzuweisen, die gleichzeitig in mehreren Projekten eingesetzt wird.

Um die Verfügbarkeit einer Ressource festzulegen, gehen Sie so vor:

1. **Zeigen Sie die Ansicht RESSOURCE:TABELLE an.**

2. **Klicken Sie doppelt auf den Namen einer Ressource.**

   Es erscheint die Registerkarte ALLGEMEIN des Dialogfelds INFORMATIONEN ZUR RESSOURCE (siehe Abbildung 8.3).

3. **Sie können im Feld EINHEITEN (zu finden im Bereich RESSOURCENVERFÜGBARKEIT) entweder auf die kleinen Pfeile klicken, um die Verfügbarkeit der Ressource in Schritten von 50 Prozent zu ändern, oder eine Zahl eingeben.**

   Geben Sie zum Beispiel 33 dafür ein, dass eine Ressource ein Drittel ihrer Zeit verfügbar ist, oder 400% für einen Pool von vier Ressourcen, die alle vollzeitig zur Verfügung stehen. Der gebräuchlichste Eintrag (der gleichzeitig auch der Standard ist) ist 100% für eine einzelne Ressource, die vollzeitig an einem Vorgang arbeitet.

4. **Klicken Sie auf OK, um die Einstellung zu speichern.**

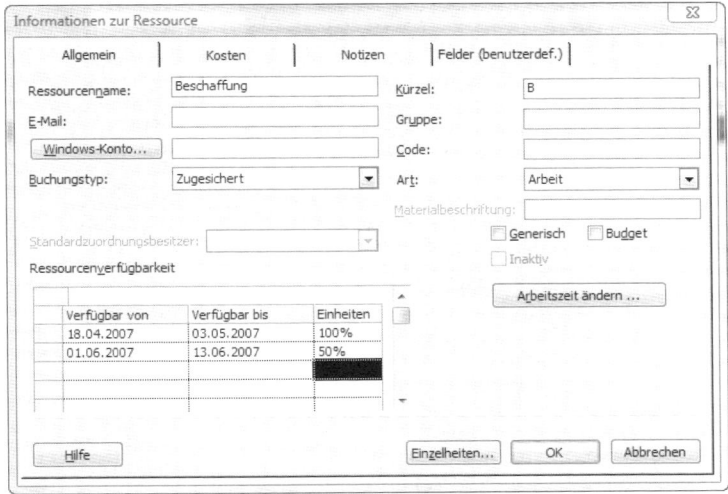

Abbildung 8.3: Sie können jeden beliebigen Wert in das Feld EINHEITEN eintragen.

Wenn eine Ressource kommt und geht

Zusätzlich dazu, dass eine Ressource nur einen bestimmten Prozentsatz ihrer Zeit mit einem Vorgang oder Projekt verbringt, steht sie eventuell auch nur für einen bestimmten Zeitraum zur Verfügung. Ein anderer Aspekt betrifft eine Ressource, die in den ersten Tagen des Projekts nur halbtags, dann aber ganztags zur Verfügung steht. In diesem Fall geben Sie in der Sektion RESSOURCENVERFÜGBARKEIT des Dialogfelds INFORMATIONEN ZUR RESSOURCE in den Spalten VERFÜGBAR VON und VERFÜGBAR BIS einen Datumsbereich an (siehe Abbildung 8.3), um die verschiedenen Verfügbarkeiten festzulegen.

Aufrechnen: Wie Ihre Einstellungen das Budget beeinflussen

In Kapitel 9 entdecken Sie, wie Ressourcen Vorgängen zugeordnet werden. Damit diese Diskussion über Kosten aber abgeschlossen werden kann, sollten Sie wissen, dass Sie einem Vorgang Ressourcen nicht nur auf der Grundlage von Kosten pro Stunde, einem Ressourcenkalender und von Verfügbarkeit, sondern auch prozentual zuordnen können. Alle diese Faktoren arbeiten bei der Berechnung der Kosten der Ressource zusammen, wenn Sie die Ressource verplanen.

Machen Sie sich über diese Berechnung keine Gedanken – das erledigt Project für Sie. Das ist das Schöne an der Eingabe von Informationen in Project: Nachdem Sie die Einstellungen für Ihre Ressourcen vorgenommen haben, erledigt Project die Arbeit, die Gesamtkosten aufzurechnen und Ihnen in Ansichten wie der Tabelle KOSTEN von BALKENDIAGRAMM (GANTT) zu zeigen (siehe Abbildung 8.4).

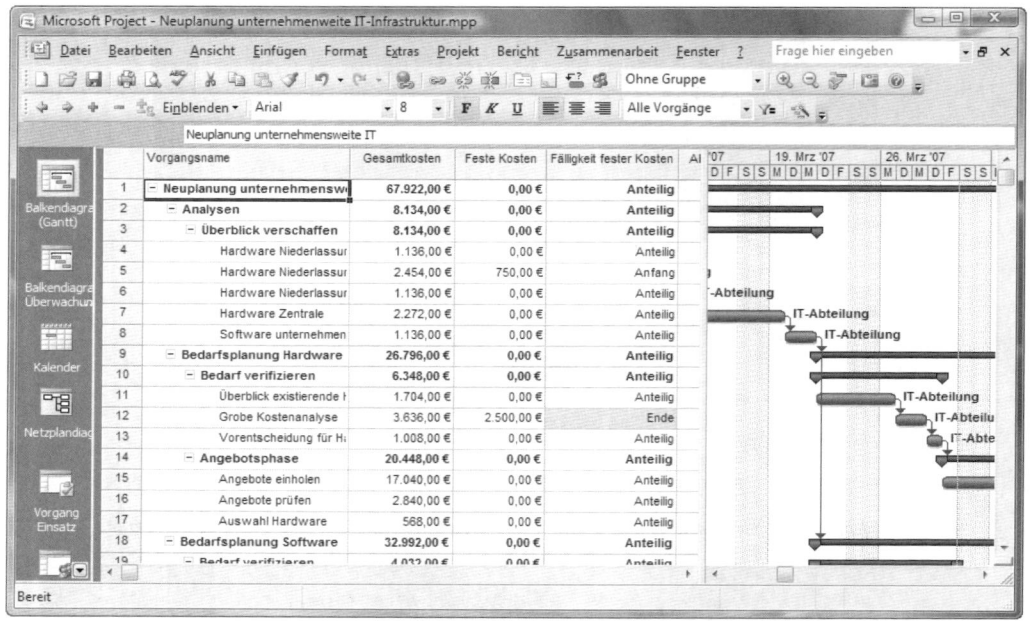

Abbildung 8.4: Die Spalte Gesamtkosten gibt Ihnen auf der Ebene der Sammelvorgänge einen Überblick über Ihr Budget.

Stellen Sie sich zum Beispiel vor, dass Sie einem Vorgang einen Mechaniker zuweisen möchten. Dies sind die Einzelheiten:

Basiskalender: Nachtschicht (acht Stunden, sechs Tage die Woche, zwischen 23 Uhr und 8 Uhr)

Kosten pro Stunde: 20 Euro

Kosten für Überstunden: 30 Euro

Verfügbarkeit: 100 Prozent

Zuordnung zu einem zwei Tage dauernden Vorgang: 50 Prozent

Was kostet diese Ressource? Die Rechnung sieht so aus: Zwei Tage mit jeweils halbtägiger Verfügbarkeit, die auf einem Acht-Stunden-Kalender basiert, ergeben insgesamt acht Arbeitsstunden (vier Stunden je Tag). Diese Ressource kommt ohne Überstunden aus, womit sich die Kosten auf 8 * 20 Euro oder 160 Euro belaufen.

Ändern Sie für diese Ressource eine Einstellung, und schauen Sie sich das neue Ergebnis an:

Zuordnung zu einem zwei Tage dauernden Vorgang: 150 Prozent

Jetzt arbeitet die Ressource an zwei Tagen jeweils 12 Stunden pro Tag (150 Prozent von 8 Stunden). Rechnet man 16 Stunden zum Standardsatz (20 Euro) und 8 Stunden zum Überstundensatz (30 Euro), kostet diese Person jetzt 560 Euro.

Benutzerdefinierte Kostenfelder

Wenn Sie die Ressourcentabelle mit ihren Feldern wie STANDARDSATZ anzeigen, können Sie in jede Kostenspalte klicken und für jede Ressource einen Betrag eingeben. Ganz nett ist es auch, diese Felder um nachschlagbare Informationen zu erweitern. Eine *nachschlagbare Tabelle* erlaubt es Ihnen, Listenfelder mit Werten anzulegen, aus denen Sie dann auswählen können. Wenn es also in Ihrem Unternehmen einige Kostenstandards für Stundensätze oder Material gibt, kann eine Anpassung dieser Felder die Eingabe der Informationen beschleunigen und dabei helfen, Fehler bei der Dateneingabe zu vermeiden.

Um ein benutzerdefiniertes Feld anzulegen, gehen Sie so vor:

1. **Zeigen Sie eine Tabelle an, die eine Spalte besitzt, die Sie anpassen möchten.**

   Sie können Tabellen anzeigen lassen, indem Sie ANSICHT|TABELLE wählen und aus der Liste, die dann erscheint, die entsprechende Tabelle auswählen.

2. **Klicken Sie mit der rechten Maustaste auf den Spaltentitel, und wählen Sie in dem Kontextmenü, das dann erscheint, FELDER ANPASSEN.**

   Es erscheint das Dialogfeld BENUTZERDEFINIERTE FELDER (siehe Abbildung 8.5).

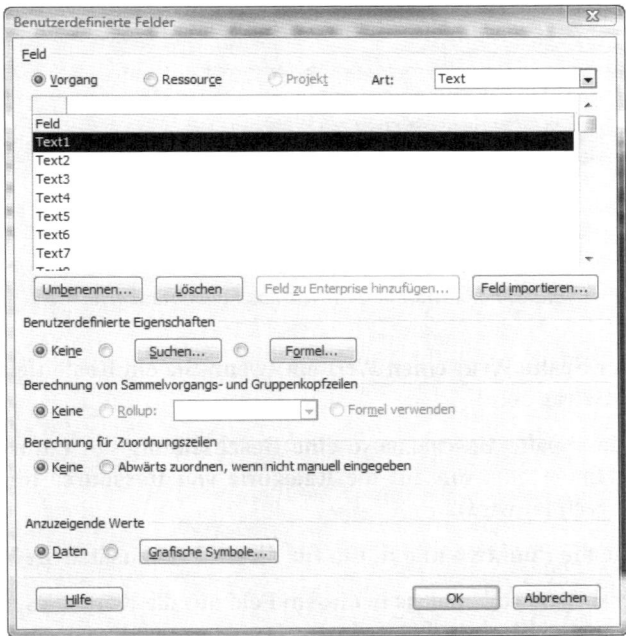

Abbildung 8.5: Sie können die Schaltfläche UMBENENNEN verwenden, um in diesem Dialogfeld ein Kostenfeld umzubenennen.

3. **Legen Sie im Feld ART fest, was für eine Art von Wert (zum Beispiel KOSTEN oder ARBEIT) Sie definieren möchten.**

   Wenn es darum geht, Stundensätze vorzugeben, wählen Sie KOSTEN aus.

4. **Klicken Sie auf die Schaltfläche SUCHEN.**

   Es erscheint das Dialogfeld NACHSCHLAGETABELLE FÜR TEXT BEARBEITEN (siehe Abbildung 8.6).

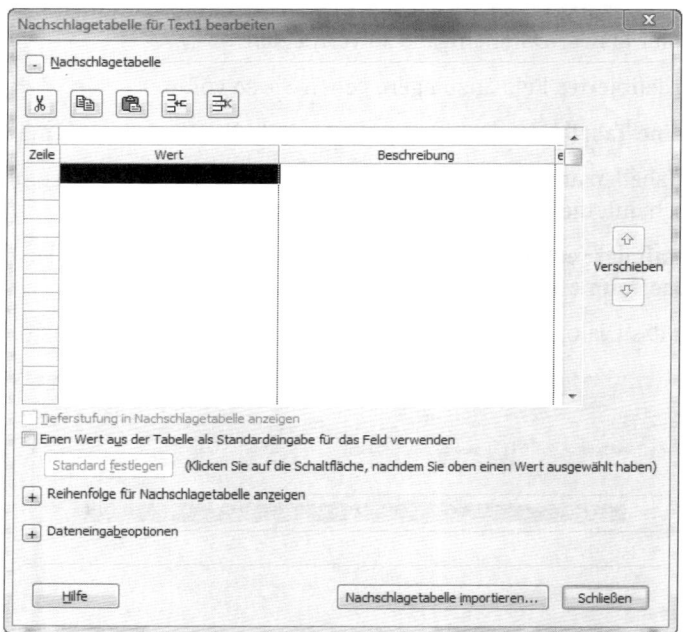

Abbildung 8.6: Erstellen Sie für das Feld eine Werteliste.

5. **Geben Sie in der Spalte WERT einen Wert ein (wenn Sie ein Kostenfeld ausfüllen, sollte dies sein Euro-Betrag sein).**

6. **Geben Sie in der Spalte BESCHREIBUNG eine Beschreibung ein (zum Beispiel** Fabrikarbeiter **oder** Ingenieur, **um auf die Kategorie von Ressource hinzuweisen, die zu diesem Satz verrechnet wird).**

7. **Wiederholen Sie die Punkte 4 und 5, um für dieses Feld zusätzliche Werte festzulegen.**

8. **Wenn Sie dafür sorgen wollen, dass in diesem Feld nur die Werte dieser Liste genommen werden dürfen, achten Sie darauf, dass in den DATENEINGABEOPTIONEN das Kontrollkästchen vor DIE EINGABE ZUSÄTZLICHER ELEMENTE IN FELDER ZULASSEN nicht markiert ist.**

   Eventuell müssen Sie auf das Plus-Symbol vor DATENEINGABEOPTIONEN klicken, um dieses Kontrollkästchen zu Gesicht zu bekommen.

9. **Klicken Sie auf ein Optionsfeld, um die Reihenfolge der Liste vorzugeben (eventuell müssen Sie auf das Plus-Symbol vor** Reihenfolge für Nachschlagetabelle anzeigen **klicken, um die Optionsfelder zu sehen):**

   ✦ Nach Zeilennummer: Führt die Elemente in der Reihenfolge auf, in der Sie sie eingegeben haben.

   ✦ Aufsteigend sortieren: Sortiert die Liste aufsteigend; der niedrigste Wert steht an der Spitze.

   ✦ Absteigend sortieren: Sortiert die Liste absteigend; der höchste Wert steht an der Spitze.

10. **Klicken Sie auf** Schließen**, klicken Sie auf OK, um die Liste zu speichern, und schließen Sie alle Dialogfelder.**

11. **Fügen Sie das Feld anschließend über** Ansicht|Spalte einfügen **zur Tabelle hinzu.**

 Falls Sie alle Zuordnungen einer Arbeitsressource sehen möchten, eignet sich dafür ganz besonders die Ansicht Ressource Zuordnung. Sie können diese Ansicht anzeigen, indem Sie auf der Symbolleiste Ressourcenmanagement auf die Schaltfläche Ressource Zuordnung klicken, oder Sie wählen diese Ansicht über das Dialogfeld Weitere Ansichten aus. (Informationen zur Symbolleiste Ressourcenmanagement finden Sie in Kapitel 9.)

Mit Budgets arbeiten

Sie können eine Ressource als Budgetressource kennzeichnen, indem Sie auf der Registerkarte Allgemein des Dialogfelds Informationen zur Ressource das Kontrollkästchen Budget aktivieren (siehe Abbildung 8.7).

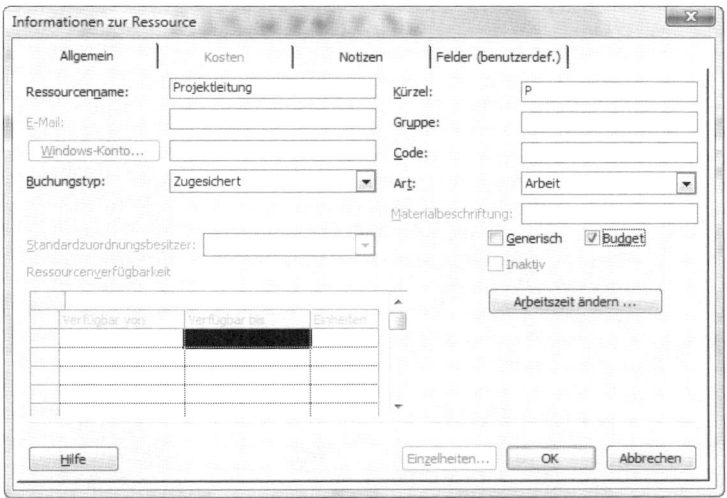

Abbildung 8.7: Eine Budgetressource erstellen

Sie weisen dann diese Ressource dem Projektsammelvorgang zu. Wenn Sie Budgetressourcen verwenden, können Sie Felder anzeigen, mit denen Sie geplante Kosten mit budgetierten Kosten vergleichen können. (Glauben Sie mir, Sie werden dabei oft auf Differenzen stoßen.) Sie können zum Beispiel 10.000 Euro für die Programmierung einer Software budgetiert haben, aber Ihre Planung weist vielleicht 11.450 Euro Kosten für die Programmierarbeiten aus. Die Budgeteinstellung kann dabei helfen, diese Beträge zu vergleichen, wenn Sie Ressourcen zu verschiedenen Vorgängen hinzufügen und von ihnen entfernen.

Wenn Sie eine Budgetressource zuweisen möchten, machen Sie das am besten in der Ansicht VORGANG EINSATZ oder RESSOURCE EINSATZ, um für diese Ressource einen Arbeitswert einzugeben. Sie können sich die budgetierte Arbeit anschauen, indem Sie die Spalte ARBEITSBUDGET einblenden. Merken Sie sich, dass dieses Feld nur Kosten der Ressourcenarten ARBEIT und MATERIAL widerspiegelt.

Ressourcen zuordnen, um die Dinge in Gang zu bringen

In diesem Kapitel

▶ Verstehen, wie sich das Zuordnen von Ressourcen auf den Terminplan auswirkt

▶ Ressourcen zuordnen

▶ Die Verfügbarkeit von Ressourcen überprüfen

▶ Mitglieder des Teams über Zuordnungen informieren

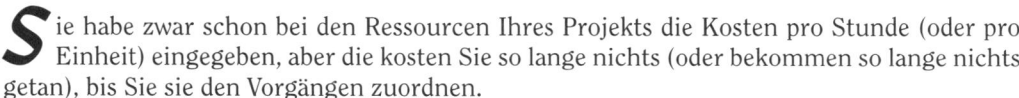

Sie habe zwar schon bei den Ressourcen Ihres Projekts die Kosten pro Stunde (oder pro Einheit) eingegeben, aber die kosten Sie so lange nichts (oder bekommen so lange nichts getan), bis Sie sie den Vorgängen zuordnen.

Sobald Sie Zuordnungen vornehmen, geschehen verschiedene interessante Dinge. Es schwillt nicht nur Ihr Budget an, auch einige Ihrer Vorgänge können ihre Dauer ändern. Es kann weiterhin passieren, dass Sie Anhaltspunkte dafür finden, dass Personen überlastet werden, die mehreren gleichzeitig ablaufenden Vorgängen zugeordnet worden sind. Der Schlüssel für intelligente Zuordnungen liegt nun darin, dass Sie verstehen, wie es zu diesen Ergebnissen kommen kann.

Selbst wenn alles, was mit Ihren Zuordnungen zu tun hat, zufrieden stellend aussieht, ist die Sache damit noch nicht erledigt. Das ist erst der Fall, wenn Sie Ihrem Team die Zuordnungen erklären und dafür sorgen, dass jede Ressource mit ihrer Arbeit einverstanden ist. Falls es hier zu Problemen kommt, geht es zurück an das Zeichenbrett der Zuordnungen.

Es ist tatsächlich so, dass die Zuordnung von Ressourcen ein Vorgang ist, der sich durch Ihr gesamtes Projekt hindurchzieht. Und natürlich liefert Project die Werkzeuge, um dabei zu helfen, dass Sie diesen Prozess ziemlich schmerzlos über die Bühne bringen.

Es wird Sie überraschen, was Zuordnungen mit Ihrem Terminplan machen

Die drei Vorgangsarten sind (wie in Kapitel 4 beschrieben) FESTE EINHEITEN, FESTE ARBEIT und FESTE DAUER. Jede definiert die Beziehung, die für einen Ausgleich zwischen der Dauer eines Vorgangs, der Arbeit, die notwendig ist, um ihn zu vollenden, und der Verfügbarkeit von Ressourcen besteht. Dies wird auch das *goldene Dreieck* genannt.

Ihre Wahl einer Vorgangsart beeinflusst – zusammen mit einer Einstellung, die festlegt, ob der Vorgang ereignisgesteuert ist – das Zeitverhalten Ihres Vorgangs in Abhängigkeit von seinen Ressourcenzuordnungen.

Legen Sie die Art fest

Vorgangsarten geben im Wesentlichen an, was bei einem Vorgang konstant bleibt, wenn Sie eine Arbeitsressource hinzufügen oder entfernen, nachdem Sie die grundlegende Ressourcenzuordnung vorgenommen haben. Auch wenn alles, was mit der Zuordnung von Arbeit, Dauer und Ressourcen zu einem Vorgang zu tun hat, recht kompliziert sein kann, müssen Sie es verstehen. Ansonsten schaffen Sie es nicht, dass Project die Dauer von Vorgängen Ihres Projekts exakt so berechnet, wie Sie Ressourcen zuordnen.

Die Standardvorgangsart ist FESTE EINHEITEN. Bei einem solchen Vorgang bestimmen die Dauer des Vorgangs, die Sie eingeben, und der Einsatz (die Arbeit) einer Ressource, die Sie zuordnen, zusammen den zeitlichen Ablauf des Vorgangs. Bei dieser Vorgangsart ändern sich die Zuordnungseinheiten, die Sie für Ihre Ressourcen vorgeben, selbst dann nicht, wenn Sie die Anzahl Stunden ändern, die notwendig sind, um den Vorgang zu vollenden.

Wenn Sie bei einem Vorgang A von der Art FESTE EINHEITEN die Dauer von zwei auf drei Tage verlängern, arbeiten die Ressourcen, die diesem Vorgang zugeordnet sind, unverändert auch über den neuen Zeitraum weiter: Project erhöht einfach den Wert von ARBEIT dementsprechend. Wenn Sie Ressourcen zu einem Vorgang hinzufügen oder von ihm entfernen, passt Project die Dauer des Vorgangs an die neuen Gegebenheiten an.

Auf der anderen Seite gibt es den Vorgang vom Typ FESTE ARBEIT, der eine bestimmte Anzahl an Arbeitseinheiten benötigt, um vollendet zu werden. Für einen eintägigen Vorgang benötigen Sie acht Stunden, damit er abgeschlossen werden kann (vorausgesetzt, es gilt ein Standardkalender). Diese Vorgangsart ändert ihre Dauer als Antwort auf die Anzahl Ressourcen, die Sie zuordnen.

Bei einem Vorgang von fester Dauer kann sich die Zuordnung von Ressourcen als Antwort auf eine Änderung der Arbeitslast ebenfalls ändern. Stellen Sie sich zum Beispiel vor, dass ein Vorgang A vier Tage benötigt, um vollendet zu werden, wenn ihm eine Person zugeordnet ist. Derselbe Vorgang benötigt nur zwei Tage, wenn zwei Personen zugeordnet sind. Project modifiziert nicht die Anzahl Stunden, die benötigt werden, um den Vorgang abzuschließen, es ändert die Ressourceneinheiten, die zugeordnet sind, um die Arbeit in einem bestimmten Zeitrahmen zu vollenden. Wenn Sie die Dauer von Vorgang A erhöhen, verringern sich als Antwort darauf die Zuordnungseinheiten der Ressourcen. Wenn Sie die Zeit verringern, die benötigt wird, um Vorgang A zu vollenden, vergrößern sich die Ressourcenzuordnungen, um die unverändert gebliebene Arbeit in weniger Zeit zu schaffen.

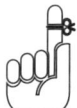 Ein Vorgang mit fester Dauer ändert seine Länge nicht, und zwar unabhängig davon, wie viele Ressourcen Sie ihm zuordnen.

Als Vorgang mit fester Dauer benötigt Vorgang A vier Tage. Wenn Sie zusätzliche Ressourcen zuordnen oder Ressourcen entfernen, benötigt der Vorgang immer noch vier Tage; es ändern sich nur die Einheiten der zugeordneten Ressourcen.

Abbildung 9.1 zeigt drei Mal denselben Vorgang, der nur jeweils von einer anderen Art ist. Jeder Vorgang wurde mit einer Dauer von vier Tagen und einer Ressource angelegt, die ihm zu 100 Prozent zugeordnet ist. Dann wurde eine zweite Ressource mit 100 Prozent hinzugefügt. Beachten Sie bei jeder Vorgangsart die Änderungen – oder die nicht vorhandenen Änderungen. Der Vorgang fester Dauer hat zwar seine Dauer nicht geändert, dafür aber die Zuordnung der Ressourcen. Der Vorgang fester Einheiten hat die Ressourcenzuordnung konstant bei 100 Prozent gehalten – aber seine Dauer geändert. Feste Arbeit ist schneller beendet worden, und die Arbeit selbst bleibt (mit 32 Stunden) konstant.

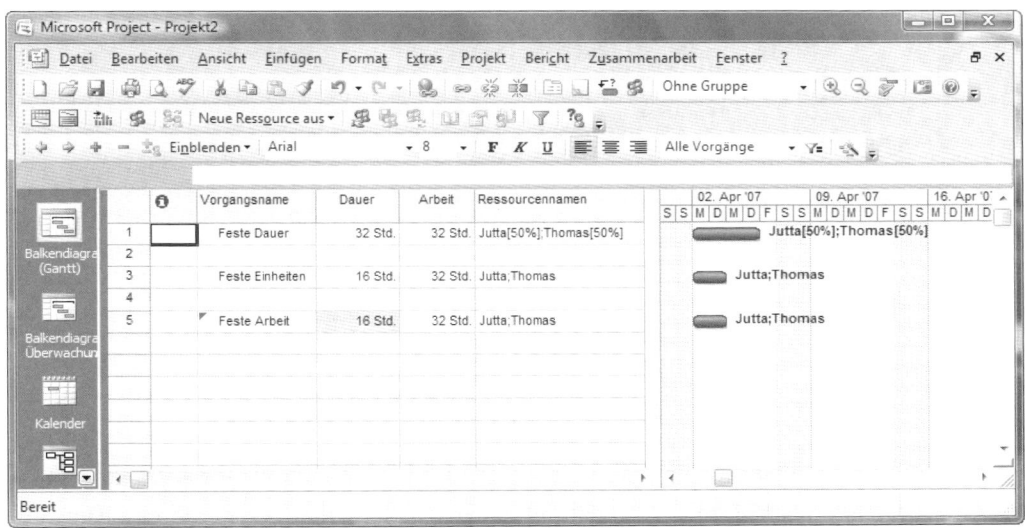

Abbildung 9.1: Wählen Sie die Vorgangsart aus, die die variablen Komponenten ihres Vorgangs widerspiegelt.

Wenn Leistung gefragt ist

Die komplexen Berechnungen, die Project für das Bestimmen von Arbeit, Vorgangsdauer und Zuordnungseinheiten durchführt, berücksichtigen nicht nur die Vorgangsarten, sondern auch die Einstellung LEISTUNGSGESTEUERT (die bei allen Vorgängen von Abbildung 9.1 gesetzt ist).

Wenn LEISTUNGSGESTEUERT aktiv ist und Sie Ressourcen zum Vorgang hinzufügen, verteilt Project die Arbeit gleichmäßig unter diesen und ändert gegebenenfalls (je nach Vorgangsart) die Dauer des Vorgangs, wobei auch der gesamte Leistungseinsatz der Ressourcen berücksichtigt wird.

Project geht (standardmäßig) bei allen drei Vorgangsarten davon aus, dass sie leistungsgesteuert sind. Wenn Sie sich für die Vorgangsart FESTE DAUER oder FESTE EINHEITEN entscheiden, können Sie LEISTUNGSGESTEUERT ein- oder ausschalten. Bei der Vorgangsart FESTE ARBEIT ist LEISTUNGSGESTEUERT automatisch aktiviert und kann nicht deaktiviert werden.

Gehen Sie so vor, um die Einstellungen für einen leistungsgesteuerten Vorgang zu ändern:

1. **Klicken Sie doppelt auf einen Vorgang.**

   Es erscheint das Dialogfeld INFORMATIONEN ZUM VORGANG (siehe Abbildung 9.2).

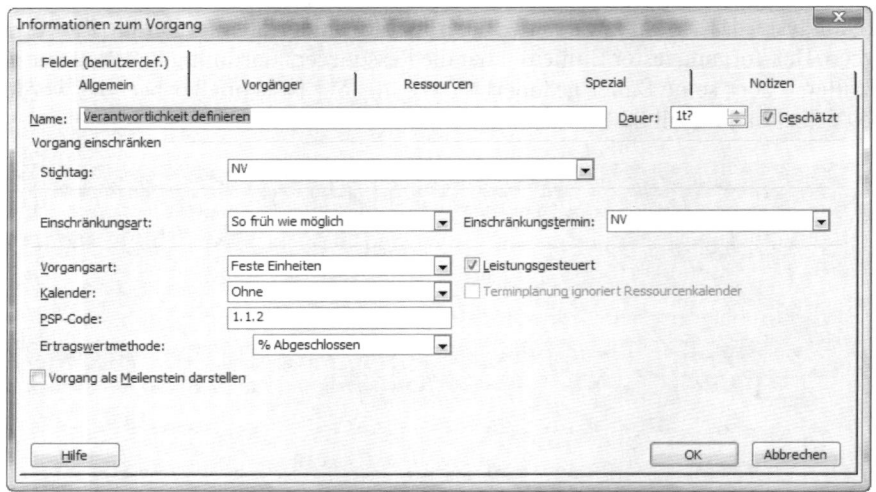

Abbildung 9.2: Die Einstellung LEISTUNGSGESTEUERT ist gesetzt und kann bei einem Vorgang der Art FESTE ARBEIT nicht geändert werden.

2. **Klicken Sie auf die in Abbildung 9.2 dargestellte Registerkarte SPEZIAL.**
3. **Um die leistungssteuernde Einstellung auszuschalten, markieren Sie das Kontrollkästchen LEISTUNGSGESTEUERT.**

   Diese Einstellung ist standardmäßig eingeschaltet.
4. **Klicken Sie auf OK, um die neue Einstellung zu speichern.**

Glauben Sie, dass sich Vorgangskalender durchsetzen?

Auch eine andere Einstellung, die auf der Registerkarte SPEZIAL des Dialogfelds INFORMATIONEN ZUM VORGANG vorgenommen werden kann, hat einen Einfluss darauf, wie Ressourcen zeitlich eingeteilt werden, wenn Sie sie einem Vorgang zuordnen: TERMINPLANUNG IGNORIERT RESSOURCENKALENDER. Sie können Project anweisen, den Vorgangskalender alle Einstellungen überschreiben zu lassen, die es in den Kalendern von Ressourcen gibt, die dem Vorgang zugeordnet werden. Wenn zum Beispiel ein Vorgang so eingestellt ist, dass er den Standardkalender benutzt, die ihm zugeordnete Ressource aber einen Nachtschicht-Kalender verwendet, arbeitet die Ressource nur während der Standardarbeitszeit an diesem Vorgang.

 Es kann vorkommen, dass bestimmte Kalendereinstellungen nicht verfügbar sind. Die Kapitel 3 und 7 versorgen Sie mit den Einzelheiten, wie alle möglichen Arten von Einstellmöglichkeiten bei Ressourcenkalendern funktionieren.

Verwenden Sie diese Einstellung, um Ihren Vorgang zeitlich ein wenig flexibler werden zu lassen: Sie fordern zum Beispiel jemanden auf, der normalerweise Nachtschicht arbeitet, an einem zweitägigen Seminar teilzunehmen, das während der normalen Standardarbeitszeit stattfindet.

Die richtige Ressource finden

Manchmal gibt es niemanden auf der Welt, der einen bestimmten Vorgang so ausführen kann wie Paul, und Sie müssen Paul dazu bringen, diesen Job zu übernehmen, und wenn es Sie umbringt. Dann wiederum gibt es Arbeiten, die eigentlich jeder übernehmen kann.

Falls irgendein Jörg, Thomas oder Jupp, der eine bestimmte Qualifikation (oder einen bestimmten Stundenlohn) hat, ausreicht, können Sie Funktionalitäten von Project verwenden, um die richtige Ressource zu finden und dafür zu sorgen, dass sie über genügend Zeit verfügt, um einen oder mehrere Vorgänge zu übernehmen.

Gesucht: Eine gute, arbeitswillige Ressource

Vielleicht kennen Sie aus anderen Programmen die Funktionalität SUCHEN, mit der Sie ein Wort, eine Phrase oder eine Zahl finden können. Das ist ein Kinderspiel, verglichen mit der Suchfunktion von Project, die einen Grabenbagger, einen Firmenjet oder eine Person finden kann! Sie können die Suchfunktion von Project dazu verwenden, nach Ressourcen mit einem bestimmten Stundensatz oder nach einer bestimmten Arbeitsgruppe zu suchen. Sie können Ressourcen nach dem Kürzel, den maximalen Zuordnungseinheiten, ihren Standard- und ihren Überstundensätzen und so weiter suchen.

Sie möchten zum Beispiel eine Ressource finden, deren Standardsatz weniger als 50 Euro beträgt. Oder Sie halten nach jemandem Ausschau, der in der Lage ist, zusätzliche Arbeiten zu übernehmen, womit Sie nach einer Ressource suchen, deren maximale Einheiten 100 Prozent übersteigen. (Diese Ressource kann länger arbeiten als andere, bevor sie überlastet wird.) Vielleicht müssen Sie aber auch eine Materialressource finden, bei der es sich um eine Chemikalie handelt, die in Litern gemessen wird, von der Sie aber den technischen Namen vergessen haben. In diesem Fall suchen Sie nach Ressourcen, deren Materialbeschriftung das Wort Liter enthält.

Lassen Sie sich eine Ressourcenansicht anzeigen, und gehen Sie so vor, um in Project Ressourcen zu finden:

1. **Wählen Sie BEARBEITEN|SUCHEN.**

    Es erscheint das Dialogfeld SUCHEN (siehe Abbildung 9.3).

Abbildung 9.3: Die Suche vereinfacht das Aufspüren eines Elements in einem bestimmten Feld, das einem bestimmten Kriterium entspricht.

2. **Geben Sie in das Feld SUCHEN NACH den Text ein, den Sie finden möchten.**

   Geben Sie zum Beispiel 50 ein, wenn Sie nach einer Ressource suchen, die einen Standardsatz von 50 Euro oder weniger aufweist, oder Labor, wenn Sie eine Ressource benötigen, deren Materialbeschriftung diesen Eintrag hat.

3. **Suchen Sie im Listenfeld FELD den Namen des Feldes aus, in dem Sie suchen wollen.**

   Um zum Beispiel nach Ressourcen zu suchen, deren maximale Einheit mehr als 100 Prozent beträgt, wählen Sie hier das Feld MAX. EINHEITEN.

4. **Wählen Sie im Feld BEDINGUNG ein Kriterium aus.**

   Um maximale Einheiten von mehr als 100 Prozent zu finden, wählen Sie GRÖSSER.

5. **Wenn Sie lieber von der aktuellen Zelle aus rückwärts statt vorwärts suchen, wählen Sie im Listenfeld SUCHEN die Option NACH OBEN.**

6. **Wenn Sie möchten, dass berücksichtigt wird, ob der Text groß- oder kleingeschrieben wird, markieren Sie das Kontrollkästchen GROSS-/KLEINSCHREIBUNG BEACHTEN.**

7. **Klicken Sie auf WEITERSUCHEN, um die Suche zu starten.**

8. **Klicken Sie so lange auf WEITERSUCHEN, bis Sie das gesuchte Element gefunden haben.**

Sie können die Suchenfunktion auch dazu verwenden, gefundene Einträge zu ersetzen. Wenn sich zum Beispiel der Name Ihrer Produktionsabteilung (PROD) in Fertigung (FERT) ändert, können Sie im Feld Gruppe nach PROD suchen. Klicken Sie auf die Schaltfläche ERSETZEN, und geben Sie im Dialogfeld ERSETZEN DURCH, die dann erscheint, die Buchstaben FERT ein (siehe Abbildung 9.4).

Abbildung 9.4: Benutzen Sie ERSETZEN DURCH, um alle Instanzen eines bestimmten Textes in Ihren Projektfeldern schnell zu ändern.

Klicken Sie dann auf die Schaltfläche ERSETZEN, um jedes Vorkommen von PROD einzeln zu ersetzen, oder klicken Sie auf ALLE ERSETZEN, um den Suchbegriff in einem Durchlauf im gesamten Projekt ersetzen zu lassen.

Benutzerdefinierte Felder: Eine Herausforderung

Wenn Sie Ressourcen zuordnen, müssen Sie häufig auch die Qualifikation einer Person berücksichtigen. Wäre es nicht nett, schnell und einfach eine Ressource zu finden, die mit einer recht niedrigen Qualifikation und wenig Erfahrung trotzdem an einem Vorgang arbeiten könnte (und dabei Geld einspart, weil sie in der Regel auch einen niedrigeren Stundensatz hat)?

Nun, Project kennt kein Feld Qualifikation, es lässt aber zu, dass Sie selbst definierte Felder hinzufügen. Sie können diese Felder für alles verwenden, und eine großartige Möglichkeit liegt darin, Ihre Ressourcen über ein solches Feld anhand ihrer Qualifikation zu kategorisieren. Sie können ein Bewertungssystem wie A, B und C verwenden, oder Sie benutzen Begriffe wie Erf für einen erfahrenen Mitarbeiter und Anf für einen Anfänger.

Und so fügen Sie ein benutzerdefiniertes Feld hinzu:

1. **Lassen Sie die Ansicht RESSOURCE:TABELLE anzeigen (oder eine andere, zu der Sie ein Feld hinzufügen möchten).**

2. **Klicken Sie mit der rechten Maustaste auf einen Spaltentitel, und wählen Sie SPALTE EINFÜGEN.**

   Die Spalte wird links von der Spalte eingefügt, auf die Sie geklickt haben.

3. **Wählen Sie im Listenfeld FELDNAME eines der benutzerdefinierten Felder aus, die mit TEXT 1 bis TEXT 30 bezeichnet sind.**

4. **Geben Sie im Feld SPALTENTITEL einen Namen für das Feld ein.**

5. **Klicken Sie auf OK, um die Spalte einzufügen.**

In diese Spalte können Sie für jede Ressource Ihres Projekts eingeben, was Sie möchten. Danach können Sie in diesem Feld nach bestimmten Einträgen suchen, indem Sie die Suchfunktion von Project verwenden, oder einen Filter einschalten, um nur Ressourcen anzuzeigen, bei denen in diesem Feld eine besondere Qualifikation steht. (Das Thema *Filter* wird in Kapitel 11 behandelt.)

Bei einigen Unternehmen werden benutzerdefinierte Felder für bestimmte firmeninterne Informationen, wie zum Beispiel Abrechnungskodierung oder Bewertung von Lieferanten, verwendet. Wenn es bei Ihnen einen Project-Administrator gibt, der für diese unternehmensweiten Standards zuständig ist, sprechen Sie ihn an, bevor Sie eigenständig Felder für die Bewertung von Qualifikationen anlegen.

Eine sinnvolle Zuordnung

Wenn Sie verstehen, wie Vorgangsarten und leistungsgesteuerte Terminplanung den zeitlichen Ablauf Ihrer Vorgänge beeinflussen können, haben Sie bereits 95 Prozent der Schlacht geschlagen, die Zuordnen von Ressourcen heißt. Der Rest ist nur das softwaretechnische Gegenstück zu Papier. Sie müssen zuerst einmal die Ressourcen erstellen, bevor Sie sie zuordnen können. (Wenn Sie das noch nicht gemacht haben, begeben Sie sich für eine Wiederholung zu den Kapiteln 7 und 8.) Nachdem Sie Ressourcen angelegt haben, können Sie auf eine Reihe von Methoden zurückgreifen, um die Ressourcen den Vorgängen zuzuordnen und die Einheiten festzulegen, mit denen die Zuordnung erfolgt. Diese Zuordnungseinheiten sind bei Arbeits- und bei Materialressourcen nicht identisch, wie der folgende Abschnitt zeigt.

Zuordnungseinheiten bei Arbeits-, Material- und Kostenressourcen festlegen

Arbeitsressourcen, bei denen es sich normalerweise um Menschen handelt, werden einem Vorgang prozentual zugeordnet: zum Beispiel zu 100 Prozent, 50 Prozent oder 150 Prozent. Wenn Sie eine Ressource prozentual zuordnen, geschieht dies auf der Grundlage des Ressourcenkalenders. Eine Ressource mit einem Standardkalender arbeitet acht Stunden am Tag, wenn Sie 100 Prozent ihrer Zuordnungseinheiten zuordnen. Theoretisch arbeitet eine Ressource, zu der ein 24-Stunden-Kalender gehört, mörderische 24 Stunden am Tag, wenn Sie sie zu 100 Prozent verplanen (um dann gleich darauf auszufallen), und 12 Stunden bei einer Zuordnung von 50 Prozent.

Eine *Materialressource* wird in Einheiten wie Liter, Beratungssitzungen, Meter oder Tonnen zugeordnet. Wenn Sie einem Vorgang eine Materialressource zuordnen, geben Sie an, wie viele Einheiten der Ressource an diesen Vorgang gehen.

Eine *Kostenressource* ist eine, die bei jeder Zuordnung einen bestimmten Betrag kostet. Wenn Sie zum Beispiel eine Kostenressource erstellen, die Gebühr für Genehmigung heißt und 100 Euro kostet, werden jedes Mal, wenn Sie diese Ressource einem Vorgang zuordnen, 100 Euro fällig.

 Merken Sie sich, dass die Einheiten von Materialressourcen über die gesamte Vorgangsdauer hinweg zugewiesen werden, während die Berechnung dieser Vorgangsdauer durch die Zuweisung von Arbeitsressourcen beeinflusst werden kann.

Zuordnungen vornehmen

Sie haben in Project vier Möglichkeiten, die Zuordnung von Ressourcen vorzunehmen. Sie können Ressourcen über die Registerkarte RESSOURCEN des Dialogfelds INFORMATIONEN ZUM VORGANG auswählen; Sie können Informationen über Ressourcen in der Spalte RESSOURCENNAMEN des Tabellenblatts der Ansicht BALKENDIAGRAMM (GANTT) eingeben; Sie können das Fenster teilen und in einem Fensterelement das Formular RESSOURCEN UND VORGÄNGER benutzen; und Sie können das Dialogfeld RESSOURCEN ZUORDNEN verwenden (diese Option wird weiter hinten in diesem Kapitel im Abschnitt *Das Dialogfeld »Ressourcen zuordnen« verwenden* erklärt).

Welche dieser Methoden Sie einsetzen, hängt eigentlich nur von Ihren eigenen Vorlieben ab. Es gibt aber ein paar Vorgaben, die Sie kennen sollten, bevor Sie sich für die eine oder andere Methode entscheiden:

✔ Wenn Sie die Spalte RESSOURCENNAMEN verwenden, teilen Sie standardmäßig 100 Prozent der Ressource zu. Wenn Sie einen anderen Prozentsatz einer Ressource zuordnen möchten, benutzen Sie eine andere Methode.

✔ Setzen Sie das Dialogfeld RESSOURCEN VERWENDEN ein, wenn Sie eine Ressource durch eine andere ersetzen möchten (in diesem Dialogfeld gibt es eine praktische ERSETZEN-Schaltfläche) oder wenn Sie die Liste der verfügbaren Ressourcen nach einem Kriterium (wie zum Beispiel Ressourcen mit Kosten kleiner einem bestimmten Betrag) filtern wollen. Dieses Dialogfeld eignet sich ganz besonders dann, wenn Sie mehr als eine Ressource zuordnen wollen.

✔ Arbeiten Sie mit dem Dialogfeld INFORMATIONEN ZUM VORGANG, wenn es hilft, für die Zuordnung auch die Einzelheiten eines Vorgangs (wie die Vorgangsart oder Einschränkungen, die auf anderen Registerkarten vorliegen) vor sich zu haben.

Ressource über die Spalte »Ressourcennamen« auswählen

Sie können diese Methode entweder in der Ansicht BALKENDIAGRAMM (GANTT) oder BALKENDIAGRAMM: ÜBERWACHUNG einsetzen, um Ressourcen über die Spalte RESSOURCENNAMEN zuzuordnen.

 Die Ansicht VORGANG EINSATZ hat zwar in ihrem Tabellenblatt eine Spalte RESSOURCENNAMEN, die aber nicht für die Eingabe von Ressourcen benutzt werden kann.

Wenn Sie Ressourcen mit einem Standardprozentsatz zuordnen wollen, gehen Sie so vor:

1. **Zeigen Sie die Ansicht BALKENDIAGRAMM (GANTT) an, indem Sie in der Ansichtsleiste auf das entsprechende Symbol klicken.**

2. **Wählen Sie ANSICHT|TABELLE|EINGABE.**

3. **Klicken Sie bei dem Vorgang, dem Sie eine Ressource zuordnen möchten, in die Spalte RESSOURCENNAMEN.**

   Am Ende der Zelle erscheint ein kleiner Pfeil.

4. **Klicken Sie auf den kleinen Pfeil, um die Liste der vorhandenen Ressourcen anzuzeigen.**

5. **Klicken Sie auf die Ressource, die Sie zuordnen wollen.**

   Der Name der Ressource erscheint in der Spalte RESSOURCENNAMEN, und die Ressource ist zu 100 Prozent zugeordnet.

Sie sind jederzeit in der Lage, die zugeordneten Einheiten zu ändern, indem Sie das Dialogfeld INFORMATIONEN ZUM VORGANG öffnen und auf der Registerkarte RESSOURCEN die zugeordneten Einheiten anpassen.

Das Dialogfeld »Ressourcen zuordnen« verwenden

Sie können einen Vorgang markieren und das Dialogfeld RESSOURCEN ZUORDNEN verwenden, um eine Arbeits- oder eine Materialressource zuzuordnen. Dies geht so:

1. **Klicken Sie auf einen Vorgang, um ihn zu markieren.**
2. **Klicken Sie in der Standardsymbolleiste auf die Schaltfläche RESSOURCEN ZUORDNEN.**

    Es erscheint das Dialogfeld RESSOURCEN ZUORDNEN (siehe Abbildung 9.5).

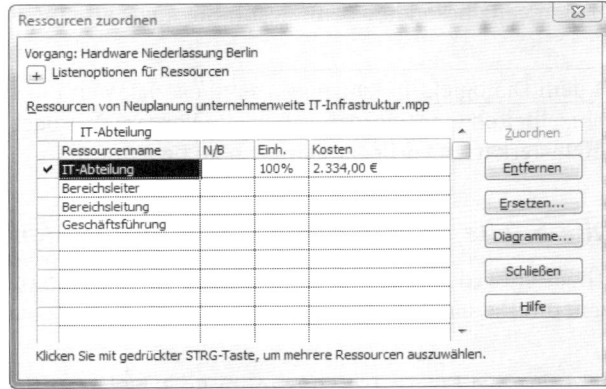

Abbildung 9.5: In dieser Liste wird jede Ressource angezeigt, die Sie erstellt haben.

3. **Klicken Sie auf eine Ressource, um sie zu markieren, und klicken Sie auf die Schaltfläche ZUORDNEN.**

    Wenn Sie die Ressource zugeordnet haben, erscheint vor der Spalte RESSOURCENNAME ein Markierungszeichen.

4. **Klicken Sie in die Spalte EINH. (Einheiten) der Ressource, die Sie gerade zugeordnet haben.**

    Bei einer Arbeitsressource erscheint als Standardwert 100%. Bei einer Materialressource ist der Standardwert eine Einheit.

5. **Legen Sie die prozentualen Zuordnungseinheiten der Ressource fest.**

    Erhöhen oder verringern Sie den eingestellten Wert, indem Sie auf die kleinen Pfeile klicken. Wenn Sie auf die Pfeile klicken, wird der Prozentsatz bei einer Arbeitsressource in Schritten zu 50 Prozent geändert; Sie können aber auch einen beliebigen Wert eingeben. Auch bei einer Materialressource verwenden Sie die Pfeile, um die Anzahl der zugeordneten Einheiten zu ändern, oder Sie geben einen beliebigen Wert ein.

6. **Wiederholen Sie die Punkte 3 bis 5, um alle Ressourcen hinzuzufügen.**
7. **Wenn Sie eine Ressource durch eine andere ersetzen wollen, klicken Sie auf eine zugeordnete Ressource (das ist eine mit einem Häkchen vor dem Namen), klicken Sie auf die Schaltfläche ERSETZEN, wählen Sie in der Liste einen anderen Namen aus, und klicken Sie auf OK.**
8. **Klicken Sie auf die Schaltfläche SCHLIESSEN, um Ihre Zuordnungen zu speichern.**

Sie können das Dialogfeld RESSOURCEN ZUORDNEN auch über die Symbolleiste RESSOURCENVERWALTUNG erreichen. Diese Symbolleiste bietet praktische Werkzeuge an, mit denen Sie Ressourcen aus Quellen wie dem Outlook-Adressbuch hinzufügen und überlastete Ressourcen verwalten können.

Zuordnungen im Dialogfeld »Informationen zum Vorgang« vornehmen

Sie können Ressourcen natürlich auch über die Registerkarte RESSOURCEN des Dialogfelds INFORMATIONEN ZUM VORGANG eines beliebigen Vorgangs zuordnen, indem Sie so vorgehen:

1. **Klicken Sie doppelt in der Ansicht BALKENDIAGRAMM (GANTT) auf den Namen eines Vorgangs.**

   Es erscheint das Dialogfeld INFORMATIONEN ZUM VORGANG.

2. **Klicken Sie auf die Registerkarte RESSOURCEN, um sie anzuzeigen.**
3. **Klicken Sie in ein leeres Feld der Spalte RESSOURCENNAME, und klicken Sie auf den Pfeil, der rechts im Feld erscheint.**

   Es erscheint eine Liste mit Ressourcennamen.

4. **Klicken Sie auf die Ressource, die Sie zuordnen möchten.**
5. **Klicken Sie in die Spalte EINHEITEN, und wählen Sie über die kleinen Pfeile den Prozentsatz der Zuordnung aus.**
6. **Wiederholen Sie die Punkte 3 bis 5, um weitere Ressourcen zuzuordnen.**
7. **Klicken Sie auf OK.**

Wenn Sie eine Materialressource zuordnen, ist der Standardwert von EINHEITEN eine einzelne Einheit. (Wenn Ihre Einheiten Kilogramm sind, ist die Standardeinheit 1 kg.) Verwenden Sie die kleinen Pfeile im Feld EINHEITEN, um zusätzliche Einheiten des Materials zuzuordnen.

Dem Ganzen ein Profil geben

Wenn Sie eine Arbeitsressource zuordnen, verteilt Project die Arbeit gleichmäßig über die Lebensdauer des Vorgangs. Sie sind aber in der Lage festzulegen, wie sich die Arbeit individuell über einen Vorgang verteilt, damit mehr Arbeit am Anfang, in der Mitte oder am Ende des Vorgangs berücksichtigt wird – Sie geben dem Vorgang ein *Arbeitsprofil*.

Wenn Sie zum Beispiel wissen, dass die Personen, die an einem Vorgang sitzen, bei dem es um die Einrichtung eines neuen Netzwerks geht, am Anfang viel Zeit damit zubringen, Handbücher zu lesen und die Pläne für die Verkabelung zu studieren, bevor sie mit der Installation zu messbaren Fortschritten kommen, benutzen Sie ein Profil mit einer späten Einsatzspitze. Oder Sie wissen, dass jemand anfangs viel Arbeit in eine Bestandsaufnahme steckt und sich dann zurücklehnt und auf die Ergebnisse wartet; dann wählen Sie ein Profil mit einer frühen Leistungsspitze.

Wenn Sie bei den Zuordnungen einer Ressource unterschiedliche Profile verwenden, kann die Ressource an einem zweiten Vorgang arbeiten, der zeitgleich mit dem ersten Vorgang abläuft. Dies kann dabei helfen, einen Ressourcenkonflikt zu lösen.

Das Profil, für das Sie sich entscheiden, hat je nach Art des Vorgangs leicht unterschiedliche Auswirkungen. Glauben Sie mir: Viele Projektleiter machen sich leider noch nicht einmal die Mühe, diesen komplexen Vorgang zu verstehen. Probieren Sie einfach einmal ein alternatives Profil aus, um herauszufinden, ob das nicht Ihre Probleme löst und es sich nicht zu gravierend auf die Dauer des Vorgangs oder andere Ressourcenzuordnungen auswirkt.

Um das Profil eines Vorgangs einzurichten, gehen Sie so vor:

1. **Zeigen Sie die Ansicht Vorgang Einsatz an.**

   Diese Ansicht zeigt die Ressourcenzuordnungen je Vorgang an.

2. **Klicken Sie doppelt auf eine Ressource.**

   Es erscheint das Dialogfeld Informationen zur Zuordnung (siehe Abbildung 9.6).

3. **Wählen Sie im Listenfeld Arbeitsprofil eines der vordefinierten Muster aus.**

4. **Klicken Sie auf OK, um die Einstellungen zu speichern.**

   In der Spalte Indikatoren der Ressource wird ein Symbol für das Profilmuster angezeigt.

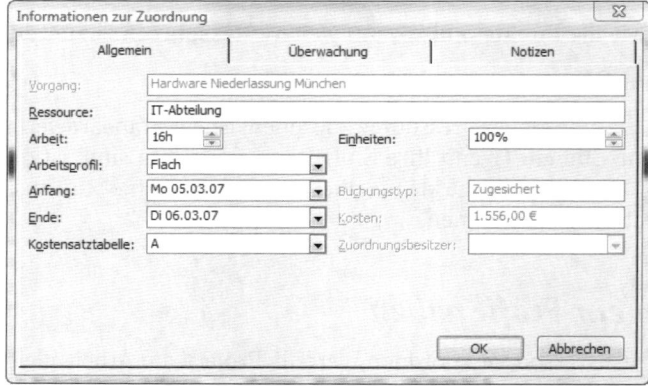

Abbildung 9.6: Dies ist ein praktischer Überblick über alle Zuordnungsinformation einer Ressource für einen Vorgang.

Wenn keines der Profilmuster auf Ihre Situation passt, können Sie in der Ansicht RESSOURCE EINSATZ die Arbeit einer Ressource manuell ändern, indem Sie die Anzahl der Stunden ändern, die die Ressource Tag für Tag am Vorgang beschäftigt ist.

Bevor Sie speichern, müssen Sie dafür sorgen, dass Ihre Änderungen zu der Stundenzahl führen, die Sie haben wollten. Und achten Sie darauf, dass Sie nicht irrtümlich die Zuordnung einer Ressource geändert haben.

Die Ansicht RESSOURCE:ZUTEILUNG ist nützlich, um sich zu diesem Zeitpunkt einen Überblick über die Zuordnungen der Ressourcen zu verschaffen. Diese Ansicht liefert einen direkten Vergleich zwischen der Auslastung einer Ressource und allen Vorgängen eines bestimmten Zeitabschnitts Ihres Projekts.

Das Team über Zuordnungen informieren

Nachdem Sie auf Papier alle Ressourcenzuordnungen ausgearbeitet haben, müssen Sie herausfinden, ob sich Ihre Ideen auch in den Terminplänen Ihrer Ressourcen umsetzen lassen.

Natürlich sollten Sie nachprüfen, wer für Ihr Projekt zur Verfügung steht. Und weil sich die Dinge im Laufe der Zeit ändern können, in der Sie Ihren Plan ausarbeiten und Zuordnungen vornehmen, müssen Sie dafür sorgen, dass Ihre Ressourcen Ihnen eine Bestätigung über die Zuordnung zukommen lassen, bevor Sie selbst dann den endgültigen Plan bestätigen.

Wenn Sie Project Server und Project Web Access einsetzen, können Sie hilfreiche Werkzeuge benutzen, um Zuordnungen auf einem Server zu veröffentlichen, auf dem sie durchgesehen und von den entsprechenden Leuten akzeptiert oder abgelehnt werden können. Wenn Sie mehr über Project Web Access wissen wollen, lesen Sie die Kapitel 18 und 19 durch.

Sie können den gesamten Projektplan oder ausgewählte Vorgänge per E-Mail an Ressourcen versenden. Sie können auch einen Bericht über die Zuordnung von Ressourcen erstellen und an die einzelnen menschlichen Ressourcen senden, damit diese wissen, wie ihre Zuordnungen im Einzelnen aussehen.

Es hängt an der E-Mail

E-Mail kann der beste Freund eines Projektleiters werden. Sie können es dazu verwenden, während der Lebensdauer Ihres Projekts die Kommunikation aufrechtzuerhalten und Ihren Projektplan während seiner verschiedenen Entwicklungs- und Verarbeitungsstadien zu versenden, damit er überprüft werden kann.

Sie können Ihren Projektplan als Mailanhang oder als *Terminplannotiz* versenden, bei der nur aktualisierte Vorgänge als Mailanhang mitgeschickt werden. Sie können entweder den gesamten Plan oder nur einige Vorgänge daraus versenden.

Um ein Projekt als Mailanhang zu versenden, gehen Sie so vor:

1. **Wählen Sie Datei|Senden an|E-Mail-Empfänger (als Anlage).**

   Es wird ein Mailformular angezeigt.

2. **Geben Sie einen Mailempfänger an, und tragen Sie eine Nachricht ein.**

3. **Klicken Sie auf Senden, um die Nachricht zu versenden.**

Wenn Sie eine *Terminplannotiz* versenden möchten, gehen Sie so vor:

1. **Wählen Sie Datei|Senden an|Terminplannotiz.**

   Es wird das Dialogfeld Terminplannotiz senden angezeigt (siehe Abbildung 9.7).

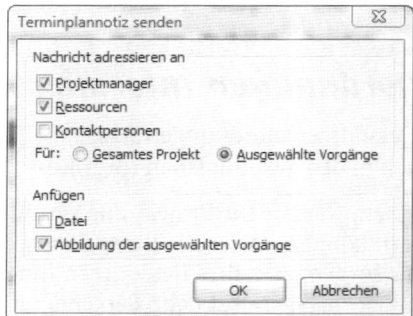

Abbildung 9.7: Benutzen Sie dieses Dialogfeld, um anzugeben, wer Ihre Notiz erhalten soll.

2. **Wählen Sie unter Nachricht adressieren an aus, wer die Nachricht erhalten soll: Projektmanager, Ressourcen und Kontaktpersonen.**

3. **Entscheiden Sie sich für Gesamtes Projekt oder Ausgewählte Vorgänge, um festzulegen, was zur Terminplannotiz gehören soll.**

4. **Legen Sie in der Sektion Anfügen fest, was als Anhang mit der Mail versendet werden soll.**

   Wenn Sie die Option Datei markieren, wird die gesamte Datei angehängt. Wenn Sie sich stattdessen für Abbildung der ausgewählten Vorgänge entscheiden, hängt Project eine Bitmap-Abbildung der Vorgänge an, die in der Ansicht markiert waren, als Sie den Sendevorgang begonnen haben.

   Befanden Sie sich beim Starten von Punkt 1 dieses Ablaufs in einer Ressourcenansicht, heißt diese Option Abbildung der ausgewählten Ressourcen, und es werden die Informationen über diese Ressourcen versendet.

5. **Klicken Sie auf OK.**

   Es wird ein Mailformular angezeigt.

6. Geben Sie eine Betreff-Information und einen Mailtext ein.
7. Klicken Sie auf SENDEN, um die Nachricht zu versenden.

 Um den E-Mails an die Ressourcen auf der Spur zu bleiben, sollten Sie in Ihrem Mailprogramm die Einstellung aktivieren, dass Ihnen eine Bestätigung geschickt wird, wenn die Nachricht angekommen ist oder gelesen wurde.

Den Weg mit Project Web Access gehen

Project Web Access lässt es zu, dass Sie einen großen Teil der Kommunikation und Zusammenarbeit mit Ihrem Team online durchführen – einschließlich der Information der Leute über Zuordnungen, dem Zugriff auf den Projektplan (selbst dann, wenn Project nicht installiert ist) und der Anforderung von Statusberichten. Weiterhin können Sie Funktionalitäten von Project Web Access dazu verwenden, die Verfügbarkeit einer Ressource zu überprüfen, ein Ressourcenteam aus einem unternehmensweiten Ressourcenpool zusammenzustellen und projektübergreifend Ressourcenzuordnungen zu kontrollieren. Die Kapitel 18 und 19 geben einen Überblick über Project Web Access, das voraussetzt, dass in Ihrem Unternehmen Project Server läuft. Wenn sich Ihr Unternehmen dafür entscheidet, diese unternehmensweite Lösung zu implementieren, kann das Ihr Leben stark vereinfachen.

Berichten Sie über Ihre Ergebnisse

Erinnern Sie sich noch an die Zeiten, als Sie einen Bericht auf Papier und nicht am Bildschirm erhalten haben? Diese Zeiten sind nicht vorbei: In vielen Fällen ist ein gedruckter Bericht Ihre erste Wahl, wenn Sie eine unmissverständliche Kommunikation über Ihr Projekt erreichen wollen.

Sie können verschiedene Berichte über Zuordnungen verwenden, um Ihre menschlichen Ressourcen über deren Zuordnungen zu Projekten zu informieren. Die vier Berichtsarten über Zuordnungen versorgen Sie mit folgenden Informationen:

✔ **WER-MACHT-WAS:** Stellt eine Liste von Vorgängen zur Verfügung, die nach Ressourcen geordnet ist und die die Gesamtzahl der Arbeitsstunden, die Anzahl der Tage, die bisher vom Originalplan abgewichen wird, und die Anfangs- und Enddatumswerte enthält. Sie gibt auch die gesamte Stundenzahl wieder, die eine Ressource insgesamt im Projekt tätig ist.

✔ **WER-MACHT-WAS-WANN:** Zeigt einen Kalender an, in dem, in zeitliche Abschnitte gegliedert, die Vorgänge mit allen Ressourcenzuordnungen aufgeführt werden.

✔ **VORGANGSZUORDNUNGEN:** Dieser Bericht wird wöchentlich für jeweils eine Ressource (und nicht für alle Ressourcen, wie das bei den anderen Berichten der Fall ist) erzeugt. Er zeigt die Vorgangsnamen, die Dauer, Anfangs- und Enddatumswerte und die Vorgangsvorgänger mit ihren Vorgangsnummern an.

✔ **Überlastete Ressourcen:** Zeigt Ressourcenzuordnungen menschlicher Ressourcen an, die im Verlauf des Projekts durch ihre Zuordnung zu Vorgängen überlastet werden. Dabei werden die gesamte Stundenzahl im Projekt, Zuordnungseinheiten, Gesamtzahl der Stunden je Vorgang und Abweichungen vom ursprünglichen Terminplan dargestellt.

Um einen Zuordnungsbericht zu erstellen, gehen Sie so vor:

1. **Wählen Sie Bericht|Berichte.**
2. **Klicken Sie auf Ressourcen und dann auf die Schaltfläche Auswahl.**

   Es erscheint das Dialogfeld Ressourcenberichte (siehe Abbildung 9.8).

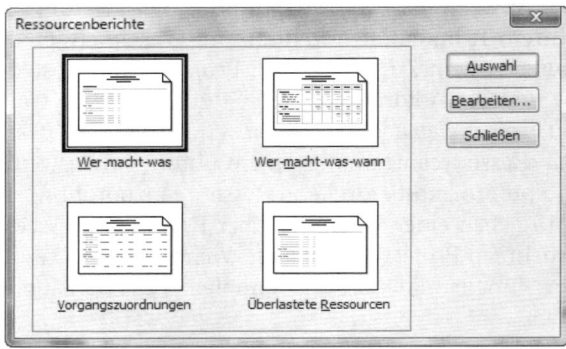

Abbildung 9.8: Ressourcenberichte haben mit den Zuordnungen von Ressourcen zu einzelnen Vorgängen zu tun.

3. **Klicken Sie auf einen der vier Berichte.**
4. **Klicken Sie auf Auswahl.**

   Es erscheint eine Vorschau des Berichts. Abbildung 9.9 zeigt zum Beispiel den Bericht Wer-macht-was.

5. **Wenn Sie die Einrichtung der Seite ändern müssen, klicken Sie auf Seite einrichten.**

   Sie möchten vielleicht die Ränder ändern oder wollen, dass statt im Quer- im Hochformat gedruckt wird.

6. **Klicken Sie auf Drucken, um den Bericht auszudrucken.**

In Kapitel 16 finden Sie weitergehende Informationen über die Druckoptionen von Project 2007 (einschließlich der grafischen Berichte).

9 ➤ Ressourcen zuordnen, um die Dinge in Gang zu bringen

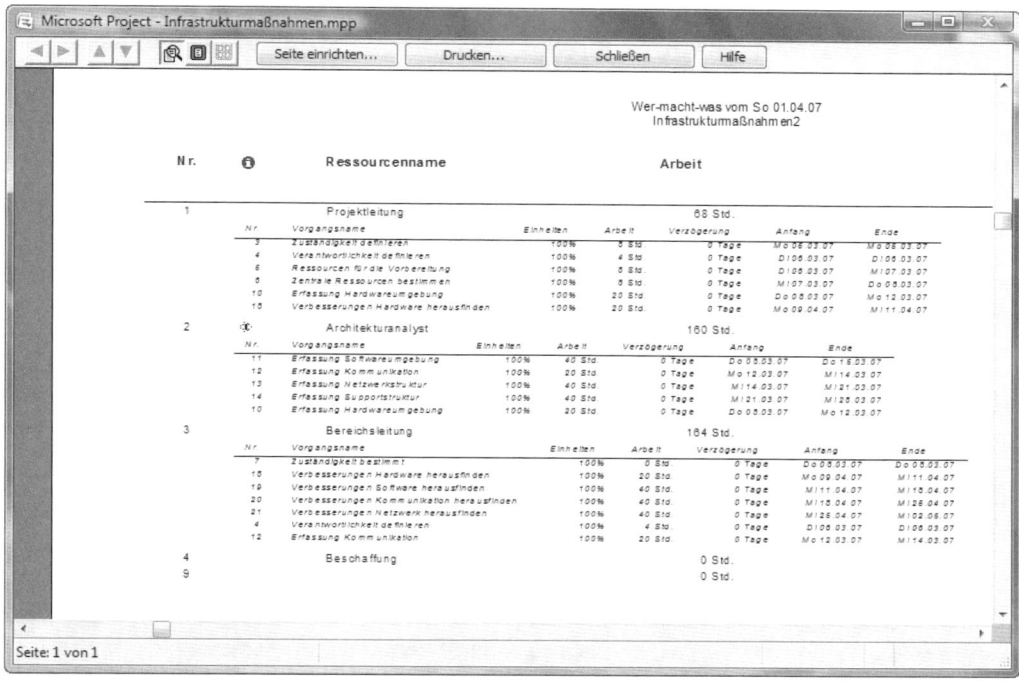

Abbildung 9.9: In diesen Berichten findet sich ein Fülle von Informationen über Zuordnungen.

Teil III
Das sieht auf Papier echt gut aus

»Unsere Kundenumfrage zeigt an, dass 30 Prozent unserer Kunden meinen, dass unser Service nicht besonders gut ist, 40 Prozent würden gerne Abläufe ändern, und 50 Prozent sind der Ansicht, dass es richtig geil wäre, wenn wir alle farblich abgestimmte Westen trügen.«

In diesem Teil ...

Wenn Sie einen Kurs für Ihr Projekt abgesteckt haben, ist es jetzt Zeit für einen kritischen Blick: Übersteht Ihr Projektplan eine Musterung hinsichtlich Budget und Terminplanung? Falls das nicht der Fall sein sollte, können Sie die Project-internen Werkzeuge verwenden, um an den Ressourcenzuordnungen zu basteln, die zeitlichen Abläufe von Vorgängen anzupassen, Kosten zu kürzen und Stichtage einzuhalten. Das Ergebnis: ein besserer endgültiger Plan. Weiterhin erhalten Sie einen Überblick darüber, wie Sie die Elemente Ihres Projekts formatieren können. (Schließlich ist eine geschliffene Darstellung – ob auf dem Bildschirm oder ausgedruckt – unbezahlbar.)

Stimmen Sie Ihren Plan ab

In diesem Kapitel

▶ Filter verwenden, um Probleme mit der Terminplanung und den Ressourcen zu erkennen

▶ Ermitteln, was Ihre Vorgänge antreibt

▶ Mehrfach rückgängig machen, um Lösungen auszuprobieren

▶ Änderungsmarkierungen einschalten

▶ Ausfallzeiten zu den Vorgängen hinzufügen, um Änderungen einzuplanen

▶ Anpassungen vornehmen, um den Terminplan zu kürzen

▶ Die Kosten beherrschen

▶ Ressourcenkonflikte lösen

Heißt es nicht, dass die am besten durchdachten Vorhaben von Mäusen und Projektleitern häufig fehlschlagen (oder war das: »nach hinten losgehen«?), und Ihr Plan macht da keine Ausnahme. Wenn Sie den besten Entwurf Ihres Projektplans genommen, alle Vorgänge angelegt und jede Ressource zugeordnet haben, und wenn Sie glauben, dass Sie jetzt so weit sind, das Projekt zu starten – sollten Sie sich das Ganze noch einmal überlegen.

Ein genauer Blick auf fast jeden Plan enthüllt Dinge, die Sie besser lösen sollten, bevor Sie mit dem ersten Vorgang anfangen. Dazu kann ein Termin gehören, der einen Monat nach einem Stichtag endet, menschliche Ressourcen, die so zugeordnet worden sind, dass sie 36 Stunden am Tag arbeiten müssen, oder ein Budget, das die Staatsverschuldung überschreitet. (Und so weiter, und so weiter …)

Selbst wenn in den Bereichen Zeit, Arbeitsbelastung oder Geld kein Problem deutlich zu sehen ist, sollten Sie ein paar Dinge tun, um dafür zu sorgen, dass Ihr Projekt so realitätsnah wie möglich ist, bevor Sie es freigeben. Deshalb sollten Sie sich einen Moment Zeit und Ihr Projekt noch einmal in Augenschein nehmen.

Alles zielt auf das Endergebnis

Ein erster Schritt, um sicher zu sein, dass Ihr Plan auf einer soliden Plattform steht, ist, ihn aus unterschiedlichen Perspektiven zu betrachten. Vergleichen Sie das mit Kauf eines Autos, um das Sie zunächst herumgehen, um sein Zubehör in Augenschein zu nehmen, bevor Sie die Anzahlung leisten. Filter helfen dabei, die notwendigen Blickwinkel zu erhalten.

Filter können Sie zu diesem Zeitpunkt dabei unterstützen, diese beiden großen Problembereiche zu untersuchen:

✔ **Überlastete Ressourcen:** Dabei handelt es sich um Ressourcen, die länger arbeiten, als Sie eigentlich vorgesehen haben.

✔ **Vorgänge auf dem kritischen Weg:** Ein kritischer Weg besteht aus einer Reihe von Vorgängen Ihres Projekts, die termingemäß fertiggestellt werden müssen, damit das Projekt pünktlich beendet werden kann.

Jeder Vorgang, der über einen Puffer verfügt, hat nichts mit dem kritischen Weg zu tun. Ein *Puffer* ist ein Zeitraum, um den sich der Vorgang verspäten kann, ohne dass der Terminplan des Projekts dadurch in Mitleidenschaft gezogen wird. Wenn Ihr Projekt nur über wenige Pufferzeiten verfügt, kann es jede Verspätung aus der Spur bringen.

Vordefinierte Filter

Sie können Filter mit der Zoom-Option Ihrer Textverarbeitung vergleichen: Filter sorgen dafür, dass Sie sich die unterschiedlichen Aspekte Ihres Plans detaillierter anschauen können, und sie helfen dabei, Anhaltspunkte für Probleme (wie Überlastungen von Ressourcen) zu finden. Sie können Filter einrichten, um Vorgänge oder Ressourcen hervorzuheben, die bestimmten Kriterien entsprechen, oder um Vorgänge oder Ressourcen aus Ansichten zu entfernen, die solchen Kriterien nicht entsprechen.

Project stellt vordefinierte Filter zur Verfügung, die Sie einfach auf Vorgänge oder Ressourcen anwenden können. Diese Filter verwenden Kriterien wie

✔ Vorgänge mit Kosten größer einem bestimmten Betrag

✔ Vorgänge auf dem kritischen Weg

✔ Vorgänge, die in einem bestimmten Datumsbereich stattfinden

✔ Meilensteine

✔ Vorgänge, die Ressourcen einer Ressourcengruppe verwenden

✔ Vorgänge mit überlasteten Ressourcen

Einige Filter, wie VERSPÄTETE VORGÄNGE oder KOSTENRAHMEN ÜBERSCHRITTEN, helfen Probleme auszumachen, nachdem Sie Ihren Plan abgeschlossen haben und den aktuellen Fortschritt überwachen. (Wie Sie ein Projekt überwachen, wird in Kapitel 13 beschrieben.)

Es gibt verschiedene Wege, um auf Filter zuzugreifen. Wenn Sie in der Symbolleiste FORMAT die Option FILTER benutzen, erhalten Sie eine Liste vordefinierter Filter. Diese Filter entfernen alle Vorgänge aus einer Ansicht, die nicht bestimmten Bedingungen entsprechen.

Um einen solchen Filter einzuschalten, gehen Sie so vor:

1. **Zeigen Sie eine Ressourcenansicht an (wie RESSOURCE:TABELLE), um Ressourcen zu filtern, oder eine Vorgangsansicht (wie BALKENDIAGRAMM (GANTT)).**
2. **Klicken Sie in der Symbolleiste FORMAT auf die Liste FILTER, und wählen Sie ein Kriterium aus.**

   Bei der Liste FILTER handelt es sich um ein Listenfeld. Wenn kein Filter zum Einsatz kommt, steht dort entweder ALLE VORGÄNGE oder ALLE RESSOURCEN. Wenn Sie einen Filter auswählen, der eine Eingabe benötigt, treffen Sie auf ein Dialogfeld wie das in Abbildung 10.1. Anderenfalls wird der Filter sofort angewendet und entfernt aus der Ansicht alle Ressourcen oder Vorgänge, die nicht zu seinen Bedingungen passen.

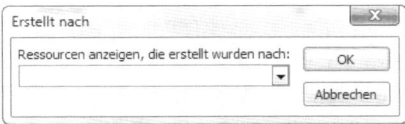

Abbildung 10.1: Einige Filter verlangen, dass Sie Parameter eingeben.

3. **Wenn ein Dialogfeld angezeigt wird, geben Sie die entsprechenden Informationen ein, und klicken Sie auf OK.**

   Der Filter wird angewandt.

Wenn Sie wieder alle Vorgänge oder Ressourcen anzeigen möchten, klicken Sie in der Symbolleiste FORMAT auf FILTER und dann auf ALLE VORGÄNGE oder ALLE RESSOURCEN (das hängt davon ab, ob gerade ein Vorgangs- oder ein Ressourcenfilter benutzt wird).

AutoFilter arbeiten lassen

Sie können auch die Schaltfläche AUTOFILTER der Symbolleiste FORMAT verwenden, um automatische Filter einzuschalten. Wenn Sie auf die Schaltfläche AUTOFILTER klicken, erscheinen in den Spaltentiteln des gerade angezeigten Tabellenblatts kleine Pfeile. Wenn Sie (zum Beispiel) auf den Pfeil in der Spalte VORGANGSNAME klicken, wird der Name eines jeden Vorgangs Ihres Projekts in alphabetischer Reihenfolge angezeigt. Klicken Sie auf einen Vorgangsnamen, und es verschwinden alle Vorgänge mit Ausnahme dieses Vorgangs und seiner Elternvorgänge aus der Ansicht. Sie können in diesen Menüs auch die Option BENUTZERDEFINIERT auswählen, um bestimmte Merkmale für AUTOFILTER einzugeben (siehe Abbildung 10.2).

Um AUTOFILTER zu aktivieren und zu verwenden, gehen Sie so vor:

1. **Zeigen Sie eine Ansicht an, die die Felder (Spalten) enthält, die Sie filtern möchten.**
2. **Klicken Sie auf die Schaltfläche AUTOFILTER.**

   Im Kopfbereich einer jeden Spalte erscheint ein kleiner Pfeil.

3. **Klicken Sie auf den Pfeil der Spalte, die Sie filtern möchten.**

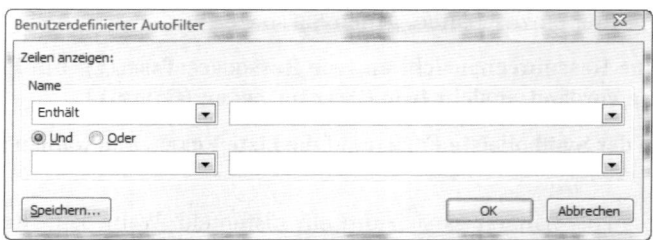

Abbildung 10.2: Die Auswahl in AUTOFILTER hängt davon ab, aus welcher Spalte Ihres Tabellenblatts heraus Sie sie aufgerufen haben.

4. **Klicken Sie auf das Kriterium, das Ihre Filterbedingung enthält.**

   Wenn Sie zum Beispiel nach der Dauer von Vorgängen filtern wollen, können Sie in der Spalte DAUER unter anderem > 1 TAG, > 1 WOCHE oder eine bestimmte Anzahl an Tagen (wie 5 TAGE oder 100 TAGE) auswählen. Alle Vorgänge oder Ressourcen verschwinden, die Ihrer Filterbedingung nicht entsprechen.

 Wenn Sie es vorziehen, dass alle Elemente, die Ihren Filterbedingungen entsprechen, hervorgehoben werden, die übrigen Elemente der Ansicht aber nicht verschwinden sollen, wählen Sie PROJEKT|FILTER|WEITERE FILTER. Wählen Sie den gewünschten Filter aus, und klicken Sie auf die Schaltfläche HERVORHEBEN.

Selbst gemachte Filter

Sie müssen nicht unbedingt die vordefinierten Filter benutzen. Sie dürfen kreativ sein und eigene Filter entwerfen. Um einen neuen Filter zu definieren, geben Sie einen Feldnamen, eine Bedingung und einen Wert an.

Um beliebige Vorgänge auf dem kritischen Weg anzuzeigen, bauen Sie einen Filter wie diesen auf:

KRITISCH *(FELDNAME)* GLEICH *(BEDINGUNG)* JA *(WERT)*

Sie können zusätzliche Bedingungen in einen Filter einbauen. Das folgende Beispiel filtert nach Vorgängen, die sowohl kritisch sind als auch Kostenabweichungen von mehr als 5.000 Euro haben:

KRITISCH *(FELDNAME)* GLEICH *(BEDINGUNG)* JA *(WERT)*

und

ABWEICHUNG KOSTEN *(FELDNAME)* GRÖSSER *(BEDINGUNG)* 5000 *(WERT)*

Und so bauen Sie Ihre eigenen Filter zusammen:

1. **Wählen Sie PROJEKT|FILTER|WEITERE FILTER.**

   Es erscheint das Dialogfeld WEITERE FILTER (siehe Abbildung 10.3).

10 ➤ Stimmen Sie Ihren Plan ab

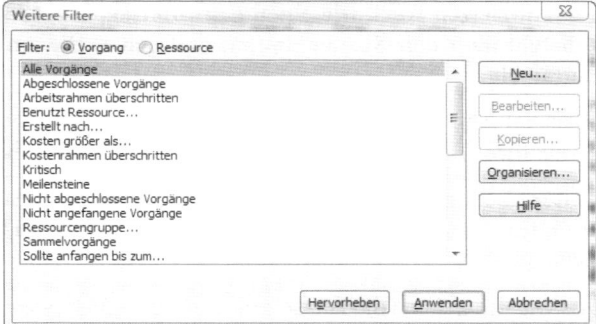

Abbildung 10.3: Dieses Dialogfeld führt alle vordefinierten und selbst erstellten Filter auf.

2. **Wählen Sie entweder die Option VORGANG oder die Option RESSOURCE aus, um festzulegen, in welcher Filterliste Ihr neuer Filter aufgenommen werden soll.**

3. **Klicken Sie auf die Schaltfläche NEU.**

   Es erscheint das Dialogfeld FILTERDEFINITION.

4. **Geben Sie im Feld NAME einen Namen für den Filter ein.**

5. **Klicken Sie in die erste Zeile der Spalte FELDNAME, und klicken Sie auf den kleinen Pfeil, der dann erscheint, um eine Auswahlliste anzuzeigen (siehe Abbildung 10.4).**

Abbildung 10.4: Geben Sie Ihrem neuen Filter einen Namen, der beschreibt, was er macht.

6. **Klicken Sie auf einen Feldnamen, um ihn auszuwählen.**

7. **Wiederholen Sie die Punkt 5 und 6 für die Spalten BEDINGUNG und WERT(E).**

   ◆ Die BEDINGUNG (wie »ist ungleich« oder »ist größer als«) muss erfüllt sein.

   ◆ WERT(E) ist entweder ein Wert, den Sie eingeben (wie ein bestimmtes Datum oder ein Kostenwert), oder ein vordefinierter Wert (in Form einer Variablen wie [ABWEICHUNG KOSTEN]).

8. **Wenn Sie einen qualifizierten Wert, wie einen Euro-Betrag, eingeben möchten, klicken Sie in das Eingabefeld über den Spaltenköpfen, und geben Sie am Ende Ihrer Filterdefinition den Betrag ein.**

   Wenn Sie zum Beispiel Kosten als Feldname und Gleich als Bedingung gewählt haben, können Sie am Ende Ihrer Definition 5000 in das Eingabefeld schreiben.

9. **Wenn Sie eine weitere Bedingung hinzufügen wollen, entscheiden Sie sich in der Spalte Und/Oder für die Option Und oder für Oder, und tätigen Sie Ihre Auswahl für Feldname, Bedingung und Wert(e).**

   Beachten Sie, dass Sie die Zeilen, die Sie so anlegen, über Ausschneiden und Einfügen in der Liste sortieren können.

10. **Damit der neue Filter in der Liste erscheint, die Sie angezeigt bekommen, wenn Sie in der Symbolleiste Format auf Filter klicken, markieren Sie das Kontrollkästchen Anzeige im Menü.**

11. **Klicken Sie auf OK, um den neuen Filter zu speichern, und klicken Sie auf Anwenden, um den Filter auf Ihren Plan anzuwenden.**

Sie können im Dialogfeld Weitere Filter auf die Schaltfläche Organisieren klicken, um selbst erstellte Filter von einem Projekt in ein anderes zu kopieren.

In Gruppen abhängen

Erinnern Sie sich noch an die Grüppchen, mit denen Sie auf der Schule abhingen? (Ich bin mir sicher, dass das eine echt *coole* Gruppe gewesen ist.) Gruppen haben Ihnen dabei geholfen, die grundlegenden Strukturen Ihrer Jugend zu erkennen. Auch Project lässt Sie Dinge gruppieren. Die Gruppierungsfunktion erlaubt es Ihnen im Wesentlichen, Informationen anhand bestimmter Merkmale zu ordnen. Sie können zum Beispiel die Gruppierungsfunktion einsetzen, wenn Sie Ressourcen nach Arbeitsgruppen ordnen wollen, oder Sie möchten Vorgänge nach ihrer Dauer sortieren – vom kürzesten zum längsten.

Wenn Sie Vorgänge oder Ressourcen auf diese Art ordnen, hilft das vielleicht, ein mögliches Problem in Ihrem Projekt zu erkennen: Sie finden zum Beispiel zu Beginn Ihres Projekts heraus, dass der größte Teil der Ressourcen über eine ungenügende Qualifikation verfügt oder dass sich die meisten Vorgänge am Ende des Projekts auf dem kritischen Weg befinden. Gruppen gibt es, ähnlich wie Filter, entweder vordefiniert, oder Sie legen sie benutzerdefiniert an.

Vordefinierte Gruppen einsetzen

Vordefinierte Gruppen können schnell und problemlos eingesetzt werden und erfüllen einen großen Teil der normalen Anforderungen eines Projekts. Wenn Sie eine vordefinierte Gruppenstruktur in Ihrem Projekt einsetzen möchten, gehen Sie so vor:

10 ➤ Stimmen Sie Ihren Plan ab

1. **Zeigen Sie entweder eine Ressourcenansicht (wie RESSOURCE:TABELLE) oder eine Vorgangsansicht (wie BALKENDIAGRAMM (GANTT)) an, um Ressourcen bzw. Vorgänge zu gruppieren.**
2. **Klicken Sie in der Standardsymbolleiste auf das Listenfeld GRUPPIEREN NACH, und wählen Sie ein Gruppierungsmerkmal aus.**

   Die Informationen Ihrer Ansicht werden anhand Ihrer Auswahl neu sortiert. Abbildung 10.5 stellt ein gruppiertes Beispiel dar.

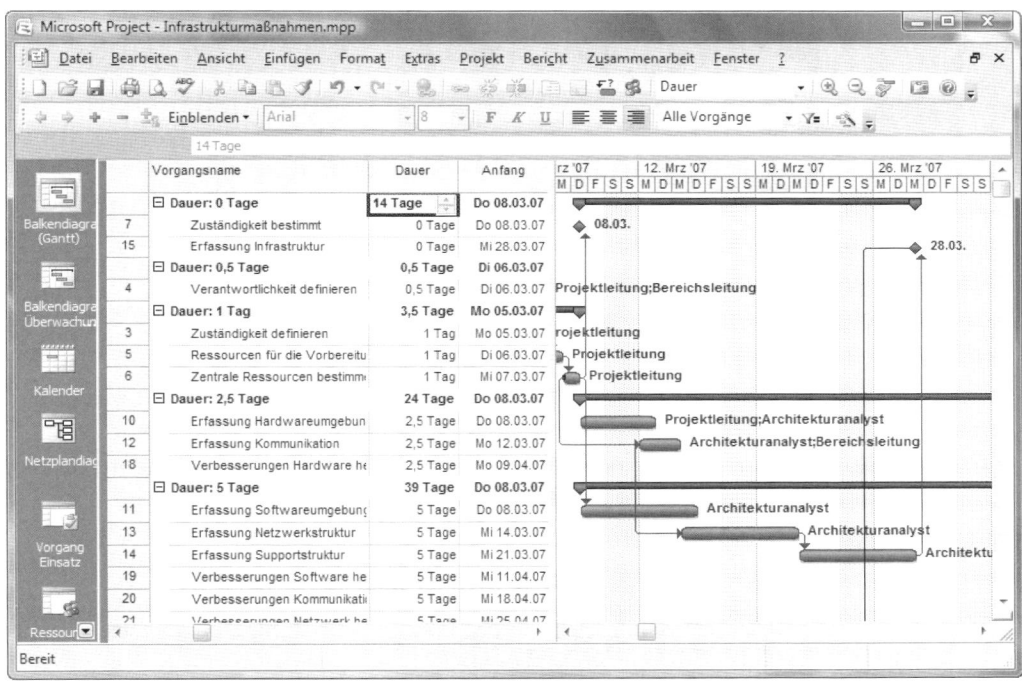

Abbildung 10.5: Vorgänge werden nach ihrer Dauer neu geordnet.

Um alle Vorgänge oder Ressourcen wieder in der ursprünglichen Reihenfolge anzuzeigen, klicken Sie in der Symbolleiste auf den kleinen Pfeil neben GRUPPIEREN NACH, um die Liste anzuzeigen, und dann auf OHNE GRUPPE. (Wenn Sie keine Gruppe ausgewählt haben, wird im Feld OHNE GRUPPE angezeigt.)

Eigene Gruppen ausdenken

Benutzerdefinierte Gruppen müssen drei Elemente enthalten: einen Feldnamen, eine Feldart und eine Reihenfolge. So können Sie zum Beispiel eine Gruppe erstellen, die den Feldnamen (wie ARBEIT), eine Feldart (wie VORGÄNGE, RESSOURCEN oder ZUORDNUNGEN) in einer bestimmten Reihenfolge (ABSTEIGEND oder AUFSTEIGEND) anzeigt. Eine Gruppe, die zum Beispiel für Vorgänge

ARBEIT in absteigender Reihenfolge anzeigt, führt die Vorgänge so auf, dass die mit der meisten Arbeit an der Spitze der Liste stehen. Andere Einstellungen, die Sie bei Gruppen vornehmen können, steuern das Format des Erscheinungsbilds von Gruppen, wie die verwendete Schriftart oder die Schriftfarbe.

Gehen Sie folgendermaßen vor, um eine benutzerdefinierte Gruppe zu erstellen:

1. **Wählen Sie PROJEKT|GRUPPIEREN NACH|WEITERE GRUPPEN.**

    Es erscheint das Dialogfeld WEITERE GRUPPEN (siehe Abbildung 10.6).

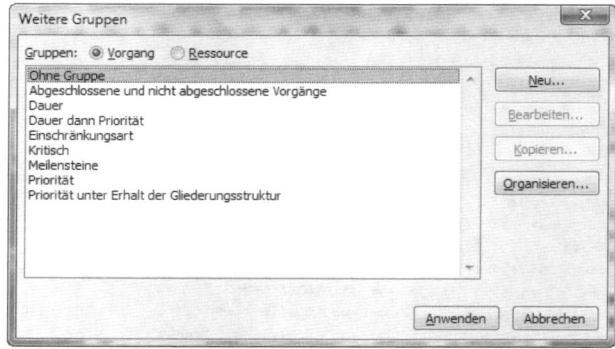

Abbildung 10.6: Sie finden in diesem Dialogfeld vorgangs- oder ressourcenbezogene Gruppen.

2. **Wählen Sie entweder VORGANG oder RESSOURCE, um anzugeben, in welche der beiden Gruppenlisten Ihre neue Gruppe aufgenommen werden soll.**

3. **Klicken Sie auf NEU.**

    Es erscheint das Dialogfeld GRUPPENDEFINITION (siehe Abbildung 10.7).

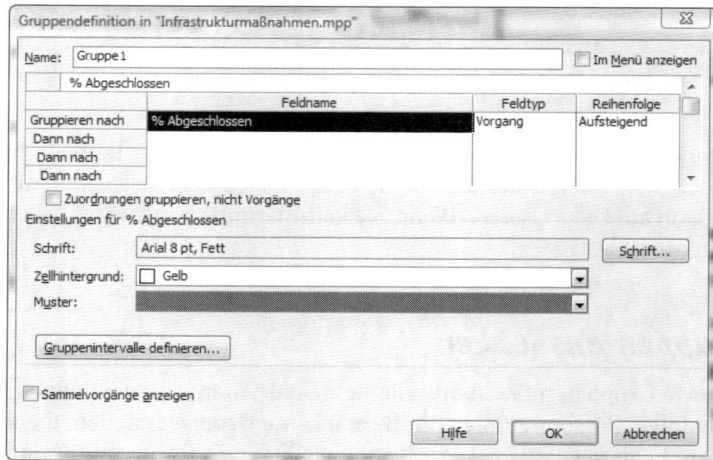

Abbildung 10.7: Verwenden Sie Ihre eigenen Gruppen, um Ihre Daten zu organisieren.

4. Geben Sie im Feld NAME einen Namen für Ihre Gruppe ein.

5. Klicken Sie in die erste Zeile der Spalte FELDNAME, klicken Sie auf den kleinen Pfeil, der dann erscheint, um eine Liste mit Feldnamen anzuzeigen, und klicken Sie auf einen Feldnamen, um ihn auszuwählen.

6. Wiederholen Sie den Punkt 5 für die Spalten FELDTYP und REIHENFOLGE.

Wenn Sie in der Option FELDTYP lieber eine Gruppierung nach Zuordnungen und nicht nach Ressourcen oder Vorgängen haben wollen, müssen Sie zuerst das Kontrollkästchen ZUORDNUNGEN GRUPPIEREN, NICHT VORGÄNGE aktivieren, damit dieses Feld für Sie auswählbar wird. Ansonsten erscheint in FELDTYP standardmäßig VORGANG oder RESSOURCE.

7. Wenn Sie ein weiteres Sortierkriterium hinzufügen wollen, klicken Sie in eine Zeile mit dem Titel DANN NACH, und wählen Sie in den Spalten FELDNAME, FELDTYP und REIHENFOLGE die entsprechenden Informationen aus.

8. Wenn Sie möchten, dass die neue Gruppe in der Symbolleiste in der Liste GRUPPIEREN NACH erscheint, markieren Sie das Kontrollkästchen vor IM MENÜ ANZEIGEN.

9. Sie können Einstellungen für die Schriftart, den Hintergrund der Zellen und Formatierungsmuster festlegen, um Ihre Gruppe zu formatieren.

10. Wenn Sie möchten, dass Ihre Gruppen in Intervallen zusammengefasst werden sollen, klicken Sie auf die Schaltfläche GRUPPIERUNGSINTERVALLE DEFINIEREN.

Dies führt zur Anzeige des Dialogfelds GRUPPIERUNGSINTERVALLE DEFINIEREN. Verwenden Sie die Einstellungen hier, um eine Anfangszeit und ein Intervall festzulegen. Wenn das Gruppierungsmerkmal zum Beispiel STANDARDSATZ ist und Sie ein Gruppierungsintervall von 10,00 gewählt haben, wird in Intervallen von jeweils 10 Euro gruppiert (dies führt zu Gruppierungen von 0 bis 10 Euro in einer Gruppe, 11 bis 20 Euro in einer zweiten Gruppe und so weiter).

11. Klicken Sie auf OK, um die neue Gruppe zu speichern, und klicken Sie dann auf ANWENDEN, um die Gruppe auf Ihren Plan anzuwenden.

Wenn Sie Änderungen an einer der vordefinierten Gruppen vornehmen möchten, wenden Sie die Gruppe auf Ihren Plan an, und wählen Sie PROJEKT|GRUPPIEREN NACH|BENUTZERDEFINIERTE GRUPPIERUNG. Dieses Dialogfeld, dessen Einstellungen mit denen des Dialogfelds GRUPPENDEFINITION identisch sind, gibt Ihnen die Möglichkeit, alle Einstellungen einer bestehenden Gruppe zu bearbeiten.

Finden Sie heraus, wer Ihr Projekt antreibt

Manchmal ist es bei all den Dingen, die in einem Projekt ablaufen – Hunderte von Vorgängen, Tausende von Abhängigkeiten, Kalender und so weiter –, fast unmöglich herauszufinden, was Ihren Projektplan vom Weg abkommen lassen könnte. In Project 2007 gibt es drei neue Funktionalitäten, die Ihnen dabei helfen herauszufinden, wer Ihr Projekt steuert, und Sie die notwendigen Feineinstellungen vornehmen lässt, bevor Sie Ihren Projektplan abschließen.

✔ **Vorgangstreiber** ist ein mächtiges Werkzeug, das Ihnen mitteilt, was in Ihrem Projekt Einfluss auf den Terminplan und die Vorgänge hat.

✔ **Mehrfache Rückgängigmachung** lässt Sie verschiedene Vorgehensweisen ausprobieren und mehrere Änderungen auf einen Schlag rückgängig machen (in den früheren Versionen von Project konnten Sie nur die letzte Aktion rückgängig machen).

✔ Das **Ändern der Hervorhebung** hilft dabei, die Ergebnisse von Änderungen, die Sie vorgenommen haben, besser zu erkennen.

Vorgangstreiber ausfindig machen

Wenn Sie Golf spielen, beeinflussen verschiedene Faktoren Ihr Spiel: Sie fühlen sich nicht gut, das Wetter ist schlecht oder Ihr Schläger ist nicht in Ordnung. (Das sind die Ausreden, die ich immer gebrauche.) Auch der zeitliche Verlauf Ihrer Vorgänge wird durch verschiedene Umstände beeinflusst. Die Funktionalität VORGANGSTREIBER hilft Ihnen dabei, diese Umstände zu erkennen, zu denen folgende Elemente gehören:

✔ **Aktuelles Anfangsdatum oder aktuelle Zuordnungen:** Sie haben ein Anfangsdatum eingegeben oder Sie haben einem Vorgang eine Ressource zugeordnet, die nicht verfügbar ist.

✔ **Verspätungen beim Ablauf:** Wenn Sie die Ablaufkontrolle eingeschaltet haben, um mit Überlastungen von Ressourcen umgehen zu können, kann dies zu einer Verspätung bei Vorgängen führen.

✔ **Einschränkungen:** Sie weisen einem Vorgang eine Einschränkung zu, damit er zum Beispiel an einem bestimmten Tag fertig ist.

✔ **Sammelvorgänge:** Die Terminplanung eines Sammelvorgangs wird durch die zeitlichen Abläufe seiner Kind- oder Teilvorgänge gesteuert.

✔ **Anordnungsverknüpfungen:** Der Vorgänger eines Vorgangs kann Änderungen an dessen Terminplanung bewirken.

Um die vorgangsgesteuerten Informationen anzeigen zu lassen, klicken Sie einfach auf die Schaltfläche VORGANGSTREIBER, die Sie in der Standardsymbolleiste finden (diese Schaltfläche sieht aus wie eine Symbolleiste mit Pfeil und Fragezeichen). Es erscheint das Fensterelement VORGANGSTREIBER (siehe Abbildung 10.8), das die verschiedenen Umstände erklärt, die den zeitlichen Ablauf eines Vorgangs beeinflussen können. Sie können einen anderen Vorgang anklicken, um sich dessen steuernde Elemente anzeigen zu lassen, und Sie können im Fensterelement VORGANGSTREIBER auf die Schaltfläche SCHLIESSEN klicken, wenn Sie Ihre Untersuchung abgeschlossen haben.

Zurück, zurück, zurück

Als Microsoft auf einer Konferenz eine Vorabversion von Project 2007 vorstellte und die neuen Funktionalitäten bekannt gab, wurde der wiederholt einsetzbare Befehl RÜCKGÄNGIG als die

Funktionalität dargestellt, die am häufigsten verlangt worden ist, und Microsoft erklärte mit stolzgeschwellter Brust, dass sie jetzt endlich vorhanden sei.

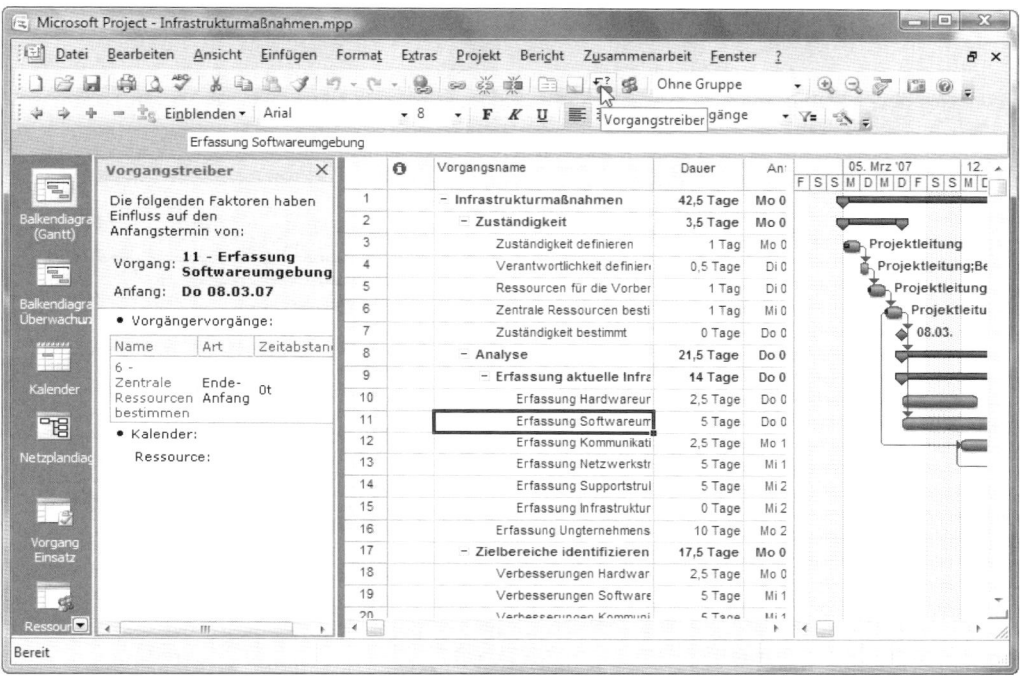

Abbildung 10.8: Das Fensterelement VORGANGSTREIBER zeigt an, wer oder was Ihren Vorgang beeinflusst.

Und warum ist diese Funktionalität eine so große Sache? Einzelne Änderungen, die Sie in Ihrem Projektplan vornehmen, können sich auf die unterschiedlichsten Elemente von Project auswirken. Aus diesem Grund war die Möglichkeit, mehrere Aktionen auf einen Schlag rückgängig zu machen, eine ziemliche technologische Herausforderung. Wenn Sie unterschiedliche Szenarien ausprobieren möchten, die zu vielen Änderungen an Ihrem Projekt führen, mussten Sie bisher eine Aktion ausprobieren, sie rückgängig machen, die nächste Aktion ausprobieren, sie rückgängig machen und so weiter – was erstens viel Zeit kostete und zweitens keine Möglichkeit bot, sich ein Ergebnis anzuschauen, das das Ergebnis aller Aktionen enthielt. Heute können Sie mehrere Änderungen vornehmen und die ganze Änderungsliste oder einen Teil davon *en bloc* rückgängig machen. Die Möglichkeit, den Befehl RÜCKGÄNGIG wiederholt einsetzen zu können, ist gerade dann sehr praktisch, wenn Sie am Ende Ihrer Projektplanung stehen oder wenn Sie Zuordnungen vorgenommen haben – indem Sie zum Beispiel zeitliche Abläufe verschiedener Vorgänge oder Stundensätze von Ressourcen geändert haben.

 Sie müssen alle Änderungen in der richtigen Reihenfolge rückgängig machen. Wenn Sie zum Beispiel fünf Änderungen vorgenommen haben und die vierte davon rückgängig machen möchten, müssen Sie die Änderungen eins bis vier rückgängig machen. Um eine Änderung rückgängig zu machen, klicken Sie in der Standard-

symbolleiste auf den kleinen Pfeil der Schaltfläche RÜCKGÄNGIG, und wählen Sie die Änderungen aus, die Sie rückgängig machen wollen (siehe Abbildung 10.9). Die ausgewählte Änderung und alle, die Sie danach vorgenommen haben, werden rückgängig gemacht.

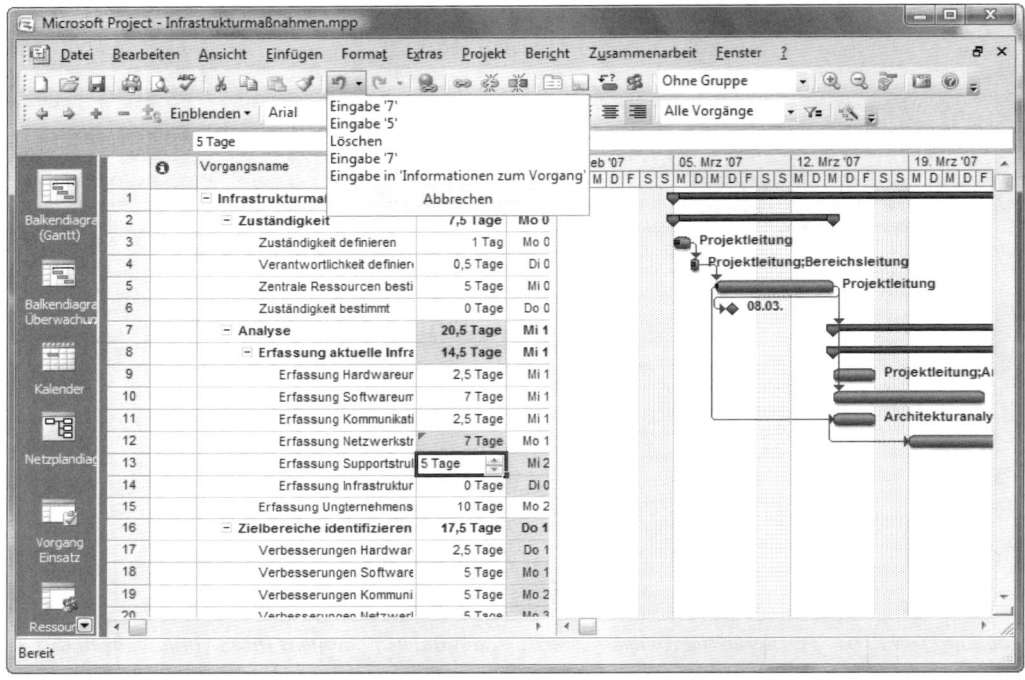

Abbildung 10.9: Machen Sie einen Vorgang nach dem anderen rückgängig.

Änderungen hervorheben

Ein anderes nützliches Werkzeug, das Sie verwenden können, um zu sehen, wie sich die Änderungen, die Sie als Feinabstimmung an Ihrem Projektplan vorgenommen haben, auf Ihr Projekt auswirken, ist die ÄNDERUNGSHERVORHEBUNG. Sie können diese Funktionalität ein- und ausschalten, indem Sie im Menü ANSICHT auf ÄNDERUNGSHERVORHEBUNG EINBLENDEN/ÄNDERUNGSHERVORHEBUNG AUSBLENDEN klicken. Wenn Sie ÄNDERUNGSHERVORHEBUNG eingeschaltet haben und eine Aktion ausführen, die den Terminplan Ihres Projekts ändert, werden alle Vorgänge hervorgehoben, auf die sich die Änderung auswirkt (siehe Abbildung 10.10).

ÄNDERUNGSHERVORHEBUNG zeigt nur die Ergebnisse der letzten Änderung an und funktioniert nur bei Änderungen am Terminplan.

10 ➤ Stimmen Sie Ihren Plan ab

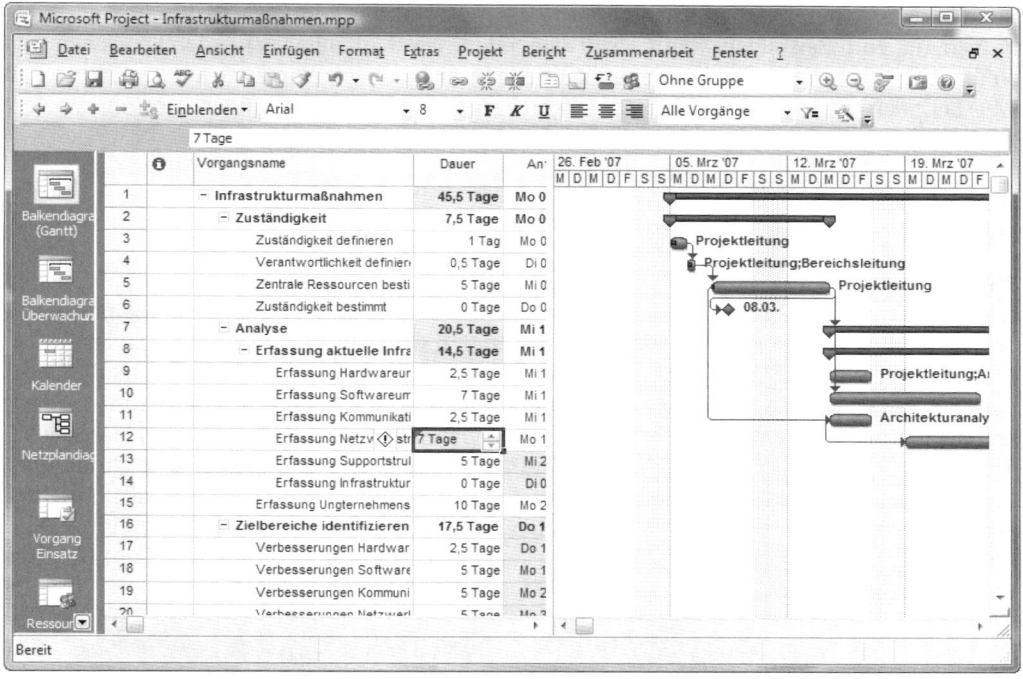

Abbildung 10.10: ÄNDERUNGSHERVORHEBUNG *lässt Sie erkennen, welche Auswirkungen Ihre Änderungen haben.*

Es ist an der Zeit

Auch Sie kennen sicherlich diese Erfahrung: Ihr Chef verlangt von Ihnen, dass Sie bestätigen, dass ein Projekt an einem bestimmten Tag beendet sein wird. Ihre Hände schwitzen, Sie haben ein echt ungutes Gefühl, Sie packen auf den Endtermin, den Ihr Chef gerne hätte, zur Sicherheit noch eine Woche drauf – und dann versprechen Sie das Unmögliche. Sie hoffen, dass Sie das schaffen. Sie wollen es auch schaffen. Aber *können* Sie es auch schaffen?

Project gibt Ihnen die Möglichkeit, sich viel sicherer zu fühlen, wenn Sie einen Zeitrahmen bestätigen, weil Sie sehen können, wie lange Vorgänge brauchen, bis sie abgeschlossen worden sind. Bevor Sie aber zu Ihrem Chef gehen und irgendwelche Versprechungen machen, sollten Sie mit zwei Sachen zufrieden sein: der Gesamtzeit, die Ihr Projekt braucht, um fertiggestellt zu werden, und dem kritischen Weg (die längste Reihe von Vorgängen, die termingerecht abgeschlossen sein müssen, damit Sie den Endtermin Ihres Projekts einhalten können).

Die Zeitangaben Ihres projektübergreifenden Sammelvorgangs sagen Ihnen, wie lange das gesamte Projekt braucht. Lassen Sie sich einfach die Ansicht BALKENDIAGRAMM (GANTT) anzeigen, und schauen Sie sich dort die Spalten DAUER, ANFANG und ENDE an. Falls Ihr Enddatum nicht mit Ihrem Anforderungen übereinstimmt, müssen Sie zurückgehen und einige Vorgänge anpassen.

Sie sollten auch dafür sorgen, dass es Platz für Fehler gibt. Sie können Filter und Gruppen benutzen, um zum Beispiel im Gantt-Diagramm oder im Netzplandiagramm den kritischen Weg zu identifizieren. Wenn Sie der Meinung sind, dass sich zu viele Vorgänge auf dem kritischen Weg befinden, ist es nicht schlecht, Pufferzeiten zum Plan hinzuzufügen, um unerwartete Verspätungen abfangen zu können.

Gönnen Sie sich einen Puffer

Wie viele Vorgänge Ihres Projekts dürfen auf dem kritischen Weg liegen, und wie viele sollten einen Puffer haben? Ein *zeitlicher Pufferbereich* ist die Zeit, um die sich ein Vorgang verspäten kann, ohne das gesamte Projekt zu verspäten. Ich wünschte, ich könnte Ihnen dafür eine Formel anbieten, aber leider hat das nichts mit Wissenschaft zu tun. Idealerweise sollte jeder Vorgang Ihres Projekts einen zeitlichen Puffer haben, weil es immer wieder zu Situationen kommt, mit denen Sie nie im Leben gerechnet haben (ein Engpass an wichtigen Materialien, der Einschlag eines Asteroiden, ein Wechsel in der Führungsspitze, der dafür sorgt, dass Sie sich plötzlich in einer ganz anderen Abteilung wiederfinden). Wenn Sie aber an alle Vorgänge Pufferzeiten hängen, dürfte Ihr Projekt bis ins nächste Jahrhundert dauern. Abbildung 10.11 stellt ein eigentlich typisches Szenario dar, in dem es einen Mix aus kritischen und unkritischen Vorgängen gibt.

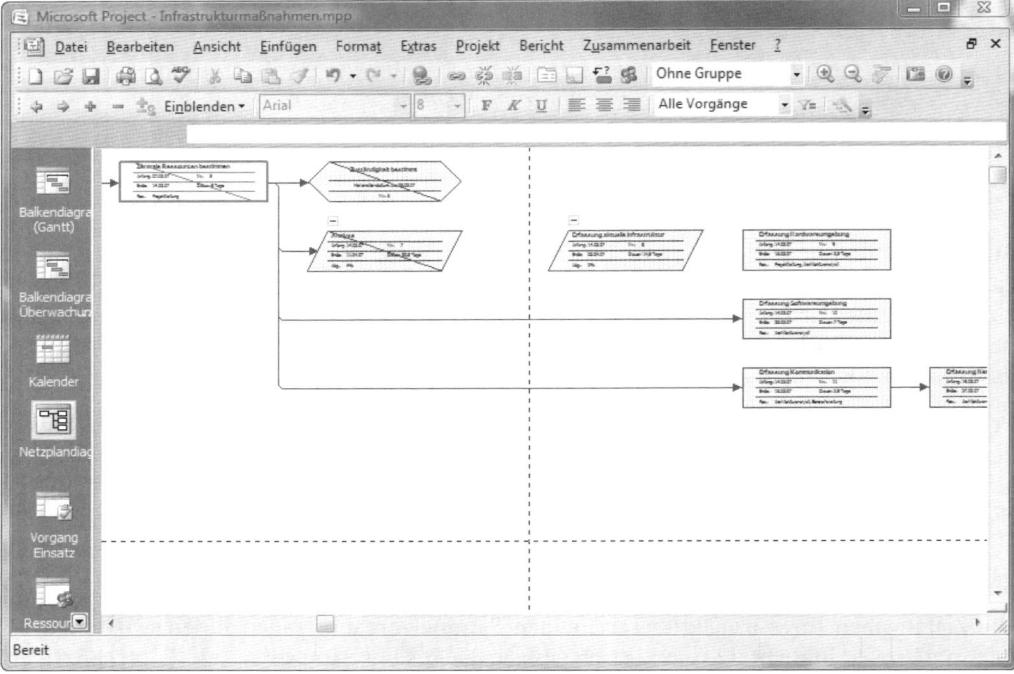

Abbildung 10.11: Folgen Sie im Netzplandiagramm dem kritischen Weg.

10 ▶ Stimmen Sie Ihren Plan ab

Einige Vorgänge besitzen einen »natürlichen« Puffer, weil sie während der Lebensdauer eines mit ihnen verknüpften Vorgangs ablaufen, der länger dauert. Der kürzere Vorgang kann sich bis zum Ende des länger dauernden Vorgangs verspäten, ohne das gesamte Projekt zu verspäten.

Lassen Sie sich dazu folgendes Beispiel durch den Kopf gehen: Sie können unmittelbar, nachdem der Rohbau eines Bürogebäudes abgenommen worden ist, mit den Klempnerarbeiten und dem Verlegen der elektrischen Leitungen beginnen. Die Klempnerarbeiten brauchen zwei Wochen, das Verlegen der Leitungen eine. Der nächste Vorgang, die Überprüfung der Technik, kann erst stattfinden, wenn sowohl die Klempnerarbeiten als auch das Verlegen der elektrischen Leitungen abgeschlossen sind. Der kürzere der beiden Vorgänge (Elektrik) hat einen Puffer von einer Woche, weil nichts passieren kann, bevor der abhängige Vorgang (Klempnerarbeiten) abgeschlossen worden ist (siehe Abbildung 10.12). Wenn sich das Verlegen der Leitungen aber um eine Woche verspätet, wird dieser Vorgang natürlich ebenfalls kritisch.

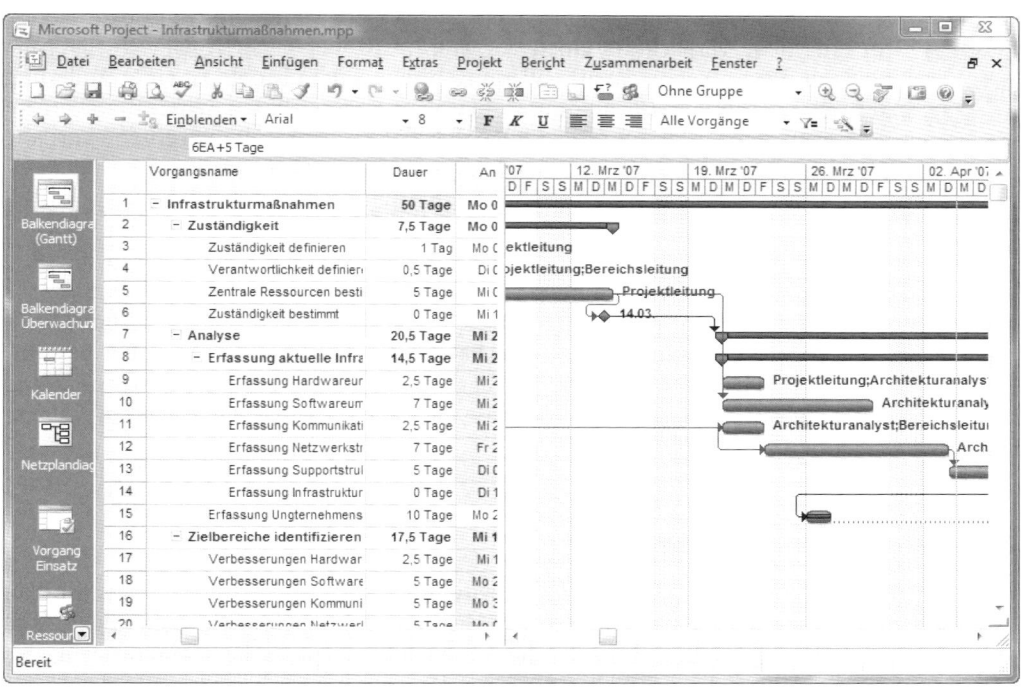

Abbildung 10.12: Symbolleisten helfen Ihnen, Puffer von Vorgängen sichtbar werden zu lassen, die sich nicht auf dem kritischen Weg befinden.

Jedes Projekt kennt solche natürlichen Puffer. In vielen Fällen müssen Sie Puffer manuell einbauen, was auf mehreren Wegen geschehen kann.

Der erste Weg ist der, dass Sie einfach die Dauer eines Vorgangs erhöhen. Fügen Sie zur Dauer eines jeden Vorgangs Ihres Projekts zwei Tage hinzu, oder analysieren Sie jeden Vorgang einzeln, um das Risiko von Verspätungen herauszufinden, und polstern Sie die entsprechenden Vorgänge ein wenig aus. Diese Methode ist etwas problematisch, weil Sie im Fall von Änderungen gezwungen sind, den Terminplan eines jeden Vorgangs, der davon betroffen ist, manuell anzupassen. Und Sie müssen in diesem Fall natürlich auch wissen, wie viel Pufferzeit Sie den Vorgängen irgendwann einmal gegönnt haben.

Die zweite Methode, Pufferzeiten aufzubauen, ist diejenige, die ich bevorzuge. Sie legen – eventuell am Ende einer jeden Projektphase – einen oder mehrere Puffervorgänge an.

 Auch wenn es eigentlich klar sein sollte: Nennen Sie diesen Vorgang niemals `Puffer`. Niemand in einer verantwortlichen Position wird sein Okay für einen Vorgang geben, in dem eigentlich nichts passiert. Geben Sie Puffervorgängen wohlklingende Namen wie `Technische Analyse` oder `Einsatzbesprechung`, die auf nützliche (wenn auch generische) Aktivitäten hinweisen. Dann geben Sie dem Vorgang eine Dauer, die den anderen Vorgängen der Phase eine Pause zum Luftholen gibt. Fügen Sie zum Beispiel an das Ende einer zweimonatigen Entwurfsphase für eine neue Verpackung einen Vorgang hinzu, der `Genehmigung Verpackung` heißt und eine Woche dauert. (Wenn es nun aus dem Nichts zu einer Änderung des Verpackungsauftrags kommt, stehen Sie auf der sicheren Seite.) Erstellen Sie jetzt noch eine Verknüpfung zwischen diesem und dem letzten »echten« Vorgang der Phase – fertig.

Ich fordere Sie hier nicht auf, unredlich zu werden – nur realistisch. Im Alltag kommen Sie ohne Pufferzeiten nicht aus.

Und wenn die Dinge in Ihrem Projekt anfangen zu schleifen (und das werden sie, glauben Sie mir), können Sie sehen, wie Ihr Puffer verzehrt wird, weil Ihr Puffervorgang plötzlich später endet, als Sie das für die gesamte Phase geplant hatten. Jetzt können Sie die Dauer des Puffervorgangs ändern und dabei berücksichtigen, dass Ihr Puffer aufgebraucht worden ist. Die Dauer dieses Vorgangs ist ein guter Indikator dafür, wie viel Zeit Sie haben, bevor die gesamte Phase kritisch wird.

Schneller fertig werden

Wenn Sie Ihre Hausaufgaben machen und Pufferzeiten zu Vorgängen hinzufügen, wird Ihr Plan zwar realistisch, aber Sie bezahlen dafür, indem Sie Zeit zu Ihrem Projekt hinzufügen. Was passiert, wenn das Enddatum Ihres Projekts dadurch später liegt, als es die höheren Mächte des Unternehmens wünschen? An dieser Stelle müssen Sie auf ein paar Taktiken zurückgreifen, die es möglich machen, den Terminplan zu kürzen.

Die Abhängigkeiten überprüfen

Der Zeitverlauf Ihres Plans wird zum größten Teil durch die zeitlichen Beziehungen bestimmt, die Sie zwischen Vorgängen aufbauen, also von Abhängigkeiten. Deshalb sollten Sie sich selbst fragen: »Habe ich alle Abhängigkeiten optimal angelegt?« Vielleicht starten Sie einen Vorgang erst dann, wenn ein anderer vollständig abgeschlossen worden ist, obwohl der zweite Vorgang zwei Tage vor dem Ende seines Vorgängers loslegen könnte. Wenn Sie diese Art von Überlappung einbauen, sparen Sie Zeit.

Verwenden Sie die Funktionalität VORGANGSTREIBER, die im Abschnitt *Vorgangstreiber ausfindig machen* beschrieben wird, um Abhängigkeiten aufzudecken.

Ein Beispiel: Sie legen für die beiden Vorgänge `Material recherchieren` und `Rede schreiben` eine Ende-Anfang-Verknüpfung fest, was dazu führt, dass Sie mit dem Schreiben Ihrer Rede erst anfangen können, wenn Ihre Recherche abgeschlossen worden ist. Ist das wirklich so? Können Sie nicht einen ersten Entwurf der Rede bereits dann schreiben, wenn Sie mit der Recherche zu drei Vierteln fertig sind? Besonders dann, wenn zwei verschiedene Ressourcen an diesen Vorgängen arbeiten, kann es viel Zeit einsparen, wenn der zweite Vorgang anfängt, bevor der erste fertig ist.

Wenn Sie die Lebensdauer eines Projekts mit Hunderten von Vorgängen betrachten, kann der Einbau von Überlappungen bei einem Dutzend Vorgängen einen Monat oder mehr Zeit einsparen.

Sie können mit Kapitel 6 einen Auffrischungskurs für das Erstellen und Ändern von Abhängigkeiten buchen.

Wir könnten ein wenig Hilfe gebrauchen!

Ein weiterer Faktor, der Zeitabläufe beeinflusst, ist die Verfügbarkeit von Ressourcen. Es kann passieren, dass Sie eine Vorgangsverknüpfung erstellen, bei der zwar ein Vorgang anfangen könnte, bevor sein Vorgänger fertig ist, die Ressource für den Nachfolgervorgang steht aber erst zur Verfügung, wenn der Vorgänger abgeschlossen ist.

Bei ressourcenabhängigen Zeitverläufen sollten Sie sich mit diesen Dingen beschäftigen:

✔ Vielleicht haben Sie den Anfang eines Vorgangs verzögert, weil eine Ressource nicht verfügbar ist. Könnte hier nicht eine andere Ressource einspringen? Wenn das möglich ist, wechseln Sie die Ressource aus, und lassen Sie den Vorgang früher anfangen.

✔ Project berechnet die Dauer einiger Vorgänge (feste Arbeit und feste Einheit mit leistungsgesteuerter Terminplanung) nach der Anzahl Ressourcen, die verfügbar sind, um die Arbeit zu erledigen. Wenn Sie diesen Vorgängen weitere Ressourcen zuweisen, kürzt Project die Vorgangsdauer.

✔ Wenn Sie einigen Vorgängen erfahrenere Ressourcen zuordnen, sind Sie möglicherweise in der Lage, die Arbeitsstunden zu kürzen, die für die Vollendung eines Vorgangs notwendig sind, weil die erfahrene Person die Arbeit schneller erledigen kann.

✔ Können Sie einen Externen verpflichten, um die Arbeit zu erledigen? Wenn Sie Geld, aber weder Zeit noch Ressourcen haben, wäre das eine Möglichkeit.

 Kapitel 9 behandelt die Mechanismen für das Einrichten und Ändern von Ressourcenzuordnungen.

Beenden Sie die Jagd: Vorgänge löschen und Pufferzeiten kürzen

Wenn alles andere nicht funktioniert, ist es Zeit für ein paar einschneidende Maßnahmen. Können Sie Vorgänge wie eine abschließende Qualitätskontrolle auslassen, die im Anschluss an die drei Kontrollschritte kommt, die Sie sowieso schon eingebaut haben? Oder sollten Sie etwas von den Zeitpuffern entfernen, die Sie (aus Sicherheitsgründen) eingebaut haben?

 Entfernen Sie niemals, ich wiederhole, *niemals* alle Pufferzeiten aus Ihrem Projekt. Anderenfalls rächt sich das irgendwann ganz böse und holt Sie ein wie der Teufel die arme Seele. Sagen Sie Ihrem Chef, dass dieser Rat von mir stammt.

Können Sie andere Projektleiter dazu bringen, einige Ihrer Vorgänge von anderen Ressourcen erledigen zu lassen? Wenn Ihr netter Kollege ein Projekt durchzuführen hat, das sich mit dem Schreiben einer Produktbeschreibung beschäftigt, können Sie ihn dann nicht davon überzeugen, auch das Benutzerhandbuch zu schreiben, das eigentlich in Ihrem Verantwortungsbereich liegt? Fragen kostet nichts.

Geht es nicht ein wenig billiger?

Nachdem Sie alle Ressourcen den Vorgängen zugeordnet und Ihre festen Kosten eingegeben haben, ist die Zeit für einen Preisschock gekommen. Project fasst alle Kosten zusammen und zeigt Ihnen das Budget des Projekts an. Was ist aber, wenn Sie mit diesen Zahlen nicht leben können? Hier kommen ein paar Tipps, um das Endergebnis ein wenig zu glätten.

- ✔ **Setzen Sie preiswertere Ressourcen ein.** Haben Sie an einem Vorgang einen teuren Ingenieur eingesetzt, obwohl die Aufgabe auch von einer Nachwuchskraft erledigt werden kann? Haben Sie für die Überprüfung eines Vorgangs einen teuren Manager eingesetzt, wenn die gleiche Aufgabe auch von einem kostengünstigeren Controller durchgeführt werden kann?

- ✔ **Verringern Sie feste Kosten.** Auch wenn Sie Reisekosten für vier Fabrikbesuche genehmigt bekommen haben, stellt sich die Frage, ob der gleiche Effekt nicht mit drei Besuchen erreichen ist? Könnten Sie Flüge nicht so rechtzeitig buchen, dass Sie in den Genuss von Preisvorteilen kommen? Könnten Sie nicht einen Lieferanten für die Maschine finden, der billiger als die ursprünglich angesetzten 14.000 Euro ist? Hält die alte Ausrüstung eventuell noch ein Projekt durch?

- ✔ **Kürzen Sie Überstunden.** Werden Ressourcen, die Überstundensätze kassieren, zu häufig eingesetzt? Versuchen Sie, deren Einsatzstunden zu verringern, oder setzen Sie Ressourcen ein, die für den 12-Stunden-Tag ein festes Gehalt beziehen.

✔ **Machen Sie es in weniger Zeit.** Die Kosten von Ressourcen setzen sich aus Dauer, Stundensätzen oder Anzahl von Einheiten zusammen. Wenn Sie Vorgänge ändern, damit weniger Arbeitsstunden erforderlich sind, um die Vorgänge zu vollenden, wird es billiger. Bleiben Sie aber realistisch, wenn es um die Zeit geht, die wirklich gebraucht wird, um die Arbeit zu erledigen.

Bei Ressourcen Zuflucht suchen

Bevor Sie Ihren Plan abschließen, sollten Sie sich noch mit einem wichtigen Gebiet beschäftigen: der Arbeitsbelastung von Ressourcen. Wenn Sie in Ihrem Projekt Ressourcen zu Vorgängen zuordnen, kann es vorkommen, dass Sie Situationen schaffen, in denen Ressourcen rund um die Uhr arbeiten müssen. Auf dem Papier mag das gut aussehen, aber in Wirklichkeit wird das nicht funktionieren.

Ihr erster Schritt ist herauszufinden, wie Sie solche Überlastungen erkennen können. Dann müssen Sie diesen armen Menschen helfen.

Die Verfügbarkeit von Ressourcen überprüfen

Um Probleme zu lösen, die mit Ressourcen zu tun haben, müssen Sie zunächst einmal herausfinden, wo diese Schwierigkeiten zu suchen sind. Sie können das dadurch erledigen, dass Sie sich ein paar Ansichten anschauen, die mit der Zuordnung von Ressourcen zu tun haben.

Sie können Funktionalitäten der Zusammenarbeit von Project Web Access benutzen, um online Informationen über die Verfügbarkeit von Ressourcen zu erhalten. Nähere Einzelheiten zum Arbeiten mit Project Web Access finden Sie in den Kapitel 18 und 19.

Sehr hilfreich sind die Ansichten RESSOURCE EINSATZ (siehe Abbildung 10.13) und RESSOURCE: GRAFIK (siehe Abbildung 10.14), wenn es darum geht, überlastete Ressourcen aufzuspüren.

Als Erstes sollten Sie sich merken, dass Ressourcen in diesen, auf Ressourcen basierenden Ansichten auf der Grundlage von Zuordnungen und Kalendern als überlastet gekennzeichnet werden. Eine Ressource, die auf einem Standardkalender mit acht Stunden Arbeit täglich und einer Zuordnung zu einem Vorgang von 100 Prozent basiert, arbeitet an einem Vorgang acht Stunden täglich. Wenn Sie dieselbe Ressource einem anderen Vorgang, der gleichzeitig abläuft, mit 50 Prozent zuordnen, muss sie zwölf Stunden täglich arbeiten (acht plus vier) und wird als überlastet gekennzeichnet.

Arbeit wird in der Ansicht RESSOURCE:GRAFIK in der Zeile HÖCHSTWERTE summiert und farblich hervorgehoben, wenn sie 100 Prozent überschreitet. In der Ansicht RESSOURCE EINSATZ werden überlastete Ressourcen farblich hervorgehoben und erhalten in der Indikatorenspalte eine gelbe Raute mit einem Ausrufezeichen darin. Die Gesamtzahl der Arbeitsstunden, die eine Ressource jeden Tag insgesamt allen Vorgängen zugeordnet ist, wird in der Zeile aufgeführt, die den Ressourcennamen enthält.

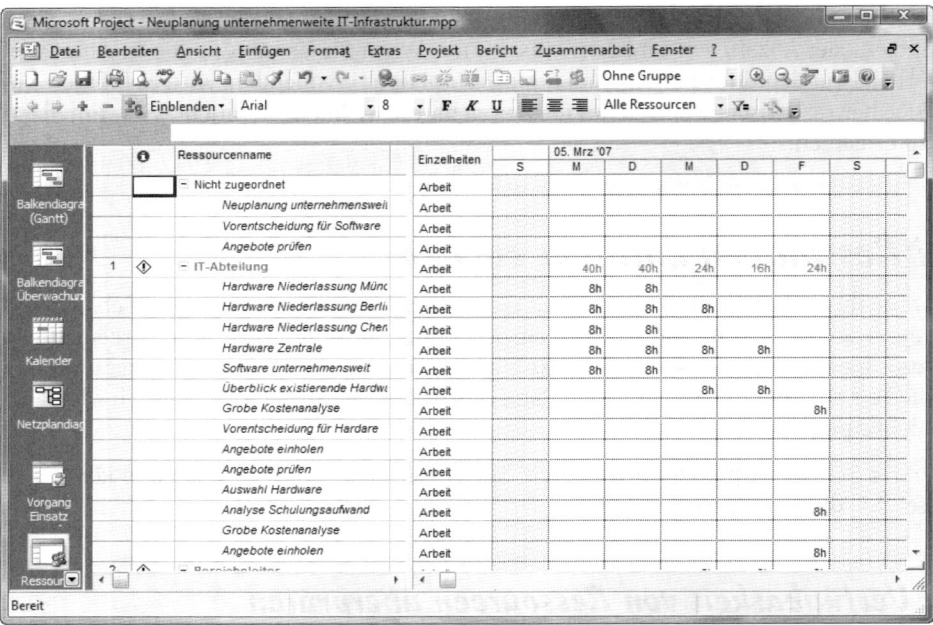

Abbildung 10.13: Die Ansicht RESSOURCE EINSATZ zeigt die Arbeitsbelastung eines jeden Vorgangs an.

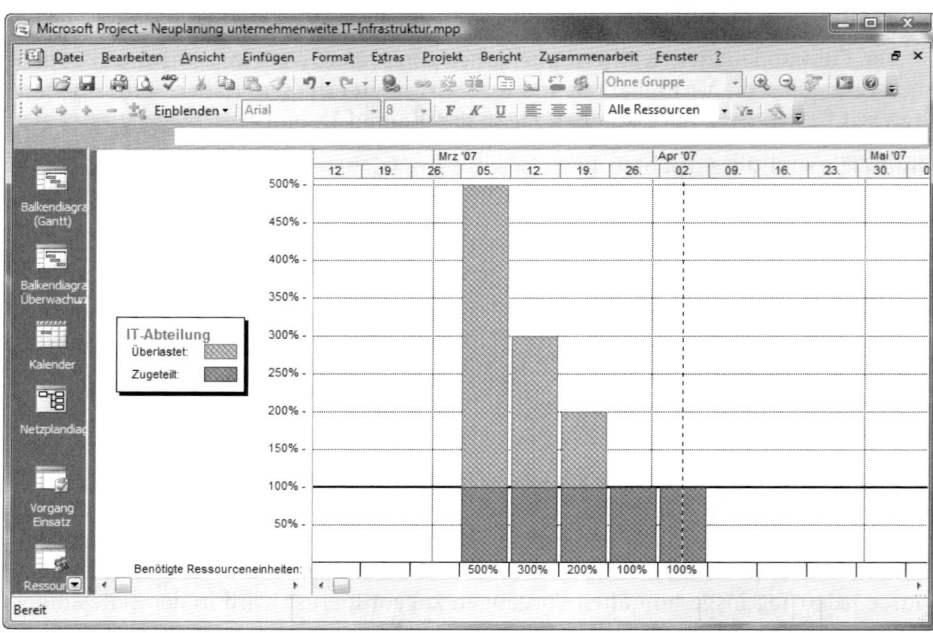

Abbildung 10.14: Die Ansicht RESSOURCE:GRAFIK gibt Ihnen einen grafischen Anhaltspunkt für überlastete Ressourcen.

Die Zuordnung einer Ressource ändern oder entfernen

Sie stellen fest, dass die arme Henriette am Dienstag 42 und am Freitag 83 Stunden arbeiten muss. Was können Sie da tun?

Ihnen stehen ein paar Möglichkeiten zur Verfügung:

✓ **Entfernen Sie Henriette von ein paar Vorgängen, um etwas Zeit frei zu geben.**

✓ **Ändern Sie Henriettes Ressourcenkalender, um längere Arbeitstage zuzulassen: zum Beispiel auf zwölf Stunden.** Denken Sie daran, dass dies dazu führt, dass Henriette zwölf Stunden an einem Vorgang arbeitet, wenn sie ihm zu 100 Prozent zugeordnet ist. Wenn Sie den Arbeitstag einer Ressource verlängern, sollten Sie eigentlich auch deren Zuordnungen verringern. Wenn jemand öfter (auf der Grundlage eines Acht-Stunden-Kalenders) für zwei Vorgänge 16 Stunden an einem Tag Zeit haben muss, weil er zwei Mal zu je 100 Prozent zugewiesen worden ist, probieren Sie es aus, auf einen Zwölf-Stunden-Kalender und 50-Prozent-Zuordnungen umzusteigen (sechs Stunden für jeden der beiden Vorgänge, was insgesamt zwölf Stunden ausmacht). Wenn aber eine Person normalerweise acht Stunden am Tag arbeitet und 12- oder 16-Stunden-Schichten *die Ausnahme* sind, sollten Sie den Basiskalender der Ressource nicht ändern, weil sich das auf alle Zuordnungen dieser Ressource auswirkt.

Denken Sie daran, dass die beiden gerade vorgeschlagenen Optionen die Vorgänge verlängern können, denen die Ressource zugeordnet ist, und zwar unabhängig davon, ob Sie eine Ressource entfernen oder ob Sie die Ressourcenzuordnung ändern.

✓ **Ändern Sie Henriettes Verfügbarkeit, indem Sie im Dialogfeld INFORMATIONEN ZUR RESSOURCE ihre Zuordnungseinheiten auf mehr als 100 Prozent setzen.** Wenn Sie zum Beispiel als verfügbare Einheiten 150% eingeben, geben Sie Ihr Okay dafür, dass Henriette zwölf Stunden am Tag arbeitet, und Project geht davon aus, dass bis zu zwölf Stunden Arbeit am Tag normal ist und eine Überlastung erst anfängt, wenn Henriette noch mehr arbeitet.

✓ **Ignorieren Sie das Problem.** Ich meine das nicht im Scherz. Manchmal ist es annehmbar, wenn jemand im Verlauf eines Projekts einen oder zwei Tage lang zwölf Stunden arbeitet. In solch einem Fall besteht keine Notwendigkeit, die normalen Arbeitszuordnungen einer Ressource zu ändern, um Überlastungen zu entfernen. (Sagen Sie Henriette aber, dass es in Ordnung ist, wenn sie sich an solchen Tagen Pizza auf Firmenkosten kommen lässt, und achten Sie darauf, dass solch lange Arbeitszeiten nicht zur Regel werden.)

Hilfe bekommen

Wenn eine Person zu viel zu tun hat, ist es an der Zeit, sich nach Hilfe umzuschauen. Es gibt verschiedene Wege, Ressourcen frei zu schaufeln.

Einer davon ist, jemanden als Aushilfe einem Vorgang zuzuordnen und damit die Überlastung zu reduzieren, weil die ursprüngliche Ressource nicht mehr für so viele Stunden benötigt wird. Verringern Sie die Arbeitszuordnung einer Ressource bei einem oder mehreren Vorgängen von

100 auf zum Beispiel 50 Prozent. Sie machen dies auf der Registerkarte RESSOURCEN des Dialogfelds INFORMATIONEN ZUM VORGANG (siehe Abbildung 10.15) oder durch Klicken auf das Symbol RESSOURCEN ZUORDNEN, was das gleichnamige Dialogfeld öffnet.

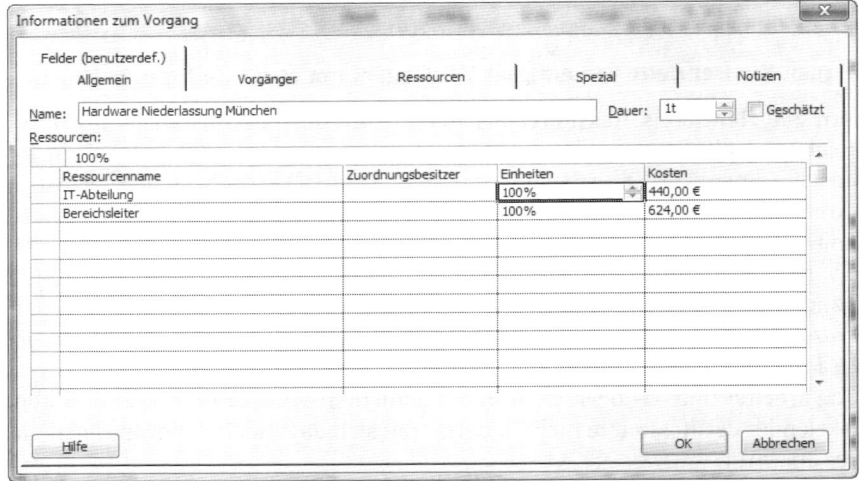

Abbildung 10.15: Sie können die Zuordnung einer Ressource zu einem bestimmten Vorgang ändern.

 Denken Sie daran, dass Sie sich die grafische Darstellung der Arbeitsauslastung einer Ressource schnell anzeigen lassen können, indem Sie im Dialogfeld RESSOURCEN ZUORDNEN auf die Schaltfläche DIAGRAMM klicken.

Sie können weiterhin erkennen, dass Sie die Dauer eines Vorgangs dadurch verkürzen, dass Sie ihm weitere Ressourcen zuordnen. Das bedeutet, dass Sie Ressourcenkonflikte in späteren Vorgängen dadurch vermeiden können, dass Sie Ressourcen rechtzeitig zeitlich vernünftig verplanen.

Versuchen Sie, das Arbeitsprofil einer Ressource anzupassen. Project geht standardmäßig davon aus, dass eine Ressource, die einem Vorgang zugeordnet worden ist, über dessen gesamte Lebensdauer hinweg mit der gleichen Intensität an dem Vorgang arbeitet. Sie können das Arbeitsprofil zum Beispiel so ändern, dass die Ressource den größten Teil der Arbeiten zu Beginn oder am Ende des Vorgangs erledigt, was dazu führt, dass ihre Arbeitslast zu den Zeiten verringert wird, an denen es mit einer anderen Zuordnung zu Konflikten kommen könnte. Das Ändern von Arbeitsprofilen und deren Zuordnung zu Vorgängen wird in Kapitel 9 beschrieben.

Kapazitäten abgleichen

Bei einem *Kapazitätsabgleich* handelt es sich um eine Berechnung, die Project durchführt, um das Problem der Überlastung von Ressourcen in Ihrem Projekt zu lösen. Diese Funktionalität kennt zwei Ansätze: Der Vorgang wird so lange verzögert, bis die überlastete Ressource wieder frei atmen kann, oder die Vorgänge werden unterbrochen. Zum Unterbrechen eines Vorgangs gehört (im Wesentlichen), dass dieser angehalten wird, was die Ressource freisetzt, und später fortgesetzt wird, wenn die Ressource wieder zur Verfügung steht.

Sie können diese Änderungen selbst durchführen oder sie von Project berechnen lassen. Project verzögert zunächst Vorgänge, zu denen überlastete Ressourcen gehören, und verwendet dabei alle nur erdenklichen Pufferzeiten. Wenn es für die entsprechenden Vorgänge keine Pufferzeit mehr gibt, führt Project Veränderungen durch gemäß den von Ihnen eingegebenen Prioritäten bei Vorgängen, Anordnungsverknüpfungen oder Vorgangseinschränkungen (wie NICHT SPÄTER ALS).

Machen Sie sich deswegen aber keine Sorgen: Sie können den Kapazitätsabgleich einschalten, um zu sehen, welche Änderungen Project vornehmen würde, um dann den Abgleich wieder zu entfernen und die Aktionen, die Project durchgeführt hat, wieder zurückzusetzen, wenn Sie damit nicht einverstanden sind.

Um die Ressourcen in Ihrem Projekt abzugleichen, gehen Sie so vor:

1. **Wählen Sie EXTRAS|KAPAZITÄTSABGLEICH.**

   Es erscheint das Dialogfeld KAPAZITÄTSABGLEICH (siehe Abbildung 10.16).

   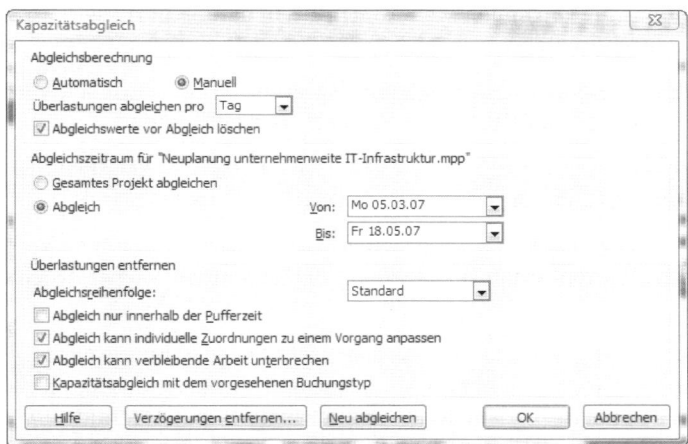

   Abbildung 10.16: Sie können einige Punkte der Berechnungen des Kapazitätsabgleichs steuern.

2. **Wählen Sie aus, ob Project den Abgleich AUTOMATISCH oder MANUELL durchführen soll.**

   - AUTOMATISCH weist Project an, den Abgleich jedes Mal vorzunehmen, wenn Sie Ihren Plan ändern.
   - MANUELL verlangt, dass Sie zur Dialogbox KAPAZITÄTSABGLEICH gehen und auf NEU ABGLEICHEN klicken.

3. **Wenn Sie sich für den automatischen Kapazitätsabgleich entscheiden, achten Sie darauf, dass das Kontrollkästchen** ABGLEICHSWERTE VOR ABGLEICH LÖSCHEN **aktiviert ist, wenn Sie möchten, dass ältere Abgleichsaktionen zurückgesetzt werden, bevor es zu einem neuen Kapazitätsabgleich kommt.**

4. **Stellen Sie den Abgleichszeitraum ein:**

    - GESAMTES PROJEKT ABGLEICHEN

    - ABGLEICH <ZEITRAUM>. Geben Sie einen Zeitraum ein, indem Sie in den Feldern VON und BIS die entsprechenden Werte eintragen.

5. **Klicken Sie im Listenfeld** ABGLEICHSREIHENFOLGE **auf den kleinen Pfeil, und tätigen Sie Ihre Wahl:**

    - STANDARD berücksichtigt Pufferzeiten, Abhängigkeiten, Prioritäten und Einschränkungen.

    - NUR NR. verzögert oder teilt den Vorgang mit der höchsten Vorgangsnummer (mit anderen Worten: den letzten Vorgang im Projekt).

    - PRIORITÄT, STANDARD benutzt die Priorität als erstes Merkmal bei der Wahl, ob Vorgänge verzögert oder unterbrochen werden sollen (und berücksichtigt keine Pufferzeiten).

6. **Sie können über die folgenden vier Kontrollkästchen steuern, wie Project den Kapazitätsabgleich durchführt:**

    - ABGLEICH NUR INNERHALB DER PUFFERZEIT: Es werden keine kritischen Vorgänge verspätet, und das aktuelle Enddatum Ihres Projekts wird beibehalten.

    - ABGLEICH KANN INDIVIDUELLE ZUORDNUNGEN ZU EINEM VORGANG ANPASSEN: Dies erlaubt Project, Zuordnungen zu entfernen oder zu ändern.

    - ABGLEICH KANN VERBLEIBENDE ARBEIT UNTERBRECHEN: Dies kann einige Vorgänge für einige Zeit in eine Warteposition versetzen, bis die Ressourcen wieder Arbeitskapazitäten frei haben.

    - KAPAZITÄTSABGLEICH MIT DEM VORGESEHENEN BUCHUNGSTYP: BUCHUNGSTYP (vorgesehen oder bestätigt) gibt an, wie sicher Sie sind, eine bestimmte Ressource einsetzen zu können. Indem Sie es zulassen, dass der Kapazitätsabgleich den Buchungstyp einer Ressource berücksichtigt, erreichen Sie, dass Project zugesicherte Ressourcenzuordnungen für wertvoller hält als vorgesehene.

7. **Klicken Sie auf die Schaltfläche** NEU ABGLEICHEN, **damit Project den Kapazitätsabgleich durchführt.**

Um einen Kapazitätsabgleich umzukehren, wechseln Sie zum Dialogfeld KAPAZITÄTSABGLEICH (EXTRAS|KAPAZITÄTSABGLEICH), und klicken Sie auf VERZÖGERUNGEN ENTFERNEN.

Kapazitätsabgleich oder keinen Kapazitätsabgleich?

Der Kapazitätsabgleich, der sowohl ein Prozess als auch eine Funktionalität des Programms ist, hat Vor- und Nachteile. Er kann Änderungen dort vornehmen, wo Sie sie gar nicht haben wollen – er kann zum Beispiel eine Ressource aus einem Vorgang entfernen, für den deren einzigartige Fähigkeiten unbedingt benötigt werden. Er verzögert häufig das Enddatum Ihres Projekts (was nicht unbedingt die Zustimmung Ihres Chefs finden wird).

Die sicherste Einstellung für den Kapazitätsabgleich – das ist diejenige, die die wenigsten Änderungen an Ihrem Terminplan vornimmt – ist ein Abgleich nur innerhalb von Pufferzeiten. Diese Einstellung kann einige Vorgänge verzögern, tastet aber des Enddatum Ihres Projekts nicht an.

Wenn Sie mit allem leben können, was der Kapazitätsabgleich vorhat, ist die Möglichkeit, ihn ein- und ausschalten zu können, Ihr bester Verbündeter. Sie können die Funktionalität einschalten und sich die Dinge anschauen, die sie unternommen hat, um die Probleme der Ressourcen zu lösen. Dann schalten Sie sie wieder aus und setzen die Teile der Lösung in Gang, mit denen Sie einverstanden sind. Denken Sie aber auch daran, die Änderungen, die Sie vornehmen, rückgängig zu machen, um wieder dorthin zu gelangen, von wo aus Sie gestartet waren.

Lösungen mischen

Ein abschließendes Wort zu den Lösungsvorschlägen dieses Kapitels, die mit Zeit, Kosten und Überlastungen zu tun haben. Wenn Sie wirklich erfolgreich sein möchten, müssen Sie eventuell die hier vorgestellten Methoden kombinieren. Das Lösen der Probleme hat häufig etwas mit Versuch und Irrtum zu tun. Auch wenn Sie anfänglich nach einer schnellen Lösung Ausschau halten (wer macht das nicht?), erhalten Sie das beste Ergebnis häufig erst, nachdem Sie ein Dutzend kleine Änderungen vorgenommen haben. Nehmen Sie sich unbedingt die Zeit, die für Ihr Projekt beste Lösung zu finden.

Ihr Project soll schöner werden

In diesem Kapitel

- Das Aussehen der Symbolleisten verändern
- Die Vorgangsknoten des Netzplandiagramms formatieren
- Die Gestaltung einer Ansicht modifizieren
- Die Gitternetzlinien einer Ansicht ändern
- Grafiken zu Ihrem Projekt hinzufügen

Kleider machen Leute. Aus dem gleichen Grund kann das Aussehen Ihres Terminplans das Projekt ausmachen. Ein Projekt, das gut aussieht, erfüllt zwei Ziele. Zum einen werden die Leute von Ihrer Professionalität beeindruckt (das ist manchmal der Punkt, an dem sie eine kleine Kostenüberschreitung übersehen). Und dann gibt es den Leuten, die sich Ihr Projekt auf dem Bildschirm und auf dem Papier anschauen, die Möglichkeit, leicht herauszufinden, was die verschiedenen Kästchen, Balken und Linien eigentlich sollen.

Project verwendet Standardformatierungen, die für die meisten Zwecke völlig ausreichen. Wenn Sie natürlich für Berichte bestimmte Firmenstandards umzusetzen haben, zum Beispiel Basisdaten in Gelb und aktuelle Daten in Blau oder mehr Gitternetzlinien, damit Ihr kurzsichtiger Geschäftsführer Project-Berichte leichter lesen kann, lässt Sie Project dabei nicht im Stich.

Was Sie auch benötigen, Project verfügt über eine sehr große Bandbreite, um die verschiedenen Elemente Ihres Plans zu formatieren.

Tun Sie Ihr Bestes

Microsoft hat sich dazu durchgerungen, vor den Künstlern in uns zu kapitulieren und Ihnen die Möglichkeit zu geben, Formen, Farben, Muster und andere grafische Elemente Ihres Projektplans zu ändern. Damit erhalten Sie eine große Flexibilität, wenn es darum geht zu entscheiden, wie Ihr Plan aussehen soll.

 Wenn Sie Project-Ansichten ausdrucken (was in Kapitel 16 behandelt wird), können Sie auf jeder Seite eine Legende ausgeben. Diese Legende hilft denjenigen, die sie lesen, die Bedeutung der verschiedenen Farben und Formen zu verstehen, die Sie für diese Elemente vorgesehen haben.

Wichtig ist, dass alle Ansichten und Formatierungseinstellungen, die Project anbietet, nicht auf den Bildschirm begrenzt sind. Sie können Ihr Projekt oder Ihren Bericht auch ausdrucken. Was auf dem Bildschirm angezeigt wird, wenn Sie eine Ansicht drucken, wird auch ausgedruckt. Wenn Sie also wissen, wie Sie alle möglichen Änderungen an der Ausgabe auf dem Bildschirm vornehmen, können Sie Informationen problemlos auch als Papierkopie an die Mitglieder Ihres Teams, an die Geschäftsführung, an Lieferanten und an Kunden weitergeben.

 Die verbesserten Möglichkeiten der Zusammenarbeit in Projekten, wie das Freigeben von Dokumenten über Project Web Access, ermöglichen es, dass ein grafisch ansprechender Terminplan von vielen über das Web betrachtet werden kann.

Es macht Sinn, farbig zu drucken, weil Sie damit die beste grafische Wirkung erzielen und die Abstufungen der verschiedenen Farben, die für grafische Elemente (wie Vorgangsbalken und Indikatoren) vorgesehen sind, am besten verständlich machen können. Wenn Sie schwarz-weiß drucken, werden Sie vielleicht darauf stoßen, dass bestimmte Farben, die auf dem Bildschirm toll aussehen, ihre Wirkung beim Drucken vollständig verlieren. Da Sie in der Lage sind, Formatierungen zu modifizieren, können Sie dafür sorgen, dass Ihr Projekt sowohl in Farbe auf dem Bildschirm als auch in Schwarz-Weiß auf Papier gut aussieht.

Vorgangsbalken formatieren

Vorgangsbalken sind die waagerechten Balken, die im Diagrammfenster der Ansicht BALKENDIAGRAMM (GANTT) den zeitlichen Verlauf von Vorgängen darstellen. Sie können jeden Balken für sich formatieren oder global die Formatierungseinstellungen für ganze Balkenarten ändern.

An einem Vorgangsbalken können Sie diverse Dinge anpassen:

✔ **Die Form, die der Balken an seinem Anfang und an seinem Ende hat.** Sie können die Art und die Farbe der Form ändern. Jedes Ende kann individuell formatiert werden.

✔ **Die Form, das Muster und die Farbe des mittleren Teils des Balkens.**

✔ **Den Text, den Sie in Bezug auf den Vorgangsbalken an fünf verschiedenen Stellen platzieren können: links, rechts, oberhalb, unterhalb vom oder im Balken.** Sie können Text an allen diesen Stellen ausgeben, sollten aber immer daran denken, dass zu viele Textelemente das Lesen extrem erschweren. Lassen Sie die Regel gelten, dass Sie genügend Text anzeigen, damit der Leser Ihres Plans die Informationen identifizieren kann – besonders bei Ausdrucken großer Terminpläne, bei denen ein Vorgang so weit rechts von der Spalte VORGANGSNAME stehen kann, dass es schwer wird, ihn richtig zu identifizieren.

Wenn Sie den Fortschritt eines Vorgangs überwachen, wird auf dem Vorgangsbalken ein Fortschrittsbalken angebracht. Sie können seine Form, sein Muster und seine Farbe formatieren. Das Ziel sollte es sein, den Fortschrittsbalken so von dem darunter liegenden Vorgangsbalken abzuheben, dass Sie beide klar erkennen können.

 Indem Sie Vorgangsbalken formatieren, können Sie Ihren Lesern helfen, die verschiedenen Elemente wie Fortschritt oder Meilenstein zu erkennen. Wenn Sie einzelne Vorgangsbalken ändern, können diejenigen, die sich nicht mit den Formatierungsstandards von Project auskennen, Schwierigkeiten beim Betrachten Ihres Plans bekommen.

Um Formatierungseinstellungen für die verschiedenen Arten von Vorgangsbalken vorzunehmen, gehen Sie so vor:

1. **Klicken Sie mit der rechten Maustaste außerhalb eines Vorgangsbalkens in den Diagrammbereich, und wählen Sie** BALKENARTEN.

   Es öffnet sich das Dialogfeld BALKENARTEN (siehe Abbildung 11.1).

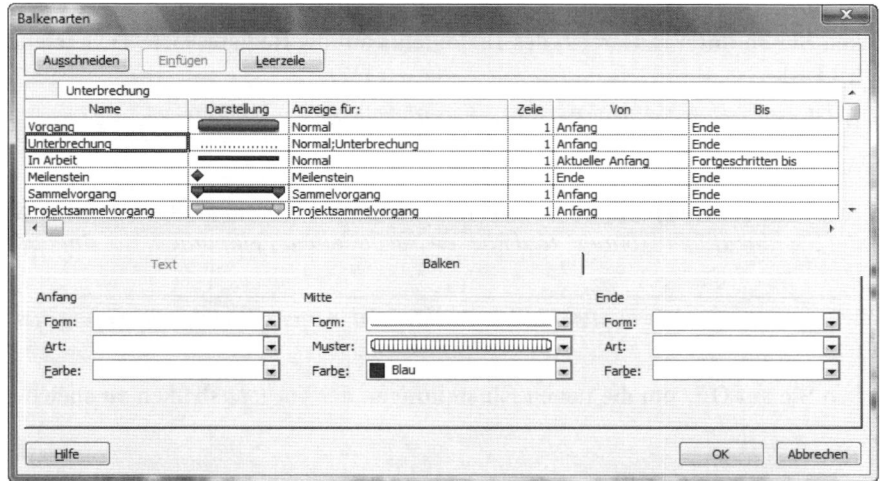

Abbildung 11.1: Sie können das Aussehen von Vorgangsbalken und den Text, der an ihnen ausgegeben wird, ändern.

2. **Klicken Sie in der Spalte** NAME **auf die Vorgangsart, die Sie ändern möchten (**VORGANG, UNTERBRECHUNG, MEILENSTEIN **und so weiter).**

   Wenn Sie beispielsweise die Formatvorlage ändern möchten, die für die Darstellung aller Sammelvorgänge verwendet wird, klicken Sie auf SAMMELVORGANG. Die Auswahlkriterien im unteren Teil des Dialogfelds hängen von der Vorgangsart ab, auf die Sie geklickt haben.

3. **Klicken Sie bei dem Vorgang, den Sie formatieren möchten, in die Spalte** ANZEIGE FÜR, **und wählen Sie für den Vorgang ein Kriterium wie** MEILENSTEIN **oder** KRITISCH **aus.**

4. **Klicken Sie gegebenenfalls im unteren Bereich des Dialogfelds auf die Registerkarte** BALKEN, **um Folgendes machen zu können:**

   - *Klicken Sie in eines der Listenfelder* FORM, *um Anfang, Mitte oder Ende des Vorlagenbalkens zu ändern.*

     Die Formen am Anfang des Balkens können ein Pfeil, eine Raute oder ein Kreis sein. Die Form in der Mitte ist ein Balken von unterschiedlicher Dicke.

   - *Klicken Sie in eines der Listenfelder* FARBE, *um die Farbe am Anfang, in der Mitte oder am Ende des Vorlagenbalkens zu ändern.*

     AUTOMATISCH wählt die Standardfarbe für dieses Element des Vorgangsbalkens aus.

- *Klicken Sie in eines der Listenfelder ART, um die Art der Formatierung für die Formen am Anfang oder am Ende des Vorlagenbalkens und für seine Mitte zu ändern.*

  Diese Einstellung legt fest, ob die Form eine Umrandung bekommt: gestrichelt oder mit einer festen Linie umrandet, oder ob sie mit einer Farbe gefüllt wird.

- *Klicken Sie in die Liste MUSTER, um das Muster für den mittleren Teil des Balkens zu ändern.*

5. **Klicken Sie im unteren Bereich des Dialogfelds auf die Registerkarte TEXT (siehe Abbildung 11.2).**

   - *Klicken Sie auf eine der Platzierungen für den Text.*

     Am Ende des Feldes erscheint ein Pfeil.

   - *Klicken Sie auf den Pfeil, um eine alphabetische Liste möglicher Daten anzuzeigen, die Sie hinzufügen können, und klicken Sie auf einen Feldnamen, um ihn auszuwählen.*

   - *Wiederholen Sie die letzten beiden Punkte, um weitere Textplatzierungen auszuwählen.*

6. **Klicken Sie auf OK, um die neuen Einstellungen der Vorgangsbalken zu speichern.**

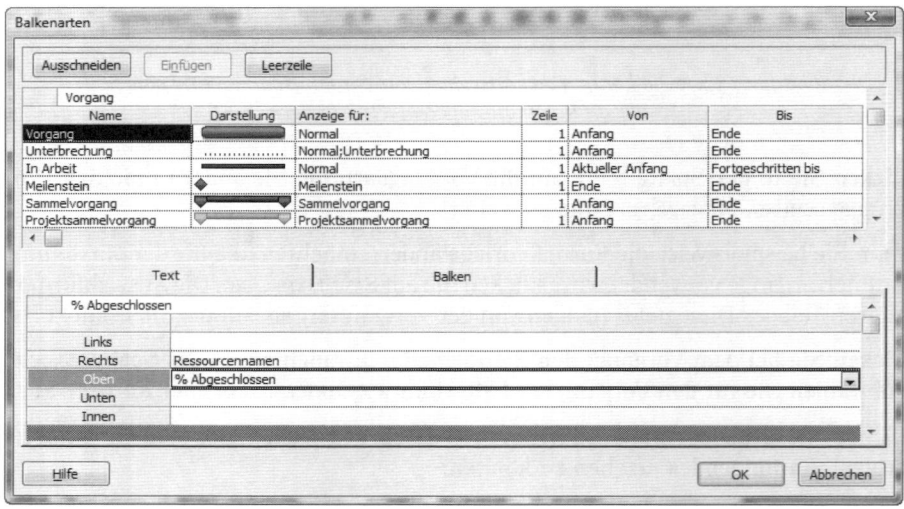

Abbildung 11.2: Sie können Text an bis zu fünf Stellen in und um den Vorgangsbalken platzieren.

Wenn Sie dieselben Änderungen an einem einzelnen Vorgangsbalken vornehmen möchten, klicken Sie mit der rechten Maustaste auf den Balken, und wählen Sie BALKEN FORMATIEREN. Es erscheint ein Dialogfeld BALKEN FORMATIEREN, das dieselben Registerkarten TEXT und BALKEN hat wie das Dialogfeld BALKENARTEN. Es fehlen nur die Elemente im oberen Bereich dieses Dialogfelds, in dem Sie das entsprechende Objekt auswählen können, das formatiert werden soll.

Der Balkenplan-Assistent

Was wäre Formatieren ohne einen Assistenten, der Ihnen hilft, alle Einstellungen schnell vorzunehmen? Der Balkenplan-Assistent gibt Ihnen die Möglichkeit, Formatierungseinstellungen für das gesamte Gantt-Diagramm vorzunehmen und dabei auch zu berücksichtigen, welche Informationen angezeigt werden (Standard, kritischer Weg, Basisplan oder Kombinationen davon), welche Vorgangsinformationen dargestellt werden und ob Linien angezeigt werden sollen, um die Abhängigkeiten zwischen den Vorgängen aufzuzeigen.

Wenn Sie sich dafür entscheiden, benutzerdefinierte Einstellungen vorzunehmen, während Sie mit dem Balkenplan-Assistenten arbeiten, können Sie viele der Einstellungen festlegen, die Sie im Dialogfeld BALKENARTEN vorfinden. Dabei werden dann alle Elemente dieser Art von Vorgangsbalken im Projekt und nicht nur einzelne Balken angesprochen.

Sie greifen auf den Balkenplan-Assistenten zu, indem Sie ihn im Menü FORMAT auswählen.

Vorgangknoten formatieren

Die Vorgangsknoten des Netzplandiagramms verwenden verschiedene Formen, um unterschiedliche Arten von Vorgängen anzuzeigen:

- ✓ **Sammelvorgänge** verwenden eine leicht schräg gestellte Form (ein Parallelogramm) und haben ein Plus- oder Minus-Symbol, das anzeigt, ob Teilvorgänge ausgeblendet sind oder angezeigt werden. Klicken Sie auf ein solches Symbol, um Teilvorgänge anzuzeigen oder auszublenden.
- ✓ **Teilvorgänge** werden als einfaches Rechteck dargestellt.
- ✓ **Meilensteine** werden als bläulich unterlegte Raute angezeigt.

Sie können die Formatierung eines jeden Knotens entweder individuell oder je Knotenart vornehmen. Wenn Sie die Formatierung der Vorgangsknoten der Ansicht NETZPLANDIAGRAMM ändern möchten, gehen Sie so vor:

1. **Zeigen Sie die Ansicht NETZPLANDIAGRAMM an.**

2. **Klicken Sie mit der rechten Maustaste in den Vorgangsknoten, den Sie ändern möchten, und wählen Sie KNOTEN FORMATIEREN. Sie können aber auch mit der rechten Maustaste irgendwo außerhalb eines Knotens in den Diagrammbereich klicken und KNOTENARTEN wählen, um den Stil aller Knoten einer bestimmten Art zu formatieren.**

    Es erscheint entweder das Dialogfeld KNOTEN FORMATIEREN oder das Dialogfeld KNOTENARTEN (siehe Abbildung 11.3).

3. **Um den Rahmen eines Knotens zu ändern, führen Sie die entsprechenden Einstellungen in den Listenfeldern FORM, FARBE und BREITE durch, die sich im unteren Teil des Dialogfelds befinden.**

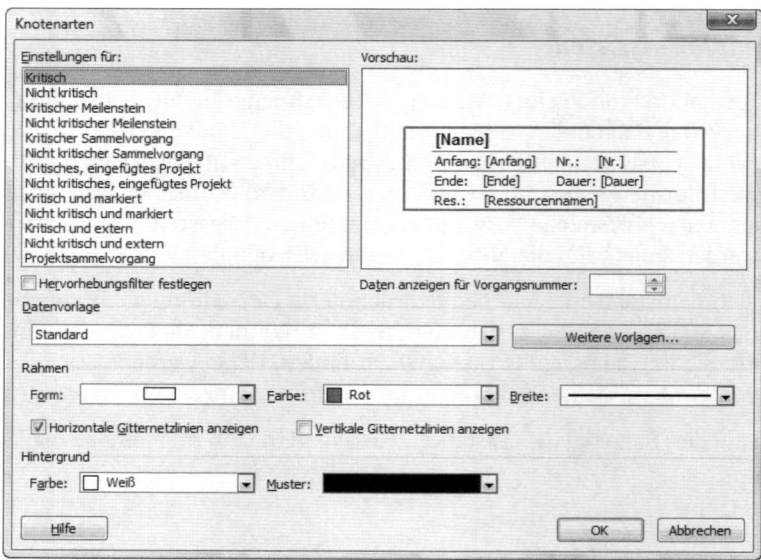

Abbildung 11.3: Ändern Sie den Stil aller Knoten einer bestimmten Art.

4. **Um den Hintergrundbereich im Inneren eines Knotens zu formatieren, ändern Sie im Bereich HINTERGRUND die Einstellungen für FARBE und MUSTER, die sich ebenfalls im unteren Teil des Dialogfelds befinden.**

5. **Klicken Sie auf OK, um die neuen Einstellungen zu speichern.**

 Wenn Sie die Formatierung einzelner Knoten des Netzplandiagramms durchführen, dienen die Standardeinstellungen der schräg stehenden Sammelvorgänge und der eingefärbten Meilensteine nicht mehr als grafischer Führer durch alle Vorgänge. Wenn Sie etwas geändert haben und irgendwann wieder zurücksetzen möchten, klicken Sie im Dialogfeld KNOTEN FORMATIEREN auf die Schaltfläche ZURÜCKSETZEN.

Das Layout anpassen

Zusätzlich zu der Möglichkeit, einzelne Spalten anzuzeigen und Vorgangsbalken zu formatieren, können Sie Änderungen am Layout Ihrer Ansicht vornehmen. Diese Option hat eine große Bandbreite, die davon abhängt, mit welcher Ansicht Sie gerade arbeiten. Die Layouts der Ansichten KALENDER und NETZPLANDIAGRAMM unterscheiden sich stark von den Möglichkeiten, die zum Beispiel das Layout der Ansicht BALKENDIAGRAMM (GANTT) bietet.

Um das Dialogfeld LAYOUT einer Ansicht anzuzeigen, klicken Sie mit der rechten Maustaste irgendwo in einen Bereich (zum Beispiel in den Diagrammbereich der Ansicht BALKENDIAGRAMM (GANTT)), in die Ansicht KALENDER oder in die Ansicht NETZPLANDIAGRAMM, und wählen Sie im Kontextmenü, das dann erscheint, LAYOUT aus.

Die Abbildungen 11.4, 11.5 und 11.6 zeigen verschiedene Layoutdialogfelder, die es in den entsprechenden Ansichten gibt.

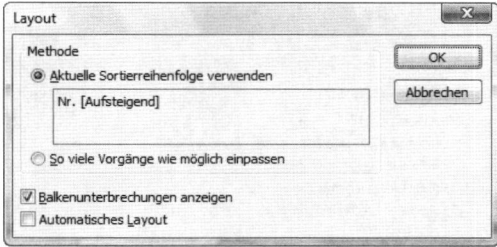

Abbildung 11.4: Das Dialogfeld LAYOUT der Ansicht KALENDER

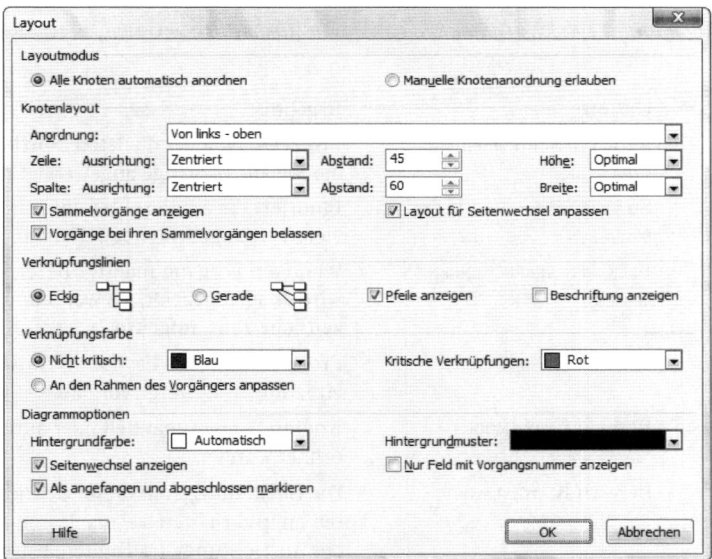

Abbildung 11.5: Das Dialogfeld LAYOUT der Ansicht NETZPLANDIAGRAMM

Die Einstellungen dieser Layoutdialogfelder haben im Allgemeinen damit zu tun, wie die Elemente im Fensterelement arrangiert und wie die Verknüpfungslinien dargestellt werden.

In Tabelle 11.1 habe ich die Layouteinstellungen zusammengefasst. Sie können problemlos eine Woche damit zubringen, mit diesen Einstellungen herumzuspielen und auszuprobieren, wie sie aussehen, und ich könnte ein paar Tage damit zubringen, die verschiedenen Möglichkeiten zu beschreiben. Die Werkzeuge, die Project anbietet, um die Formatierung von Elementen wie Vorgangsbalken und Vorgangsknoten zu formatieren, sind ausgesprochen flexibel.

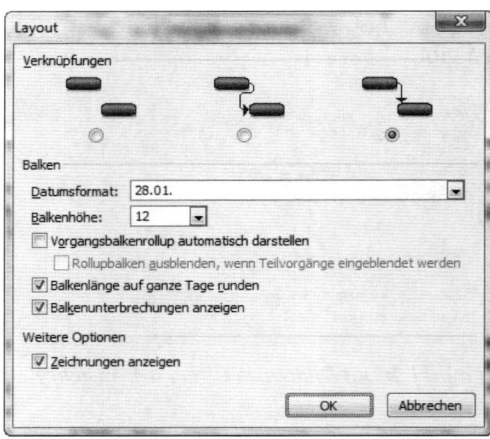

Abbildung 11.6: Das Dialogfeld LAYOUT der Ansicht BALKENDIAGRAMM (GANTT)

Ansicht	Option	Ergebnis
KALENDER	AKTUELLE SORTIERREIHENFOLGE VERWENDEN	Project verwendet die letzte Sortierreihenfolge, die Sie auf Vorgänge angewendet haben.
	SO VIELE VORGÄNGE WIE MÖGLICH EINPASSEN	Ignoriert die Sortierreihenfolge und packt so viele Vorgänge wie möglich in einen Knoten.
	BALKENUNTERBRECHUNGEN ANZEIGEN	Wenn ein Vorgang inaktive Bereiche enthält, wird er so angezeigt, als wenn er in mehrere zeitliche Teile aufgebrochen wäre.
	AUTOMATISCHES LAYOUT	Project ändert das Layout als Antwort auf das Hinzufügen weiterer Vorgänge.
NETZPLANDIAGRAMM	Bereich LAYOUTMODUS	Knoten können manuell oder automatisch zugeordnet werden.
	Bereich KNOTENLAYOUT	Die Einstellungen in dieser Sektion ordnen Knoten an und richten sie aus, lassen ein Anpassen der Ausrichtung, des Knotenabstands und der Höhe zu und legen fest, wie Sammelvorgänge angezeigt werden.
	Bereich VERKNÜPFUNGSLINIEN	Ändert den Stil der Linien für die Verknüpfungsanordnungen und für die Beschriftungen.
	Bereich VERKNÜPFUNGSFARBE	Hier können Sie definieren, wie die Farbe für kritische und für nicht kritische Verknüpfungen aussehen soll.
	Bereich DIAGRAMMOPTIONEN	Steuert die Hintergrundfarbe und die Muster der Knoten, legt Seitenwechsel fest und sorgt dafür, dass Vorgänge als angefangen und abgeschlossen markiert werden.

Ansicht	Option	Ergebnis
BALKENDIAGRAMM (GANTT)	VERKNÜPFUNGEN	Der Stil der Linien, die Verknüpfungsanordnungen anzeigen
	DATUMSFORMAT	Modifiziert das Format, das für Datumsangaben verwendet wird.
	BALKENHÖHE	Legt in Punkt die Höhe der Vorgangsbalken fest.
	VORGANGSBALKENROLLUP AUTOMATISCH DARSTELLEN	Wenn diese Option aktiviert ist, zeigen die Balken von Sammelvorgängen möglichst viele der Teilvorgänge an, aus denen sie zusammengesetzt sind.
	BALKENLÄNGE AUF GANZE TAGE RUNDEN	Wenn ein Vorgang nur aus Teilen eines Tages besteht, wird die Länge des Balkens auf ganze Tage gerundet.
	BALKENUNTERBRECHUNGEN ANZEIGEN	Wenn ein Vorgang Zeiten der Inaktivität enthält, kann er so angezeigt werden, als ob er über seinen gesamten Zeitverlauf in verschiedene Teile gestückelt wäre.
	ZEICHNUNGEN ANZEIGEN	Wenn Sie Zeichnungen hinzufügen, werden sie sowohl auf dem Bildschirm als auch beim Ausdrucken angezeigt.

Tabelle 11.1: Optionen für Layouts

Nachdem Sie jetzt die vielen Optionen kennen gelernt haben, die es gibt, um das Layout von Ansichten zu ändern, möchte ich Ihnen einen Rat geben: Bleiben Sie bei den Standardeinstellungen, bis Sie einen guten Grund haben, das zu ändern (wenn Sie zum Beispiel bestimmte Informationen für eine Präsentation besonders hervorheben müssen). Wenn Sie dieses Layout dann nicht mehr benötigen, gehen Sie zurück zum Standard. Wenn Sie aber auf jeden Fall Änderungen vornehmen müssen, sollten Sie dies unternehmensweit tun und diese Änderungen dann zum Firmenstandard machen. Das macht es dann für diejenigen, die Ihren Projektplan lesen, einfacher, die unterschiedlichen Informationen zu interpretieren, die in einer Ansicht dargestellt werden. Man kann allgemein sagen, dass Ihre Lernkurve viel steiler wird, wenn Sie zu häufig an der Art herumbasteln, wie Project etwas darstellt – abgesehen davon, dass das dann auch noch diejenigen verwirrt, die mit den Standardeinstellungen von Project vertraut sind.

Eine weitere Änderung, die Sie an Ihrer generellen Schnittstelle vornehmen können, ist das Erstellen eines benutzerdefinierten Projektberaters. Sie machen dies mit einer XML-Datei, die benutzerdefinierte Inhalte hat. Sie können zum Beispiel zu den vier Optionen des Beraters (VORGÄNGE, RESSOURCEN, ÜBERWACHEN und BERICHTEN) eine fünfte hinzufügen, die den Namen Rechnungswesen erhält und Verknüpfungen zu Buchungscodes und Prüfungsabläufen innerhalb Ihres Unternehmens enthält. Wie so etwas vonstatten geht, können Sie in Kapitel 17 nachlesen.

Gitternetzlinien ändern

So wie Telefonnummern in kürzere Abschnitte aufgeteilt werden, damit man sie sich leichter merken kann, werden auch grafische Elemente häufig in einzelne Informationsbrocken aufgeteilt. Tabellen benutzen dafür Linien, Kalender Kästchen und Fußballplätze Mittel- und Außenlinien und die Strafraumbegrenzung und so weiter.

Eine ganze Reihe von Ansichten verwendet in Project Gitternetzlinien, um bestimmte Informationen, wie eine Trennung zwischen den einzelnen Wochen oder das Statusdatum (das ist das Datum, an dem eine Überwachung des Projekts stattgefunden hat), anzuzeigen. Diese Linien helfen dem Leser Ihres Plans dabei, Zeitabschnitte oder Unterbrechungen von Informationen wahrzunehmen. Gitternetzlinien können zum Beispiel dafür verwendet werden, wichtige oder weniger wichtige Unterbrechungen der Spalten anzuzeigen. Es gibt mehrere Möglichkeiten, Gitternetzlinien zu modifizieren. Dazu gehören das Ändern von Farbe und Art der Linien und das Intervall, in dem sie auftauchen.

Wenn Sie Gitternetzlinien ändern möchten, verwenden Sie das Dialogfeld GITTERNETZLINIEN wie folgt:

1. **Klicken Sie mit der rechten Maustaste irgendwo in einen Bereich, der Gitternetzlinien enthält (zum Beispiel in den Diagrammbereich der Ansicht BALKENDIAGRAMM (GANTT) oder in die Ansicht KALENDER), und wählen Sie GITTERNETZLINIEN.**

   Es erscheint das Dialogfeld GITTERNETZLINIEN (siehe Abbildung 11.7).

   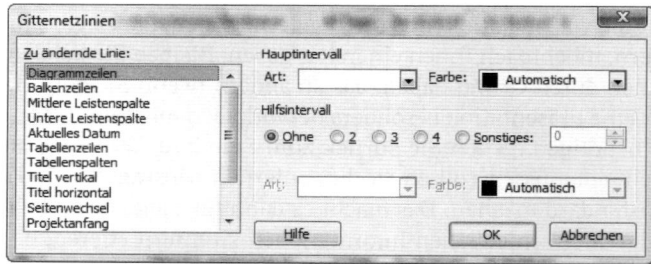

   Abbildung 11.7: Die Linien, die Sie möglicherweise ändern können, unterscheiden sich von Ansicht zu Ansicht.

2. **Klicken Sie in der Liste ZU ÄNDERNDE LINIE auf die Gitternetzlinie, die Sie ändern möchten.**
3. **Wählen Sie unter HAUPTINTERVALL eine ART und eine FARBE für die Linie aus.**
4. **Wenn Sie die verschiedenen Intervalle des Gitternetzes durch eine Kontrastfarbe darstellen wollen, damit das Lesen leichter fällt, machen Sie Folgendes:**

   ♦ *Legen Sie fest, von welchem Intervall an eine Linie angelegt werden soll, die sich von den anderen abhebt.*

   Für diese Einstellung werden normalerweise eine andere Linienart und eine andere Linienfarbe verwendet, als es das Standardlayout macht, um kleinere Intervalle eines

Gitternetzes zu markieren. Beachten Sie, dass nicht alle Gitternetze sich voneinander abhebende Intervalle benutzen können.

✦ *Wählen Sie in den Listen eine Linienart und eine Linienfarbe aus.*

5. Klicken Sie auf OK, um Ihre Einstellungen zu speichern.

 Sie treffen Ihre Wahl für die Änderung von Gitternetzlinien und sollten daran denken, dass es keine Schaltfläche WIEDERHERSTELLEN gibt, die Ihre Gitternetzlinien wieder in deren Originalzustand versetzt. Beachten Sie weiterhin, dass Gitternetzlinien, die Sie in einer Ansicht ändern, keine Auswirkungen auf andere Ansichten haben.

Ein Bild sagt mehr als tausend Worte

Wörter, Zahlen, Vorgangsbalken und Vorgangsknoten sind ganz nett, aber wie steht es damit, auch Eigenes hinzuzufügen? Vielleicht möchten Sie die Aufmerksamkeit auf einen Vorgang lenken, indem Sie einen Kreis um ihn ziehen, oder Sie binden eine einfache Zeichnung ein, die in Ihrem Plan einen Ablauf oder eine arbeitstechnische Beziehung aufzeigt.

Sie können im Diagrammbereich der Ansicht BALKENDIAGRAMM (GANTT) die Symbolleiste ZEICHNEN verwenden, um dort Bilder zu zeichnen. Dies geschieht so:

1. Öffnen Sie die Anzeige BALKENDIAGRAMM (GANTT).

2. Wählen Sie EINFÜGEN|ZEICHNUNG.

Es erscheint die Symbolleiste ZEICHNEN (siehe Abbildung 11.8).

3. Klicken Sie auf das Zeichenwerkzeug, das die Art von Objekt repräsentiert, das Sie zeichnen wollen – zum Beispiel ein Oval oder ein Rechteck.

4. Klicken Sie an die Stelle, an der Sie das Objekt zeichnen möchten, und ziehen Sie Ihre Maus, bis die Zeichnung ungefähr die Größe hat, die Sie benötigen.

5. Lassen Sie den Mauszeiger los.

Wenn Sie ein Objekt zeichnen, ist es standardmäßig weiß gefüllt und verdeckt alles, was sich unter ihm befindet. Sie können jetzt Folgendes tun, damit das darunter liegende Objekt sichtbar wird:

✔ Klicken Sie so oft auf die Schaltfläche FARBE WECHSELN, bis KEINE FÜLLUNG ausgewählt worden ist.

✔ Benutzen Sie das Menü ZEICHNEN, um die Reihenfolge der Objekte zu ändern.

Ihnen stehen noch weitere Optionen zur Verfügung:

✔ **Fügen Sie Text hinzu.** Wenn Sie eine Textbox aufziehen, können Sie hineinklicken und jeden beliebigen Text schreiben.

✔ **Ändern Sie die Größe von Objekten.** Ändern Sie die Größe der von Ihnen erstellen Objekte, indem Sie sie anklicken und eines der dann an seinen Kanten auftauchenden kleinen schwarzen Rechtecke nach innen oder nach außen ziehen.

✔ **Verschieben Sie Objekte.** Klicken Sie ein Objekt an, und bewegen Sie den Mauszeiger über das Objekt, bis er zu einem in vier Richtungen zeigenden Pfeil wird. Klicken Sie dann das Objekt an, und ziehen Sie es an eine neue Stelle im Diagramm.

✔ **Setzen Sie Füllfarben ein.** Verwenden Sie das Werkzeug FARBE WECHSELN, um für ein markiertes Objekt eine Füllfarbe auszuwählen. Jedes Mal, wenn Sie auf dieses Werkzeug klicken, zeigt es eine andere Farbe an. Klicken Sie so lange, bis die Farbe erscheint, die Sie gerne hätten.

✔ **Schichten Sie Objekte.** Wenn Sie mehrere Zeichnungen oder Objekte haben, die Sie aufeinander schichten möchten, klicken Sie in der Symbolleiste ZEICHNEN auf die Schaltfläche ZEICHNEN, und legen Sie eine Reihenfolge für ein markiertes Objekt fest, indem Sie es vor oder hinter andere Objekte platzieren.

✔ **Binden Sie ein Objekt an einen Vorgang.** Binden Sie ein gezeichnetes Objekt an einen Vorgang, indem Sie es neben einen Vorgang ziehen und auf das Werkzeug MIT VORGANG VERBINDEN klicken. Wenn Sie Vorgänge zu Ihrer Vorgangsliste hinzufügen oder aus ihr entfernen oder wenn Sie den verbundenen Vorgang verschieben, begleitet die Zeichnung diesen Vorgang.

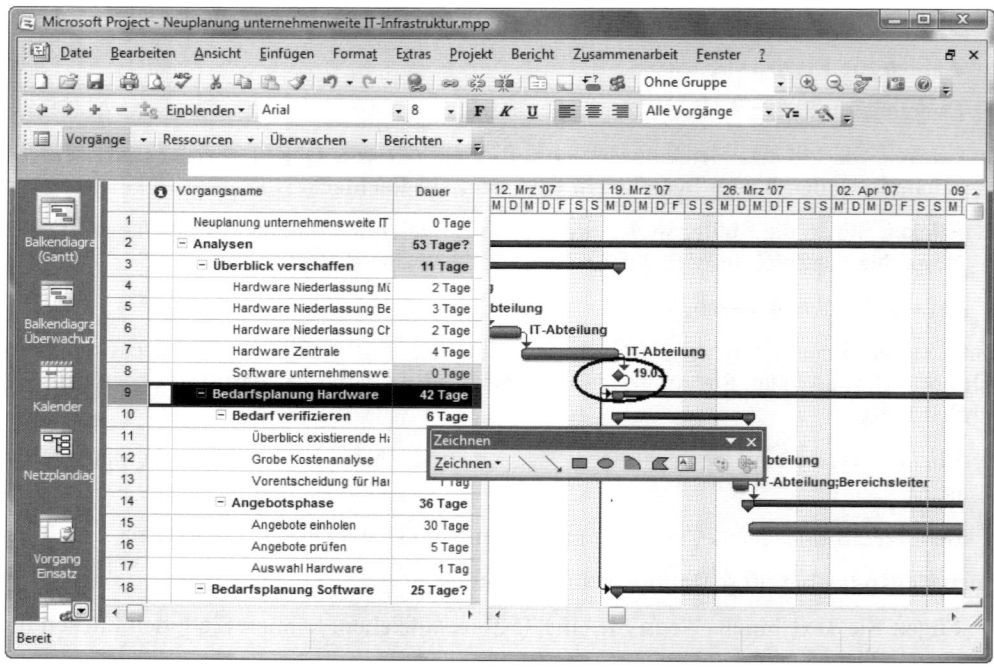

Abbildung 11.8: Die Symbolleiste ZEICHNEN hat Werkzeuge, die Sie vielleicht schon von anderen Office-Produkten her kennen.

Teil IV

Die Katastrophe vermeiden: Dingen auf der Spur bleiben

»Das ist ein elektronischer Hochzeitsplaner. Er erzeugt alle Listen und Terminpläne, die Sie brauchen, und nach der Trauung macht er Konfetti aus allen Dokumenten und wirft Sie Ihnen ins Gesicht.«

In diesem Teil ...

Und siehe, Murphy hat verkündet: Kein Projekt soll auf die Art ablaufen, wie Sie es geplant haben. Um die Frustration von Projektleitern auf ein Minimum zu reduzieren, zeigt Ihnen dieser Teil, wie Sie ein grundlegendes Abbild Ihres Projekts speichern und verwenden können, um dem permanenten Kampf zwischen den aktuellen Aktivitäten und Ihrem idealen Plan auf der Spur zu bleiben. Sie erhalten einen Überblick über Überwachungs- und Berichtsabläufe, sammeln ein paar Tipps ein, wie Sie mit einem aus dem Ruder gelaufenen Projekt wieder auf die Bahn zurückfinden, und erhalten ein paar nützliche neue Werkzeuge, mit denen Sie Daten aus der Vergangenheit dazu verwenden, in der Zukunft bessere Projektpläne zu erstellen.

Alles fängt mit einem Basisplan an

In diesem Kapitel
- Information als Basisplan speichern
- Verschiedene Basispläne nutzen
- Einen Basisplan einrichten
- Zwischenpläne speichern

Wenn Sie eine Diät machen (und ich bin mir ziemlich sicher, dass Sie das dann und wann tun), gehen Sie am ersten Tag auf die Waage, um Ihr Gewicht zu überprüfen. Damit haben Sie im Verlauf Ihrer Diät einen Richtwert, mit dem Sie Ihre Höhen und Tiefen im Diätverlauf vergleichen können.

Project hat keine Gewichtsprobleme, aber es kennt eine Methode, Ihre Projektdaten zu bewerten, damit es die aktuellen Aktivitäten Ihrer Vorgänge mit dem ursprünglichen Plan vergleichen kann. Diese gespeicherte Version Ihrer Plandaten wird *Basisplan* genannt. Sie enthält alle Informationen Ihres Projekts, wie die Terminplanung der Vorgänge, die Zuordnung der Ressourcen und die Kosten.

Project sorgt auch für etwas, das *Zwischenplan* heißt und im Wesentlichen eine Kontrolle des Terminplans ist. Ein solcher Zwischenplan enthält nur die aktuellen Anfangs- und Enddaten von Vorgängen und die geschätzten Anfangs- und Enddaten von Vorgängen, die noch nicht angefangen haben.

Dieses Kapitel zeigt Ihnen, wann, warum und wie Sie einen Basisplan und Zwischenpläne Ihres Projekts speichern sollten.

Alles über Basispläne

Das Speichern eines Basisplans ist wie das Einschließen einer Mücke in Bernstein: Es ist das dauerhafte Aufzeichnen Ihrer Schätzungen von Zeit, Geld und Ressourcenauslastung Ihres Projekts zu einem Zeitpunkt, an dem Sie Ihren Plan zwar für fertig halten, aber noch nicht mit Aktivitäten angefangen haben. Ein Basisplan wird in Ihrer ursprünglichen Objektdatei gespeichert und existiert parallel zu allen Aktivitäten, die Sie von Ihren Vorgängen aufzeichnen.

Sie können einen Basisplan dazu verwenden, um sich selbst oder das Team jederzeit über den Stand des Projekts zu informieren. Das ist ganz besonders gegen Ende des Projekts wichtig, wenn Sie das, was wirklich geschehen ist, mit dem vergleichen können, was Sie viele Wochen, Monate oder Jahre zuvor als Optimum geplant hatten. Sie können dadurch Project zukünftig viel besser nutzen, weil Sie in der Lage sind, von Anfang an genauere Vorausplanungen vorzunehmen. Sie können den Basisplan nehmen und auf eine Vielzahl von Berichten und ausgedruckten Ansichten zurückgreifen, um die aktuellen Aktivitäten mit dem ursprünglichen Plan zu vergleichen und so Mitarbeitern oder Kunden viel besser zu erklären, warum es zu Verzögerungen oder Kostenüberschreitungen gekommen ist.

Schließlich können Basispläne auch nur für ausgewählte Vorgänge erstellt und gelöscht werden. Wenn also ein Vorgang durch eine größere Änderung vollkommen aus der Spur geworfen worden ist, können Sie Ihre Schätzungen für diesen Vorgang modifizieren und den Rest des Basisplans lassen, wie er ist. Warum sollten Sie das Kind mit dem Bade ausgießen?

Wie sieht ein Basisplan aus?

Wenn Sie einen Basisplan gespeichert und mit aktuellen Aktivitäten verglichen haben, besitzen Sie nicht nur einen Satz von Basisdaten und einen mit aktuellen Daten, sondern auch grafische Vergleichsmöglichkeiten zwischen beiden Komponenten.

Abbildung 12.1 zeigt die Ansicht BALKENDIAGRAMM (GANTT) eines Projekts mit Basisplan und aktuellen Daten. Sie können sich im Tabellenblatt Spalten wie zum Beispiel ENDE und AKTUELLES ENDE anzeigen lassen, um die Schätzungen des Basisplans mit den Ergebnissen der aktuellen Aktivitäten zu vergleichen. Der schwarze Balken, der im Diagrammbereich in den Vorgangsbalken eingeblendet wird, zeigt den aktuellen Fortschritt eines Vorgangs an.

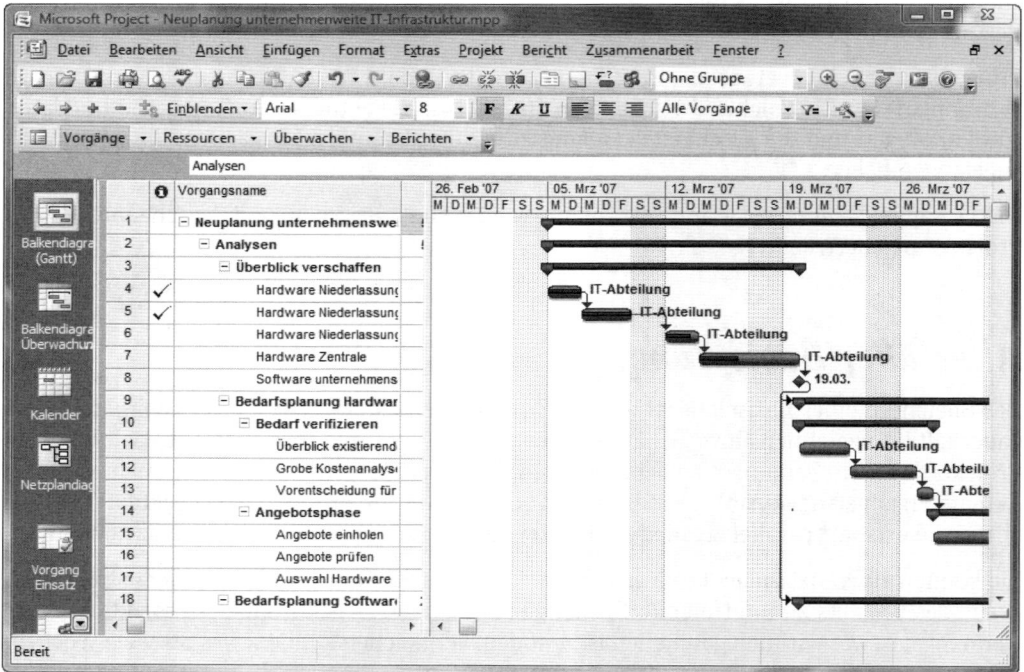

Abbildung 12.1: Sie können ständig grafisch und mit den Datenspalten über Änderungen unterrichtet werden, die sich zwischen Ihrem Plan und der Realität ergeben.

12 ➤ Alles fängt mit einem Basisplan an

Abbildung 12.2 stellt die Ansicht NETZPLANDIAGRAMM dar. Hier wird der Fortschritt von Vorgängen etwas anders angezeigt:

✔ **Ein einfacher Schrägstrich:** Dies bezeichnet einen Vorgang, für den Aktivitäten gemeldet worden sind.

✔ **Ein X:** Dies bezeichnet einen Vorgang, der abgeschlossen worden ist.

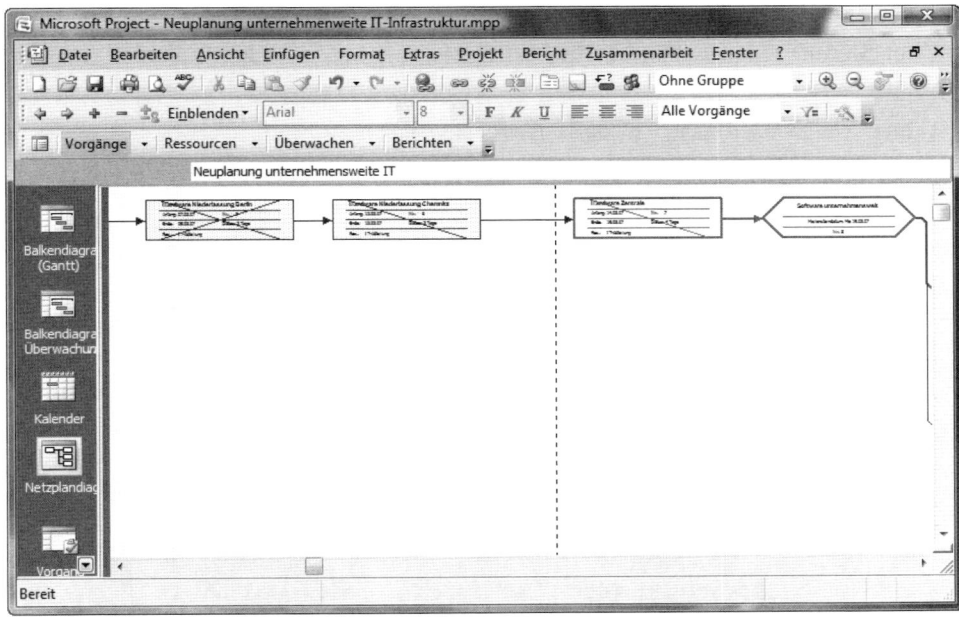

Abbildung 12.2: Im Netzplandiagramm erkennen Sie anhand der Farbe auch kritische und nicht kritische Wege.

In jedem Vorgangsknoten noch nicht abgeschlossener Vorgänge zeigt ein Prozentsatz an, wie viel des Vorgangs bereits erledigt ist.

Sie können die Darstellung der verschiedenen grafischen Elemente ändern, indem Sie sie umformatieren. Wie das geht, wird in Kapitel 11 erklärt.

Wie lege ich einen Basisplan fest?

Sie können einen Basisplan jederzeit dadurch speichern, dass Sie das Dialogfeld BASISPLAN FESTLEGEN aufrufen. Eine der dort vorhandenen Einstellmöglichkeiten, nämlich wie Project die Daten in Sammelvorgängen zusammenfasst, wenn Sie den Basisplan festlegen, muss ein wenig erklärt werden.

Wenn Sie einen Basisplan zum ersten Mal gespeichert haben, werden die Basisdaten eines Sammelvorgangs normalerweise nicht aktualisiert, wenn Sie Änderungen an einem zu diesem

Sammelvorgang gehörenden Teilvorgang vornehmen. Selbst das Löschen eines solchen Teilvorgangs wird ignoriert. Sie können diesen Zustand aber dadurch ändern, dass Sie festlegen, wie der Basisplan solche Daten nach oben weitergibt. Sie können festlegen, dass dieser Vorgang, der auch *Rollup* genannt wird, für alle Sammelvorgänge oder nur für die Sammelvorgänge gilt, die Sie markiert haben. Dabei gilt aber, dass Sie die Sammelvorgänge und nicht die entsprechenden Teilvorgänge markieren müssen.

Wenn Sie einen Basisplan erstellen möchten, gehen Sie so vor:

1. **Wenn Sie nur einen Basisplan für bestimmte Vorgänge erstellen möchten, markieren Sie sie.**
2. **Wählen Sie Extras|Überwachung|Basisplan festlegen.**

    Es öffnet sich das Dialogfeld Basisplan festlegen, in dem die Option Basisplan festlegen markiert ist (siehe Abbildung 12.3).

Abbildung 12.3: Sie verwenden dieses Dialogfeld für Basispläne und für Zwischenpläne.

3. **Markieren Sie entweder die Option Gesamtes Projekt oder die Option Ausgewählte Vorgänge.**
4. **Legen Sie fest, wie der Basisplan Änderungen der Vorgangsdaten zusammenfasst.**

    Sie können dafür sorgen, dass die Datenänderungen an alle oder nur an ausgewählte Sammelvorgänge weitergegeben werden (was hier mit Rollup bezeichnet wird).
5. **Klicken Sie auf OK, um den Basisplan festzulegen.**

Wie sieht das mit mehr als einem Basisplan aus?

Ist das nicht toll, immer wieder einmal von Funktionalitäten zu hören, die Project 2007 zwar hat, die Sie aber nie wirklich einsetzen werden? Hier kommt so eine dieser Funktionalitäten:

Sie können im Laufe Ihres Projekts den Basisplan bis zu elf Mal festlegen. Das sind elf mögliche Katastrophen, auf die Sie sich durch das Definieren von Basisplänen einstellen können.

Auch wenn Sie wohl niemals alle elf möglichen Basispläne benötigen, kann die Möglichkeit, mehrere Basispläne zu erstellen, bei länger dauernden Projekten dabei helfen, den Fortgang Ihrer Planung zu beobachten. Sie bieten gleichzeitig eine ein wenig unkonventionelle, aber dennoch wirksame Methode, Ihren Chef davon zu überzeugen, dass Sie die Kostenüberschreitungen zwar vorhergesehen, aber auf keinen Fall schon im ursprünglichen Plan angelegt haben. (Ich plädiere zwar nicht unbedingt für eine solche Vorgehensweise, aber sie funktioniert so lange, bis Ihr Chef auf die Idee kommt, sich den originalen Plan einmal anzuschauen.)

Das Dialogfeld BASISPLAN FESTLEGEN enthält, wie Abbildung 12.4 zeigt, eine Liste der Basispläne mit dem Datum, an dem sie angelegt worden sind. Wenn Sie einen Basisplan festlegen, können Sie dies machen, ohne einen bestehenden Plan zu überschreiben, indem Sie für das Speichern einfach einen »leeren« Basisplan auswählen.

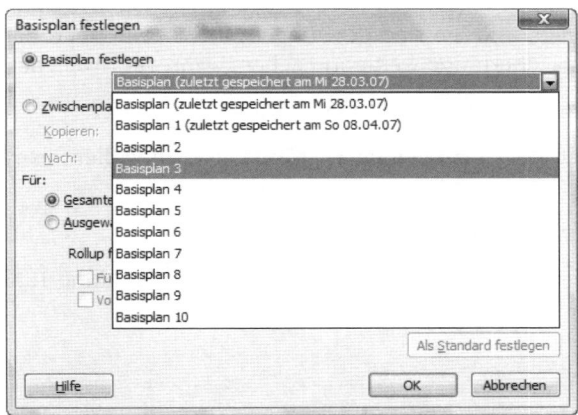

Abbildung 12.4: Jeder Basisplan, den Sie festlegen, enthält auch das Datum, wann er gespeichert worden ist.

Wenn Sie mehrere Basis- oder Zwischenpläne festgelegt haben, können Sie sich die Daten anzeigen lassen, indem Sie in der Ansicht eines beliebigen Tabellenblatts die entsprechenden Spalten ausgeben. Wenn Sie zum Beispiel die Informationen anzeigen möchten, die Sie unter dem Namen Basisplan 7 festgelegt haben, fügen Sie die Spalten in Ihr Tabellenblatt ein, die mit GEPLANTE beginnen (zum Beispiel GEPLANTE DAUER, GEPLANTER ANFANG und so weiter) und mit 7 enden. Eine Spalte BASISPLAN7 werden Sie nicht finden, weil die Daten in den Geplante-Spalten abgelegt werden.

Sie können sich mehrere Basispläne auf einmal anschauen, indem Sie die Ansicht MEHRFACH-BASISPLÄNE – BALKENDIAGRAMM öffnen.

Einen Basisplan löschen

Okay, wenn Sie den ersten Teil dieses Kapitels gelesen haben, wissen Sie, dass für mich ein Basisplan das eingefrorene Abbild EINES Projektplans ist, das sakrosankt ist und nicht mehr geändert werden darf. Nun, das ist die Theorie. In der Praxis können Dinge geschehen, die einen ursprünglichen Basisplan so veralten lassen, dass er zu weniger als nichts nützlich ist, der es dann noch nicht einmal mehr wert ist, als einer der elf möglichen Basispläne aufgehoben zu werden.

Wenn Sie zum Beispiel ein Projekt leiten, das von Anfang bis Ende vier Jahre dauert, möchten Sie vielleicht jedes Jahr einen neuen Basisplan speichern, weil die Kosten gestiegen sind und sich die Ressourcen geändert haben. Damit haben Sie die Möglichkeit, die in Abständen aufgenommenen Basispläne zu vergleichen. Diese Pläne spiegeln die Anpassungen wider, die Sie aufgrund der Änderungen im Alltag vornehmen mussten. Vielleicht fangen Sie aber auch mit einem wunderbaren, wohldurchdachten Basisplan an, und eine Woche später kommt die gesamte Wirtschaft zum Erliegen, weil es einen dreimonatigen Streik gibt. Ihre gesamte Terminplanung geht baden, und Sie sind gezwungen, Ihren bisherigen Plan anzupassen, einen neuen Basisplan zu speichern und weiterzumachen, wenn der Streik beendet ist.

Um einen Basisplan zu löschen, gehen Sie so vor:

1. **Wenn Sie nur den Basisplan einiger Vorgänge löschen wollen, markieren Sie diese Vorgänge.**

2. **Wählen Sie EXTRAS|ÜBERWACHUNG|BASISPLAN LÖSCHEN.**

   Es öffnet sich das Dialogfeld BASISPLAN LÖSCHEN (siehe Abbildung 12.5), bei der die Option BASISPLAN LÖSCHEN standardmäßig aktiviert ist.

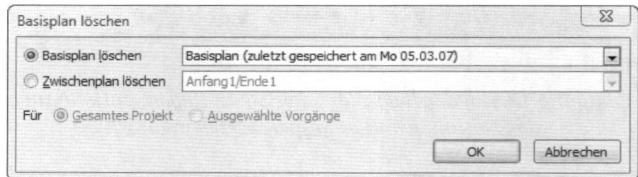

Abbildung 12.5: Benutzen Sie dieses Dialogfeld, um einen Basisplan oder einen Zwischenplan zu löschen.

3. **Wählen Sie im Listenfeld BASISPLAN LÖSCHEN den Basisplan aus, den Sie löschen wollen.**

4. **Markieren Sie entweder das Optionsfeld GESAMTES PROJEKT, um den Basisplan des gesamten Projekts zu löschen, oder AUSGEWÄHLTE VORGÄNGE, um nur den Plan für die markierten Vorgänge zu löschen.**

5. **Klicken Sie auf OK.**

   Der Basisplan des Projekts oder der markierten Vorgänge wird gelöscht.

In der Zwischenzeit

Ein Zwischenplan ist so etwas wie ein Basisplan in abgespeckter Form. Bei einem Zwischenplan speichern Sie nur das aktuelle Anfangs- und das aktuelle Enddatum von Vorgängen, die überwacht werden, und die ursprünglichen Anfangs- und Enddaten aller noch nicht angefangenen Vorgänge.

Warum sollte man einen Zwischenplan und keinen Basisplan speichern? Ein Zwischenplan speichert nur Zeitinformationen. Wenn das alles ist, was Sie benötigen, warum sollten Sie dann zusätzlich Daten über Ressourcenzuordnungen, Kosten und so weiter speichern? (Denken Sie daran, dass Sie zum Ende hin eine riesige Datei haben, wenn Sie viele Basispläne speichern.)

Ein anderes Problem mit einem Basisplan ist, dass der Plan zu einem bestimmten Zeitpunkt veraltet, weil es einfach zu viele Daten gibt. Ein Zwischenplan kann gespeichert werden, um die Änderung von Daten aufzuzeichnen, ohne dabei einen Basisplan zu überschreiben.

Obwohl Sie bis zu elf Basispläne speichern können, sollten Sie darüber nachdenken, Zwischen- und Basispläne im Wechsel anzulegen, um damit die Anzahl der Pläne zu erweitern, die Sie speichern können.

Machen Sie sich aber wegen Basis- und Zwischenplänen nicht verrückt. Selbst in lange dauernden Projekten lohnt es sich nicht, zu viele Pläne zu speichern. Wenn Sie einen Plan festlegen, drucken Sie ihn für Ihre Akten aus, und machen Sie sich einen Vermerk, wann und warum der Plan gespeichert worden ist, damit Sie auf dem Laufenden bleiben.

Einen Zwischenplan festlegen

Zwischenpläne und Basispläne werden in demselben Dialogfeld festgelegt. Der Unterschied ist, dass Sie bei einem Zwischenplan angeben müssen, woher die Daten kommen. Wenn Sie zum Beispiel die Anfangs- und Enddaten Ihres zweiten Basisplans als dritten Zwischenplan speichern möchten, kopieren Sie die Daten nach ANFANG3/ENDE3. Wenn Sie die aktuellen Anfangs- und Enddaten aller Vorgänge haben möchten, kopieren Sie sie aus ANFANG/ENDE.

Machen Sie Folgendes, um einen Zwischenplan zu speichern:

1. **Wenn Sie einen Zwischenplan nur für einige Vorgänge festlegen wollen, markieren Sie die entsprechenden Vorgänge.**

2. **Wählen Sie EXTRAS|ÜBERWACHUNG|BASISPLAN FESTLEGEN.**

    Es erscheint das Dialogfeld BASISPLAN FESTLEGEN (siehe Abbildung 12.6).

3. **Markieren Sie das Optionsfeld ZWISCHENPLAN FESTLEGEN.**

4. **Wählen Sie im Listenfeld KOPIEREN die Daten aus, die Sie in einen Zwischenplan kopieren wollen.**

5. **Wählen Sie im Listenfeld NACH die Felder aus, in denen die Daten des Zwischenplans abgelegt werden sollen.**

Abbildung 12.6: Sie können Einstellungen von jedem gespeicherten Basisplan in einen Zwischenplan übernehmen.

6. **Markieren Sie gegebenenfalls eines der Optionsfelder GESAMTES PROJEKT oder AUSGEWÄHLTE VORGÄNGE.**

7. **Wenn Sie mit markierten Vorgängen arbeiten, legen Sie fest, wie der Basisplan Änderungen an den Vorgangsdaten zusammenfasst.**

8. **Klicken Sie auf OK, um den Plan abzulegen.**

Indem Sie die Felder KOPIEREN und NACH verwenden, können Sie bis zu zehn Zwischenpläne speichern, die auf den Daten von Basisplänen oder auf aktuellen Daten basieren.

Einen Plan löschen und zurücksetzen

Zehn Zwischenpläne scheinen eine ganze Menge Möglichkeiten zu bieten, aber in dem Dickicht eines laufenden und sich ständig ändernden Projekts kann das für Ihre Bedürfnisse zu wenig sein. Da Sie nur zehn Zwischenpläne speichern können, kann es ab und an notwendig werden, einen Plan zu löschen, um einen neuen festlegen zu können.

Project hat Basis- und Zwischenpläne in einer gemeinsamen Umgebung untergebracht, so dass Sie die Anweisung BASISPLAN LÖSCHEN benutzen müssen, um einen Zwischenplan aus Ihrem Projekt zu entfernen. Machen Sie sich keine Sorgen, aber ein Klicken auf BASISPLAN LÖSCHEN schickt zunächst keinen Ihrer Basispläne ins Nirgendwo.

Wenn Sie einen Zwischenplan löschen wollen, gehen Sie so vor:

1. **Wenn Sie einen Zwischenplan nur für einige Vorgänge löschen wollen, markieren Sie diese Vorgänge.**

2. **Wählen Sie EXTRAS|ÜBERWACHUNG|BASISPLAN LÖSCHEN.**

   Es erscheint das Dialogfeld BASISPLAN LÖSCHEN (siehe Abbildung 12.7).

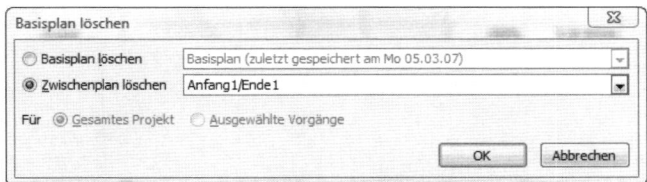

Abbildung 12.7: Löschen Sie Zwischenpläne so oft, wie Sie mögen.

3. **Markieren Sie die Option Zwischenplan löschen, und wählen Sie den Plan in dem daneben stehenden Feld aus, den Sie löschen möchten.**
4. **Klicken Sie gegebenenfalls auf die Option Gesamtes Projekt oder auf Ausgewählte Vorgänge, um nur den Plan für die markierten Vorgänge zu entfernen.**
5. **Klicken Sie auf OK, um den Plan zu löschen.**

Wenn Sie wollen, können Sie jetzt neue Informationen als Zwischenplan ablegen.

Wenn Sie darüber nachdenken, eine Sicherung der verschiedenen Versionen Ihrer Datei mit den Daten der Zwischen- und Basispläne anzulegen, sollten Sie berücksichtigen, dass mit dem Löschen eines Basis- oder Zwischenplans auch dessen Inhalte für immer verloren gehen!

Auf der richtigen Spur

In diesem Kapitel

▸ Die Symbolleiste ÜBERWACHEN benutzen

▸ Aktivitäten an Vorgängen aufzeichnen

▸ Prozentsätze für abgeschlossene Arbeiten festlegen

▸ Feste Kosten aktualisieren

▸ PROJEKT AKTUALISIEREN verwenden, um die ganz große Änderung durchzuführen

---

Nachdem das Projekt die Planungsphase verlassen hat und aktiv geworden ist, ist es wie ein Spiel, das sich ständig ändert und das Regeln, Ziele und einen allgemeinen Zeitrahmen hat, von dem aber niemand weiß, welches Team gewinnen wird, bevor es nicht vorbei ist.

Ob ein Vorgang so abläuft wie geplant oder sich in eine unerwartete Richtung bewegt, es bleibt bei diesem Spiel Ihr Job, diese Aktivitäten aufzuzeichnen, was auch als *Überwachung* bezeichnet wird. (Anmerkung des Übersetzers: Zur Beruhigung von Personal- und Betriebsräten sei gesagt, dass der im amerikanischen Original von Project verwendete Begriff »tracking« eigentlich »auf der Spur bleiben, beobachten« bedeutet. Da Microsoft selbst dies aber im Programm als »Überwachen« bezeichnet, benutze auch ich diesen Begriff, obwohl er mit dem deutschen »Überwachen« so gut wie nichts gemein hat.)

Die Überwachung beginnt, wenn Ihr Team über seine Aktivitäten im Projekt berichtet. Dann müssen Sie (oder jemand, den Sie mit dem Überwachen beauftragt haben) Vorgang für Vorgang die Eingabe dieser Aktivitäten durchführen.

Wenn Sie Aktivitäten überwachen, werden Sie sich wundern, was Project zurückliefert. Einiges davon wird sich als gute, anderes als schlechte Nachricht entpuppen, aber alles wird nützlich sein, wenn es darum geht, Ihr Projekt zu verwalten.

Daten einsammeln

Der erste Schritt bei der Überwachung von Fortschritten in Ihrem Projekt ist das Sammeln von Informationen darüber, was eigentlich passiert. Die Datenmenge, die Sie einsammeln, hängt davon ab, was Sie überwachen und wie detailliert diese Informationen sein müssen. So gibt es zum Beispiel Leute, die keine Ressourcen erstellen, weil sie Project nur als Terminplan für ihre Aktivitäten benutzen und nicht, um die Zeit von Ressourcen oder um Kosten zu verwalten. Andere wiederum setzen Ressourcen ein und wollen deren gesamte Arbeit an den Vorgängen in allen Einzelheiten überwachen. Diesen Personen reicht es nicht aus, sich mit einem stundenweisen Überblick zufrieden zu geben. Und dann gibt es noch diejenigen, für die es in Ordnung ist, wenn ein Vorgang zu 50 und ein anderer zu 100 Prozent vollendet worden ist und Project dabei davon ausgeht, dass alle Ressourcen den ihnen zugeteilten Teil der Arbeit auch ordnungsgemäß erledigt haben.

Deshalb müssen Sie als Erstes herausfinden, welches die beste Überwachungsmethode für Sie ist.

Ein Weg in den Überwachungswahnsinn

Microsoft hat vier Verfahren zur Überwachung vorgegeben:

- ✔ **Vorgang nach Gesamtsumme**
- ✔ **Vorgang nach Zeitphasen**
- ✔ **Zuordnung nach Gesamtsumme**
- ✔ **Zuordnung nach Zeitphasen**

Um diese Verfahren zu verstehen, sollten Sie zunächst auf die Unterschiede zwischen der Überwachung von Vorgängen und der von Ressourcen achten. Sie können Informationen auf *Vorgangsebene* überwachen und dabei die gesamte Arbeit oder alle Kosten abbilden, die bis heute oder bis zu einem bestimmten Datum für einen Vorgang angefallen sind. Oder Sie überwachen die Kosten anhand von *Ressourcenzuordnungen*, was die Überwachungsart ist, die mehr auf Einzelheiten achtet.

Stellen Sie sich zum Beispiel vor, dass ein Vorgang Testen der elektrischen Komponenten zwölf Stunden dauert und dabei dem Basisplan Ihres Projekts entspricht. Diesem Vorgang werden drei menschliche Ressourcen – Ingenieur, Elektriker und Hilfskraft – zu jeweils 100 Prozent ihrer Zeit zugeordnet. Wenn Sie jetzt eine vorgangsbezogene Überwachung starten, stellen Sie fest, dass der Vorgang zu 75 Prozent abgeschlossen ist, was neun Arbeitsstunden entspricht.

Project geht davon aus, dass die drei Ressourcen die Arbeit gleichmäßig aufteilen. In Wirklichkeit sieht es aber so aus, dass der Ingenieur eine Stunde, der Elektriker sechs und die Hilfskraft zwei Stunden Arbeit eingebracht haben. Wenn Sie detailliertere Überwachungsinformationen benötigen, die die gesamte Arbeitsleistung jeder Ressourcenzuordnung ausweisen, überwachen Sie die Arbeit auf der Ebene der Ressourcenzuordnung.

Und hier kommt jetzt die zeitabhängige Variable ins Spiel: Es ist gleichgültig, ob Sie sich dafür entscheiden, die Arbeit an einem Vorgang oder die Arbeit, die einzelne Ressourcen an einem Vorgang erledigt haben, zu überwachen, Sie können die Überwachung auch anhand bestimmter Zeitabschnitte durchführen – ein Verfahren, das Microsoft *Überwachung nach Zeitphasen* nennt.

Wenn wir uns noch einmal um den Vorgang Testen der elektrischen Komponenten kümmern, können Sie einen vorgangsabhängigen Ansatz verwenden, der allgemein neun Stunden Arbeit bis zum aktuellen Datum feststellt, oder Sie wählen einen zeitphasenabhängigen Ansatz, um die Arbeitsstunden tagtäglich aufzuzeichnen.

Wenn Sie wollen, dass Project ein Auge auf die Kosten hat, müssen Sie dafür sorgen, dass auch die festen Kosten und der Materialverbrauch eines jeden Vorgangs überwacht werden.

> ### *Lassen Sie Ihr Projekt die Runde machen*
>
> Sie können SENDEN AN aus dem Menü DATEI verwenden, um Ihr Projekt an andere zu senden, damit diese Personen ihre eigenen Aktivitäten aktualisieren. Sie können dies entweder dadurch machen, dass Sie per E-Mail eine komplette Datei oder einzelne Vorgänge als Mailanhang versenden, oder Sie leiten eine Datei weiter und lassen jeden seine Änderungen an nur einer Stelle vornehmen.
>
> Die Schwierigkeit bei der ersten Methode liegt darin, dass Sie die Änderungen aus den verschiedenen Dateien manuell in einer Datei zusammenfassen müssen.
>
> Die Schwierigkeit bei der zweiten Vorgehensweise liegt darin, dass Sie die Leute dazu bringen müssen, ihre Aktualisierungen genau einzutragen und die Datei recht schnell an den nächsten in der Weiterleitungsliste zu übergeben. Ganz allgemein ist die beste Vorgehensweise für die Aktualisierung von Projekten die, dass die Mitglieder des Teams ihre Aktivitäten an eine Person mailen, die alle Änderungen an einer zentralen Stelle vornimmt.

Von Tür zu Tür gehen

Wo bekommen Sie die Information darüber her, wer welche Arbeiten wann ausgeführt hat? Nun, die erste Methode ist eine, die Sie vielleicht schon seit Jahren einsetzen: Stöbern Sie die Personen auf, die mit Ihrem Projekt zu tun haben, und fragen Sie sie. Fragen Sie sie auf dem Flur, bei Ihren wöchentlichen Meetings oder in der Kantine, rufen Sie jeden an, oder lassen Sie jeden ein Formular einreichen.

Das ist zwar nicht der Wissenschaft letzter Schrei, aber es funktioniert. Denken Sie daran, dass Sie zuvor festlegen müssen, welche Informationen Sie benötigen, wann Sie sie benötigen und in welchem Format Sie sie benötigen. Je einfacher Sie das manuelle Berichten von Fortschritten eines Projekts halten, desto eher wird diese Aufgabe auch von den Betroffenen erledigt. Je mehr Routine Sie in diesen Vorgang einbringen – wie jeden Freitag, mit demselben Formularsatz, der immer an dieselbe Person geht, und so weiter –, desto einfacher ist es.

Wenn Sie nur eine Zusammenfassung über den aktuellen Zustand eines Vorgangs benötigen, sagen wir 25, 50, 75 oder 100 Prozent erledigt, sollten Sie für den Vorgang einen Verantwortlichen bestimmen, der Ihnen die entsprechenden Werte übermittelt. Wenn Sie die echten Arbeitsstunden benötigen, die bis heute in einen Vorgang gesteckt worden sind, können die Ressourcen diese Zusammenfassung liefern. Wenn Sie einen exakten, stunden- oder tageweisen Bericht haben müssen, kommen Sie kaum umhin, sich von Ihren Ressourcen einen detaillierten Zeitplan geben zu lassen.

Wenn in Ihrem Unternehmen Project Server eingesetzt wird, können Sie Project Web Access verwenden, um die Zeitpläne Ihrer Ressourcen an einer geeigneten Stelle zu sammeln. (Wie das geht, wird in Kapitel 19 beschrieben.)

Sie können die Informationen zu den festen Kosten, die aufgelaufen sind, höchstwahrscheinlich von Ihrer Buchhaltung oder dadurch erhalten, dass Sie sich von dem, der das Geld ausgegeben hat, eine Kopie der Bestellung oder eine Quittung besorgen.

Berücksichtigen Sie bei Ihren Überlegungen auch den Kauf eines Zusatzprodukts wie Timesheet Professional (http://timesheetprofessional.com – auch im deutschen Umfeld erhältlich) oder ein ähnliches Produkt, um die Aktivitäten von Ressourcen zu erfassen. Sie lassen dann jedes Mitglied Ihres Teams auf Timesheet zugreifen. Die Ressourcen geben dort ihre Arbeitszeiten ein, und Sie können die Werkzeuge von Timesheet dazu verwenden, Ihr Projekt automatisch zu aktualisieren. Wenn Sie Project Professional verwenden, sind Timesheet-Funktionalitäten bereits in Project Web Access integriert.

Wo gehen all die Informationen hin?

Wenn Sie die Informationen über den Fortschritt der Vorgänge, die festen Kosten und die Ressourcenstunden eingesammelt haben, stehen Ihnen mehrere Wege für die Eingabe der Daten zur Verfügung. Sie können verschiedene Ansichten und Tabellen benutzen, um die Informationen in Datenblätter einzugeben. Sie können die Informationen aber auch über das Dialogfeld INFORMATIONEN ZUM VORGANG erfassen, oder Sie benutzen die Symbolleiste ÜBERWACHEN.

Dinge über die Symbolleiste »Überwachen« erledigen

Manchmal hat es den Anschein, als ob Microsoft für alles eine Symbolleiste vorlegt. Warum sollte das beim Überwachen anders sein? Sie können die Symbolleiste ÜBERWACHEN benutzen, um in jeder Datenblattansicht einzelne Vorgänge zu aktualisieren. Abbildung 13.1 zeigt die Symbolleiste und ihre Werkzeuge.

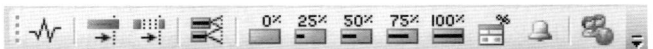

Abbildung 13.1: Markieren Sie einen Vorgang, und klicken Sie auf eines dieser Werkzeuge, um den Vorgang zu aktualisieren.

Die Symbolleiste ÜBERWACHEN gibt Ihnen die Möglichkeit, das Dialogfeld PROJEKTSTATISTIK zu öffnen oder die Symbolleiste ZUSAMMENARBEIT anzuzeigen. (Diese Symbolleiste steht nur zur Verfügung, wenn in Ihrem Unternehmen Project Server läuft.) Sie können die anderen Werkzeuge verwenden, um markierte Vorgänge ganz speziell zu aktualisieren:

- ✔ Markieren Sie einen Vorgang, und klicken Sie auf AKTUALISIEREN WIE BERECHNET, um die Aktivitäten automatisch so eintragen zu lassen, wie Sie es in Ihrem Basisplan vorgesehen haben.

- ✔ ARBEIT NEU BERECHNEN terminiert alle Vorgänge neu, die nach dem Statusdatum oder nach dem aktuellen Datum anfangen, wenn Sie kein Statusdatum gesetzt haben.

- ✔ FORTSCHRITTSLINIE HINZUFÜGEN schaltet eine Art Zeichenwerkzeug ein. Wenn Sie die Fortschrittslinie auswählen und auf den Diagrammbereich klicken, wird an diesem Punkt eine Fortschrittslinie eingeblendet. Diese Linie zeigt an, welche Vorgänge ihrer Zeitplanung voraus sind und welche ihr hinterherhinken, indem sie die Fortschrittsbalken der einzelnen Vorgänge miteinander verbindet.

- ✔ Indem Sie auf eine der Schaltflächen PROZENT ABGESCHLOSSEN (0% bis 100%) klicken, sind Sie schnell in der Lage, den Fortschritt eines Vorgangs festzulegen, indem Sie auf der Basis der Aktivitätsart des Vorgangs (feste Einheiten, Arbeit oder Dauer) die Arbeit in Prozent angeben, die bereits erledigt worden ist.

- ✔ VORGÄNGE AKTUALISIEREN zeigt ein Dialogfeld an, das Überwachungsfelder enthält, die Sie eventuell bereits vom Dialogfeld INFORMATIONEN ZUM VORGANG her kennen. Zusätzlich gibt es Felder, die Sie für die Aktualisierung Ihres Projekts verwenden können.

 Sie können aber auch EXTRAS|ÜBERWACHUNG|VORGÄNGE AKTUALISIEREN auswählen, um die Überwachungsfelder des Dialogfelds VORGÄNGE AKTUALISIEREN anzuzeigen. Beide Wege führen zu einem identischen Ergebnis.

Für alles gibt es eine Ansicht

Bis jetzt konnten Sie sehen, dass Project für alles, was Sie machen wollten, eine Ansicht hat. So erlauben zum Beispiel die Ansichten VORGANG:TABELLE und VORGANG EINSATZ (siehe Abbildungen 13.2 und 13.3) eine schnelle Aktualisierung von Vorgangs- bzw. Ressourceninformationen. Es gibt so viele Varianten, dass man glauben könnte, Microsoft würde je abgelieferter Ansicht bezahlt.

Je nach dem Verfahren, das Sie für die Überwachung benötigen (siehe hierzu auch den Abschnitt *Ein Weg in den Überwachungswahnsinn* weiter vorne in diesem Kapitel), sorgen verschiedene Ansichten für verschiedene Möglichkeiten. Tabelle 13.1 führt die für jedes Überwachungsverfahren beste Ansicht auf.

Überwachungsverfahren	Die dafür beste Ansicht	Angezeigte Tabelle oder Spalte
Vorgang	VORGANG:TABELLE	Tabelle ÜBERWACHUNG
Vorgang nach Zeitphasen	VORGANG EINSATZ	Spalte AKTUELLE ARBEIT
Zuordnung	VORGANG EINSATZ	Tabelle ÜBERWACHUNG
Zuordnung nach Zeitphasen	VORGANG EINSATZ	Spalte AKTUELLE ARBEIT

Tabelle 13.1: Ansichten für die Überwachung

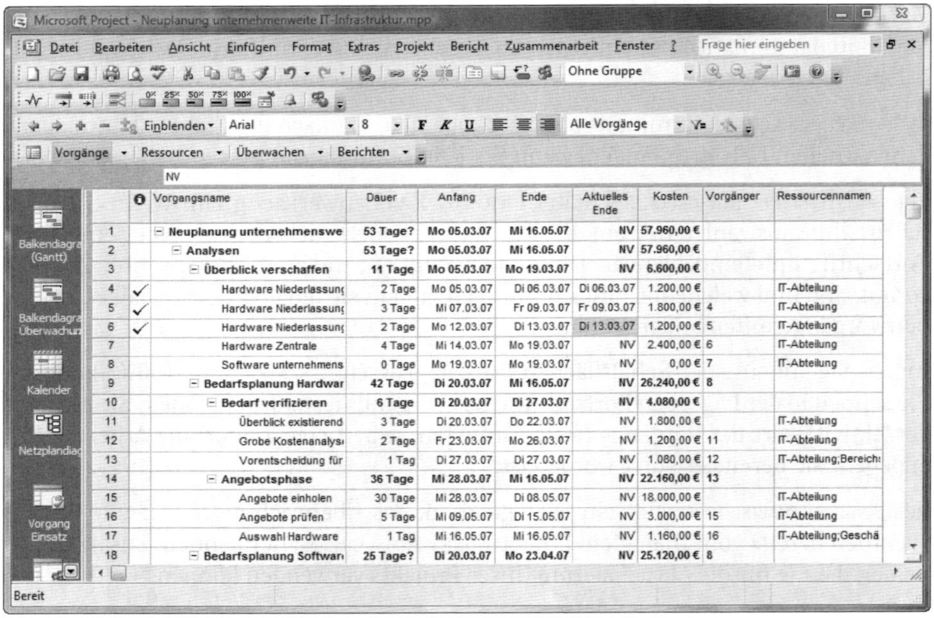

Abbildung 13.2: Die Ansicht VORGANG:TABELLE ist ein großartiger Platz, um Arbeit und Anfangs- und Enddaten zu überwachen.

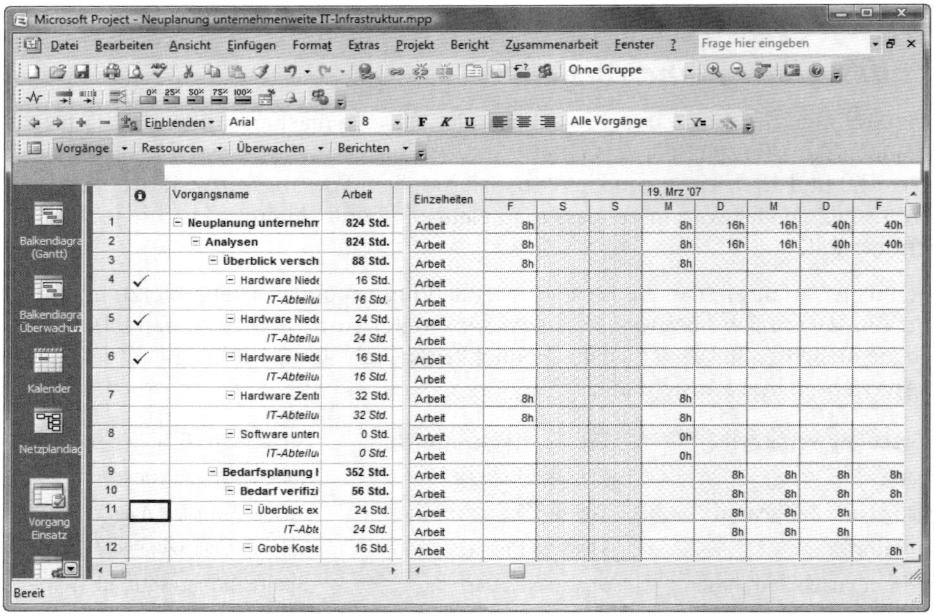

Abbildung 13.3: Die Ansicht VORGANG EINSATZ gibt Ihnen die Möglichkeit, Tag für Tag die Arbeitsstunden von Ressourcen einzugeben.

Wenn Sie die richtige Ansicht mit der richtigen Spalte finden, ist die Eingabe Ihrer Überwachungsinformationen nichts als das Schreiben einer Anzahl Stunden, eines Euro-Betrags für feste Kosten oder ein Anfangs- oder Enddatum in die entsprechende Spalte des Vorgangs, den Sie aktualisieren.

Die Arbeit für die Akten überwachen

Sie müssen verschiedene Arten von Informationen eingeben, um den Fortschritt in Ihrem Projekt zu überwachen. Zunächst müssen Sie Project erzählen, von wann an Sie den Fortschritt überwachen wollen. Standardmäßig werden Informationen seit dem Erstellungsdatum des Projekts auf der Grundlage der Einstellungen des Kalenders Ihres Computers aufgezeichnet. Wenn Sie wollen, dass der Fortschritt erst ab dem Ende eines Quartals aufgezeichnet werden soll, können Sie auch dies erreichen.

Sie können das aktuelle Anfangs- und das aktuelle Enddatum von Vorgängen, den Prozentsatz, zu dem ein Vorgang vollendet ist (zum Beispiel 75 Prozent) und die laufende Arbeit (das ist die Anzahl Stunden, die Ressourcen als Arbeit in den Vorgang gesteckt haben) aufzeichnen. Wenn Sie der Meinung sind, dass der Vorgang weniger oder mehr Zeit benötigt, als Sie geplant haben, können Sie die restliche Vorgangsdauer auf der Grundlage der aktuellen Fortschrittsdaten anpassen. Sie können weiterhin die Materialeinheiten, die gebraucht worden sind, und Informationen über feste Kosten eingeben, die zum Beispiel für das Mieten von Ausrüstungsgegenständen oder für Beratung aufgewendet werden mussten.

Fortschritt seit wann?

Wenn Sie keine Ahnung haben, welcher Wochentag es ist, sind Sie kaum in der Lage zu beurteilen, ob Sie Ihr Arbeitspensum in der Woche auch schaffen.

Wenn Sie mit dem Überwachen anfangen, ist das Erste, was Sie zu tun haben, das Erstellen eines *Statusdatums*: Das ist das Datum, ab dem Sie den Fortschritt des Projekts überwachen. Project verwendet, wenn Sie Informationen über laufende Aktivitäten eingeben, für das aktuelle Datum standardmäßig die Kalendereinstellungen Ihres Computers. Manchmal kann es aber vorkommen, dass Sie auf Zeitreise gehen möchten. Stellen Sie sich zum Beispiel vor, dass Ihr Chef einen Bericht haben möchte, der den Status anzeigt, den das Projekt am letzten Tag des Quartals, am 31. Dezember, hat. Sie sammeln zwar die Zeitdaten aller Ressourcen bis zu diesem Zeitpunkt ein, kommen aber erst drei Tage nach dem Ende des Quartals dazu, diese Daten einzugeben. Sie können mit dieser Situation fertig werden, indem Sie das Statusdatum auf den 31. Dezember setzen und erst dann die Daten eingeben.

Wenn Sie ein Statusdatum gesetzt und die Informationen eingegeben haben, verwendet Project dieses Datum, um die notwendigen Berechnungen durchzuführen. Weiterhin werden alle Informationen, die mit dem vollständigen oder prozentualen Vollenden von Vorgängen zu tun haben, von diesem Tag an aufgezeichnet, und Fortschrittslinien spiegeln im Diagrammbereich diesen Zeitverlauf wider. Alle Berichte oder Ausdrucke von Ansichten, die Sie erzeugen, liefern ein Abbild des Status, den Ihr Projekt von diesem Tag an hat.

Das Statusdatum legen Sie so fest:

1. **Wählen Sie PROJEKT|PROJEKTINFO.**

   Es erscheint das Dialogfeld PROJEKTINFO (siehe Abbildung 13.4). Wenn Sie dieses Dialogfeld zum ersten Mal öffnen, ist noch kein Statusdatum gesetzt. Ihr Projekt wird vom Tagesdatum gesteuert.

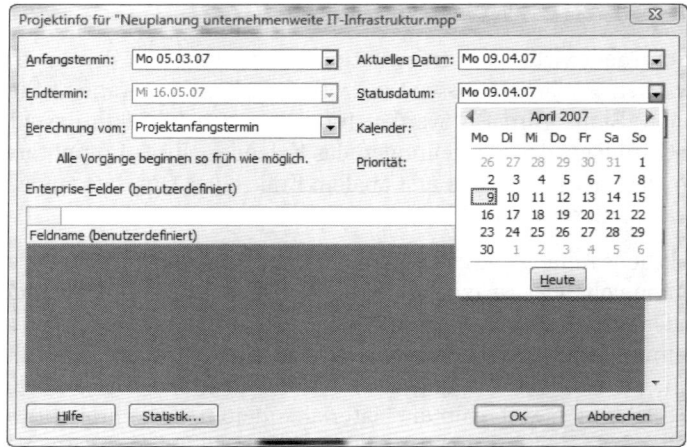

Abbildung 13.4: Legen Sie hier das Statusdatum fest.

2. **Klicken Sie im Feld STATUSDATUM auf den Pfeil, um den Kalender anzuzeigen.**
3. **Wenn Sie ein Statusdatum eines anderen Monats setzen wollen, klicken Sie im Kopfbereich des Kalenders auf die kleinen Pfeile nach rechts oder links, um sich durch die Monate zu bewegen.**
4. **Klicken Sie auf das Datum, das Sie haben möchten.**
5. **Klicken Sie auf OK.**

Jetzt steht der Eingabe Ihrer Überwachungsdaten nichts mehr im Wege.

Prozentual fertig

Wenn mich jemand fragt, wie man herausfinden kann, ob ein Vorgang zu 25 Prozent, zu 50 Prozent oder nur zu 36,5 Prozent fertiggestellt ist, verweise ich die Leute normalerweise auf ihr eigenes Gespür. Wenn Sie Ihr Chef fragt, wie bestimmte Dinge in einem Bericht zustande gekommen sind, führen Sie normalerweise auf die Schnelle eine interne Berechnung durch und kommen mit einer groben Schätzung wieder, die naturgemäß keine Probleme aufwirft. Eine grobe Schätzung, die auf Ihren Erfahrungen und den Informationen beruht, mit denen Ihre Ressourcen Sie versorgt haben, reicht häufig völlig aus.

Kann eine Überwachung zur sehr ins Einzelne gehen?

Ist es sinnvoll jeden Tag 2,25 Prozent Fortschritt eines Vorgangs aufzuzeichnen, der zwei Monate dauert? Sicherlich nicht. Außer bei extrem langen Vorgängen lohnt es sich nicht, einen Prozentsatz einzugeben, der noch feiner ist als die standardmäßigen 25, 50, 75 und 100 Prozent, die ein Vorgang vollendet ist. Und dies gilt auch nur zum Teil, weil Vorgänge, die länger als einige Wochen dauern, in der Regel in Teilvorgänge aufgebrochen werden, um sie leichter überwachen oder als Bericht darstellen zu können. Wenn es Ihrem Chef, der Geschäftsführung oder Ihrem Kunden eigentlich gleichgültig ist, ob Sie genau den Zeitpunkt erwischen, an dem etwas zu 33,75 Prozent vollendet ist, warum wollen Sie das dann versuchen?

Auf der anderen Seite kann es vorkommen, dass Ihr Projekt (aus Gründen, die nur Sie kennen) einen sechs Monate dauernden Vorgang enthalten muss, den Sie nicht in Teilvorgänge aufbrechen können. In solch einem Fall sollten Sie prozentuale Abstufungen wie 10, 20, 30, 40, 50 und so weiter verwenden, damit Sie nicht einen Monat oder länger mit einer Aktualisierung warten müssen und (scheinbar) kein Fortschritt sichtbar wird.

Sie können den Prozentsatz, zu dem ein Vorgang vollendet ist, auch genauer kalkulieren. Wenn Sie zum Beispiel davon ausgehen, dass ein Vorgang zehn Stunden Arbeit benötigt und Ihre Ressource berichtet, dass sie fünf Stunden lang Einsatz gezeigt hat, könnten Sie auch sagen, das 50 Prozent dieses Jobs erledigt sind. Seien Sie aber vorsichtig. Nur weil jemand die Hälfte der zugewiesenen Zeit verbraucht hat, heißt das noch lange nicht, dass auch die Hälfte der anstehenden Arbeit erledigt wurde.

Einen anderen Ansatz bieten die Kosten: Wenn Ihre ursprüngliche Schätzung von vier Ressourcen ausging, die einem vier Tage dauernden Vorgang zugeordnet worden sind und damit 4.000 Euro Kosten hervorrufen, können Sie davon ausgehen, dass der Vorgang zu 75 Prozent fertig ist, wenn der Bericht Ihrer Ressourcen anzeigt, dass bis dahin 3.000 Euro Kosten angefallen sind. Aber auch hier gilt, dass das Ausgeben von drei Viertel des Geldes nicht gleichzeitig heißen muss, dass auch drei Viertel der Arbeit getan sind.

Es hilft eine Menge, wenn ein Vorgang zuverlässig messbar ist. Wenn Sie zum Beispiel einen Vorgang haben, bei dem in vier Tagen 100 Autos zusammengebaut werden, und wenn Sie 25 Autos produziert haben, sind 25 Prozent dieses Vorgangs erledigt. Oder wenn Sie auf zehn Computern Software installieren sollen und das auf fünf davon erledigt haben, dann lässt sich leicht ausrechnen, dass Sie 50 Prozent des Jobs erledigt haben.

Leider kann nicht jeder Vorgang so einfach berechnet werden. Die beste Faustformel sagt aus, dass Sie Ihren Instinkten vertrauen und alles prüfen sollten, was Ihnen Ihr Team über seine Fortschritte berichtet.

Der einfachste und schnellste Weg, einen Vorgang prozentual zu aktualisieren, ist der, ihn in einer Ansicht zu markieren und in der Symbolleiste ÜBERWACHEN auf die Schaltflächen 0%, 25%, 50%, 75% oder 100% zu klicken. Alternativ dazu können Sie aber auch auf einen Vorgang doppelt klicken, um das Dialogfeld INFORMATIONEN ZUM VORGANG zu öffnen und dort unter % ABGESCHLOSSEN den entsprechenden Wert einzugeben. Sie können aber auch einen Vorgang markieren und in der Symbolleiste ÜBERWACHEN auf die Schaltfläche VORGÄNGE AKTUALISIEREN klicken, um das gleichnamige Dialogfeld zu öffnen und dort die Änderungen vorzunehmen. Wenn Sie einen Prozentsatz in anderen Schritten als 25 Prozent eingeben möchten, müssen Sie dies entweder in einer Datenblattansicht im Dialogfeld INFORMATIONEN ZUM VORGANG oder im Dialogfeld VORGÄNGE AKTUALISIEREN erledigen.

Wann haben Sie angefangen? Wann sind Sie fertig?

Wenn Sie feststellen, dass ein Vorgang vollständig ist und Sie im Feld AKTUELLER ANFANG nichts eingeben, unterstellt Project (als Optimist), dass Sie termingerecht loslegen. Wenn Sie mit einem Vorgang nicht termingerecht anfangen können und das echte Startdatum eingeben möchten, müssen Sie das Feld AKTUELLER ANFANG ändern. Wenn Sie einen Vorgang mit Verspätung abschließen, geben Sie dies im Feld AKTUELLES ENDE ein. Achten Sie aber darauf, dass in dem Fall, in dem Sie zwar das aktuelle Ende, nicht aber auch die Dauer eines Vorgangs ändern, das Anfangsdatum automatisch neu berechnet wird.

Sie haben mehrere Möglichkeiten, diese Informationen zu überwachen. Sie können das Dialogfeld VORGÄNGE AKTUALISIEREN der Symbolleiste ÜBERWACHEN benutzen (siehe Abbildung 13.5), das erscheint, wenn Sie auf die Schaltfläche VORGÄNGE AKTUALISIEREN dieser Symbolleiste klicken. Sie können sich auch ein Tabellenblatt anzeigen lassen, das die Spalten AKTUELLER ANFANG und AKTUELLES ENDE enthält. Ein solches Tabellenblatt finden Sie in der Ansicht BALKENDIAGRAMM: ÜBERWACHUNG oder in der Ansicht BALKENDIAGRAMM (GANTT) mit der Tabelle ÜBERWACHUNG. Benutzen Sie dann die Dropdown-Kalender der Spalten AKTUELLER ANFANG und AKTUELLES ENDE, um ein Datum einzugeben.

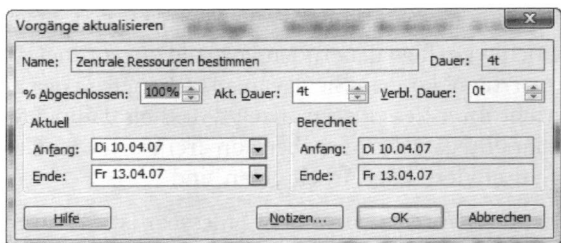

Abbildung 13.5: Klicken Sie im Feld ANFANG oder ENDE auf den Pfeil, und wählen Sie im Dropdown-Kalender ein Datum aus.

 Unter bestimmten Voraussetzungen kommt es bei der Eingabe eines aktuellen Start- oder Enddatums zu einer Warnmeldung: wenn zum Beispiel ein aktuelles Anfangsdatum vor den Anfang des Projekts verschoben wird oder wenn durch die Eingabe ein Konflikt mit einem abhängigen Vorgang erzeugt wird. Wenn diese Warnmeldung erscheint, haben Sie folgende Möglichkeiten:

✔ Brechen Sie die Operation ab.

✔ Lassen Sie den Konflikt bestehen (oder den Vorgang anfangen, bevor das eigentliche Projekt startet).

Wenn Sie die Änderung der »Vorzeitigkeit« eines Vorgangs verhindern wollen, korrigieren Sie die Ursache des Problems (indem Sie zum Beispiel das Anfangsdatum des Projekts ändern), kehren Sie zum Dialogfeld zurück, und geben Sie die aktuellen Informationen ein. Oder lassen Sie den Konflikt einfach bestehen.

Jörg hat drei Stunden gearbeitet, Jutta zehn

Wenn Sie die Überwachung auf einer sehr detaillierten Ebene durchführen wollen, müssen Sie genau aufzeichnen, wie viele Stunden jede Ressource in ihre Vorgänge investiert hat. Das kann so viel Spaß machen wie das Übertragen des Berliner Telefonbuchs in eine Datenbank, hat aber ein paar Vorteile. Nachdem Sie die tatsächliche Stundenzahl überprüft haben, können Sie Abrechnungen bekommen, die die Summe aller Stunden enthalten, die jede Ressource jeden Tag, jede Woche oder jeden Monat in Ihrem Projekt abgeleistet hat. Wenn Sie Ihren Kunden eine Rechnung schreiben müssen, die auf den Stunden der Ressourcen basiert (wenn Sie zum Beispiel Rechtsanwalt sind), haben Sie eine saubere Datenbasis, auf die Sie sich beziehen können. Wenn Sie ein Budget in seinen Einzelheiten überwachen, liefern die Arbeitsstunden der Ressourcen multipliziert mit den einzelnen Stundensätzen eine genaue Abrechnung der Kosten je Tag.

Wenn Sie sich nicht um die Stundenwerte kümmern, geht Project bei der Arbeit, die an einem Vorgang erledigt werden muss, von Durchschnittswerten aus, die auf der gesamten Vorgangsdauer basieren. Für viele reicht das völlig aus. Andere Projektverantwortliche wollen lieber genaue Einzelheiten ihres Projekts wissen. Wenn Sie zur letzteren Gruppe gehören, geben Sie die tatsächlichen Arbeitsstunden einer Ressource als Summe pro Vorgang oder tageweise während der Laufzeit eines Vorgangs an.

Um die geleisteten Stunden einer Ressource einzugeben, gehen Sie so vor:

1. **Zeigen Sie die Ansicht RESSOURCE EINSATZ an (siehe Abbildung 13.6).**
2. **Suchen Sie in der Spalte den Namen der Ressource, die Sie überwachen.**

    Die Vorgänge, denen eine Ressource zugeordnet ist, werden unter deren Namen aufgelistet.

3. **Geben Sie die Stunden ein, die eine Ressource am Vorgang gearbeitet hat.**

    * *Wenn Sie nur die Gesamtzahl der Stunden eingeben möchten:* Suchen Sie unter dem Namen der Ressource den Namen des entsprechenden Vorgangs auf. Zeigen Sie die Spalte AKTUELLE ARBEIT an, und geben Sie dort die Stundenzahl ein.

    * *Wenn Sie die Arbeitsstunden auf einer täglichen Basis eingeben möchten:* Aktivieren Sie im Diagrammbereich die Stelle, an der sich der Zeitrahmen des Vorgangs befindet. Klicken Sie auf die Zelle des Tages, an dem die Ressource gearbeitet hat, und geben Sie eine Zahl ein. Wiederholen Sie dies für jeden Tag, an dem die Ressource an dem Vorgang gearbeitet hat.

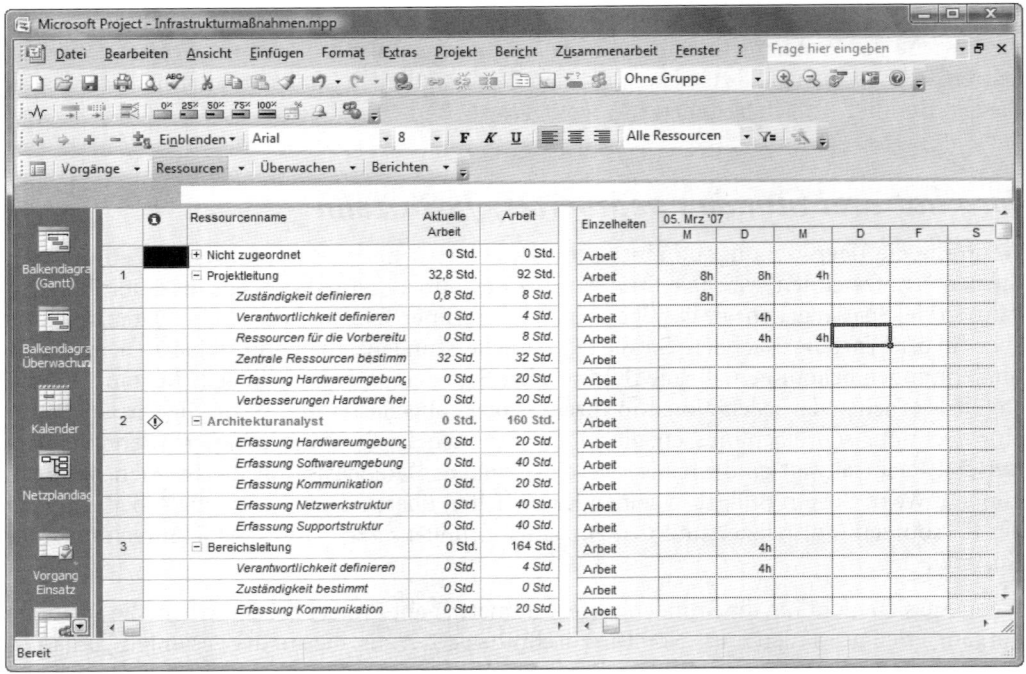

Abbildung 13.6: Überwachen Sie hier die Aktivitäten Ihrer Ressourcen auf einer täglichen Basis.

Wenn die Summe der Stunden, die Sie für eine Ressource eingeben, den von Ihnen vorgegebenen Basiswert über- oder unterschreitet, geschieht Folgendes:

✔ Wenn Sie einen Wert eingeben und ⏎ drücken, wird die Spalte ARBEIT neu berechnet, um die Gesamtzahl der Stunden wiederzugeben, die an dem Vorgang gearbeitet worden ist.

✔ Die Angabe der Stunden wird für diesen Tag rot angezeigt und repräsentiert damit Abweichungen vom Basisplan.

✔ In der Indikatorenspalte des Vorgangs erscheint ein kleiner Bleistift und zeigt an, dass die Zuordnung bearbeitet worden ist.

✔ In der Indikatorenspalte links vor dem Namen der Ressource erscheint eine kleine gelbe Box mit einem Ausrufezeichen und zeigt an, dass die Ressource überlastet ist.

 Denken Sie daran, dass Sie die Summe aller Stunden, die eine Ressource in das Projekt eingebracht hat, in der Ansicht RESSOURCE EINSATZ der Spalte ARBEIT direkt neben dem Namen der Ressource entnehmen können.

Automatische Aktualisierungen über Project Web Access

Wenn Ihr Unternehmen Project Server mit Project Web Access einsetzt, um Projekte unternehmensweit zu handhaben, können Sie Werkzeuge aus dem Menü ZUSAMMENARBEIT verwenden, um Ihre Überwachung zu automatisieren. Indem Sie den Befehl FORTSCHRITTS-INFORMATIONEN ANFRAGEN benutzen, können Sie Ihre Ressourcen auffordern, ihre Fortschritte über einen Statusbericht zu aktualisieren oder die entsprechenden Arbeitsstunden online in einen Stundenzettel einzutragen. Mit dem Befehl PROJEKTFORTSCHRITT AKTUALISIEREN können Sie auf diese Stundenzettel zugreifen und die Daten, die dort stehen, für eine Aktualisierung Ihres Projektplans akzeptieren oder zurückweisen.

Zu den Verbesserungen dieser Stundenzettel in Project 2007 gehört die Möglichkeit, abrechenbare und nicht abrechenbare Stunden zu überwachen und Berichte über zukünftig geplante Stunden zu erstellen (was von einigen Unternehmen verlangt wird).

Anmerkung: Wenn Sie Project Standard einsetzen, fehlt das Menü ZUSAMMENARBEIT. Wenn Sie Project Server und Project Web Access nicht einsetzen, stehen Ihnen die meisten Befehle des Menüs ZUSAMMENARBEIT nicht zur Verfügung. Sie finden Informationen zu Project Web Access in den Kapitel 18 und 19.

Immer diese Überstunden

Wenn Sie für eine einzelne Ressource 16 Arbeitsstunden am Tag eingeben, erkennt Project selbst dann keine dieser Stunden als Überstunden an, wenn die Ressource auf einem Kalender mit acht Stunden basiert. Dies ist einer der Fälle, bei dem Sie Project an die Hand nehmen und ihm klarmachen müssen, dass hier Überstunden zu berechnen sind.

Wenn Sie Stunden im Feld ÜBERSTUNDENARBEIT eingeben, interpretiert Project diese Stunden auch als Überstunden. Wenn Sie im Feld ARBEIT 16 und im Feld ÜBERSTUNDENARBEIT vier Arbeitsstunden eingeben, geht Project davon aus, dass die Ressource zwölf Stunden zum Standardsatz und vier Stunden zum Überstundensatz gearbeitet hat.

Wenn Sie Überstunden eingeben wollen, gehen Sie so vor:

1. **Zeigen Sie die Ansicht RESSOURCE EINSATZ an.**
2. **Klicken Sie mit der rechten Maustaste auf einen Spaltentitel, und klicken Sie auf SPALTE EINFÜGEN. Es erscheint das Dialogfeld DEFINITION SPALTE.**
3. **Klicken Sie im Listenfeld FELDNAME auf ÜBERSTUNDENARBEIT.**
4. **Klicken Sie auf OK, um die Spalte anzuzeigen.**
5. **Klicken Sie bei der Ressource, für die Sie Überstunden eingeben möchten, und dem entsprechenden Vorgang auf die Spalte ÜBERSTUNDENARBEIT, und geben Sie die Überstunden mit den kleinen Pfeilen am Feld ein.**

Beachten Sie, dass Project davon ausgeht, dass leistungsgesteuerte Vorgänge schneller erledigt werden, wenn Sie mit Überstunden arbeiten. Wenn Sie also geplant haben, dass ein Vorgang in drei Acht-Stunden-Tagen (oder 24 Arbeitsstunden) abgeschlossen ist, und Sie angeben, dass die Ressource an zwei Tagen jeweils zwölf Stunden gearbeitet hat, geht Project davon aus, dass die gesamte Arbeit in weniger Zeit erledigt worden ist. Die Dauer des Vorgangs verringert sich auf zwei Tage. Wenn das nicht geschieht, müssen Sie diese Änderung manuell vornehmen.

Die restliche Dauer bestimmen

Viele der Überwachungsinformationen von Project zeigen Zusammenhänge auf, die an Lebenskunst grenzen. So versucht Project zum Beispiel, Ihnen bei der Berechnung der Dauer von Vorgängen zu helfen, die auf Eingaben beruhen, die Sie anderswo (zum Beispiel in den Feldern ANFANG und ENDE) tätigen. (Dies kann sich aber auch umgekehrt auswirken: Wenn Sie die Dauer eines Vorgangs eingeben, berechnet Project das Enddatum des Vorgangs neu.)

Manchmal möchten Sie die Dauer lieber selbst eingeben und nicht von Project auf der Grundlage dritter Informationen festlegen lassen. Sie möchten vielleicht ein Anfangsdatum und 20 Stunden Arbeit für einen Vorgang eingeben, der eigentlich mit 16 Stunden eingeplant gewesen ist. Was Project nicht wissen kann, ist, dass sich der Rahmen des Vorgangs geändert hat und er noch weitere 20 Stunden Arbeit benötigt, bis er abgeschlossen ist. Das müssen Sie Project mitteilen.

Die Art, wie Project die Dauer von Vorgängen berechnet, hat sich in Project 2007 geändert. Früher ist es so gewesen, dass Project automatisch die Zuordnungen und die Arbeit eines Vorgangs verlängerte, wenn Sie eine Zuordnung als zu 100 Prozent abgeschlossen gekennzeichnet, dann aber die Dauer des Vorgangs verlängert haben. Wenn Sie in Project 2007 eine Arbeit als abgeschlossen kennzeichnen und danach den Vorgang verlängern, verlängert Project zwar die Dauer, nicht aber die Arbeit.

Um die Dauer eines Vorgangs, der abgeschlossen oder noch nicht abgeschlossen ist, zu modifizieren, gehen Sie so vor:

1. **Zeigen Sie die Ansicht BALKENDIAGRAMM (GANTT) an.**
2. **Wählen Sie ANSICHT|TABELLE|ÜBERWACHUNG.**

    Die Tabelle ÜBERWACHUNG wird angezeigt.

3. **Klicken Sie bei dem Vorgang, den Sie ändern wollen, in die Spalte AKTUELLE DAUER, und benutzen Sie die kleinen Pfeile am Feld, um die aktuelle Dauer des Vorgangs einzustellen.**
4. **Wenn Sie eine verbleibende (restliche) Dauer eingeben möchten, klicken Sie in die Spalte VERBLEIBENDE DAUER. Geben Sie sowohl eine Zahl als auch einen Wert für das Inkrement ein.**

    Sie können zum Beispiel 25t eingeben (wobei t der Wert für das Inkrement *Tage* ist).

 Wenn Sie für einen Vorgang einen prozentualen Wert für die Fertigstellung eingeben und dann die Dauer so ändern, dass sie sich von der des Basisplans unterscheidet, berechnet Project automatisch den Prozentsatz neu und berücksichtigt dabei die neue Dauer. Wenn Sie zum Beispiel eingeben, dass ein Vorgang von zehn Stunden zu 50 Prozent abgeschlossen ist, und die aktuelle Dauer dieses Vorgangs auf 20 Stunden verlängern, behandelt Project die erledigten fünf Stunden (50 Prozent von zehn Stunden) als 25 Prozent von 20 Stunden.

Feste Kosten aktualisieren

Feste Kosten sind Kosten, die nicht von zeitlichen Faktoren wie Gerätemiete und Kosten für Beratung beeinflusst werden. Im Vergleich zu den Berechnungen von prozentualen Fertigstellungen und Anfangs- und Enddaten für Ressourcen, die stundenweise arbeiten, ist das Überwachen der festen Kosten die Einfachheit an sich.

Und so gehen Sie vor:

1. **Zeigen Sie die Ansicht BALKENDIAGRAMM (GANTT) an.**

2. **Klicken Sie mit der rechten Maustaste auf einen Spaltenkopf, und wählen Sie SPALTE EINFÜGEN.**

   Es erscheint das Dialogfeld DEFINITION SPALTE.

3. **Wählen Sie im Listenfeld FELDNAME das Feld FESTE KOSTEN aus.**

4. **Klicken Sie auf OK.**

5. **Klicken Sie bei dem Vorgang, den Sie aktualisieren möchten, in die Spalte FESTE KOSTEN.**

6. **Geben Sie für den Vorgang die festen Kosten oder die Gesamtsumme mehrerer festen Kosten ein.**

Das war's. Da Project nur einen Betrag als feste Kosten akzeptiert, sollten Sie sich überlegen, am Vorgang eine Notiz zu hinterlegen, in der die Kosten aufgeschlüsselt werden, die Sie dem Vorgang zugeordnet haben. Es gibt auch keine festen Basiskosten, so dass Sie sich ein wenig mit Mathematik beschäftigen müssen, wenn Sie die aktuellen festen Kosten mit denen Ihres Planungsstadiums vergleichen wollen: Ziehen Sie die variablen Kosten von den Kosten ab, um die Änderung der festen Kosten zu erhalten.

 Sie sollten es sich überlegen, eine der 30 benutzerdefinierbaren Textspalten für die Einzelbeträge der festen Kosten zu benutzen. Bezeichnen Sie eine Spalte mit `Kauf Ausrüstung`, eine andere mit `Gerätemiete` und so weiter, und geben Sie dort die entsprechenden Kosten ein. Sie können mit diesen Spalten natürlich keine Berechnungen – wie zum Beispiel eine Summierung – durchführen, sie eignen sich aber vorzüglich als Erinnerung dafür, wie sich die festen Kosten zusammensetzen.

Sie können in Project 2007 eine Ressourcenart Kosten anlegen und dieser Ressource Kosten zuweisen. Die Spalte KOSTEN gibt dann den Betrag an, der für die Kostenressource an Vorgängen ausgegeben worden ist. Sie finden in Kapitel 7 weitere Informationen zu Ressourcenarten.

Ein Projekt aktualisieren

Es ist eine Weile her, dass Sie Aktivitäten überwacht haben, und Sie möchten jetzt Ihren Terminplan aktualisieren. Ihr Job ist also eine Aktualisierung Ihres Projekts. Dabei können Teile von Aktivitäten über eine bestimmte Zeitspanne hinweg nachverfolgt werden. Die Aktualisierung funktioniert am besten, wenn die meisten Vorgänge im Zeitplan liegen.

Dabei sollten Sie berücksichtigen, dass Sie es nicht mit einer detaillierten Überwachung zu tun haben: Vergleichen Sie es mit einem Versuch, den Überblick über die Urlaubsausgaben dadurch zu bekommen, dass diese geschätzt und nicht Beleg für Beleg durchgerechnet werden. (Machen Sie das anders?)

Wenn Sie Ihr Projekt über die Project-Automatik aktualisieren wollen, stehen Ihnen folgende Optionen zur Verfügung:

✔ **ARBEIT ALS ABGESCHLOSSEN AKTUALISIEREN BIS EINSCHLIESSLICH:** Sie können Ihr Projekt auf zwei Arten bis zu dem Datum aktualisieren, das Sie in diesem Feld angeben. Die Option ALS 0 – 100% ABGESCHLOSSEN FESTLEGEN lässt Project den Prozentsatz ausrechnen, den jeder Vorgang bei normalem Verlauf abgeschlossen sein sollte. Wenn Sie diese Option markieren, teilen Sie Project mit, dass alle Vorgänge termingenau angefangen und abgearbeitet worden sind. Die Option ENTWEDER ALS 0% ODER 100% ABGESCHLOSSEN FESTLEGEN arbeitet etwas anders. Diese Einstellung teilt Project mit, dass es alle Vorgänge, deren Basisplan sagt, dass sie bis zu diesem Datum abgeschlossen sein sollten, auch zu 100 Prozent abgeschlossen sind, alle anderen Vorgänge bleiben auf 0 Prozent abgeschlossen stehen.

✔ **ANFANG NICHT ABGESCHLOSSENER ARBEITEN VERSCHIEBEN AUF DATUM NACH:** Diese Einstellung terminiert die Vorgänge, die noch nicht abgeschlossen sind, so, dass Sie nach dem Datum anfangen, das Sie in diesem Dialogfeld eingeben.

Wenn Sie PROJEKT AKTUALISIEREN einsetzen möchten, gehen Sie so vor:

1. **Zeigen Sie die Ansicht BALKENDIAGRAMM (GANTT) an.**

2. **Wenn Sie nur bestimmte Vorgänge aktualisieren möchten, markieren Sie diese.**

3. **Wählen Sie EXTRAS|ÜBERWACHUNG|PROJEKT AKTUALISIEREN.**

    Es erscheint das Dialogfeld PROJEKT AKTUALISIEREN (siehe Abbildung 13.7).

4. **Entscheiden Sie sich für eine Methode der Aktualisierung:** ALS 0 – 100% ABGESCHLOSSEN FESTLEGEN **oder** ENTWEDER ALS 0% ODER 100% ABGESCHLOSSEN FESTLEGEN.

5. **Wenn Sie als Statusdatum nicht das aktuelle Datum haben möchten, legen Sie es in dem Feld in der rechten oberen Ecke des Dialogfelds fest.**

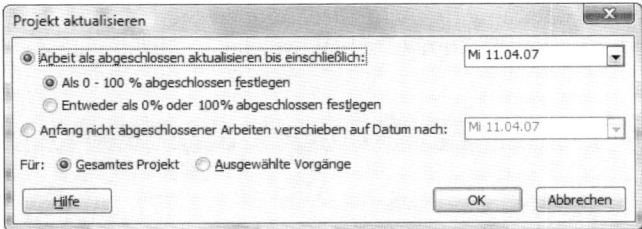

Abbildung 13.7: Sie können entweder markierte Vorgänge oder das gesamte Projekt aktualisieren.

6. **Wenn Sie Project veranlassen möchten, Arbeit neu zu terminieren und nicht als abgeschlossen zu kennzeichnen, wählen Sie die Option ANFANG NICHT ABGESCHLOSSENER ARBEITEN VERSCHIEBEN AUF DATUM NACH, und wählen Sie im Feld ein Datum aus.**

7. **Legen Sie fest, ob diese Änderung auf das gesamte Projekt oder nur auf markierte Vorgänge angewendet werden soll.**

8. **Klicken Sie auf OK, um Ihre Einstellungen zu speichern und Project zu veranlassen, die Aktualisierungen vorzunehmen.**

Wenn Sie wollen, können Sie PROJEKT AKTUALISIEREN auch benutzen, um zunächst allgemeine Änderungen dergestalt vorzunehmen, dass alle Vorgänge, die aufgrund des Basisplans eigentlich abgeschlossen sein sollen, als zu 100 Prozent abgeschlossen eingetragen werden. Dann gehen Sie hin und nehmen eine detaillierte Überwachung an den Vorgängen vor, die nur teilweise erledigt sind.

Den Materialverbrauch überwachen

Das Überwachen des Materialverbrauchs einzelner Vorgänge beinhaltet das Überwachen der Materialeinheiten auf der Ebene der Materialressourcen. Wenn Sie also eine Ressource `Gummi` erstellt und dem Vorgang `Reifen herstellen` zwar mit 500 Tonnen zugeordnet, bisher aber nur 450 Tonnen verbraucht haben, gehen Sie hin und geben die Anzahl Einheiten ein, die bisher eingesetzt worden sind.

Diese Situation ähnelt der, die Sie bei der Überwachung der Arbeitsstunden von Ressourcen kennen gelernt haben. Gehen Sie so vor:

1. **Zeigen Sie die Ansicht RESSOURCE EINSATZ an (siehe Abbildung 13.8).**

2. **Suchen Sie in der Liste die Materialressource heraus, und rollen Sie das rechte Fensterelement so weit, dass der entsprechende Zeitrahmen erscheint.**

3. **Geben Sie die an jedem Vorgang aktuell verbrauchten Einheiten ein.**

Denken Sie daran, dass zum Beispiel die Ansicht RESSOURCE EINSATZ bei einem fünf Tage dauernden Vorgang mit 500 Tonnen Materialverbrauch anzeigt, dass Project den Materialverbrauch gleichmäßig verteilt – jeweils 100 Tonnen pro Tag. Wenn es gleichgültig ist, an welchem Tag des Vorgangs wie viel Material verbraucht wird, können Sie hier testweise eine der Einstellungen erhöhen oder verringern, um zu sehen, welche Auswirkungen das auf den aktuellen Verbrauch hat.

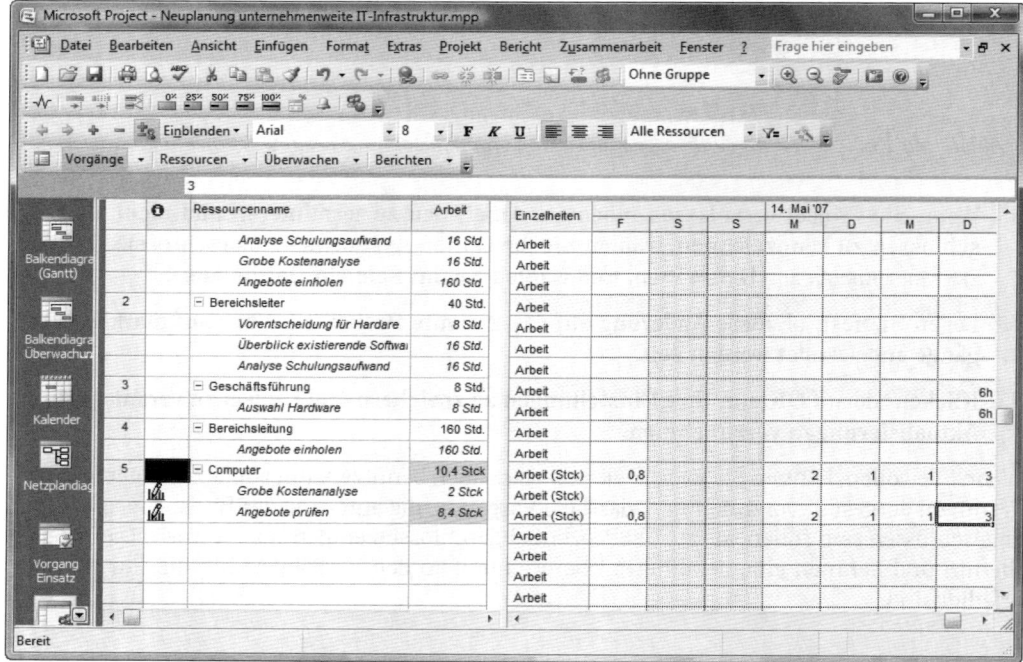

Abbildung 13.8: Ändern Sie hier die Einheiten des Basisplans, und der aktuelle Verbrauch erscheint in der Spalte ARBEIT.

Mehr als eine Sache überwachen: Konsolidierte Projekte

Sie werden es häufig mit Projekten zu tun bekommen, die irgendwie miteinander in Beziehung stehen (indem Sie zum Beispiel Ressourcen gemeinsam nutzen oder indem es zeitliche Abhängigkeiten zwischen ihnen gibt), oder Sie stoßen auf eine Reihe kleinerer Projekte, die zusammen ein großes bilden. In diesem Fall können Sie diese einzelnen Projekte entweder als eine Reihe von Sammelvorgängen oder mit allen Sammel- und Teilvorgängen in einer Datei zusammenfassen.

Wenn Sie Projekte zusammenführen, können Sie die Quelldateien verknüpfen. Wenn Sie das machen, spiegeln sich alle Änderungen an den Quelldateien in der konsolidierten Datei wider.

Leider ist es nun Ihr Job, das große Gesamtbild zu überwachen, deshalb müssen Sie verstehen, wie zusammengeführte Projekte aktualisiert werden.

Projekte zusammenführen

Das Zusammenführen von Projekten, auch *Konsolidieren* genannt, ist wie ein Besuch in einem chinesischen Restaurant – etwas aus Spalte A, etwas aus Spalte B und so weiter, bis Sie sich ein schmackhaftes Menü zusammengestellt haben. In Project öffnen Sie eine leere Datei und fügen bestehende Projekte hinzu, um einen zufrieden stellenden Generalplan der Projekte aufzubauen.

Das Tolle an konsolidierten Projekten ist, dass Sie sich aussuchen können, wie das Konsolidierungsprojekt und seine Quelldateien miteinander kommunizieren. Sie können zum Beispiel eine Quelldatei so einbinden, dass Änderungen, die in dieser Datei vorgenommen werden, im Konsolidierungsprojekt ihren Ausdruck finden. Damit haben diejenigen, die ein Auge auf viele Projektphasen oder viele kleinere Projekte haben müssen, ein großartiges Werkzeug in der Hand.

Sie können im Konsolidierungsprojekt zwischen den eingefügten Projekten Abhängigkeiten aufbauen. Wenn Sie (zum Beispiel) ein Projekt haben, das erst anfangen kann, wenn ein anderes beendet worden ist, können Sie in der konsolidierten Datei klar erkennen, wie sich die einzelnen Projekte in Ihrem Unternehmen gegenseitig beeinflussen.

Andererseits sind Sie aber auch in der Lage, die Beziehung, die Sie zwischen den Quellprojekten und dem Konsolidierungsprojekt aufbauen, zu einer Straße zu machen, die in beiden Richtungen befahren werden kann. Damit wirken sich Änderungen, die Sie im Konsolidierungsprojekt machen, auf seine Quellprojekte aus. Sie haben aber auch die Wahl, die Quelldateien nur lesend zu machen, damit Ihre Änderungen nicht in den Dateien anderer Leute herumfuhrwerken. Suchen Sie sich aus, was Sie besser gebrauchen können.

Wenn Sie eine konsolidierte Datei erstellen wollen, gehen Sie so vor:

1. **Öffnen Sie ein leeres Projekt, und zeigen Sie die Ansicht BALKENDIAGRAMM (GANTT) an.**
2. **Klicken Sie in die Spalte VORGANGSNAME.**

   Wenn Sie mehrere Projekte einfügen, klicken Sie auf die Zeile, in der die Datei(en) erscheinen soll(en). Wenn Sie ein Projekt zwischen bestehende Vorgänge einfügen möchten, klicken Sie auf den Vorgang, hinter dem das Projekt eingefügt werden soll.

3. **Wählen Sie EINFÜGEN|PROJEKT.**

   Es erscheint das Dialogfeld PROJEKT EINFÜGEN (siehe Abbildung 13.9).

4. **Suchen Sie sich die entsprechende Projektdatei aus, die Sie einfügen möchten, und markieren Sie sie.**

5. **Klicken Sie (optional) auf den Pfeil neben der Schaltfläche EINFÜGEN, wenn Sie die Standardoption EINFÜGEN in SCHREIBGESCHÜTZT EINFÜGEN ändern wollen.**

6. **Wenn Sie Ihr Hauptprojekt so mit dieser Datei verknüpfen wollen, dass sich die Quelldatei automatisch aktualisiert, wenn Sie die konsolidierte Datei öffnen, sorgen Sie dafür, dass das Kontrollkästchen MIT PROJEKT VERKNÜPFEN aktiviert ist.**

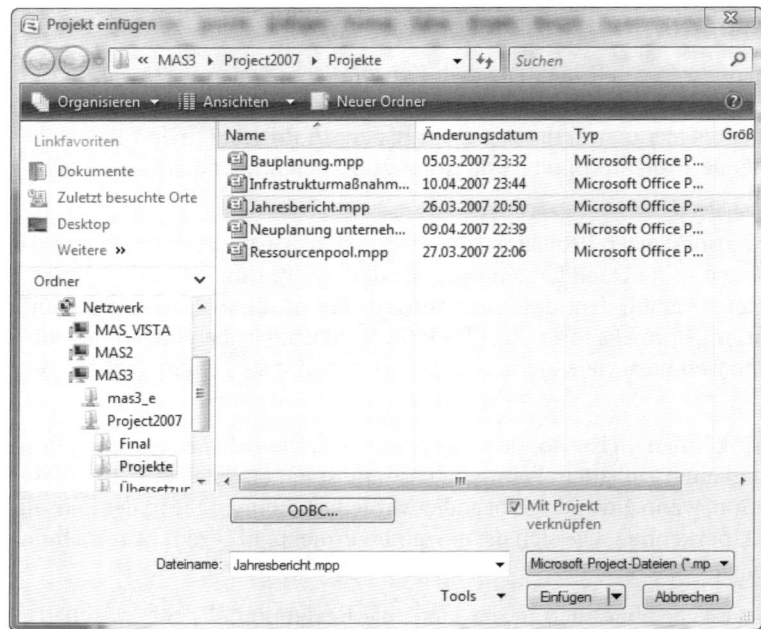

Abbildung 13.9: Legen Sie hier fest, wie Ihre Projekte zusammenarbeiten.

7. **Klicken Sie auf OK.**

   Das Projekt wird mit seinem Sammelvorgang in die Datei eingefügt, wobei alle seine Teilvorgänge ausgeblendet bleiben. Wenn Sie sich diese Teilvorgänge anschauen wollen, klicken Sie auf das Plus-Zeichen vor dem eingebetteten Sammelvorgang.

Konsolidierte Projekte aktualisieren

Es gibt zwei Wege, jemandem das Fell über die Ohren zu ziehen, wenn dieser Jemand *Aktualisierung eines konsolidierten Projekts* heißt. Der Weg, den Sie sich aussuchen, hängt davon ab, ob Sie die Quelldateien beim Einfügen verknüpft haben oder nicht. Wenn Sie die Dateien verknüpft und ohne die Nur-lesen-Einstellung eingefügt haben, spiegeln sich die Änderungen an den Quelldateien in der konsolidierten Datei (und umgekehrt) wider. Für die Aktualisierung müssen Sie dann nur noch dafür sorgen, dass alle Dateien an ihrem Ursprung (zum Beispiel in einem Ordner im Netzwerk) zur Verfügung stehen, damit Project den Rest der Arbeit automatisch vornimmt.

Wenn Sie die Dateien nicht miteinander verknüpft haben, wirken sich Änderungen an den Quelldateien nicht auf die konsolidierte Datei aus, und Änderungen an den Informationen in der konsolidierten Datei haben keine Auswirkung auf die Quelldateien. Sie legen eine nicht verknüpfte Konsolidierungsdatei an, wenn Sie nur einen Schnappschuss aller Projekte zu einem bestimmten Zeitpunkt benötigen und nicht das Risiko eingehen möchten, Informationen irgendwo zu ändern. Wenn Sie jetzt den Fortschritt überwachen wollen, müssen Sie ein neues Konsolidierungsprojekt erstellen oder alles manuell aktualisieren.

 Wenn Sie Projekte auf diese Art in eine Datei eingefügt haben, können Sie sie – wie normale Vorgänge – ausschneiden und an einer beliebigen anderen Stelle im Konsolidierungsprojekt wieder einfügen. Sollte es dabei zu Konflikten mit anderen Vorgängen kommen, weil Sie zwischen eingefügten Projekten eine Abhängigkeit aufgebaut haben, erscheint der Planungs-Assistent, um Ihnen Lösungen für diese Konflikte anzubieten.

Verknüpfungseinstellungen ändern

Zum Vorrecht eines Projektleiters gehört, dass er seine Meinung ändern darf. Wenn Sie eine Quelldatei in eine konsolidierte Datei eingefügt haben und feststellen, dass Sie vergessen haben, eine Verknüpfung herzustellen, können Sie diese Einstellung nachträglich ändern und dafür sorgen, dass sich die Dateien automatisch aktualisieren.

Wenn Sie Änderungen an einem eingefügten Projekt vornehmen möchten, gehen Sie so vor:

1. **Öffnen Sie die konsolidierte Datei.**
2. **Zeigen Sie die Ansicht BALKENDIAGRAMM (GANTT) an.**
3. **Klicken Sie auf den Vorgangsnamen des eingefügten Projekts, das Sie aktualisieren möchten.**
4. **Klicken Sie in der Standardsymbolleiste auf die Schaltfläche INFORMATIONEN ZUM VORGANG.**

   Es erscheint das Dialogfeld INFORMATIONEN ZUM EINGEFÜGTEN PROJEKT (siehe Abbildung 13.10).

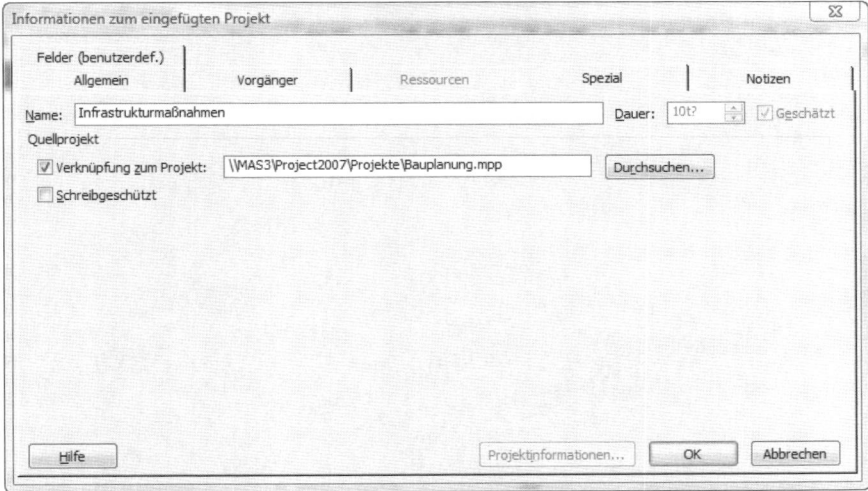

Abbildung 13.10: In diesem Dialogfeld werden die Daten der Quelldatei angezeigt.

5. **Zeigen Sie die Registerkarte SPEZIAL an.**

6. **Markieren Sie das Kontrollkästchen VERKNÜPFUNG ZUM PROJEKT, und klicken Sie auf die Schaltfläche DURCHSUCHEN.**

   Es erscheint das Dialogfeld EINGEFÜGTES PROJEKT.

7. **Suchen Sie sich die Datei aus, zu der Sie eine Verknüpfung aufbauen wollen, und markieren Sie sie.**

8. **Klicken Sie auf OK.**

9. **Wenn Sie wollen, dass die Quelldatei nur gelesen werden kann, markieren Sie das entsprechende Kontrollkästchen.**

10. **Klicken Sie auf OK, um die Verknüpfung zu speichern.**

Ansichtssache: Den Fortschritt beobachten

In diesem Kapitel

▸ Mit Hilfe von Indikatoren und Vorgangsbalken anschauen, wie Ihre Fortschritte aussehen

▸ Fortschritte mit diversen Project-Ansichten beobachten

▸ Abweichungen bei Kosten und Zeit untersuchen

▸ Ertragswerte verstehen

▸ Optionen für Berechnungen ändern

Es gibt Menschen, die benutzen Project nur, um ein hübsches Bild davon zu malen, was ihr Projekt bewirken soll – und dann wird dieses Bild in die Schublade gepackt. Das ist ein großer Fehler. Wenn Sie alle Daten Ihres Projekts eingegeben haben, speichern Sie einen Basisplan ab und überwachen die Aktivitäten an Ihrem Projekt. Sie erhalten dann von Project ein hübsches Bündel an Informationen zurück, das Ihnen dabei hilft, den Terminplan und das Budget einzuhalten.

Wenn Sie einige Aktivitäten an Vorgängen überwacht haben, erlaubt Ihnen Project, die Schätzungen des Basisplans mit dem Ist-Zustand Ihres Plans zu vergleichen. Project warnt Sie vor Vorgängen, die sich verspäten, und zeigt an, wie sich der kritische Weg im Laufe der Zeit ändert.

Project sorgt auch für detaillierte Informationen über Ihr Budget. Tatsächlich ist es so, dass die Informationen, die Sie über Ihre Kosten erhalten, die Buchhaltung fröhlich und glücklich stimmen. Die Informationen sind sehr ausführlich und verwenden Ausdrücke, die Buchhalter lieben (wie *Ertragswert*, *Kostenabweichung* und *im Haushaltsplan vorgesehene Kosten für auszuführende Arbeiten* – was alles im Laufe dieses Kapitels erklärt wird).

Haben Sie also die Projektdatei immer griffbereit – und sehen Sie zu, wie Project Sie zum informiertesten Projektleiter der Stadt macht.

Schauen Sie sich an, was Überwachung bringt

Sie haben fleißig die Arbeitsstunden der Ressourcen an den Vorgängen eingegeben, den Prozentsatz des Fortschritts der Vorgänge aufgezeichnet und feste Kosten eingegeben. Und nun? Alle diese Informationen haben dafür gesorgt, dass in Ihrem Projekt bestimmte Berechnungen weitergeführt worden sind und sich dort in Form von Aktualisierungen widerspiegeln. Jetzt ist es an der Zeit, einen Blick auf die Änderungen zu werfen, die Ihre Zuordnungen an Ihrem Projektplan vorgenommen haben.

Einen Hinweis erhalten

Viele Informationen lungern einfach so in Project herum und warten darauf, dass Sie sie in obskuren Ansichten oder Tabellen aufstöbern. Es gibt aber etwas, das Project verwendet, um herumzuhüpfen und zu rufen: »Schau dir das an!«: die *Indikatoren*. Sie haben diese Symbole bereits in der Indikatorenspalte kennen gelernt und sich vielleicht gewundert, wozu diese Dinger gut sein sollen. Nun, diese kleinen Symbole weisen darauf hin, dass etwas Wichtiges mit Vorgängen passiert ist, und warnen Sie manchmal vor Problemen und möglichen Herausforderungen.

Abbildung 14.1 stellt Indikatoren dar, die das Ergebnis einer Überwachung des Projekts sind.

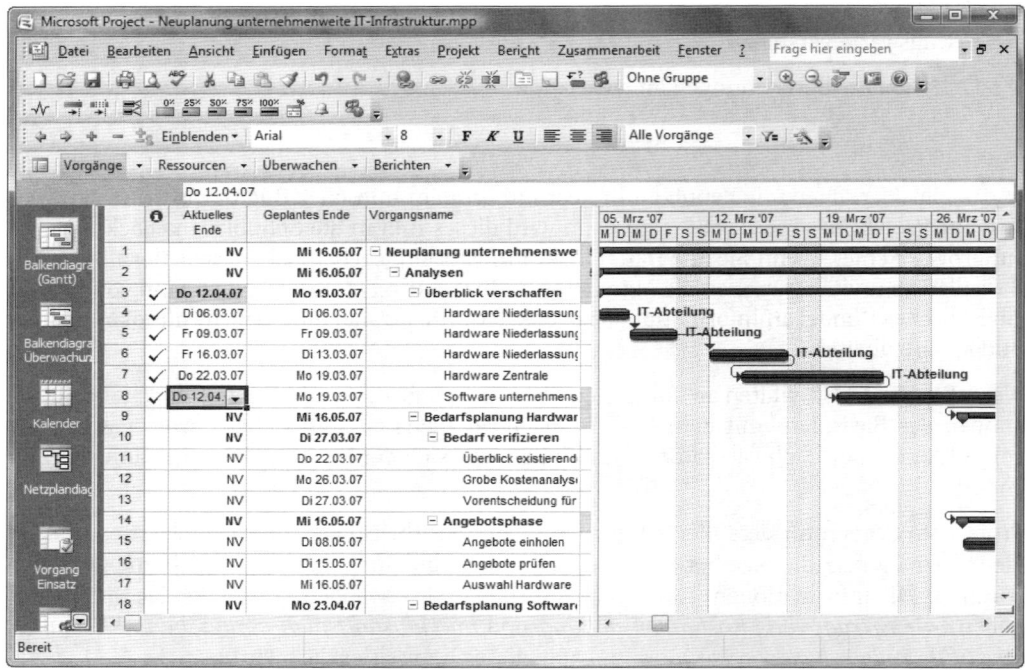

Abbildung 14.1: Die Häkchen sagen aus, dass die Vorgänge abgeschlossen sind.

 Wenn Sie in Ihrem Projekt einen unbekannten Indikator finden, halten Sie Ihren Mauszeiger darüber. Es erscheint eine Box, die seine Bedeutung erklärt. Wenn Sie eine Liste der Symbole in Project und deren Bedeutung haben möchten, gehen Sie zur Hilfe, und geben Sie im Suchfeld `symbol` ein. Klicken Sie in der Liste der Treffer auf Indikatoren (Felder).

Fortschrittslinien

Fortschrittslinien dienen als zusätzliche grafische Indikatoren dafür, wie es in Ihrem Projekt läuft. Wie Sie Abbildung 14.2 entnehmen können, verläuft eine Fortschrittslinie im Zickzack zwischen Vorgängen und Balken und zeigt damit mit ihren Spitzen nach links und rechts. Diese Spitzen zeigen an, ob Vorgänge früh oder zu spät dran sind (wobei als Basis für die Berechnung das Datum der Überwachung genommen wird). Eine Fortschrittslinie, die nach links vom Vorgang zeigt, gibt an, dass der Vorgang verspätet ist. Fortschrittslinien, die nach rechts zeigen, geben – oh Wunder – an, dass Sie Ihrem Terminplan voraus sind. (Hüten Sie so etwas; Sie werden es in Projekten nur äußerst selten zu Gesicht bekommen.)

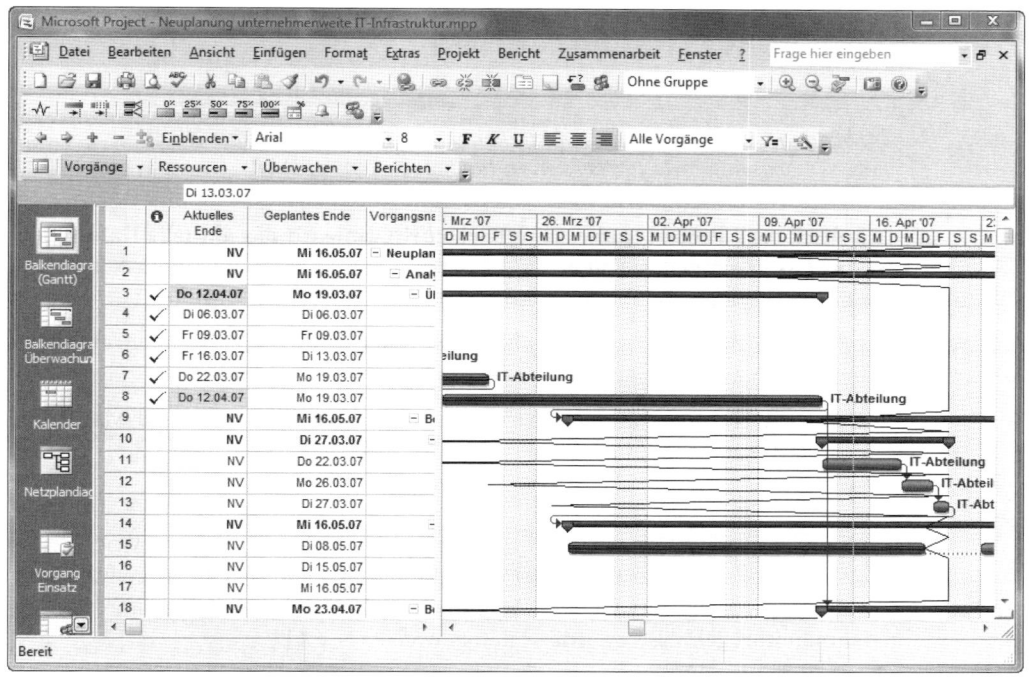

Abbildung 14.2: Die Fortschrittslinie zeigt an, wo sich ein Vorgang in Bezug auf Ihren Plan befinden sollte.

Fortschrittslinien anzeigen

Project zeigt standardmäßig keine Fortschrittslinien an. Sie müssen sie einschalten. Und wenn Sie einmal dabei sind, können Sie gleich festlegen, wann und wie sie auftauchen sollen. Die Einstellungen für und die Anzeige von Fortschrittslinien geht so:

1. **Zeigen Sie die Anzeige BALKENDIAGRAMM (GANTT) an.**
2. **Wählen Sie EXTRAS|ÜBERWACHUNG|FORTSCHRITTSLINIEN.**

    Es erscheint das Dialogfeld FORTSCHRITTSLINIEN (siehe Abbildung 14.3).

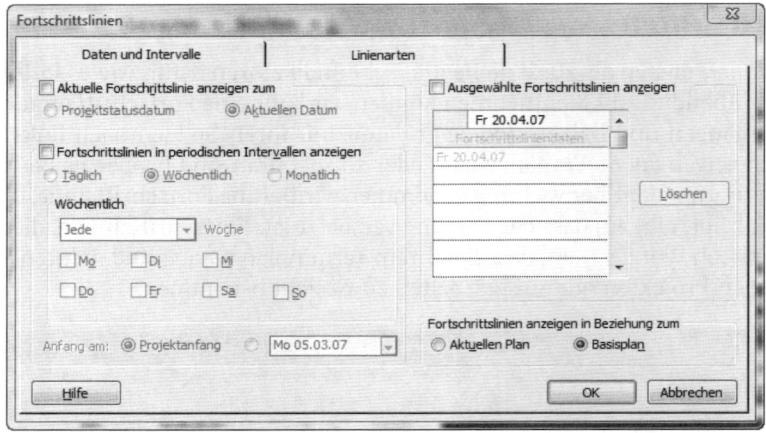

Abbildung 14.3: Diese beiden Registerkarten erlauben es Ihnen, fast alles, was mit Fortschrittslinien zu tun hat, zu kontrollieren.

3. **Wenn Sie wollen, dass Project immer eine Fortschrittslinie für das aktuelle Datum oder für das Statusdatum anzeigt, wählen Sie** AKTUELLE FORTSCHRITTSLINIE ANZEIGEN ZUM, **und entscheiden Sie sich dann für** PROJEKTSTATUSDATUM **oder** AKTUELLEN DATUM.

4. **Wenn Sie möchten, dass Fortschrittslinien in vorgegebenen Zeitabständen angezeigt werden sollen, machen Sie Folgendes:**

    - Markieren Sie FORTSCHRITTSLINIEN IN PERIODISCHEN INTERVALLEN ANZEIGEN, und wählen Sie TÄGLICH, WÖCHENTLICH oder MONATLICH.

    - Legen Sie die Einstellungen für das Intervall fest.

    - Wenn Sie zum Beispiel WÖCHENTLICH markiert haben, können Sie jede Woche, jede zweite Woche und so weiter und den Wochentag wählen, an dem die Linie für diesen Zeitabschnitt angezeigt werden soll. Abbildung 14.4 stellt ein Projekt dar, das Fortschrittslinien in regelmäßigen Intervallen aufweist.

5. **Wählen Sie aus, ob Fortschrittslinien vom** PROJEKTANFANG **oder von einem anderen Datum an dargestellt werden sollen.**

    Um das Datum des Projektanfangs zu verwenden, klicken Sie im Dialogfeld im Abschnitt ANFANGEN AM einfach auf das Optionsfeld PROJEKTANFANG. Wenn Sie ein alternatives Anfangsdatum wählen möchten, markieren Sie die zweite Option, und wählen Sie in der Kalender-Dropdownliste ein anderes Datum aus.

6. **Wenn Sie eine Fortschrittslinie zu einem bestimmten Datum anzeigen möchten, klicken Sie auf** AUSGEWÄHLTE FORTSCHRITTSLINIEN ANZEIGEN, **und wählen Sie dann in der Kalender-Dropdownliste** FORTSCHRITTSLINIENDATEN **ein Datum aus.**

    Sie können diese Einstellungen für verschiedene Datumswerte vornehmen, indem Sie auf die nachfolgenden Linien der Liste klicken und zusätzliche Datumsangaben auswählen.

14 ➤ Ansichtssache: Den Fortschritt beobachten

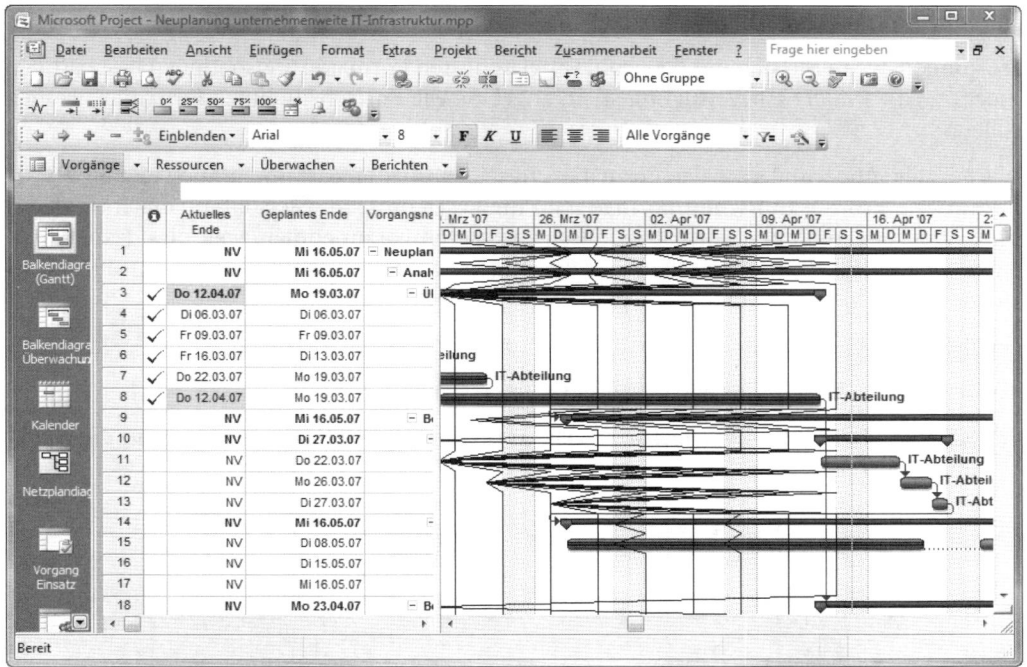

Abbildung 14.4: Mehrfach vorhandene Fortschrittslinien zeigen klar an, wie sich eine Verzögerung über die Zeit entwickelt.

7. **Zum Abschluss können Sie noch festlegen, ob die Fortschrittslinien in Bezug auf aktuelle Informationen oder auf den Basisplan angezeigt werden sollen.**

    Wenn ein Vorgang so nachverfolgt worden ist, dass er 50 Prozent Vollständigkeit anzeigt, und Sie ausgewählt haben, dass Project Fortschrittslinien auf der Grundlage der aktuellen Informationen anzeigt, erscheint die Spitze relativ zu den 50 Prozent und nicht zum gesamten Vorgangsbalken.

8. **Klicken Sie auf OK, um Ihre Einstellungen zu speichern.**

 Sie können auch Ihre Maus benutzen, um schnell eine einzelne Fortschrittslinie hinzuzufügen. Klicken Sie dazu auf der Symbolleiste ÜBERWACHUNG auf das Werkzeug FORTSCHRITTSLINIE HINZUFÜGEN. Klicken Sie danach im Gantt-Diagramm auf den Zeitpunkt der Zeitskala, an dem die Linie im Diagramm erscheinen soll. Wenn Sie die Linie wieder entfernen möchten, klicken Sie sie mit der rechten Maustaste an, und wählen Sie FORTSCHRITTSLINIEN. Klicken Sie im Dialogfeld FORTSCHRITTSLINIEN auf das Element, das Sie in der Liste FORTSCHRITTSLINIENDATEN entfernen möchten, klicken Sie auf LÖSCHEN, und klicken Sie auf OK.

Fortschrittslinien formatieren

Sie können, wenn Sie sich mit den wohl verwirrendsten Formatierungsoptionen beschäftigen möchten, die Project zur Verfügung stellt, angeben, wie Fortschrittslinien formatiert werden sollen.

Wie bei allen Änderungen an den Formatierungseigenschaften basteln Sie auch hier an der Art herum, wie Project grafische Informationen für Leser umsetzt. Sie sollten vorsichtig damit sein, Änderungen an den Formatierungseigenschaften vorzunehmen, weil dies dazu führen kann, dass Ihr Plan nur noch schwer für diejenigen zu lesen ist, für die die Standardformatierungen von Project das tägliche Brot sind.

Um die Formatierung von Fortschrittslinien zu ändern, gehen Sie so vor:

1. **Wählen Sie EXTRAS|ÜBERWACHUNG|FORTSCHRITTSLINIEN.**

2. **Klicken Sie auf die Registerkarte LINIENARTEN, um die Optionen anzuzeigen, die Abbildung 14.5 darstellt.**

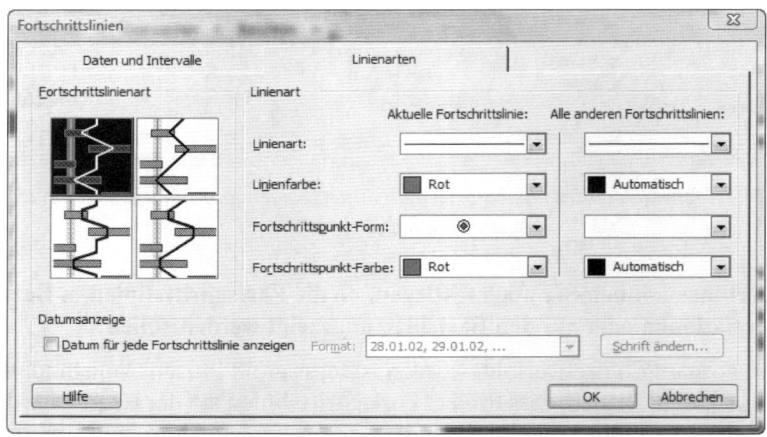

Abbildung 14.5: Legen Sie mit diesen Einstellungen Linienarten und Linienfarben fest.

3. **Klicken Sie unter FORTSCHRITTSLINIENART auf ein Linienmuster.**

4. **Wählen Sie im Abschnitt LINIENARTEN eine Linienart aus.**

   Sie können hier zwei Einstellungen vornehmen: eine für AKTUELLE FORTSCHRITTSLINIEN und eine für ALLE ANDEREN FORTSCHRITTSLINIEN.

5. **Sie können für jede Fortschrittslinie die Linienfarbe, die Art eines Fortschrittspunkts und seine Farbe ändern, indem Sie in den Auswahlfeldern die entsprechende Wahl tätigen.**

6. **Wenn Sie möchten, dass an jeder Fortschrittslinie ein Datum erscheint, markieren Sie die Option DATUM FÜR JEDE FORTSCHRITTSLINIE ANZEIGEN, und wählen Sie im Feld FORMAT ein Datum aus.**

7. **Wenn Sie die Schriftart ändern möchten, die für die Anzeige des Datums verwendet wird, klicken Sie auf die Schaltfläche Schrift ändern, und führen Sie Ihre Änderungen durch.**

8. **Klicken Sie auf OK, um Ihre Änderungen zu speichern.**

Wenn Welten zusammenprallen: Basisplan contra Gegenwart

Eine der besten Möglichkeiten, den Unterschied zwischen Basisplan und dem zu sehen, was Sie bisher in Ihrem Projekt überwacht haben, bilden die Vorgangsbalken. Wenn Sie Fortschritte von Vorgängen überwacht haben, zeigt das Gantt-Diagramm in den blauen Vorgangsbalken, die Ihren Basisplan darstellen, zusätzlich einen schwarzen Balken an. So ist zum Beispiel in Abbildung 14.6 Vorgang 6 vollständig abgeschlossen. Sie können diese Behauptung aufstellen, weil ein massiver schwarzer Balken den gesamten Vorgangsbalken ausfüllt. Vorgang 7 ist nur teilweise beendet. Der schwarze Balken für den aktuellen Wert füllt den blauen Basisbalken nur teilweise aus. Und Sie können ruhigen Gewissens behaupten, dass an Vorgang 8 noch keinerlei Aktivitäten aufgezeichnet worden sind, weil es in dessen Vorgangsbalken keinen aktuellen schwarzen Balken gibt.

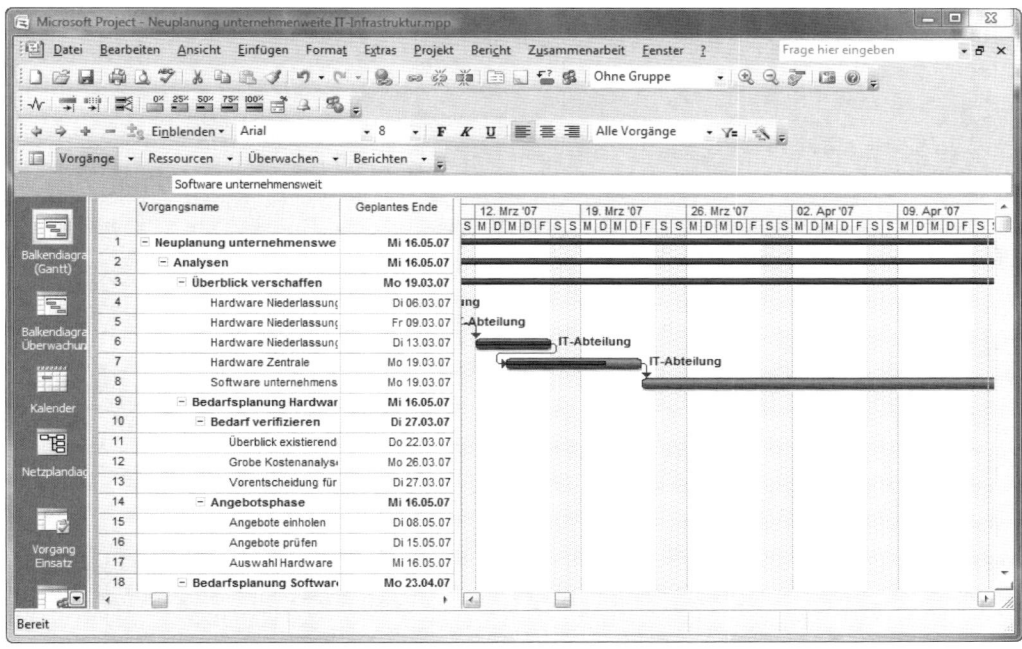

Abbildung 14.6: Die schwarze Linie in den Vorgangsbalken zeigt an, welche Aktivitäten es aktuell in Ihrem Projekt gibt.

Lernen nach Zahlen

Grafische Indikatoren wie Vorgangsbalken und die Indikatorsymbole sind nützlich, um Sie auf Verzögerungen oder Abweichungen vom Basisplan hinzuweisen, Sie versorgen Sie aber nicht mit ausführlichen Informationen. Um auf den Tag oder Cent genau einen echten Überblick darüber zu bekommen, wie weit Sie Ihrem Projekt im Voraus sind (oder hinterherhinken), müssen Sie Ihr Zahlenmaterial abfragen. Die Zahlen, für die Project sorgt, sagen viel darüber aus, ob Sie im Zeitplan und im Rahmen Ihres Budgets liegen.

Zwei Tabellen, die Sie in der Ansicht BALKENDIAGRAMM (GANTT) anzeigen können, erleichtern Ihre Situation massiv. Die Tabellen KOSTEN und ABWEICHUNG sorgen für die Informationen über die Euros, die ausgegeben worden sind, und die zeitlichen Abweichungen, die zwischen dem Basisplan und den aktuellen Aktivitäten auftreten.

In der Kostentabelle (siehe Abbildung 14.7) finden Sie einen Vergleich der geschätzten festen und variablen mit aktuellen Kosten. Diese beiden Sätze von Daten werden in nebeneinander liegenden Spalten angezeigt. In dem Projekt, das diese Abbildung zeigt, wurde ursprünglich von 47.834 Euro ausgegangen. Nach heutigem Stand wird das Projekt 56.814 Euro kosten, was eine Budgetüberschreitung von 8.980 Euro ausmacht.

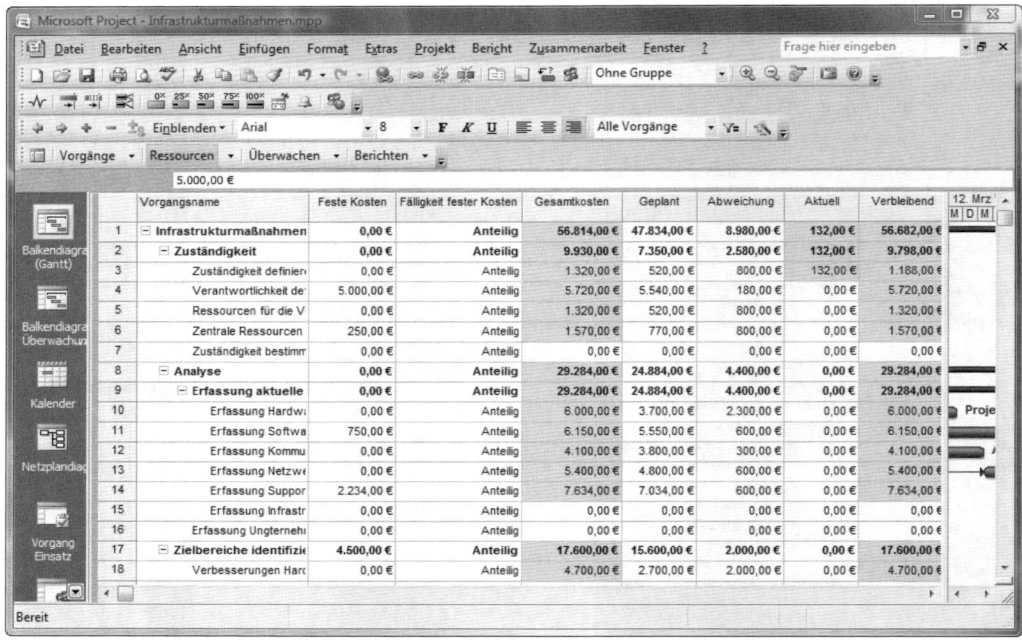

Abbildung 14.7: Die Spalte ABWEICHUNG zeigt die Differenz zwischen den aktuellen Kosten und denen des Basisplans an.

 Um eine Tabelle anzuzeigen, wählen Sie ANSICHT|TABELLE, und klicken Sie dann auf den entsprechenden Tabellennamen.

Abbildung 14.8 zeigt die Tabelle ABWEICHUNG. Diese Tabelle ist für Ihren Terminplan das, was die Tabelle KOSTEN für Ihr Budget bedeutet. Sie zeigt die Abweichung zwischen den Anfangs- und Enddaten und der geplanten Dauer von Vorgängen und den zeitlichen Abläufen an, zu denen es bei den Vorgängen im Laufe Ihres Projekts gekommen ist.

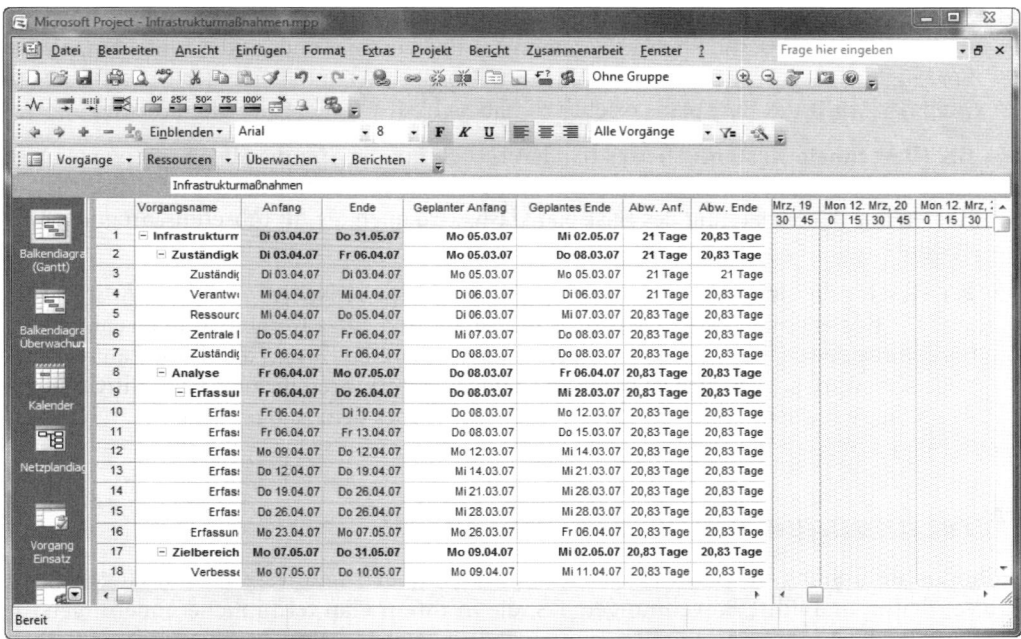

Abbildung 14.8: Benutzen Sie diese Tabelle, um herauszufinden, was Verzögerungen mit Ihrem Terminplan machen.

 Wenn Sie einen Puffervorgang erstellt haben, um mit möglichen Verzögerungen umgehen zu können, sagt Ihnen die Gesamtzahl der Abweichungstage, um wie viele Tage Sie Ihren Puffer reduzieren müssen, um Ihr Projekt wieder in die Spur zu bekommen. In Kapitel 15 steht, wie Sie Ihren Plan anpassen können, um mit Verzögerungen und Kostenüberschreitungen umzugehen, und in Kapitel 10 finden Sie die Informationen zu Pufferzeiten.

Ertragswert, SKAA, BK und KA

Sie können in jeder Ansicht Datenspalten einfügen, die Sie mit Analysen über das versorgen, was mit Ihrem Budget geschieht. Viele dieser Daten sagen einem Buchhalter mehr als einem

Projektleiter an vorderster Front. Sie sollten sich mit den grundlegenden Berechnungsmethoden auskennen – und sei es nur, um Ihrem Buchhalter einen Gefallen zu tun. Es ist aber auch so, dass viele Unternehmen diese Zahlen in Berichten über die Projekte haben wollen:

- ✔ **Ertragswert:** Der Ertragswert ist ein Maßstab des Wertes der Arbeit, die Sie ausgeführt haben. Er wird in Euro angegeben. Wenn einem Vorgang zum Beispiel 2.000 Euro Kosten zugeordnet sind und Sie feststellen, dass dieser Vorgang zu 50 Prozent abgeschlossen ist, beträgt der Ertragswert dieses Vorgangs 1.000 Euro (50 Prozent der Kosten des Basisplans).

- ✔ **SKAA (Soll-Kosten bereits abgeschlossener Arbeit):** Diese Berechnung schaut nach aktuellen Kosten (einschließlich aufgezeichneter Ressourcenstunden oder Einheiten, die am Vorgang ausgegeben worden sind, plus feste Kosten). Während sich der Ertragswert am *Wert* der Arbeit des Basisplans orientiert, hält sich SKAA an die aktuellen *Kosten*.

- ✔ **BK (Berechnete Kosten):** Hierbei handelt es sich um die Summe aller Kosten eines Vorgangs. BK berechnet für einen laufenden Vorgang die aktuellen Kosten plus die restlichen Kosten aus der Schätzung des Basisplans. BK wird auch als AP (Abschlussprognose) bezeichnet.

- ✔ **KA (Kostenabweichung):** Dies stellt den Unterschied zwischen *geplanten Kosten* (das sind die Kosten eines Vorgangs gemäß Basisplan) und einer Kombination aus aktuellen, bis dahin aufgezeichneten und den restlichen geschätzten Kosten dar. Diese Zahl wird als negativer Wert angezeigt, wenn Sie Ihr Budget unterschreiten, und als positiver Wert, wenn Sie sich wie fast alle von uns verhalten (also über dem Budget liegen).

Berechnungen hinter der Bühne

Während Sie fröhlich in Ihrem Projekt Ressourcenstunden und feste Kosten eingeben, ist Project fleißig und führt Berechnungen aus, die in Ihrem Plan terminliche Änderungen für Vorgänge und die Arbeitslast von Ressourcen ändern können. Diese Berechnungen beziehen sich darauf, wie Vorgänge aktualisiert werden, wie der kritische Weg definiert ist und wie der Ertragswert berechnet werden soll. Wenn Sie es lieben zu kontrollieren, werden Sie glücklich sein zu erfahren, dass Sie einigermaßen steuern können, was in Project abläuft, um diese Berechnungen durchzuführen.

Denken Sie daran, dass die neue Möglichkeit, Änderungen hervorheben zu können, Ihnen dabei hilft zu erkennen, welche Auswirkung eine einzelne Änderung auf Ihr Projekt hat. Sie finden in Kapitel 10 mehr zu dieser Funktionalität von Project.

Automatisch oder manuell

Standardmäßig arbeitet Project, was Berechnungen angeht, so weit wie möglich automatisch. Wenn Sie an Ihrem Plan eine Änderung vornehmen, berechnet Project Gesamtsummen, den kritischen Weg und so weiter neu, ohne dass Sie auch nur einen Finger krümmen müssen.

Sie können diese Standardeinstellungen natürlich ändern und Project zwingen, darauf zu warten, dass Sie die Berechnungen manuell veranlassen. Sie machen dies auf der Registerkarte BERECHNEN des Dialogfelds OPTIONEN (EXTRAS|OPTIONEN). Abbildung 14.9 stellt die Einstellungen dar, die dort möglich sind.

Abbildung 14.9: Klicken Sie auf die Schaltfläche JETZT BERECHNEN, um Project zu veranlassen, Berechnungen durchzuführen.

Wenn Sie den BERECHNUNGSMODUS auf MANUELL ändern, müssen Sie jedes Mal auf die Schaltfläche JETZT BERECHNEN dieses Dialogfelds klicken, wenn Sie möchten, dass Project seine Berechnungen durchführt. Sie können hier auch einstellen, ob nur das aktuelle oder alle offenen Projekte neu berechnet werden sollen.

Warum sollten Sie es vorziehen, die Berechnungen manuell durchzuführen? Sie möchten vielleicht viele Änderungen machen und nicht die Millisekunden warten, die Project für die Neuberechnungen zwischen den Eingaben benötigt und die Ihre Eingaben verlangsamen könnten. Sie stellen MANUELL ein, nehmen alle Änderungen vor und benutzen die Schaltfläche JETZT BERECHNEN, um alle Änderungen auf einen Schlag wirksam werden zu lassen.

Darüber hinaus ist es, trotz Änderungshervorhebung, nicht immer einfach, alle Elemente zu entdecken, die neu berechnet worden sind, wenn Sie eine Reihe von Änderungen vorgenommen haben. Es kann einfacher sein, die Änderungen im manuellen Modus vorzunehmen, einen Ausdruck der Ansicht BALKENDIAGRAMM (GANTT) zu machen, danach die Berechnungen neu auszuführen und das neue Ergebnis mit dem Ausdruck zu vergleichen. Diese Vorgehensweise zeigt Ihnen kumuliert die Berechnungen an, die vorgenommen worden sind, als alle Ihre Änderungen gemacht waren. Sie haben damit die Möglichkeit zu erkennen, ob Sie mit dem überarbeiteten Plan glücklich werden können. (Diese Funktionalität ist besonders nützlich, um Was-wäre-wenn-Szenarien durchzuspielen.)

 Sie können in Project 2007 auch auf die Funktionalität der mehrfachen Rückgängigmachung zurückgreifen. Das bedeutet, dass Sie das Berechnen auf AUTOMATISCH stehen lassen, Änderungen vornehmen und diese wiederholt rückgängig machen können. Sie finden in Kapitel 10 weitere Informationen zu dieser Funktionalität.

Ertragswerte

Die Frage, die Sie sich jetzt vielleicht stellen, ist: »Was haben Einstellungen am Ertragswert mit meinem Projekt zu tun?« Schauen Sie sich dazu einmal Abbildung 14.10 an, die Ihnen zeigt, was sich hinter der Schaltfläche ERTRAGSWERT der Registerkarte BERECHNEN des Dialogfelds OPTIONEN verbirgt.

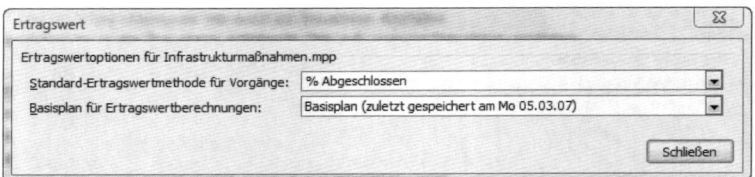

Abbildung 14.10: Dies sind zwei einfache Einstellungen, die Sie zur Berechnung des Ertragswerts verwenden können.

Die Einstellung von STANDARD-ERTRAGSWERTMETHODE FÜR VORGÄNGE enthält zwei Möglichkeiten:

✔ **% ABGESCHLOSSEN:** Diese Einstellung berechnet den Ertragswert, indem sie den prozentualen Wert benutzt, den ein Vorgang abgeschlossen ist. Es wird also davon ausgegangen, dass ein Vorgang, der zu Hälfte abgeschlossen ist, auch die Hälfte der angesetzten Arbeitsstunden verbraucht hat.

✔ **PHYSISCH % ABGESCHLOSSEN:** Verwenden Sie diese Einstellung, wenn Sie einen Prozentsatz für die Vollendung eines Vorgangs eingeben wollen, der sich nicht gleichmäßig an die prozentuale Fertigstellungsberechnung hält. Wenn Sie zum Beispiel einen Vorgang mit einem Gutachten haben, der vier Wochen dauern soll, können 50 Prozent der Leistung für diesen Vorgang in den ersten 25 Prozent der Projektdauer ausgeführt worden sein: Entwurf, Ausdruck und Versenden des Gutachtens. Jetzt passiert zwei Wochen lang nichts, weil Sie auf Antwort warten, und dann wird es hektisch, wenn die Antwort endlich da ist. Deshalb würde eine gleichmäßige Berechnung nicht genau sein, die davon ausgeht, dass der Vorgang mit Ablauf von 50 Prozent seiner Zeit auch zu 50 Prozent abgeschlossen sei. Wenn es in Ihrem Projekt eine Reihe solcher Vorgänge gibt, sollten Sie darüber nachdenken, Ihre Einstellungen zu ändern, damit Sie diese Methode anwenden. Dann können Sie in der Ansicht BALKENDIAGRAMM (GANTT) die Spalte PHYSISCH % ABGESCHLOSSEN anzeigen und an jedem Vorgang den Wert eingeben, von dem Sie glauben, dass er der Realität mehr entspricht.

Die zweite Einstellung im Dialogfeld ERTRAGSWERT befindet sich im Listenfeld BASISPLAN FÜR ERTRAGSWERTBERECHNUNGEN. Wie ich weiter vorne schon erwähnt habe, ist der Ertragswert der Wert der abgeschlossenen Arbeit in Euro in Bezug auf den Basisplan. Ein 2.000-Euro-Vorgang, der zum Beispiel zu 50 Prozent abgeschlossen ist, hat einen Ertragswert für ausgeführte Arbeiten von 1.000 Euro. Deshalb ist der Basisplan, gegen den Sie diesen Wert berechnen, ungeheuer wichtig. Sie können an dieser Stelle einen der elf Basispläne aussuchen, die Sie eventuell in Ihrem Projekt gespeichert haben. Wenn Sie diese beiden Einstellungen vorgenommen haben, klicken Sie auf SCHLIESSEN, um das Dialogfeld ERTRAGSWERT zu schließen.

Sie sollten sich noch um eine weitere Einstellung kümmern, die Sie im Dialogfeld OPTIONEN vornehmen können und die mit der Berechnung des Ertragswerts zu tun hat. Die Option ÄNDERUNGEN AN % ABGESCHLOSSEN VON VORGÄNGEN WERDEN BIS ZUM STATUSDATUM VERTEILT ist standardmäßig nicht aktiviert und wirkt sich darauf aus, wie Project Änderungen in Ihrem Terminplan verteilt. Wenn diese Option deaktiviert bleibt, werden Berechnungen bis an das Ende der Dauer von Vorgängen in Bearbeitung und nicht nur bis zum Statusdatum oder zum aktuellen Datum ausgeführt. Wenn Sie diese Option aktivieren, berücksichtigen Berechnungen Änderungen nur bis zum Statusdatum oder zum aktuellen Datum und nicht weiter. Wenn Sie diese Möglichkeit wählen, sind Sie in der Lage, Änderungen an Ihrem Projekt in zeitlichen Inkrementen und nicht nur über die Lebensdauer eines Vorgangs in Bearbeitung verteilt zu beobachten.

 Wenn ich Sie wäre, würde ich die Option ÄNDERUNGEN AN % ABGESCHLOSSEN nicht markieren, weil ich mir dann viel genauer überlegen kann, wie mein Projekt verläuft.

Wie viele kritische Wege sind genug?

Die letzte Gruppe von Einstellungen, die Sie auf der Registerkarte BERECHNEN des Dialogfelds OPTIONEN beeinflussen können, hat mit der Berechnung der kritischen Wege zu tun.

Die Option EINGEFÜGTE PROJEKTE WERDEN WIE SAMMELVORGÄNGE BERECHNET ist leicht zu erklären. Wenn Sie ein anderes Projekt als Vorgang in Ihr Projekt einfügen und diese Option aktiviert haben, kann Project den kritischen Weg für das gesamte Projekt berechnen. Wenn Sie diese Option nicht aktivieren, wird ein Projekt, das Sie eingefügt haben, als Außenseiter behandelt – es wird also bei der Berechnung des kritischen Wegs des gesamten Projektplans nicht berücksichtigt. Wenn ein eingefügtes Projekt keinen Einfluss auf den Terminplan Ihres Projekts hat, können Sie diese Option deaktivieren.

Wenn es für Sie zu harmlos ist, nur einem kritischen Weg im Projekt zu folgen, sollten Sie versuchen, auf mehreren Wegen kritisch zu werden. Indem Sie die Option MEHRERE KRITISCHE WEGE BERECHNEN auswählen, richten Sie Project so ein, dass es für diverse Vorgänge diverse kritische

Wege berechnen kann. Das kann hilfreich sein, wenn Sie Vorgänge Ihres Projekts identifizieren möchten, die im Falle einer Verzögerung dazu führen, dass Sie den Abschlusstermin Ihres Projekts oder die Ziele einer einzelnen Vorgangsphase nicht einhalten können.

Und zum Schluss können Sie noch festlegen, was einen Vorgang auf den kritischen Weg bringt, indem Sie die Anzahl Tage angeben, die kritische Vorgänge als Puffer haben dürfen. Standardmäßig befinden sich nur Vorgänge ohne Pufferzeit auf dem kritischen Weg. Sie können aber dafür sorgen, dass Sie schon gewarnt werden, wenn die Pufferzeit eines Vorgangs auf einen Tag heruntergeht und er dadurch kritisch wird – wobei Sie sich aber der Tatsache bewusst sein sollten, dass ein Tag kaum Reserven bietet und diese Vorgänge akut gefährdet sind.

Wenn Sie möchten, dass sich alle Einstellungen, die Sie auf der Registerkarte BERECHNEN vorgenommen haben, auf alle Projekte auswirken, klicken Sie auf die Schaltfläche ALS STANDARD FESTLEGEN, bevor Sie auf OK klicken, um die neuen Einstellungen des Dialogfelds OPTIONEN zu speichern.

Sie hängen hinterher: Was nun?

In diesem Kapitel

▸ Überprüfen der Versionen Ihres Plans und Ihrer Notizen, um zu verstehen, was falsch gelaufen ist

▸ Wenn-dann-Szenarien ausprobieren

▸ Mit der Analyseleiste arbeiten

▸ Verstehen, wie Sie mehr Zeit oder mehr Menschen als Hilfe erhalten können

▸ Den laufenden Terminplan anpassen

---

*I*rgendwann kommt in fast jedem Projekt der Augenblick, an dem Sie sich so fühlen, als wenn sich unter Ihnen ein Abgrund auftut. Plötzlich – aus dem Nichts heraus – liegen Sie 20.000 Euro über dem Budget. Oder Sie sind auf dem besten Weg, den wirklich allerletzten Abschlusstermin um zwei Wochen zu überziehen. Und keine Medizin der Welt ist in Sicht, um Ihnen zu helfen.

Natürlich wissen Sie so allgemein, was passiert ist, weil Sie nicht ganz dumm sind, ständig Kontakt mit Ihrem Team gehalten haben und Project mit all seinen Datenspalten einsetzen. Dennoch sind die Dinge irgendwie aus dem Ruder gelaufen, und Sie müssen unbedingt etwas unternehmen. Zuerst müssen Sie sich wohl für das rechtfertigen, was geschehen ist, und dann müssen Sie die Probleme beseitigen, damit Sie weitermachen können, um Ihr Projekt, Ihren Job oder beides zu retten.

Wie können Sie die Situation retten, wenn sich alles verselbstständigt hat? Was Sie an dieser Stelle unternehmen müssen, ist, dass Sie Ihre Möglichkeiten individuell analysieren und aufgrund von Erfahrungen kluge Entscheidungen fällen. Das war zumindest so, bis Sie Microsoft Project als Unterstützung gewählt haben. Glücklicherweise ist Project in der Lage, Lösungsmöglichkeiten auszuprobieren und deren wahrscheinliche Ergebnisse vorherzuberechnen. Wenn Sie sich dann für eine der Alternativen entschieden haben, müssen Sie diese nur noch in Project umsetzen.

Rechtfertigungshilfen: Notizen, Basispläne und Zwischenpläne

Wenn Sie Zwischenpläne, diverse Basispläne und Vorgangsnotizen aufgehoben haben, ist es viel einfacher zu erklären, wie Sie aufgrund höherer Mächte in diesen Schlamassel geraten konnten.

Zwischenpläne und wiederholte Basispläne zeigen auf, wie Sie Anpassungen vorgenommen haben, wenn es zu größeren Änderungen oder Problemen gekommen ist. Dadurch, dass Sie diese beiden Elemente benutzen, zeigen Sie Ihrem Chef, dass Sie die ganze Zeit über mit der Angelegenheit beschäftigt gewesen sind und ihn eventuell sogar ins Boot geholt hatten, als es darum ging, sich anhand von Ausdrucken Gedanken um die Lösung größerer Probleme zu machen. (Falls es diese Ausdrucke von Zwischen- oder Basisplänen nicht gibt, holen Sie das jetzt nach – damit Sie ein Bild davon zeichnen können, wie es so weit kommen konnte.)

 In einem *Basisplan* werden alle Projektdaten gespeichert; in einem *Zwischenplan* werden nur die Anfangs- und die Enddaten von Vorgängen des Projekts abgelegt. Kapitel 12 handelt von Zwischenplänen und von Basisplänen.

Wenn Sie Informationen der verschiedenen Basis- oder Zwischenpläne anzeigen oder ausdrucken möchten, gehen Sie so vor:

1. **Zeigen Sie die Ansicht BALKENDIAGRAMM (GANTT) an.**
2. **Klicken Sie mit der rechten Maustaste im Tabellenblatt auf eine Spaltenüberschrift, und klicken Sie auf SPALTE EINFÜGEN.**

   Es erscheint das Dialogfeld DEFINITION SPALTE (siehe Abbildung 15.1).

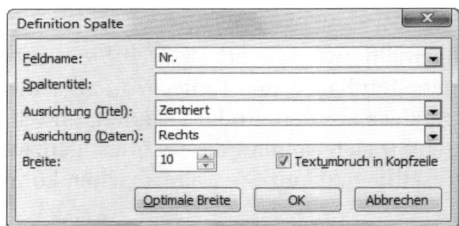

Abbildung 15.1: Fügen Sie in das Tabellenblatt einer Ansicht beliebig viele Spalten ein.

3. **Wählen Sie im Listenfeld FELDNAME den Namen einer Spalte aus.**

   Sie könnten zum Beispiel für Ihre Zwischenpläne ANFANG 1-10 und ENDE 1-10 auswählen (für Basispläne suchen Sie vergebens nach Spalten mit diesem Namen; die Daten der Basispläne werden in Spalten abgelegt, die mit GEPLANTE anfangen – zum Beispiel GEPLANTE DAUER, GEPLANTES ENDE – und mit einer laufenden Nummer enden).

4. **Wiederholen Sie gegebenenfalls die Punkte 2 und 3, um weitere Spalten hinzuzufügen.**
5. **Klicken Sie auf OK, um die Spalten anzuzeigen.**

Zusätzlich zu den Zwischen- und Basisplänen sollten Vorgangsnotizen Informationen über die Leistung von Ressourcen, Probleme mit Lieferanten oder Lieferverzögerungen enthalten. Notizen, die Sie unbedingt zu Ihrer Rechtfertigung vortragen sollten, sind solche, die Anweisungen von Vorgesetzten zu Änderungen und Genehmigungen betreffen und bei denen es um mehr Geld und mehr Zeit geht – was leider nur sehr selten vorkommt.

 Wenn Sie eine Notiz zu einem Vorgang hinzufügen wollen, zeigen Sie in einem Tabellenblatt die Notizspalte an, oder Klicken Sie doppelt auf einen Vorgang, und fügen Sie die Notiz auf der Registerkarte NOTIZEN des Dialogfelds INFORMATIONEN ZUM VORGANG hinzu.

Was wenn?

Häufig ist es so, dass man den Wald vor lauter Bäumen nicht mehr sieht, und genauso kann es passieren, dass Sie sich selbst zu stark in ein Projekt eingebunden haben, um zu erkennen, was getan werden muss. Es gibt aber die Filter- und Sortierungsfunktionalitäten von Project, um sich Stückchen für Stückchen durch die unterschiedlichen Aspekte des Projekts hindurchzuarbeiten und damit zu neuen Gesichtspunkten zu gelangen.

Darüber hinaus können Sie Werkzeuge wie den Kapazitätsabgleich verwenden, um Ressourcenkonflikte aufzulösen. Ein Kapazitätsabgleich muss die Probleme nicht immer so lösen, wie Ihnen das vorschwebt, er ist aber ein guter Weg, über den Ihnen Project ein Wenn-dann-Szenario zeigen kann, das sofort die meisten Probleme mit Ressourcen löst.

 Sie finden in Kapitel 10 ausführliche Informationen zum Kapazitätsabgleich.

Dinge aussortieren

Manchmal, wenn sich die Dinge nicht von selbst erledigen, muss man das Heft in die Hand nehmen und für Ordnung sorgen. Project gibt Ihnen die Möglichkeit, Vorgänge nach unterschiedlichen Kriterien zu sortieren, zu denen auch das Anfangsdatum, das Enddatum, die Priorität und die Kosten gehören.

Wie kann Ihnen Sortieren helfen? Nun, schauen Sie sich dazu die folgenden Beispiele an:

- ✔ **Um Kosten zu kürzen:** Sortieren Sie die Vorgänge nach Kosten. Dann können Sie sich zuerst auf die teuersten Vorgänge konzentrieren, um herauszufinden, ob es dort Raum gibt, um Elemente der Kategorie »nett, wenn es sie gibt, aber teuer« zu kürzen.

- ✔ **Um Vorgänge zu löschen, damit Zeit eingespart wird:** Zeigen Sie Vorgänge nach Priorität an, und schauen Sie sich die Vorgänge mit einer niedrigen Priorität an, weil das die ersten Kandidaten für den Papierkorb sind.

- ✔ **Um den zeitlichen Ablauf von Vorgängen zu überdenken:** Sortieren Sie nach der Dauer in absteigender Folge, damit Sie die am längsten dauernden Vorgänge zuerst sehen.

Wenn Sie eine der vordefinierten Sortierfolgen verwenden möchten, wählen Sie PROJEKT| SORTIEREN, und entscheiden Sie sich dann in dem Untermenü für eine der Optionen wie zum Beispiel ANFANGSDATUM oder KOSTEN.

Wenn Sie weitere Sortierkriterien sehen oder nach mehr als einem Kriterium sortieren möchten, gehen Sie so vor:

1. **Wählen Sie PROJEKT|SORTIEREN|SORTIEREN NACH.**

   Es erscheint das Dialogfeld SORTIEREN (siehe Abbildung 15.2).

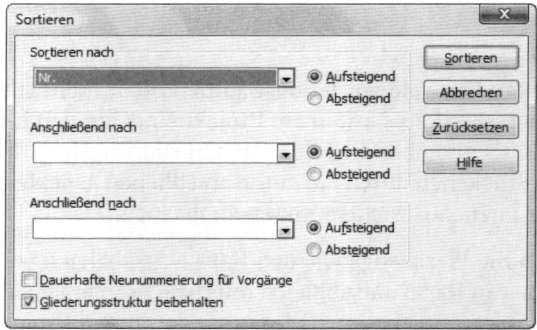

Abbildung 15.2: Sortieren Sie in auf- oder absteigender Folge nach bis zu drei Kriterien.

2. **Wählen Sie im Listenfeld SORTIEREN NACH ein Kriterium aus.**

3. **Markieren Sie entweder AUFSTEIGEND (um vom niedrigsten zum höchsten zu sortieren) oder ABSTEIGEND (um vom höchsten zum niedrigsten zu sortieren).**

   Bei einem Datumsfeld wird vom frühesten zum spätesten bzw. vom spätesten zum frühesten Datum sortiert; bei einem Textfeld betrifft die Sortierfolge die alphabetische Reihenfolge der Buchstaben.

4. **(Optional) Wenn Sie ein zweites Kriterium einbinden möchten, klicken Sie zunächst auf ANSCHLIESSEND NACH, und tätigen Sie Ihre Wahl.**

   Wenn Sie sich zum Beispiel dafür entscheiden, Vorgänge zuerst nach KOSTEN und dann nach ART zu sortieren, wird zunächst vom preiswertesten zum teuersten Vorgang sortiert und dann (bei gleichen Kosten) nach der Art (FESTE DAUER, FESTE EINHEITEN und FESTE ARBEIT).

5. **(Optional) Wenn Sie ein drittes Kriterium hinzufügen möchten, klicken Sie auf das zweite Feld ANSCHLIESSEND NACH, und tätigen Sie Ihre Wahl.**

6. **Klicken Sie auf SORTIEREN.**

Wenn Sie zur originalen Sortierfolge zurückkehren möchten, wählen Sie PROJEKT|SORTIEREN|NR. Die Vorgänge befinden sich jetzt wieder in der Reihenfolge ihrer Vorgangsnummern, was die Standardsortierfolge von Project ist.

Filtern

Kapitel 10 zeigt Ihnen, wie Sie Filter in Project erstellen und anwenden. Jetzt ist der ideale Zeitpunkt gekommen, dieses Wissen aufzurufen. Ganz besonders bei großen Projekten, bei denen es nicht einfach ist, Hunderte von Vorgängen und Notizen daraufhin zu untersuchen, ob sie sich verzögern oder über dem Budget liegen, können Filter recht schnell aufzeigen, wo Ihre Probleme liegen.

Sie haben die Möglichkeit, Vorgänge, die Ihren Filterbedingungen nicht entsprechen, auszublenden, oder Vorgänge hervorzuheben, die den Bedingungen entsprechen.

Tabelle 15.1 führt einige Filter auf, die nützlich sind, wenn Sie versuchen, Probleme herauszufinden und zu lösen, die es mit Ihrem Terminplan gibt.

Name des Filters	Was er anzeigt
KRITISCH	Vorgänge im Projekt, die genau gemäß Zeitplan vollendet werden müssen, damit der Abschlusstermin gehalten wird (kritischer Weg)
KOSTENRAHMEN ÜBERSCHRITTEN	Vorgänge, die die Ausgaben gemäß Budget überschreiten
NICHT ABGESCHLOSSENE VORGÄNGE	Vorgänge, die noch nicht als abgeschlossen markiert worden sind
VERSPÄTETE/KOSTENRAHMEN ÜBERSCHREITENDE VORGÄNGE	Vorgänge, die sich im Verhältnis zum Basisplan nicht nur verspäten, sondern die auch das geplante Budget überschreiten
SOLLTE ANFANGEN BIS ZUM	Vorgänge, die bis zu einem bestimmten Datum hätten anfangen sollen
ÜBERFÄLLIGE/SPÄTE BEARBEITUNG	Vorgänge, die sich verspätet haben und bei denen kein Fortschritt aufgezeichnet worden ist
NICHT ANGEFANGENE VORGÄNGE	Vorgänge, bei denen noch keinerlei Fortschritt registriert worden ist
ARBEITSRAHMEN ÜBERSCHRITTEN	Vorgänge, denen Ressourcen zugeordnet worden sind, die irgendwann während der Laufzeit eines Vorgangs überlastet werden
VORGÄNGE IN ARBEIT	Vorgänge, die bis zum aktuellen Zeitpunkt auch arbeitstechnisch begonnen worden sind
ARBEIT NICHT ABGESCHLOSSEN	Vorgänge, bei denen die geleistete Arbeit noch nicht gemeldet worden ist
ARBEITSRAHMEN ÜBERSCHRITTEN	Vorgänge, bei denen mehr Arbeit als geplant geleistet werden musste

Tabelle 15.1: Filter, um Probleme zu isolieren

Sie finden diese Filter nicht im Dialogfeld WEITERE FILTER? Denken Sie daran, dass Sie im Dialogfeld (PROJEKT|FILTER|WEITERE FILTER) die Option VORGANG aktivieren müssen, um vorgangsbezogene Filter zu sehen, und RESSOURCE, um die ressourcenbezogenen Filter zu Gesicht zu bekommen.

Sie sollten darüber nachdenken, die Informationen über Ihr Projekt in ein Programm wie Excel zu exportieren, damit Sie dessen Analysewerkzeuge (wie die Pivot-Tabellen) verwenden können, um zu untersuchen, was los ist.

Den kritischen Weg untersuchen

Einer der nützlichsten Filter ist der mit dem Namen KRITISCH. Er zeigt die Vorgänge an oder hebt die hervor, die sich auf dem kritischen Weg befinden. Wenn Sie mit dem Projekt spät dran sind, kann das Wissen über Vorgänge, die nicht verschoben werden können, helfen herauszufinden, wo es keine Verspätungen geben darf – und wo umgekehrt eine Verspätung bei unkritischen Vorgängen nicht zu Problemen mit dem Terminplan des Projekts führen wird. Sie sollten den Filter KRITISCH als Entscheidungshilfe verwenden, wenn es darum geht zu ermitteln, wie überlastete Ressourcen entlastet werden können oder wie ein Vorgang, der sich verspätet, wieder auf die Terminspur gebracht werden kann.

Sie können sich den kritischen Weg in den Ansichten BALKENDIAGRAMM (GANTT) oder NETZPLANDIAGRAMM anschauen. Abbildung 15.3 stellt das Gantt-Diagramm eines Projekts dar, bei dem der kritische Weg gefiltert worden ist. Abbildung 15.4 zeigt dasselbe Projekt in der Ansicht NETZPLANDIAGRAMM mit dem Filter KRITISCH.

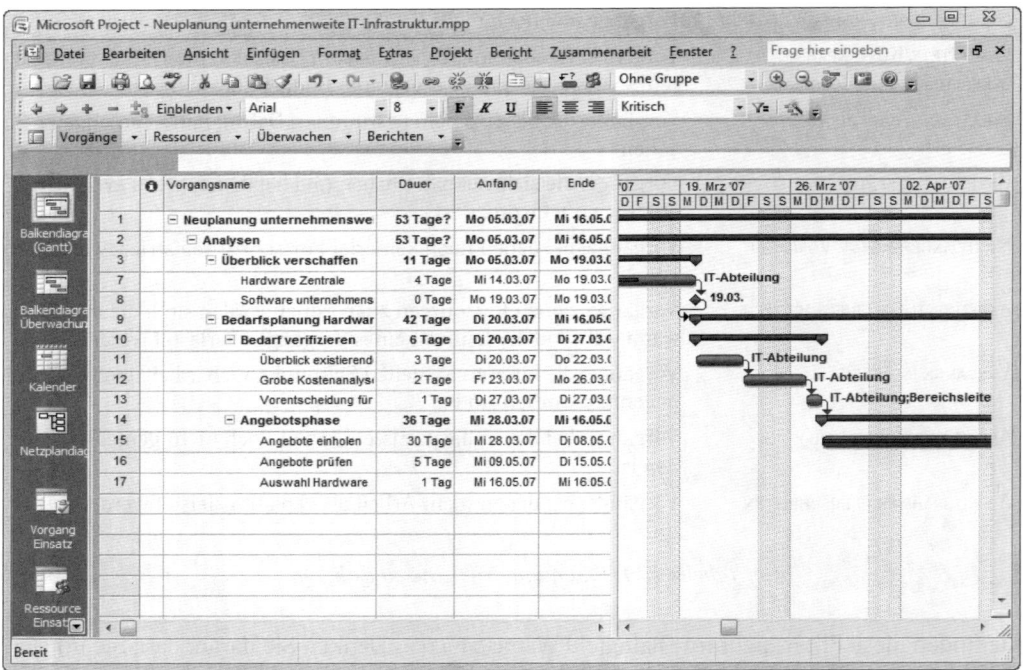

Abbildung 15.3: Die Ansicht BALKENDIAGRAMM (GANTT) zeigt Ihnen Spalten mit den genauen Daten eines jeden kritischen Vorgangs an.

 Wenn Sie genauere Informationen über den Zeitplan von Vorgängen benötigen, sollten Sie darüber nachdenken, die Zeitskala so zu ändern, dass sie kleinere zeitliche Abschnitte (so genannte Inkremente) verwendet (wie zum Beispiel Tage oder Stunden). Um das zu erreichen, klicken Sie die Zeitskala mit der rechten Maustaste an, und wählen Sie ZEITSKALA.

15 ➤ Sie hängen hinterher: Was nun?

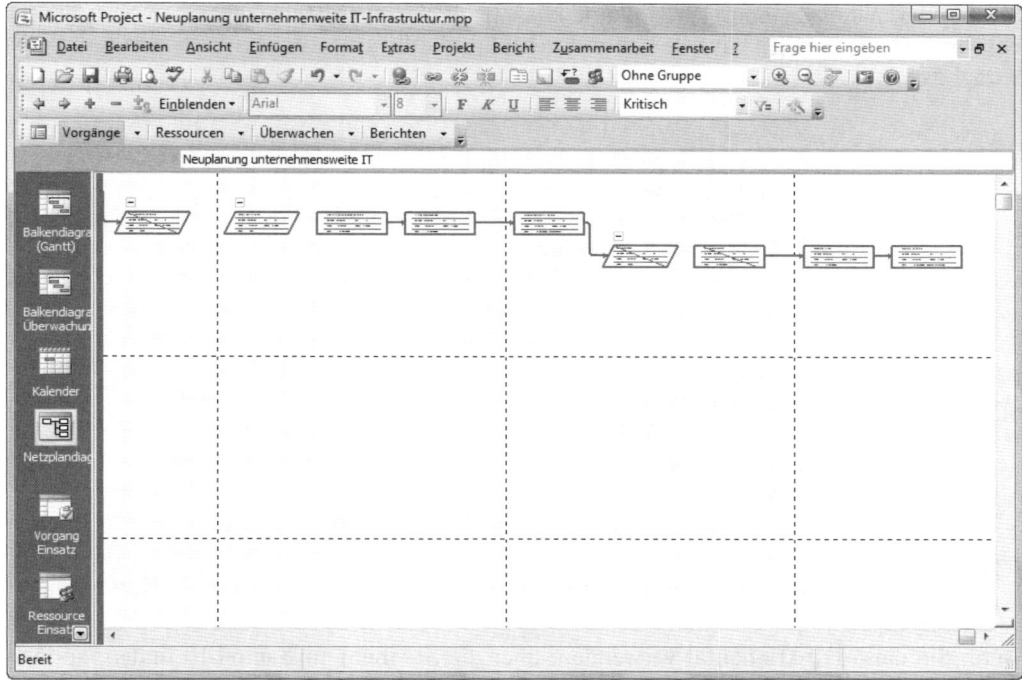

Abbildung 15.4: Die Ansicht NETZPLANDIAGRAMM gibt Ihnen ein Gefühl für die zeitlichen Zusammenhänge und Abläufe der kritischen Vorgänge.

Den Kapazitätsabgleich noch einmal verwenden

Wenn Sie in Ihrem Projekt bereits mit dem Kapazitätsabgleich von Ressourcen gearbeitet haben, um Ressourcenkonflikte zu lösen, sollten Sie sich überlegen, das noch einmal zu tun. Dadurch, dass Vorgänge geändert und Aktivitäten überwacht worden sind, kann ein Kapazitätsabgleich neue Möglichkeiten bieten, Konflikte zu lösen.

Wenn der Kapazitätsabgleich auf automatisch eingestellt ist, führt Project die entsprechenden Berechnungen automatisch dann durch, wenn Sie Ihren Terminplan ändern. Um herauszubekommen, wie die Einstellungen sind, wählen Sie EXTRAS|KAPAZITÄTSAGLEICH, um das Dialogfeld KAPAZITÄTSABGLEICH hervorzuholen (siehe Abbildung 15.5). Wenn das Optionsfeld MANUELL markiert ist, klicken Sie auf NEU ABGLEICHEN, um den Kapazitätsabgleich durchzuführen.

Was steuert den Terminplan eines Vorgangs?

Die Funktionalität VORGANGSTREIBER, die es in Project 2007 neu gibt, erlaubt es Ihnen zu untersuchen, was einen Vorgang dazu gebracht hat, in einen bestimmten Zeitrahmen abzufallen (wobei dieses Was zum Beispiel Abhängigkeiten oder Vorgangseinschränkungen sein können).

Sie markieren einfach einen Vorgang und klicken auf die Schaltfläche VORGANGSTREIBER, die ein Fensterelement anzeigt, das alle Faktoren enthält, die Einfluss auf das Zeitverhalten dieses Vorgangs haben.

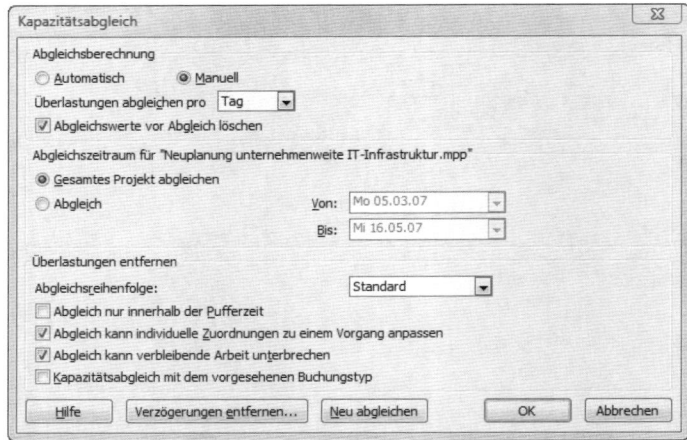

Abbildung 15.5: Hier legen Sie fest, ob Project den Kapazitätsabgleich kontrolliert.

Wenn Sie diese Funktionalität verwenden, über die Sie mehr in Kapitel 10 finden, können Sie feststellen, ob ein Vorgang, den Sie gerne früher ablaufen lassen würden, dazu in der Lage ist, wenn Sie hinderliche Abhängigkeiten oder Einschränkungen entfernen. Sie haben zum Beispiel am Anfang Ihrer Planung angenommen, dass der Vorgang Schulung erst dann anfangen kann, wenn die technische Ausrüstung geliefert worden ist, stellen aber jetzt, da die Hälfte der Ausrüstung vorhanden ist, fest, dass Sie mit der Schulung der Mitarbeiter schon anfangen und später abschließen können. Wenn Sie verstehen, was den zeitlichen Ablauf eines Vorgangs steuert, können Sie besser nach einer Lösung suchen, wenn dieser zeitliche Ablauf das Problem hervorruft.

Die Analyseleiste benutzen

Auch wenn die Leiden Ihres Projekts dafür sorgen können, dass Sie sich so fühlen, als wenn Sie eine Analyse bei einem teuren Psychotherapeuten nötig hätten, können Sie viel Geld sparen und stattdessen die Symbolleiste ANALYSE benutzen.

Die Symbolleiste ANALYSE gibt Ihnen die Möglichkeit, mit PERT (*Program Evaluation and Review Technique*) die Dauer eines Vorgangs auf der Grundlage von Informationen zu untersuchen, die Sie als optimistische, pessimistische und realistische Szenarien eingeben. Dadurch, dass Sie Informationen über diese drei möglichen Zukunftsaussichten bekommen, können Sie analysieren, wohin Ihr Projekt treiben wird, wenn Sie keine Anpassungen vornehmen.

Die Standardeinstellungen für die pessimistische, die optimistische und die realistische Dauer eines Vorgangs sind ziemlich identisch, und auch die optimistischen und die pessimistischen

15 ➤ Sie hängen hinterher: Was nun?

Ergebnisse ähneln sich stark. Sie können dies ändern, indem Sie die Gewichtung modifizieren, die Sie jedem vorgangsbezogenen Szenario geben. So ist zum Beispiel der Standardfaktor für REALISTISCH 4 von 6, während sowohl OPTIMISTISCH als auch PESSIMISTISCH auf 1 von 6 stehen. Wenn Sie die Einstellung für pessimistisch auf 3 von 6 ändern, gehen Sie davon aus, dass diese Erwartungshaltung wahrscheinlicher sein wird als die optimistische. Project führt dann eine Berechnung durch, um einen gewichteten Durchschnitt der drei Möglichkeiten zu erhalten. Dieser gewichtete Durchschnitt sorgt dann für eine realistische, eine pessimistische und eine optimistische Vorgangsdauer.

Um die Symbolleiste ANALYSE anzuzeigen, klicken Sie mit der rechten Maustaste in den Bereich der Symbolleisten und wählen im Kontextmenü ANALYSE aus, damit die Analyseleiste angezeigt wird (siehe Abbildung 15.6).

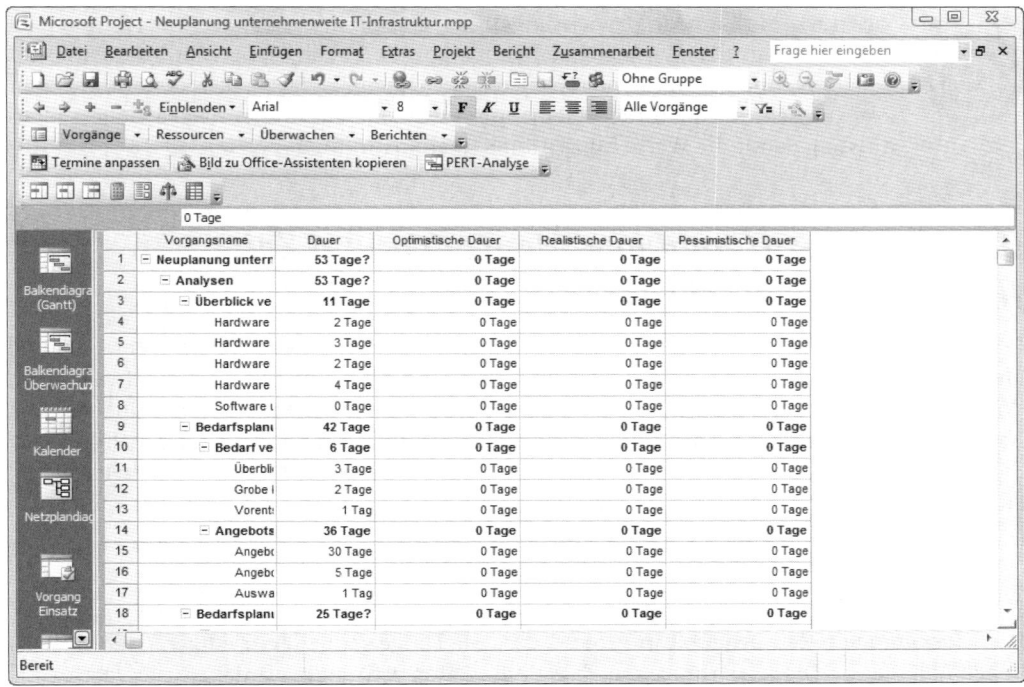

Abbildung 15.6: Betrachten Sie Ihr Gantt-Diagramm von einem optimistischen, einem pessimistischen oder einem realistischen Standpunkt aus.

Um eine Analyse durchzuführen, müssen Sie zuerst die drei Kategorien einer Dauer eingegeben haben. Dann sind Sie in der Lage, die Berechnung vorzunehmen und drei mögliche zukünftige Gantt-Diagramme anzuzeigen.

Gehen Sie so vor, um eine PERT-Analyse zu verwenden:

1. **Markieren Sie den Vorgang, den Sie untersuchen wollen.**

2. **Zeigen Sie die Symbolleiste ANALYSE an, und klicken Sie auf die Schaltfläche PERT-EIN-GANGSTABELLE.**

   Es wird die PERT-EINGANGSTABELLE angezeigt.

3. **Geben Sie Ihre optimistische, Ihre pessimistische und Ihre realistische Prognose für die Dauer des Vorgangs in die entsprechenden Felder ein.**

4. **Klicken Sie auf PERT BERECHNEN.**

   Project schätzt die Dauer eines Vorgangs auf der Grundlage der drei Dauern, die Sie eingegeben haben. Sie können auf der Symbolleiste ANALYSE die Schaltflächen OPTIMISTISCHES BALKENDIAGRAMM, REALISTISCHES BALKENDIAGRAMM und PESSIMISTISCHES BALKENDIAGRAMM anklicken, um zu sehen, was die einzelnen Szenarien mit Ihrem Terminplan machen.

Wenn Sie die Standardgewichtungen der einzelnen Szenarien ändern möchten, klicken Sie in der Symbolleiste ANALYSE auf die Schaltfläche PERT-GEWICHTUNGEN FESTLEGEN, und geben Sie neue Werte ein. Denken Sie daran, dass die Summe aller drei Gewichtungsfaktoren 6 sein muss, weshalb Sie immer zwei Felder ändern müssen, damit die Werte im Ergebnis übereinstimmen.

Wie das Hinzufügen von Menschen und Zeit Ihr Projekt beeinflusst

Es ist ein Teil des unternehmerischen menschlichen Wesens, Probleme gerne unter Geld und Menschen zu begraben. Und in manchen Fällen steuert unser Instinkt auf so etwas zu. In Wirklichkeit ist es aber so, dass Sie gar nicht die Möglichkeit haben, auf einen unendlichen Nachschub von Ressourcen oder Zeit zurückzugreifen, um damit zu spielen. Deshalb müssen Sie für die Lösung von Problemen mit einer Kombination aus verschiedenen Optionen spielen, zu denen auch die Zeit und die Ressourcen gehören.

Geben Sie Gas!

Das Einsparen von Zeit bedeutet in Project, dass Sie Dinge schneller erledigen oder die zeitlichen Abläufe von Dingen so anpassen, dass Pufferzeiten verwendet werden. Sie werden wahrscheinlich herausfinden, dass dieses Anpassen wie ein kompliziertes Puzzle ist: Sie korrigieren eine Sache, und an einer anderen Stelle meldet sich etwas zu Wort, das Ihre Hoffnungen radikal auf den Boden der Tatsachen herunterholt.

Sie haben zwei Möglichkeiten, Ihre Arbeit schneller zu erledigen:

✔ **Besorgen Sie sich mehr Leute, die bei einem Vorgang aushelfen können.** Wenn Sie Personen hinzufügen, fügen Sie Geld hinzu. Das Projekt kann damit zumindest zeitweise wieder in die Spur gelangen, aber das kostet etwas.

✔ **Ändern Sie den Umfang von Vorgängen.** Wenn Sie den Umfang von Vorgängen ändern, kann sich das unmittelbar auf deren Qualität auswirken. Wenn Sie nur zwei statt drei

Inspektionen durchführen oder wenn Sie den Zeitrahmen der Qualitätssicherung um eine Woche kürzen, gehen Sie das Risiko ein, dass Sie es plötzlich mit einer anderen Art von Problemen zu tun bekommen.

Wenn Sie den zeitlichen Ablauf von Vorgängen ändern und Abhängigkeiten umschichten, benötigen Sie Pufferzeiten als Ausgleich für Verzögerungen und nehmen sich die Möglichkeit, irgendwelche Spielräume zu haben. Wenn jetzt noch irgendein Problem auftaucht, stehen Sie mit dem Rücken an der Wand, und es gibt keinen Puffer mehr, der Sie retten könnte.

Im Alltag hilft häufig eine Mischung aus Zeit und Geld zu überleben.

Menschen auf das Problem ansetzen

Bei leistungsgesteuerten Vorgängen können Dinge erledigt werden, wenn der Umfang der Anstrengungen erweitert wird. So braucht ein Vorgang, der eine Dauer von drei Tagen hat und auf einem Standardkalender basiert, 3 Tage * 8 Stunden (oder 24 Personenstunden), um abgeschlossen zu sein. Eine Ressource, die ganztags an dem Vorgang arbeitet, benötigt also drei Tage, um ihn abzuschließen. Drei Ressourcen, die ganztags an ihm arbeiten, benötigen einen Arbeitstag, um 24 Arbeitsstunden zu erreichen. Wenn Sie einem solchen Vorgang Ressourcen hinzufügen, berechnet Project seine Dauer automatisch neu.

Die Art der Ressourcenzuordnung ändern

Über das Hinzufügen von Ressourcen hinaus können Sie natürlich auch Änderungen an bestehenden Zuordnungen zu Vorgängen vornehmen. Bei Ihren Projekten haben Sie Dutzende (oder sogar Hunderte) von Ressourcen, die an Vorgängen arbeiten. Alle diese Menschen arbeiten auf der Grundlage ihrer Arbeitskalender, dem Prozentsatz, zu dem Sie sie zeitlich zu einem bestimmten Vorgang zugeordnet haben, und ihrer Fähigkeit, einen Job auszuführen. Werfen Sie einen Blick darauf, wie Sie die Leute zugeordnet haben, um herauszufinden, ob Sie Zeit oder Geld sparen können, indem Sie diese Zuordnungen modifizieren.

Es gibt verschiedene Wege, Zuordnungen zu ändern:

✔ Wenn jemand nur zu 50 Prozent seiner Kapazität mit einem Vorgang beschäftigt ist, können Sie darüber nachdenken, die Zuordnungseinheiten dieser Person zu erhöhen.

✔ Wenn Sie jemanden an der Hand haben, der in der Lage ist, einen bestimmten Vorgang schneller zu erledigen, tauschen Sie an diesem Vorgang die Ressourcen aus, und kürzen Sie seine Dauer.

✔ Denken Sie darüber nach, Ressourcen mit Überstunden einzusetzen oder im Projektverlauf zu bestimmten Zeiten zu überlasten. Sie haben vielleicht zu einem früheren Zeitpunkt die Zuordnung einer überlasteten Ressource angepasst, um mit einem Konflikt klarzukommen, jetzt finden Sie aber heraus, dass es keine Alternative dazu gibt, eine Ressource bis an ihre Belastungsgrenze einzusetzen.

Denken Sie an die Konsequenzen

Bevor Sie jetzt losstürmen, um Änderungen an Ihren Ressourcen vorzunehmen, sollten Sie sich eine Minute Zeit zum Nachdenken geben. Wenn Sie Ressourcen zu leistungsgesteuerten Vorgängen hinzufügen, können diese verkürzt werden, was dabei hilft, das Projekt wieder in einen zeitlich passenden Rahmen zu bringen. Sie sollten aber berücksichtigen, dass diese Vorgehensweise, je nach den Stundensätzen der Ressourcen, sehr teuer werden kann.

Denken Sie daran, dass sich die Dauer eines Vorgangs nicht dadurch gleichmäßig verkürzt, dass drei Leute daran arbeiten. Das liegt daran, dass diese drei Personen ihre Anstrengungen koordinieren müssen, Meetings abhalten und im Allgemeinen die Sachen machen, die man eben macht, wenn man zusammen an etwas arbeitet – was dazu führt, dass die gemeinsame Arbeit ein wenig weniger effizient ist, als wenn jeder für sich werkeln würde. Wenn Sie Ressourcen hinzufügen, verkürzt Project Vorgänge gleichmäßig. Sie sollten dies alles berücksichtigen und einem solchen Vorgang ein wenig mehr Zeit zubilligen, um die Ineffizienz mehrerer Ressourcen auszugleichen.

Ein weiterer Punkt, den Sie berücksichtigen sollten, wenn Sie Ressourcen zu Vorgängen zuordnen, hat damit zu tun, dass Sie durch diese Vorgehensweise mehr Ressourcenkonflikte hervorrufen können: Es besteht die Gefahr, dass Sie Personen, die schon sehr beschäftigt sind, dadurch überlasten, dass Sie sie in zu vielen Vorgängen einsetzen, die gleichzeitig ablaufen. Wenn Sie aber über Ressourcen mit den entsprechenden Fähigkeiten und der notwendigen freien Zeit verfügen, dann ist das Stärken Ihrer Arbeitstruppe definitiv ein vernünftiger Weg, Vorgänge schneller abzuarbeiten.

Wenn Sie einem Vorgang Ressourcen zuordnen möchten, können Sie entweder die Registerkarte RESSOURCEN des Dialogfelds INFORMATIONEN ZUM VORGANG benutzen, oder Sie wählen den Vorgang aus und klicken in der Standardsymbolleiste auf die Schaltfläche RESSOURCEN ZUORDNEN.

Verknüpfungen und die zeitlichen Abläufe von Vorgängen umschichten

Der größte Feind eines Projektleiters ist die Zeit. Es gibt niemals genug davon, und was davon da ist, schmilzt dahin wie Schnee in glühender Sonne.

Hier kommen ein paar Tipps, wie Sie die zeitlichen Abläufe ändern können, um Zeit zu sparen:

✔ **Löschen Sie einen Vorgang.** Sie haben richtig gelesen. Wenn ein Vorgang einen Schritt repräsentiert, der übersprungen werden könnte, werden Sie ihn los. Das geschieht zwar nicht sehr häufig, aber manchmal – wenn Sie Ihr Projekt noch einmal überdenken – erkennen Sie, dass ein paar Dinge nicht notwendig sind oder bereits anderswo erledigt werden.

✔ **Passen Sie Projektverknüpfungen an.** Kann die große Kostenanalyse nicht ein paar Tage früher anfangen? Können Klempner und Elektriker nicht gleichzeitig statt hintereinander am Rohbau arbeiten (wobei wir voraussetzen, dass sie sich nicht gegenseitig behindern)? Benutzen Sie die Registerkarte VORGÄNGER des Dialogfelds INFORMATIONEN ZUM VORGANG (siehe Abbildung 15.7), um Vorgangsverknüpfungen zu bearbeiten. Sie können in der Spalte ZEITABSTAND auch negative Werte verwenden, damit Vorgänge mehr oder weniger parallel ablaufen.

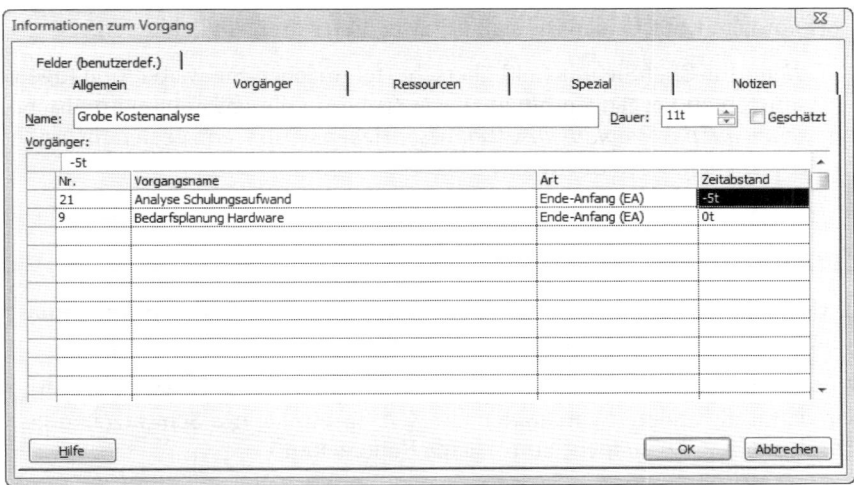

Abbildung 15.7: Überprüfen Sie hier die Verknüpfungen eines Vorgangs und lassen Sie es gegebenenfalls zu, dass sich Vorgänge überlappen.

✔ **Modifizieren Sie Einschränkungen.** Vielleicht haben Sie einen Vorgang so eingestellt, dass er erst am ersten Tag des neuen Jahres anfangen kann, weil Sie keine Gelder mehr aus dem Budget des laufenden Geschäftsjahres ausgeben können. Um Zeit zu sparen, sollten Sie herausfinden, ob es möglich ist, zwar eine Woche früher mit dem Vorgang anzufangen, die Kosten aber erst im Januar in Rechnung zu stellen. Untersuchen Sie Einschränkungen wie diese – und ganz besonders diejenigen, die mit zeitlichen Abläufen zu tun haben.

✔ **Überprüfen Sie externe Verknüpfungen.** Wenn Sie einen Vorgang eingebunden haben, der über einen Hyperlink auf ein anderes Projekt verweist, kontaktieren Sie den Leiter des anderen Projekts, um herauszufinden, ob es dort nicht möglich ist, den einen oder anderen Vorgang zu beschleunigen. Oder löschen Sie die Verknüpfung zu dem anderen Projekt, wenn die zeitlichen Abhängigkeiten unkritisch sind. Dieses Projekt kann Ihr Projekt mehr verlangsamen, als Sie ahnen.

 Wenn Sie den Kapazitätsabgleich auf automatisch gestellt haben, kann es passieren, dass Project Vorgänge verzögert, um überlastete Ressourcen wieder zu entlasten. Wählen Sie EXTRAS|KAPAZITÄTSABGLEICH, und ändern Sie diese Einstellung auf MANUELL.

Wenn alle Stricke reißen

Okay, Sie haben sich mit den Zuordnungen von Ressourcen herumgeschlagen, Verknüpfungen von Ressourcen umhergeschoben, um Zeit zu sparen, Vorgänge gelöscht und preiswertere

Arbeitskräfte zugeordnet, um weniger Geld auszugeben. Aber das reicht immer noch nicht. Jetzt ist der Moment gekommen, an dem Sie Ihrem Chef sagen müssen: »Wir können mit dem Projekt den Termin einhalten, wir können im Rahmen des Budgets bleiben oder wir können Qualität bekommen. Entscheiden Sie sich für zwei dieser drei Möglichkeiten.«

Wenn Ihr Chef Sie mit Geld überschüttet, machen Sie weiter, und fügen Sie Ressourcen zu Vorgängen hinzu, wie es früher in diesem Kapitel im Abschnitt *Menschen auf das Problem ansetzen* beschrieben wird. Wenn er sich für Zeit oder Geld entscheidet, lesen Sie weiter.

Alle Zeit der Welt

Wenn Ihr Chef bereit ist, Ihnen mehr Zeit zuzugestehen, packen Sie zu. Wenn Sie das machen, müssen Sie Ihr Projekt an einigen Punkten aktualisieren:

- ✔ **Fügen Sie Pufferzeiten hinzu.** Wenn Sie einen Puffervorgang haben, verlängern Sie seine Dauer, damit die anderen Vorgänge mehr Zeit für ein kleines Schwätzchen bekommen. (Sie finden in Kapitel 10 mehr zum Thema Pufferzeiten.)

- ✔ **Ändern Sie die Dauer von Vorgängen.** Nehmen Sie Vorgänge, die sich verspätet haben, und geben Sie ihnen mehr Zeit, um abgeschlossen zu werden. In Project heißt das, dass Sie die Dauer dieser Vorgänge verlängern oder ihren Anfangszeitpunkt nach hinten verschieben.

- ✔ **Überprüfen Sie Einschränkungen von Vorgängen.** Wenn Sie festgelegt haben, dass einige Vorgänge bis zu einem bestimmten Datum beendet sein müssen, und Sie jetzt den Abschlusstermin des Projekts um drei Monate verlängern, können Sie eventuell auch die ursprünglichen Einschränkungen dementsprechend anpassen.

Wenn Sie jetzt alles neu eingestellt haben, achten Sie darauf, dass der neue Terminplan keine neuen Ressourcenkonflikte hervorruft. Überprüfen Sie die Ansicht RESSOURCE:GRAFIK, und legen Sie den Basisplan neu fest, um den neuen zeitlichen Ablauf des Projekts darzustellen. Sie setzen einen Basisplan zurück, indem Sie EXTRAS|ÜBERWACHUNG|BASISPLAN FESTLEGEN wählen. Wenn Sie gefragt werden, ob Sie den bestehenden Basisplan wirklich überschreiben wollen, antworten Sie mit JA. Oder wählen Sie im Dialogfeld BASISPLAN FESTLEGEN im Listenfeld BASISPLAN 1-10, um verschiedene Basispläne abzuspeichern und den Originalplan zu erhalten.

Vergessen Sie nicht, die Mitglieder Ihres Teams über den neuen Terminplan zu informieren, und versorgen Sie sie mit einer aktualisierten Version des Projektplans. Sie können das einfach dadurch erledigen, dass Sie Project Web Access verwenden, das ich in den Kapitel 18 und 19 beschreibe.

Themenwechsel

Wenn Sie Ihr Vorgesetzter auffordert, ein paar Kanten und Ecken zu glätten und Qualität zu opfern, haben Sie die Lizenz zum Ändern des Umfangs des Projekts. Sie können Vorgänge

15 ➤ Sie hängen hinterher: Was nun?

rauswerfen, die für eine bessere Qualität sorgen, wie zum Beispiel die Endkontrolle eines Handbuchs. Sie können billigere Arbeitskräfte einstellen. Sie können billigeres Papier oder eine preiswertere Computerausrüstung benutzen.

In Project bedeutet eine solche Entscheidung Folgendes:

- ✔ **Kommen Sie mit weniger Schritten ans Ziel.** Löschen Sie Vorgänge. (Klicken Sie in der Ansicht BALKENDIAGRAMM (GANTT) auf die Vorgangsnummer, und klicken Sie auf LÖSCHEN.)
- ✔ **Setzen Sie preiswertere Ressourcen ein.** Löschen Sie Ressourcenzuordnungen, und weisen Sie Vorgängen im Dialogfeld RESSOURCEN ZUORDNEN andere Ressourcen zu.
- ✔ **Setzen Sie preiswertere Materialien ein.** Ändern Sie den Preis pro Einheit für Materialien, die Sie in der Ansicht RESSOURCE:TABELLE erstellt haben (siehe Abbildung 5.8), oder setzen Sie den Preis einer Kostenressource herab.

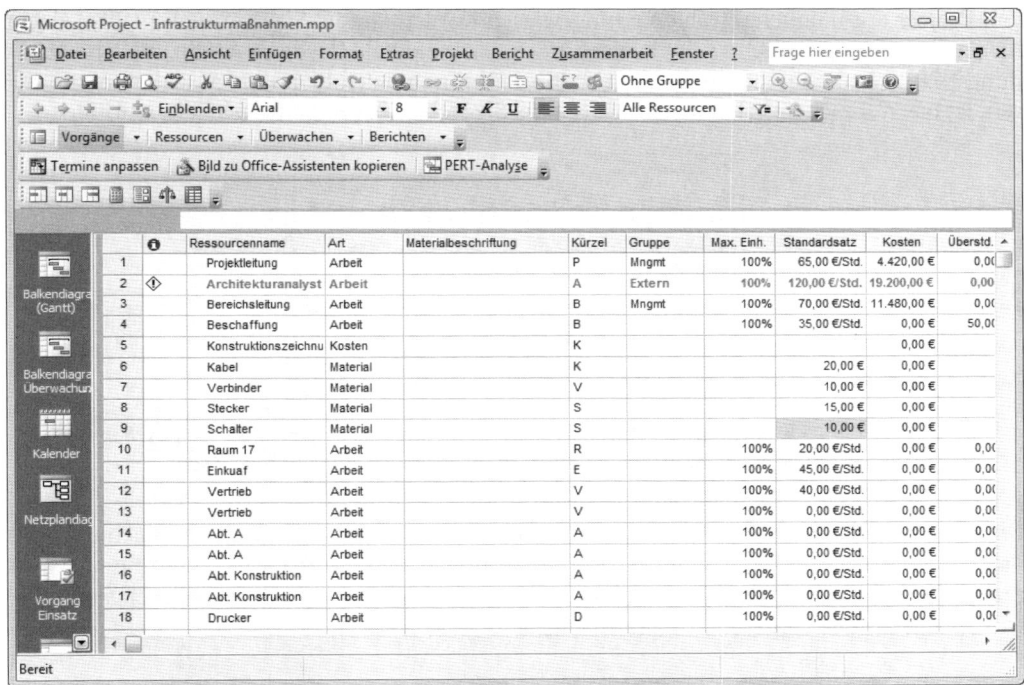

Abbildung 15.8: Benutzen Sie die Ressourcentabelle, um schnell die Preise von Einheiten zu ändern.

Sie können sich aber auch für eine viel aufregendere Vorgehensweise entscheiden: Definieren Sie das Ziel Ihres Projekts neu. Wenn es Ihr Ziel gewesen ist, eine neue Produktlinie herauszubringen, können Sie Ihr Ziel dahin ändern, dass es nur noch um das Entwerfen eines neuen Produkts geht, und verschieben Sie die neue Produktlinie auf einen späteren Zeitpunkt oder zu einem anderen Projektleiter. Wenn man von Ihnen erwartet, 10.000 Teile herzustellen, sollte gefragt werden, ob Ihr Unternehmen auch mit 7.500 Teilen auskommt. Um solche Änderungen vorzunehmen, müssen Sie komplette Phasen Ihres Projekts umbauen – oder ganz von vorne anfangen und ein neues Projekt anlegen.

 Sie sollten die Überlegung in Betracht ziehen, den aktuellen Projektplan unter einem anderen Namen abzuspeichern, um zumindest schon einmal einen Anfang für das neue Projekt zu haben. Löschen Sie den Basisplan (EXTRAS|ÜBERWACHUNG|BASISPLAN LÖSCHEN), nehmen Sie Ihre Modifikationen vor, und speichern Sie einen neuen Basisplan ab.

Und was sagt Project zu alledem?

Ein Warnung zum Abschluss: Wenn Sie bestimmte Schritte wie das Löschen von Vorgängen oder das Ändern von Vorgangsverknüpfungen vornehmen, kann das dazu führen, dass Sie von Project auf mögliche Probleme hingewiesen werden, an die Sie eventuell nicht gedacht haben. Wenn das geschieht, zeigt Project Ihnen das Dialogfeld PLANUNGS-ASSISTENT (siehe Abbildung 15.9). Wenn Sie Änderungen selbst durchführen und den Planungs-Assistenten ignorieren, ist die Wahrscheinlichkeit sehr groß, dass Sie sich selbst in Schwierigkeiten bringen.

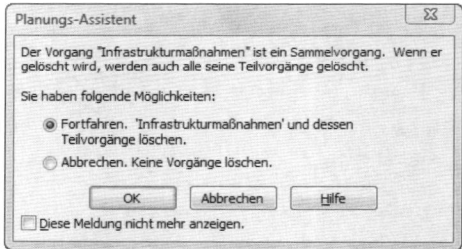

Abbildung 15.9: Hier will der Assistent sicher sein, dass Sie wissen, dass das Löschen eines Sammelvorgangs auch alle dazu gehörenden Teilvorgänge löscht.

Dieses Dialogfeld bietet Ihnen Möglichkeiten an – normalerweise die, weiterzumachen, abzubrechen oder nach dem Durchführen von Änderungen weiterzumachen. Lesen Sie die Warnungen sorgfältig, und denken Sie über die Vor- und Nachteile dessen nach, was geschehen wird, wenn Sie wie vorgesehen weitermachen.

Neuigkeiten verbreiten: Das Berichtswesen

In diesem Kapitel

- Standardberichte erstellen
- Benutzerdefinierte Berichte erzeugen
- Leute mit grafischen Berichten beeindrucken
- Grafiken und Formatierungen in Berichten einsetzen
- Druckereinstellungen vornehmen

*E*s ist so weit. Der Zahltag ist da. Jetzt erhalten Sie endlich die Belohnung für die Eingabe unzähliger Vorgangsnamen, dafür, dass Sie die Stundensätze der Ressourcen eingetippt und während der ersten hektischen Wochen Ihres Projekts an langen Abenden die Aktivitäten von Dutzenden von Vorgängen überwacht haben. Jetzt geht es daran, einen Bericht zu drucken, damit Sie etwas Handfestes in den Händen halten, das Sie bei Meetings austeilen und dazu verwenden können, Ihren Chef zu beeindrucken.

Berichte helfen Ihnen, Wesentliches über Ihr Projekt zu verbreiten. Sie decken Informationen über Ressourcenzuordnungen, die Zusammensetzung von Kosten und aktuelle und zukünftige Aktivitäten ab. Sie können die Vorteile vorhandener Berichte nutzen oder diese Berichte so anpassen, dass sie die Daten enthalten, die für Sie die größte Bedeutung haben. Neu sind in Project 2007 GRAFISCHE BERICHTE, die Gestaltungsmöglichkeiten bieten, mit denen Sie ein Bild Ihrer Projektfortschritte malen können.

Project weiß, dass Sie jemanden beeindrucken wollen, und stellt deshalb nicht nur Formatierungsmöglichkeiten für Berichte bereit, sondern lässt Sie auch Zeichnungen hinzufügen, mit denen Sie bestimmte Punkte hervorheben können.

Von der Stange: Standardberichte

Es gibt bereits eine Reihe von fertigen Standardberichten, die ein breites Auswahlspektrum bieten, was die Informationen angeht, die Sie in ihnen verwenden können. Sie müssen nicht mehr tun, als auf ein paar Schaltflächen zu klicken, um diese Berichte zu erstellen. Sie wählen im Wesentlichen eine Berichtskategorie aus, entscheiden sich für einen bestimmten Bericht und drucken ihn aus. Wenn Ihnen das vorgefertigte Layout eines Berichts nicht gefällt, gibt es eine Vielzahl von Möglichkeiten, Standardberichte zu verändern.

 Sie können in Project auch jede beliebige Ansicht ausdrucken. Zeigen Sie die Ansicht einfach an, und klicken Sie auf die Schaltfläche DRUCKEN. Es wird das gesamte Projekt in der Ansicht gedruckt, die Sie gerade auf dem Monitor haben. Oder Sie wählen DATEI|DRUCKEN. Es erscheint das Dialogfeld DRUCKEN, in dem Sie wählen können, ob Sie ein paar Seiten des Projekts oder nur einen Datumsbereich des Terminplans ausdrucken möchten. Haben Sie auf Ihr Projekt Filter oder Gruppierungen angewendet, dienen diese als Grundlage Ihres Ausdrucks.

Was steht zur Verfügung?

Project kennt fünf Kategorien von Standardberichten: ÜBERSICHT, VORGANGSSTATUS, KOSTEN, RESSOURCEN und ARBEITSAUSLASTUNG. Jede Kategorie enthält verschiedene vorgefertigte Berichte (wie Sie dem Dialogfeld ÜBERSICHTSBERICHTE entnehmen können, das als Abbildung 16.1 dargestellt ist). Insgesamt gibt es 22 verschiedene Standardberichte.

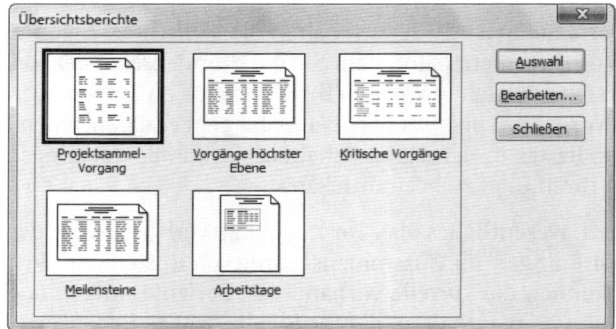

Abbildung 16.1: Sie können in der Kategorie ÜBERSICHT fünf verschiedene Berichte auswählen.

Standardberichte unterscheiden sich im Inhalt, dem Format (zum Beispiel Tabelle oder reine Spaltenansicht) und manchmal der Ausrichtung der Seite (Quer- oder Hochformat). Sie können jeden dieser Berichte bearbeiten, um seinen Namen, den Zeitraum, den er abdeckt, die Tabelle, auf deren Informationen er basiert, und die Filter, die auf ihm angewendet werden, zu ändern. Wenn Sie den Bericht erstellen, können Sie die Informationen sortieren, und Sie können Formatierungen wie Ränder oder Gitternetzlinien hinzufügen.

Auf den Standard setzen

Der Standardbericht ist die personifizierte Einfachheit. Sie können ihn praktisch im Schlaf ausführen.

 Am einfachsten geht es, wenn Sie ein Makro erzeugen, um einen Bericht mit einer einzigen Tastenkombination zu erstellen (mehr über Makros gibt es in Kapitel 17).

Wenn Sie einen Standardbericht erstellen möchten, gehen Sie so vor:

1. **Wählen Sie BERICHT|BERICHTE.**

   Es erscheint das Dialogfeld BERICHTE (siehe Abbildung 16.2). Sie können über dieses Dialogfeld auf alle fünf Berichtskategorien und auf die zusätzliche Kategorie BENUTZERDEFINIERT zugreifen.

   Abbildung 16.2: Wählen Sie hier eine Berichtsart aus.

2. **Klicken Sie auf die Berichtskategorie, aus der Sie einen Bericht erstellen möchten, und klicken Sie auf die Schaltfläche AUSWAHL.**

   Es erscheint ein Dialogfeld, das den Namen der Berichtskategorie trägt, die Sie ausgewählt haben (siehe Abbildung 16.1).

3. **Klicken Sie auf einen der hier angezeigten Standardberichte, und klicken Sie auf die Schaltfläche AUSWAHL.**

   Es erscheint eine Vorschau des Berichts, wie die der noch nicht angefangenen Vorgänge aus Abbildung 16.3.

4. **Klicken Sie auf die Schaltfläche DRUCKEN, um den Bericht auszudrucken.**

   Sie können auch auf SEITE EINRICHTEN klicken, um diese Einstellungen zu ändern, oder die Schaltflächen ZOOM, EINE SEITE und MEHRERE SEITEN benutzen, um die Art der Berichtsvorschau zu ändern.

 Das Klicken auf die Schaltfläche SCHLIESSEN bringt Sie zum Dialogfeld BERICHTE zurück, in dem die Berichtskategorien aufgeführt werden. Dieses Klicken zwingt Sie, wieder ganz von vorne anzufangen.

Wenn Sie auf DRUCKEN klicken, erscheint bei einigen Berichten ein weiteres Dialogfeld, das Sie nach einem Datumsbereich oder nach anderen Angaben fragt, die für diesen Ausdruck des Berichts benötigt werden.

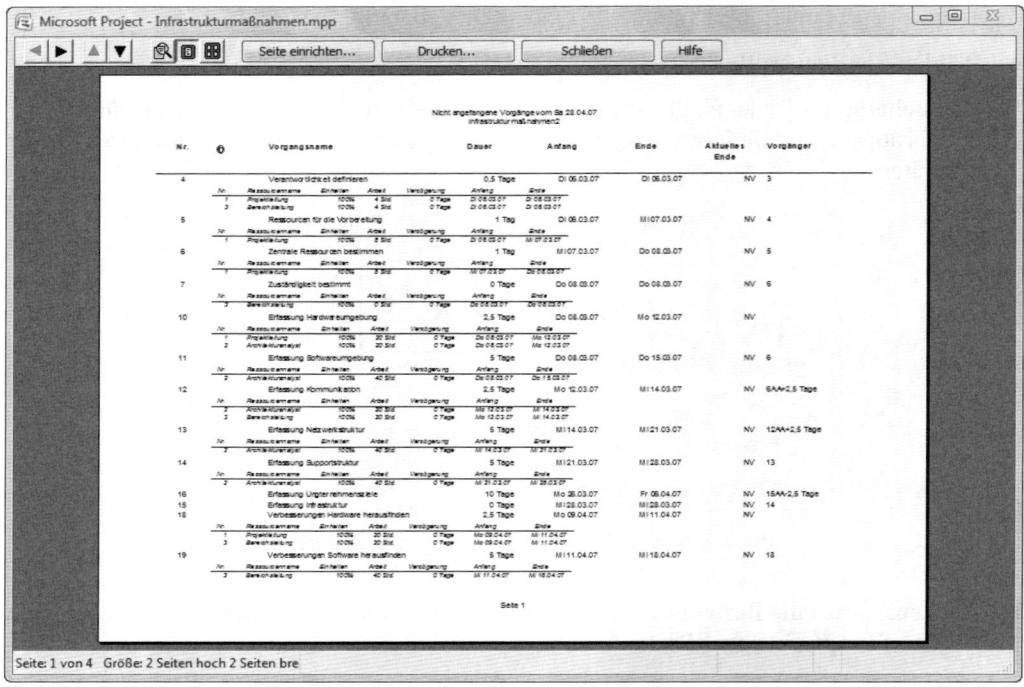

Abbildung 16.3: Sie müssen gegebenenfalls in die Berichtsvorschau klicken, um sie so zu vergrößern, dass Sie Einzelheiten lesen können.

Ein Standardbericht mit Überraschungen

Es gibt Leute, die mit den Nullachtfünfzehn-Standardberichten von Project zufrieden sind. Andere möchten in einen Bericht eigene Vorstellungen einbringen. Das ist auch in Ordnung so, denn obwohl die Standardberichte vorgefertigt sind, können Sie an ihnen herumbasteln.

Sie können drei Kriterien an Standardberichten ändern:

- ✔ **Definition:** Hierzu gehören der Name des Berichts, der Zeitraum, den er umfasst, die Tabelle, aus der er seine Informationen bezieht, jeder Filter, der auf ihn angewendet wird, und ob Sammelvorgänge in ihm erscheinen sollen.

- ✔ **Einzelheiten:** Es können Einzelheiten von Vorgängen (wie zum Beispiel Notizen oder Vorgänger) und von Ressourcenzuordnungen (wie Notizen oder Kosten) angegeben werden. Sie können Endwerte, einen Rand um den Bericht herum oder Gitternetzlinien zwischen den Einzelheiten anzeigen lassen.

- ✔ **Sortieren:** Sie können nach bis zu drei Kriterien aufsteigend oder absteigend sortieren lassen.

Wenn Sie Standardberichte modifizieren, werden Sie auf einige Besonderheiten treffen. Wenn Sie zum Beispiel versuchen, einen Projektsammelvorgangsbericht zu bearbeiten, wird Ihnen nur ein Dialogfeld zum Formatieren von Text zur Verfügung gestellt. Die Mehrheit der Berichte wird über ein individuelles Dialogfeld bearbeitet, wie die folgende Vorgehensweise zeigt.

Wenn Sie einen Standardbericht bearbeiten möchten, gehen Sie so vor:

1. **Wählen Sie BERICHT|BERICHTE.**

    Es erscheint das Dialogfeld BERICHTE.

2. **Klicken Sie auf BENUTZERDEFINIERT und dann auf AUSWAHL.**

3. **Klicken Sie auf einen Bericht und dann auf BEARBEITEN.**

    Je nach der Berichtsart, die Sie ausgewählt haben, erscheint das Dialogfeld RESSOURCE, VORGANG oder KREUZTABELLE. Die Einstellungen sind – mit wenigen Ausnahmen (zum Beispiel welcher Filter angewendet wird) – in allen drei Dialogfeldern identisch. Abbildung 16.4 zeigt das Dialogfeld des Berichts VORGANG.

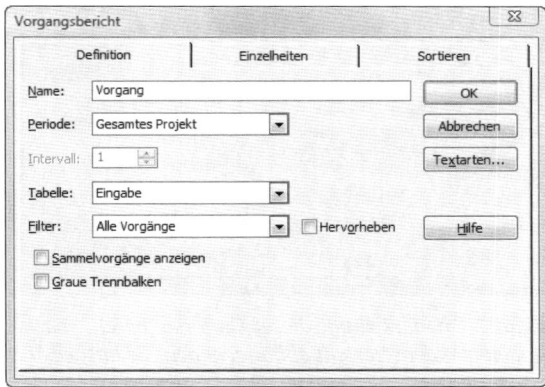

Abbildung 16.4: Sie können auf drei Registerkarten Einstellungen vornehmen.

4. **Wenn die Registerkarte noch nicht angezeigt wird, klicken Sie auf DEFINITION, und nehmen Sie Ihre Einstellungen vor:**

    ✦ *Wenn Sie dem Bericht einen neuen Namen geben möchten, geben Sie diesen im Feld NAME ein.*

    ✦ *Wählen Sie im Listenfeld PERIODE einen Zeitraum aus, den der Bericht abdecken soll.*

    Wenn Sie im Feld PERIODE ein zeitliches Inkrement wie WOCHEN (was besser als GESAMTES PROJEKT ist) ausgewählt haben, können Sie den Zähler von INTERVALL einstellen, der die Anzahl der Inkremente wiedergibt. Sie können zum Beispiel das Intervall auf 3 setzen, um einen Bericht zu erhalten, der die Projektdaten in dreiwöchigen Intervallen anzeigt.

- *Wenn Sie lieber eine andere Tabelle als Informationsbasis hätten, tätigen Sie Ihre Auswahl im Listenfeld* TABELLE.

    Wenn Sie diese Einstellung nicht ändern, wird die Tabelle verwendet, die gerade im Projekt angezeigt wird.

- *Wenn Sie auf die Vorgänge einen Filter anwenden wollen, wählen Sie einen im Listenfeld* FILTER *aus.*

    Um die Vorgänge hervorzuheben, für die der Filter zutrifft, markieren Sie das Kontrollkästchen HERVORHEBEN. Ansonsten werden alle Vorgänge ausgeblendet, auf die der Filter nicht zutrifft.

5. **Klicken Sie auf die Registerkarte** EINZELHEITEN **(siehe Abbildung 16.5), und wählen Sie aus:**

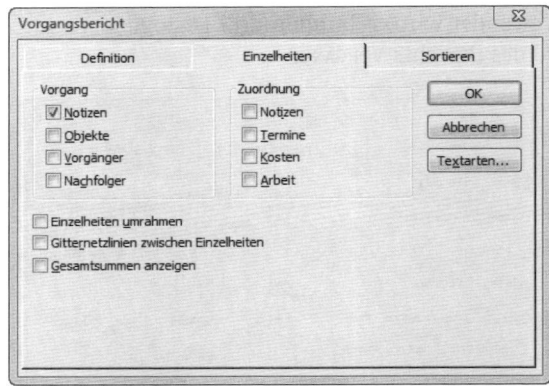

Abbildung 16.5: *Es kann sein, dass einige dieser Optionen bereits markiert sind, weil diese Einstellungen von dem Bericht abhängen, den Sie ausgewählt haben.*

- *Markieren Sie die entsprechenden Kontrollkästchen, um verschiedene Informationen wie Vorgangsnotizen oder Kosten der Zuordnung von Ressourcen in den Bericht einzuschließen.*

- *Wenn Sie diese Elemente umrahmt haben möchten, markieren Sie das Kontrollkästchen* EINZELHEITEN UMRAHMEN.

- *Wenn Sie im Bericht gerne Gitternetzlinien hätten, markieren Sie das Kontrollkästchen* GITTERNETZLINIEN ZWISCHEN EINZELHEITEN.

    Damit erhält Ihr Bericht das Aussehen einer Tabelle.

- *Um Ihrem Bericht die Summen von Kosten oder Stunden hinzuzufügen, markieren Sie* GESAMTSUMMEN ANZEIGEN. *Wenn Sie eine andere Währung als Euro verwenden wollen, können Sie dies unter* EXTRAS|OPTIONEN *auf der Registerkarte* ANSICHT *einstellen.*

6. **Klicken Sie auf die Registerkarte** SORTIEREN, **und tätigen Sie Ihre Auswahl.**

   ◆ *Wählen Sie im Listenfeld* SORTIEREN NACH *ein Sortierkriterium aus, und markieren Sie als Sortierfolge entweder* AUFSTEIGEND *oder* ABSTEIGEND.

   ◆ *Wenn Sie nach weiteren Kriterien sortieren möchten, wiederholen Sie den vorherigen Schritt in den Listenfeldern* ANSCHLIESSEND NACH.

7. **Klicken Sie auf OK, um Ihre Einstellungen zu speichern.**

8. **Klicken Sie im Dialogfeld** BERICHTE **auf die Schaltfläche** VORSCHAU, **um eine Vorschau Ihres Berichts anzuzeigen.**

 Sie finden in Kapitel 15 weitere Einzelheiten zum Sortieren.

Kreuztabellen: Das unbekannte Wesen

Berichte, die mit Kreuztabellen zu tun haben, besitzen leicht abweichende Einstellungen, wenn Sie sie bearbeiten möchten. Abbildung 16.6 zeigt die Registerkarte EINZELHEITEN des Dialogfelds KREUZTABELLENBERICHT. Ein Kreuztabellenbericht stellt tabellarisch ein eindeutiges Datenelement in Beziehung auf die Definition von Spalten und Zeilen dar. Im Wesentlichen ist es die Zelle, die durch den Schnittpunkt von Zeile und Spalte gebildet wird, die den eindeutigen Wert repräsentiert.

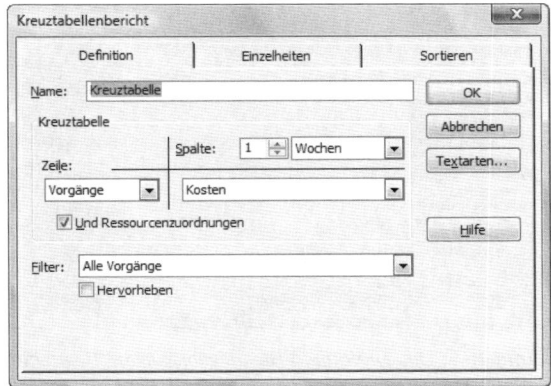

Abbildung 16.6: Hier legen Sie fest, welche Elemente die Kreuztabelle definieren.

Sie haben vielleicht Spalten, die Tage auflisten, und Zeilen, in denen Ressourcen stehen. Das Informationselement, bei dem sich die Spalte und die Zeile überschneiden, enthält die Arbeit einer Ressource an einem bestimmten Tag. Der Bericht zeigt die täglichen Arbeitsstunden aller Ressourcen an.

Wenn Sie eine Kreuztabelle bearbeiten, definieren Sie die Spalte, die Zeile und das Datenstückchen, das verglichen wird. Auf der Registerkarte EINZELHEITEN des Dialogfelds KREUZTABELLENBERICHT können Sie festlegen, ob Spalten- und Zeilensummen angezeigt, Gitternetzlinien hinzugefügt und Nullwerte dargestellt werden sollen.

Maßanfertigung

Die Standardberichte beeindrucken Sie nicht? Oder ist es so, dass keiner dieser Berichte Ihren Ansprüchen entspricht? Das ist in Ordnung. Sie können so viele benutzerdefinierte Berichte erstellen, wie sich Ihr Herz wünscht.

Ein benutzerdefinierter Bericht beginnt mit der Auswahl einer Berichtsart, die VORGANG, RESSOURCE, MONATSKALENDER oder KREUZTABELLE sein kann. Nachdem Sie die grundlegende Kategorie ausgewählt haben, arbeiten Sie mit demselben Dialogfeld BERICHTE, das Sie benutzen, um einen Standardbericht zu bearbeiten.

Wenn Sie einen benutzerdefinierten Bericht erstellen wollen, gehen Sie so vor:

1. **Wählen Sie BERICHT|BERICHTE.**

    Es erscheint das Dialogfeld BERICHTE.

2. **Klicken Sie auf die Kategorie BENUTZERDEFINIERT und dann auf die Schaltfläche AUSWAHL.**

    Es erscheint das Dialogfeld BENUTZERDEFINIERTE BERICHTE (siehe Abbildung 16.7). Sie haben hier zwei Möglichkeiten: Sie bearbeiten einen bestehenden Bericht, oder Sie erstellen einen vollkommen neuen.

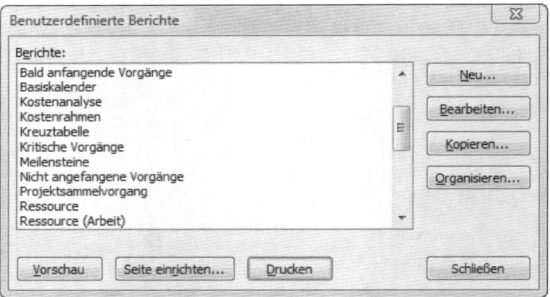

Abbildung 16.7: Das Dialogfeld BENUTZERDEFINIERTE BERICHTE stellt eine Reihe von Basisdaten zur Verfügung.

3. **Suchen Sie sich aus, ob Ihr benutzerdefinierter Bericht auf einem existierenden Bericht aufbauen soll oder ob Sie einen neuen Bericht erstellen möchten, und machen Sie dementsprechend weiter.**

    • *Wenn Sie wollen, dass Ihr benutzerdefinierter Bericht auf einem bestehenden Bericht basiert:* Wählen Sie in der Liste BERICHTE einen Bericht aus, und klicken Sie auf BEARBEITEN.

◆ *Wenn Sie einen neuen Bericht erstellen möchten, der von anderen Berichten losgelöst ist:* Klicken Sie auf Neu. Klicken Sie in dem Dialogfeld, das dann erscheint, auf eine der Kategorien und dann auf OK.

4. **Tätigen Sie im Dialogfeld Berichte die entsprechenden Eingaben, um Ihren neuen Bericht zu definieren, und klicken Sie dann auf OK.**

Die Auswahlmöglichkeiten, die in diesem Dialogfeld zur Verfügung stehen, werden weiter vorne in diesem Kapitel im Abschnitt *Ein Standardbericht mit Überraschungen* beschrieben.

Wenn Sie einen benutzerdefinierten Bericht erstellen, der auf einem bestehenden Bericht aufbaut, achten Sie darauf, dem neuen Bericht einen eindeutigen Namen zu geben.

Daten aus einer neuen Perspektive heraus betrachten: Grafische Berichte

Wenn Sie die Möglichkeiten lieben, die Pivot-Tabellen in Excel und Visio bieten, sind Sie vielleicht glücklich zu erfahren, dass dies jetzt auch in Project 2007 als Grafische Berichte existiert. Pivot-Tabellen erlauben Ihnen, die Daten aus verschiedenen Blickwinkeln zu betrachten, die über die der Standardberichte hinausgehen. Pivot-Tabellen bieten Perspektiven, die ganz besonders für die Datenanalyse nützlich sind.

Die grafischen Berichte erlauben Ihnen, die Felder auszuwählen, die Sie sehen möchten, und Ihre Berichte auf die Schnelle zu ändern.

Einen Überblick über das Machbare erhalten

Project bietet sechs Kategorien grafischer Berichte und die Möglichkeit an, benutzerdefinierte Berichte zu erstellen. Einige von ihnen basieren auf zeitlichen Phasen (das sind Daten, die im Laufe der Zeit zugeteilt werden – wie die Zuordnung von Ressourcenzeit oder Ressourcenkosten), andere wiederum haben damit nichts zu tun. Zu diesen Berichtskategorien gehören:

✔ **Vorgang Einsatz:** Diese Berichtskategorie basiert auf den terminabhängigen Daten von Vorgängen und liefert einen Blick auf Informationen wie Finanzfluss und Ertragswert.

✔ **Ressource Einsatz:** Diese Berichte, die auf zeitphasenbezogenen Daten basieren, enthalten Informationen über den Finanzfluss, die Verfügbarkeit von Ressourcen, die Kosten von Ressourcen und die Arbeitsleistung von Ressourcen.

✔ **Zuordnungseinsatz:** Diese Kategorie von Berichten, die ebenfalls auf zeitphasenbezogenen Daten basieren, sorgt für vergleichende Informationen wie Basisplan und aktuelle Kosten oder Basisplan und aktuelle Arbeit.

✔ **Vorgangszusammenfassung, Ressourcenzusammenfassung und Zuordnungszusammenfassung:** Diese drei Kategorien von Berichten sorgen für eine Darstellung von Arbeits- und Kostendaten als Diagramm. Diese drei Kategorien arbeiten nicht mit zeitphasenbezogenen Daten.

Einen grafischen Bericht erstellen

Auch das Erstellen eines grafischen Berichts ist so einfach wie nichts. Sie wählen nur einen Bericht aus, legen fest, ob er in Excel oder in Visio erstellt werden soll, und zeigen den Bericht an oder drucken ihn aus.

Bevor Sie aber einen grafischen Bericht erstellen, müssen Sie ein paar Dinge wissen. Erstens müssen Sie .NET Framework 2.0 von Microsoft (gibt es als kostenloses Download) vor Project installiert haben, um überhaupt einen grafischen Bericht erstellen zu können. Zweitens müssen Sie die .NET-Programmierunterstützung hinzufügen, wenn Sie Excel oder Visio in Versionen einsetzen, die vor 2007 liegen. Besuchen Sie die Microsoft-Project-Seite unter www.office.microsoft.com/de-de/project, um weitere Informationen über diese beiden Produkte zu erhalten.

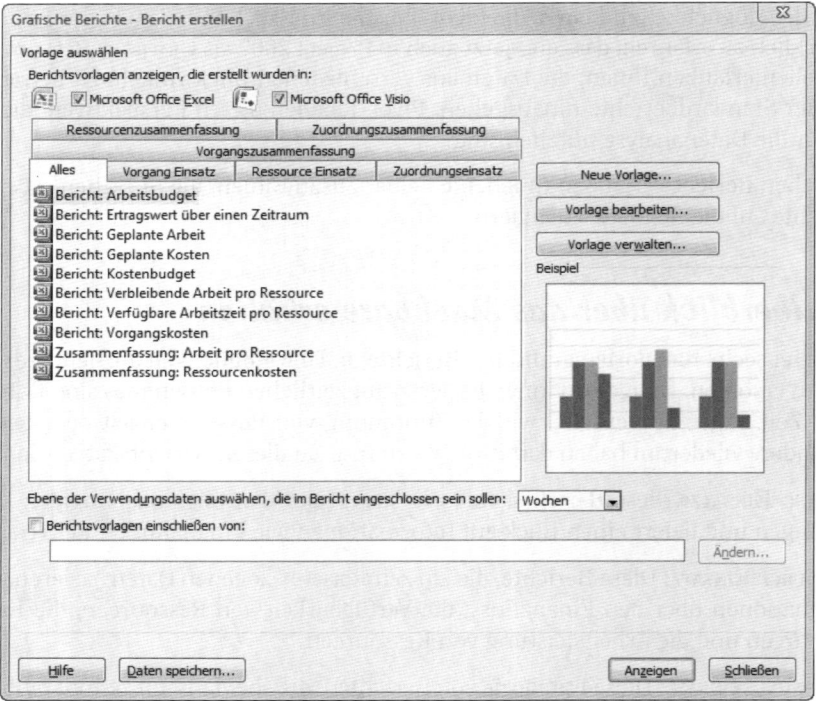

Abbildung 16.8: Das Dialogfeld Grafische Berichte *bietet verschiedene Berichtskategorien an.*

 Wenn Sie einen grafischen Bericht anpassen möchten, benötigen Sie Kenntnisse über Pivot-Tabellen von Excel oder Visio. Da das Behandeln von Pivot-Tabellen den Rahmen dieses Buches übersteigt, verweise ich auf *Excel 2007 für Dummies* von Greg Harvey, das ebenfalls bei Wiley-VCH erschienen ist.

Gehen Sie folgendermaßen vor, um einen standardmäßigen grafischen Bericht zu erstellen:

1. **Wählen Sie BERICHT|GRAFISCHE BERICHTE.**

    Es erscheint das Dialogfeld GRAFISCHE BERICHTE (siehe Abbildung 16.8).

2. **Benutzen Sie in der Sektion BERICHTSVORLAGEN ANZEIGEN, DIE ERSTELLT WURDEN IN die Kontrollkästchen, um anzugeben, ob der Bericht in Excel oder in Visio angezeigt werden soll.**

3. **Klicken Sie auf einen Bericht, um ihn auszuwählen.**

4. **Klicken Sie auf die Schaltfläche ANZEIGEN.**

    Der Bericht wird in der ausgewählten Anwendung erstellt (siehe Abbildung 16.9).

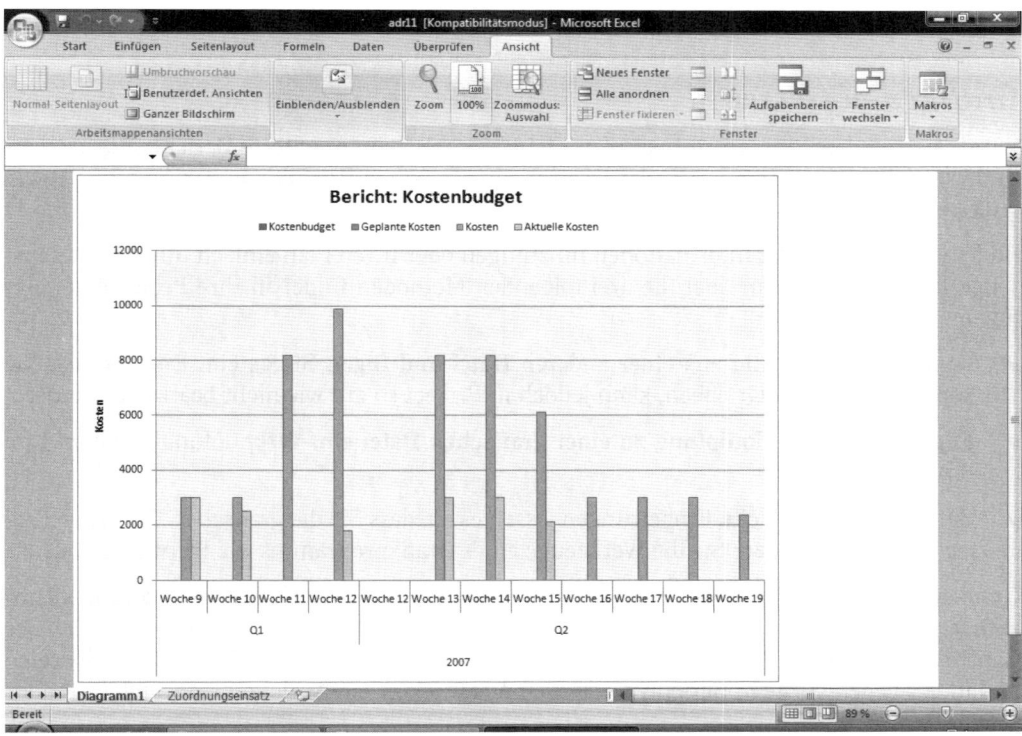

Abbildung 16.9: Ein grafischer Bericht über die Kosten des Projekts

 Sie können die Vorlagen der grafischen Berichte ändern oder eigene Vorlagen erstellen, indem Sie im Dialogfeld GRAFISCHE BERICHTE auf die Schaltflächen NEUE VORLAGE und VORLAGEN BEARBEITEN klicken. Wenn Sie eine Vorlage bearbeiten, können Sie Felder hinzufügen oder entfernen. Zum Erstellen einer neuen Vorlage gehört das Festlegen ihres Formats (Excel oder Visio) und das Auswählen der Daten, über die Sie berichten wollen, und der entsprechenden Felder.

Die Dinge aufpeppen

Heutzutage sind Bilder alles. Und Sie und Ihr Projekt werden bis zu einem gewissen Grad danach beurteilt, wie professionell Ihre gedruckten Informationen aussehen. Selbst wenn Ihr Projekt das Budget um eine Million Euro überschreitet und der geplanten Zeit vier Monate hinterherhinkt, erleichtern gut gemachte Berichte oder andere Ausdrucke das Überbringen schlechter Nachrichten ungemein.

Wenn Sie beeindruckende Dokumente erstellen möchten, sollten Sie das kleine Einmaleins des Formatierens und den Umgang mit grafischen Berichten beherrschen.

Grafiken einsetzen

Würde sich das Logo Ihres Unternehmens nicht fantastisch im Kopf Ihres Berichts ausmachen? Und wie sieht es mit einem Foto der Verpackung des neuen Produkts in der Ansicht BALKEN-DIAGRAMM (GANTT) Ihres Projekts Neue Produktlinie aus?

Bilder können grafische Informationen hinzufügen oder Ihren Plan einfach nur schöner aussehen lassen. Sie können über die drei folgenden Methoden Bilder in Ihre Projektdatei einfügen:

✔ **Kopieren Sie ein Bild aus einer anderen Datei und fügen Sie es ein.** Ein Bild, das Sie kopiert und eingefügt haben, kann jedoch in Project so gut wie nicht bearbeitet werden.

✔ **Fügen Sie eine Verknüpfung zu einer grafischen Datei ein.** Verknüpfungen halten Ihre Projektdatei klein.

✔ **Betten Sie ein Bild ein.** Einbettungen lassen es zu, dass Sie die grafischen Inhalte in Project bearbeiten, indem Sie die Werkzeuge eines Grafikprogramms wie Paint verwenden.

Grafiken können nicht immer da eingefügt werden, wo es Ihnen am besten gefällt. Das Hinzufügen von Abbildungen funktioniert nur an bestimmten Stellen: im Diagrammbereich der Gantt-Diagramme, in Vorgangsnotizen, in Ressourcennotizen und im Kopf- und Fußbereich und in der Legende, die in Berichten oder den Ausdrucken von Ansichten verwendet werden.

So können Sie zum Beispiel im Notizfeld von Ressourcen Bilder Ihrer Ressourcen unterbringen, um sich daran zu erinnern, wer wer ist. Oder Sie fügen in Ihren Bericht ein Foto des Gebäudes der Firmenzentrale ein.

16 ➤ Neuigkeiten verbreiten: Das Berichtswesen

 Denken Sie daran, dass Abbildungen die Größe Ihrer Datei anschwellen lassen wie einen Schwamm, der in einen Eimer mit Wasser fällt. Wenn Sie darüber nachdenken, viele Abbildung zu benutzen, sollten Sie darauf achten, dass diese nicht von den wichtigen Informationen Ihrer Ausdrucke ablenken. Überlegen Sie sich weiterhin, ob es nicht besser ist, die Abbildungen nur mit der Datei zu verknüpfen, anstatt sie dort einzubetten.

Wenn Sie eine Abbildung mit Verknüpfung und Einbettung in Ihr Gantt-Diagramm einfügen möchten, gehen Sie so vor:

1. **Zeigen Sie die Ansicht Balkendiagramm (Gantt) an.**
2. **Wählen Sie Einfügen|Objekt.**

   Es erscheint das als Abbildung 16.10 dargestellte Dialogfeld Objekt einfügen.

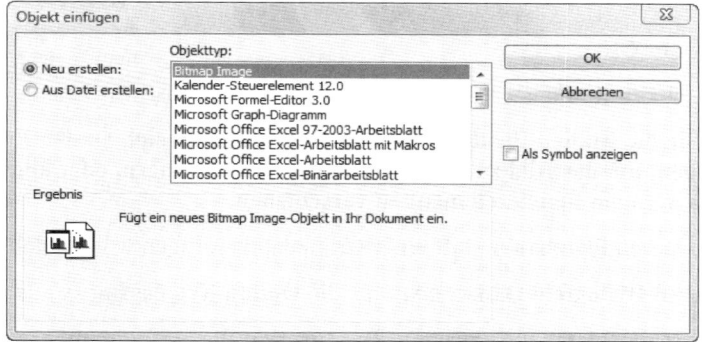

Abbildung 16.10: Sie können über dieses Dialogfeld ein breites Spektrum von Objekten einfügen.

Wenn Sie eine vorhandene Abbildung einfügen möchten, machen Sie Folgendes:

1. **Wählen Sie im Dialogfeld Objekt einfügen die Option Aus Datei erstellen.**

   Die Auswahlmöglichkeiten des Dialogfelds ändern sich, wie Abbildung 16.11 zeigt.

2. **Geben Sie den Namen der Datei in das Feld Datei ein, oder klicken Sie auf Durchsuchen, um die Datei zu suchen.**

3. **Um die Datei zu verknüpfen, markieren Sie das Kontrollkästchen Verknüpfung, und klicken Sie auf OK.**

   Wenn Sie diese Option nicht markieren, wird das Objekt in ihre Datei eingebettet.

4. **Wenn Sie das Objekt als Symbol einfügen möchten, markieren Sie Als Symbol anzeigen.**

 Wenn Sie das Objekt als Symbol anzeigen, können diejenigen, die sich Ihr Projekt auf dem Computer anschauen, das Symbol anklicken, um das Bild zu sehen.

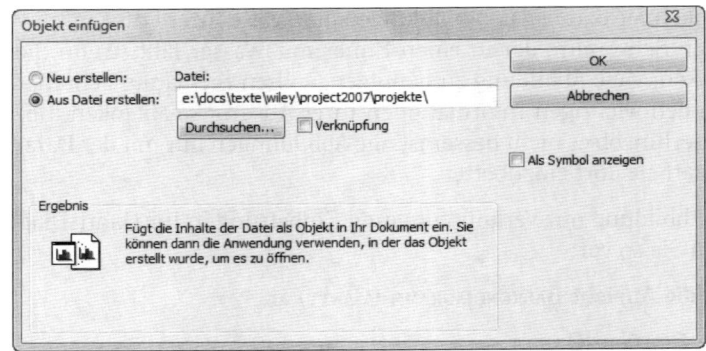

Abbildung 16.11: Klicken Sie auf DURCHSUCHEN, um die Datei im Netzwerk oder auf Ihrer Festplatte ausfindig zu machen.

5. **Klicken Sie auf OK.**

   Das Bild erscheint im Fensterelement des Gantt-Diagramms.

6. **Benutzen Sie die Knoten für die Größenveränderung, die sich an den Ecken der Abbildung befinden, um das Bild zu vergrößern oder zu verkleinern, oder klicken Sie auf das Bild, um es auf dem Fensterelement zu verschieben.**

Wenn Sie einen leeren Platzhalter statt einer Grafikdatei einfügen wollen, geht das so:

1. **Wählen Sie im Dialogfeld OBJEKT EINFÜGEN die Option NEU ERSTELLEN aus.**

2. **Wählen Sie in der Liste OBJEKTTYP den Typ aus, den Sie einfügen möchten.**

   Sie können sich zum Beispiel für BITMAP IMAGE oder PAINTBRUSH PICTURE entscheiden.

3. **Wenn Sie ein Objekt als Symbol einfügen möchten, wählen Sie ALS SYMBOL ANZEIGEN.**

   Wenn Sie das Objekt als Symbol anzeigen, können diejenigen, die sich Ihr Projekt auf dem Computer anschauen, das Symbol anklicken, um das Bild zu sehen.

4. **Klicken Sie auf OK.**

   Sie erhalten eine leere Objektbox und Werkzeuge wie die von Paint (siehe Abbildung 16.12).

5. **Verwenden Sie die Werkzeuge des Programms, dessen Objekt Sie eingefügt haben, um ein neues grafisches Objekt anzulegen, zu zeichnen, einzufügen oder zu formatieren.**

   Wenn Sie dieses Fenster schließen, gelangen Sie wieder zurück zu Ihrer Projektdatei. Sie können die Umgebung zum Bearbeiten des Objekts jederzeit durch einen Doppelklick auf das Objekt öffnen.

 Wenn Sie eine Abbildung in ein Notizfeld einfügen wollen, öffnen Sie das Dialogfeld INFORMATIONEN ZUM VORGANG oder INFORMATIONEN ZUR RESSOURCE, wo Sie auf das Symbol OBJEKT EINFÜGEN klicken. Es erscheint das Dialogfeld OBJEKT EINFÜGEN. Jetzt gehen Sie so vor, wie es in den letzten Punkten beschrieben wird. Ein ähnliches Werkzeug

gibt es im Dialogfeld SEITE EINRICHTEN, wo Sie die Registerkarten KOPFZEILE, FUSSZEILE oder LEGENDE verwenden können, um Objekte einzufügen.

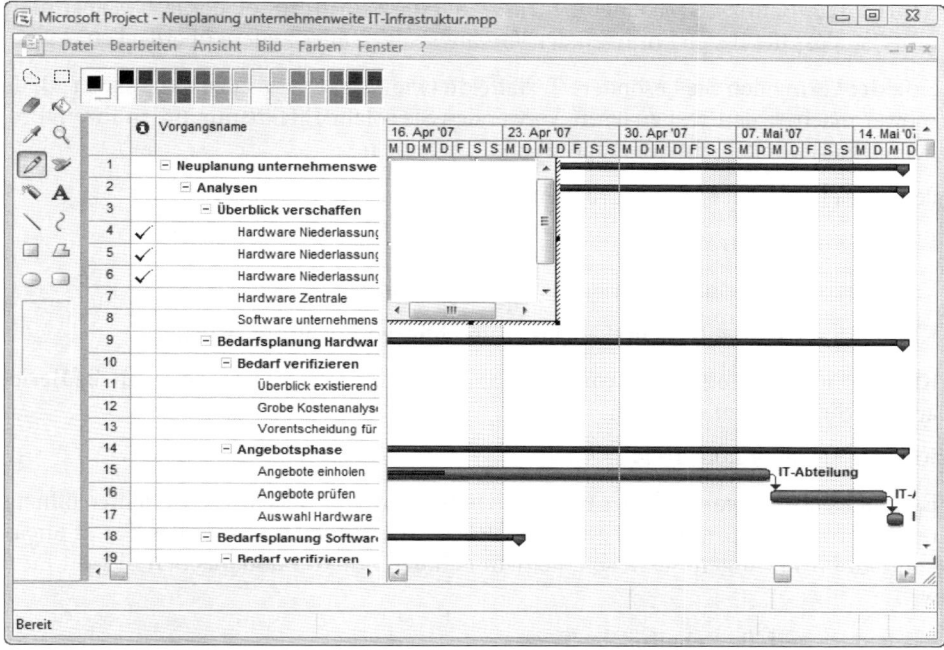

Abbildung 16.12: Fügen Sie eine Abbildung hinzu.

Berichte formatieren

Sie haben sich Ihre Formatierungshörner höchstwahrscheinlich schon beim Formatieren von Text in Ihrer Textverarbeitung abgestoßen, wodurch das Formatieren von Berichten für Sie zum Kinderspiel wird. Wenn Sie in Project einen Bericht formatieren möchten, stehen Ihnen all die üblichen Formatierungsmöglichkeiten zur Verfügung.

Wenn Sie einen Text formatieren, sollte Ihr Ziel – wie bei jedem geschäftlichen Dokument – die Lesbarkeit sein. Denken Sie daran, dass Sie es nicht nur mit Datenspalten zu tun haben, sondern dass sich im Diagrammfenster neben die Vorgangsbalken Bezeichnungen von Daten oder Namen von Ressourcen quetschen. Wenn Sie in Project Text formatieren, sollten Sie immer an diese Punkte denken:

✔ **Schriftart:** Entscheiden Sie sich für eine einfache, serifenlose Schriftart wie Arial.

   Wenn Sie Ihr Projekt im Web veröffentlichen, sollten Sie darüber nachdenken, *Verdana* zu benutzen, weil dies eine Schriftart ist, die extra für eine bessere Online-Lesbarkeit entwickelt worden ist.

- ✔ **Farbe:** Soll farbig oder schwarz-weiß gedruckt werden? Könnte der Einsatz zu vieler Farben den Leser verwirren? Sind einige Farben, wie Gelb, eventuell schlecht zu lesen?
- ✔ **Schriftgrad:** Benutzen Sie einen Schriftgrad (eine Schriftgröße), der lesbar, aber nicht so groß ist, dass die Bezeichnungen der Vorgangsbalken alles andere überdecken.
- ✔ **Effekte:** Vermeiden Sie besondere Texteffekte (wie FETT, KURSIV oder UNTERSTRICHEN), die es schwer machen, den Text zu lesen. Verwenden Sie solche Effekte nur, um in Ihrem Projekt die Aufmerksamkeit auf besondere Punkte zu lenken.

Um den Text eines Berichts zu bearbeiten, gehen Sie so vor:

1. **Wählen Sie BERICHT|BERICHTE.**

   Es erscheint das Dialogfeld BERICHTE.

2. **Klicken Sie auf eine Berichtskategorie, und klicken Sie auf AUSWAHL.**

3. **Klicken Sie im Dialogfeld der von Ihnen ausgewählten Berichtskategorie auf die Berichtsart, die Sie erstellen möchten.**

4. **Klicken Sie auf BEARBEITEN.**

   Es öffnet sich das Dialogfeld des entsprechenden Berichts. Bei einigen Berichten öffnet sich nur ein Dialogfeld, in dem Sie ausschließlich stilistische Merkmale des Textes anpassen können. Überspringen Sie in solch einem Fall den Punkt 5 und machen Sie mit Punkt 6 weiter.

5. **Klicken Sie auf die Schaltfläche TEXTARTEN.**

   Es erscheint das Dialogfeld TEXTARTEN (siehe Abbildung 16.13).

Abbildung 16.13: Dieses Dialogfeld enthält viele bekannte Einstellmöglichkeiten für Text.

6. **Wählen Sie im Listenfeld ZU ÄNDERNDER EINTRAG das Element aus, das Sie formatieren wollen.**

7. Stellen Sie SCHRIFTART, SCHRIFTSCHRITT, SCHRIFTGRAD und/oder FARBE ein.

8. Wenn Sie ein weiteres Element formatieren möchten, wählen Sie es im Listenfeld ZU ÄNDERNDER EINTRAG aus, und wiederholen Sie Punkt 7.

9. Wenn Sie fertig sind, klicken Sie auf OK.

10. Wenn Sie Ihren Bericht in der Vorschau ansehen wollen, klicken Sie auf AUSWAHL.

Hallo Drucker!

Die Aussagekraft eines Berichts liegt in seinem Ausdruck, aber bevor Sie auf die Schaltfläche DRUCKEN klicken, sollten Sie einige Einstellungen vornehmen. Bei Project geht es dabei nicht nur um Seitenränder und Papierausrichtung (die Sie natürlich auch einstellen müssen) und um das Unterbringen nützlicher Informationen in Kopf- und Fußzeilen, sondern auch um Einstellungen an der Legende, die es dem Leser erleichtern, die vielen Balken, Rauten und anderen grafischen Elemente vieler Ansichten und Berichte von Project zu verstehen.

Mit der Seiteneinrichtung arbeiten

Das Dialogfeld SEITE EINRICHTEN kann dazu benutzt werden, den Ausdruck von Berichten und gerade angezeigter Ansichten zu steuern. Sie haben mehrere Möglichkeiten, auf dieses Dialogfeld zuzugreifen:

✔ **Um Einstellungen für den Ausdruck der aktuellen Ansicht vorzunehmen:** Wählen Sie DATEI|SEITE EINRICHTEN.

✔ **Um die Seiteneinrichtung eines Berichts zu ändern:** Wählen Sie in der Vorschau des Berichts SEITE EINRICHTEN. Wählen Sie zu diesem Zweck BERICHT|BERICHTE, klicken Sie auf eine Berichtskategorie und dann auf den Bericht, für den Sie sich entschieden haben. Wenn Sie auf AUSWAHL klicken, um einen bestimmten Bericht zu erstellen, erscheint die Berichtsvorschau. Klicken Sie dort auf die Schaltfläche SEITE EINRICHTEN.

Es erscheint das Dialogfeld SEITE EINRICHTEN (siehe Abbildung 16.14), das sechs Registerkarten hat. Je nach dem Bericht, für den Sie sich entschieden haben, sind eventuell nicht alle Registerkarten aktiv. So können Sie zum Beispiel bei Berichten, die keine grafischen Elemente wie Vorgangsbalken enthalten, auch keine Legende einrichten. Auf die Registerkarte ANSICHT haben Sie nur Zugriff, wenn Sie die aktuell aktive Ansicht ausdrucken.

Wenn Größe wichtig ist

Die Registerkarte SEITE enthält einige grundlegende Einstellungen, die die Ausrichtung des Papiers, die Papiergröße und die Art festlegen, wie die Inhalte skaliert werden, damit sie auf die Seite passen. Mit diesen Einstellungen definieren Sie, wie viel auf jede Seite geht und wie viele Seiten Ihr Dokument umfassen wird.

Abbildung 16.14: Sie können festlegen, wie Ihr Dokument aufbereitet und gedruckt wird.

Sie können auf dieser Registerkarte (siehe Abbildung 16.14) folgende Auswahl treffen:

- ✔ **ORIENTIERUNG HOCHFORMAT oder QUERFORMAT:** Mit Einstellungen dieser Art haben Sie zweifellos schon zu tun gehabt. Die Orientierung (auch Ausrichtung genannt) HOCHFORMAT ähnelt der der Mona Lisa, weil sich die kurze Kante des Papiers oben an der Seite befindet. Mit dem QUERFORMAT haben Sie es zu tun, wenn sich die lange Kante des Papiers oben befindet.

- ✔ **SKALIERUNG:** Sie können die Optionen VERKLEINERN/VERGRÖSSERN und ANPASSEN benutzen. VERKLEINERN/VERGRÖSSERN basiert auf einem Prozentsatz der originalen Größe. ANPASSEN gibt Ihnen ein wenig Kontrolle darüber, ob die Skalierung so ist, dass der Ausdruck auf eine Seite breit oder eine Seite hoch passt.

- ✔ **SONSTIGES:** Dieser Bereich dient als Auffangbecken für zwei Optionen: PAPIERFORMAT und ERSTE SEITENZAHL. Sie finden im Listenfeld PAPIERFORMAT alle Standardpapierformate (einschließlich Notizen und Umschläge). Sie können das Feld ERSTE SEITENZAHL auf AUTO belassen (was bedeutet, dass die erste Seite mit 1, die zweite mit 2 und so weiter nummeriert wird), oder Sie geben eine individuelle Seitenzahl ein, mit der Ihre Nummerierung dann startet.

Nichts fällt aus dem Rahmen

Ich möchte Sie nicht mit der Definition dessen langweilen, was ein Rahmen oder ein Rand ist. Ich möchte Sie nur daran erinnern, dass Rahmen aus zwei Gründen eingesetzt werden: Sie kontrollieren, wie viele Informationen auf eine Seite passen, und sie bilden eine Grenze, die Ihr Dokument umrandet (was es sauberer aussehen lässt und leichter lesbar macht).

Wenn Sie über das Dialogfeld SEITE EINRICHTEN Ränder festlegen möchten, gehen Sie so vor:

1. **Klicken Sie auf die in Abbildung 16.15 dargestellte Registerkarte RÄNDER.**

   Während Sie die Ränder anpassen, zeigt Ihnen das Vorschaufenster, wo diese auf dem Papier auftauchen.

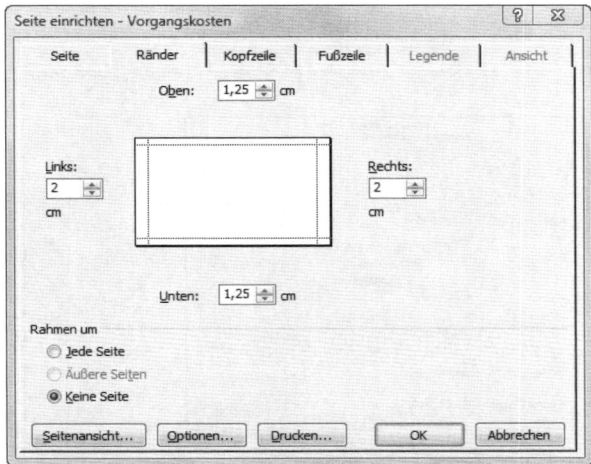

Abbildung 16.15: Hier richten Sie Ränder ein.

2. **Benutzen Sie die kleinen Pfeile, um die Ränder OBEN, LINKS, RECHTS und UNTEN individuell festzulegen.**

   Klicken Sie auf den Pfeil nach oben, um den Rand breiter, und auf den Pfeil nach unten, um ihn schmaler zu machen.

3. **Wenn Sie einen Rahmen statt einzelner Ränder haben möchten, wählen Sie die Option RAHMEN UM.**

   Hier können Sie bestimmen, ob ein Rahmen um JEDE SEITE, nur um die ÄUSSERE SEITEN (druckt einen Rahmen um die erste und die letzte Seite und ist nur für einen Ausdruck der Ansicht NETZPLANDIAGRAMM verfügbar) oder KEINE SEITE gedruckt wird.

 Wenn Sie die Ränder zu schmal machen, kann das zu Problemen mit Ihrem Drucker führen, weil dieser in der Regel nicht sehr nah an den Kanten der Seite drucken kann.

Die richtigen Dinge in Kopf- und Fußzeilen unterbringen

Sie werden während der Lebensdauer eines Projekts viele Versionen Ihres Projekts, viele Berichte und die unterschiedlichsten Informationen aus Tabellen drucken. Kopfzeilen und Fußzeilen sind eine großartige Sache, um Ihnen und den Lesern zu helfen, all diese Informationen verarbeiten zu können.

Sie können die Registerkarten KOPFZEILE (siehe Abbildung 16.16) und FUSSZEILE des Dialogfelds SEITE EINRICHTEN benutzen, um Inhalte für den Kopfbereich (oben) und den Fußbereich (unten) einer Seite festzulegen.

Abbildung 16.16: Die Registerkarten KOPFZEILE und FUSSZEILE sind identisch.

Sie können diesen Bereich des Dialogfelds SEITE EINRICHTEN auch dadurch erreichen, dass Sie ANSICHT|KOPF- UND FUSSZEILE wählen.

Sie können auf diesen Registerkarten folgende Einstellungen vornehmen:

✔ **Ausrichtung des Textes:** Legen Sie fest, ob der Text, den Sie eingeben, LINKS, ZENTRIERT oder RECHTS in der Kopf- bzw. Fußzeile erscheinen soll, indem Sie auf die entsprechende Registerkarte klicken und den Text schreiben.

✔ **Text formatieren:** Benutzen Sie die Schaltflächen. Fügen Sie auf die Schnelle Dinge wie die Seitenzahl, das Datum oder ein Bild ein.

✔ **Standardtext auswählen:** Fügen Sie zusätzlichen Text hinzu, indem Sie die Listenfelder ALLGEMEIN und PROJEKTFELDER benutzen. Im Listenfeld ALLGEMEIN finden Sie Dinge wie zum Beispiel GESAMTSEITENZAHL, PROJEKTNAME und FIRMENNAME. Das Listenfeld PROJEKTFELDER enthält alle Felder, die es in Project gibt. Sie könnten diese Auswahl benutzen, um den Leser auf Schlüsselfelder, die überprüft werden sollten, oder auf die Art des Ausdrucks hinzuweisen. Wenn Sie Elemente der Felder ALLGEMEIN und PROJEKTFELDER hinzufügen möchten, markieren Sie diese in dem entsprechenden Listenfeld, und klicken Sie auf HINZUFÜGEN, um sie zu den Registerkarten LINKS, ZENTRIERT oder RECHTS hinzuzufügen.

Mit einer Legende arbeiten

Eine *Legende* fungiert als Führer durch die Bedeutungen der verschiedenen grafischen Elemente (siehe Abbildung 16.17). Die Registerkarte LEGENDE weist eine frappierende Ähnlichkeit mit den Registerkarten KOPFZEILE und FUSSZEILE auf, wobei der Unterschied generell darin besteht, dass die Legende automatisch erstellt wird. Alles, was Sie hier festlegen können, ist der Text, der in der Box links von der Legende stehen soll.

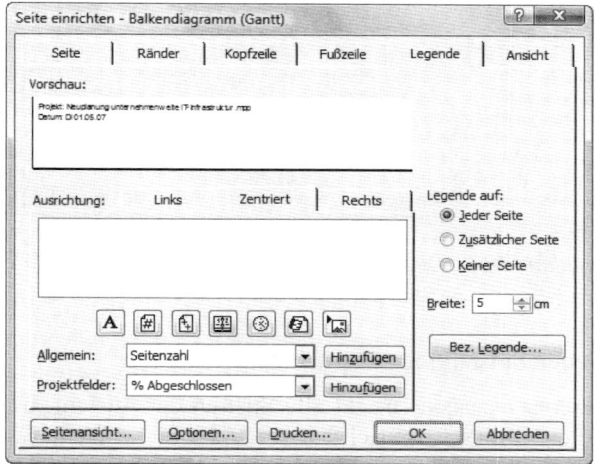

*Abbildung 16.17: Die Legende wird automatisch gedruckt.
Sie können aber Informationen in die Box links von der Legende einfügen.*

Die Registerkarte LEGENDE des Dialogfelds SEITE EINRICHTEN hat zwei Einstellungen, die sich von denen der Registerkarten KOPFZEILE und FUSSZEILE unterscheiden:

✔ Sie können die Legende auf jeder Seite oder auf einer zusätzlichen »Legendenseite« drucken oder ganz auf Ausdruck der Legende verzichten.

✔ Sie können die Breite des Textbereichs der Legende (das ist der Bereich, in dem Sie Elemente wie die Seitenzahl oder das Datum einfügen können) vorgeben.

 Im Gegensatz zu den Kopf- und Fußzeilen, bei denen Sie etwas eingeben müssen, damit es irgendwo erscheint, wird eine Legende standardmäßig ausgedruckt. Wenn Sie das nicht möchten, gehen Sie zu dieser Registerkarte, und markieren Sie unter LEGENDE AUF die Option KEINER SEITE.

Was soll gedruckt werden?

Wenn Sie die gerade angezeigte Ansicht drucken möchten, steht auch die Registerkarte ANSICHT des Dialogfelds SEITE EINRICHTEN zur Verfügung (siehe Abbildung 16.18).

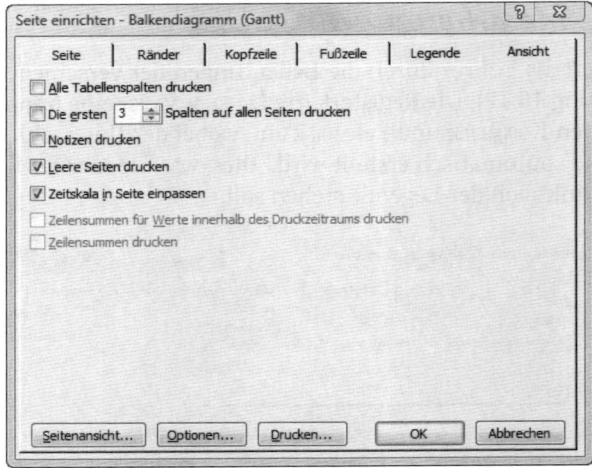

Abbildung 16.18: Diese Registerkarte steht nicht zur Verfügung, wenn Sie einen Bericht drucken.

Sie können hier folgende Einstellungen vornehmen:

✔ **ALLE TABELLENSPALTEN DRUCKEN:** Druckt alle Spalten der Ansicht, und zwar unabhängig davon, ob sie auf dem Bildschirm sichtbar sind oder nicht. Wenn Sie diese Option nicht markieren, werden nur die Spalten gedruckt, die in der Ansicht sichtbar sind.

✔ **DIE ERSTEN X SPALTEN AUF ALLEN SEITEN DRUCKEN:** Gibt Ihnen die Möglichkeit, den Ausdruck einer bestimmten Spaltenzahl zu steuern.

✔ **NOTIZEN DRUCKEN:** Druckt alle Vorgangs-, Ressourcen- und Zuordnungsnotizen. Diese Elemente werden auf zusätzlichen Notizseiten gedruckt.

✔ **LEERE SEITEN DRUCKEN:** Aktivieren Sie diese Einstellung, wenn Sie leere Seiten drucken möchten. Setzen Sie diese Einstellung ein, wenn Sie zum Beispiel einen Zeitraum Ihres Projekts darstellen wollen, an dem kein Vorgang abläuft. Wenn Sie die Anzahl der Seiten Ihres Ausdrucks klein halten möchten, aktivieren Sie diese Einstellung nicht.

✔ **ZEITSKALA IN SEITE EINPASSEN:** Skaliert die Zeitskala so, dass Sie mehr Ihres Projekts auf einer Seite unterbringen.

✔ **ZEILENSUMMEN FÜR WERTE INNERHALB DES DRUCKZEITRAUMS DRUCKEN:** Fügt eine Spalte hinzu, die Zeilensummen für den Zeitraum enthält, über den der Ausdruck geht. Gehört zu Ausdrucken, die Ansichten betreffen, die irgendwie mit »Einsatz« zu tun haben.

✔ **ZEILENSUMMEN DRUCKEN:** Fügt eine Spalte hinzu, die Zeilensummen enthält. Gehört zu Ausdrucken, die Ansichten betreffen, die irgendwie mit »Einsatz« zu tun haben.

Eine Vorschau erhalten

Zugegeben, die Vorschau eines Ausdrucks einer Software ist längst nicht so interessant wie die Vorschau eines Films, aber dennoch hilft sie Ihnen, alles richtig zu machen, bevor Sie Ihr Projekt ausdrucken. Sie können von vielen Stellen in Project aus auf die *Seitenansicht* (wie die Vorschau offiziell heißt) zugreifen:

- ✓ Wählen Sie DATEI|SEITENANSICHT (um eine Vorschau der aktuellen Ansicht zu erhalten).
- ✓ Klicken Sie in der Standardsymbolleiste auf die Schaltfläche SEITENANSICHT.
- ✓ Klicken Sie in einer beliebigen Registerkarte des Dialogfelds SEITE EINRICHTEN auf die Schaltfläche SEITENANSICHT.
- ✓ Erstellen Sie eine Druckvorschau, wenn Sie einen bestimmten Bericht auswählen, um ihn zu drucken.

Mit den Schaltflächen der Seitenansicht können Sie folgende Dinge veranstalten:

- ✓ Bewegen Sie sich durch die Seiten des Berichts, indem Sie in der Symbolleiste die Pfeile SEITE LINKS, SEITE RECHTS, VORHERIGE SEITE und NÄCHSTE SEITE und die vertikalen und horizontalen Rollbalken benutzen.
- ✓ Schauen Sie sich mehr Einzelheiten an, indem Sie auf die Schaltfläche ZOOM und dann in den Bericht klicken.
- ✓ Lassen Sie sich eine Seite oder mehrere Seiten Ihres Berichts anzeigen, indem Sie auf die Schaltflächen EINE SEITE oder MEHRERE SEITEN klicken.
- ✓ Passen Sie Ränder und die Ausrichtung des Ausdrucks an, indem Sie das Dialogfeld SEITE EINRICHTEN anzeigen.
- ✓ Beenden Sie die Seitenvorschau, indem Sie auf die Schaltfläche SCHLIESSEN klicken.

Auf zum fröhlichen Drucken!

Und jetzt sollen Sie auch noch kennen lernen, wie Sie das Dokument ausdrucken können, für das Sie all die wunderbaren Einstellungen gemacht haben, die in diesem Kapitel beschrieben werden. Deshalb müssen Sie sich jetzt mit dem Dialogfeld DRUCKEN beschäftigen, das Ihnen auf diesem Planeten sicherlich schon Millionen Mal in anderen Windows-Anwendungen über den Weg gelaufen ist. (Schauen Sie sich zur Erinnerung Abbildung 16.19 an.)

Sie stoßen hier auf folgende Einstellungen:

- ✓ Der erste Bereich dieses Dialogfelds betrifft den Drucker, den Sie verwenden. Sie können im Listenfeld NAME einen Drucker auswählen und auf die Schaltfläche EIGENSCHAFTEN klicken, um Druckereinstellungen wie die Qualität eines farbigen Ausdrucks und die Papierquelle festzulegen.
- ✓ Unter BEREICH können Sie festlegen, ob Sie ALLES oder nur SEITEN VON einer Seitennummer BIS zu einer Seitennummer ausdrucken möchten.

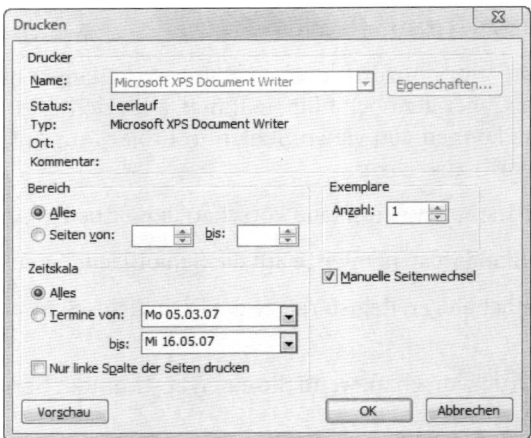

Abbildung 16.19: Steuert den Drucker, die Anzahl Exemplare und was gedruckt wird

✔ Der Bereich EXEMPLARE enthält nur eine einfache Einstellmöglichkeit: Klicken Sie hier auf den Pfeil nach oben, um mehr Exemplare, oder auf den Pfeil nach unten, um weniger Exemplare (aber nicht weniger als 1) zu drucken.

✔ Die Einstellungen unter ZEITSKALA gibt es nur im Dialogfeld DRUCKEN von Project. Hier können Sie festlegen, ob Sie die gesamte Zeitskala (also das gesamte Projekt) oder nur einen Datumsbereich Ihres Projekts drucken möchten. Diese Einstellung hilft Ihnen zusammen mit der von BEREICH zu kontrollieren, wie viel Ihres Projekts ausgedruckt wird.

✔ Wenn Sie möchten, dass die äußerst linke Spalte Ihres Projekts auf jeder Seite ausgedruckt wird, markieren Sie NUR LINKE SPALTE DER SEITEN DRUCKEN. Vielleicht wollen Sie bei einem mehrseitigen Ausdruck, dass die Vorgangsnummer auf jeder Seite erscheint.

✔ Wenn Sie in Ihrem Projekt manuell Seitenwechsel (auch Seitenumbrüche genannt) eingefügt haben, können Sie MANUELLE SEITENWECHSEL aktivieren, um diese Wechsel auch in Ihren Bereich einzubinden.

Wenn Sie alle Einstellungen vorgenommen haben und bereit sind für einen Ausdruck, müssen Sie nur noch auf OK klicken.

Es geht ständig aufwärts

In diesem Kapitel
- Erfolge und Fehler überprüfen
- Eine Vorlage für zukünftige Projekte erstellen
- Makros entwickeln, um Dinge einfacher zu machen
- Den Projektberater anpassen, damit er nach Ihren Vorstellungen arbeitet

Haben Sie jemals ein Projekt beendet, ohne sich darüber zu wundern, wie zum Teufel alles so enden konnte, wie es das getan hat? Die Endsumme Ihres Budgets liegt auf mysteriöse Weise um Tausende Euro über dem geplanten Betrag. Sie haben den Abschlusstermin um drei Wochen überzogen. Und irgendwo unterwegs haben Sie überwachungstechnisch drei Leute verloren, die eigentlich an Vorgängen arbeiten sollten. Aber irgendwie haben Sie es doch geschafft, Ergebnisse zu liefern, und jetzt können Sie endlich Ihre Projektdatei ganz unten in Ihrer Schublade verstauen. Können Sie das wirklich?

Stellen Sie sich Microsoft Project nicht als riesige elektronische Liste zu erledigender Dinge vor. Es ist vielmehr ein ausgeklügeltes Werkzeug zum Verwalten Ihrer Projekte. Und das logische Abfallprodukt dieser Verwaltung ist ein fantastisches Schatzkästchen voll mit Informationen, die Sie verwenden können, um ein besserer Nutzer von Project – und damit auch ein besserer Projektleiter – zu werden.

Wenn Sie die letzte Aktennotiz zu Ihrem Projekt verschickt haben und zum letzten Mal von Ihrem Chef gelobt oder getadelt worden sind, sollten Sie sich einen Augenblick Zeit nehmen, um sich Ihren Projektplan noch einmal anzuschauen.

Aus Fehlern lernen

Wenn ich Schulungen für den Einsatz von Projektmanagementsoftware durchführe, sind die Leute häufig ein wenig erschlagen von dem, was ein Produkt wie Project alles kann. Ihnen schwirrt der Kopf von all den Daten, die sie eingeben müssen, und all den Informationen, mit denen sie Project konfrontiert. Sie können vor lauter Ansichten, Berichten, Tabellen und Filtern, die sie benutzen, um auf die Informationen ihres Projekts zugreifen zu können, kaum noch geradeaus sehen.

Ich möchte Ihnen ein Geheimnis anvertrauen: Sie werden während Ihres ersten Projekts nicht alle Feinheiten Ihres Projektplans verstehen. Sie werden selbst während Ihres zweiten Projekts kaum alles entdecken, was Project kann. Aber nach und nach, so wie Sie die Ein- und Ausgaben von Project beherrschen und verstehen, was Sie alles aus Project herausbekommen können, werden Sie immer besser dabei, alle Informationen aufzusaugen – und zu verstehen, wie das Programm Ihnen dabei helfen kann, Fehler bei zukünftigen Projekten zu vermeiden.

Der beste Weg, diese Vorteile zu erhalten, ist der, jedes Projekt zu überprüfen, wenn es beendet ist, um herauszubekommen, was Sie richtig und was Sie falsch gemacht haben. Dann können Sie das, was Sie dabei entdeckt haben, dazu verwenden, es beim nächsten Projekt besser zu machen.

Es war doch nur eine Schätzung

Sie kennen diesen Ausspruch sicherlich: Wenn Sie sich nicht mit der Geschichte auseinandersetzen, sind Sie dazu verdammt, sie zu wiederholen. Und das Letzte, was Sie machen sollten, wenn es um Projekte geht, ist das Wiederholen von Fehlern.

Denken Sie einmal über die folgenden Strategien nach, um sich selbst zu hinterfragen, was im letzten Projekt alles abgelaufen ist:

✔ **Vergleichen Sie Ihren ursprünglichen Basisplan mit den letzten Aktivitäten (siehe Abbildung 17.1).** Selbst wenn Sie Zwischen- oder Basispläne erstellt haben, um auf dramatische Änderungen zu reagieren, sollten Sie sich die größte Lücke zwischen dem anschauen, was Sie ursprünglich erwartet hatten, und dem, was wirklich geschehen ist. Dies ist eigentlich der beste Weg herauszufinden, wo Sie am ehesten dazu neigen, sich zu verschätzen.

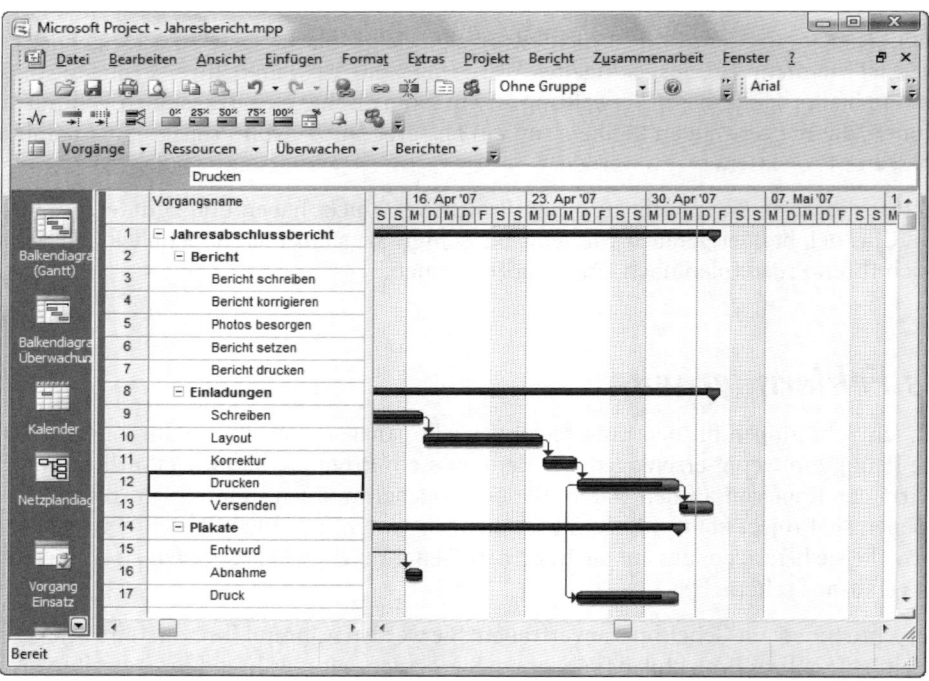

Abbildung 17.1: Basisplan und aktuelle Werte werden parallel angezeigt und malen ein interessantes Bild von den Stärken und Schwächen Ihrer Planung.

- ✔ **Überprüfen Sie die Notizen, die Sie zu Vorgängen gemacht haben, um sich daran zu erinnern, auf welche Änderungen und Probleme Sie im Laufe des Projekts gestoßen sind.** Fügen Sie die Spalte mit dem Namen Notizen in das Tabellenblatt der Ansicht Balken-diagramm (Gantt) ein, und lesen Sie sich die Notizen »in einem Rutsch« durch.

- ✔ **Notieren Sie sich, welche Ressourcen ihre Versprechungen eingehalten haben und welche nicht; wenn Sie für einige von ihnen verantwortlich sind, sorgen Sie für konstruktive Kritik.** Bei denjenigen, für die Sie nicht verantwortlich sind, sollten Sie sich Notizen darüber machen, wie gut und wie schnell sie gearbeitet haben, und machen Sie zukünftig nur noch Zuordnungen mit diesen Notizen im Hinterkopf. Notieren Sie sich auch, welche Lieferanten funktioniert haben und welche nicht (und streichen Sie die letzteren aus Ihrer Lieferantenliste).

- ✔ **Beurteilen Sie Ihre eigene Kommunikation mit Dritten aufgrund gespeicherter E-Mails und Aktennotizen.** Haben Sie das Team mit ausreichenden Informationen versorgt, damit es effektiv arbeiten konnte? Haben Sie dem Management zeitnah Informationen über Änderungen oder Probleme geliefert?

Befragen Sie Ihr Team

Kein Projekt ist die Aufgabe einer einzigen Person. Selbst wenn niemand sonst jemals Ihren Projektplan angefasst haben sollte, hat Ihr Team durch die Arbeitsstunden, über die es berichtet, und die Informationen, die es im Laufe des Projekts an Sie weitergegeben hat, für Eingabematerial für den Plan gesorgt.

Denken Sie einmal über die folgenden Vorschläge nach, um Ihre kommunikativen Abläufe zu verfeinern:

- ✔ **Fragen Sie die Beteiligten, wie der Prozess des Berichtens von Aktivitäten funktioniert hat.** Haben Sie E-Mails, Notizen, weitergeleitete Dateien oder Werkzeuge von Project Web Access, wie Timesheet, verwendet, um Informationen von den Ressourcen einzusammeln? Sollten Sie es erwägen, im nächsten Projekt die Vorteile einer Online-Zusammenarbeit zu nutzen?

- ✔ **Würde Ihr Team Ihre Kommunikation als häufig und ausreichend genug bewerten?** Haben Sie Ihre Ressourcen in ausreichendem Maße am Projekt teilhaben lassen, oder haben Sie sie mit zu vielen Informationen überschwemmt? Haben Sie regelmäßig eine komplette Projektdatei an Leute gesendet, während ein einfacher Bericht über bestimmte Aspekte des Projekts mehr als ausreichend gewesen wäre? Ist die Riege Ihrer Vorgesetzten der Meinung gewesen, dass Ihre Berichte den eigenen Bedürfnissen genügt haben? Sollten Sie sich mehr mit zusätzlicher Software wie Excel und Visio beschäftigen, auf die die grafischen Berichte zugreifen, um die Vorteile dieser Programme besser nutzen zu können?

- ✔ **Haben Sie die Aktivitäten erfolgreich über mehrere Projekte verteilt, damit keine Ressourcen überlastet oder nicht ausgelastet worden sind?** Wenn Mitglieder Ihres Teams über Konflikte mit anderen Projekten berichtet haben, sollten Sie überlegen, bestimmte Werkzeuge von Project einzusetzen (wie zum Beispiel Hyperlinks zu anderen Projektplänen), um einen durchführbaren Plan zu erzeugen oder ein Masterprojekt zu entwickeln (was bedeutet, dass Sie mehrere Projekte in einem Plan zusammenfassen, um Ressourcenkonflikte übergreifend sichtbar werden zu lassen).

Sollten Sie sich selbst befragen?

Vergessen Sie nicht, sich hinzusetzen und mit sich selbst ein Gespräch darüber zu führen, was in Ihrem Projekt alles vorgefallen ist. Haben Sie von Ihrem Team die Informationen bekommen, die Sie benötigten, um effizient handeln zu können, oder sollten Sie im nächsten Projekt grundsätzlich strengere Regeln für das Berichtswesen aufstellen? Sind Sie im Verlauf des Projekts mit Informationen überschwemmt worden, und wäre es nicht besser, für das nächste Mal jemanden zu finden, der für Sie die Aktualisierungen einträgt? Haben Sie von der Geschäftsführung zeitnah Informationen über Änderungen im Unternehmen erhalten, damit Sie in Ihrem Projekt die entsprechenden Anpassungen vornehmen und im Terminplan bleiben konnten?

Leider kommt es in der Hitze der Projektschlacht häufig dazu, dass viele von uns nicht anhalten und die Änderungen in den Abläufen vornehmen oder die Hilfe bekommen können, die benötigt wird. Überprüfen Sie die Notizen, die Sie in den Notizbereichen von Project hinterlegt haben, um zu sehen, welcher Schlamassel dazu geführt hat, dass Sie sich nur noch die Haare gerauft haben. Führen Sie dann die notwendigen Änderungen durch, bevor Sie das nächste Projekt beginnen.

Auf dem Erfolg aufbauen

Obwohl es menschlich ist, sich grundsätzlich auf alles das zu konzentrieren, was in einem Projekt schiefgelaufen ist, sollten Sie nicht übersehen, dass Sie höchstwahrscheinlich viele, viele Dinge richtig gemacht haben. Deshalb sollten Sie, bevor Sie sich an das nächste Projekt machen, die guten Sachen nehmen und an einem Ort verstauen, an dem Sie sie später problemlos wiederfinden können.

Erstellen Sie eine Vorlage

Eine Möglichkeit dazu ist das Erstellen einer Vorlage. Bei *Vorlagen* handelt es sich einfach um Dateien, die Sie speichern und die bestimmte Einstellungen enthalten. Wenn Sie eine Vorlage öffnen, können Sie sie unter einem anderen Namen als Projektdatei speichern, in der es dann bereits alle notwendigen Einstellungen gibt.

Project hat für normale Projekte bereits eigene Vorlagen (Sie finden in Kapitel 1 Informationen darüber, wie Sie Projekte auf der Grundlage von Vorlagen beginnen). Sie sind aber problemlos in der Lage, jedes Ihrer Projekte als Vorlage zu speichern. Wenn Sie in Ihren Projekten häufig dieselben Vorgänge verwenden, wie das in der Industrie häufig der Fall ist, sparen Sie sich dadurch die Zeit, diese Vorgänge neu anlegen zu müssen.

 Wenn Sie unternehmensweit mit Project Server und Project Web Access arbeiten, sollten Sie es sich überlegen, ob Sie Vorlagen nicht global erstellen sollten, damit sie unternehmensweit eingesetzt werden können. Sie finden in den Kapiteln 18 und 19 Informationen zu einem unternehmensübergreifenden Projektmanagement.

Vorlagen können zusätzlich zu beliebigen Projektvorgängen auch die folgenden Vorgangsinformationen enthalten:

✔ Alle Informationen für die einzelnen Basispläne

✔ Aktuelle Werte

✔ Stundensätze von Ressourcen

✔ Feste Kosten

✔ Anmerkungen zu Vorgängen, die Sie über Microsoft Project Web Access veröffentlichen

Sie können alle Informationen oder nur bestimmte Elemente von ihnen speichern. Wenn Sie zum Beispiel viele feste Kosten (wie für Ausrüstungsgegenstände) und Ressourcen mit zugeordneten Stundensätzen erstellt haben und wenn Sie diese in den meisten Ihrer Projekte verwenden, können Sie eine Vorlage speichern, die nur feste Kosten und Stundensätze von Ressourcen enthält.

Wenn Sie eine Datei als Vorlage speichern möchten, gehen Sie so vor:

1. **Öffnen Sie die Datei, die Sie zur Vorlage machen möchten, und wählen Sie DATEI|SPEICHERN UNTER.**

    Es erscheint das Dialogfeld SPEICHERN UNTER (siehe Abbildung 17.2).

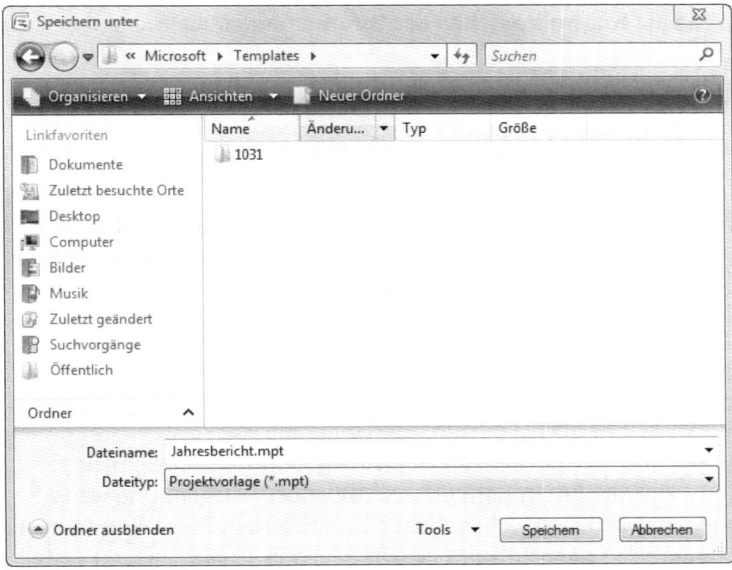

Abbildung 17.2: Speichern Sie eine Datei als Projektvorlage ab.

 Microsoft legt Vorlagen in einem zentralen Ordner ab, der *Templates* heißt.

2. **Klicken Sie im Listenfeld DATEITYP auf PROJEKTVORLAGE.**

   Project wählt den Ordner TEMPLATES als Ort für SPEICHERN IN aus.

3. **Klicken Sie auf SPEICHERN.**

   Es öffnet sich das Dialogfeld ALS PROJEKTVORLAGE SPEICHERN (siehe Abbildung 17.3).

   Legen Sie fest, welche Informationen über Werte und Ressourcensätze zusammen mit dem Projekt in der Vorlage gespeichert werden sollen.

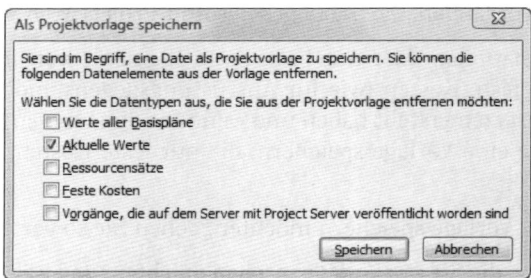

Abbildung 17.3: Speichern Sie in einer Vorlage zusammen mit den Vorgängen eines Projekts auch Werte und Ressourcensätze ab.

4. **Markieren Sie die Kontrollkästchen der Informationen, die Sie in der Vorlage speichern möchten.**

5. **Klicken Sie auf SPEICHERN.**

   Die Datei wird im Vorlagenformat gespeichert und erhält die Dateierweiterung MPT.

 Wenn Sie ein neues Projekt öffnen und dafür eine gespeicherte Vorlage benutzen möchten, klicken Sie auf DATEI|ÖFFNEN, und suchen Sie die gespeicherte Vorlage im Ordner TEMPLATES heraus. Speichern Sie diese Datei dann unter einem anderen Namen als Projektdatei ab.

Organisieren geht über Studieren

Project ist so wunderbar flexibel, dass sich viele Dinge anpassen lassen. Sie können zum Beispiel Ihre eigenen Datentabellen erstellen, die in Ansichten im Tabellenelement gezeigt werden. Sie können auch Ihre eigenen Filter, Berichte und Kalender anlegen. Und wenn Sie neben Ihrem Job als Projektleiter noch leben wollen, haben Sie sicherlich Besseres zu tun, als Ihre Abende damit zu verbringen, den ganzen Kram für Ihr nächstes Projekt neu zu erstellen. Setzen Sie stattdessen ORGANISIEREN ein, um Elemente in eine andere Projektdatei zu kopieren.

17 ➤ Es geht ständig aufwärts

ORGANISIEREN gibt Ihnen die Möglichkeit, Informationen einer Projektdatei zu nehmen und in eine andere Datei zu kopieren. Sie können die Elemente auch umbenennen. Zu den Elementen, die am häufigsten mit ORGANISIEREN kopiert werden, gehören:

- ✔ Kalender
- ✔ Formulare
- ✔ Tabellen
- ✔ Berichte
- ✔ Ansichten
- ✔ Felder
- ✔ Gruppen
- ✔ Symbolleisten
- ✔ Filter

Wenn Sie ORGANISIEREN benutzen wollen, gehen Sie so vor:

1. **Öffnen Sie das Projekt, aus dem Sie Dinge kopieren möchten, und das Projekt, in das Sie Dinge kopieren möchten.**

2. **Wählen Sie in der Datei, in die Sie kopieren möchten, EXTRAS|ORGANISIEREN.**

    Es erscheint das Dialogfeld ORGANISIEREN (siehe Abbildung 17.4)

3. **Klicken Sie auf die Registerkarte, die die Art von Informationen enthält, die Sie kopieren möchten.**

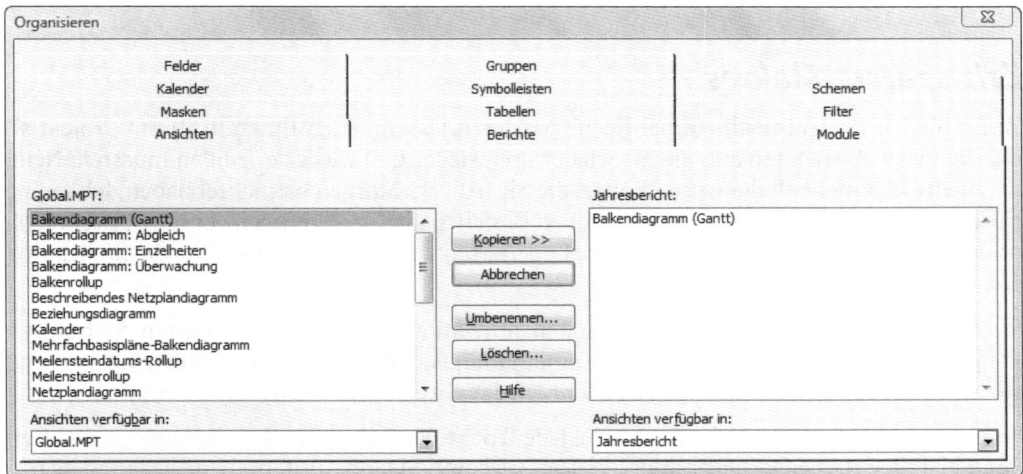

Abbildung 17.4: Sie finden hier elf Seiten voll mit Sachen, die es lohnt zu kopieren.

4. **Wählen Sie gegebenenfalls weitere Dateien aus, von oder nach denen Sie etwas kopieren wollen.**

    Project verwendet standardmäßig als Datei, aus der kopiert wird, die Vorlage `Global`. Die Datei, aus der heraus Sie ORGANISIEREN starten, wird zu der Datei, in die kopiert wird. Wenn Sie andere Dateien verwenden möchten, wählen Sie diese in den Listenfeldern im Dialogfeld ANSICHTEN VERFÜGBAR IN als Quelle (links) oder Ziel (rechts) aus. (Dieser Text kann sich je nach ausgewählter Registerkarte ändern und GRUPPEN, BERICHTE und so weiter heißen.) Die Listenfelder enthalten die Datei `Global.MPT` und alle Dateien, die Sie geöffnet haben.

5. **Klicken Sie links in der Liste auf die Elemente, die Sie in die Datei auf der rechten Seite einfügen wollen, und klicken Sie auf die Schaltfläche KOPIEREN.**

    Die Elemente erscheinen in der rechten Liste.

6. **(Optional) Um ein Element umzubenennen:**

    * *Klicken Sie auf das Element, und klicken Sie auf die Schaltfläche UMBENENNEN.*
    * *Es erscheint das Dialogfeld UMBENENNEN, in dem Sie einen neuen Namen eingeben und auf OK klicken.*

7. **Wenn Sie weitere Elemente derselben Registerkarte kopieren möchten, wiederholen Sie Punkt 5.**

8. **Wenn Sie Elemente anderer Registerkarten kopieren möchten, wiederholen Sie die Punkte 3 bis 7.**

9. **Wenn Sie damit fertig sind, Elemente von einer Datei in eine andere zu kopieren, klicken Sie auf das X in der oberen rechten Ecke des Dialogfelds.**

    Es sind alle Elemente kopiert worden, und das Dialogfeld ORGANISIEREN schließt sich.

Zeit sparen: Makros

Wenn Sie Ihr Projekt noch einmal Revue passieren lassen, fallen Ihnen in Ihrem Projekt sicherlich viele Aktivitäten auf, die Sie wieder und wieder und wieder erledigen mussten. Nein, ich meine hier nicht all die Tassen Kaffee, die Sie früh am Morgen vernichtet haben. Ich meine Dinge wie das Erstellen eines wöchentlichen Berichts oder das Einfügen von fünf Abteilungsprojekten in ein Masterprojekt, das einmal im Vierteljahr geschehen muss, um die Zuordnung von Ressourcen zu überprüfen.

Sie müssen das Rad nicht immer neu erfinden, um Aktionen wie diese auszuführen. Stattdessen können Sie ein *Makro* erstellen – eine Kombination von Tastatureingaben, Texteingaben und so weiter, die Sie aufzeichnen und jederzeit wieder abspielen können.

Stellen Sie sich zum Beispiel vor, dass Sie jede Woche einen Bericht über die laufenden Aktivitäten erstellen und ausdrucken müssen. Dies verlangt folgende Tastatur- und Texteingaben:

1. **Wählen Sie BERICHT|BERICHTE.**
2. **Klicken Sie auf VORGANGSSTATUS.**

3. Klicken Sie auf die Schaltfläche Auswahl.

4. Klicken Sie auf Bald anfangende Vorgänge.

5. Klicken Sie auf die Schaltfläche Auswahl.

6. Geben Sie ein eindeutiges Datum für die Anzeige von Vorgängen ein, die einen Anfang oder ein Ende nach einem bestimmten Datum haben.

7. Klicken Sie auf OK.

8. Geben Sie ein eindeutiges Datum für die Anzeige von Vorgängen ein, die einen Anfang oder ein Ende vor einem bestimmten Datum haben, um den Berichtszeitraum festzulegen.

9. Klicken Sie auf OK.

10. Klicken Sie auf Drucken, um den Bericht zu drucken.

Wenn Sie diese Tastatureingaben aufzeichnen, müssen Sie ein Zehn-Punkte-Programm abarbeiten. Sind die Eingaben aber erst einmal aufgezeichnet worden, wird der Vorgang auf drei Punkte reduziert, wenn Sie das Makro abspielen:

1. Starten Sie das Makro.

2. Geben Sie den ersten Teil des Datumsbereichs ein.

3. Geben Sie den letzten Teil des Datumsbereichs ein.

Einer der größten Vorteile, den ich bei Makros sehe, ist der, dass Sie einen Bereich von Vorgängen kopieren können, der immer wieder in Ihrem Projekt benötigt wird – zum Beispiel der Prozess der Qualitätskontrolle, der während eines Projekts zehn Mal vorkommt. Wählen Sie, während Sie das Makro aufzeichnen, den absoluten Quellbereich aus, und kopieren Sie ihn, gehen Sie zum ersten leeren Vorgang, und fügen Sie den Bereich zehn Mal ein. Während das Makro läuft, können Sie beruhigt eine weitere Tasse Kaffee trinken.

Ein Makro aufzeichnen

Das Aufzeichnen eines Makros ist ein einfacher Vorgang: Starten Sie die Aufzeichnung, machen Sie, was Sie normalerweise tun, um die Aktion auszuführen, und beenden Sie die Aufzeichnung. Sie führen ein Makro aus, indem Sie es aus einer Makroliste auswählen oder eine Tastenkombination einsetzen. Sie können Makros auch bearbeiten, wenn Sie leicht unterschiedliche Tastenkombinationen für leicht unterschiedliche Schrittfolgen benötigen.

So zeichnen Sie ein Makro auf:

1. **Wählen Sie Extras|Makro|Aufzeichnen.**

   Es erscheint das Dialogfeld Makro aufzeichnen (siehe Abbildung 17.5). Makros, die Sie aufzeichnen, können wieder ausgeführt werden, indem Sie eine Tastenkombination verwenden, die Sie jetzt festlegen.

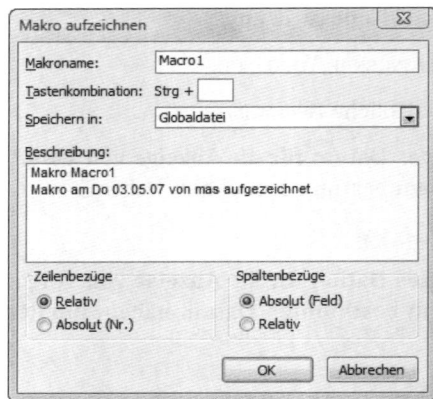

Abbildung 17.5: Legen Sie hier eine Tastenkombination fest.

2. **Schreiben Sie in das Feld MAKRONAME einen Namen.**

   Beschreiben Sie mit dem Namen, was das Makro macht.

3. **Geben Sie in das Feld TASTENKOMBINATION einen Buchstaben ein (Ziffern oder Satzzeichen können nicht verwendet werden).**

   Wenn Sie Strg und diese Taste drücken, wird das Makro ausgeführt.

4. **Wenn Sie wollen, können Sie die BESCHREIBUNG des Makros bearbeiten oder dort neue Einträge hinzufügen.**

   Dies macht ganz besonders dann Sinn, wenn Sie glauben, dass auch Dritte das Makro benutzen werden.

5. **Legen Sie fest, ob die Zeilen- und Spaltenbezüge RELATIV oder ABSOLUT sein sollen.**

   - *Relative Bezüge:* Nehmen wir an, Sie starten mit der Aufzeichnung in Zeile eins und markieren den Vorgang, der in einem Tabellenelement in der dritten Zeile angezeigt wird, und führen mit ihm eine Aktion aus. Dann markiert Project immer den Vorgang, der drei Zeilen unter dem Vorgang steht, von dem aus Sie das Makro ausführen.

   - *Absolute Bezüge:* Project markiert einen bestimmten, benannten Vorgang, und zwar unabhängig davon, in welcher Zeile er steht.

6. **Klicken Sie auf OK, um mit der Aufzeichnung zu beginnen.**

    Jede Eingabe über die Tastatur während der Aufzeichnung wird zu einem Bestandteil des Makros.

7. **Wenn Sie mit Ihren Tasteneingaben fertig sind, wählen Sie EXTRAS|MAKRO|AUFZEICHNUNG BEENDEN.**

Wenn Sie Makros aufzeichnen, sollten Sie folgende Punkte beachten:

- ✔ **Namensgebung:** Die Namen von Makros müssen mit einem Buchstaben anfangen und dürfen keine Leerzeichen enthalten. Wenn Sie in einem Makronamen einzelne Wörter haben möchten, benutzen Sie den Unterstrich (zum Beispiel Wöchentlicher_Bericht).
- ✔ **Reservierte Tastenkombinationen:** Eine Reihe von Tastenkombinationen ist bereits von Project belegt. So fügt zum Beispiel das Drücken von [Strg]+[K] einen Hyperlink ein. Wenn Sie eine solche Tastenkombination wählen, weist Sie Project auf die Reservierung hin und gibt Ihnen die Möglichkeit, einen anderen Buchstaben auszuwählen.
- ✔ **Geben Sie eindeutige Informationen ein.** Wenn das, was Sie aufzeichnen, ganz spezielle Informationen umfasst (wie einen Namen oder einen Datumsbereich), müssen Sie die notwendigen Informationen in ein leeres Eingabefeld eingeben, wenn Sie das Makro ausführen – und zwar selbst dann, wenn Sie diese Eingabe schon während der Aufzeichnung des Makros vorgenommen haben.

Makros ausführen und bearbeiten

Wenn Sie ein Makro ausführen wollen, sollen Sie am besten die Tastenkombination benutzen, die Sie beim Aufzeichnen des Makros festgelegt haben. (Siehe auch den vorstehenden Abschnitt.) Diese Kombination aus zwei Tasten führt das Makro aus, das nur anhält, damit Sie gegebenenfalls weitere Informationen eingeben können.

Sie können alternativ aber auch so vorgehen:

1. **Wählen Sie E**XTRAS|M**AKRO**|M**AKROS**.
2. **Wählen Sie in der Liste der Makros, die im Dialogfeld M**AKROS **angezeigt wird, ein Makro aus (siehe Abbildung 17.6).**
3. **Klicken Sie auf A**USFÜHREN.

Um ein Makro zu bearbeiten, können Sie es einfach neu aufzeichnen – was häufig der schnellste Weg ist. Wenn Sie es stattdessen wirklich bearbeiten wollen, gehen Sie so vor:

1. **Wählen Sie E**XTRAS|M**AKRO**|M**AKROS**.
2. **Wählen Sie im Dialogfeld M**AKROS**, das jetzt erscheint, das Makro aus, das Sie ändern wollen; und klicken Sie auf B**EARBEITEN.

    Es öffnet sich als Editor Microsoft Visual Basic; Ihr Makro wird in Visual-Basic-Code angezeigt (siehe Abbildung 17.7). Visual Basic benutzt eine bestimmte Syntax, um Tastenkombinationen und Text zu codieren.

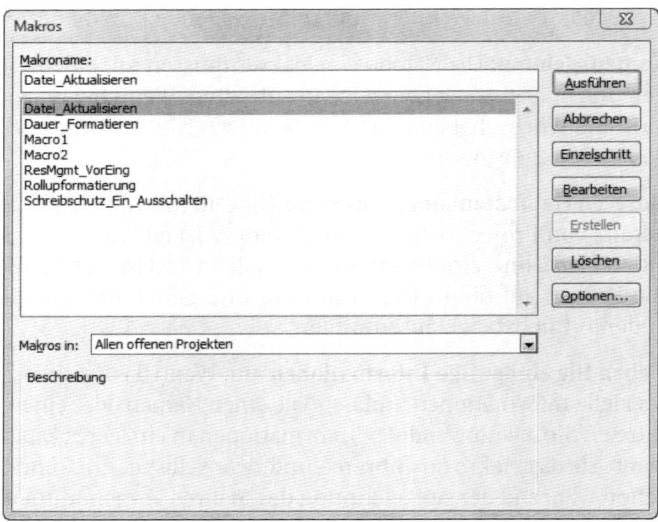

Abbildung 17.6: Im Dialogfeld MAKROS sind alle Makros aufgeführt, die in allen geöffneten Projekten existieren.

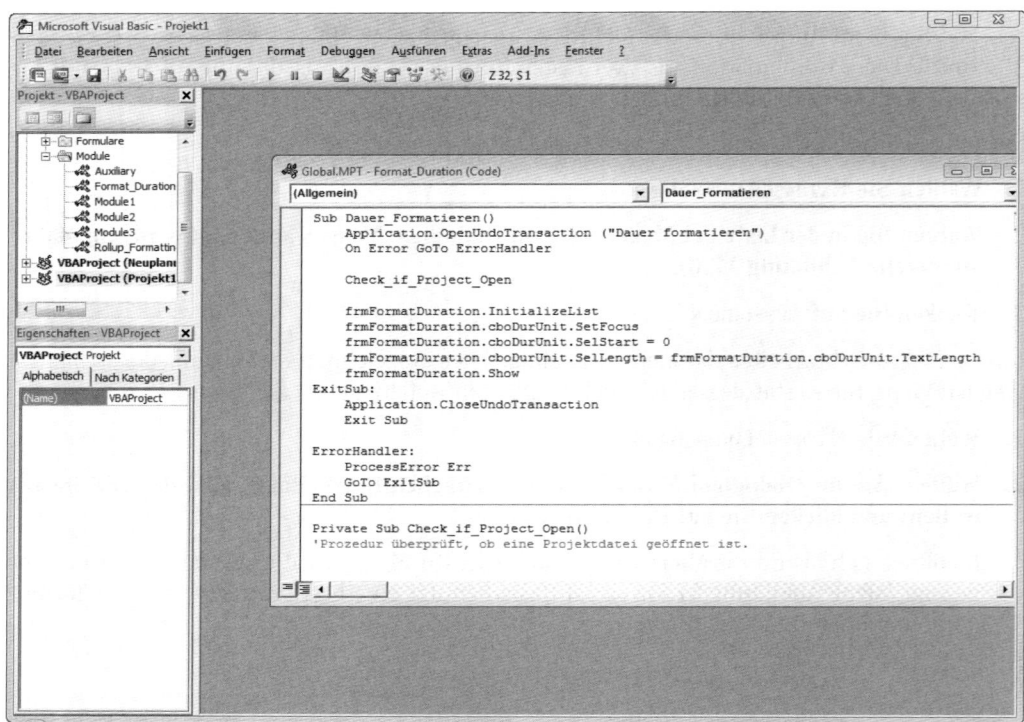

Abbildung 17.7: Hier bearbeiten Sie Ihr Makro.

- *Um den Code zu bearbeiten:*

  Sie können diesen Code wie Text bearbeiten, der in einer normalen Textverarbeitung erstellt worden ist. Auch wenn Sie sich bei den meisten Änderungen mit der Programmiersprache Visual Basic auskennen sollten, können Sie einiges bearbeiten, ohne Programmierer sein zu müssen. So sind zum Beispiel alle Einträge in Anführungszeichen Text oder benennen Dinge wie Berichte. So ist es beispielsweise sehr einfach, ein Makro, das einen Bericht mit dem Namen "Bald startende Vorgänge" enthält, so zu ändern, dass es den Bericht "Vorgänge in Wartestellung" erzeugt. Ersetzen Sie nur den Namen des bestehenden Berichts (in den Anführungszeichen) durch den neuen Namen des Berichts.

- *Um etwas im Code zu löschen:*

  Wenn Sie einen Teil des Ablaufs löschen wollen, müssen Sie ihn im Code finden. Wenn Sie dort zum Beispiel auf die Zeile stoßen würden Wenn das Projekt leer ist, wird der Benutzer benachrichtigt und das Makro beendet, und wenn Sie nicht möchten, dass das Makro diesen Schritt ausführt, markieren Sie ihn, und drücken Sie einfach ⌊Entf⌋.

Das Herumspielen mit Visual Basic an komplexeren Dingen kann Ihr Makro zerstören. Da ich nicht vorhabe, zum jetzigen Zeitpunkt ein Buch über Visual Basic zu schreiben, schlage ich vor, dass Sie Ihr und mein Leben nicht komplizierter machen, als es unbedingt nötig ist: Löschen Sie das erste Makro, und durchlaufen Sie die Prozedur noch einmal, um das Makro neu aufzuzeichnen.

Den Projektberater anpassen

Der Projektberater bietet eine exzellente Möglichkeit, sich durch die logischen Schritte zu bewegen, die zur Einrichtung einer Projektdatei gehören. Natürlich kann es vorkommen, dass Ihr Unternehmen für ein Projekt zusätzliche oder andere Schritte benötigt. So müssen Sie zum Beispiel in all Ihren Projekten eine Kontierung für die interne Kostenrechnung haben. Sie können den Projektberater anpassen, um sich und anderen Mitgliedern Ihres Unternehmens ein hervorragendes Werkzeug zur Verfügung zu stellen, mit dem Sie unternehmensweit mit konsistenten Projekten arbeiten können.

Sie können den Inhalt des Projektberaters für Ihr Unternehmen anpassen, indem Sie eine Datei im XML-Format erstellen. Sie erzeugen dabei im Wesentlichen eine Reihe von XML-Seiten, mit denen Sie Project anweisen, Inhalte für den Berater zu nutzen. Ich möchte Ihnen keine Einführung in das Erstellen von XML-Dateien geben, aber ich möchte Ihnen erklären, wie Sie Project dazu bringen können, Ihre benutzerdefinierten Inhalte zu verwenden.

Um benutzerdefinierte Inhalte für den Projektberater vorzugeben, gehen Sie so vor:

1. **Wählen Sie EXTRAS|OPTIONEN.**

   Es erscheint das Dialogfeld OPTIONEN.

2. **Klicken Sie auf die Registerkarte OBERFLÄCHE (siehe Abbildung 17.8).**

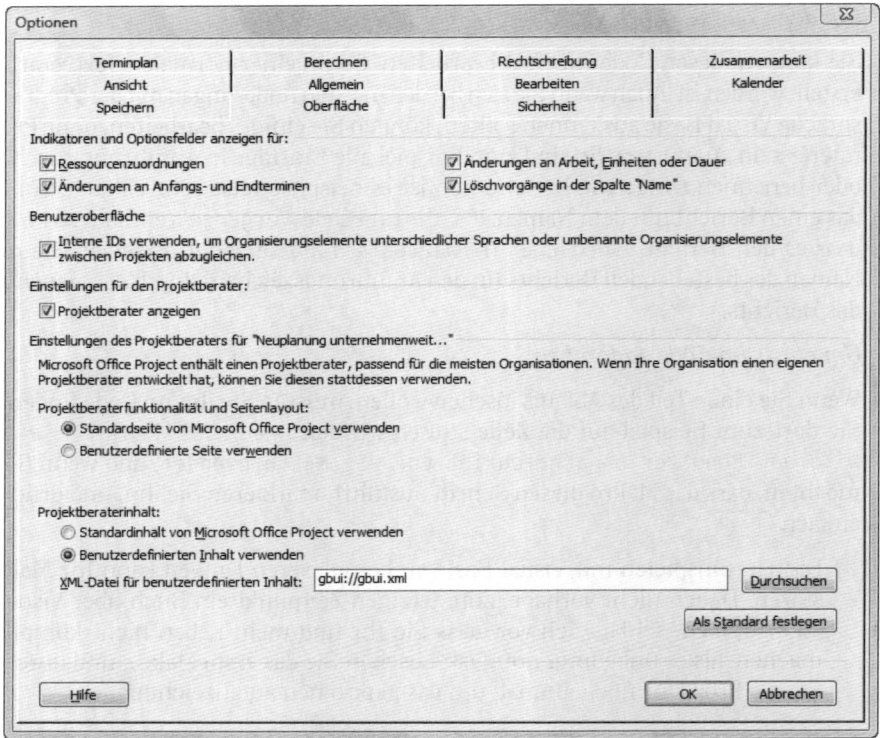

Abbildung 17.8: Geben Sie die XML-Datei an, die Sie für den Projektberater benutzen wollen.

3. **Markieren Sie im Abschnitt Projektberaterinhalt das Optionsfeld Benutzerdefinierten Inhalt verwenden.**

4. **Geben Sie im Feld XML-Datei für benutzerdefinierten Inhalt an, wo sich Ihre XML-Datei befindet.**

   Sie können auch auf die Schaltfläche Durchsuchen klicken, um das Dialogfeld Durchsuchen zu öffnen, die Datei zu suchen und auf OK zu klicken.

5. **Klicken Sie auf OK.**

   Der neue Inhalt des Projektberaters wird im Fensterelement Projektberater und in der entsprechenden Symbolleiste angezeigt.

Teil V
Mit unternehmensweiten Projekten arbeiten

»Das ist ein bewährtes Erkennungs- und Überwachungssystem, Jörg. Mehr als 15 Jahre Kalahari-Einsatz, und wir haben keinen einzigen Löwen verloren.«

In diesem Teil ...

Das ist der Moment, an dem Project Professional seine echten Stärken ausspielt: Wenn Sie Ihr Unternehmen via Project Server und Project Web Access bedienen, können Sie eine ernsthafte Online-Zusammenarbeit erreichen. Sie können Dokumente online zusammen mit Ihrem Team nutzen, einen Ausblick auf den Ressourcenpool Ihres Unternehmens erhalten, um effizient Zuordnungen vorzunehmen, und Ihre menschlichen Ressourcen veranlassen, Arbeitsberichte abzugeben. Dieser Teil gibt Ihnen einen Eindruck davon, was Project Server und Project Web Access alles können, wenn sich Ihr Unternehmen dazu durchringt, den unternehmensübergreifenden Weg mit Project einzuschlagen.

Project Web Access für den Projektleiter

18

In diesem Kapitel

- Project Server und Project Web Access verstehen
- Einen Blick auf die Werkzeuge werfen, die Project Web Access zur Verfügung stellt
- Ressourcenverfügbarkeit und Ressourcenzuordnungen überprüfen
- Ein Ressourcenteam im Ressourcencenter aufbauen
- Statusberichte von den Mitgliedern des Projektteams anfordern
- Dokumente mit dem Team gemeinsam nutzen

Wenn Sie glauben, dass es sich bei Project Server um einen Programmzusatz für Project handelt, so irren Sie sich. Project Server ist ein vollwertiges Softwareprodukt, das es Ihnen ermöglicht, Ihr Projekt – und alle es begleitenden Ressourcen, Überwachungsaktivitäten und Berichte – in die Welt des Internets zu bringen.

Project Server besteht aus zwei Hauptkomponenten: der Project-Server-Datenbank, in der die Projektdaten abgelegt werden, und Project Web Access, der Browser-ähnlichen Schnittstelle, die Sie und andere mit der Datenbank verbindet.

Anmerkung: Damit die Sache nicht so kompliziert wird, beschränke ich mich darauf, nur auf Project Web Access einzugehen, weil das die Schnittstelle und die Werkzeuge liefert, mit denen Sie arbeiten müssen. Natürlich ist Project Web Access ohne Project Server nutzlos. Bevor Sie die Arbeitsschritte dieses Kapitels nachvollziehen und Project Web Access einsetzen können, muss irgendjemand Project Server im Netz Ihres Unternehmens installieren und gemäß den bei Ihnen geltenden Standards und Anforderungen einrichten. Das bedeutet normalerweise, dass Typen der IT-Abteilung nächtelang Software installieren und konfigurieren und dass ein anderes Team für das Implementierungsdesign der Software sorgt. Nachdem all diese Aufgaben erledigt sind, können Sie die Punkte, die hier beschrieben sind, nicht nur lesen, sondern auch abarbeiten. (Gestatten Sie mir als Übersetzer hier eine Anmerkung: Ganz so schrecklich ist die Installation von Project Server nicht. Eine grundsätzlich lauffähige Version können Sie in einer guten Stunde einrichten – die aber dann gegebenenfalls aufwändig angepasst werden muss.)

Sie können mit Project Web Access (das nur mit der Professional-Version von Microsoft Project zusammenarbeitet) die Kommunikation, die Zusammenarbeit und die Dokumentation in Ihren Projekten verbessern, Dieses Kapitel zeigt nicht nur auf, wer Project Web Access einsetzen sollte, sondern auch, wie diese Anwendung dem Projektleiter helfen kann.

Dieses und das nächste Kapitel handeln von unternehmensweiten Lösungen, die im Englischen mit *Enterprise* bezeichnet werden. Sie suchen im Menü EXTRAS und in der Hilfe von Project vergebens nach Unternehmenslösungen – Microsoft verwendet dafür auch in der deutschen Version den Begriff *Enterprise*, unter dem die entsprechenden Einstellungen zu finden sind.

Finden Sie heraus, ob Project Web Access etwas für Sie ist

So wie Sie sich keinen Lamborghini anschaffen, um einmal in der Woche im Lebensmittelladen an der Ecke einen Liter Milch zu kaufen, ist Project Web Access für einige Unternehmen eine viel zu aufwändige Lösung. Zur Einrichtung von Project Server und Project Web Access gehören nicht nur eine Menge Geld für die Lizenzen, sondern auch eine Reihe weiterer Bedingungen:

✔ Zeit für Installation und Konfiguration

✔ Arbeitsaufwand für das Festlegen von Standards für den Einsatz von Project in Ihrem Unternehmen

✔ Zeit und Geld, damit die Mitarbeiter diese Werkzeuge auch nutzen können

✔ Ständige Wartung der Project-Server-Datenbank

Deshalb sollten Sie, bevor Sie mit beiden Füßen in die Welt von Project Web Access springen, dafür sorgen, dass der Nutzen die Mühen der Einrichtung übersteigt.

Project Web Access ist in Unternehmen sinnvoll, die unternehmensweit denken. Das bedeutet, dass dort Anstrengungen unternommen werden, um Informationen online bereitzustellen, damit sie standardisiert und unternehmensweit verfügbar sind.

Dieses Szenario lohnt sich normalerweise nur für mittlere bis sehr große Unternehmen, die gleichzeitig mehrere Projekte abteilungsübergreifend und interdisziplinär verwalten. Die Funktionen, auf die man mit Project Web Access zugreifen kann, bieten den Managern dieser Firmen eine Möglichkeit, Ressourcen sinnvoller einzusetzen und zusätzlich einen besseren Überblick über die Effizienz und den Erfolg ihrer Anstrengungen bei der unternehmensweiten Verwaltung von Projekten zu erhalten.

Ein Punkt, der zusätzlich für Project Web Access spricht, ist der, dass Sie die Informationen aller Projekte unternehmensweit online über das Intranet der Firma so zur Verfügung stellen können, dass weltweit darauf zugegriffen werden kann.

Zu den Vorteilen einer Lösung auf der Grundlage von Project Web Access zählen:

✔ Standardisierte Formate, Berichte und Informationen über Ressourcen, auf die alle Projektleiter zugreifen und die sie gemeinsam nutzen können, um in allen Projekten einheitliche Verfahren zu benutzen

✔ Die Möglichkeit, unternehmensweit herauszufinden, wie Ressourcen zugeordnet sind (siehe Abbildung 18.1 – Sie weisen Ressourcen zu, indem Sie ein Auge auf das große Gesamtbild werfen)

✔ Bessere Möglichkeiten, projektübergreifend zusammenzuarbeiten

✔ Effizientere Methoden für Ressourcen, die Zeiten nachzuhalten, die sie mit Vorgängen des Projekts beschäftigt sind, ohne dass irgendjemand diese Informationen noch einmal in Project eingeben muss

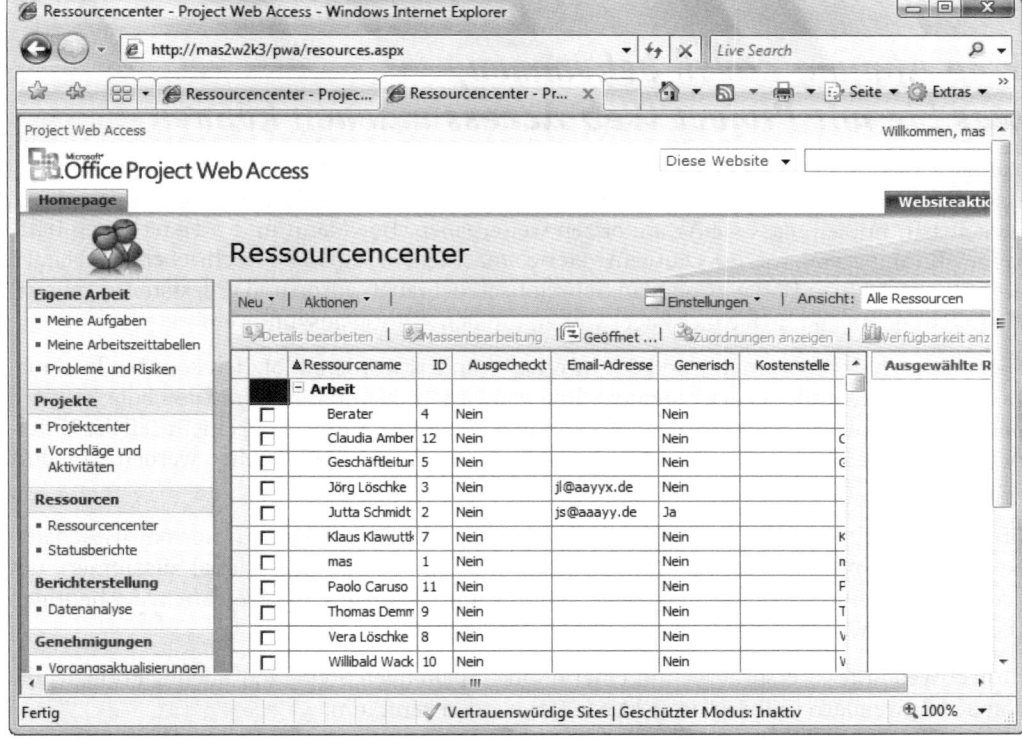

Abbildung 18.1: Das Ressourcencenter, eine Funktion von Project Web Access, hilft Ihnen, ein Projekt aufzubauen und dabei auf einen Blick alle Ressourcen des Unternehmens sehen zu können.

Wenn Sie im Unternehmen über ein LAN oder ein Intranet verfügen, können Sie Project Server und Project Web Access so einrichten, dass diese und andere Vorteile bereitgestellt werden.

 Nicht jedes Mitglied Ihres Teams muss Project installiert haben, um damit arbeiten zu können, solange es Zugriff auf Ihr LAN oder Intranet und Zugriff auf Project Web Access hat und über die entsprechenden Berechtigungen im Netz verfügt.

Zu den Nachteilen von Project Server und Project Web Access gehören:

✔ Die Kosten für Lizenzen

✔ Die Zeit für die Installation und die Wartung des Servers und für die Schulung der Anwender

✔ Die Notwendigkeit, dafür zu sorgen, dass alle Projekte unternehmensweit einheitlich gehandhabt werden. (Wenn Sie dies unterlassen, können die Informationen, die Sie über Project Server erhalten, ungenau und veraltet sein.)

Eine Ahnung davon bekommen, was Sie mit Project Web Access machen können

Vor langen Zeiten, als es noch kein Internet gab, als Johnny Cash noch in Gefängnissen sang und die Gummistiefel noch aus Holz waren, konnten Unternehmen Informationen nur dadurch gemeinsam nutzen, dass sie Aktennotizen weitergaben. Der Mann in der Herstellung hatte keine Ahnung davon, was die Leute im Vertrieb machten, bis ein handgeschriebener Verkaufsauftrag durch einen Boten zu seinem Schreibtisch gebracht wurde und er feststellen musste, dass nicht genügend Artikel auf Lager waren, um den Auftrag auszuführen.

Dies ist durch Computernetze und das Internet geändert worden. Plötzlich konnten Informationen durch zentrale Ablagesysteme online gemeinsam genutzt werden. Die Leute konnten per E-Mail unmittelbar miteinander kommunizieren. Eine Aktion, die in einem Teil des Unternehmens ausgeführt wurde, konnte sofort von einem anderen Teil gesehen werden, und dort war man dann in der Lage, zu antworten und zu reagieren.

Project Web Access ist für Project Server in etwa das, was das Internet für normale Geschäftsabläufe ist. Project Web Access arbeitet mit Microsoft Project Professional zusammen, um zentral für die Informationen und die Kommunikation zu sorgen, die Projekte in der heutigen Das-muss-ich-wissen-Welt auf dem richtigen Weg halten.

Project Web Access versorgt Sie mit einer online arbeitenden Steuerzentrale für Projekte, die von den Anwendern in Ihrem Projekt benutzt werden kann, um:

✔ **online zu kommunizieren,** damit Aktualisierungen von Fortschritten ausgetauscht und Vorschläge für neue Vorgänge an den Projektleiter gesendet werden können;

✔ **Zuordnungen** zu Vorgängen aus einem standardisierten Ressourcenpool **vorzunehmen, anzuschauen und zu akzeptieren oder abzuweisen**;

✔ **Aktivitäten an Vorgängen zu aktualisieren,** indem eine Arbeitszeittabelle wie die aus Abbildung 18.2 verwendet wird;

✔ **Statusberichte zu versenden und anzufordern und Projektinformationen zu überprüfen**;

✔ **Projektdokumente zu verwalten,** mehrere Versionen von Projekten zu erstellen und zu vergleichen und Bibliotheken mit Dokumenten einzurichten;

18 ➤ Project Web Access für den Projektleiter

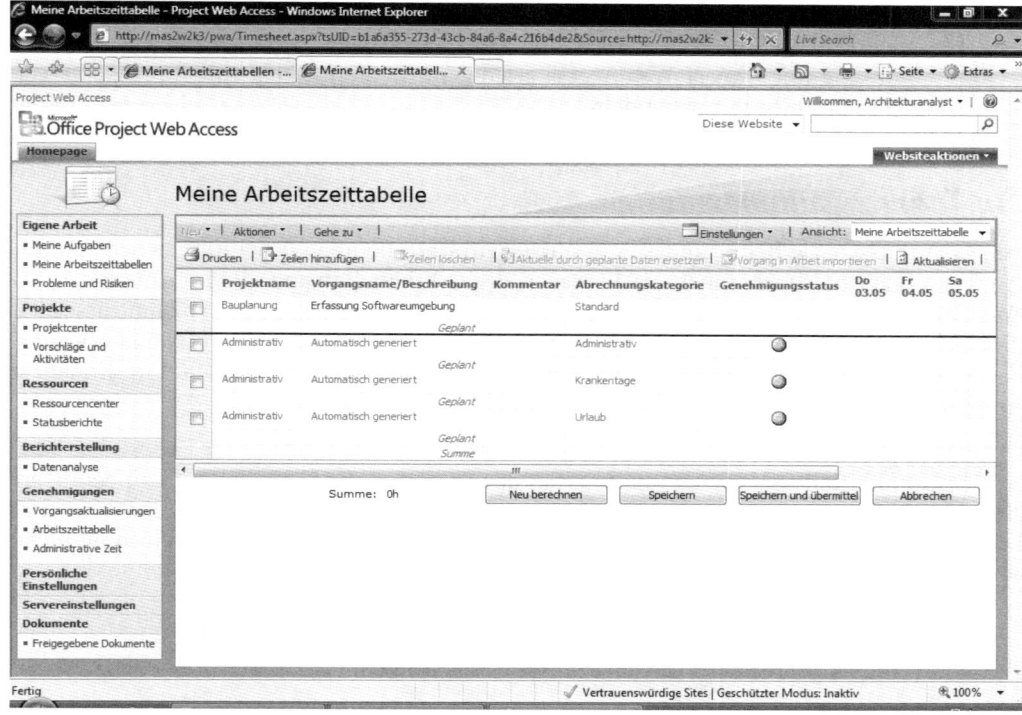

Abbildung 18.2: Die Arbeitszeittabelle sorgt für eine praktische Möglichkeit, damit die Ressourcen die Zeiten eingeben können, die sie an einem Vorgang gearbeitet haben.

✔ **wichtige Dokumente zu einem Projekt hinzuzufügen** (Sie möchten zum Beispiel eine zentrale Zielaussage oder eine in Excel erstellte Budgetdatei zu Ihrem Projekt hinzufügen, damit andere dies online lesen können);

✔ **Analysewerkzeuge zu verwenden,** um Wenn-dann-Szenarien zu modellieren und Risiken und Fortschritte von Projekten zu entdecken;

✔ **Vorstellungen umzusetzen und zu überarbeiten.** Dies ist eine neue Funktion von Project 2007, die es erlaubt, mit dem Aufbau von Projektideen zu beginnen, bevor Sie so weit sind, einen vollständig ausgestatteten Projektplan anzulegen.

Den Einsatz von Project Server und Project Web Access planen

Bevor Ihr Administrator damit anfängt, Project Server zu installieren, sollten Sie sich mit ihm zusammensetzen und darüber nachdenken, wie Sie diesen Server in Ihrem Unternehmen einsetzen wollen. Sie müssen während der Installation einige Einstellungen zum Design vornehmen, die darauf basieren, was Sie mit dem Produkt machen wollen.

 Die Werkzeuge, die im Menü ZUSAMMENARBEIT von Project existieren, werden aktiviert, wenn Project Server installiert worden ist. Damit können Sie viele Arbeiten, die Sie mit Project Web Access erledigen müssten, direkt mit Ihrer Kopie von Microsoft Project abhandeln.

Ein Team zusammenstellen

Zunächst müssen Sie herausfinden, wer aus Ihrem Unternehmen dabei mitmachen soll. Sie brauchen höchstwahrscheinlich die Vorgaben der Geschäftsführung, die Informationen der *Endbenutzer* (das sind die Mitglieder Ihrer Teams), die Erfahrungen und Fachkenntnisse aller Projektleiter Ihres Unternehmens, die die unternehmensweiten Funktionen verwenden wollen, und jemanden (oder drei oder vier Jemands) Ihrer IT-Abteilung, die das Ding im Endeffekt einrichten.

Wie das bei den meisten netzwerkorientierten Arbeiten mit Computern der Fall ist, hat jeder eine bestimmte Rolle zu spielen und muss in der Lage sein, die Dinge im Netz zu benutzen, die seiner Rolle entsprechen. Project Server sorgt für ein Benutzermodell, das drei Arten von Teilnehmern kennt, und stellt die entsprechenden Informationen und Zugriffbedingungen bereit:

- ✔ **Projektleiter,** die die täglichen Abläufe eines Projekts überblicken
- ✔ **Mitglieder** des Teams, die die Arbeit im Projekt erledigen
- ✔ **Kunden und Geschäftsführung,** die regelmäßig aktuelle Informationen über den Fortschritt eines oder mehrerer Projekte erwarten

Sie sollten herausfinden, wie diese Rollen zu den Funktionen in Ihrem Projektteam passen, und zusammen mit den Leuten Ihrer IT-Abteilung die Berechtigungsstrukturen von Project Server dementsprechend einrichten.

Informationen sammeln

Als Nächstes richten Sie Abläufe ein, um alle unternehmensweiten Informationen, die Sie in Project Server eingeben müssen, zu erforschen und sich mit den Verantwortlichen zu einigen, was endgültig in Project Server landen soll. Zu diesen Informationen zählen Ressourcen, deren Stundensätze und Verfügbarkeitskalender, die Codestruktur des PSPs (Projektstrukturplan), die Formate von Standardberichten, benutzerdefinierte Felder, die Sie in das Project Server Global Template (die als globale Servervorlage so etwas Ähnliches wie das Global Template von Project 2007 ist, aber nur online zur Verfügung steht) eingeben, und Filter, Ansichten, Tabellen und so weiter.

Das Schlüsselwort bei diesem Planungsvorgang ist *Standardisierung*. Dadurch, dass Sie die Informationen in Ihren Projekten standardisieren und online bereitstellen, steigern Sie die Produktivität beim Erstellen von Projekten und sorgen für Mechanismen, um Projekte problemlos miteinander vergleichen zu können.

Vergessen Sie die Schulung nicht!

Project Web Access verlangt von verschiedenen Leuten Ihres Unternehmens, dass sie neue Tricks kennen lernen. Ihr IT-Personal benötigt Zeit, um sich mit der Einrichtung und der Wartung der Project-Server-Datenbank vertraut zu machen. Projektleiter müssen lernen, die Berichte der Arbeitszeittabellen zu benutzen, um Projekte zu überwachen. Die Mitglieder des Teams müssen ebenfalls geschult werden, um mit den Statusberichten und den Zeittabellen von Project Web Access umgehen zu können. Berücksichtigen Sie bei Ihrem Implementierungsprozess die Notwendigkeit von Zeit und Geld, um Schulungen effektiv durchführen zu können.

Abläufe standardisieren

Legen Sie ein besonderes Augenmerk auf die Abläufe des Berichtswesens, das die verschiedenen Benutzer in ihren Projekten verwenden. Standardisierte Abläufe und Formate der Berichte stellen sicher, dass diejenigen, die Berichte der verschiedenen Projekte zu lesen bekommen, leicht und schnell verstehen, was sie sich da anschauen. Legen Sie auch fest, wie die Durchführung der Projekte bewertet wird. So erzeugt zum Beispiel die Art, wie der Ertragswert benutzt wird, um Vorgänge zu erstellen, unterschiedliche Werte bei der Durchführung von Projekten.

Sie können Ihr Gedächtnis zum Thema Berichte auffrischen, indem Sie zu Kapitel 16 gehen.

Arbeiten Sie mit der IT zusammen

Arbeiten Sie mit den Mitgliedern Ihrer IT zusammen, um die Funktionen von Project Server herauszufinden, die Sie in Ihrem Unternehmen nutzen wollen. Wenn zum Beispiel die Verwaltung eines Online-Diskussionsforums für Ihr Unternehmen von Bedeutung ist, müssen Sie ein solches Forum vielleicht auf Ihrer Project-Web-Access-Site einrichten.

Auf Probleme vorbereitet sein

Gestatten Sie mir ein paar abschließende Worte zur Implementierung von Project Server und Project Web Access in Ihrem Unternehmen: Weil Sie von jetzt an täglich Ressourcen und Informationen mit anderen gemeinsam nutzen, sollten Sie sich ein paar Gedanken darüber machen, wie Sie mit Problemen umgehen wollen, wenn es dazu kommt. Was passiert zum Beispiel, wenn Sie eine Ressource nutzen möchten, die bereits von einem anderen Projektleiter in einem anderen Projekt verplant worden ist? Oder wie sollen die verschiedenen Projektleiter Werkzeuge wie den Kapazitätsabgleich einsetzen, um Ressourcenkonflikte zu lösen?

 Sorgen Sie dafür, dass jedermann die Höflichkeitsregeln kennt, die es einzuhalten gilt, wenn man unternehmensübergreifend arbeitet und Menschen, Ausrüstung und Informationen gemeinsam nutzt.

Ein Überblick über die Werkzeuge von Project Web Access

Welche Leckerlies stehen Ihnen denn nun zur Verfügung, nachdem sich Ihr Unternehmen durch die nicht gerade ermutigende Aufgabe gequält hat, die Software einzurichten? Jetzt ist es an der Zeit, einmal einen näheren Blick darauf zu werfen, wie Sie in Ihren Projekten die speziellen Funktionen von Project Web Access verwenden können.

 Kapitel 19 erklärt ausführlich, wie Endbenutzer die verschiedenen Funktionen von Project Web Access einsetzen können.

Zuordnungen machen und Vorgänge delegieren

Da eine der zentralen Aufgaben von Project Web Access darin besteht, Ihnen beim Umgang mit den Mitgliedern Ihres Teams zu helfen, ist eines der nützlichsten Elemente die Möglichkeit, Ressourcenzuordnungen durchzuführen und die Arbeit an Vorgängen zu verteilen.

Wenn Sie in einem Projekt Zuordnungen vornehmen, können Sie dies erledigen, indem Sie auf einen Ressourcenpool zugreifen. Dieser zentrale Verwaltungsort von Ressourcen sorgt über die Projekte Ihres Unternehmens hinweg dafür, dass die Konsistenz von Ressourcenkalendern, Stundensätzen und so weiter erhalten bleibt. Wenn Sie Ressourcen aus diesem Pool Ihren Projekten zuordnen (wie es Abbildung 18.3 zeigt), können Sie auch sehr schnell erkennen, welche Ressourcen projektübergreifend überlastet sind.

Sie können sich im Ressourcencenter auch die Zuordnungen und die Verfügbarkeit einer Ressource anzeigen lassen, was dabei helfen kann, eine Ressourcenstrategie zu entwickeln. Abbildung 18.4 zeigt die aktuellen Zuordnungen einer Ressource – die mehr als fleißig ist.

Nachdem Sie die Zuordnungen vorgenommen haben, können die Mitglieder Ihres Teams auf ihre speziellen Arbeitszeittabellen zugreifen und per E-Mail eine Mitteilung über diese Zuordnungen erhalten. Die Mitglieder eines Teams können Zuordnungen an andere Teammitglieder übertragen. Weiterhin sind die Mitglieder des Teams in der Lage, Statusberichte der durchgeführten Arbeiten zu überprüfen und zu genehmigen, bevor diese Berichte an den Projektleiter gesendet werden.

 Natürlich haben Sie kein Interesse daran, dass jedermann den schwarzen Peter einer Zuordnung weitergibt. Der Projektleiter kontrolliert, wer in einem Projekt Zuordnungen übertragen darf und wer nicht.

18 ➤ Project Web Access für den Projektleiter

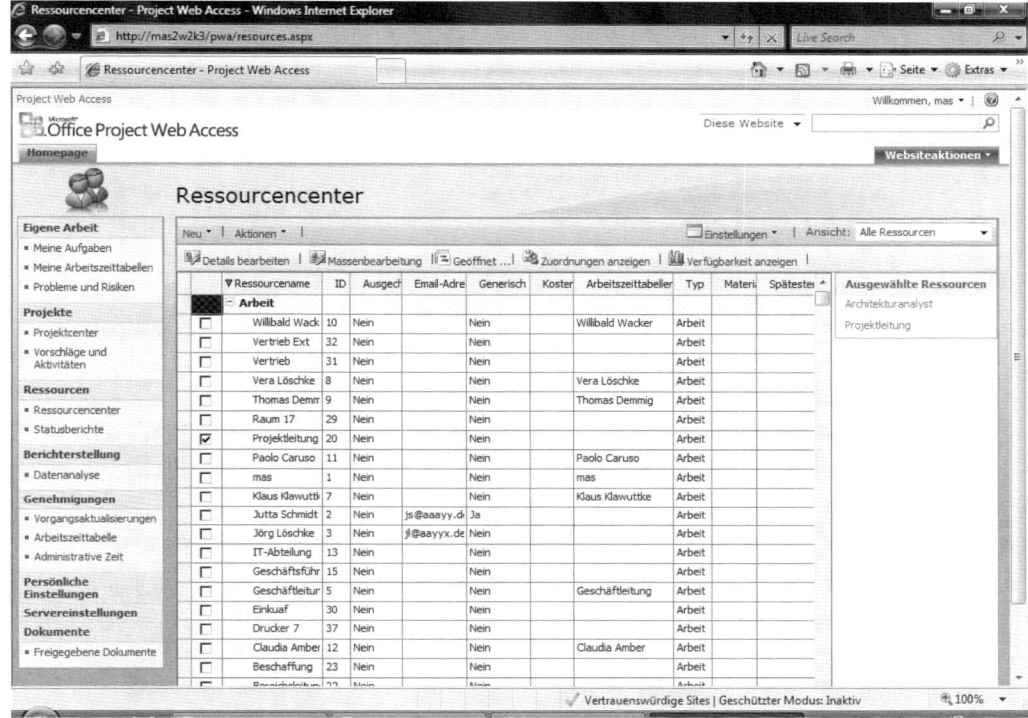

Abbildung 18.3: Das Ressourcencenter liefert Informationen über Ressourcen und die Möglichkeit, sich deren Zuordnungen anzuschauen.

Den Fortschritt überwachen

Ich erzähle Ihnen in Kapitel 13 einiges darüber, wie Sie Informationen über die Aktivitäten von Ressourcen einsammeln und in Ihre Projektdatei eingeben können, um den Fortschritt im Projekt zu überwachen. Dies kann ein mühsamer Vorgang sein. Wäre es da nicht toll, wenn Ihre Ressourcen selbst ihre Arbeit in eine Arbeitszeittabelle eingeben könnten, die dann automatisch in Project importiert wird, um die Überwachung für Sie zu erledigen? Nun, da habe ich eine nette Überraschung für Sie ...

Einer der größten Vorteile beim Einsatz von Project Web Access ist der, dass die Mitglieder des Teams ihre Aktivitäten an Vorgängen selbstständig überwachen und Ihnen online melden. Projektleiter können dann Aktualisierungen dieser Berichte anfordern oder Erinnerungen senden, kurz bevor neue Aktualisierungen anstehen.

Die Mitglieder des Projektteams können Project Web Access dazu verwenden, aktuelle Aktivitäten in ein Arbeitsblatt einzutragen. Web Access kommuniziert direkt mit Project auf dem Computer des Projektleiters. Sie als Projektleiter können dann entweder die Aktualisierungen manuell in Ihren Projektplan eingeben oder diese Arbeiten automatisch von Project durchführen lassen. Sie können auch Anforderungen für die Aktualisierung von Vorgängen erstellen, die dabei helfen, Ihr Team daran zu erinnern, dass Sie gerne über Aktivitäten und Fortschritte informiert werden möchten.

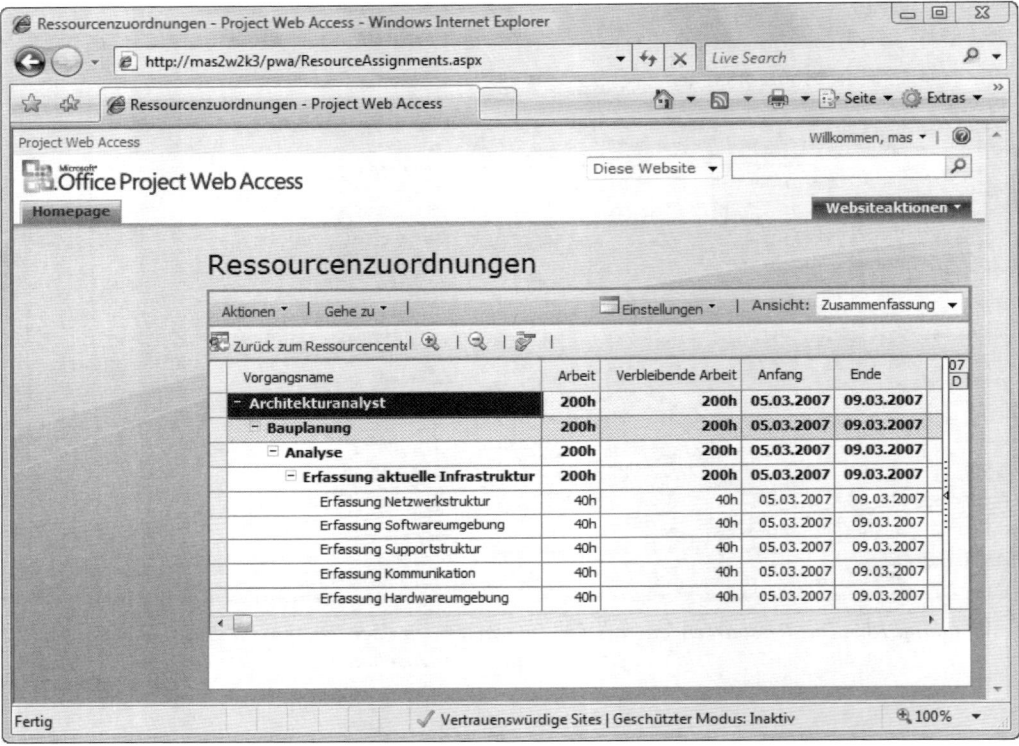

Abbildung 18.4: Dadurch, dass die Daten einer Ressource zentral verfügbar sind, wird das Leben eines viel beschäftigten Projektleiters einfacher.

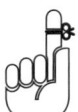 Wie Funktionen wie ein Überwachungsblatt eingesetzt werden, beschreibe ich in Kapitel 19.

Wie funktioniert das mit den Statusberichten?

Sie können *Statusberichte*, wie den aus Abbildung 18.5, entwerfen und anfordern, wobei es sich bei diesen Berichten eigentlich um Formulare handelt, die die Leute in Ihrem Projekt vervollständigen, um den Status der Vorgänge zu beschreiben, mit denen sie beschäftigt sind. Die Berichte werden nicht dafür benutzt, die aktuelle Arbeit zu überwachen oder aufzuzeichnen. Sie helfen stattdessen den Mitgliedern des Teams, die verschiedenen Dinge zu beschreiben, die vorgefallen sind, und darzulegen, wie die Vorgänge vorankommen.

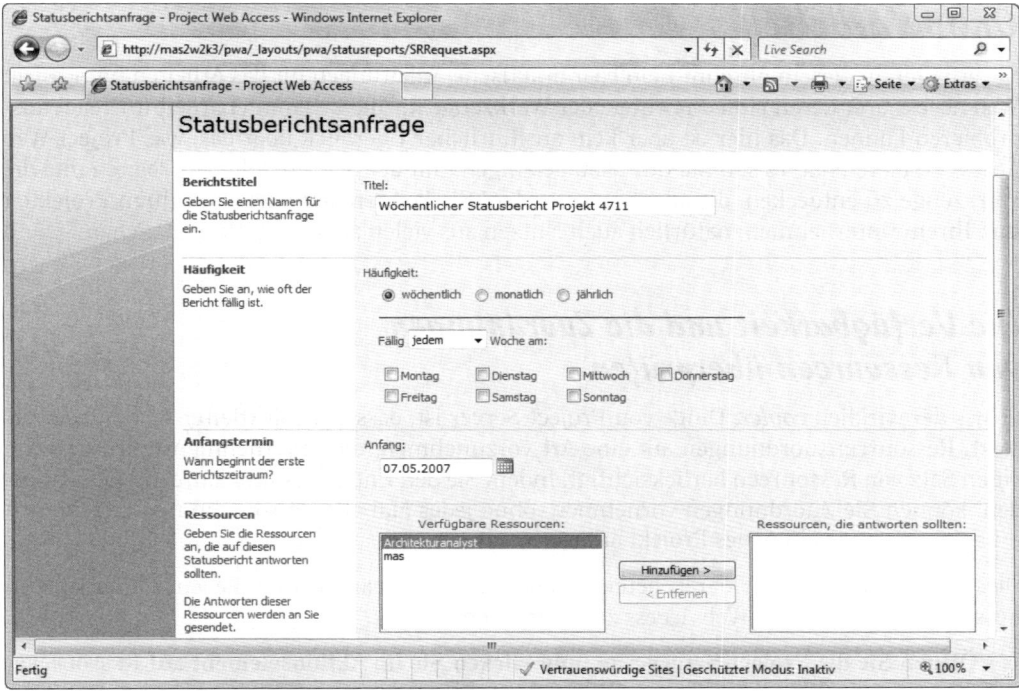

Abbildung 18.5: Sie legen genau fest, was Sie alles in einem Statusbericht sehen möchten.

Sie können Statusberichte anfordern und mit den Antworten des Teams arbeiten. Eines der netten Dinge, die Sie als Projektleiter mit Statusberichten machen können, ist, dass Sie die einzelnen Statusberichte in einem Projektstatusbericht zusammenfassen. Dann können Sie diesen Bericht den Kunden und der Geschäftsführung zugänglich machen, damit diese ebenfalls die neuesten Informationen über das Projekt erhalten.

Zugang erhalten

Bevor Sie anfangen können, müssen Sie ein Project Server-Konto bekommen und ein Projekt im Web veröffentlichen. Sie benutzen die ENTERPRISE-OPTIONEN des Menüs EXTRAS, um ein Project Server-Konto einzurichten. Dazu gehören das Angeben eines Server-URLs und einige Zugangseinstellungen. Dann können Sie den Befehl VERÖFFENTLICHEN aus dem Menü DATEI benutzen, um ein Projekt auf dem Server zu veröffentlichen. Bitten Sie hier am besten jemanden aus der IT-Abteilung um Hilfe, damit Sie auch den richtigen URL einsetzen, und lassen Sie sich zeigen, wie Sie auf den Server zugreifen können.

Online arbeiten

Sie erhalten in diesem Abschnitt ein paar praktische Anleitungen für das Arbeiten mit Project Web Access, mit deren Hilfe Sie einige der Werkzeuge für die Zusammenarbeit im Team ausprobieren können. Das hier ist aber kein ausführlicher Überblick über das, was Project Web Access zu bieten hat, es soll Sie nur dazu befähigen, mit der Schnittstelle zu arbeiten und die Werkzeuge zu entdecken, die angeboten werden. Sie können, abhängig von Ihren Projekten und Ihrem Unternehmen, natürlich auch Nutzen aus vielen anderen Optionen ziehen.

Die Verfügbarkeit und die Zuordnungen von Ressourcen überprüfen

Eines der wirklich *coolen* Dinge von Project Server ist, dass er Projektleiter in die Lage versetzt, Ressourcenzuordnungen auf eine Art vorzunehmen, die unternehmensweit nur noch einen Satz von Ressourcen berücksichtigt. Indem Sie den Enterprise-Ressourcenpool verwenden, können Sie Zuordnungen vornehmen, ohne jedes Mal alle Ressourcen neu erstellen zu müssen, wenn Sie ein neues Projekt anlegen.

Dies sind die Punkte, die daran beteiligt sind, die Verfügbarkeit und die Zuordnungen von Ressourcen über Project Web Access zu überprüfen:

1. **Öffnen Sie die Project-Server-Site, und klicken Sie im Aktionselement auf RESSOURCEN-CENTER.**

   Project zeigt das Ressourcencenter an. Hier werden die Ressourcen des Unternehmens aufgeführt.

2. **Markieren Sie ein Kontrollkästchen, um eine Ressource auszuwählen.**

3. **Klicken Sie auf die Schaltfläche ZUORDNUNGEN ANZEIGEN.**

   Es werden, wie Abbildung 18.6 zeigt, die zugeordneten Arbeitsstunden der ausgewählten Ressource,und die verbleibende Arbeit an diesen Vorgängen angezeigt. Weiterhin werden die vorgesehenen Anfangs- und Endtermine der Vorgänge aufgeführt.

4. **Wählen Sie GEHE ZU|RESSOURCENVERFÜGBARKEIT ANZEIGEN.**

   Es werden, beginnend mit dem aktuellen Tagesdatum, die tagtäglich verfügbaren Arbeitsstunden der Ressource aufgelistet (siehe Abbildung 18.7).

 Wenn Sie sich die Zuordnungen von Ressourcen anschauen, können Sie auch schnell einen Blick auf den Vorgangsbalken eines dazu gehörenden Vorgangs werfen, indem Sie den Vorgang anklicken und auf das Symbol BILDLAUF ZUM VORGANG klicken.

Ressourcenzuordnungen

Vorgangsname	Arbeit	Verbleibende Arbeit	Anfang	Ende
− IT-Abteilung	616h	410,4h	05.03.2007	16.05.2007
− Neuplanung	616h	410,4h	05.03.2007	16.05.2007
− Neuplanung unternehmensweite IT	616h	410,4h	05.03.2007	16.05.2007
− Analysen	616h	410,4h	05.03.2007	16.05.2007
− Bedarfsplanung Software	192h	192h	22.03.2007	18.04.2007
− Angebotsphase	160h	160h	22.03.2007	18.04.2007
Angebote einholen	160h	160h	22.03.2007	18.04.2007
− Bedarf verifizieren	32h	32h	22.03.2007	27.03.2007
Analyse Schulungsaufwand	16h	16h	22.03.2007	23.03.2007
Grobe Kostenanalyse	16h	16h	26.03.2007	27.03.2007
− Bedarfsplanung Hardware	336h	204h	20.03.2007	16.05.2007
− Bedarf verifizieren	48h	48h	20.03.2007	27.03.2007
Überblick existierende Hardwa	24h	24h	20.03.2007	22.03.2007
Vorentscheidung für Hardare	8h	8h	27.03.2007	27.03.2007
Grobe Kostenanalyse	16h	16h	23.03.2007	26.03.2007
− Angebotsphase	288h	156h	28.03.2007	16.05.2007
Angebote prüfen	40h	40h	09.05.2007	15.05.2007

Abbildung 18.6: Die Ressourcen, die Sie hier vorfinden, werden von der Person angelegt, die Ihren Project Server administriert.

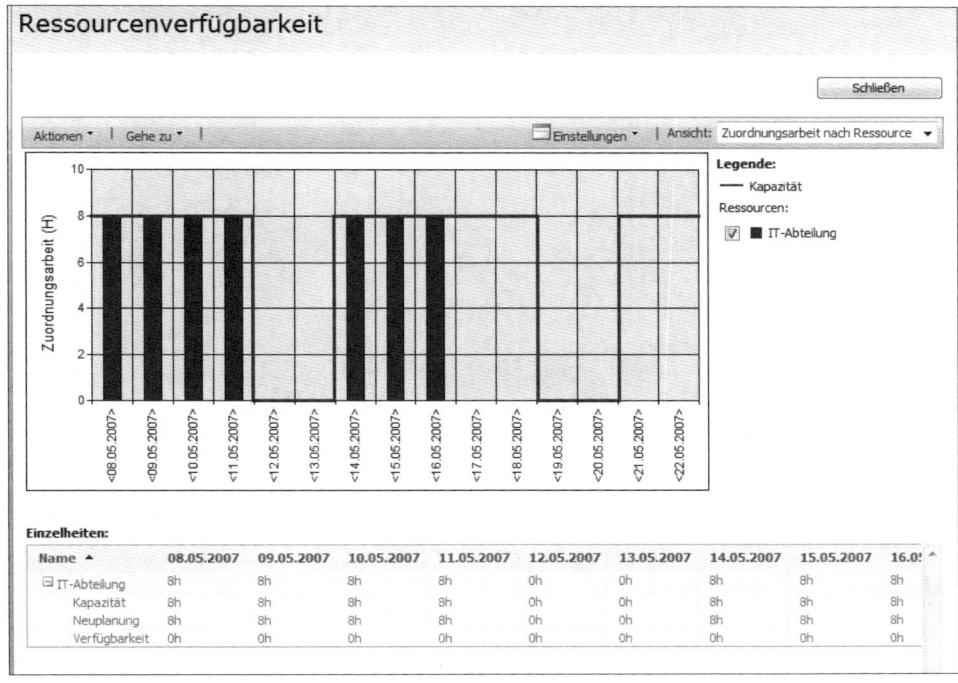

Abbildung 18.7: Dadurch, dass Sie die Verfügbarkeit von Ressourcen sehen können, sind Sie in der Lage, den optimalen Ressourcenplan zu erstellen.

Ein Projektteam aufstellen

Wenn Sie wissen, wer für ein Projekt zur Verfügung steht, können Sie ein Projektteam aufbauen, weil Sie ab jetzt auf einen kompletten Ressourcenpool zugreifen können.

Wenn Sie ein Projektteam aufbauen möchten, gehen Sie so vor:

1. **Klicken Sie im Aktionselement auf die Verknüpfung PROJEKTCENTER, um es anzuzeigen.**

   Das Projektcenter wird angezeigt.

2. **Wählen Sie in der Projektliste Ihr Projekt aus, und klicken Sie auf AKTIONEN|TEAM ZUSAMMENSTELLEN.**

   Es erscheint das Fenster TEAM ZUSAMMENSTELLEN (siehe Abbildung 18.8).

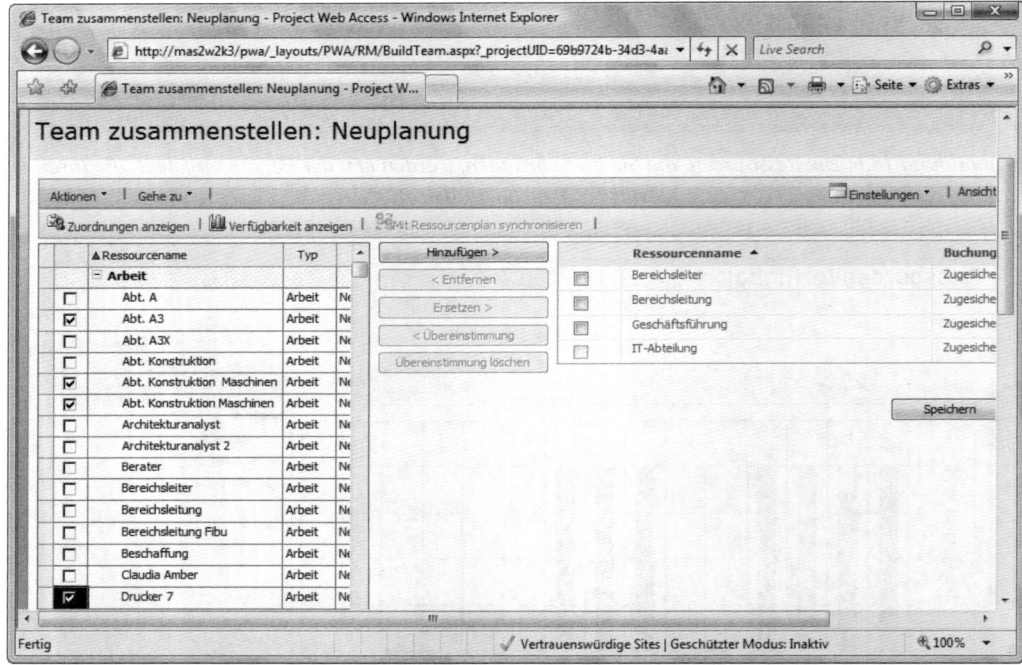

Abbildung 18.8: Wählen Sie die Ressourcen für Ihr Projekt aus.

3. **Markieren Sie die Kontrollkästchen vor den Personen, die Sie Ihrem Projekt hinzufügen wollen.**

4. **Klicken Sie auf HINZUFÜGEN.**

   Die markierten Ressourcen werden zu Ihrem Team hinzugefügt.

5. **Klicken Sie auf SPEICHERN.**

   Die neue Liste mit Ihrem Team wird gespeichert.

Einen Statusreport anfordern

In einer idealen Welt berichtet jede Ressource Ihres Projekt treu und brav über ihre Fortschritte (und die Nachrichten sind alle nur gut). In Wirklichkeit sind die Nachrichten häufig nicht sonderlich toll, und das können weder Project noch ich ändern. Project Server allerdings kennt einen Weg, damit Sie Statusberichte entwerfen und Ihr Team regelmäßig so nerven können, dass es diese Berichte an Sie abliefert.

Sie können einen Statusbericht entwerfen und verlangen, dass Ihr Team diese Berichte in bestimmten Zeiträumen an Sie abschickt, indem Sie einen praktischen Assistenten benutzen.

Wenn Sie einen Statusbericht anfordern möchten, gehen Sie so vor:

1. **Klicken Sie im Aktionselement der Homepage von Project Web Access auf STATUSBERICHTE.**

    Es erscheint die Seite STATUSBERICHTE.

2. **Wählen Sie im Bereich ANFRAGEN die Option NEU|NEUE ANFRAGE.**

    Es erscheint das Fenster STATUSBERICHTSANFRAGE (siehe Abbildung 18.9).

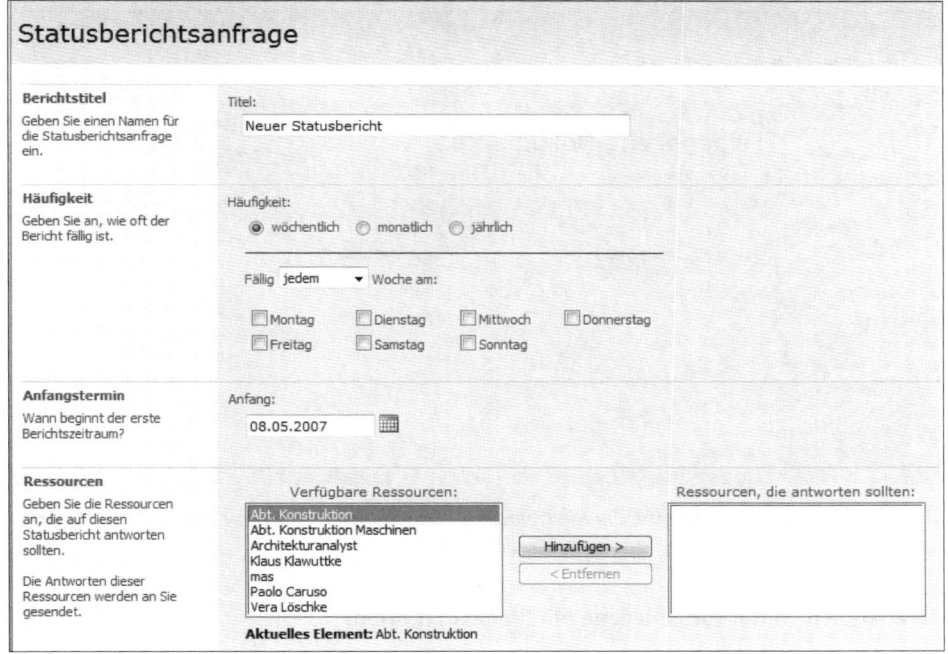

Abbildung 18.9: Geben Sie die Informationen für den Bericht ein, den Sie entwerfen.

3. **Vervollständigen Sie das Formular, indem Sie einen Namen für den Bericht eingeben, die Häufigkeit, in der der Bericht an Sie übermittelt werden soll, festlegen und definieren,**

wann mit dem Bericht angefangen werden soll und welche Ressourcen ihn an Sie zu schicken haben.

4. **Klicken Sie im unteren Bereich des Berichts, der ABSCHNITTE heißt, auf ABSCHNITT EINFÜGEN, und geben Sie einen Namen für den neuen Abschnitt ein. Wiederholen Sie diese Aktion für jeden Abschnitt, den Sie in den Bericht einfügen möchten.**

5. **Klicken Sie auf SENDEN.**

    Die Anforderung wird an jede Ressource gesendet, die Sie angegeben haben.

Dokumente gemeinsam nutzen

Ein weiterer großartiger Nutzen, den Project Web Access bietet, ist der, dass es als Platz dafür dient, Dokumente gemeinsam mit Ihrem Team zu nutzen:

1. **Klicken Sie im Aktionselement der Homepage von Project Web Access auf die Verknüpfung FREIGEGEBENE DOKUMENTE.**

    Es öffnet sich das Fenster FREIGEGEBENE DOKUMENTE (siehe Abbildung 18.10).

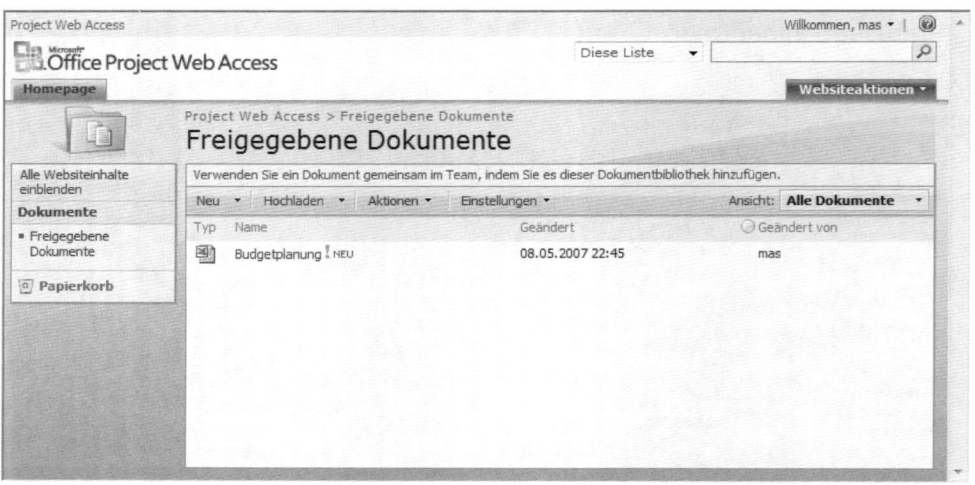

Abbildung 18.10: Alle Dokumente, die Sie freigeben, um sie gemeinsam mit Ihrem Team zu nutzen, befinden sich hier.

2. **Jetzt stehen Ihnen verschiedene Möglichkeiten offen:**

    ◆ *Wählen Sie NEU\NEUES DOKUMENT.* Es wird Word geöffnet, damit Sie ein neues Dokument erstellen können.

    ◆ *Wählen Sie NEU\NEUER ORDNER, und geben Sie einen Ordnernamen ein.* Der Ordner erscheint in der Liste FREIGEGEBENE DOKUMENTE.

♦ Wählen Sie Hochladen\Dokument hochladen oder Mehrere Dokumente hochladen, um ein oder mehrere Dokumente hochzuladen. Wenn Sie ein Dokument hochladen, benutzen Sie die Schaltfläche Durchsuchen, und laden Sie eine Datei hoch (siehe Abbildung 18.11).

♦ Wählen Sie Aktionen\Mit Windows Explorer öffnen, und ziehen Sie das Dokument aus dem Explorer in die Liste Freigegebene Dokumente.

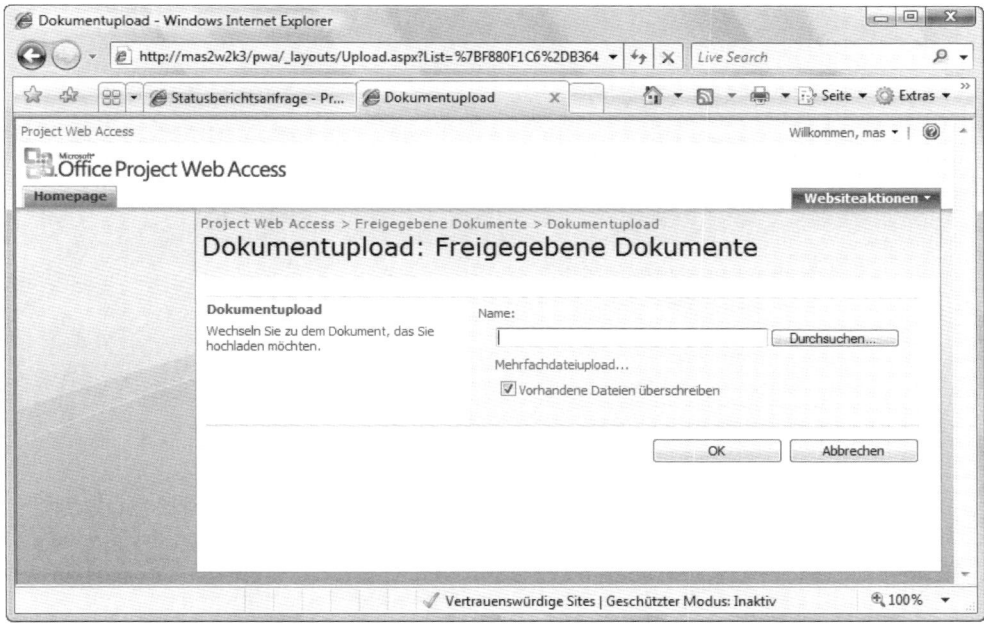

Abbildung 18.11: Klicken Sie auf Durchsuchen, um ein Dokument in Ihre Bibliothek hochzuladen.

 Um eine neue Bibliothek für Dokumente zu erstellen, klicken Sie in der Homepage von Project Web Access auf Dokumente. Klicken Sie dann in dem Fenster, das erscheint, auf Erstellen.

In Kapitel 19 werden weitere Funktionen von Project Web Access behandelt, die für Ihr Projektteam nützlich sein können. Project Web Access ist so reich an Funktionen, dass mir der Platz fehlt, allen in diesem Buch gerecht zu werden. Glücklicherweise sind sowohl die Schnittstelle als auch die Werkzeuge einfach in der Bedienung, und auch die Hilfe ist ziemlich hilfreich. Untersuchen Sie die Punkte, die Sie interessieren, und Sie sind im Nu ein Profi im Umgang mit Project Web Access.

Project Web Access für Benutzer

In diesem Kapitel

▶ Arbeitszeittabellen benutzen, um die aktuelle Arbeit einzugeben

▶ Projektinformationen anschauen

▶ Warnungen und Erinnerungen einrichten

▶ Informationen über die Benutzer von Project Web Access ansehen

---

Project Web Access ist ein wunderbares Werkzeug für Projektleiter, um Zuordnungen vorzunehmen, den Fortschritt zu überwachen und zu kommunizieren, es bietet aber auch den Mitgliedern des Projektteams eine Reihe von Vorteilen.

Sie können sich Project Web Access im Wesentlichen als – bildlich ausgedrückt – Straße mit zwei Fahrbahnen vorstellen. Das bedeutet, dass einerseits Projektleiter Projekte bekannt machen, Zuordnungen von Ressourcen veröffentlichen und Statusberichte anfordern können, und dass andererseits auch die Mitglieder des Projektteams in der Lage sind, Aktionen zu initiieren. Sie können zum Beispiel die Zeit aufzeichnen, die sie an einem Vorgang gearbeitet haben, einen Blick auf die Projektinformationen werfen, Statusberichte an die Projektleiter senden und Warnungen und Erinnerungen einrichten, um ihren Verpflichtungen erstklassig nachzukommen.

Project Web Access aus der Benutzerperspektive betrachten

Die zentrale Homepage von Project Web Access ist als Abbildung 19.1 dargestellt. Sie können den verschiedenen Kategorien, die hier gezeigt werden (Eigene Arbeit, Projekte, Ressourcen, Berichterstellung und so weiter), viele Informationen entnehmen. Sie können auch die Verknüpfungen im Aktionselement auf der linken Seite benutzen, um sich in der Site zu bewegen.

Wenn Sie die verschiedenen Kategorien im Aktionselement benutzen, können Sie viele Dinge ausführen, zu denen auch folgende Punkte gehören: die Eingabe der Stunden, die Sie an Vorgängen verbracht haben; das Anschauen von Projektinformationen; das Erhalten von Erinnerungen an das, was fällig (oder überfällig) ist; die Kommunikation mit anderen Ressourcen Ihres Projekts.

 Wenn Sie Informationen zu den Funktionen benötigen, die für Projektleiter nützlich sind, schlagen Sie in Kapitel 18 nach.

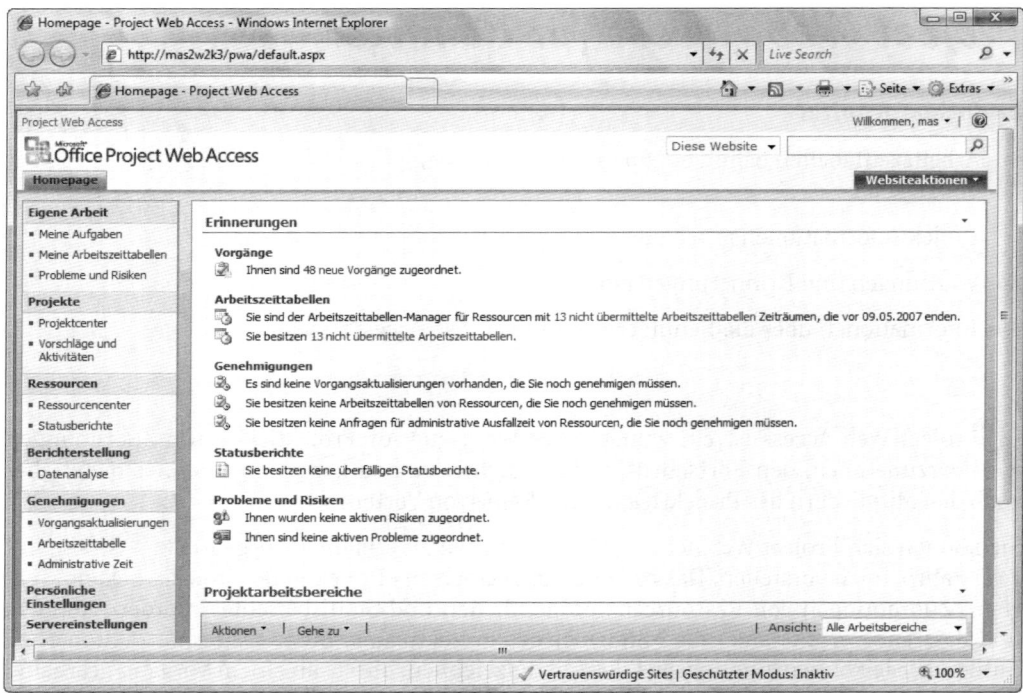

Abbildung 19.1: Die Homepage von Project Web Access ist voll von Verknüpfungen, die Sie benutzen können, um sich umzusehen.

Abgeschlossene Arbeiten melden

Okay, legen Sie Ihre Projektleiterkappe zur Seite (wenn Sie eine haben), und stellen Sie sich vor, dass Sie einfaches Mitglied eines Projektteams sind. Ihr Projektleiter – ich taufe ihn Tom – hat Sie Vorgängen zugeordnet, und Sie haben Fristen einzuhalten (die Ihrer bescheidenen Meinung nach viel zu kurz sind).

Timesheet (auf das Sie über Project Web Access zugreifen können) gibt Ihnen die Möglichkeit, sich Ihre Vorgänge anzuschauen und Informationen über die Zeiten einzugeben, die Sie für die Vorgänge aufgebracht haben. Tom kann Ihre Arbeitszeittabellen kontrollieren (siehe Abbildung 19.2) und den Fortschritt automatisch überwachen.

 Damit Sie nicht allzu sehr verwirrt werden: Es gibt ein Zusatzprogramm für die Arbeit mit Projektmanagementsoftware, das *Timesheet* heißt und – auch im Deutschen – zugekauft werden kann (siehe auch Kapitel 13). Andererseits sind in Project Web Access Funktionen von Timesheet integriert, die Sie nutzen können, wenn Sie Project 2007 Professional besitzen. Diese Funktionen werden in der deutschen Version von Project 2007 als *Arbeitszeittabellen* bezeichnet. In der amerikanischen Version von Project heißen diese Tabellen ebenfalls *Timesheet*.

19 ➤ Project Web Access für Benutzer

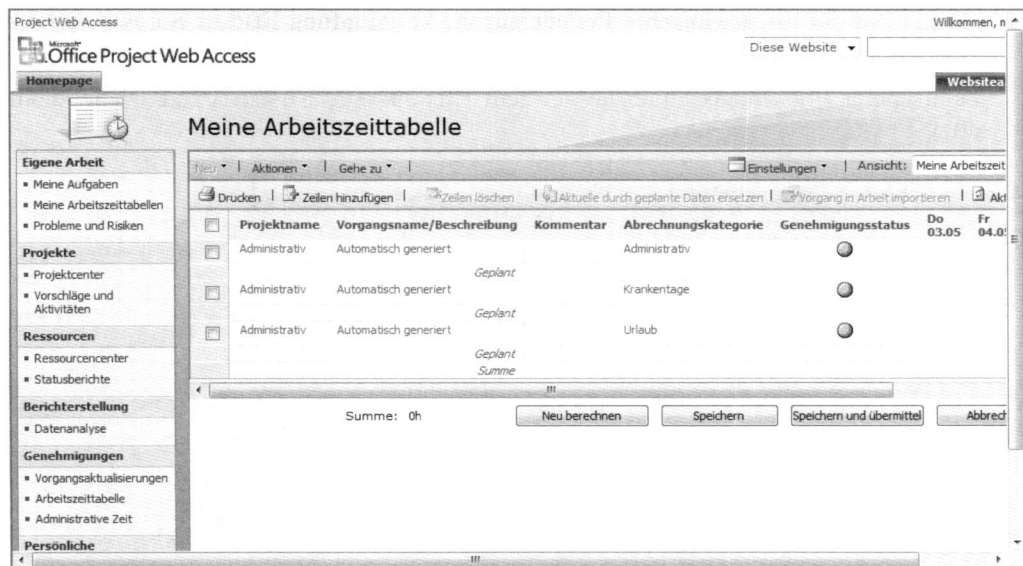

Abbildung 19.2: Die Ansicht Arbeitszeittabelle kann mit Project Web Access geöffnet werden.

Sie gelangen wie folgt in die Ansicht Arbeitzeittabellen:

1. **Zeigen Sie für Ihr Projekt die Hauptseite von Project Web Access an.**
2. **Klicken Sie im Aktionselement auf Meine Arbeitszeittabellen.**

   Es erscheint eine Liste der Arbeitszeittabellen für die verschiedenen Zeitabschnitte des Projekts (siehe Abbildung 19.3).

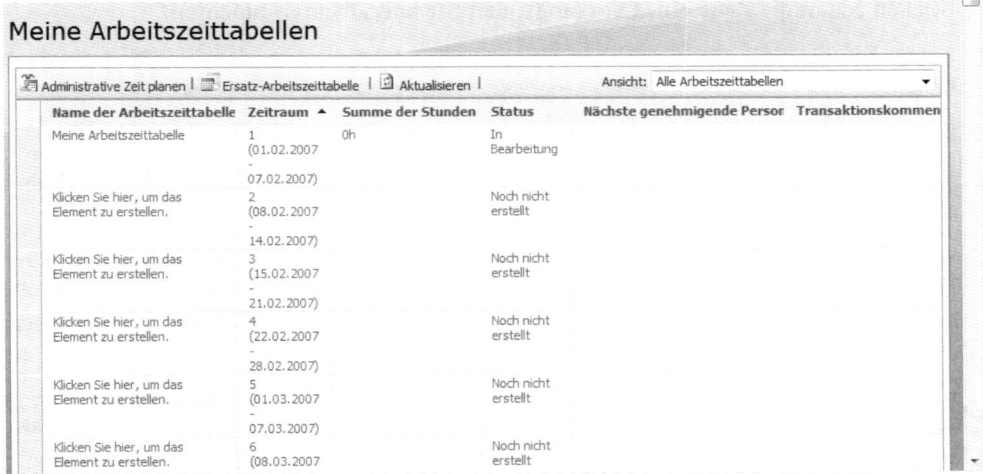

Abbildung 19.3: Die Liste der Arbeitszeittabellen

3. **Klicken Sie für die gewünschte Periode auf die Verknüpfung K**LICKEN **S**IE HIER, UM DIE VERKNÜPFUNG ZU ERSTELLEN.

Es erscheint eine Arbeitszeittabelle mit dem Titel MEINE ARBEITSZEITTABELLE (siehe Abbildung 19.4).

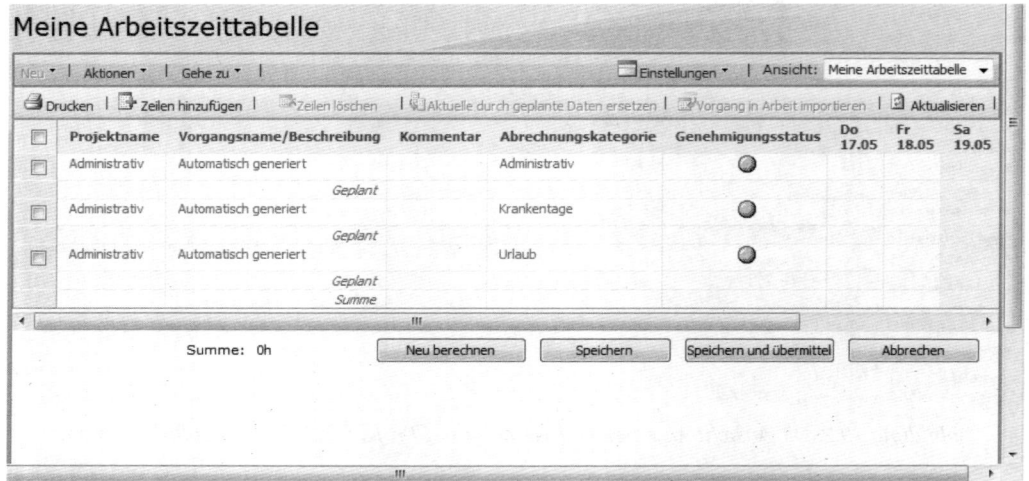

Abbildung 19.4: Arbeitszeittabellen erlauben es Ressourcen, die Zeit zu überwachen, die sie an Vorgängen verbracht haben.

Abbildung 19.4 zeigt, dass die Ansicht der Arbeitszeittabellen so ähnlich aussieht wie ein Arbeitsblatt einer Tabellenkalkulation. Wenn Sie die Arbeit eingeben wollen, die Sie an einem Vorgang geleistet haben, gehen Sie so vor:

1. **Klicken Sie in die Zelle eines Vorgangs, den Sie aktualisieren möchten.**
2. **Geben Sie die Zeit ein, die Sie an einem bestimmten Tag an dem Vorgang gearbeitet haben.**

    Benutzen Sie in dem entsprechenden Datenfeld eine Ziffer (wie 3 für drei Stunden).

3. **Nachdem Sie alles aktualisiert haben, klicken Sie im unteren Teil der Arbeitszeittabelle auf S**PEICHERN **oder S**PEICHERN UND ÜBERMITTELN.

    Wenn Sie auf die Schaltfläche SPEICHERN UND ÜBERMITTELN klicken, erscheint ein Dialogfeld, in dem Sie gefragt werden, an wen Sie die Arbeitszeittabelle senden wollen. Benutzen Sie DURCHSUCHEN, um diese Person zu finden, und klicken Sie dann auf OK, um die Arbeitszeittabelle abzuschicken.

 Wenn Sie auf SPEICHERN geklickt haben, werden die Änderungen, die Sie an der Arbeitszeittabelle vorgenommen haben, zwar in der Datenbank von Project Server gespeichert, sind aber noch nicht dazu verwendet worden, auch das Projekt zu aktualisieren. Das ist Aufgabe von Tom, Ihrem netten Projektleiter. Das Klicken

auf SPEICHERN UND ÜBERMITTELN veranlasst Project Web Access, eine E-Mail an Ihren Projektleiter zu senden, der die Aktualisierung für das Projekt annehmen oder ablehnen kann. Tom, der Projektleiter, kann sich in Project Web Access anmelden und auf die Verknüpfung GENEHMIGUNGEN klicken. Es werden alle Arbeitszeittabellen angezeigt. Der Projektleiter kann diese dann genehmigen oder ablehnen, indem er auf die Schaltfläche GENEHMIGEN oder ABLEHNEN klickt.

Projektinformationen anschauen

Die Teammitglieder eines Projekts haben Project selbst selten auf ihrem Computer installiert. Damit benötigen sie einen Weg, sich den Projektplan anzuschauen. Dies kann dadurch geschehen, dass Project Web Access eingesetzt wird. (Bei dieser Aufgabe ist es auch gleichgültig, ob Sie Projektleiter oder einfaches Teammitglied sind, weil das Anschauen von Projektinformationen in beiden Fällen fast identisch vor sich geht.)

Um sich ein Projekt anzuschauen, gehen Sie so vor:

1. **Zeigen Sie die Project-Web-Access-Seite an.**
2. **Klicken Sie im Aktionselement auf die Verknüpfung PROJEKTCENTER.**

    Es werden alle Projekte angezeigt, auf die Sie Zugriff haben (siehe Abbildung 19.5).

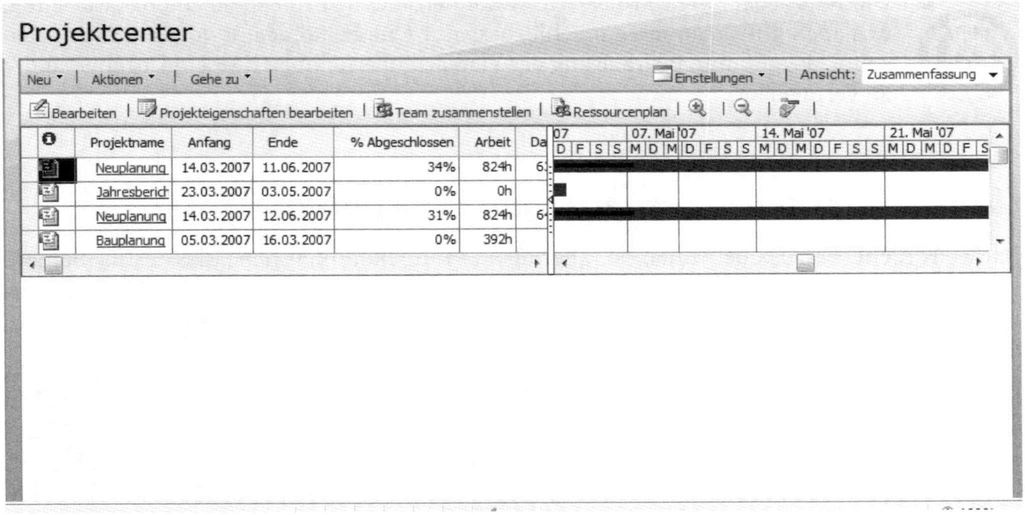

Abbildung 19.5: Sie sehen einen Überblick über alle laufenden Projekte.

3. **Klicken Sie auf die Verknüpfung des Projekts, das Sie sich anschauen möchten.**

    Das Projekt wird angezeigt (siehe Abbildung 19.6).

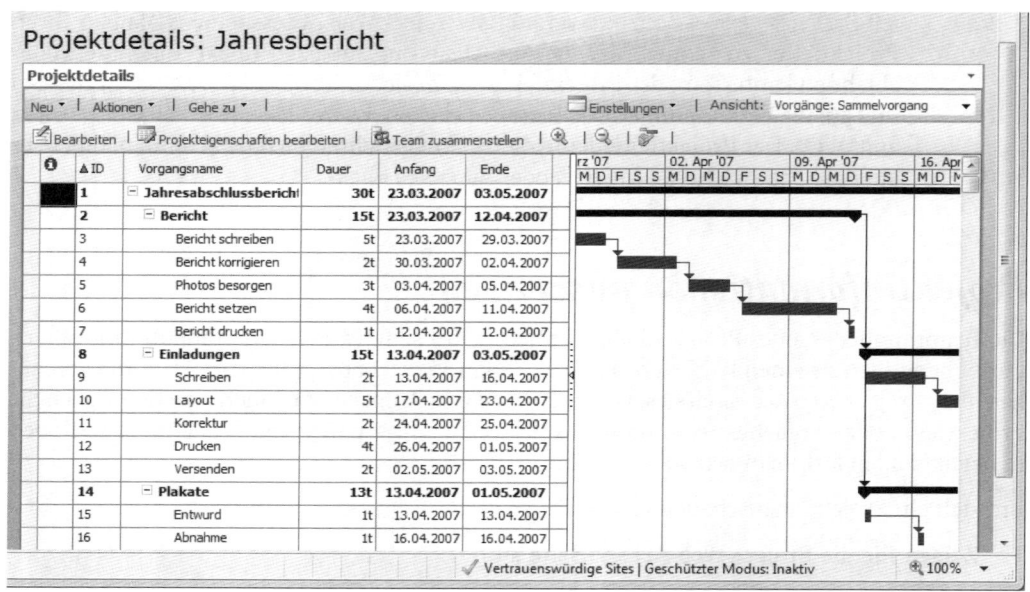

Abbildung 19.6: Das Projekt »Jahresbericht« in all seiner Pracht

 Die Mitglieder Ihres Projektteams können diesen Projektplan nicht bearbeiten, was auch gut so ist. Ich empfehle, dass nur eine Person dafür verantwortlich sein sollte, die gesamte Bearbeitung des Plans zu übernehmen, um ein Durcheinander zu vermeiden.

Warnungen und Erinnerungen einrichten

Ich weiß nicht, wie das bei Ihnen ist, aber als ich mitbekommen habe, dass es in meinem E-Mail-Programm eine Funktion gibt, die mich an meine verschiedenen Verpflichtungen erinnern kann, wurde ich zu einem glücklichen Menschen. Keine verpassten Meetings mehr, und auch die vergessenen Fristen hörten der Vergangenheit an. (Meistens jedenfalls.)

Da die Mitglieder eines Projektteams sehr schnell damit anfangen, die Site von Project Web Access für ihren Einsatz im Projekt als ihre eigene Steuerzentrale zu benutzen, ist es gut, dass sie verschiedene Erinnerungen und Warnungen einrichten können, die Vorgänge im Projekt betreffen, denen sie zugeordnet sind, oder bei denen es um Statusberichte geht, die überfällig sind.

Um Warnungen und Erinnerungen einzurichten, gehen Sie so vor:

1. **Klicken Sie im Aktionselement auf die Verknüpfung Persönliche Einstellungen.**

   Es erscheint das Fenster Persönliche Einstellungen.

19 ➤ Project Web Access für Benutzer

2. **Klicken Sie auf die Verknüpfung EIGENE WARNUNGEN UND ERINNERUNGEN VERWALTEN.**

   Es erscheint das Fenster EIGENE WARNUNGEN UND ERINNERUNGEN VERWALTEN (siehe Abbildung 19.7).

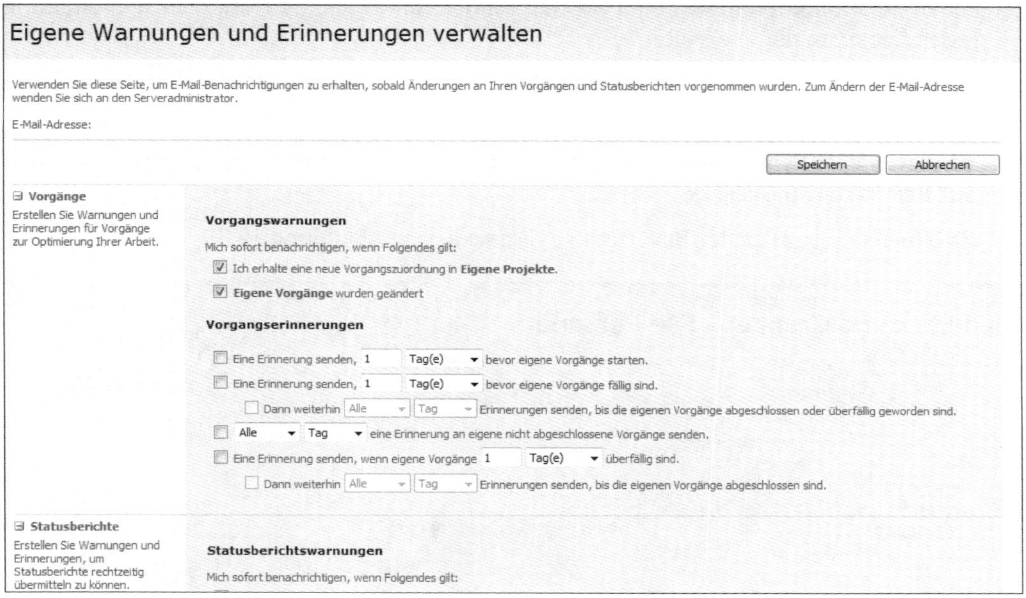

Abbildung 19.7: Erstellen und verwalten Sie hilfreiche Erinnerungen, damit Sie auf dem Laufenden bleiben.

3. **Sie können im Bereich VORGANGSWARNUNGEN festlegen, dass Sie über verschiedene Ereignisse informiert werden.**

   Sorgen Sie hier dafür, dass Sie eine Benachrichtigung erhalten, wenn Sie einem Vorgang zugeordnet werden oder wenn ein Vorgang geändert wird.

4. **Im Bereich VORGANGSERINNERUNGEN können Sie alle möglichen Arten von Erinnerungen einrichten, damit Sie wissen, ob ein Vorgang bald starten oder überfällig sein wird.**

   Sie können hier auch einstellen, dass Sie in bestimmten Zeitabständen an unvollständige oder überfällige Vorgänge erinnert werden.

5. **Im Bereich STATUSBERICHTSWARNUNGEN können Sie Einstellungen vornehmen, damit Sie daran erinnert werden, auf die Anforderungen für Statusberichte zu antworten.**

   Sie können festlegen, dass Sie benachrichtigt werden, wenn eine neue Anforderung für einen Statusbericht eingeht oder wenn ein Statusbericht fällig oder überfällig ist.

6. **Klicken Sie auf SPEICHERN, um Ihre Einstellungen zu speichern.**

Informationen über andere Benutzer erhalten

Wenn Sie an einem Projekt arbeiten, arbeiten Sie die meiste Zeit mit anderen Leuten zusammen. Wissen Sie noch, wie häufig Sie am Abgrund einer Frist gearbeitet und versucht haben, jemanden zu kontaktieren, von dem Sie den Namen, die E-Mail-Adresse oder die Abteilung vergessen haben, in der er arbeitet?

1. Öffnen Sie WEBSITEAKTIONEN, und wählen Sie im Kontextmenü WEBSITEEINSTELLUNGEN aus.

2. Klicken Sie im Fenster WEBSITEEINSTELLUNGEN in der Spalte BENUTZER UND BERECHTIGUNGEN auf BENUTZER UND GRUPPEN.

   Es öffnet sich das Fenster BENUTZER UND GRUPPEN (siehe Abbildung 19.8).

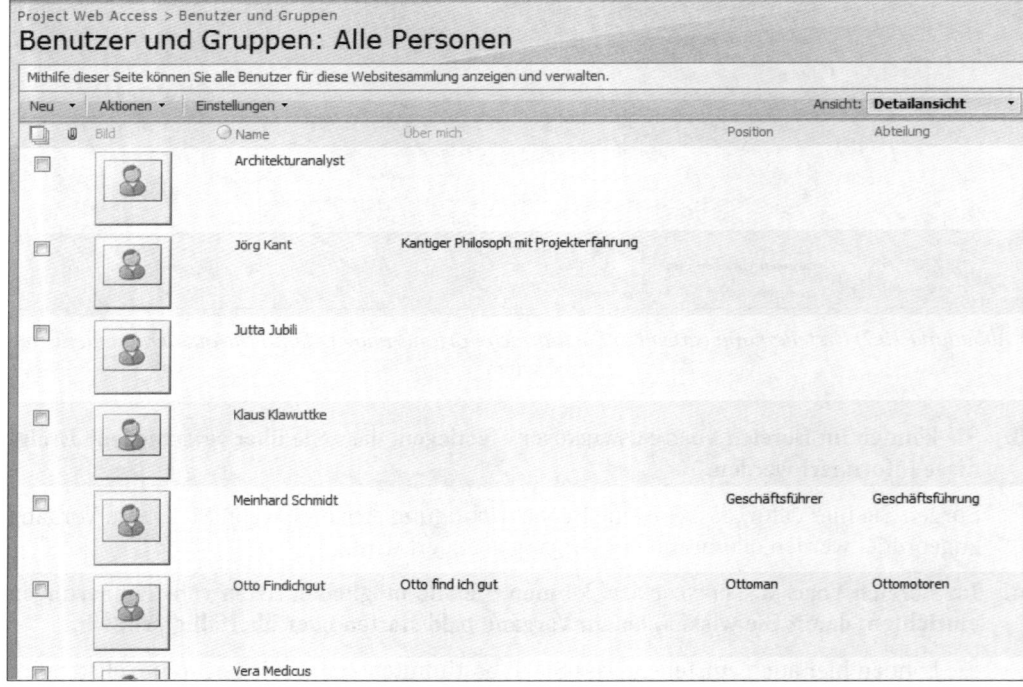

Abbildung 19.8: Greifen Sie hier auf Informationen über Ihre Kollegen zu.

3. Klicken Sie doppelt auf einen Namen, um ein Formular mit detaillierteren Benutzerinformationen anzuzeigen (siehe Abbildung 19.8).

   Es öffnet sich ein Nachrichtenfenster.

4. Wenn Sie damit fertig sind, sich die Informationen über eine Person anzuschauen, klicken Sie auf SCHLIESSEN.

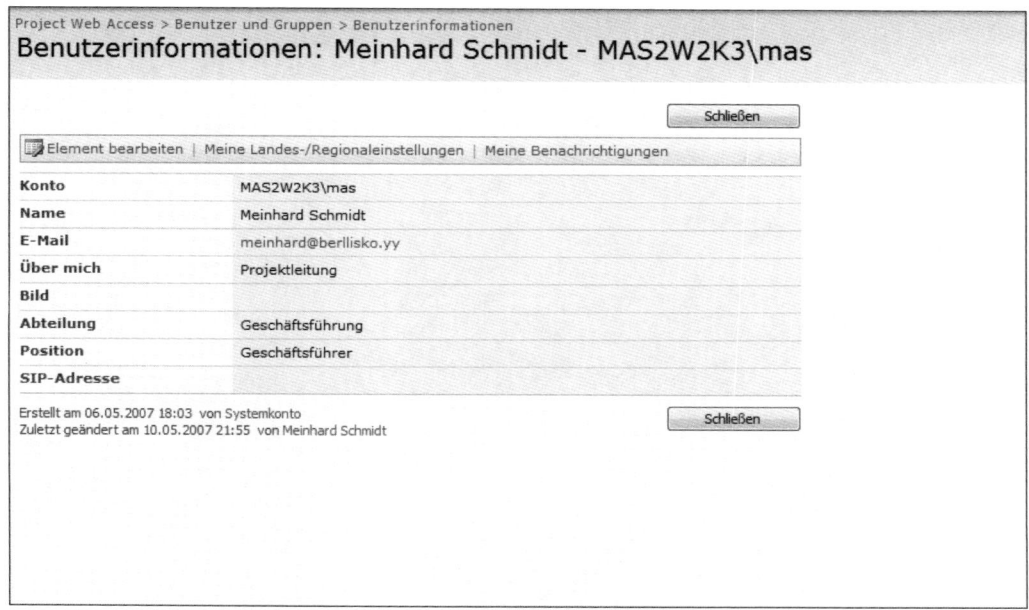

Abbildung 19.9: Schauen Sie sich Informationen über Ihre Kollegen an.

 Wenn Sie es vorziehen, lieber mit jemandem zu telefonieren als ihm eine E-Mail zu schicken, setzen Sie NetMeeting ein, eine Software für Onlinemeetings von Microsoft. Markieren Sie im Fenster BENUTZER UND GRUPPEN eine Person, und wählen Sie dann AKTIONEN|ANRUF/NACHRICHT AN AUSGEWÄHLTEN BENUTZER. Dies öffnet NetMeeting, das Ihnen die Möglichkeit gibt, sich über verschiedene Wege – wie Text, Video oder Telefon – mit dieser Person zu verbinden.

 Wenn Sie mehr über Project Web Access erfahren möchten, schlagen Sie in Kapitel 18 nach, das die verschiedenen Dinge behandelt, die für einen Projektleiter nützlich sein können.

Teil VI

Der Top-Ten-Teil

»Leute, wir können aufgeben. Es sieht so aus, als ob die Japaner einen Früchtekuchen mit 40 Teraflops in der Entwicklung haben und planen, diesen - ob Ihr es glaubt oder nicht - eine Woche vor Weihnachten auf den Markt zu bringen! Okay, wir können unsere bisherige Arbeit verteilen.«

In diesem Teil ...

Zehn Finger, zehn Zehen – Dinge, die in Zehnerform daherkommen, sind eigentlich natürlich. Dieser Teil liefert Ihnen zwei praktische Zehnerlisten: *Zehn goldene Regeln des Projektmanagements* und *Zehn Softwareprodukte für das Projektmanagement zum Ausprobieren*. Das erste dieser beiden Kapitel bietet neuen Benutzern von Project (und natürlich auch altgedienten Veteranen) einige Hinweise darauf, wie sie ein Projekt durchgeführt bekommen. Das zweite Kapitel schaut auf Zusatzprodukte und ergänzende Software, mit der Sie Microsoft Project erweitern können.

Zehn goldene Regeln des Projektmanagements

In diesem Kapitel

▸ Bewährte Methoden des Projektmanagements mit Microsoft Project umsetzen

▸ Terminpläne im Projekt effizienter erstellen und überwachen

▸ Aus Fehlern lernen

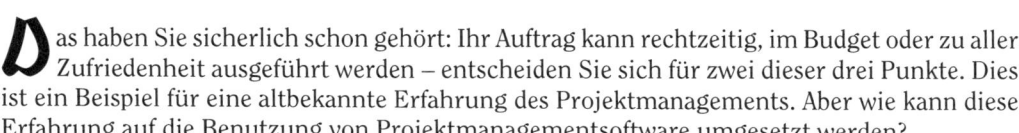

Das haben Sie sicherlich schon gehört: Ihr Auftrag kann rechtzeitig, im Budget oder zu aller Zufriedenheit ausgeführt werden – entscheiden Sie sich für zwei dieser drei Punkte. Dies ist ein Beispiel für eine altbekannte Erfahrung des Projektmanagements. Aber wie kann diese Erfahrung auf die Benutzung von Projektmanagementsoftware umgesetzt werden?

Nun, das ist ganz einfach: Wenn Sie dem Terminplan eines Projekts zusätzliche Ressourcen zuweisen, fügen Sie Ihrem Terminkalender gleichzeitig Kosten und Zeit hinzu, weil Ressourcen mit Kosten verbunden sind und nur in Abhängigkeit von ihrem Arbeitskalender eingesetzt werden können. Um es klar und deutlich zu sagen: Wenn Sie Änderungen vornehmen, die eventuell zu einer Verbesserung der Qualität führen, weil Sie mehr oder teurere Ressourcen hinzugefügt haben, betrifft das naturgemäß sowohl die Zeit als auch das Geld, was Sie beides für Ihr Projekt benötigen. Das Sprichwort, dass Zeit Geld ist, ist wahr, aber Sie sind jetzt in der Lage, die Auswirkung zu erkennen, die eine Aktion auf andere Gesichtspunkte Ihres Projekts hat (besonders dann, wenn etwas, das Sie machen, mit Zeit oder Geld zu tun hat) – und es wird in den vielen Ansichten und Berichten von Project unmittelbar sichtbar.

Welche klugen Sätze zum Thema Projektmanagement sollten Sie also beherzigen, wenn Sie damit anfangen, Project zu benutzen? Hier sind zehn von ihnen, die Sie sich an die Wand Ihres Büros heften sollten.

Beißen Sie nie mehr ab, als Sie auch vertragen können

Wie ich an anderer Stelle in diesem Buch bereits erwähne (siehe Kapitel 1), müssen Sie ein grundlegendes Verständnis für die Ziele Ihres Projekts und den Umfang seiner Aktivitäten aufbringen, bevor Sie damit anfangen dürfen, einen Zeitplan für das Projekt zu erstellen. Planen Sie keine komplette Marketingkampagne, wenn Sie zu diesem Zeitpunkt noch nicht genau wissen, was die Marktanalyse erbringen wird. Weil die zusätzlichen Elemente einer Marketingkampagne von dieser Marktuntersuchung abhängen, müssen Sie das, was als Erstes zu erledigen ist, auch als Erstes erledigen: Erstellen Sie Ihr Projekt phasenweise. Dadurch haben Sie weniger Aufwand damit, spätere Vorgänge zu überarbeiten, die Sie einfach noch nicht berücksichtigen konnten, als Sie mit Ihrer Planung begannen. Es besteht dann auch eine viel geringere Notwendigkeit, den Basisplan für diese späteren Vorgänge anzupassen: Wenn Sie zu weit in der Zukunft liegen, schauen die zeitlichen Vorgaben dieser Vorgänge, je näher Sie ihnen kommen, immer weniger nach dem aus, was Sie ursprünglich dafür vorgesehen haben.

Meißeln Sie Vorgänge, die sich weit in der Zukunft befinden, nicht zu früh in Stein.

Dies sind ein paar Funktionen von Project, die Ihnen bei diesem Prozess helfen können:

✔ Die Möglichkeit, Teilprojekte in einem Hauptprojekt über Verknüpfungen zu verbinden

✔ Die Ansicht NETZPLANDIAGRAMM, die hilft, Phasen Ihres Projekts grafisch darzustellen

✔ Die flexible Natur der grafischen Elemente von Project, die es zulässt, die unterschiedlichen Phasen eines Projekts zu verbergen oder anzuzeigen

Die besten Wege, grafische Elemente von Project zu bearbeiten, finden Sie in Kapitel 5.

Seien Sie bereit

Bevor Sie damit anfangen, Ihr Projekt zu erstellen, müssen Sie Ihre Hausaufgaben machen. Wenn Sie nicht alle Informationen haben, die Sie benötigen, um am Computer mit Project zu arbeiten, werden Sie feststellen, dass Sie Ihre Arbeit ständig mittendrin unterbrechen und herumrennen müssen, um die entsprechenden Informationen zu suchen. Dies ist keine sehr effiziente Art zu arbeiten.

Zu den Dingen, die Sie untersuchen sollten, bevor Sie sich hinsetzen, um einen Zeitplan für das Projekt zu erstellen, gehören:

✔ **Informationen über Ressourcen:** Bei Menschen gehören hierzu der vollständige Name, Kontaktinformationen, Vorgesetzte und Informationen über Vorgesetzte, Fähigkeiten, Kosten, Terminplan und zeitliche Konflikte. Finden Sie bei Ausrüstungsgegenständen und Einrichtungen deren Kosten und Verfügbarkeit heraus.

✔ **Struktur des Teams:** Beobachtet jeder seine Arbeit selbst, oder existiert jemand im Team, der die gesamten Fortschritte eingibt? Wer aktualisiert den Terminplan bei Änderungen? Wer erhält von welchem Bericht Kopien? Sollte das Team online Zugriff auf den generellen Zeitplan haben? Verfügt jeder im Team über die Technologie, um kommunikative Werkzeuge für die Zusammenarbeit – wie Project Web Access – zu nutzen?

✔ **Erwartungen des Managements:** Erwartet das Management, regelmäßig mit Basisplänen versorgt zu werden? Hätte es stattdessen lieber grafische Berichte? Müssen Sie Ihr Budget für die verschiedenen Phasen der Planung des Projekts jeweils separat genehmigen lassen und wenn ja, von wem? Sind unternehmensübergreifende Interessen betroffen, die von

Ihnen verlangen, dass Sie an verschiedene Stellen berichten oder Genehmigungen von unterschiedlichen Stellen einholen? (Schlagen Sie in Kapitel 16 nach, wenn Sie einen Überblick über Berichte erhalten wollen.)

✓ **Unternehmensrichtlinien:** Dazu gehören Richtlinien zur Arbeit, die die Arbeits- und Überstunden von Ressourcen betreffen, der Urlaubskalender, Informationen darüber, wie Ihr Unternehmen mit Verwaltungskosten und Preiserhöhungen im Projekt umgeht, und welche Informationen an Kunden und Lieferanten weitergegeben werden können und welche nicht.

Die Funktion des Enterprise-Ressourcenpools von Project 2007 hilft Ihnen, auf unternehmensweite Informationen zuzugreifen, die auf Ihrem Server abgelegt sind. Dazu gehört eine Liste der global verfügbaren Ressourcen, um über die Projekte hinweg die Zusammensetzung der Ressourcen im Auge behalten zu können.

Jetzt können Sie sich endlich hinsetzen, um in Project ein Projekt einzugeben.

Denken Sie an Murphy

Sie wissen, dass er da draußen unterwegs ist: Murphy mit seinem verflixten Gesetz. Die meisten Projekte werden nicht termingerecht oder im Rahmen des Budgets beendet. Dies gilt besonders für längere und komplexere Projekte. Ihre Aufgabe ist es, die genaueste Planung vorzulegen, die Sie können – und immer dann umsichtige Anpassungen vorzunehmen, wenn Ihnen Knüppel zwischen die Beine geworfen werden. Project stellt Ihnen für diese Anpassungen viele Werkzeuge zur Verfügung. Aber neben all den automatisierten Funktionen von Project können Sie Änderungen zuvorkommen, indem Sie sie bereits in Ihrer Planung berücksichtigen.

Wie ich in Kapitel 6 beschreibe, ist der *kritische Weg* in einem Projekt wirklich kritisch. Jeder kluge Projektleiter baut in seinen Terminplan eine Zeitreserve – und auch eine finanzielle Reserve – ein. Wenn sich das Projekt dann um eine Woche verspätet und 5.000 Euro mehr kostet als geplant, weiß nur der Projektleiter, dass es in Wirklichkeit vier Wochen über dem ursprünglichen Zeitplan liegt – dem, den Murphy nicht in die Finger bekommen durfte – und 25.000 Euro mehr kostet, als zuerst vorgesehen war

Fügen Sie, so weit das möglich ist, Zeit zur Dauer eines jeden Vorgangs hinzu, um auf Änderungen im Zeitplan vorbereitet zu sein. Fügen Sie weiterhin zu jeder Phase Ihres Projekts eine Ressource hinzu, um das Budget ein wenig aufzufüllen, damit ein Kostenüberschuss erzielt wird.

Setzen Sie anstelle von Arbeits- oder Materialressourcen den neuen Typ Kostenressource von Project 2007 ein, um einem Vorgang oder einer Phase einen Betrag hinzuzufügen. Wenn Sie möchten, können Sie die zusätzliche Kostenressource *Murphy* nennen.

Verschiebe nicht auf morgen

Projektmanagementsoftware kann viele Aspekte Ihres Lebens leichter machen, aber die Dinge, die die meisten Leute überwältigen, wenn sie zum ersten Mal mit Project arbeiten, ist die Menge an Zeit, die sie damit verbringen, Daten einzugeben und aktuell zu halten. Klar, solche Aufgaben können lästig sein, aber dafür erhalten Sie von diesen automatisierten Möglichkeiten für die Aktualisierung und das Berichten viel mehr zurück, als Sie hineingesteckt haben.

Vergessen Sie nicht die Möglichkeit, Vorgänge aus Outlook nach Project zu importieren. Dies hilft, die Dateneingabe in der Planungsphase zu beschleunigen.

Wenn Sie kein großes Interesse daran haben, den Fortschritt in einem Projekt zu überwachen, können Sie sich ganz schnell in einer schwierigen Lage befinden. Führen Sie die Überwachung so oft wie möglich durch – mindestens einmal pro Woche. Dies erspart Ihnen nicht nur, dass Sie plötzlich vor einem riesigen Berg von Aktualisierungsdaten stehen, der eingegeben werden muss, sondern bedeutet auch, dass Sie und Ihr Team jederzeit vor einem echten Abbild Ihres Projekts stehen. Damit sind Sie in der Lage, auftauchende Katastrophen sofort zu erkennen und die entsprechenden Anpassungen vorzunehmen.

Delegieren, delegieren, delegieren

Versuchen Sie nicht, in einem Projekt alles alleine zu erledigen. Obwohl es den Anschein hat, dass Sie mehr Kontrolle über alles haben, wenn nur Sie die Projektdatei erstellen und verwalten, ist das in größeren Projekten fast unmöglich. Natürlich haben Sie kein Interesse daran, dass Dutzende von Leuten hingehen und Änderungen an Ihrem Plan vornehmen, weil Sie dadurch riskieren, die Übersicht darüber zu verlieren, wer was wann gemacht hat. Wenn Sie aber einige einfache Regeln befolgen, verderben ein paar Köche mehr nicht unbedingt den Brei:

- ✔ Bestimmen Sie eine Person, deren Aufgabe es ist, für Sie alle Überwachungsdaten in die zentrale Datei einzugeben. Oder Sie automatisieren die Überwachung, indem Sie die Funktion FORTSCHRITTSINFORMATIONEN ANFORDERN benutzen.

- ✔ Brechen Sie Ihr Projekt in Teilprojekte auf, und weisen Sie diesen Personen zu, denen Sie zutrauen, für diese Abschnitte als Projektleiter zu fungieren. Lassen Sie sie alleinverantwortlich mit ihren eigenen Überwachungen und Anpassungen umgehen, und bauen Sie diese Projektphasen in ein Hauptprojekt ein, damit Sie auch Änderungen in den Teilprojekten beobachten können.

- ✔ Nehmen Sie die Hilfe Ihrer Kollegen aus dem Bereich IS/IT in Anspruch, um Project Server mit Project Web Access einzurichten, damit die erweiterten Funktionen für die Zusammenarbeit bereitgestellt und Dokumente im Team gemeinsam genutzt werden können.

- ✔ Richten Sie für Ihr Team einheitliche Abläufe ein. Wenn jemand keine Möglichkeit hat, auf das entsprechende Formular zuzugreifen, sollte Ihnen eine dritte Person die Fortschritte der ersten Person per E-Mail zukommen lassen, und sorgen Sie dafür, dass die anderen

Ressourcen die Arbeit, die sie an Vorgängen geleistet haben, regelmäßig in ihre Zeittabellen eintragen.

 Wenn Sie in einem großen Unternehmen beschäftigt sind, sollten Sie schleunigst damit anfangen, die Techniken für ein unternehmensweites Projektmanagement einzuführen. Indem Sie einen Bestand an Projektvorlagen und einen Ressourcenpool einrichten, können Sie mit anderen Projektleitern zusammenarbeiten, um die größtmöglichen Erfolge zu erzielen. Lesen Sie in Kapitel 19 nach, wie das gemacht wird.

Den Letzten beißen die Hunde (Dokumentation!)

Jeder kennt dieses Sprichwort, das sich auch auf das Dokumentenmanagement anwenden lässt, aber Project macht es einem einfacher, nicht dieser Letzte zu sein. Probieren Sie diese Funktionen aus, um die Einzelheiten Ihres Projekts zu dokumentieren:

✔ Verwenden Sie den Notizenbereich der Vorgänge und Ressourcen, um Hintergrundinformationen, Änderungen oder besondere Ereignisse zu hinterlegen (siehe Abbildung 20.1). (Siehe Kapitel 4.)

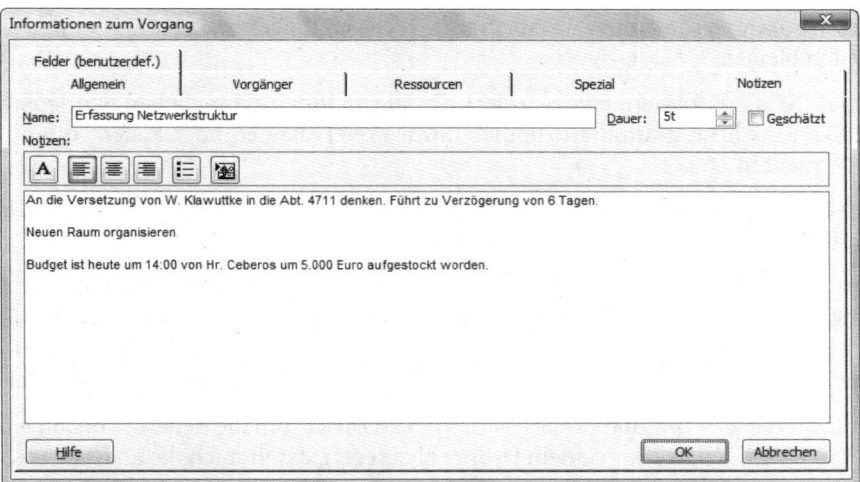

Abbildung 20.1: Bleiben Sie Änderungen bei den Mitarbeitern, am Budget und an der Zeitplanung über die Notizen auf der Spur.

✔ Benutzen Sie die Weiterleitungsfunktionen von Project, um Terminpläne zur Überprüfung an Dritte zu schicken. Dies führt zu einem elektronischen Belegfluss, wer welche Informationen erhalten und wer geantwortet hat. (Siehe Kapitel 9.)

✔ Passen Sie Berichte an, damit Sie alle wichtigen Informationen aufnehmen und Trends und Änderungen dokumentieren können. (Siehe Kapitel 16.)

- ✔ Versuchen Sie, die neuen grafischen Berichte zu verwenden, um ein Bild des Zustands Ihres Projekts für grafisch orientierte »Leser« zu malen. (Siehe Kapitel 16.)

- ✔ Speichern Sie mehrere Versionen Ihres Projekts ab, und zwar besonders dann, wenn Sie in späteren Versionen Änderungen an Ihrem Basisplan vorgenommen haben. Dies sorgt für eine Aufzeichnung aller Schritte Ihrer Planung des Projekts, auf die Sie sich beziehen können, wenn Fragen auftauchen. (Siehe Kapitel 12.)

- ✔ Geben Sie Aktualisierungen Ihres Plans über Project Web Access frei, damit niemand sagen kann, er hätte keine Ahnung gehabt, wenn es zu wichtigen Änderungen gekommen ist. (Siehe Kapitel 18.)

Halten Sie Ihr Team auf dem Laufenden

Ich habe in Büros gearbeitet, bei denen ich mehr Zeit damit verbracht habe herauszufinden, von wem ich Informationen bekommen konnte, als zu arbeiten. Wenn ich nicht bei jedem Projektstart sowohl die Marketingabteilung als auch die Buchhaltung in jede E-Mail in den Empfängerkreis aufgenommen habe, klingelte am nächsten Tag unweigerlich das Telefon. Weite ich meine Empfängerliste nicht aus, kann es im ungünstigen Fall sogar dazu kommen, dass für das Projekt lebensnotwendige Schritte nicht durchgeführt werden, weil jemand nicht weiß, dass er aktiv werden muss. Versuchen Sie diese Methoden, damit die Kommunikationskanäle offen bleiben:

- ✔ Setzen Sie die Funktionen von Project ein, die es Ihnen ermöglichen, Outlook oder ein anderes E-Mail-Programm einzubinden, um Projektdateien oder andere Informationen weiterzuleiten.

- ✔ Erstellen Sie in Ihrem E-Mail-Programm Adresslisten mit den Daten Ihres Projektteams, damit jeder zu jeder Zeit jede Nachricht erhält.

- ✔ Überprüfen Sie zusammen mit Ihrem Team in regelmäßigen Sitzungen den Fortschritt (entweder persönlich, durchs Telefon, online in einem Chat-Bereich oder mit der Hilfe spezieller Konferenzsoftware). Sorgen Sie dafür, dass jedes Mitglied des Teams über den aktuellsten Zeitplan verfügt, damit jeder während dieser Meetings weiß, woran er ist.

- ✔ Benutzen Sie die Funktion SENDEN AN|EXCHANGE-ORDNER, um die neueste Version eines Projekts in Ihrem Netzwerk in einem Ordner abzulegen, damit auch die anderen wissen, was los ist.

- ✔ Wenn bei Ihnen die SharePoint Services laufen, können Sie das interne Vorgangsfenster von Project verwenden, um mit dem freigegebenen Arbeitsbereich zu arbeiten. Dabei handelt es sich um einen großen, zentralen Ort, an dem projektrelevante Dokumente abgelegt und ausgetauscht werden können, die in Office 2007 erstellt worden sind.

- ✔ Nehmen Sie den Projektstrukturplan-Code in Berichte auf, damit Sie in großen Projekten auf einfache Art auf bestimmte Vorgänge verweisen können, ohne dass es zu einer Irritation der Leser kommt.

 Nutzen Sie im Projektberater die Vorteile des Druckassistenten. Diese Funktion hilft Ihnen, den besten Weg zu finden, um unterschiedliche Ansichten Ihres Projekts zu drucken, die Sie dann an die Mitglieder Ihres Teams weitergeben.

Den Erfolg messen

Wenn Sie mit einem Projekt anfangen, sollten Sie eine Vorstellung davon haben, was den Erfolg ausmacht und wie dieser Erfolg gemessen werden kann. Zum Erfolg gehört das Erreichen vieler Ziele wie:

- Kundenzufriedenheit
- Zufriedenheit der Geschäftführung
- Einhalten des Budgets
- Einhalten des Terminplans

Wenn Sie mit der Planung Ihres Projekts anfangen, sollten Sie wissen, wie Sie Ihren Erfolg messen können. Heißt Erfolg beim Budget, dass Sie Ihre ursprünglichen Vorgaben um nicht mehr als zehn Prozent überschritten haben? Liegt Ihr Projekt noch in der Zeit, wenn Sie vom wirklichen Abschlussdatum die zwei Monate abziehen, die ein Streik gekostet hat, und dann den geplanten Termin erreichen, oder hat die gesamte Arbeitszeit weniger Bedeutung als das Erreichen einer bestimmten Frist? Wie wollen Sie Kundenzufriedenheit messen? Ist die Zufriedenheit der Geschäftsleitung erreicht, wenn Sie befördert werden oder Ihr Bereich mehr Mittel zur Verfügung gestellt bekommt? Gehören zu einem erfolgreichen Produktstart von Anfang an hohe Verkaufszahlen, oder war Ihr Projekt einfach deshalb erfolgreich, weil es endlich abgeschlossen ist?

Platzieren Sie in einem Projekt Meilensteine (siehe Abbildung 20.2), die das Erreichen eines erfolgreichen Abschnitts widerspiegeln. Wenn Sie alle Meilensteine erreicht haben, könnten Sie Ihrem Team auf den Rücken klopfen. Wenn Sie wissen, wie Erfolg aussieht, können Sie Ihr Team viel besser motivieren, dorthin zu gelangen.

Seien Sie flexibel

Es kann immer alles Mögliche passieren. Es gibt kein Projekt, bei dem Sie nicht mit Überraschungen klarkommen müssen. Es zeichnet einen guten Projektleiter aus, dass er auf diese Dinge vorbereitet ist und Anpassungen vornimmt, um schnell damit fertig zu werden.

Das ist nicht immer einfach: Es ist wirklich, wirklich schwer, der Überbringer schlechter Nachrichten zu sein. Leider ist es aber so, dass das Ignorieren eines Problems im Projekt und das Hoffen, dass sich alles schon von allein regelt, einen unschönen Schneeballeffekt hat.

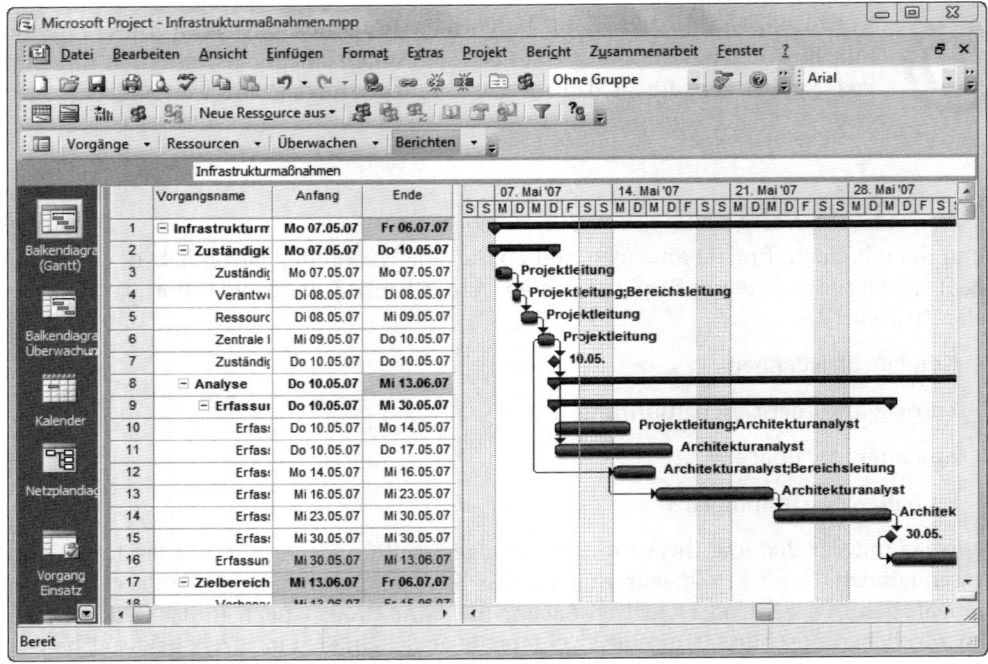

Abbildung 20.2: Meilensteine sorgen für Wegmarken, die Ihrem Team ein Gefühl von besonderer Leistung geben.

Die folgenden Werkzeuge können Ihnen helfen, aufmerksam für Warnungen zu sein und Anpassungen vorzunehmen:

- ✔ Der Assistent für die Ressourcenersetzung hilft dabei, Änderungen vorzunehmen, wenn eine Ressource, auf die Sie gezählt haben, plötzlich im Lotto gewinnt und verschwindet.
- ✔ Die neue Funktion des Hervorhebens von Änderungen hilft dabei zu erkennen, wo sich Änderungen an Ihrem Terminplan im Budget oder in Form eines verkürzten Zeitplans bezahlt machen.
- ✔ Benutzen Sie den Portfolio-Modellierer, um in Ihrem Projekt mit Wenn-dann-Analysen zu arbeiten und herauszufinden, welche Auswirkungen mögliche Änderungen haben können.
- ✔ Setzen Sie verschiedene Ansichten (wie die Ansicht NETZPLANDIAGRAMM aus Abbildung 20.3) ein, um in Ihrem Projekt den kritischen Weg zu erkennen und herauszufinden, wie viel Pufferzeit übrig bleibt. Wenn Sie Vorgänge so anpassen, dass deren Pufferzeiten besser genutzt werden, kann dies in einer Krise dazu beitragen, dass Ihr Projekt wieder auf die Zeitschiene zurückfindet.

 Denken Sie daran, dass Project 2007 neue Funktionen anbietet, die Sie Wenn-dann-Szenarien ausprobieren lassen und festlegen, was die Zeitabläufe von Vorgängen treibt (siehe Kapitel 15). Benutzen Sie die Neuerungen, um den besten Weg herauszufinden, weiterzumachen

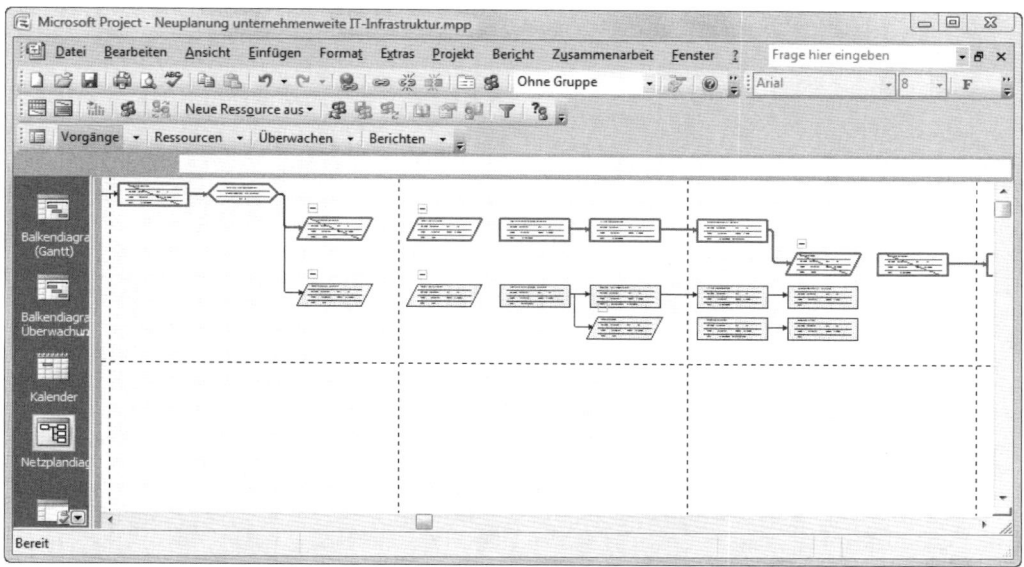

Abbildung 20.3: Es gibt verschiedene Wege, um sich mit den Ansichten von Project den kritischen Weg anzeigen zu lassen.

Lernen Sie aus Ihren Fehlern

Eines der größten Geschenke von Project ist die Möglichkeit zurückzuschauen, wenn Sie ein Projekt abgeschlossen haben. Damit können Sie aus Ihren Fehlern lernen. Sie können den ursprünglichen Terminplan und jede Version danach überprüfen, um zu sehen, wie gut Sie Zeit und Geld eingeschätzt hatten, und um herauszufinden, wie Sie es besser machen könnten.

Indem Sie die Aufzeichnungen Ihres Projekts benutzen, können Sie Trends aufzeigen. Wo sind Sie mit der Zeitplanung nicht hingekommen? Haben Sie immer zu wenig Zeit für die Marktuntersuchung und zu viel Zeit für die Qualitätskontrolle vorgesehen? Haben Sie nie daran gedacht, sich für Stresszeiten eine Hilfe zu organisieren, oder haben Sie zu viele Mitarbeiter organisiert, obwohl Sie mit weniger hätten auskommen können?

Benutzen Sie den Schatz an Informationen, den Terminpläne von Project bieten, um aus den eigenen Stärken und Schwächen als Projektplaner und Projektleiter zu lernen und um mit jedem Projekt besser zu werden, das Sie durchführen.

 Benutzen Sie den Portfolio-Modellierer, um ein Gesamtbild aller Projekte und Programme zu erhalten, für die Sie verantwortlich sind.

Zehn Softwareprodukte für das Projektmanagement zum Ausprobieren

In diesem Kapitel

- Einen Blick auf zusätzliche Software werfen
- Software entdecken, die sich in mit Project erstellte Pläne integrieren lässt
- Eigenständige Softwareprodukte vorstellen, die Projektleitern bei projektbezogenen Vorgängen helfen

---

Wenn Sie dem Buch bis zu diesem Punkt gefolgt sind, haben Sie vielleicht herausgefunden, dass Software für das Projektmanagement – und der Projektleiter – so etwas wie eine eierlegende Wollmilchsau ist. Microsoft Office Project macht wirklich viel: Es lässt zu, dass Sie Vorgänge erstellen, Ressourcen hinzufügen und Überwachungen durchführen, Kostenüberziehungen analysieren und zeitliche Konflikte untersuchen. Es handhabt Grafiken, komplexe Berechnungen und Interaktionen mit dem Web.

Die Designer von Software müssen regelmäßig Funktionen austauschen und entscheiden, was hinzugefügt wird und wie viel Funktionalität eine Funktion erhalten soll. Die meisten Funktionen von Project machen das, was Sie brauchen, andere wiederum sind ein wenig unvollständig. Einige dieser Funktionen erledigen den Job nicht so gut wie eine spezialisierte Lösung, die Sie zusammen mit Project verwenden können. Dritthersteller von Software sind eine Partnerschaft mit Microsoft eingegangen, um Zusatzprodukte zu erstellen, damit Project einen noch größeren Funktionsumfang erhält (um zum Beispiel eine größere Vielfalt an grafischen Berichten erzeugen zu können). In anderen Fällen besitzt Software ganz besondere Funktionen, die Project nicht kennt, wie zum Beispiel den Umgang mit Hunderten von Zeichnungen, die zu einem Konstruktionsprojekt gehören.

Betrachten Sie dieses Kapitel als ein Vier-Augen-sehen-mehr-als-zwei-Kapitel. Es beschreibt zehn interessante Softwarelösungen, die Sie zusammen mit Project einsetzen können. Die meisten Hersteller dieser Lösungen bieten auf ihren Websites eine kostenlose Demoversion ihrer Produkte an. Da es auf dem Markt viele dieser Produkte gibt, sollten Sie dieses Kapitel als Ausgangspunkt nehmen, wenn Sie darüber nachdenken, Project zu erweitern.

Nicht alle dieser Produkte sind zum Zeitpunkt der Übersetzung dieses Buchs auch direkt auf dem deutschen Markt erhältlich. Aber vielleicht hat sich in der Zwischenzeit hier etwas getan. Schauen Sie also einfach einmal im Web nach.

Diagramm- und Berichtserweiterungen von DecisionEdge

Als Hersteller von Software zur Informationsfindung wie *DecisionCharts* und *DecisionReports* für Microsoft Project bietet DecisionEdge (www.decisionedge.com) Software für die Berichtserstellung und grafische Komponenten an, die Project um einige Funktionalitäten erweitern. Diese Werkzeuge können Ihnen dabei helfen, Probleme mit Ressourcen sichtbar zu machen, Zugriff auf den Status des Zeitplans Ihres Projekts zu bekommen und zu beurteilen, wie die Ausführung des Projekts läuft.

Gehen Sie zur Website von DecisionEdge. Dort können Sie sich eine Beispielgalerie mit Diagrammen und Berichten anschauen: Es wird dort eine Vielzahl von grafischen Effekten und Farben genutzt, um Ihre Botschaft zu verbreiten. Schauen Sie sich die *Dashboard Charts* an, die eine Kombination verschiedener Diagramme in einem Bericht bilden. Dies hilft den Verantwortlichen Ihres Unternehmens, auf einen Schlag einen Überblick über Ihre Fortschritte zu erhalten.

Selbst mit den grafischen Optionen der grafischen Berichte von Project können Sie von den fortschrittlicheren grafischen Möglichkeiten der Produkte von DecisionEdge profitieren.

Cobra holt das Meiste aus Kosten/Ertragswert heraus

Die WST Corporation (www.wst.com), die selbst ein eigenes Projektmanagementsystem mit dem Namen Open Plan herstellt, produziert auch *Deltek Cobra*, ein Softwarepaket zum Verwalten von Kosten und Ertragswerten, das Sie auch zusammen mit Plänen benutzen können, die in Project erstellt worden sind. Cobras Werkzeuge liefern Funktionalitäten wie Vorausschätzungen, Wenn-dann-Szenarien von Kosten und Vorausberechnung von Budgets, die auf der Basis Ihres Terminplans erstellt werden.

Cobra erlaubt es Ihnen nicht nur, selbstständig bestimmte Berechnungen für das Budget festzulegen, sondern es ist auch flexibler als einige der Kostenfunktionen von Project. Zusätzlich können Sie mit dem *Chart Template Designer* (einem Modul zum Entwerfen von Diagrammvorlagen) eine Vielzahl 3-D-Diagramme ausprobieren, die Sie verändern und rotieren können. Damit werden Ihre Möglichkeiten, Projektdaten zu präsentieren, auf die dritte Dimension ausgeweitet.

Mindjet hilft Ihnen dabei, Projektinformationen zu visualisieren

Mindjet (www.mindjet.com/de) bietet *MindManager* an, bei dem es sich um eine Softwarelösung handelt, die Ihnen dabei hilft, Ihr Team ans kreative Denken zu bekommen. Diese Abbildungssoftware wirbt damit, ein grafisches Werkzeug für die Erfassung von Ideen zu sein.

MindManager gibt es in den Versionen Pro und Basic, und Sie können auch *MindManger Viever* erhalten, der es Ihnen ermöglicht, MindManager-Karten anzusehen und zu steuern.

MindManager lässt Sie Dateien hinzufügen, sich mit RSS-Feeds verbinden und einiges mehr. Wenn Sie Ihre Ideen und Informationen in eine Struktur gebracht haben, können Sie die daraus gewonnenen Einzelheiten als Grundlage für Ihre Projektdatei nehmen. Zu dem Zeitpunkt, an dem diese Übersetzung geschrieben wird, können Sie eine kostenlose Testversion herunterladen, um zu sehen, was MindManager alles kann.

Innate integriert große und kleine Projekte

Innate Timesheets und *Innate Ressource Manager* von Innate Management Systems (www.innateus.com) sind besonders hilfreich, wenn Sie mit mehreren Projekten jonglieren, die von klein bis groß gehen. Sie benutzen Innate, um die menschlichen Ressourcen zu verwalten, die in Ihrem Unternehmen mit kleineren Projekten beschäftigt und in die größeren Projekte eingebunden sind, die Sie mit Microsoft Project planen. Innate Timesheet kann Ressourcen unterschiedlich gruppieren.

Der Innate Ressource Manager, ein Werkzeug für die Personalverwaltung, hilft Ihnen, die Verfügbarkeit von Ressourcen herauszufinden und Ressourcenzuordnungen zu priorisieren. Innate Timesheet, ein Werkzeug für die Verwaltung von Zeitplänen, ist eine Überwachungssoftware, wobei hier Überwachung im Sinne von Beobachten gemeint ist. Es bietet viel mehr an, als Project in diesem Bereich liefert. Sie können über mehrere Vorgänge oder Projekte hinweg die Produktivität einer Ressource vergleichen. Sie können ausgeklügelte Abrechnungssysteme anzapfen und Projektinformationen so in Abrechnungssysteme integrieren, dass die Funktionen von Project zur Überwachung des Budgets enorm erweitert werden.

PlanView bildet die Leistungsfähigkeit Ihrer Belegschaft ab

Planview Inc. (www.planview.eu/de) stellt die Software *PlanView Enterprise* her, die dabei hilft, sich in den verschiedenen Ebenen einer Organisation zurechtzufinden. Die Rollen abbildenden Funktionen von PlanView erlauben es, Risiken zu analysieren und zu verwalten, Strategien mit Prioritäten zu versehen und Szenarien einzurichten, um auf unerwartete Ereignisse in Ihrem Projekt vorbereitet zu sein.

Das PlanView-Produkt *Portfolio Management* konzentriert sich auf bestimmte Arbeiten im Projekt und enthält einfach zu benutzende Instrumente, um die Bestände Ihres Projekts zu verwalten.

PlanView ist eng mit Microsoft Project verbunden, was Ihnen die Möglichkeit gibt, Informationen über Abläufe und Personen eines Projekts zwischen beiden Produkten auszutauschen. Sie können PlanView-Vorlagen als Grundlage Ihres Projektplans verwenden.

Tenrox rationalisiert Geschäftsabläufe

Das Schlagwort heute ist *Enterprise*, und Tenrox (www.tenrox.com) konzentriert sich auf geschäftliche Abläufe wie Analyse des Leistungsverhaltens, Ressourcenplanung und Abrechung von Einnahmen und Ausgaben, die das Unternehmen betreffen. Einer der besten Nutzen für die Benutzer von Microsoft Project liegt darin, dass es eine Verbindung zu Unternehmenslösungen wie SAP bildet.

Project Portfolio Management und *Professional Services Automation* für Dienstleistungs- und Abrechnungssysteme sind webbasierte Lösungen, die sehr nützlich werden können, wenn das Projektteam geografisch weit verteilt ist. Sie sollten sich diese Softwarepakete auch dann anschauen, wenn Sie in Ihren Projekten mit Informationsanforderungen, Kalkulationen und Bewertungen zu tun haben. Tenrox bietet auch etwas für die Verwaltung von Vorschlägen an, damit Ihr Projekt kurzfristig in die Gänge kommt.

Project KickStart gibt Ihrem Projekt einen Vorsprung

Project KickStart von Experience In Software (www.experienceware.com) ist ein einfach einzusetzendes Programm, das Ihnen über Assistenten dabei hilft, die Grundlage für kleinere bis mittlere Projekte zu legen. Wenn Sie ein wenig Unterstützung benötigen, um ein Projekt anzufangen, können Sie hier den Plan in 30 Minuten oder weniger erstellen, um dann eine Verknüpfung zu benutzen und Informationen zu Microsoft Project übertragen.

Project KickStart ist dafür entworfen worden, Hilfestellung beim Herausfinden einer Projektierungsstrategie zu leisten, während Sie sich um Ihre Vorgangsliste kümmern. Planungssymbole erinnern Sie daran, die Ziele Ihres Projekts aufzuzeigen, und kalkulieren Hindernisse ein. Bibliotheken mit typischen Zielen und Anregungen machen es einfach, diese in Ihren Plan einzubauen, und Sie können unternehmensspezifische Aussagen in die Bibliotheken aufnehmen. Verknüpfungen zu Outlook, Word und Excel bieten weitere Möglichkeiten, Informationen innerhalb der Office-Familie, zu der auch Project zählt, gemeinsam zu nutzen. Testen Sie die kostenlose Demoversion und die Online-Demo, um eine Vorstellung davon zu bekommen, was Project KickStart für Ihre Projekte machen kann.

Project Manager's Assistant verwaltet Zeichnungen in Bauprojekten

Project Manager's Assistant, *CS Project Lite* und *CS Project Professional* von Crest Software (www.crestsoft.com), die ursprünglich für die Bauwirtschaft entwickelt worden sind, können heute überall dort sinnvoll eingesetzt werden, wo viele Zeichnungen verwendet werden.

Bei diesen Produkten handelt es sich im Wesentlichen um Datenbankanwendungen, die dabei helfen, Konstruktionszeichnungen aufzuspüren, Kopien zu verteilen, Produktionspläne zu entwickeln und Änderungen über die Lebensdauer eines Projekts hinweg zu verwalten. Obwohl das Produkt nicht direkt mit Project zusammenarbeiten kann, zählt es zu den zusätzlichen

Anwendungen, die viele Projektleiter gebrauchen können – und es bindet sich in jede ODBC-Datenbank ein.

Grafiker und Designer neuer Produkte, die Zeichnungen erstellen, können diese hier katalogisieren. Wenn Sie mit wissenschaftlichen oder technischen Projekten zu tun haben, könnte diese Software für Sie nützlich sein, um Schaltpläne oder Diagramme zu verwalten. Wenn Sie in Ihrem Projektplan Verknüpfungen zu dieser Datenbank aufbauen, kann auch Ihr Projektteam darauf zugreifen.

TeamTrack löst bedrohliche Situationen

TeamTrack von Serena Software Inc. (www.serenainternational.com/DE) bietet Workflow-Verwaltungslösungen auf der Grundlage einer Web-Architektur an. Das heißt, dass die Software dabei hilft, Probleme und Störungen zu identifizieren, die sich in Ihre Abläufe eingeschlichen haben könnten – und dass sie auch Lösungen dafür bereitstellt. Die Software gibt Ihnen die Möglichkeit, Ihre Abläufe in Form von grafischen Karten anzulegen und diese Daten dann für die Mitglieder Ihres Teams freizugeben. Die Erwähnung von »Web« in der Aufgabenstellung bedeutet, dass man auf die Daten der Abläufe auch dann online zugreifen kann, wenn Project nicht läuft. Serena bietet *ProjectBridge* an, mit dem Sie deren System in Microsoft Project integrieren können.

Eine gute Eigenschaft dieser Software ist, dass sie Sie benachrichtigt, wenn es zu einem Problem kommt oder wenn eine Frist ohne Aktivitäten verstrichen ist. TeamTrack unterstützt Sie sogar dabei, Elemente zu identifizieren, die auftauchen können, wenn zwei »sprachlose« Systeme miteinander kommunizieren. Wenn Sie, mit anderen Worten, zwei Anwendungen so aufsetzen, dass sie Daten gemeinsam nutzen, und wenn Daten in Project gelangen, die ein Problem hervorrufen, wüssten Sie das normalerweise nicht, weil Sie die Daten nicht eingegeben haben. TeamTrack markiert solche Probleme, damit Sie eine kritische Situation erkennen können, bevor es zu spät ist.

Sie finden auf der Website von Serena eine kostenlose Demoversion und Fallstudien, damit Sie herausfinden können, ob TeamTrack das Richtige für Sie ist.

EPK-Suite erleichtert die Hausaufgaben des Portfolio-Managements

Die *EPK-Suite* der EPK Group (www.epkgroup.com) gibt es mittlerweile auch für Project Server 2007 und Windows SharePoint Services. Sie können über Project Web Access darauf zugreifen, wodurch diese Technologie problemlos mit Project zusammenarbeitet.

Die EPK-Suite besteht aus Portfolio-Management, Ressourcen- und Kapazitätsplanung, Zeittabellen und Funktionen für die Zusammenarbeit, die in einer einfach zu bedienenden Oberfläche zusammengefasst sind. Schauen Sie sich die neuen Funktionen der aktuellen Version 4 an, zu denen auch webbasierte Planungs- und Ressourcenverwaltungswerkzeuge gehören.

Teil VII

Anhänge

»Dass die ›Kiste keinen Bock mehr hat‹ kann man aber beim besten Willen nicht sagen. «

In diesem Teil ...

Dieser Teil des Buchs taucht ab in die unglaublich nützliche Begleit-CD (prallvoll mit Projektmanagement-Bonbons). Sie erhalten einen Überblick über das, was sich auf der CD befindet und wie Sie es gebrauchen können.

Und dann gibt es – quasi als letzte Worte – ein praktisches Glossar, mit dem Sie in kürzester Zeit wie ein Projektleiter zu reden lernen.

Auf der CD

In diesem Anhang

▶ Systemanforderungen

▶ Die CD unter Windows verwenden

▶ Was sich auf der CD befindet

▶ Troubleshooting

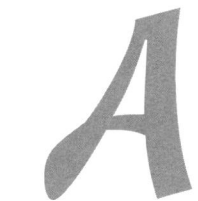

Systemanforderungen

Sorgen Sie dafür, dass Ihr Computer den Minimalanforderungen der folgenden Aufstellung entspricht. Wenn dies nicht der Fall ist, werden Sie Probleme haben, die Software und Dateien auf der CD zu nutzen. Im Hauptverzeichnis der CD finden Sie eine ReadMe-Datei, die die letzten Informationen über die CD enthält.

- ✔ Ein Pentium-PC oder schneller
- ✔ Microsoft Windows XP oder später
- ✔ Ein CD-ROM-Laufwerk

Wenn Sie weitere Informationen zu diesen Grundlagen benötigen, greifen Sie zu folgenden Büchern, die alle bei Wiley-VCH veröffentlicht worden sind: *PCs für Dummies* von Dan Gookin, *Windows XP für Dummies* und *Windows Vista für Dummies*, die beide von Andy Rathbone geschrieben worden sind.

Die CD verwenden

Um die Programme zu installieren, die sich auf der CD befinden, gehen Sie so vor:

1. **Legen Sie die CD in das CD-ROM-Laufwerk Ihres Computers. Es erscheint die Lizenzvereinbarung.**

   Anmerkung für Windows-Benutzer: Die Vereinbarung startet nicht, wenn Sie das automatische Starten von CDs deaktiviert haben. Wählen Sie in diesem Fall unter Windows XP START|AUSFÜHREN, und geben Sie im Dialogfeld, das dann erscheint, D:\start.exe ein. (Ersetzen Sie D durch den Buchstaben, den Ihr CD-ROM-Laufwerk tatsächlich hat. Wenn Sie diesen Buchstaben nicht wissen, schauen Sie unter ARBEITSPLATZ nach, wie das Laufwerk dort aufgeführt wird.) Klicken Sie auf OK.

Unter Windows Vista gehen Sie über START|COMPUTER und klicken auf das CD-ROM-Laufwerk; start.exe wird dann automatisch gestartet.

2. Lesen Sie sich das Lizenzabkommen durch, und klicken Sie auf ANNEHMEN, wenn Sie die CD benutzen wollen.

3. Es erscheint die Benutzerschnittstelle der CD. Sie gibt Ihnen die Möglichkeit, die Programme zu installieren und Demoversionen ablaufen zu lassen, indem Sie auf eine (oder zwei) Schaltflächen klicken.

Was sich auf der CD befindet

Die folgenden Abschnitte sind nach Kategorien sortiert und geben Ihnen einen Überblick über die Software und tolle Dinge, die sich auf der CD befinden. Wenn Sie bei der Installation von Anwendungen auf der CD Hilfe benötigen, lesen Sie sich die Installationsanweisung aus dem letzten Abschnitt durch.

Bei *Shareware* handelt es sich um voll funktionsfähige, kostenlose Versionen von urheberrechtlich geschützter Software. Wenn Ihnen ein Programm gefällt, lassen Sie sich gegen eine Gebühr beim Autor registrieren, und Sie erhalten Lizenzen, erweiterte Versionen und technische Unterstützung.

Freeware sind kostenlose, urheberrechtlich geschützte Spiele, Anwendungen und Werkzeuge. Sie dürfen Sie – kostenlos – auf so viele PCs kopieren, wie Sie möchten, erhalten aber in der Regel keine technische Unterstützung.

GNU-Software unterliegt einer eigenständigen Lizenzierung, die sich in einem Ordner der Software befindet. Es gibt keine Einschränkungen bei der Weitergabe von GNU-Software. Weitere Informationen zu diesem Thema finden Sie im Hauptverzeichnis der CD.

Test-, Demo- oder *Entwicklungsversionen* von Programmen sind normalerweise in der Nutzungsdauer oder im Funktionsumfang eingeschränkt (was dazu führt, dass Sie zum Beispiel ein Projekt nicht abspeichern können, nachdem Sie es erstellt haben).

Empire Suite – von WSG System Corp.

Demoversion

Diese Sammlung von Lösungen umfasst Empire Time für die Finanzverwaltung in Project und für die Verwaltung der Fähigkeiten von Ressourcen. Angepasste Benutzerschnittstellen erleichtern allen Benutzern das Arbeiten mit diesen Bereichen von Projekten, und ein erweitertes Berichts- und Analysewesen hilft Ihnen, das Meiste aus den Daten Ihres Projekts herauszuholen.

Weitere Informationen finden Sie unter www.wsg.com.

EPK Suite 4.1 – von EPK Group LLC

Diese Software, die auf Project Server basiert, weist einen gut integrierten Ansatz für die Planung Ihrer Projekte auf. Sie können mit der EPK-Suite Ressourcen in ein Inventar aufnehmen, Projekte priorisieren, Abläufe kontrollieren und vieles mehr. Bevor Sie das Setup der EPK-Suite starten, müssen Sie sich einen Produktschlüssel für die Installation besorgen. Gehen Sie zu diesem Zweck einfach auf die Seite www.epkgroup.com/productkey.htm.

Die Adresse der Website der EPK Group ist: http://www.epkgroup.com

Milestone Professional – von Kidasa Software

Testversion

Milestone Professional bietet erweiterte Funktionen für Formatierungen, Berechnungen und Veröffentlichungen im Web an, die Ihnen weitaus mehr Möglichkeiten bieten als Project.

Gehen Sie zur Website von Kidasa (www.kidasa.com), um mehr über diese Software zu erfahren.

Milestone Project Companion 2006 – von Kidasa Software

Testversion

Milestone bietet erweiterte Werkzeuge für Formatierungen, Berechnungen und Veröffentlichungen im Web an, die zu Project 2007 kompatibel sind.

Die Adresse der Website von Kidasa Software: www.kidasa.com

MindManager Pro 6 – von Mindjet Corporation

Testversion

Wenn Sie schon immer einmal sehen wollten, wie Ihre Ideen ausschauen, sollten Sie MindManager ausprobieren, um Gedankenspiele und Pläne grafisch als strategische Blaupausen abzubilden. Die neue Testversion ist leider erst nach der Erstellung der CD bereitgestellt worden. Laden Sie sie kostenlos herunter: www.mindjet.com/de/download/.

Die Adresse der Website von Mindjet: www.mindjet.com/de

PERT Chart Expert – von Critical Tools Inc.

Demoversion

Sie können mit dieser Software umwerfende PERT-Diagramme für Projektpläne entwerfen, die viel mehr Schnickschnack aufweisen als die von Microsoft Project. Wenn Sie mit grafischen Ansichten beeindrucken wollen, ist das hier Ihre Lösung.

Die Adresse der Website von Critical Tools: www.criticaltools.com

PertMaster Project Risk – von PertMaster

Testversion

Sie können diese Software als Programm für sich oder als Add-on für Microsoft Project verwenden. Benutzen Sie die Werkzeuge, die es hier gibt, für die Analyse von Terminplänen und Kosten.

Gehen Sie zu www.pertmaster.com, um den vollen Funktionsumfang herauszufinden.

PlanView Project Portfolio – von PlanView

Demoversion

PlanView wird als umfassende, entscheidungsfindende Plattform für Unternehmen beworben, was bedeutet, dass es Ihnen helfen kann, die Ziele Ihrer Projekte zu priorisieren und strategisch zu positionieren.

Die Adresse der Website von PlanView: www.planview.eu

Project KickStart – von Experience in Software

Testversion

Project KickStart ist ein Werkzeug für die Verarbeitung von Gedankenspielereien, das Ihnen bei der Planung und Zeitsteuerung von Projekten hilft.

Besuchen Sie www.projectkickstart.com, wenn Sie mehr Informationen haben möchten.

WBS Chart Pro – von Critical Tools Inc.

Testversion

Sie können die Ihrem Projekt zugrunde liegenden PSP-Codes benutzen, um mit WBS Chart Pro baumähnliche Diagramme Ihrer Vorgänge zu erstellen.

Die Adresse der Website von Critical Tools: www.criticaltools.com

Troubleshooting

Ich habe mein Bestes gegeben und Programme kompiliert, die mit nur geringen Anforderungen an die Systeme auf den meisten Computern laufen sollten. Es kann aber passieren, dass sich Ihr Computer von »den meisten« unterscheidet und einige Programme nicht laufen.

Die beiden Probleme, die am häufigsten auftauchen können, sind zu wenig Arbeitsspeicher (RAM) für die Programme, die Sie benutzen möchten, oder auf Ihrem Computer laufen Anwendungen, die die Installation oder den Start eines Programms verhindern. Wenn Sie eine Fehlermeldung der Art `Nicht genügend Arbeitsspeicher` oder `Installation kann nicht fortgesetzt werden` erhalten, versuchen Sie einen der folgenden Vorschläge, und probieren Sie es dann noch einmal, die Software zu installieren:

- **Schalten Sie die Antivirensoftware aus, die auf Ihrem Computer läuft.** Installationsprogramme rufen manchmal etwas hervor, was wie die Aktivitäten von Viren aussieht. Dies lässt dann Ihren Computer fälschlicherweise glauben, dass er von einem Virus infiziert worden ist.

- **Beenden Sie alle laufenden Programme.** Je mehr Programme auf dem PC laufen, desto weniger Arbeitsspeicher steht anderen Programmen zur Verfügung. Installationsprogramme aktualisieren normalerweise Programme und Dateien; wenn Sie also viele Programme geöffnet haben, kann die Installation eventuell nicht sauber arbeiten.

- **Lassen Sie in Ihrem Computerladen mehr Arbeitsspeicher einbauen.** Dies ist – zugegebenermaßen – ein drastischer und nicht gerade preiswerter Schritt. Nichtsdestotrotz kann der Einbau von mehr Arbeitsspeicher wirklich helfen, Ihren Computer schneller zu machen und zuzulassen, dass mehr Programme zur gleichen Zeit ausgeführt werden.

Glossar

Abhängigkeit: Siehe *Anordnungsverknüpfung*.

Abschlussleistungsindex: Siehe *ALI*.

Abweichung Dauer: Der Unterschied zwischen der geplanten Dauer eines Vorgangs laut Basisplan und der aktuell geschätzten Dauer des Vorgangs, die auf den Aktivitäten bis zum heutigen Datum und denen basiert, die noch ausgeführt werden müssen.

ALI (Abschlussleistungsindex): Der Abschlussleistungsindex stellt das Verhältnis der noch offenen Arbeiten zu den noch verfügbaren finanziellen Mitteln dar.

ANA (Abweichung nach Abschluss): Eine Information für einen Vorgang, eine Ressource oder eine Zuordnung, die die Differenz zwischen Plankosten (siehe *PK*) und berechneten Kosten (siehe *BK*) anzeigt.

Anfang-Anfang-Beziehung: Eine Anordnungsverknüpfung, bei der der Anfang eines Vorgangs den Anfang eines anderen Vorgangs beeinflusst.

Anfang-Ende-Beziehung: Eine Anordnungsverknüpfung, bei der der Anfang eines Vorgangs das Ende eines anderen Vorgangs beeinflusst.

Anfangsdatum: Das Datum, an dem ein Projekt anfängt.

Anordnungsverknüpfung: Auch Abhängigkeit genannt; legt fest, in welcher Beziehung Vorgänge zueinander stehen. Es handelt sich dabei um die Beziehung zwischen zwei Vorgängen eines Projekts. Eine solche Verknüpfung sorgt dafür, dass ein Vorgang vor oder nach einem anderen Vorgang anfängt oder dass er zu einem bestimmten Zeitpunkt während der Laufzeit eines anderen Vorgangs anfängt oder beendet wird.

AP: Abschlussprognose; siehe *BK*.

Arbeitsbereich: Ein Satz von Dateien und Projekteinstellungen, den Sie zusammen speichern und wieder öffnen können, damit Sie dort mit den verschiedenen Projekten weitermachen können, wo Sie aufgehört hatten.

Arbeitsfreie Zeit: Die Zeit, zu der eine Ressource nicht verfügbar ist und nicht an Vorgängen des Projekts arbeiten kann.

Arbeitsressource: Die Menschen oder Ausrüstungsgegenstände, die die Arbeit ausführen, die notwendig ist, um einen Vorgang fertigzustellen. Siehe auch *Materialressource*.

Ausgleichen: Eine Berechnungsart, die von Project verwendet wird, um die arbeitsmäßige Zuordnung einer Ressource zu ändern, um Ressourcenkonflikte zu lösen.

Auslastung: Die Arbeit, die eine Ressource zu einer beliebigen Zeit ausführt. Dabei werden alle Vorgänge berücksichtigt, denen eine Ressource zugeordnet ist.

Ausnahme: Ein bestimmtes Datum oder ein Datumsbereich, der nicht vom standardmäßigen Arbeitskalender bestimmt wird.

Auswahlliste: Eine alternative Möglichkeit, um Daten einzugeben. Diese Funktion von Project erlaubt es Ihnen, in einem Feld eine Liste mit Werten zu hinterlegen, aus denen der Benutzer dann wählen kann.

Balkendiagramm (Gantt): Eine Standardansicht in Project, die neben einem Diagramm, das die zeitlichen Abläufe von Vorgängen in Balkenform darstellt, Spalten mit Vorgangsinformationen enthält.

Basiskosten: Die gesamten geplanten Kosten aller Vorgänge, bevor aktuelle Kosten in die Berechnung eingehen.

Basisplan: Der detaillierte Projektplan, der als Grundlage für die Überwachung der aktuellen Arbeit dient.

Benutzerdefinierte Enterprise-Felder: Benutzerdefinierte Felder, die in einer globalen Datei abgelegt werden. Diese Felder können dazu verwendet werden, Inhalte eines Projektplans unternehmensweit zu standardisieren.

BK (Berechnete Kosten): Hierbei handelt es sich um die Summe aller Kosten eines Vorgangs. BK berechnet für einen Vorgang, der abläuft, die aktuellen Kosten plus die restlichen Kosten aus der Schätzung des Basisplans. BK wird auch als AP (Abschlussprognose) bezeichnet.

Buchungstyp: Eine Kategorie für Ressourcen, die angibt, ob Ressourcen dem Projekt zugesichert oder nur dafür vorgesehen sind.

Dauer: Die Kalenderzeit, die benötigt wird, um einen Vorgang abzuschließen.

Einschränkung: Ein Parameter, der Vorgänge zwingt, einem bestimmten Zeitverhalten zu entsprechen. So kann ein Vorgang zum Beispiel die Einschränkung haben, in einem Projekt so spät wie möglich anzufangen. Einschränkungen beeinflussen Anordnungsverknüpfungen, um den Terminplan eines Vorgangs festzulegen.

Enddatum: Das Datum, an dem ein Projekt oder Vorgang beendet ist – oder planmäßig beendet sein sollte.

Ende-Anfang-Beziehung: Eine Anordnungsverknüpfung, bei der das Ende eines Vorgangs den Anfang eines anderen Vorgangs beeinflusst.

Ende-Ende-Beziehung: Eine Anordnungsverknüpfung, bei der das Ende eines Vorgangs das Ende eines anderen Vorgangs beeinflusst.

Enterprise-Ressourcenpoo: Eine Funktion, die es Ihnen erlaubt, alle Ressourceninformationen der Ressourcen an einem zentralen Ort zu speichern, die unternehmensweit eingesetzt werden.

Ertragswert: Der Ertragswert ist ein Maßstab des Wertes der Arbeit, die Sie ausgeführt haben. Wenn einem Vorgang zum Beispiel 1.000 Euro Kosten zugeordnet sind und der Vorgang zu 75 Prozent abgeschlossen ist, beträgt der Ertragswert dieses Vorgangs 750 Euro.

Erweitern: Eine Projektübersicht öffnen, um Teilvorgänge anzuzeigen.

Externer Vorgang: Ein Vorgang eines anderen Projekts. Sie können zwischen den Vorgängen Ihres Projekts und den externen Vorgängen Verknüpfungen erstellen.

Feste Arbeit: Ein Vorgangstyp, bei dem die Anzahl Ressourcenstunden, die dem Vorgang zugeordnet sind, dessen Länge festlegen.

Feste Dauer: Die Zeit, die benötigt wird, um einen Vorgang zu beenden, ist konstant und wird auch nicht durch die Anzahl Ressourcen beeinflusst, die dem Vorgang zugeordnet werden. Ein halbtägiges Seminar ist ein Beispiel für eine feste Dauer.

Feste Einheit: Eine Kostenart, bei der die Ressourceneinheiten konstant bleiben. Wenn Sie die Dauer des Vorgangs ändern, ändern sich die Ressourceneinheiten nicht. Dies ist der Standardvorgangstyp.

Fortschrittslinien: Balken in der Ansicht BALKENDIAGRAMM (GANTT), die den Vorgangsbalken des Basisplans überlagern und den Fortschritt eines Vorgangs anzeigen.

Gantt-Diagramm: Siehe *Balkendiagramm (Gantt)*.

Gemeinsame Ressourcennutzung: Eine Funktion, die es Ihnen erlaubt, Ressourcen, die Sie in einem anderen Projekt erstellt haben, in Ihr aktuelles Projekt zu kopieren.

Gemeinsamer Arbeitsbereich: Eine Funktion von Windows SharePoint Services, in der Sie online Dokumente gemeinsam nutzen können, die mit den verschiedenen Anwendungen von Microsoft Office 2007 erstellt worden sind.

Generische Ressource: Ein Ressourcentyp, der es Ihnen ermöglicht, Zuordnungen vorzunehmen, die auf fachlichen Kenntnissen der Ressourcen basieren und von einem Erfahrungs-/Code-Profil abhängen.

Geschätzte Dauer: Eine Einstellung, die anzeigt, dass Sie die beste Schätzung der Dauer eines Vorgangs verwenden. Wenn Sie für einen Vorgang eine geplante Dauer eingeben, können Sie einen Filter anwenden, der nur Vorgänge mit einer geschätzten Dauer anzeigt, die zu einem bedenklichen Zeitverhalten führen könnten.

Gruppieren: Das Ordnen von Vorgängen anhand eines benutzerdefinierten Feldes, um Kosten oder andere Faktoren zu summieren.

Herabstufen: Einen Vorgang in der strukturierten Hierarchie eines Projekts nach unten verschieben.

Hervorhebung ändern: Eine Funktion, die jede Änderung hervorhebt, die Sie in Ihrem Projekt seit dem letzten Speichern vorgenommen haben.

Höherstufen: Einen Vorgang in der strukturierten Hierarchie eines Projekts nach oben verschieben.

IKAA (Ist-Kosten bereits abgeschlossener Arbeit): IKAA gibt die angefallenen Kosten an, die die an einem Vorgang bereits ausgeführte Arbeit bis zum aktuellen Datum hervorgerufen hat.

KA (Kostenabweichung): Dies stellt den Unterschied zwischen geplanten Kosten (das sind die Kosten eines Vorgangs gemäß Basisplan) und einer Kombination aus aktuellen, bis dahin aufgezeichneten und den restlichen geschätzten Kosten dar. Diese Zahl wird als negativer Wert angezeigt, wenn Sie Ihr Budget unterschreiten, und als positiver Wert, wenn Sie sich wie fast alle von uns verhalten (also über dem Budget liegen).

Kalender: Die verschiedenen Einstellungen für die Stunden eines Arbeitstages, die Tage einer Arbeitswoche, Urlaub und arbeitsfreie Tage, auf die ein Zeitplan eines Projekts aufbaut. Sie können Projekt-, Ressourcen- und Vorgangskalender anlegen.

KAP (Kostenabweichung Prozent): Die Kostenabweichung in Prozent gibt die Differenz zwischen den geplanten Kosten und den Kosten an, die bis zum aktuellen Datum angefallen sind.

KLI (Kostenleistungsindex): Das Verhältnis zwischen den geplanten Kosten bereits geleisteter Arbeit und den aktuellen Kosten geleisteter Arbeit bis zu einem ausgewählten Datum.

Knoten: Ein Kästchen in der Ansicht NETZPLANDIAGRAMM, das Informationen über die einzelnen Vorgänge des Projekts enthält.

Kombinierte Ansicht: Eine Ansicht in Project, bei der die Einzelheiten der Vorgänge im oberen Bereich des Bildschirms zu sehen sind.

Kosten: Der Geldbetrag, der mit dem Vorgang eines Projekts verbunden wird, wenn Sie Ressourcen zuordnen, die Ausrüstung, Material oder Personen sein können, zu denen Entgelt oder Stundensätze gehören.

Kostensatztabelle: Ein Element der Kosten einer Ressource, das benutzt werden kann, um zu bestimmten Zeiten des Projekts aktiviert zu werden. Wenn zum Beispiel damit zu rechnen ist, dass eine Ressource eine Gehaltserhöhung bekommt oder die Kosten für die Miete von Ausrüstungsgegenständen steigt, können Sie für diese Ressourcen verschiedene Kostensätze festlegen.

Kreuztabelle: Ein Berichtsformat, das zwei sich überschneidende Datenbereiche vergleicht. Sie können zum Beispiel einen Kreuztabellenbericht erstellen, der die Kosten kritischer Vorgänge anzeigt, die sich verspätet haben.

Kritischer Vorgang: Ein Vorgang auf dem kritischen Weg. Siehe auch *Kritischer Weg*.

Kritischer Weg: Eine Reihe von Vorgängen, die termingenau abgeschlossen werden müssen, damit sich nicht das gesamte Projekt verzögert.

Kumulierte Arbeit: Die geplante Gesamtarbeitszeit einer Ressource an einem bestimmten Vorgang bis zum aktuellen Datum. Diese Berechnung addiert die bereits an einem Vorgang aufgelaufene Arbeit zu der dort geplanten Restarbeit.

Kumulierte Kosten: Die geplanten Gesamtkosten der Arbeit einer Ressource an einem bestimmten Vorgang bis zum aktuellen Datum. Diese Berechnung addiert die bereits an einem Vorgang aufgelaufenen Kosten zu den dort geplanten Restkosten.

Leistungsgesteuert: Ein Vorgangstyp, dem ein Wert von Leistungen zugewiesen sein muss, damit er vollendet werden kann. Wenn Sie einem leistungsgesteuerten Vorgang Ressourcen zuweisen, wird der zugewiesene Arbeitsaufwand gleichmäßig unter allen Ressourcen des Vorgangs aufgeteilt.

Materialressource: Das Material oder andere Elemente, die benutzt werden, um einen Vorgang fertigzustellen (eine von zwei Ressourcenkategorien; die andere ist die Arbeitsressource).

Meilenstein: Ein Vorgang mit der Länge null, der einen Augenblick oder ein Ereignis in einem Terminplan kennzeichnet.

Nachfolger: In einer Anordnungsverknüpfung der spätere der beiden Vorgänge. Siehe auch *Anordnungsverknüpfung*.

Netzplandiagramm: Ein Bild, das grafisch die Abläufe der Vorgänge des Projekts darstellt; eine der Standardansichten von Microsoft Project.

PA (Planabweichung): Die Kostendifferenz zwischen dem aktuellen Stand der Fertigstellung und dem Basisplan.

PAP (Planabweichung Prozent): Das Verhältnis zwischen der Planabweichung und den geplanten Kosten der berechneten Arbeit in Prozent.

PERT-Diagramm: Eines der Standardüberwachungsformulare von Project, das die Abläufe innerhalb der Vorgänge eines Projekts anzeigt. In Project ist dies das Netzplandiagramm. Siehe auch *Netzplandiagramm*.

PK (Geplante Kosten): Die geplanten Gesamtkosten für einen Vorgang, eine Ressource bei allen zugeordneten Vorgängen oder für Arbeit, die von einer Ressource für einen Vorgang ausgeführt werden soll.

PLI (Planleistungsindex): Das Verhältnis zwischen den geplanten Kosten bereits abgeschlossener Arbeit und den geplanten Kosten der berechneten Arbeit.

Priorität: Eine Bewertung der Wichtigkeit eines Vorgangs. Wenn Sie den Ressourcenabgleich einsetzen, um in einem Projekt Konflikte zu lösen, ist die Priorität einer der Faktoren, die beim Abgleich in die Berechnung einbezogen werden. Es ist weniger wahrscheinlich, dass sich ein Vorgang mit einer höheren Priorität verspätet als einer mit einer niedrigeren Priorität, wenn Sie den Abgleich durchführen. Siehe auch *Ressourcenabgleich*.

Project Server: Ein Microsoft Project begleitendes, auf Web basiertes Programm, das es den Mitgliedern eines Teams ermöglicht, Informationen über ihre Aufgaben in einen übergreifenden Terminplan einzugeben, ohne Project auf ihren Rechnern installiert zu haben.

Projekt: Eine Reihe von Vorgängen, die ein bestimmtes Ziel erreichen. Ein Projekt versucht, die Dreifachanforderung Zeit, Qualität und Budget zu erfüllen.

Projektberater: Eine einem Assistenten ähnliche Hilfe, die die Benutzer von Project schrittweise anleitet, ein Projekt anzulegen.

Projektkalender: Der Kalender, auf dem neue Vorgänge aufbauen. Der Projektkalender kann STANDARD, 24 STUNDEN oder NACHTSCHICHT sein.

Projektmanagement: Der Wissenszweig, der unterschiedliche Methoden, Prozeduren und Konzepte untersucht, um Abläufe und Ergebnisse von Projekten zu steuern.

Projektstrukturplan: Siehe *PSP*.

Prozent abgeschlossen: Der Prozentsatz, zu dem die Arbeit an einem Vorgang an einem bestimmten Datum abgeschlossen ist.

PSP (Projektstrukturplan): Automatisch zugewiesene Nummern, die einem jeden Vorgang eine eindeutige Position im Projekt zuweisen.

Puffer: Der Zeitraum, den sich ein Vorgang verspäten kann, bevor er kritisch wird. Ein Puffer ist aufgebraucht, wenn jede Verzögerung des Vorgangs zu einer Verzögerung des gesamten Projekts führt.

Ressource: Kosten, die einem Vorgang zugeordnet sind. Eine Ressource kann eine Person, ein Ausrüstungsgegenstand, Material oder Gebühren sein.

Ressourcenabgleich: Ein Prozess, der verwendet wird, um Ressourcenzuordnungen zu ändern, damit Ressourcenkonflikte gelöst werden.

Ressourcenersetzungs-Assistent: Ein Assistent, der Ressourcen, die nicht verfügbar sind, durch andere Ressourcen ersetzt, die über vergleichbare Fähigkeiten und Kosten verfügen.

Ressourcengesteuert: Ein Vorgang, dessen zeitlicher Ablauf von der Anzahl Ressourcen gesteuert wird, die ihm zugeordnet sind.

Ressourcenpool: (1) Ressourcen, die als Gruppe einem einzelnen Vorgang zugeordnet worden sind, wie zum Beispiel eine Gruppe von Administratoren, die einen Bericht erstellen müssen. (2) Eine Gruppe von Ressourcen, die an einer zentralen Stelle erstellt worden ist, damit mehrere Projektleiter in ihren Projekten darauf zugreifen und die entsprechenden Zuordnungen machen können.

SFWM (So früh wie möglich): Eine Einschränkung, die auf den Zeitablauf eines Vorgangs gelegt wird, damit er im Terminplan so früh wie möglich anfängt. Dabei werden Abhängigkeiten und das Anfangsdatum des Projekts berücksichtigt. Siehe auch *Abhängigkeit*.

SKAA (Soll-Kosten bereits abgeschlossener Arbeit): Kosten der aktuell abgeschlossenen Arbeit plus feste Kosten.

SKBA (Soll-Kosten der berechneten Arbeit): Die kumulierten geplanten Kosten nach Zeitphasen.

SSWM (So spät wie möglich): Eine Einschränkung, die auf den Zeitablauf eines Vorgangs gelegt wird, damit er im Terminplan so spät wie möglich anfängt. Dabei werden Abhängigkeiten und das Anfangsdatum des Projekts berücksichtigt. Siehe auch *Abhängigkeit*.

Stichtag: Ein Datum, das Sie einem Vorgang zugewiesen haben, ohne dass es den Zeitplan des Vorgangs beeinflusst. Wenn ein Stichtag zugewiesen worden ist, zeigt Project ein Symbol als Indikator dafür an, dass der Vorgang dieses Datum überschritten hat.

Tageslinie: Die vertikale Linie im Gantt-Diagramm, die das aktuelle Datum und die aktuelle Zeit repräsentiert. Siehe auch *Balkendiagramm (Gantt)*.

Teilprojekt: Die Kopie eines zweiten Projekts, die in ein Projekt eingefügt worden ist. Das eingefügte Projekt wird zu einer Phase des Projekts, in das es eingefügt worden ist.

Teilvorgang: Ein Vorgang, der einen bestimmten Schritt einer Projektphase genau spezifiziert. Diese Einzelheit wird summierend an einen zusammenfassenden Vorgang einer höheren Ebene weitergegeben.

Überlastung: Wenn eine Ressource so verplant ist, dass sie an einem Vorgang oder an einer Kombination von Vorgängen, die gleichzeitig ablaufen, mehr Zeit verbraucht, als es ihr Arbeitskalender zulässt.

Überstunde: Jede Arbeit, die über die normale Arbeitszeit des Arbeitskalenders der Ressource hinausgeht. Sie können für Überstunden andere Stundensätze eingeben als für normale Arbeitsstunden.

Überwachung: Die Aufzeichnung der aktuellen Arbeitsfortschritte und der Kosten, die bei Vorgängen anfallen.

Unterbrochener Vorgang: Vorgänge, die in ihrem zeitlichen Ablauf eine oder mehrere Unterbrechungen aufweisen. Wenn Sie einen Vorgang unterbrechen, halten Sie ihn unterwegs an, um ihn zu einem späteren Zeitpunkt wieder zu starten.

Variable Kosten: Siehe *Kostensatztabelle*.

Verbleibende Dauer: Eine Schätzung der Dauer eines Vorgangs, die auf der bisher geleisteten Arbeit beruht.

Verknüpfen: (1) Eine Verbindung zwischen Vorgängen einzelner Terminpläne so miteinander vorzunehmen, dass sich Änderungen am ersten Terminplan im zweiten widerspiegeln. (2) Abhängigkeiten zwischen den Vorgängen eines Projekts einrichten.

Vorgang: Ein einzelner Schritt, der ausgeführt wird, um das Projektziel zu erreichen.

Vorgänger: In einer Anordnungsverknüpfung der Vorgang, der vor einem anderen Vorgang abläuft. Siehe auch *Anordnungsverknüpfung* und *Nachfolger*.

Vorgangsnummer: Die laufende Nummer, die einem Vorgang automatisch von Project auf der Grundlage seiner vertikalen Platzierung in der Projektliste zugewiesen wird.

Vorlage: Ein Format, in dem eine Datei gespeichert werden kann. Die Vorlage enthält Elemente wie Kalendereinstellungen, Formatierungen und Vorgänge. Neue Projektdateien können auf einer Vorlage basieren, um die Zeit zu sparen, die die Neueingabe von Einstellungen kostet.

Wiederkehrender Vorgang: Ein Vorgang, der – über die Lebensdauer eines Projekts verteilt – wiederholt vorkommt. Beispiele für wiederkehrende Vorgänge sind regelmäßige Projektmeetings oder vierteljährliche Inspektionen.

Zeitabstand: Der zeitliche Abstand, der zwischen dem Ende eines Vorgangs und dem Anfang eines anderen Vorgangs liegen kann. Der Zeitabstand wird bei Anordnungsverknüpfungen zwischen Vorgängen festgelegt, wenn Sie angeben, dass eine bestimmte Zeit verstreichen muss, bevor der zweite Vorgang anfangen kann.

Zeitskala: Der Bereich der Ansicht BALKENDIAGRAMM (GANTT), der die Zeiteinheiten anzeigt.

Zirkelbezug: Eine zeitliche Beziehung zwischen Vorgängen, die eine Endlosschleife erzeugt, die nicht aufgelöst werden kann.

Zusammenfassender Vorgang: Ein Vorgang einer Projektstruktur, der Teilvorgänge enthält. Ein zusammenfassender Vorgang sammelt die Einzelheiten seiner Teilvorgänge. Er selbst hat keine eigenständige Dauer.

Zusammenklappen: Eine Projektübersicht schließen, um Teilvorgänge zu verbergen.

Stichwortverzeichnis

A

Abbildung hinzufügen 320
Abhängigkeit 32, 137
    Arten 139
Abschlussprognose 288
Analyseleiste 300
Änderung
    hervorheben 147, 218
Anfangstermin 45
Anordnungsverknüpfung
    Arten 139
    entfernen 146
    erstellen 142
    extern 146
Ansicht
    anpassen 62
    Balkendiagramm (Gantt) 58
    Kalender 61
    Leiste 47
    Netzplandiagramm 60
    wechseln 53
AP 288
Arbeitskalender 46
Arbeitsprofil 197, 228
Arbeitsressource 157
    Zuordnungseinheit 194
Arbeitszeit
    Ausnahmen 76
    Kalender 157
    Tabelle 357, 368
Aufgabe siehe Vorgang
Ausnahme 73
AutoFilter 209

B

Balkenplan-Assistent 237
Basiskalender 72, 166
    Vorlage 72
Basisplan 37, 247
    festlegen 249
    löschen 252
    Spalte 251
    speichern 249

Bericht 36
    Abbildung hinzufügen 320
    ändern 312
    benutzerdefiniert 316
    erstellen 311
    formatieren 323
    grafischer 317
    Kategorie 310
    Kreuztabelle 315
    Kreuztabelle bearbeiten 316
    Standardbericht 309
    Zuordnung 201
Bildlaufleiste 55
BK 288
Budget 185

C

Cash, Johnny 352

D

Diagrammbereich 48
Drucken 325
    Ansicht 329
    Kopf-/Fußzeile 327
    Legende 329
    Rahmen 326
    Ränder 326
    Seitenansicht 331
    Seiteneinrichtung 325

E

Einschränkung 109
    einrichten 110
    Übersicht 110
Elternvorgang siehe Sammelvorgang
EMP 43
Ende-Anfang 140
Endtermin 46
Enterprise 24, 350
    Ressource 157
Enterprise-Ressourcenpool 360

Erinnerung 372
Ertragswert 288, 290

F

Feld
    benutzerdefiniertes 193
Fensterelement
    Größe ändern 62
Filter 208
    AutoFilter 209
    kopieren 212
    selbst gemacht 210
    vordefinierter 208
Filtern 296
Formatieren 233
    Vorgangsbalken 234
    Vorgangsknoten 237
Fortschrittslinie 261, 281
    anzeigen 281
    formatieren 284

G

Gantt-Diagramm 39, 58
Gitternetzlinie
    ändern 242
Gliederung
    anlegen 124
Gruppe 212
    benutzerdefinierte 213
    vordefinierte 212

H

Histogramm 41
Hyperlink
    einfügen 98

I

Indikator 280

K

KA 288, 406
Kalender 71
    Ansicht 61
    Arbeitszeiten 74
    Basiskalender 72
    benutzerdefinierte Vorlage 86
    einrichten mit Projektberater 80
    Grundlagen 72
    Kopie freigeben 87
    Optionen 74
    Optionen einstellen 75
    Projektkalender 72, 78
    Ressourcenkalender 72
    Vorgangskalender 72
Kapazitätsabgleich 228, 299
Kindvorgang siehe Teilvorgang
Konflikt
    lösen 171
Konsolidieren 275
Kosten
    feste 155, 175
    feste, aktualisieren 271
    geplante 407
    kalkulieren 174
    reduzieren 224
Kostenabweichung
    Prozent 406
Kostenleistungsindex 406
Kostenressource 173
    Zuordnungseinheit 194
Kreuztabelle 315
Kritischer Weg 149, 208, 291

L

Layout
    anpassen 238
Legende 329

M

Makro 340
    aufzeichnen 341
    ausführen 343
    bearbeiten 343
Materialressource 157
    Zuordnungseinheit 194
Materialverbrauch
    überwachen 273
Meilenstein 32, 104
MPP 51
MPT 338

N

NetMeeting 375
Netzplandiagramm 39, 60
    Inhalt ändern 66

O

Organisieren 338

P

PERT-Diagramm 39, 60
Planabweichung 407
Planleistungsindex 407
Priorität 47
Project
    Vorlage 42
Project Server 349
Project Web Access 349
    Benutzersicht 367
    Erinnerung 372
    Projektinformationen 371
    Warnung 372
    Werkzeuge 356
Projekt
    aktualisieren 259, 272, 306
    einfügen 99
    Merkmale 30
    mitbenutzendes 164
    Phase 118
    speichern 113
    Teilprojekt 99
    Vorlage 49, 336
    Vorlage speichern 337
    zusammenführen 275
Projektberater 43, 48
    anpassen 345
    Kalender einrichten 80
Projektinformation
    Project Web Access 371
Projektkalender 72
    einrichten 78
Projektleiter 38
Projektmanagement
    Definition 30
Projektphase 118
Projektplan 53
    versenden 199

Projektsammelvorgang 119
Projektsponsor 38
Projektstrukturplan 131
Projektteam aufstellen 362
PSP-Code 131
    anzeigen 133
    benutzerdefiniert 134
Puffer 208, 220
    hinzufügen 221
Puffervorgang 222

R

Ressource 34, 153
    Anforderung an 159
    Arbeitsressource 34, 157
    Arten 157
    Ausgleich 41
    Budget 185
    Center 356
    Enterprise 157
    erstellen 160
    gemeinsam nutzen 163
    generisch 160, 162
    Gruppen 162
    importieren (Outlook) 165
    Kapazitätsabgleich 228
    konsolidierte 162
    Kostenressource 34, 173
    Management 41
    Materialressource 34, 157
    Pool 163, 356
    Strukturplan 133
    suchen 191
    Tabelle 41
    Überlastung 179
    Überstunden 179
    Verfügbarkeit 179
    Verfügbarkeit überprüfen 360
    Verwaltung 169
    vorgesehen 159
    zugesichert 159
    zuordnen 195
    Zuordnung ändern 227
    Zuordnung entfernen 227
    Zuordnungsbericht 201
    Zuordnungseinheit 194
    Zuordnung überprüfen 360
    zuweisen 175

Ressourcenkalender 72, 166
    ändern 84
    einstellen 83
Ressourcenzuordnung
    Art ändern 303
Risikomanagement 39
Rollbalken *siehe* Bildlaufleiste
Rollup 250
RSP 133
Rückgängig machen 216

S

Sammelvorgang 31, 117
    Dauer 119
Seitenansicht 331
SKAA 288
Sortieren 295
    zurücksetzen 296
Spalte, benutzerdefinierte 193
Statusbericht 358
Statusdatum 46, 242, 263
Statusreport anfordern 363
Stichtag 111
Suchen 191

T

Tabelle
    anpassen 183
    nachschlagbare 183
Tabellenblatt 55
Teilprojekt 99
Teilvorgang 31, 117
Templates 338
Terminplan 53
Terminplannotiz 199
Timesheet
    arbeiten mit 368
    Professional 260

U

Überlastung 179
Überstunde 179, 269
Überwachen
    Symbolleiste 260
Überwachung 257
    Arbeitszeit 267

Materialverbrauch 273
Project Web Access 357
Verfahren 258
Zeitphasen 258

V

Verfügbarkeit 179
Visual Basic 343
Vorgang 409
    Abhängigkeit 137
    Anfangsdatum setzen 106
    anlegen 91
    Arbeitsprofil 197
    Art 101, 188
    benennen 95
    Bestandteile 92
    Dauer 32
    Dauer festlegen 102
    Dauer verlängern 270
    Definition 30
    Einschränkung 33, 109
    erstellen 93
    höherstufen 125
    importieren (Excel) 97
    importieren (Outlook) 95
    leistungsgesteuert 109
    Meilenstein 104
    Notiz 112
    periodisch 104
    Puffer 220
    Sammelvorgang 117
    speichern 113
    Stichtag 111
    Teilvorgang 117
    Terminplan ändern 304
    tieferstufen 125
    unterbrechen 107
    verknüpfen 98
    verschieben 125, 126
    Zeitabstand 142
    zeitliche Überwachung 267
Vorgangsbalken 48
    formatieren 234
Vorgangskalender 72
    ändern 82
Vorgangsknoten 66
    formatieren 237
Vorgangstreiber 216, 299

W

Warnung 372

Z

Zeichnung 243
Zeit
   einsparen 222

Zeitabstand 142
Zeitskala 48, 55
   ändern 63
Zuordnung
   Bericht 201
Zuordnungseinheit 194
Zwischenplan 247, 253
   festlegen 253
   löschen 254

COMPUTERWISSEN FÜR DEN JOB

Excel-Formeln und -Funktionen
für Dummies
ISBN 978-3-527-70230-5

Lotus Notes 6 für Dummies
ISBN 978-3-527-70088-2

Mein eBay-Shop für Dummies
ISBN 978-3-527-70204-6

Notebooks für Dummies
ISBN 978-3-527-70293-0

RFID für Dummies
ISBN 978-3-527-70263-3

SPSS für Dummies
ISBN 978-3-527-70269-5

Statistik mit Excel für Dummies
ISBN 978-3-527-70169-8

Suchmaschinenoptimierung für Dummies
ISBN 978-3-527-70317-3

VoIP für Dummies
ISBN 978-3-527-70262-6